Holzfrei

Nr. 40 1953

S. 6405—6604 7. Oktober

Chemisches Zentralblatt

Vollständiges Repertorium für alle Zweige der reinen und angewandten Chemie

1830 gegründet. 1897—1945 von der Deutschen Chemischen Gesellschaft fortgeführt.

Im Auftrage der Deutschen Akademie der Wissenschaften zu Berlin, der Chemischen Gesellschaft in der Deutschen Demokratischen Republik, der Akademie der Wissenschaften zu Göttingen und der Gesellschaft Deutscher Chemiker

herausgegeben von Prof. Dr. Maximilian Pflücke

124. Jahrgang

1953

Chefredakteure: Dr. Eugen Klever und Prof. Dr. Maximilian Pflücke

Akademie-Verlag GmbH., Berlin — Verlag Chemie, GmbH., Weinheim/Bergstr.

Inhalt

Namenregister

Chemisches Zentralblatt

1953 Nr. 40 7. Oktober

A. Allgemeine und physikalische Chemie.

Eckhart Vogt, *Besitzt die heutige Naturwissenschaft ein geschlossenes Weltbild?* Fragen des Weltbildes der Gegenwart unter Berücksichtigung der naturwissenschaftlichen Denkweise der letzten 50 Jahre. (Studium generale [Heidelberg] **3.** 639–50. Dez. 1950. Marburg.) GERHARD SCHMIDT. 10

Werner Braunbek, *Der Unstetigkeitsgedanke in der Physik.* Krit. Betrachtung der heutigen Höherbewertung des Unstetigkeitsgedankens in der Physik. (Studium generale [Heidelberg] **3.** 650–59. Dez. 1950. Tübingen.) GERHARD SCHMIDT. 10

Paul von Handel, *Über Kausalität, Finalität, Determination und Freiheit.* Durch Verzicht auf eine Identität von Determination u. Kausalität in der Physik u. durch die Annahme, daß auch im Mikrobereich Kausalität herrscht, wenngleich dort keine Determination anzutreffen ist, läßt sich ein widerspruchsfreies Begriffsschema aufstellen. (Studium generale [Heidelberg] **3.** 659–64. Dez. 1950. Staudach.) GERHARD SCHMIDT. 10

Jean Amiel, Chimie. Paris: C. Hermant. 1953. (704 + V S. m. Abb., Autogr.) 8°. Fr. 2200,—.

J. Eggert, Trattato di Chimica fisica ed Elettrochimica. Ristampa con aggiunte e parti complementari a cura di **G. Castelfranchi.** Milano: Hoepli. 1953. (XII + 914 S. m. 203 Abb. u. 103 Tab.) 8°. L. 3500,—

Earl Bowman Millard, Physical chemistry for colleges; a course of instructions based upon the fundamental laws of chemistry. 7th ed. New York: McGraw Hill. 1953. (627 S. u. Diagr.) $ 6,—.

Walter Moore, Química Física. Barcelona: Manuel Marín. (VII + 542 S. m. Abb.) ptas. 280,—.

A_1. Kernphysik und Kernchemie.

B. Liebowitz, *Eine Beziehung zwischen der Planckschen Konstanten und der Gravitationskonstanten.* (Sitzungsbericht.) Vf. erhält innerhalb seines Atommodells (Physic. Rev. [2] **64.** [1943.] 294) mit einem durch die Inhomogenität des Raumes in Kernnähe geschaffenen elektromagnet. Wellenfeld eine Beziehung zwischen der PLANCKschen u. der Gravitationskonstanten. Numer. Berechnungen ergeben einen um 0,05% zu niedrigen Wert für h. (Physic. Rev. [2] **85.** 722. 15/2. 1952; Bull. Amer. physic. Soc. **26.** Nr. 6. 26. 24/10. 1951. New York, N. Y.) SPEER. 80

G. Källén, *Massen- und Ladungsrenormalisierungen in der Quantenelektrodynamik ohne Verwendung der Wechselwirkungsdarstellung.* Vf. löst die Differentialgleichungen der Quantenelektrodynamik für einige Spezialfälle ohne Zuhilfenahme der TOMONAGA-SCHWINGER-Formel. Bei dieser Darst. können die Masse- u. Ladungsrenormalisierungen ohne Bezug auf ein Syst. raumähnlicher Oberflächen durchgeführt werden. (Ark. Fysik **2.** 187–94. 1950. Lund, Univ., Dep. of Mech. and Math. Phys.) GERHARD SCHMIDT. 80

Marian Günther, *Die relativistische Konfigurationsraumformulierung des Mehrfachelektronenproblems.* Vf. entwickelt eine relativist. Konfigurationsraumdarst. der Quantenelektrodynamik, die äquivalent zum TOMONAGA-SCHWINGER-Formalismus den Vorteil der direkten Anwendbarkeit auf die Probleme gebundener Zustände von Multi-Elektronensystemen zu haben scheint. Es wird eine eindeutige relativist. invariante Beschreibung der Wechselwirkungen zwischen einzelnen Elektronen erhalten, wobei die bisher aufgetretenen Divergenzschwierigkeiten ausgeschaltet werden. (Physic. Rev. [2] **88.** 1411–21. 15/12. 1952. Warschau, Univ. of Warschau, Inst. of Theoret. Phys.) GERHARD SCHMIDT. 80

J. A. Van Allen und **S. F. Singer,** *Über das primäre Höhenstrahlspektrum.* (Sitzungsbericht.) Bei Raketenaufstiegen wurden die Vertikalintensitäten in sehr großer Höhe u. 0, 41, 50 u. 58° geomagnet. Breite gemessen. Zwischen 2,6 u. $15 \cdot 10^9$ eV waren die Intensitäten höher u. das Spektr. flacher als erwartet. Es scheint, daß ein großer Teil der Primärenergie anders als durch Ionisation verbraucht wird. (Bull. Amer. physic. Soc. **25.** Nr. 4. 18. 21/6.; Physic. Rev. [2] **80.** 133. 1/10. 1950.) E. REUBER. 85

S. F. Singer und **J. A. Van Allen,** *Der Knick im primären Höhenstrahlspektrum.* (Sitzungsbericht.) Die Raketenmessungen (vgl. vorst. Ref.) wurden durch das Ballonexperiment von POMERANTZ ergänzt. Dabei wurde festgestellt, daß das Spektr. für magnet. Härten unter $1{,}5 \cdot 10^9$ eV bedeutend flacher wird. Für den Knick können entweder ein Mangel der Primärstrahlung an geringer Energie oder geomagnet. Penumbra-Wirkungen verantwortlich sein. (Physic. Rev. [2] **80.** 133. 1/10.; Bull. Amer. physic. Soc. **25.** Nr. 4. 18. 21/6. 1950.) E. REUBER. 85

Roland Maze, *Die lokalen Luftschauer und die inneren Explosionen.* Durch Messungen von Koinzidenzen zwischen insgesamt 9 Zählern, die mit bis zu 18,5 cm Pb bedeckt werden konnten, wurde festgestellt, daß isolierte Zähler in Pb sehr gering auf Luftschauer u. sehr stark auf Kernexplosionen in der Materie ansprechen. Die Reichweite der Primärteilchen in Luft beträgt 117 g/cm², in Pb hängt sie von der geforderten Energiedichte ab: 1200 g/cm² für 3fach- u. 400 g/cm² für 4fach-Koinzidenzen. Der γ-Wert der Schauer liegt zwischen 2,15 u. 2,28. Bei den Primärteilchen handelt es sich wahrscheinlich um Neutronen. (J. Physique Radium **11.** 294—99. Juni 1950. Paris, École Norm. Sup., Labor. de Phys. cosmique.) WIEDEMANN. 85

Morton A. Levine, *Messungen der räumlichen (seitlichen) Verteilung der ausgedehnten Luftschauer.* (Sitzungsbericht.) Mittels 4 Ionisationskammern in Dreiecksymmetrie mit einer im Zentrum wurden auf Seehöhe 35 Schauer gemessen u. analysiert. Bei den ausgedehnten Schauern stimmt die räumliche Verteilung innerhalb sehr weiter Fehlergrenzen mit der MOLIÈRE-Funktion überein. (Physic. Rev. [2] **88.** 154. 1/10. 1952. Tufts Coll.) WIEDEMANN. 85

E. Parker und **B. Peters,** *Große, von primären Höhenstrahlteilchen erzeugte Mesonenschauer.* (Sitzungsbericht.) Mit photograph. Emulsionen bei 20 g/cm² durchgeführte Unterss. erbrachten Aufnahmen von 12 Schauern mit 10—56 Bahnen. Nur zwei von ihnen waren durch einfach geladene Teilchen, 5 durch α-Teilchen, 4 durch Kerne mit $Z = 6-8$ u. einer durch ein nicht zu identifizierendes Teilchen ausgelöst. Obwohl schwere Teilchen nur 1% der einfallenden Strahlung ausmachen, tragen sie entscheidend zur Schauererzeugung bei. (Bull. Amer. physic. Soc. **25.** Nr. 4. 18. 21/6.; Physic. Rev. [2] **80.** 133. Okt. 1950. Rochester, N. Y., Univ.) E. REUBER. 85

H. S. Bridge und **R. H. Rediker,** *Messungen der Absorption der N-Komponente der Höhenstrahlung in Blei mit der Ionisationskammer.* Auf Seehöhe u. in 3 km Höhe wurden die in Pb ausgelösten Ionisationsstöße der Höhenstrahlung mit einer Ionisationskammer von 7,5 cm Durchmesser u. 52 cm effektiver Länge mit Ar-Füllung von 7,3 bzw. 7,1 at untersucht. Oberhalb der Kammer befand sich eine, unterhalb der Kammern 2 Reihen von GEIGER-Zählern. Mit der Anordnung konnte zwischen Schauern unterschieden werden, die durch Kernwechselwrkg. der N-Komponente ausgelöst werden, u. solchen, die von μ-Mesonen herrühren. Die Absorption der N-Komponente in Pb zeigte einen Übergangseffekt, während sie in Luft exponentiell verlief. Die Absorption in Pb ist geringer als die nach dem Modell des halbdurchlässigen Kerns theoret. zu erwartende mit einer Absorptionsdicke von 195 g/cm² Pb. Der Widerspruch wird auf π-Mesonen von einigen 10^9 eV zurückgeführt, die bei Kernwechselwirkungen entstehen u. ihrerseits solche auslösen. Die Verteilung der Impulshöhen wurde bestimmt. Bei den kleinsten Schauern fanden Vff. eine Absorptionsdicke der erzeugenden N-Komponente von 119 ± 5 g/cm² Luft. Der Anteil der beiden Komponenten, N-Komponente u. μ-Mesonen, an der Schauererzeugung durch geladene Teilchen wird aus der Höhenabhängigkeit abgeschätzt. Für die gegebene Kammer mit einem Pb-Schutz von 219 g/cm² beträgt auf Seehöhe jeder Anteil ca. 50%. (Physic. Rev. [2] **88.** 206—24. 15/10. 1952. Cambridge, Mass., MIT., Dep. of Phys. u. Labor. for Nucl. Sci. and Engng.) WIEDEMANN. 85

Alvin Hudson und **Robert Hofstadter,** *Energieverlust der Höhenstrahl-μ-Mesonen in Natriumjodidkristallen.* Mittels eines Teleskops aus 3 NaJ(Tl)-Kristallen mit je einem Photomultiplier wird der Energieverlust von μ-Mesonen mit mehr als 120 MeV untersucht. Falls Dreifachkoinzidenzen auftreten, sind die Impulse des mittleren Kristalls auf dem Oscilloskop sichtbar. Zur Eichung dienen die Photolinien von ThC″ u. die γ-Strahlung von $^{12}C^*$. Zwischen der Impulshöhe u. dem Energieverlust besteht eine lineare Beziehung. Die Verteilungskurve des Energieverlustes zeigt ein Maximum bei 28 MeV u. einen Schwanz bei höheren Energien. Vff. berechnen die Verteilungskurve auf der Grundlage der Schwankungskurve von LANDAU, des Spektr. der μ-Mesonen u. der Theorie von BETHE-BLOCH oder von HALPERN-HALL. Letztere gibt die Experimente besser wieder, was sowohl den Absolutwert des wahrscheinlichsten Energieverlusts als auch die Form der Schwankungskurve anbelangt. (Physic. Rev. [2] **88.** 589—96. 1/11. 1952. Stanford, Calif., Stanford Univ., Dep. of Phys. u. Microwave Labor.) WIEDEMANN. 85

U. Haber-Schaim und **G. Yekutieli,** *Über die Erzeugung von $\varkappa$-Mesonen.* Das von verschied. Autoren der Bristolgruppe (DANIEL, DAVIES, MULVERY u. PERKINS [1951],

Bristol Conference of V-Particles and Heavy Mesons) beobachtete Verhältnis der Zahl der $\varkappa$-Mesonen zur Zahl der π-Mesonen läßt vermuten, daß die $\varkappa$-Mesonen ebenso wie die π-Mesonen stark mit den Nucleonen gekoppelt sind. Für die Erzeugung von $\varkappa$-Mesonen kann angenommen werden, daß entweder das $\varkappa$-Meson ein YUKAWA-Teilchen ist, das mit einem Nucleon über eine $\varkappa$-Ladung völlig unabhängig von der Ggw. einer π-Ladung in Wechselwrkg. tritt, oder daß die Erzeugung beider Arten von Mesonen das Ergebnis *eines* Feldes ist. Bei der Unters. dieser Annahmen beschränken sich Vff. auf den Fall sehr starker Kopplung, für den die statist. Theorie von FERMI anwendbar ist. Bei der Berechnung der Anzahl der $\varkappa$-Mesonen u. π-Mesonen, die bei Nucleon–Nucleon-Zusammenstößen erzeugt werden, werden sowohl $\varkappa$-Mesonen u. π-Mesonen als auch Bosonen mit dem Spin Null angenommen, die entweder geladen oder neutral sein können. Die Anzahl der $\varkappa$- u. π-Mesonen wird als Funktion der Energie des auftreffenden Nucleons dargestellt, wobei für die M. des $\varkappa$-Mesons 0,69 u. für die M. des π-Mesons 0,15 in Nucleonen-Masseneinheiten angenommen werden. Die Ergebnisse stützen die Annahme, daß die Erzeugung beider Arten von Mesonen das Ergebnis eines Feldes ist. (Philos. Mag. [7] **43.** 997—98. Sept. 1952. Rehovoth, Israel, Weizmann Inst. of Sci.) GERHARD SCHMIDT. 90

J. Leite Lopes, *Das magnetische Moment der Nucleonen in den Theorien der Mesonenpaare.* Es wird die Paarwechselwrkg. eines skalaren Mesonfeldes mit einem Nucleonfeld in einem äußeren elektromagnet. Feld berechnet. Die HAMILTON-Funktionen der Wechselwirkungen geben logarithm. divergierende Beiträge zum magnet. Moment, wobei die Divergenz durch Ausdrücke hervorgerufen wird, die Absorption u. Emission eines Mesons durch das Nucleon beschreiben. Auch bei Übertragung der Überlegungen auf ein vektorielles Meson bleibt die Divergenz erhalten. (Physic. Rev. [2] **78.** 36—39. 1/4. 1950. Princeton, N. J., Univ., Inst. for Adv. Stud.) E. REUBER. 90

J. W. DeWire und **L. A. Beach,** *Bremsstrahlung hoher Energie und Paarerzeugung.* Ausführliche Darst. der C. **1953.** 482 referierten Arbeit. (Physic. Rev. [2] **83.** 476. 15/7. 1951. Ithaca, N. Y., Cornell Univ.) KLEVER. 90

K. Phillips, *Über die Polarisation energiereicher Bremsstrahlung.* Zur Unters. der Frage, ob die Bremsstrahlung von einem 20 MeV-Betatron polarisiert ist, wurden 200 μ dicke, mit einer Cellophanschicht bedeckte ILFORD C 2-Platten, auf welche eine 10 μ dicke Schicht von Schwerem Wachs (C_nD_{2n+2}) aufgedampft war, mit der gebündelten Strahlung aus einem 20 MeV-Betatron exponiert. Aus der Winkelverteilung der durch Deuteronen-Photozertrümmerung erzeugten Photoprotonen, welche 2 Maxima bei 90 u. 20° zeigt, ergibt sich ein Hinweis auf eine Polarisation der Bremsstrahlung senkrecht zur Emissionsebene. (Philos. Mag. [7] **44.** 169—72. Febr. 1953. Manchester, Metropolitan-Vickers Electr. Co.) EICHHOFF. 90

G. A. Jones und **D. H. Wilkinson,** *Eine Bestimmung des Doppler-Effektes für 4,5 und 4,8 MeV-γ-Strahlen.* Vff. beobachten den DOPPLER-Effekt für 4,5 u. 4,8 MeV-γ-Strahlen, die in Kaskade beim Einfang von 958 keV-α-Teilchen in ^7Li emittiert werden. Der Nachw. der γ-Strahlen erfolgte mit einem NaJ(Tl)-Kristall, der nacheinander in Vorwärts- u. Rückwärtsrichtung vom Li-Target angeordnet wird. Die beobachtete Energieverschiebung zwischen den beiden Richtungen ist $(1{,}15 \pm 0{,}12)\%$, die theoret. DOPPLER-Verschiebung erster Ordnung beträgt 1,30%. Die Beobachtungen weisen auf die Möglichkeit der Unters. von γ-Strahllebensdauern im Bereich von 10^{-14} Sek. aufwärts sowie auf die Best. von Lebensdauern angeregter Kernzustände hin. (Philos. Mag. [7] **43.** 958—63. Sept. 1952. Cambridge, Cavendish Labor.)
GERHARD SCHMIDT. 90

A. K. Mann, J. Halpern und **M. Rothman,** *Winkelverteilungen von Photoprotonen.* Vff. bestrahlen *Cu-*, *Ni-* u. *Co*-Targets mit Bremsstrahlung von 23 MeV Maximalenergie u. messen die Winkelverteilung der Photoprotonen mit ZnS-Scintillatoren. Die Protonen von Cu u. Co zeigen eine starke asymm. Komponente, die sich durch den Ausdruck $(\sin\Theta + 0{,}5\cdot\sin\Theta\cdot\cos\Theta)^2$ wiedergeben läßt. Absorptionsmessungen an den Protonen sind verträglich mit einer Zuordnung der asymm. Komponenten zu Übergängen, an denen diskrete Niveaus in der Umgebung des Grundzustandes des Restkerns beteiligt sind. Die beobachteten Winkelverteilungen werden als die Folge einer Interferenz zwischen elektr. Dipol- u. Quadrupolabsorption der einfallenden Photonen gedeutet, wobei die relative Quadrupolintensität 5% beträgt. (Physic. Rev. [2] **87.** 146—49. 1/7. 1952. Philadelphia, Pa., Univ. of Pennsylvania.) WEIGEL. 90

W. E. Burcham, *Die Reichweite–Energie-Beziehung für Protonen mittlerer Energie in Luft.* Aus den Q-Werten für (d, p)-Rkk. u. den zugehörigen Protonenreichweiten wird eine Reichweite–Energie-Kurve für Protonen von 0—8 MeV aufgestellt u. mit der Kurve von LIVINGSTON u. BETHE (Rev. mod. Physics **9.** [1937.] 245) verglichen. (Philos. Mag. [7] **44.** 211—13. Febr. 1953. Birmingham, Univ.) EICHHOFF. 90

G. L. Guernsey, *Winkelverteilung von an Protonen gestreuten 215 MeV-Neutronen.* (Sitzungsbericht.) Die Neutronen werden durch Unterbrechung der umlaufenden Protonen des 130 in.-Synchrocyclotrons erzeugt. Zum Nachw. der gestreuten Protonen diente ein Anthracen-Zählerteleskop unter Laboratoriumswinkeln im Bereich von 0—50°, wobei einer der Zähler als Differentialenergiespektrometer verwendet wurde. Die Winkelabhängigkeit für den (n—p)-Querschnitt, der für 215 MeV gemessen wurde, entspricht im wesentlichen den für 90 u. 260 MeV erhaltenen Ergebnissen. (Physic. Rev. [2] **86.** 594. 15/5.; Bull. Amer. physic. Soc. **27.** Nr. 1. 19. 31/1. 1952. Univ. of Rochester.)
WEIGEL. 90

S. L. Martin, E. H. S. Burhop, C. B. Alcock und **R. L. F. Boyd,** *Die Streuung von Neutronen durch Deuteronen.* Vff. untersuchen die Winkelverteilung der Rückstoßdeuteronen nach dem Neutronenstoß in einem dünnen Target aus Schwerem Wachs, das mit einer ILFORD C 2-Emulsion überzogen war. Für Neutronen zwischen 2,6 u. 3,1 MeV aus einer (d—d)-Rk. wurden 2000 Deuteronenrückstöße im Winkelbereich von 90—180° (Schwerpunktsyst.) gemessen. Die Ergebnisse stimmen mit der Theorie von BUCKINGHAM u. MASSAY überein. Bei 1000 Bahnen von Rückstoßprotonen aus (d—d)-Neutronen ist die Winkelverteilung für Neutronenstreuwinkel zwischen 90 u. 180° innerhalb des statist. Fehlers konstant. Für Neutronenenergien von 4,0—6,0 MeV u. 6,0—9,0 MeV aus einer 100 mg Ra + Be-Quelle wird die Winkelverteilung über einen viel größeren Streuwinkelbereich aus der Messung von 1200 Deuteronenrückstößen erhalten. Die Winkelverteilung für um ca. 180° gestreute Neutronen scheint steiler zu verlaufen als für langsame Neutronen. Das Verhältnis des differentiellen Wirkungsquerschnittes bei 90° zu dem bei 180° wird für Neutronen großer u. kleiner Energie zu ca. 0,35—0,40 gefunden. (Proc. physic. Soc., Sect. A **63.** 884—97. 1/8. 1950. London, Univ. Coll.)
GERHARD SCHMIDT. 90

S. Flügge und **K. Woeste,** *Der Atomkern als kompressibler Tropfen.* 1. Mitt. *Der Atomkern im Grundzustand.* Unter Berücksichtigung der Kompressibilität der Kernmaterie u. der Möglichkeit von Verschiebungen der Neutronen-Fl. u. der Protonen-Fl. gegeneinander wird eine Verfeinerung des Tröpfchenmodells der Atomkerne erreicht. Sowohl die Protonen als auch die Neutronen im Kern werden mit wachsender Teilchenzahl zunehmend nach außen gedrängt. Dabei entsteht für $Z > 36$ im Kerninnern eine Zone, welche unter Zugspannung steht. In der Nähe der oberen Grenze der Period. Syst. ($Z = 91$) wird diese Zugspannung so stark, daß der mittlere hydrostat. Druck im Kerninnern verschwindet. Die Kernradien wachsen infolge dieser Erscheinungen nicht streng proportional zu $\sqrt[3]{A}$ wie für inkompressible Kerne, sondern etwas schneller an. Für die Bindungsenergie der Atomkerne tritt eine Reihe von Zusatzgliedern auf, die den Verlauf der Massendefekte nicht wesentlich beeinflussen. (Z. Physik **132.** 384—98. 1952. Marburg, Univ., Inst. für Struktur der Materie.)
GERHARD SCHMIDT. 95

K. Woeste, *Der Atomkern als kompressibler Tropfen.* 2. Mitt. *Der schwingende Kerntropfen.* (1. vgl. vorst. Ref.) Vf. berechnet die Eigenfrequenzen im Rahmen des klass. Tropfenmodells der Atomkerne. Dabei wird einmal eine einheitliche, kompressible Kern-Fl. zugrunde gelegt, während ein andermal die Substanz als inkompressible, aus zwei Komponenten (Protonen u. Neutronen) gemischte Fl. behandelt wird. Die Ergebnisse zeigen das Absinken der Eigenfrequenzen gegenüber dem inkompressiblen einkomponentigen Tropfen. Dem Absinken entspricht für die Grundschwingung mit $l = 2$ eine geringe Herabsetzung der Grenze für spontane Spaltbarkeit gegenüber dem inkompressiblen Tropfen um ca. zwei Einheiten von Z. (Z. Physik **133.** 370—93. 1952.)
GERHARD SCHMIDT. 95

D. Kurath, *Zustände leichter Kerne aus dem jj-Kopplungsmodell.* Die nach der HARTREE-Meth. durchgeführten Berechnungen liefern die Zuordnung der Energieniveaus für 1p-Schalenkerne beim jj-Kopplungsmodell. Für die Drehimpulse u. magnet. Momente der Grundzustände sowie für den Verlauf der Bindungsenergiekurve wird der Vgl. der jj- u. LS-Modellvoraussagen mit dem Experiment durchgeführt, ohne jedoch einem Modell den Vorzug geben zu können. (Physic. Rev. [2] **88.** 804—08. 15/11. 1952. Chicago, Ill., Argonne Nat. Labor.) GERHARD SCHMIDT. 95

Gunnar Lindström, *Eine experimentelle Bestimmung der magnetischen Kernmomente von ^2D und ^1H.* Ausführliche Darst. der C. **1951.** I. 156 referierten Arbeit. (Physica **17.** 412—19. März/April 1951. Stockholm, Nobel Inst. of Phys.)
WERNER SCHULZ. 95

Alfred Kastler, *Über die Möglichkeit der Orientierung der Atomkerne nach der Methode der zweifachen radioelektrischen Resonanz.* Durch gleichzeitige Anwendung einer äußeren magnet. Resonanz u. einer magnet. Kernresonanz auf eine paramagnet. Substanz bei der Temp. des fl. He besteht die Möglichkeit, merkliche Kernausrichtungen zu erhalten. Diese Meth. läßt sich auf Atome oder Ionen anwenden, die ein magnet. Moment ($j \neq 0$) u. deren Kerne ebenfalls ein magnet. Moment ($i \neq 0$) besitzen. Die Temp. wird als ausreichend niedrig u. das magnet. Moment als ausreichend hoch angenommen, damit sich der elektron. Paramagnetismus der Sättigung nähert u. der PASCHEN-BACK-Effekt erfüllt ist. (C. R. hebd. Séances Acad. Sci. **233.** 1444—46. 3/12. 1951.) GERHARD SCHMIDT. 95

Enos E. Witmer, *Integrale Beziehungen zwischen Atom- und Kerngrößen.* (Vgl. C. **1951.** II. 179; **1952.** 1946. 4720.) (Sitzungsbericht.) Vf. bezeichnet $^1/_{11}$ der Elektronenmasse als Prout u. stellt fest, daß die leichten Kerne im Grundzustand, wenn sie keinen β-Zerfall erleiden, eine M. besitzen, die ein ganzzahliges Vielfaches eines Prouts ist. Ferner wird angenommen: $hc/e^2 = 861$ u. $M_p/m = 1836$. e ergibt sich dann zu $(4{,}80290 \pm 0{,}00020) \cdot 10^{-10}$ elektrostat. Einheiten. (Physic. Rev. [2] **79.** 198. 1/7. 1950; Bull. Amer. physic. Soc. **25.** Nr. 3. 7. 25/5. 1950. Univ. of Pennsylvania.) WIEDEMANN. 95

William D. Harkins, *Der Zwischen-Compoundkern bei Kernreaktionen.* Allg. einführende Betrachtungen über die Kernstruktur u. die von Compoundkernen mit Folgeprozessen. (Colloid Chem. **7.** 3—32. 1950. Chicago, Ill., Univ.) GERHARD SCHMIDT. 103

J. W. Meadows, *Kernreaktionen hoher Energie und das Goldberger-Modell.* Unter Benutzung eines von GOLDBERGER (C. **1948.** E. 163) modifizierten Modells für den Ablauf hochenerget. Kern-Rkk. versucht Vf., die Querschnitte für die Rkk. (p, n), (p, 2n), (p, 2p) u. (p, pn) mit 100 MeV-Primärprotonen u. einem Target mit A (Massenzahl) im Bereich von 64 zu berechnen. Die für eine Reihe von Rkk. berechneten Werte weichen stark von den experimentellen Daten ab. (Physic. Rev. [2] **88.** **143—44.** 1/10. 1952. Cambridge, Mass., Harvard Univ., Cyclotron Labor.) WEIGEL. 103

A. M. Smith, *Über die Theorie der β-Radioaktivität.* Vf. vergleicht einige experimentelle β-Spektren mit theoret. Voraussagen, wobei die Wechselwrkg. als eine lineare Kombination der fünf üblichen Formen betrachtet wird. Hieraus wird geschlossen, daß die Wechselwrkg. nur eine Mischung der Vektor- u. Tensorformen sein kann. Weitere Schlüsse werden aus der Diskussion der *ft*-Werte für den $^{32}P \rightarrow {}^{32}S$-, $^{99}Tc \rightarrow {}^{99}Ru$-, $^{125}Sn \rightarrow {}^{125}Sb$-, $^{204}Tl \rightarrow {}^{204}Pb$-Übergang sowie für den Zerfall von ^{170}Tm u. von *RaE* gezogen. Für einige Zerfälle bei leichten Kernen kann die Willkür in den theoret. Voraussagen durch Annahme einer Schalenstruktur der Kerne u. Angabe der beteiligten Kernmatrixelemente eingeschränkt werden. Aus dieser Analyse geht hervor, daß die für den β-Zerfall verantwortliche Wechselwrkg. eine Mischung von angenähert 2 Teilen Vektorform zu 1 Teil Tensorform ist. Auf die Abweichung dieses Ergebnisses von den Betrachtungen anderer Autoren (vgl. u. a. MOSZKOWSKI, C. **1951.** II. 2835) wird hingewiesen. (Philos. Mag. [7] **43.** 915—33. Sept. 1952. Aberdeen, Univ. of Aberdeen, Dep. of Natural Philos.) GERHARD SCHMIDT. 103

Georges Vendryès, *Untersuchungen über die β-Radioaktivität und die Kernisomerie kurzer Lebensdauer.* Zur Erzeugung von ^8Li u. ^{12}B wurden die (d, p)-Rkk. auf ^{7}Li (92,7% im natürlichen Li) u. ^{11}B (81,2% im natürlichen B) benutzt. Als Deuteronenquelle diente der COCKROFT-WALTON-Generator. Durch Deuteronenbeschuß bildeten sich ^{12}B u. ^{8}Li im Target, das sich im Innern des Beschleunigungsrohres befand. Die Schemata des verwendeten Generators, des Verstärkers sowie der gesamten elektron. Anordnung werden wiedergegeben. Die Verss. lieferten folgende Ergebnisse: 1. Die Absorptionsgrenzen der β-Strahlen von ^{8}Li u. ^{12}B in *C* sind $6{,}8 \pm 0{,}4$ bzw. $7{,}2 \pm 0{,}4$ g/cm². 2. In (4 ± 1) % der Zerfälle von ^{12}B führt der β-Übergang zu einem angeregten Niveau von ^{12}C (γ-Strahler), das wahrscheinlich mit dem 4,45 MeV-Niveau ident. ist. In diesem Falle sind die β-Übergänge zum angeregten Niveau u. zum Grundzustand in Abweichung von den FERMIschen Auswahlregeln, jedoch in Übereinstimmung mit denjenigen von GAMOW u. TELLER erlaubt. 3. In (2 ± 1) % der Zerfälle von ^{8}Li führt der β-Übergang zu einem angeregten Niveau von ^{8}Be (γ-Strahler). Unter der Annahme, daß es sich hier um das 4,9 MeV-Niveau des Grundzustandes handelt, ist der entsprechende β-Übergang verboten. 4. Die Halbwertszeit des β-Zerfalls von ^6He ergibt sich zu $0{,}84 \pm 0{,}03$ Sekunden. 5. Die Neutronen der Rk. ^{9}Be(d, n)^{10}B rufen im natürlichen *Pb* mit einem Wirkungsquerschnitt von $1{,}5 \cdot 10^{-26}$ cm²/Kern die Bldg. einer isomeren Aktivität mit einer Halbwertszeit von $0{,}82 \pm 0{,}02$ Sek. u. mit einer Energie $>$500 keV hervor. Es wird angenommen, daß diese Aktivität in ^{207}Pb durch unelast. Stöße schneller Neutronen gebildet wird. 6. Die Meth. intermittierender Bestrahlungen erweist sich für die Unters. kurzlebiger Aktivitäten als sehr geeignet. (Ann. Physique [12] **7.** 655—709. Sept./Okt. 1952. Paris, Labor. de Synth. Atomique.) GERHARD SCHMIDT. 103

E. W. Titterton, *Die Photozertrümmerungen $^6Li(\gamma, D)^4He$ und $^7Li(\gamma, T)^4He$.* Li-beladene Ilford E₁-Emulsionsplatten (200 μ) wurden mit γ-Strahlen aus der Rk. $^7Li(p, \gamma)^8Be$, $^8Be^*$ zwecks Unters. der bisher unbekannten Rkk. $^6Li + \gamma = {}^4He + {}^2H - 1{,}54$ MeV u. $^7Li + \gamma = {}^4He + {}^3H - 2{,}5$ MeV beschossen. Die γ-Gesamtdosis wurde mit einem Geiger-Zähler laufend kontrolliert. Die Fragmente der Rkk. bewegen sich in entgegengesetzter Richtung. Durch Vgl. mit σ für die Rk. $^{12}C(\gamma)\,3\alpha$ wurde der Wirkungsquerschnitt für die $^7Li(\gamma, t)^4He$-Rk. zu $(1{,}2 \pm 0{,}6)\cdot 10^{-28}$ cm² für 14,8 sowie 17,6 MeV-γ-Strahlen bestimmt. Hieraus läßt sich eine obere Grenze für den Wirkungsquerschnitt der Rk. $^6Li(\gamma, d)^4He$ zu $(0{,}4 \pm 0{,}4)\cdot 10^{-28}$ cm² ableiten. (Proc. physic. Soc., Sect. A **63.** 915—17. 1/8. 1950. Harwell, Berks. A. E. R. E.)

Gerhard Schmidt. 103

E. W. Titterton, *Die Reaktion $^7Li(\gamma, p)^6He$.* (Vgl. vorst. Ref.) Im Verlauf der Unterss. (l. c.) wurden Li-beladene Kernemulsionen der Strahlung aus der Rk. $^7Li(p, \gamma)^8Be$, $^8Be^*$ ausgesetzt. Es wurde der Nachw. für die Rk. $^7Li + h\nu = {}^1H + {}^6He - 10{,}1$ MeV erbracht, wobei sich ^6He im Grundzustand befand. Neun Ereignisse wurden beobachtet, sieben entsprachen 17,6 MeV-γ-Strahlen u. zwei 14,8 MeV-γ-Strahlen. Diese Ereignisse können durch die Ionisationsdifferenz des ^6He-Rückstoßes u. Protons identifiziert werden. Die Reichweite–Energie-Beziehung für ^6He wurde aus der bekannten Relation für α-Teilchen abgeleitet. Die Streuung der Bahnen zeigt an, daß sich beide Teilchen in entgegengesetzter Richtung bewegen. In bezug auf die $^{12}C(\gamma, 3\alpha)$-Rk. konnte der Wirkungsquerschnitt für die $^7Li(\gamma, p)$-Rk. zu $(2{,}9 \pm 0{,}9)\cdot 10^{-28}$ cm² angegeben werden. ^6He wird wahrscheinlich in einem angeregten Zustand gebildet, der durch γ-Emission abklingt, bevor das Trümmerteilchen eine merkliche Wegstrecke in der Emulsion durchlaufen hat. (Proc. physic. Soc., Sect. A **63.** 1297—98. 1/11. 1950.)

Gerhard Schmidt. 103

L. E. Beghian, M. A. Grace und **H. Halban,** *Die Reaktion $^{11}B(\alpha, n)^{14}N$.* Durch Beschuß von ^{11}B mit 3,5 MeV-Po-α-Teilchen wurde das Energiespektr. der emittierten Neutronen sowie die Energie u. Intensität der γ-Strahlen untersucht. Eine dünne 200 mC Po-α-Quelle wurde auf eine ^{11}B-Schicht (3 mg/cm²), die auf eine Cu-Unterlage niedergeschlagen wurde, gelegt. Unerwünschte γ-Strahlung aus unelast. Neutronenstreuung im Cu-Blech konnte auf ein Mindestmaß beschränkt werden. Das Neutronenspektr. sowie die absol. Intensität wurden aus der Impulshöhenverteilung der Rückstoßprotonen, die mit einer Ionisationskammer mit Methanfüllung gemessen wurde, erhalten. Die Energieverteilung zeigt um 2,5 MeV in Übereinstimmung mit Emulsionsmessungen ein breites Maximum. Die γ-Strahlung wurde durch zwei dünnwandige G.-M.-Zähler in Koinzidenzschaltung nachgewiesen. Aus dem Verlauf der Absorptionskurve schließen Vff. auf die Ggw. einer γ-Linie von $2{,}2 \pm 0{,}2$ MeV. Wahrscheinlich rührt dieser γ-Strahl von einem angeregten Zustand von ^{14}N her, der durch die Rk. $^{11}B(\alpha, n)$ gebildet wird. (Proc. physic. Soc., Sect. A **63.** 913—14. 1/8. 1950. Oxford, Clarendon Labor.) Gerhard Schmidt. 103

Elis Hjalmar und **Hilding Slätis,** *Q-Werte für (α, p)-Reaktionen in Fluor und Natrium.* (Vgl. C. **1951.** II. 3123.) Vff. untersuchen die Rkk. $^{19}F(\alpha, p)\,^{22}Ne$ (I) u. $^{23}Na(\alpha, p)\,^{26}Mg$ (II), die durch Po-α-Strahlen an FeF_3 u. NaOH ausgelöst worden sind, durch Auszählen der Protonenbahnen in Ilford C 2-Emulsionen (100 μ). Es ergeben sich folgende Q-Werte für **I**: —1,27, 0,23, 1,0 u. 1,57 MeV u. für **II**: —1,17, —0,17, 1,15 u. 1,55 MeV. Diese führen im Falle von **I** zu ^{22}Ne-Anregungsniveaus bei 0,57, 1,34 u. 2,84 MeV. (Ark. Fysik **4.** 323—29. 1952. Stockholm, Acad. of Sci., Nobel Inst. of Phys.)

Weigel. 103

S. G. Kaufmann, E. Goldberg, L. J. Koester und **F. P. Mooring,** *Energieniveaus in ^{28}Si, angeregt durch α-Teilchen auf ^{24}Mg.* Ausführliche Darst. des C. **1952.** 1279 referierten Sitzungsberichtes. Der Q-Wert für die Rk. $^{24}Mg(\alpha, p)^{27}Al$ wird zu —1,613 MeV angenommen. (Physic. Rev. [2] **88.** 673—76. 1/11. 1952. Madison, Wis., Univ. of Wisconsin.) Gerhard Schmidt. 103

A. K. Mousuf, *Der radioaktive Zerfall von ^{40}K: sein Verzweigungsverhältnis und dessen Verwendung bei geologischen Altersbestimmungen.* Vf. bestimmt in 4 verschied. *Mikroklin*-Präpp. den Geh. an ^{40}K u. ^{40}Ar durch quantitative Abtrennung von K u. Ar u. massenspektrometr. Best. von ^{40}Ar. Der Geh. an ^{40}K wird aus dem Nierschen Massenspektrometerwert berechnet. Gefunden werden folgende $^{40}Ar/^{40}K$-Verhältnisse: $4{,}65\cdot 10^{-2}$, $4{,}10\cdot 10^{-2}$, $3{,}90\cdot 10^{-2}$ bzw. $3{,}8\cdot 10^{-2}$ entsprechend den Verzweigungsverhältnissen 0,066, 0,059, 0,055 bzw. 0,053 bei Annahme von $T_{1/2} = 12{,}7\cdot 10^8$ Jahre für ^{40}K u. einem Mineralalter von $1030\cdot 10^6$ Jahren. (Physic. Rev. [2] **88.** 150—51. 1/10. 1952. Toronto, Can., Univ., Dep. of Phys., Geophys. Labor.) Weigel. 103

Wilhelm Forsling und **Amal Ghosh,** *Über die Nichtexistenz eines langlebigen Isomers von ^{51}Ti.* Vff. bestrahlen größere Mengen TiO_2 (20 g) mit Meilerneutronen. Eine Trennung im Isotopenseparator zeigte die Abwesenheit einer Aktivität von ^{51}Ti, eine mittels Ionenaustauscher vorgenommene radiochem. Trennung lieferte eine *Ta*-Aktivität, deren β-Spektr. im wesentlichen demjenigen von ^{182}Ta entspricht. Die einem langlebigen ^{51}Ti-Isomer zugeschriebene Aktivität scheint demnach von einer Ta-Verunreinigung herzurühren. (Ark. Fysik **4.** 331—36. 1952. Stockholm, Nobel-Inst. of Phys.) Weigel. 103

L. S. Cheng, J. L. Dick und **J. D. Kurbatov,** *β-Spektren von ^{56}Co, ^{57}Co und ^{58}Co.* (Vgl. Strauch, C. **1951.** II. 1387.) Bei den Verss. wurden ^{55}*Mn*-Targets mit 20 MeV- bzw. 35,5 MeV-α-Teilchen aus dem Cyclotron beschossen. Zwei Monate nach Aktivierung wurde ein Benzolextraktionsprozeß zur Abtrennung der Co-Aktivität vom Mn-Rückstand durchgeführt. Für ^{58}Co wurde das 472 keV-Positronenspektr. bestätigt, der K-Konversionskoeff. der 805 keV-γ-Strahlung ergab sich zu $(2,9 \pm 0,2) \cdot 10^{-4}$. Für ^{57}Co wurde gefunden, daß das Positronenspektr. eine Endpunktenergie von 320 ± 15 keV besitzt. Konversionselektronen der 119 keV- u. 133 keV-γ-Strahlen u. ein sehr weicher (<18 keV) γ-Strahl, der von ^{57}*Fe* emittiert wird, wurden beobachtet. Die K/L-Verhältnisse der 119 keV- u. 133 keV-γ-Strahlen wurden zu ca. 6,3 bzw. 5,2 angegeben. Bei ^{56}Co wurden zwei Positronenspektren beobachtet, wovon das eine eine Endpunktenergie von $1,53 \pm 0,02$ MeV u. das andere eine von 995 ± 25 keV besitzt. (Physic. Rev. [2] **88.** 887—89. 15/11. 1952. Columbus, O., Ohio State Univ., Dep. of Phys.) Gerhard Schmidt. 103

Eric Berne, *Untersuchungen an radioaktivem Brom.* Nach Beschuß von NH_4Br mit Meilerneutronen u. Abtrennung von ^{82}Br als TlBr wird die Halbwertszeit von ^{82}Br zu $36,0 \pm 0,2$ Std. bestimmt. Die Herst. von ^{82}Br-Präpp. hoher spezif. Aktivität wird beschrieben. Benutzt wird eine Szilard-Chalmers-Rk. an Bromat u. das nach der Rk. als Br^- vorliegende ^{82}Br an einem Anionenaustauscher aus Ag_2O auf Kieselgur vom BrO_3^- getrennt. Eluiert wird mit NaJ-Lösung. Die Retention u. Zers. des als Ausgangsmaterial verwendeten $KBrO_3$ während des Neutronenbeschusses werden untersucht u. das Ergebnis dieser Unters. zur Berechnung eines maximalen Anreicherungsfaktors verwendet, der zu 10^2 gefunden wird. Die analyt. Best. von ^{82}Br, die Rückstreuung, Absorption u. Selbstabsorption der Strahlung werden untersucht. Aus den Al-Absorptionswerten u. Rückstreufaktoren lassen sich die Selbstabsorptionsfaktoren berechnen. (Acta polytechn. [Stockholm], Chem. includ. Metallurgy Ser. **3.** 1—44. 1952. Göteborg, Chalmers Univ. of Technol., Labor. for Nucl. Chem.) Weigel. 103

André Berthelot, Lily Papineau und **Christiane Herczeg,** *Über die Nichtexistenz einer Isomerie von ^{82}Br.* Um aus intensiven energiearmen Elektronen im β-Spektr. von ^{82}Br (35 Std.) auf einen isomeren Übergang analog im Falle von ^{80}Br schließen zu können, wurde $CHBr_3$ zwei Tage lang im Meiler bestrahlt. Das akt. Br wurde nach der Szilard-Chalmers-Meth. extrahiert. Neben der 18 Min.-Aktivität des Grundzustandes wurde mit Ausnahme sehr schwacher Aktivitäten mit 4,5 Std. u. 35 Std. Halbwertszeit keine weitere Aktivität gefunden. Die Empfindlichkeit der Meth. läßt den Schluß zu, daß im Maximum 1,5% der 35 Std.-Aktivität über den Zwischenzustand eines isomeren Überganges erfolgen kann, der sich eine β-Aktivität mit einer Halbwertszeit von 18 Min. oder länger anschließt. (C. R. hebd. Séances Acad. Sci. **232.** 498—99. 5/2. 1951.) Gerhard Schmidt. 103

Sigvard Thulin, *Über den Zerfall von $^{88}Kr \rightarrow {}^{88}Rb \rightarrow {}^{88}Sr$.* Vf. mißt die β-Spektren von elektromagnet. abgetrenntem ^{88}Kr + ^{88}Rb u. von elektrostat. abgeschiedenem ^{88}Rb u. erhält als Differenz dieser beiden Spektren dasjenige von ^{88}Kr. Extraktionsmethoden für gasförmige Spaltprodd. sowie die Herst. gewichtsloser ^{88}Rb-Präpp. auf dünnen Trägerfolien werden beschrieben. Die elektromagnet. Abtrennung genet. Aktivitäten wird am Beispiel des Paares ^{88}Kr + ^{88}Rb diskutiert. Das β-Spektr. von ^{88}Rb liefert bei der Fermi-Analyse 3 Komponenten von 5,30, 3,6 u. 2,5 MeV, im ^{88}Kr-Differenzspektr. werden 3 Komponenten von 2,7, 0,9 u. 0,52 MeV gefunden, weiterhin werden die Konversionslinien einer 28,0 keV-γ-Strahlung gefunden, die mit einer $\sim$0,5 MeV-β-Komponente koinzidiert. Das Zerfallsschema von ^{88}Rb wird aufgestellt. (Ark. Fysik **4.** 363—81. 1952. Stockholm, Acad. of Sci., Nobel-Inst. of Phys.) Weigel. 103

V. L. Sailor, *Resonanzen für langsame Neutronen in ^{113}In und ^{115}In.* (Sitzungsbericht.) Es wird der Gesamtquerschnitt von In im Bereich von 0,6—30 eV mit dem Kristallspektrometer gemessen. Folgende Resonanzen werden gefunden: ^{113}In $4,69 \pm 0,03$, $14,8 \pm 0,2$ u. 22—26 eV (nicht aufgelöst), ^{115}In $1,458 \pm 0,003$, $3,86 \pm 0,02$, $9,16 \pm 0,05$, $12,1 \pm 0,1$ u. $23,5 \pm 1,0$ eV (?). Die Zuordnung der Resonanzen erfolgt auf Grund von Messungen an angereicherten Proben der 3,86 u. 9,16 eV-Resonanzen durch

Aktivierung des 54 Min.-^{116}In. (Physic. Rev. [2] **87.** 222. 1/7. 1952. Brookhaven Nat. Labor.) WEIGEL. 103

R. W. Parsons und **C. H. Collie,** *Photozertrümmerung der schweren Elemente.* Vff. bestimmen die Photoschwellenwerte für Neutronenemission in schweren Elementen. Die γ-Strahlung wird durch ein Betatron erzeugt, wobei 9 MeV-Elektronen auf ein Pt-Target auftreffen. Die Photoneutronen werden in einem Hohlzylinder mit Äthyljodid durch Zusammenstöße mit H gebremst u. von J eingefangen. Nach 30 Min. Bestrahlung wird das radioakt. J extrahiert u. als AgJ mit Zählern gemessen. Zur chem. Konz. wird die SZILARD-CHALMERS-Meth. angewandt. Sie liefert für die Schwellenwerte folgende Werte (in MeV): *Pt* (6,1 $\pm$0,1); *Au* (8,1 $\pm$0,1); *Hg* (6,6 $\pm$0,2); *Tl* (7,3 $\pm$0,25); *Pb* (6,9 $\pm$0,1); *Bi* (7,2 $\pm$0,1); *Th* (6,0 $\pm$0,15) u. *U* (5,0 $\pm$0,15) MeV. Die Ergebnisse lassen eine rohe Schätzung der Gesamtwirkungsquerschnitte zu. (Proc. physic. Soc., Sect. A **63.** 839—44. 1/8. 1950. Oxford, Clarendon Labor.) GERHARD SCHMIDT. 103

R. W. Parsons, D. J. Lees und **C. H. Collie,** *Der Photoschwellenwert von* ^{208}*Pb.* (Vgl. vorst. Ref.) Mit dem 30 MeV-Synchrotron mit Al-Target wurde der Schwellenwert für die Rk. ^{208}Pb(γ, n)^{207}Pb zu 8,1 $\pm$0,3 MeV bestimmt. Dieser Wert liegt ca. 1 MeV höher als der für ^{207}Pb u. ^{209}*Bi* durch direkten Vgl. unter gleichen Bedingungen erhaltene Wert. Die Energieskala wurde nach der Rk. ^{63}*Cu*(γ, n)^{62}Cu mit einem Schwellenwert von 10,9 MeV geeicht. Der experimentelle Wert von 8,1 MeV für ^{208}Pb weicht von dem nach der WEISZÄCKERschen Formel errechneten um 1,2 MeV ab, was darauf hindeutet, daß die erwartete Diskontinuität in der Kurve für die Bindungsenergie bei ^{209}Bi auftritt. (Proc. physic. Soc., Sect. A **63.** 915. 1/8. 1950. Malvern, A. E. R. E.; Oxford, Clarendon Labor.) GERHARD SCHMIDT. 103

D. C. Brunton und **W. B. Thompson,** *Energieverteilung der Spaltprodukte von* ^{239}*Pu.* Ausführliche Wiedergabe der C. **1949.** E. 359 referierten Arbeit. (Canad. J. Res., Sect. A **28.** 498—508. Sept. 1950. Chalk River, Ontario, Can., Nat. Res. Counc. of Canada, Div. of Atomic Energy Res., Nucl. Phys. Branch.) GOTTFRIED. 103

Monique Conjeaud und **Victor Naggiar,** *Energie der* α*-Teilchen von* ^{239}*Pu.* (Vgl. JESSE u. SADAUSKIS, C. **1951.** I. 287.) Zur Energiemessung der α-Teilchen benutzen Vff. eine Ionisationskammer mit parallelen Platten. Bei der Ionensammlung wird die Ausschlagsdauer durch die Geschwindigkeit der negativen u. positiven Ionen bestimmt. Die Füllung der Kammer besteht aus 99,5% Ar u. 0,5% CO_2. Die Strahlenquelle wird durch Verdampfung einer äther. Plutoniumnitratlsg. auf einer Au-Folie gebildet. Mit einer Feldstärke von 2250 V/cm, 2,5 at u. einem Elektrodenabstand von 2 cm wird für die maximale Ionensammlung eine Zeit in der Größenordnung von 1 mSek. gefunden. Aus 720 Ausschlägen für eine (Po + Pu)-Quelle wird bei Annahme einer Po-α-Energie von 5,298 MeV für Pu eine α-Energie von 5,134 $\pm$0,015 MeV in befriedigender Übereinstimmung mit den von verschied. Autoren nach anderen Methoden erhaltenen Werten gefunden. (C. R. hebd. Séances Acad. Sci. **232.** 499—500. 5/2. 1951.) GERHARD SCHMIDT. 103

Salomon Rosenblum, Manuel Valadares und **Bertrand Goldschmidt,** *Feinstruktur des magnetischen* α*-Spektrums von Plutonium 239.* Nach der Meth. der magnet. Fokussierung wurde das α-Spektr. von ^{239}Pu aufgenommen. Vorläufige Ergebnisse wurden mit drei Quellen verschied. Intensität erhalten, die ca. 1, 3 bzw. 10 μg ^{239}Pu enthielten. Pu wurde durch Verdampfung einer Nitratlsg. auf eine Au-Unterlage niedergeschlagen. Die Expositionszeit betrug 8—30 Tage. Das Spektr. besteht im wesentlichen aus zwei starken Gruppen, die um 50 kV voneinander getrennt sind. Für α_0 von Pu wurde durch Vergleichsmessungen mit α_1 von ThC der Wert von 5147 keV gefunden. Der Spin von ^{239}Pu besitzt wahrscheinlich den gleichen Wert wie der von ^{235}AcU. (C. R. hebd. Séances Acad. Sci. **230.** 638—40. 13/2. 1950.) GERHARD SCHMIDT. 103

Merril Eisenbud und **John H. Harley,** *Radioaktiver Staub aus Kernexplosionen.* Im Rahmen eines Kontrollprogramms der A. E. C. wurden die Änderungen in den Radioaktivitätsniveaus gemessen, die durch Kernexplosionen hervorgerufen worden sind. Das Kontrollsyst. wird beschrieben, die allg. Folgerungen aus den Ergebnissen werden zusammengefaßt. Die manchmal in beträchtlichen Entfernungen vom Ort der Kernexplosion beobachtete Zunahme des Strahlenuntergrundes rührt vom Nd. der Spuren radioakt. Staubes her. Für kurze Zeitabstände unmittelbar nach einer Explosion kann der radioakt. Untergrund merklich zunehmen, jedoch sind die angehäuften Dosismengen aus solchen Ndd. wegen des kurzen Zerfalls der Aktivität gering. Die langlebigen Komponenten der Radioaktivität sind im Vgl. zur natürlichen Radioaktivität der Erdoberfläche u. Atmosphäre von geringer Bedeutung. (Science [Washington] **117.** 141—47. 13/2. 1953. New York, N. Y., New York Operat. Office, U. S. A. E. C.) GERHARD SCHMIDT. 105

J. Berkovitch, *Konstruktive Anwendungen der Atomenergie.* Übersicht über techn. u. industrielle Anwendungsmöglichkeiten der Atomenergie. (Chem. Age **62.** 64—68. 14/1. 1950.) GERHARD SCHMIDT. 105

Kiichi Kimura, *Verwendung von Radioisotopen.* Zur Erläuterung von Tracerverss. werden allg. Angaben über radioakt. Isotope u. ihre Eigg., die Messung ihrer Strahlungen, die Selbstabsorption des Probematerials gebracht. Ein kurzer Überblick über die Anwendungen wird gegeben. (Bull. Inst. chem. Res., Kyoto Univ. [Kagaku Kenkyusho Hokoku] **22.** 1—6. Sept. 1950. [Orig.: japan., Auszug: engl.]) METZENER. 105

Jomar Brun, *Schwerer Wasserstoff und Schweres Wasser.* Übersicht über Analysenmethoden u. techn. Herst. von Schwerem W. (Dest. von W., [d–p]-Ausbeute, Dest. von fl. H_2, Desorptions- u. Diffusionsmethoden, fraktionierte Ausfrierung) sowie über seine Verwendung als Reaktor-Moderator. (Tekn. Ukebl. **100.** 59—65. 22/1. 1953.) GERHARD SCHMIDT. 105

L. U. Hibbard, *Das Protonen-Synchrotron von Birmingham.* Ausführliche Beschreibung des Synchrotrons zur Beschleunigung von Protonen bis zu einer Energie von 10^9 eV. Die techn. Daten werden für den Magneten sowie für die anderen Aggregate (Gleichrichtersyst., Injektionsanordnung) des Beschleunigers aufgeführt. (Nucleonics **7.** Nr. 4. 30—43. Okt. 1950. Birmingham, Univ., Nuffield Labor.) GERHARD SCHMIDT. 112

A. W. McReynolds, *Neutronenmonochromatorkristalle — Fe_3O_4 und Ge.* Einkristalle aus Ge u. Fe_3O_4 als Neutronenmonochromatoren liefern in dem Bereich von 0,7—9 Å höhere Auflösung u. größere Intensität als Flugzeit–Geschwindigkeitselektoren. (Physic. Rev. [2] **88.** 958—59. 15/11. 1952. Upton, N. Y., Brookhaven Nat. Labor.) H. HAUSWALD. 112

Maurice Schérer und **Elisabeth Vieille,** *Die Ausbreitung der Entladung in Geiger-Müller-Zählrohren mit Außenkathode.* Vff. konstruieren ein G.-M.-Zählrohr mit Glaswand, das auf seiner Gesamtlänge 5 verschied. graphitierte Bereiche enthält, die als einzelne Zählrohre arbeiten. Der alle 5 Zählrohre längs u. koaxial durchsetzende Zähldraht (Anode) ist durch Nylonperlen derart in voneinander isolierte Bezirke geteilt, daß diese mit den graphitierten Glaszylindern die einzelnen Zählrohre bilden. Die Drahtstücke u. die Graphitkathoden haben getrennte Spannungszuführungen. Durch Beobachtung der Koinzidenzen zwischen den Partialzählrohren bei Einfall von γ-Strahlung kann gezeigt werden, daß $1,8 \pm 0,1$% der Impulse des Zählrohres durch lichtelektr. Prozesse an der Kathode ausgelöst werden. Wirksam sind dabei die Photonen, die im organ. Dampf des Zählrohres nicht absorbiert werden u. an der negativen Wand Photoelektronen auslösen. (C. R. hebd. Séances Acad. Sci. **231.** 964—66. 6/11. 1950.) REUSSE. 112

W. R. Loosemore und **Denis Taylor,** *Temperaturabhängigkeit von Zählercharakteristiken in selbstlöschenden Geiger-Müller-Zählrohren.* Die Neigung des Auslösebereiches, Länge des Auslösebereiches u. Schwellenspannung werden als Funktion der Temp. an Zählrohren mit Ar–A.-Mischung untersucht. Es werden Zählrohre mit zwei Kathodenarten — Metall u. Graphit — verwendet. Weitere Messungen werden an Zählrohren mit Außenkathode vorgenommen. Der Temperaturkoeff. der Außenkathodenzähler ist klein gegenüber dem der Innenkathodenzähler. (Proc. physic. Soc., Sect. B **63.** 728—29. 1/9. 1950. Harwell, Berks.) W. E. REICHARDT. 112

B. Collinge, *Wasserstoffgefüllte Geiger-Zähler.* Es werden Gaszählrohre in Verbindung mit einem neuartigen Löschkreis beschrieben. Die Zeitkonstanten betragen ca. 45 Sekunden. Es wird gezeigt, daß ca. $5 \cdot 10^5$ Impulse pro Min. mit einer Genauigkeit von 1% gezählt werden können. (Proc. physic. Soc., Sect. B **63.** 665—74. 1/9. 1950. Liverpool, Univ.) W. E. REICHARDT. 112

Gilbert Barrère, *Geiger-Zähler mit Xenonfüllung.* Vf. beschreibt selbstlöschende GEIGER-Zähler mit Xe-Füllung, die horizontale Bereiche von 400 V bei einem Verlust von 3% besitzen. Durch Modifizierung der Gasfüllung, des Gasdruckes u. der Fensterdicke können diese Zähler für Höhenstrahlen sowie für Röntgenstrahlen Verwendung finden. (C. R. hebd. Séances Acad. Sci. **233.** 1442—44. 3/12. 1951.) GERHARD SCHMIDT. 112

R. O. Jenkins und **R. W. Taylor,** *Äthylformiat als löschendes Mittel in Geiger-Müller-Zählrohren.* Vff. empfehlen die Anwendung von Äthylformiat als Löschmittel in G.-M.-Zählrohren für Tempp. unterhalb 10° mit 98% Ar als permanentes Gas u. mit Ni, Al u. Natronkalkglas als Kathodenoberflächen. (J. sci. Instruments **27.** 254. Sept. 1950. Wembley, General Electric Co., Res. Labors.) KLEVER. 112

J. V. Jelley, *Čerenkov-Detektoren.* Übersicht über die Eigg. der ČERENKOV-Strahlung, die Nachweismethoden u. die Verwendung dieser Detektoren. Die Vorteile des wiedergegebenen ČERENKOV-Detektors bestehen in einer extrem kurzen Impulsdauer ($\sim 10^{-10}$ Sek.), in einer bestimmten, von dem Beugungsindex des Materials abhängigen Schwellenenergie, in einer Präzisionsbest. der Geschwindigkeit der geladenen Teilchen u. in der Abwesenheit eines phosphorescierenden Nachleuchtens. (Atomics **4.** 81—90. 100. April 1953. Harwell, A. E. R. E.) GERHARD SCHMIDT. 112

C. F. Powell, *Die Verwendung von Abstreifemulsionen (stripped emulsions) zur Registrierung der Bahnspuren geladener Teilchen.* Die Vorteile der Verwendung von Stapeln von Kernemulsionen ohne Glasträger (stripped emulsions) für verschied. Probleme werden beschrieben. Hierbei werden bis zu 50 „stripped emulsions" von 600 μ Dicke, durch eine Lage von dünnem Papier (0,1 mg/cm²) getrennt, zu einem für geladene Teilchen empfindlichen Paket von $\sim$ 30 mm Dicke vereinigt. Für das warme Stadium der Temperaturentw. wird $\sim 25^0$ empfohlen. Bei einer Vergrößerung von 100 lassen sich Bahnspuren von schweren Mesonen in $\sim$ 20 Min. durch 10 Emulsionen verfolgen. (Philos. Mag. [7] **44.** 219—22. Febr. 1953. Bristol, Univ., H. H. Wills Phys. Labor.) EICHHOFF. 112

—, *Filmdosimetrieforschung.* Zum Schutz von Personen gegen Strahlenschäden durch Elektronen hat das U. S. NATIONAL BUREAU OF STANDARDS die Schwärzungscharakteristik von zwei Filmsorten bestimmt. Bei Exposition mit Elektronen von 0,5—1,4 MeV ist die Schwärzung der aufgenommenen Dosis linear proportional u. von der Energie der auftreffenden Elektronen unabhängig. Abb. der Kontrollvorr. u. des Filmhalters. (Atomics **4.** 91—94. 98. April 1953.) GERHARD SCHMIDT. 112

O. R. Frisch, Progress in nuclear physics. V. 2. New York: Academic Press. 1953. (303 S. m. Abb.) $ 9,25.

A_2. Optisches Verhalten der Materie.

A. McKellar, G. J. Odgers, L. H. Aller und **D. B. McLaughlin,** *Großbewegungen von ionisiertem Calcium in der Atmosphäre eines Riesensterns.* Das Syst. des spektroskop. Doppelsterns 31 Cygni, bestehend aus einem Riesen vom K-Typ u. einem kleinen heißen Stern vom B-Typ, wurde während der Finsternis vom 1/6. 1951 bis 8/1. 1952 durch Spektralaufnahmen der Ca II-Linien ($\lambda\lambda$ 3968 u. 3933 Å) überwacht. Die Absorption der Ca II-Linie 3933 Å in der ausgedehnten Atmosphäre des K-Sterns gegen den von dem B-Stern gelieferten kontinuierlichen Untergrund wurde verfolgt, u. es zeigten sich, abgesehen von den Intensitätsveränderungen, ausgesprochene Unterschiede wechselnden Charakters in Richtung des DOPPLER-Effektes an dieser Linie, welche durch die Bewegungen von Wolken ionisierten Ca in der hohen Atmosphäre des K-Riesen erklärt werden. (Nature [London] **169.** 990—92. 14/6. 1952. Victoria, B. C., Dominion Astrophys. Obs., u. Ann Arbor, Mich., Univ. of Michigan, Observ.) EICHHOFF. 113

O. C. Wilson und **Arthur Abt,** *Der spektroskopische Doppelstern BD + 40⁰ 4220 vom Of-Typ.* Die Komponenten des spektroskop. Doppelsterns BD + 40⁰ 4220 sind vom Spektraltyp Of u. Og bei einer Periode von 6,600 ± 0,002 Tagen. Die M. des Og-Sterns (wahrscheinlich ein Riese oder Überriese) ist $\sim$4mal größer als die des Of-Sterns. Period. Schwankungen in der Sichtbarkeit von Absorptionslinien werden diskutiert. (Astrophysic. J. **114.** 477—81. Nov. 1951. California Inst. of Technol., Carnegie Inst. of Washington, Mt. Wilson and Palomar Obss.) EICHHOFF. 113

M. W. Wolkenstein, M. A. Jeljaschewitsch und **B. I. Stepanow,** *Über die Theorien der spektroskopischen Erscheinungen der Wasserstoffbindung.* Von den in der Literatur vorliegenden Theorien der durch die H-Bindung verursachten spektroskop. Erscheinungen gibt nur die Prädissoziationstheorie eine Erklärung für alle experimentellen Befunde. Die Fluktuationserscheinungen sind offenbar nur sek. Natur. Die Theorie der Frequenzmodulation stellt eine ungenügend begründete Übertragung des Quantenbildes des Spektr. der H-Bindung in die klass. Sprache dar u. ist somit keine neue Theorie. (Журнал Физической Химии [J. physik. Chem.] **24.** 1158—64. Sept. 1950. Leningrad, Shdanow-Univ. u. Inst. für Präzisionsmechanik u. Optik.) R. K. MÜLLER. 114

I. B. Borowski und **T. M. Golowner,** *Die Multiplizität von Röntgenemissionsspektren.* Unter Annahme der Gültigkeit der Auswahlregeln läßt sich nach Vff. die bei den *Seltenen Erden* beobachtete Multiplizität der M-Röntgenemissionslinien durch eine Wechselwrkg. zwischen den 3d- u. 4f-Zuständen deuten. (Доклады Академии Наук СССР [Ber. Akad. Wiss. UdSSR] [N. S.] **88.** 233—36. 11/1. 1953. Moskau, Lomonossow-Univ., Physikal. Fak.) AMBERGER. 116

Lazare Goldzahl, *Anregung verbotener Linien in einem Hochdruckquecksilberbogen.* In einer MAZDA MA-300-Lampe (Hg-Druck $\sim$12 atü) werden die verbotenen Hg-Linien 2490,2 Å ($2p_2$—$5p_3$); 3144,6 Å ($2p_2$—$3p_1$); 2486,9 Å ($2p_2$—$5p_1$); 2648,2 Å ($2p_1$—$7p_2$);

2410 Å ($2p_3-6p_3$); 2259,2 Å ($2p_3-7p_1$) festgestellt. Daraus geht hervor, daß das von den stromleitenden Ionen hervorgerufene Feld in dieser Lampe einem äußeren elektr. von >25000 V/cm äquivalent ist. (C. R. hebd. Séances Acad. Sci. **230.** 382—84. 23/1. 1950.) Eichhoff. 118

S. M. Naudé und **H. Verleger,** *Die Störungen im Bandenspektrum des Schwefelmoleküls.* Auf Grund experimenteller Unterss. des Emissionsbandenspektr. des Schwefelmol. von Naudé (C. **1948.** E. 12) wird versucht, die Schwingungs- u. gegebenenfalls Rotationsstörungen zu erklären. Die für die Triplettkomponenten der Schwefelbanden charakterist. Größen werden übereinstimmend mit der Theorie von Kramers (Z. Physik **52.** [1929.] 422) berechnet. Es wird gezeigt, daß die Schwingungsniveaus des oberen Zustandes $v' = 1, 3, 5$ ungestört u. $v' = 2, 4, 6, 7$ gestört sind. Rotationsstörungen wurden nicht gefunden. (Z. Physik **128.** 173—79. 1950. Pretoria, Südafrika, Nat. Phys. Labor.) Lindberg. 118

William F. Meggers und **Karl G. Kessler,** *Hyperfeinstruktur der Spektrallinien von Technetium* (${}^{99}_{43}Tc$). Vff. beobachten in den Spektren von Tc I u. Tc II mehr als 2100 neue Spektrallinien. Sie erklären die Hauptlinien bei den Spektren als Übergänge zwischen identifizierten Atomenergieniveaus. Ferner untersuchen sie mit einem Fabry-Perot-Interferometer u. einem Prismenspektrographen die Hyperfeinstruktur. Das mechan. Moment des ${}^{99}_{43}$Tc-Kernes wird mit $9/2 \cdot h/2\pi$ angegeben. (Physica **17.** 484. März/April 1951. Washington, D. C., Nat. Bur. of Stand.) D. Hahn. 118

Je. F. Gross und **W. A. Kolessowa,** *Ramaneffekt zweikomponentiger Silicatgläser.* Vff. untersuchen die Raman-Spektren zweikomponentiger Silicatgläser, u. zwar 85—57 (Mol-%) SiO_2, 15—43 K_2O; 80—50 SiO_2, 20—50 Na_2O; 70 SiO_2, 30 Li_2O. Die Raman-Spektren von gleiche mol. Mengen (30%) Alkalioxyd enthaltenden Gläsern sind im wesentlichen ähnlich; die Zahl der Linien ist gleich; mit Ausnahme der Banden 940 cm^{-1} beim Na- u. Li-Glas bzw. 980 cm^{-1} beim K-Glas stimmen innerhalb der Fehlergrenzen die Absolutwerte der Frequenzen überein. Bei Steigerung des Alkalioxydgeh. bleiben die Frequenzen zum Teil erhalten, zum Teil nehmen sie systemat. zu oder ab. Die K- u. Na-Gläser verhalten sich dabei analog. Alle beobachteten Raman-Frequenzen haben ihre Analogien im Spektr. von geschmolzenem SiO_2, woraus der Schluß gezogen werden kann, daß in den Spektren dieser Gläser lediglich verschied. Schwingungen der Si-Atome relativ zu den O-Atomen auftreten; in keinem Fall treten Banden auf, die mit Sicherheit Schwingungen des O-Atoms relativ zum Alkalimetall zugeordnet werden könnten. Alle „anomalen", in den Versuchsreihen K_2O–SiO_2 u. Na_2O–SiO_2 auftretenden Änderungen erfolgen bei einem Geh. von über 40 Mol-% Alkalioxyd; bei 50 Mol-% Na_2O tritt das für glasförmiges *Metasilicat* charakterist. Spektr. auf. (Журнал Физической Химии [J. physik. Chem.] **26.** 1673—80. Nov. 1952. Leningrad, Inst. für Silicatchem. der Akad. der Wiss. der UdSSR, u. Shdanow-Univ.) Amberger. 120

W. Brügel, *Das Reflexionsspektrum des Quarzglases bei 9 μ.* Das Reflexionsspektr. von Quarzglas wird im Bereich der selektiven Reflexion von 7,5—10,25 μ bei einem Abstand der Meßpunkte von 0,025 μ untersucht. Das Reflexionsvermögen beginnt bei 7,7 μ von einem sehr kleinem Wert anzusteigen u. zeigt von 8,2—8,5 μ u. von 8,8 bis 9,3 μ Abweichung vom monotonen Verlauf. Im ersten Gebiet sind 4, im zweiten 5 Einzelmaxima. Im Gebiet des Hauptmaximums um 9 μ stimmen die Maxima mit den entsprechenden für kristallinen Quarz überein, für das Gebiet des Nebenmaximums um 8,3 μ besteht nur bei zwei Maxima Übereinstimmung. (Z. Physik **128.** 255—59. 1950. Mainz.) Lindberg. 122

Roger Servant, *Dispersion der molekularoptischen Anisotropie mit der Wellenlänge und die Kerr- und Cotton-Mouton-Effekte.* (Vgl. C. **1950.** I. 1820.) Ausgehend von den Ergebnissen der Doppelbrechung einachsiger Kristalle u. den elektr. u. magnet. Doppelbrechungen der Fll. (Kerr- u. Cotton-Mouton-Effekte) entwickelt Vf. Formeln zur Berechnung der Dispersion der molekularopt. Anisotropie mit der Wellenlänge. Die numer. Auswertung zeigt, daß diese Dispersion angenähert parallel der Brechung verläuft u. damit sich auch mit der Wellenlänge ändert. Errechnete Dispersionswerte sind für *Quarz* tabellar. zusammengestellt. Die für eine Reihe organ. Fll. — *Chlorbenzol, Nitrobenzol,* CS_2 u. *Toluol* — errechneten Dispersionswerte stimmen gut mit den experimentellen Werten überein. (J. Physique Radium **11.** 153—59. April 1950.) Gottfried. 122

Frank Matossi und **Sol Nudelman,** *Einfluß elektrischer Felder auf die Luminescenz.* Quantitative Angaben über die Emissionsänderung UV-erregter *ZnS·Cu*-Phosphore bei Einw. eines elektr. Feldes. Es werden Phosphorschichten (0,2 mm) zwischen leitendem Glas u. der Cu-Elektrode bei Wechselspannungen von 0—400 V u. Frequenzen bis 10 kHz untersucht (Lichtmessung mit Multiplier u. Oscillograph). Die Intensität des UV-erregten Phosphors wird bei Einschaltung des Wechselfeldes (10 kHz) momentan erniedrigt u. steigt langsam (mehrere Sek.) wieder auf seinen ursprünglichen Wert (Prozeß A). Feldabschaltung führt umgekehrt zu einer momentanen Intentitätserhöhung mit anschließendem zeitlichen Abfall auf den Ursprungswert (Prozeß B). Intensitätserhöhung bei B u. Erniedrigung bei A sind der angelegten Feldstärke proportional u. von der Frequenz abhängig. Bei 60 Hz tritt Prozeß B nicht mehr auf. Ein- u. Abschalten von Gleichfeldern ergibt nur kurzzeitige (10^{-4} Sek.) Intensitätsänderungen. Bei stärkerer zeitlicher Auflösung des Auslöschvorganges A werden am Oscillographen kurzzeitige Fluktuationen im Intensitätsverlauf (bei 50 Hz-Feldern) beobachtet. (Physic. Rev. [2] **89.** 660—61. 1/2. 1953. White Oak, Md., U. S. Naval Ordnance Labor.) RUDOLPH. 125

E. H. Belcher, *Luminescenz wässeriger Lösungen radioaktiver Isotope und der Čerenkov-Effekt.* Im Rahmen einer quantitativen Unters. der Luminescenzintensität wss. Lsgg. der radioakt. Isotopenionen $^{35}S^{2-}$, $^{45}Ca^{2+}$, $^{60}Co^{2+}$, $^{59}Fe^{3+}$, $^{131}J^-$, $^{32}PO_4^{3-}$, $^{42}K^+$ u. von ^{198}Au, die alle β'-Strahler mit Energien zwischen ca. 0,17 u. 3,6 MeV sind, werden die mittleren Intensitäten J_β der als ČERENKOV-Strahlung identifizierten Luminescenz (zwischen 3000 u. 7000 Å) pro anregendes β-Teilchen als Funktion der maximalen Energie E der β-Teilchen bestimmt. Der Verlauf von J_β mit E entspricht gut dem nach der Theorie von FRANK u. TAMM zu erwartenden Verlauf. Für die Emissionsintensitäten wurden ein mit fl. Luft gekühlter Multiplier mit Linearverstärker u. ein Zählrohr benutzt. (Nature [London] **170.** 571—72. 4/10. 1952. London, Roy. Cancer Hosp., Phys. Dep.) RUDOLPH. 125

R. Allan Hunt und **Robert H. Schuler,** *Sättigung bei der Röntgenstrahlverfärbung von Korundeinkristallen.* Al_2O_3-Einkristalle werden durch Röntgenstrahlen (Wellenlänge um 0,2 Å) verfärbt. Die charakterist. Farbbanden, deren Höhe eine Sättigungsgrenze hat, liegen bei 250, 400 u. 650 mμ mit abnehmender Intensität in dieser Reihenfolge. γ-Strahlen wirken ähnlich, jedoch mit geringerer Ausbeute. Die Farbzentrenkonz. pro cm³ ist schätzungsweise $2 \cdot 10^{15}$. Durch Erhitzen auf 1000° werden die Kristalle wieder entfärbt. Die Vorgänge sind reversibel. Bei 500° ist eine schwache rötliche Thermoluminescenz beobachtbar. (Physic. Rev. [2] **89.** 664. 1/2. 1953. Buffalo, N. Y., Canissium Coll., Dep. of Phys. and Chem.) RUDOLPH. 125

James H. Schulman, Robert J. Ginther und **Clifford C. Klick,** *Einige optische Eigenschaften von NaCl–Pb-Phosphoren.* Aus der Schmelze erhaltene NaCl–Pb-Phosphore (I) absorbieren bei 2730 u. 2900 Å. Wird I mit niedrigem Pb-Geh. mit 2730 Å bestrahlt, so tritt UV-Emission mit einem Maximum bei 3200 Å auf; entsprechend bei Einstrahlung von 2900 Å Auftreten von Emission mit dem Maximum bei 4500 Å. I mit höherem Pb-Geh. gibt bei Einstrahlung von 2730 Å auch Emission bei 3850 Å. Durch Fällen gewonnenes I zeigt die gleichen opt. Eigg., kann aber auch durch Einstrahlung von 2600 Å zur Emission mit einem Maximum bei 3300 Å u. von sichtbarem Licht angeregt werden. I ist instabil u. wird nach einigen Tagen bei 20° unbrauchbar, schneller bei 130° oder bei Einw. von Röntgenstrahlen. (Physic. Rev. [2] **81.** 321. 15/1. 1951; Bull. Amer. physic. Soc. **25.** Nr. 5. 33. 24/11. 1950. Naval Res. Labor.) FUCHS. 125

M. L. Katz, *Luminescenz der Ionen- und Atomzentren von Silber in röntgenisierten NaCl·Ag-Phosphoren.* (Vgl. C. **1953.** 1125.) In NaCl·Ag-Einkristallphosphoren existieren zwei Arten von Ag-Atomzentren, die sich durch ihre therm. Beständigkeit u. ihr Fluorescenzspektr. unterscheiden. Die Intensität der durch Ag-Ionenzentren bedingten Bande bei 450 mμ nimmt mit einer Steigerung der Röntgenbestrahlungsdauer des Phosphors ab, die der durch Ag-Atomzentren bedingten Bande bei 630 mμ zu. Vf. untersucht ferner Phosphorescenzspektren, Abklingung u. therm. Ausleuchtung von NaCl·Ag u. stellt fest, daß die Form der Ausleuchtkurven u. die Intensität der für das entsprechende F-Zentrum charakterist. Verfärbung von der Aktivatorkonz. abhängen. Auf der Grundlage der erhaltenen experimentellen Ergebnisse werden Vorstellungen über die Natur der Leuchtzentren geäußert. (Журнал Экспериментальной и Теоретической Физики [J. exp. theoret. Physik] **23.** 720—27. Dez. 1952. Saratow, Univ.) AMBERGER. 125

A₃. Elektrizität. Magnetismus. Elektrochemie.

I. Ss. Stekolnikow, *Untersuchung der Natur des langen Funkens.* 1. Mitt. Es werden in vorliegender Mitt. die Einrichtungen zur Erzeugung langer Funken u. die Methoden der Registrierung des Entladungsstromes u. zu seiner Messung beschrieben. Bes. wird die Meth. der photograph. Aufnahme der Entladung mit einem Quarzlinsenobjektiv u. die zeitliche Auswertung behandelt. (Известия Академии Наук СССР, Отделение Технических Наук [Nachr. Akad. Wiss. UdSSR, Abt. techn. Wiss.] **1952.** 1687—99. Nov.) A. KUNZE. 131

Ss. Ss. Wassiljew, *Energiebilanz und Funktion der stationären Energieverteilung bei den physikalisch-chemischen Prozessen der elektrischen Entladung.* Aus der Berechnung der Zahl der effektiven Stöße der Elektronen mit Moll. in der Zeiteinheit, die zur energet. Anregung der Moll. führen, wird die Energiebilanz der Entladung u. das Energieverteilungsgesetz bei den verschied. in elektr. Entladungen auftretenden Elementarprozessen abgeleitet. Mit einer Änderung des Verhältnisses zwischen dem Gradienten des Entladungsvorganges zum Gasdruck in der Entladungszone ändert sich auch das Verhältnis der zur Anregung höherer Energieniveaus verwendeten u. der bei elast. Stößen zwischen Elektronen u. Moll. zerstreuten Energie. Vf. untersucht verschied. Formen der Energieverteilung bei der Aktivierung chem. Prozesse in Hochfrequenzentladungen. Es wird eine Beziehung zwischen der Gleichung der Energiebilanz u. der Funktion der stationären Verteilung u. der Gleichung der positiven Entladungssäule festgestellt. (Журнал Физической Химии [J. physik. Chem.] **24.** 1107—21. Sept. 1950. Moskau, Lomonossow-Univ., Lehrstuhl für physik. Chem., Labor. für anorgan. Katalyse u. Gaselektrochem.) R. K. MÜLLER. 131

Harold Jacobs und **Jack Martin,** *Die Rolle der Kathodentemperatur bei der Glimmentladung.* Es wurde die Rolle der Temp. von oxydbedeckten Kathoden in der Glimmentladung von *Ar*, *Ne* u. Gemischen von Ne u. Ar sowie von *Hg*-Dampf u. Ar untersucht. Für Röhren ohne Hg-Dampf ergab sich für Kathodentempp. zwischen 300 u. 750° K, daß das Funkenpotential mit zunehmender Temp. fällt u. daß die Regulierungsspannung mit zunehmender Kathodentemp. ansteigt. Für Ar + Hg-Dampf fällt dagegen die Regulierungsspannung mit zunehmender Kathodentemperatur. Der geringste stützende Strom in einer Glimmentladung fällt mit zunehmender Kathodentemp. u. steigt mit zunehmendem Druck an. Die Stromdichte in der Glimmentladung ändert sich roh linear mit dem Druck im Gegensatz zu den Raumladungsableitungen, die eine Änderung mit dem Quadrat des Drucks zeigen. Die Regulierungsspannung schließlich steigt ganz allmählich bei niederen Drucken an. (J. appl. Physics **21.** 681—85. Juli 1950. Fort Monmouth, N. J., Signal Corps Engng. Labors.) GOTTFRIED. 131

A. Michels, C. A. ten Seldam und **S. D. J. Overdijk,** *Die Dielektrizitätskonstante von Argon bei 25° C und 125° C bei Drucken bis zu 2700 Atmosphären.* Die DK. von Ar wurde im Temperaturbereich von 25—125° u. bei Drucken bis zu 2700 at gemessen u. die CLAUSIUS-MOSOTTI-Funktion errechnet. (Physica **17.** 781—87. Aug. 1951. Amsterdam, Gemeente-Univ., Van der Waals Labor.) K. L. WOLF. 132

E. Burstein, Paul L. Smith und **B. Henvis,** *Die Temperatur- und Druckabhängigkeit der Dielektrizitätskonstante von kubischen Kristallen.* (Sitzungsbericht.) Die Temperatur- u. Druckabhängigkeit der opt. u. stat. Polarisierbarkeit der Kristalle wird auf die Abhängigkeit der Frequenzen u. Intensitäten der Absorptionsbanden im UV u. Ultraroten von den Atomabständen u. den Amplituden der Atomschwingungen zurückgeführt. Für opt. Frequenzen ist der Einfl. der Änderung der mol. Polarisierbarkeit auf die Änderung der DK. kleiner als der Einfl. der Änderung der Zahl der Atome pro cm^3 (ausgenommen MgO, ZnS u. Diamant). Bei niedrigeren Frequenzen liegt das umgekehrte Verh. vor (ausgenommen die Tl-Halogenide). (Physic. Rev. [2] **81.** 322. 15/1. 1951; Bull. Amer. physic. Soc. **25.** Nr. 5. 34. 24/11. 1950. Naval Res. Labor.) FUCHS. 132

M. Kornetzki, *Die Dielektrizitätskonstante des Bariumtitanats.* Die weitgehende Analogie zwischen der spontanen elektr. Polarisation des Bariumtitanats u. dem Mechanismus der Verschiebung der BLOCH-Wände in einem Ferromagnetikum veranlaßt Vf. zur versuchsweisen Übertragung einer von BECKER u. KERSTEN abgeleiteten Gleichung für die Anfangspermeabilität auf das Ferroelektrikum $BaTiO_3$. Die Einkristallwerte für Sättigungspolarisation u. -elektrostriktion liefern hiernach eine Anfangs-DK. $\varepsilon_a = 160$, an Stelle des gemessenen ε_a von 1000—2000. Diese Diskrepanz wird jedoch durch Verwendung der für polykristallines $BaTiO_3$ ermittelten Werte von $\varepsilon_a = 700$ gemildert. Gründe für die noch vorhandene Abweichung werden diskutiert. (Z. Physik **128.** 605—13. 7/12. 1950. Heidenheim, Siemens & Halske Akt.-Ges., Zentrallabor.) TELTOW. 132

Gottfried Möltgen, *Dielektrische Untersuchungen an Ferriten.* Die Form der Probekörper, die Anbringung geeigneter Elektroden sowie die elektr. Meßmeth. in verschied. Frequenzbereichen werden eingehend erörtert. Die Messungen ergaben bei hohen Frequenzen einen konstanten ε_r-Wert, der dann zu niedrigen Frequenzen hin bis auf sehr hohe Werte ansteigt. Im Gebiet des ε_r-Anstieges hat tg δ_e ein Maximum, mit steigender Frequenz fällt tg δ_e in doppelt logarithm. Darst. nach einer Geraden mit ca. 45° Steigung ab. Das tg δ_e-Maximum liegt bei um so höheren Frequenzen, je größer die Leitfähigkeit der Probe ist. Die Messungen werden ausführlich diskutiert, es wird festgestellt, daß Ferrite innerhalb eines Frequenzbereiches von 50 Hz bis 20 MHz sich wie Stoffe mit inhomogener Struktur verhalten. Auf Grund der außerordentlich hohen ε_r-Werte bei kleinen Frequenzen kann angenommen werden, daß sich zwischen den einzelnen Ferritkristallen sehr dünne Luftschichten befinden u. sich an ihren Berührungsstellen Übergangswiderstände bilden, deren spezif. Werte höher als die der Ferritkristalle selbst, im Vgl. zu Isolierstoffen aber doch nicht so hoch sind, daß die in ihnen auftretenden Verluste gegenüber den in den Ferritkristallen auftretenden vernachlässigt werden können. Der Vgl. mit dem genau durchgerechneten (ausführliche Rechnung) Zweischichtkondensator, wobei die Verluste in beiden Schichten berücksichtigt worden sind, zeigt, daß die Luftschichten sehr dünn sein müssen. Daher ist es auch verständlich, daß keine magnet. Scherung beobachtet werden konnte, sondern die Präpp. das magnet. Verh. der Ferrite zeigen. Weiter ergibt sich daraus, daß die Ferrite sich meist schon bei Frequenzen von einigen kHz, dielektr. gesehen, quasihomogen verhalten, was man daran erkennt, daß ε_r auf einen konstanten Wert, der bei allen Ferriten bei ca. 10 liegt u. sich auch bei sehr hohen Frequenzen bis 4000 MHz nicht mehr ändert, abgesunken ist. (Z. angew. Physik **4.** 216–24. Juni 1952. Aachen.) H. W. LEVI. 132

Eberhard Spenke, *Der Scheinwiderstand von Kristallgleichrichtern bei starker Gleichstromvorbelastung in Sperrichtung.* Frühere, für tiefe Frequenzen gültige Rechnungen des Vf. zur Diffusionstheorie der Kristallgleichrichter werden auf höhere Frequenzen, die nur noch klein gegen die Relaxationsfrequenz des Halbleiterinnern zu sein brauchen, erweitert. Die Rechnung ergibt für Erschöpfungsschichten (Abspaltung der Leitungselektronen von fast sämtlichen Donatoren) die strenge Gültigkeit des 1929 von SCHOTTKY u. DEUTSCHMANN eingeführten Ersatzschaltbildes aus Widerstand u. Parallelkapazität. Die von BARDEEN angenommene Gültigkeit der „Festschichthypothese" (Annahme, daß die Elektronenverteilung in der Randschicht trotz Wechselbelastung quasi eingefroren ist) ist hier unzutreffend, bewährt sich aber bei nicht zu tiefen Frequenzen für Reserveschichten (nur von einem geringen Bruchteil der vorhandenen Donatoren sind die Elektronen abdissoziiert). (Z. Physik **128.** 586–604. 7/12. 1950. Pretzfeld, Siemens-Schuckertwerke.) TELTOW. 135

Guy W. Lehman, *Fermi-Niveaus in Halbleitern.* (Sitzungsbericht.) Bei der Einstrahlung von Nucleonen werden in einem Halbleiter Donator- u. Acceptorstellen erzeugt (vgl. JOHNSON u. LARK-HOROVITZ, C. **1950.** II. 503 u. vorher). Ist die Zahl der ersteren größer als die der letzteren, so geht ein Halbleitermaterial vom P-Typ in den N-Typ über. Sind beide Zahlen gleich groß, so nähert sich das FERMI-Niveau dem Grenzwert 0,275 eV; hierbei findet ein Übergang vom N-Typ zum P-Typ statt bzw. es wird der Widerstand eines Ausgangsmaterials vom P-Typ verringert, falls die Konz. der Verunreinigungen klein ist (wie z. B. im Ge). (Physic. Rev. [2] **81.** 321–22. 15/1. 1951; Bull. Amer. physic. Soc. **25.** Nr. 5. 33–34. 24/11. 1950. Purdue Univ.) FUCHS. 135

N. C. Jamison und **T. R. Kohler,** *Die Darstellung von dünnen NiO-Filmen mit Lithiumverunreinigungen.* (Sitzungsbericht.) Zur Darst. von dünnen NiO-Filmen mit verschied. Li-Geh. wurden metall. Ni u. Li im Vakuum auf eine polierte Quarzplatte aufgebracht u. in einem N_2-Strom, der geringe Mengen an O_2 enthielt, auf 500° erhitzt. Die so erhaltenen Filme zeigen Halbleitereigg. u. besitzen eine Dicke von einigen 100–3000 Å. Der Li-Geh. wurde von 2–48 At.-% variiert. Röntgenaufnahmen ergaben für die Kristallite eine Größe von ca. 1000 Å. Vgl. auch nachst. Referat. (Physic. Rev. [2] **81.** 322. 15/1. 1951; Bull. Amer. physic. Soc. **25.** Nr. 5. 34. 24/11. 1950. Philips Labor. Inc.) FUCHS. 135

T. R. Kohler und **N. C. Jamison,** *Die elektrischen Eigenschaften von dünnen Filmen aus NiO mit Lithiumverunreinigungen.* (Sitzungsbericht.) Von den im vorst. Ref. genannten NiO–Li-Filmen wurde die Abhängigkeit des elektr. spezif. Widerstandes R vom Li-Geh. (c = 2–48 At.-%) gemessen. In der Umgebung von c = 30 geht die (R, c)-Kurve durch ein breites Minimum mit $R_{min} = 5\ \Omega \cdot cm$. Die Temperaturabhängigkeit von R (Messungen zwischen 30 u. 60°) läßt sich darstellen durch $R = A \cdot \exp(-B/T)$ mit $B = 3800$ für $c = 2$ u. $B = 2600$ für $c = 48$. A geht bei $c = 28$ durch ein Maximum. Thermoelektr. Messungen zeigen, daß für $c < 30$ Leerstellenleitung vorliegt. Die Ergebnisse stehen mit der Annahme im Einklang, daß durch jedes Li-Atom ein Ni-Ion dreiwertig wird. (Physic. Rev. [2] **81.** 322. 15/1. 1951; Bull. Amer. physic. Soc. **25.** Nr. 5. 34. 24/11. 1950.) FUCHS. 135

H. B. Huntington, *Ausdehnung der Makinsonschen Theorie der lichtelektrischen Emission auf ein periodisches Potential.* Die MAKINSONsche Behandlung der lichtelektr. Emission für ein Metall durch Best. der Übergangswahrscheinlichkeit unter der Annahme eines Modells mit freien Elektronen wird durch Einführung BLOCHscher Wellenfunktionen für ein period. Feld erweitert u. auf Elektronen am oberen Rand eines gefüllten Energiebandes angewandt. (Physic. Rev. [2] **89.** 357–58. 15/1. 1953. Troy, N. Y., Rensselaer Polytechn. Inst., Phys. Dep.) RUDOLPH. 135

H. B. Huntington und **L. Apker,** *Über die Übergangswahrscheinlichkeit für die photoelektrische Emission von Halbleitern.* (Sitzungsbericht.) Für eine (100)-Oberfläche einer einfach-kub. Struktur ergibt sich die Anregungswahrscheinlichkeit für die photoelektr. Emission als proportional zu $E_0 - E$ (E_0 = Energie eines besetzten Bandes, E = Energie im Anfangszustand). Die Energieverteilung der emittierten Elektronen wird bei hohen Energien durch den Faktor $(E_0 - E)^{3/2}$ bestimmt. Das Ergebnis steht im Einklang mit an einatomigen Halbleitern (z. B. Te) erhaltenen experimentellen Daten. Vff. nehmen an, daß die Beziehung auch für kompliziertere Kristalle gilt. (Physic. Rev. [2] **81.** 321. 15/1. 1951; Bull. Amer. physic. Soc. **25.** Nr. 5. 33. 24/11. 1950. General Electric Res. Labor.) FUCHS. 135

L. Apker und **E. Taft,** *Durch Excitonen verstärkte photoelektrische Emission der F-Zentren von Alkalijodiden bei 85° K.* (Sitzungsbericht.) Fortführung der C. **1951.** I. 2846 beschriebenen Versuche. Die photoelektr. Ausbeute von *KJ* zeigt bei 85° K zwei Maxima, die durch ein scharfes Minimum nahe des opt. Maximums getrennt sind. Ähnliche Erscheinungen wurden bei *RbJ* beobachtet. Die Ergebnisse werden nach FANO (Physic. Rev. [2] **58.** [1940.] 544) auf eine Vernichtung der Excitonen an der Oberfläche zurückgeführt. (Vgl. hierzu auch nachst. Referat.) (Physic. Rev. [2] **81.** 321. 15/1. 1951; Bull. Amer. physic. Soc. **25.** Nr. 5. 33. 24/11. 1950. General Electric Res. Labor.) FUCHS. 135

Malcolm H. Hebb, *Der Mechanismus der durch Excitonen verstärkten Emission von Photoelektronen im RbJ.* (Sitzungsbericht.) Diskussion der im vorst. Ref. mitgeteilten Ergebnisse. Die durch die Absorption von Photonen im RbJ-Kristall erzeugten Excitonen diffundieren ohne Energieverlust bis zu den F-Zentren, wo sie unter Erzeugung von Elektronen verschwinden. Nur genügend energiereiche Elektronen können die Kristalloberfläche verlassen. Bei der Vernichtung von Excitonen in der Nähe der Oberfläche kann eine Verringerung der Elektronenausbeute auftreten, falls der opt. Absorptionsbereich schmal ist. Den gleichen Effekt gibt eine Verarmung an F-Zentren nahe der Oberfläche. (Physic. Rev. [2] **81.** 321. 15/1. 1951; Bull. Amer. physic. Soc. **25.** Nr. 5. 33. 24/11. 1950. General Electric Res. Labor.) FUCHS. 135

Arnold H. Kahn und **C. Kittel,** *Die Wellenfunktionen der F-Zentren und die elektronischen g-Werte in KCl-Kristallen.* Wie HUTCHISON u. NOBLE (vgl. C. **1953.** 4977) aus Beobachtungen der Spinresonanz der F-Zentrenelektronen an durch K-Überschuß gefärbten KCl-Kristallen fanden, beträgt hier der g-Faktor 1,995 ± 0,001. Dieser Wert weicht um $\Delta g = -0{,}007 \pm 0{,}001$ von dem des freien Elektrons (2,0023) ab. Diese Verschiebung, obwohl klein, ist von großer Bedeutung für die Winkelabhängigkeit des Grundzustandes der F-Zentrenelektronen. Vff. zeigen, daß zur Klärung der Größe dieser Verschiebung es nicht möglich ist, das theoret. Standardmodell eines S-Elektrons in einem Zentralfeld zu benutzen. Die Verschiebung Δg kann jedoch näherungsweise dadurch erklärt werden, daß der Grundzustand hauptsächlich G-Charakter zeigt, oder wenn eine mol. Bahnwellenfunktion benutzt wird, die das Überschußelektron unter die Kationen einreiht, welche die Fehlstellen binden. Die beiden Modelle sind eng miteinander verknüpft, jedoch ist das zweite Verfahren aus allg. Gründen anziehender. Die durchgeführte Rechnung ergibt $\Delta g = -1{,}7 \cdot 10^{-3}$, also von der richtigen Größenordnung, aber etwas zu klein. (Physic. Rev. [2] **89.** 315. 1/1. 1953. Berkeley, Calif., Univ. of California, Dep. of Phys.) v. HARLEM. 135

N. Ja. Karchanina und **N. D. Morguliss,** *Einige optische Besonderheiten der Antimon-Cäsium-Photokathoden.* Vff. untersuchten Sb–Cs-Photokathoden mit einer Sb–Cs-Keilmethode mit Au-, Pt-, Al- u. Glasunterlagen. Die spektralen Verteilungskurven des direkten Photoeffektes fallen für Wellenlängen unterhalb 600 mμ für alle Schichtdicken zusammen (Maximum bei 530 mμ), womit Vff. bestätigen, daß der period. Verlauf des direkten Photoeffektes längs des Keils $I_s = f(x)$ auf den ihm zugeschriebenen opt. Faktoren beruht u. nicht durch Inhomogenitäten bedingt ist. Lediglich bei Wellenlängen > 600 mμ tritt bei geringen (~ 5 mμ) Schichtdicken ein langsamer Abfall der spektralen Intensität ein, was Vff. auf geringere Energieverluste der aus dem Innern der Sb–Cs-Kathode austretenden Photoelektronen in der Nähe der langwelligen Grenze zurückführen. Die Kurven $I = f(x)$ sind für die Glasunterlage gegenüber der Al-(Pt)-Unterlage nahezu um 180° phasenverschoben; entsprechend die Reflexionskurven $R = f(x)$ gegenüber $I = f(x)$ bei gleicher Unterlage. Das sogenannte „physikal." Maximum nichtopt. Herkunft bei einer Sb–Cs-Schichtdicke von 10—20 mμ besitzt nur bei der Glas-, nicht bei der Al-Unterlage einen direkten Photostrom. Das bedeutet, daß bei der nichtmetall. Unterlage die Energie der Lichtwelle an der Kathodenoberfläche mit der Abnahme der Sb–Cs-Schicht zunimmt u. damit die Emission erleichtert. Vff. untersuchen u. a. ferner das Absinken der Kurven $I = f(x)$ in einigen Tagen u. ihre (teilweise) Regenerierung durch Beseitigung des sich ausscheidenden metall. Cs mittels Erwärmung, sowie die Verstärkung des Photostromes durch Ausnutzung der in der Sb–Cs-Schicht nichtabsorbierten Strahlung mit Hilfe reflektierender Al-Folien. (Журнал Технической Физики [J. techn. Physik] **20.** 345—52. März 1950. Kiew, Univ., Inst. für Physik der Akad. der Wiss. der UkrSSR.) AMBERGER. 135

C. S. Hung, *Thermionische Emission aus Oxydkathoden: Verzögerungs- und Beschleunigungsfelder.* Die Thermionenemission aus Oxydkathoden (hergestellt durch Aufspritzen von $(Ba, Sr)CO_3$ u. Erhitzen der Kathode auf 500°) wird vom Verzögerungspotential bis zu Beschleunigungsfeldern von 50000 V/cm gemessen. Für starke Verzögerungsfelder ergibt sich gute Übereinstimmung zwischen Theorie u. Versuch. Als Ursache für geringe Abweichungen beim Nullfeld werden Kathodeninhomogenität, Fleckeneffekt oder Reflexionseffekt (dessen Einfl. experimentell nicht entschieden werden kann) genannt. Die Ergebnisse für die Beschleunigungsfelder werden durch 2 Annahmen gedeutet (Fleckeneffekt für kleine Beschleunigung; Feldverstärkung an Spitzen der rauhen Oberfläche), die auch die Abweichungen der Versuchsergebnisse von den Werten der Spiegelbildtheorie von SCHOTTKY (Ann. Physik **44.** [1914.] 1011) erklären. (J. appl. Physics **21.** 37—44. Jan. 1950. Cambridge, Mass., Massachusetts Inst. of Technol.) KÖHN. 135

D. L. Dexter, *Streuung von Elektronen an Punktsingularitäten in Metallen.* Zum Zweck einer Vervollständigung der Theorie der elektr. Leitfähigkeit von Legierungen u. der Beweglichkeit in Halbleitern wird die Streuung der Leitungselektronen an Störatomen auf Zwischengitterplätzen, an Gitterfehlstellen u. an substituierten Fremdatomen untersucht. Hierbei wird auch die Verzerrung des Gitters in der Umgebung der Störstellen berücksichtigt. Die Gitterverzerrung liefert in allen prakt. Fällen nur eine geringe Korrektur (5—10%). Die Änderung des spezif. Widerstandes von *Au, Ag* u. *Cu* je Atomprozent von Fehlstelle–Zwischengitter-Paaren wird auf 10^{-6} $\Omega\cdot$cm geschätzt. (Physic. Rev. [2] **87.** 768—77. 1/9. 1952. Urbana, Ill., Univ. of Ill., Dep. of Physics.) LENZ. 136

J. W. Marx, H. G. Cooper und **J. W. Henderson,** *Strahlungsschädigung und Regenerierung bei Cu, Ag, Au, Ni und Ta.* Es werden die durch 12 MeV-Deuteronenbeschuß ausgelösten Änderungen des elektr. Widerstandes von Cu, Ag, Au, Ni u. Ta als Funktion des Gesamtionenflusses bestimmt. Die Bestrahlungen wurden bei —140° u. —150° durchgeführt; die dabei auftretenden Unterschiede konnten auf einen therm. Regenerationsprozeß zurückgeführt werden, der bereits bei —165° mit meßbarer Geschwindigkeit abläuft. Diese Tieftemperatur-Rk. ist charakterisiert durch eine Aktivierungsenergie von 0,2 ± 0,05 eV für Cu, Ag u. Au u. eine solche von 0,3 ± 0,05 eV für Ni u. Ta. Eine mögliche Deutung des Regenerationsprozesses besteht in der Annahme einer Wanderung von Fehlstellenpaaren im Kristallgitter. (Physic. Rev. [2] **88.** 106—12. 1/10. 1952. Urbana, Ill., Univ. of Illinois.) WEIGEL. 136

R. Lambeir, A. Van Itterbeek und **G. J. Van Den Berg,** *Messungen über den elektrischen Widerstand dünner Eisenfilme bei Temperaturen des flüssigen Heliums.* An dünnen Fe-Filmen (30—200 mμ), welche durch Kathodenzerstäubung in H_2- oder Ne-Gas nach der LOUVAIN-Meth. hergestellt wurden, wird der elektr. Widerstand bei Tempp. des fl. N_2 oder fl. H_2 oder fl. He gemessen. Dabei zeigt sich bei einem Meßstrom von 0 bis 500 μA eine starke Stromabhängigkeit der Widerstände, bes. bei dünnsten Filmen u. den niedrigsten Temperaturen. Man erhält Widerstandsabnahmen bis zu 40%. Gleichzeitig ergibt sich, daß die in Ne-Gas erzeugten Filme einen niedrigeren Temperaturkoeff. haben als die in H_2-Gas hergestellten Filme. Um die Stromabhängigkeit zu erklären, muß man die Spezialstruktur dieser dünnen Filme in Rechnung setzen: Elektronenopt. Aufnahmen zeigen nämlich, daß die Filme aus kleinen Kristallen (0,01 μ) aufgebaut sind, deren Dimensionen kleiner sind als die freie Weglänge der Elektronen u. die durch enge Tunnels getrennt sind. Diese Tunnels entsprechen Potentialschranken, die mit Rücksicht auf die Elektronenenergie in den Metallkörnern ziemlich groß sind. Unter dem Einfl. eines elektr. Feldes kann ein Elektronentunneleffekt in den Schranken eintreten. (Physica **16.** 907—14. Dez. 1950. Leiden, Kamerlingh Onnes Labor.) KLEFFNER. 136

M. Ss. Chaikin, *Messung des Oberflächenwiderstandes von supraleitendem Zinn bei der Frequenz 9380 Megahertz.* Es werden zwei Methoden zur Messung der Güte von Resonatoren beschrieben, die beide für einen Sn-Resonator im Temperaturbereich des fl. He angewendet werden. Die Übereinstimmung der Ergebnisse beider Methoden mit denen von FAIRBANK (Physic Rev. [2] **76.** [1949.] 1106) wird angegeben. (Доклады Академии Наук СССР [Ber. Akad. Wiss. UdSSR] [N. S.] **75.** 661—64. 11/12. 1950. Inst. für physikal. Probleme der Akad. der Wiss. der UdSSR.) A. KUNZE. 136

E. H. Sondheimer, *Der Einfluß eines transversalen Magnetfeldes auf die Leitfähigkeit dünner Metallfilme.* Der Einfl. eines transversalen Magnetfeldes auf die Leitfähigkeit dünner Metallfilme, deren Stärke mit der freien Weglänge der Leitungselektronen vergleichbar ist, wird untersucht. Infolge der Elektronenstreuung an den Filmgrenzen wächst der HALL-Koeff., der elektr. Widerstand schwankt mit der Stärke des angelegten Magnetfeldes. (Physic. Rev. [2] **80.** 401—06. 1/11. 1950. Cambridge, Mass., Massachusetts Inst. of Technol., Res. Labor. of Electronics.) KÖHN. 136

Albert I. Schindler und **Emerson M. Pugh,** *Der Hall-Effekt von Kupfer-Nickel-Legierungen.* (Vgl. C. **1953.** 1925.) Der gewöhnliche u. außergewöhnliche HALL-Effekt wurde bei Zimmertemp. an einer Reihe von Ni–Cu-Legierungen gemessen. Die Anzahl der aus $n^* = 1/R_0Nec$ (wo R_0 die bei hohen Feldern gemessene „gewöhnliche" HALL-Konstante ist) bestimmten Leitungselektronen stimmt leidlich gut mit der Anzahl der 4s-Elektronen überein, die für diese Legierungen von dem einfachen Band-Modell vorausgesagt wird. Bei tiefen Tempp. sollte für diese Legierungen die Übereinstimmung besser werden. Bei reinem Ni u. Cu sind die Übereinstimmungen nicht so gut. Um den gewöhnlichen Effekt bei reinem Ni zu erklären, wird ein Zwei-Bänder-Modell herangezogen. Da beim reinen Cu das 4s-Band nur halbvoll ist, kann die einfache Erklärung, die nur für angenähert gefüllte Bänder gültig ist, nicht angewendet werden. (Physic. Rev. [2] **89.** 295—98. 1/1. 1953. Pittsburgh, Pa., Carnegie Inst. of Technol.) v. HARLEM. 136

Robert Ochsenfeld, *Der Antiferromagnetismus.* Allg. Übersicht über das Verh. der antiferromagnet. Stoffe u. der Theorie des Antiferromagnetismus unter Einschluß der Theorie des Ferrimagnetismus (nach NÉEL das magnet. Verhalten der Ferrite). (Z. angew. Physik **4.** 350—60. Sept. 1952. Braunschweig, Beckingerstr. 9). v. HARLEM. 137

Heinrich Labhart, *Antiferromagnetismus.* Allg. Übersicht über die Erscheinung u. Theorie des Antiferromagnetismus. Zusammenstellung der bis heute bekannten Antiferromagnetika. — Ausführliche Literaturzusammenstellung. (Z. angew. Math. Physik [Basel] **4.** 1—12. 15/1. 1953. Zürich, ETH., AFIF.) v. HARLEM. 137

N. Bloembergen und **N. J. Poulis,** *Über die magnetische Kernresonanz in einem antiferromagnetischen Kristall.* Die Beobachtungen der magnet. Kernresonanz in antiferromagnet. Kristallen kann über die Spinausrichtung in diesen Kristallen Auskunft geben. Ein Vers., die ^{19}F-Resonanz in MnF_2-Einkristallen zu messen, hatte ein negatives Ergebnis. Die Abwesenheit der Kernresonanz wird auf eine sehr kurze Kernrelaxationszeit t_1 (10^{-6} Sek.) zurückgeführt. (Physica **16.** 915—19. Dez. 1950. Cambridge, Mass., Harvard Univ.; Leiden, Rijksuniv.) KLEFFNER. 137

Max Kornetzki, *Eine Beziehung zwischen Hysteresebeiwert und Permeabilität.* Aus der sehr vereinfachten Annahme, daß die ungescherten Magnetisierungskurven verschied. Stoffe in erster Näherung durch Proportionalitätsverzerrung in horizontaler Richtung (veränderte Koerzitivkraft) u. vertikaler Richtung (veränderte Sättigungsinduktion) auseinander hervorgehen, ergibt sich eine einfache Beziehung zwischen dem JORDANschen Hysteresebeiwert u. der Anfangspermeabilität; der Hysteresebeiwert sollte proportional der Anfangspermeabilität u. umgekehrt proportional der Sättigungsinduktion sein. Eine Meßreihe an *Ni–Zn-Ferriten* mit Anfangspermeabilitäten von 30 bis 1500 zeigt, daß die Hysteresebeiwerte dieser verschied. Proben um einen Faktor 50 voneinander abweichen, während der Quotient aus Hysteresebeiwert u. Anfangspermeabilität im Sinne der obigen Aussage nur um einen Faktor 3 schwankt. (Z. angew. Physik **4.** 343—45. Sept. 1952. Karlsruhe, Zentrallabor. der Siemens & Halske Akt.-Ges.) v. HARLEM. 137

André J. P. Meyer und **Pierre Taglang,** *Einfluß eines Magnetfeldes auf eine polymorphe Umwandlung eines Ferromagnetikums.* Es wird zunächst theoret. gezeigt, daß die Temp. der polymorphen Umwandlung eines Ferromagnetikums von der Stärke eines von außen angelegten Magnetfeldes abhängig ist. Die Theorie wird am Beispiel des *MnAs* bestätigt, das im Feld 0 beim Erwärmen bei 43° u. beim Erkalten bei 30,8° eine polymorphe Umwandlung durchmacht, bei der die spontane Magnetisierung verschwindet. Die Messungen wurden daher magnet. durchgeführt. Die Werte für die Umwandlungstempp. für Felder von 0—30000 Oe. werden angegeben. Die theoret. berechneten Werte für die Umwandlungstempp. sind in ausgezeichneter Übereinstimmung mit dem aus der Neigung dieser Kurven berechneten Wert. (J. Physique Radium **14.** 82—84. Febr. 1953. Strasbourg, Inst. de Phys.) v. HARLEM. 137

R. Millership und **F. V. Webster,** *Hochfrequenzpermeabilität ferromagnetischer Stoffe.* Bei Frequenzen zwischen 150 u. 10000 MHz wird die komplexe Permeabilität von geglühtem *Eisen* u. geglühtem *Stahl* u. von der *Fe-Ni-Cu-Legierung „Mumetall"* gemessen u. mit der Frequenzabhängigkeit nach der BECKERschen u. KITTELschen Theorie (Dämpfung durch mkr. Wirbelströme, Skineffekt) verglichen. Die Übereinstimmung ist mit beiden Theorien nur qualitativ. Die komplexe Permeabilität wird in die Widerstandspermeabilität μ_R u. in die Induktivitätspermeabilität μ_L zerlegt. μ_R

wird durch den Vergleich der Dämpfung eines koaxialen Übertragers mit ferromagnet. u. nichtferromagnet. Seele bestimmt. μ_L erhält man aus der Wellenlänge bei diesem Übertragersystem. (Proc. physic. Soc., Sect. B **63.** 783—95. 1/10. 1950. Leeds, Univ., Phys. Dep.) Fahlenbrach. 137

G. D. Adam und **K. J. Standley,** *Ferromagnetische Resonanz von Manganarsenid.* An Proben aus MnAs, das bei Raumtemp. ferromagnet. ist, aber einen niedrigen Curie-Punkt (40°) besitzt, wird die Magnetisierung u. die ferromagnet. Resonanzabsorption (bei einer Wellenlänge von 1,25 cm) zwischen 18 u. 50° gemessen. Trotz des Verschwindens der Magnetisierung am Curie-Punkt bleibt die Resonanzabsorption auch im paramagnet. Temperaturgebiet erhalten. Da das Absorptionsmaximum flach u. breit ist, konnte nicht exakt festgestellt werden, ob überhaupt eine Änderung am Curie-Punkt eintritt. Bemerkenswert sind die nach der Kittelschen Formel aus der Resonanzabsorption ermittelten Werte des Landéschen Aufspaltungsfaktors g. Dieser variiert bei den verschied. Tempp. nur zwischen 3,4 u. 3,8 innerhalb der Meßgenauigkeit. Bei allen anderen bisher auf Resonanzabsorption untersuchten Stoffen ergeben sich g-Werte von im Mittel 2,20. Die Abweichungen vom Wert 2 hatte man auf eine Mitbeteiligung des Elektronenbahnmoments zurückgeführt, was bei dem hohen Wert für MnAs schwierig ist. (Proc. physic. Soc., Sect. B **63.** 820—21. 1/10. 1950. Nottingham, Univ.) Fahlenbrach. 137

Rodier und **Georges Rodier,** *Untersuchung diamagnetischer Katalysatoren nach dem Niederschlag paramagnetischer Oxyde.* Vff. untersuchten verschied. Al_2O_3-Proben auf die Brauchbarkeit als diamagnet. Katalisatoren, indem sie *Mn-Nitrat* in wss. Lsg. verschied. Konz. auf die verschied. Proben niederschlagen u. nach bestimmten Einwirkzeiten wieder abwaschen. Die Änderungen der Susceptibilitäten von Al_2O_3 nach der Einw. sind ein Maß für die Absorption u. damit für die katalyt. Wirksamkeit. (C. R. hebd. Séances. Acad. Sci. **230.** 93—95. 2/1. 1950.) Fahlenbrach. 137

Jean Uebersfeld und **Jean Combrisson,** *Paramagnetische elektronische Resonanz, Geschichte und hauptsächliche Ergebnisse.* Allg. Übersicht über die Geschichte u. Hauptergebnisse der paramagnet. Resonanzabsorption. Ausführliche, nach untersuchten Stoffen geordnete Literaturzusammenstellung. (J. Physique Radium **14.** 104—10. Febr. 1953. École sup. de Phys. et Chim.) v. Harlem. 137

C. W. Davies und **Bernard E. Hoyle,** *Die Dissoziationskonstante von Calciumhydroxyd.* Vff. bestimmten die Löslichkeit von $Ca(JO_3)_2$ in KOH-Lsgg. u. errechneten daraus K = 0,050 als Wert der 2. Dissoziationskonstanten von $Ca(OH)_2$ in guter Übereinstimmung mit den Ergebnissen von Bell u. Prue (C. **1950.** I. 1812). Die Löslichkeit von $Ca(OH)_2$ in W. bei 25° ist mit 0,020 Mol/Liter angegeben. (J. chem. Soc. [London] **1951.** 233—34. Jan. London, Battersea Polytechnic; Aberystwyth, Edward Davies Chem. Labors.) U. Winkler. 139

A. L. Vierk und **K. Hauffe,** *Aktivitätsmessungen an flüssigen Kalium–Quecksilber-Legierungen.* Gemessen wurde die EMK. der Kette $K_{fl.}$/Glas/K–$Hg_{fl.}$ bei 325°, wobei als Elektrolyt Thüringer Glas mit einem K_2O-Geh. von 3,5% verwendet wurde. Die Aktivitäten des K im Syst. K/Hg wurden nach der Nernstschen Gleichung $\log a_K = -(23075/2{,}3\ RT)\cdot \Delta E$ berechnet u. graph. dargestellt. Die Meßergebnisse stehen im Widerspruch zu den von Pedder u. Barrat (vgl. J. chem. Soc. [London] **1933.** 537) nach der Mitführungsmeth. gefundenen Werten. Außerdem weichen sie von den Werten ab, die aus nach der stat. Meth. für Hg gemessenen Werten (vgl. Millar, J. Amer. chem. Soc. **49** [1922.] 3003) nach der Duhem-Margulesschen Gleichung von Pedder u. Barrat berechnet worden sind. Die thermodynam. Eigg. der K/Hg-Legierung werden diskutiert, es wird festgestellt, daß die gefundenen Ergebnisse nicht im Widerspruch zu diesen Eigg. stehen. (Z. Elektrochem. angew. physik. Chem. **54.** 383—86. Aug. 1950. Greifswald, Univ., Chem. Inst., Physikal.-chem. Abt.) R. Levi. 139

Ss. Ja. Turlygin und **N. A. Karelina,** *Sich nichtpolarisierende Diffusionselektroden.* Es wurde der Einfl. der Beimengung von *NaCl* auf die Eigg. von Elektroden untersucht u. festgestellt, daß mit dem Anwachsen der NaCl-Konz. das Zn-Elektrodenpotential gleichförmig u. gesetzmäßig geändert wurde. Bei einer Konz. $c \ll 10^{-4}$ betrug die Potentialänderung weniger als 0,05 mV. Die Diffusion von $ZnSO_4$-Ionen aus der Elektrode erfolgte dabei sehr langsam. Es wurden Beobachtungen über die Dauer von 6 Monaten angestellt, im Temperaturbereich von 0—12° mit 20 u. 40‰ NaCl-Lösungen. Die beschriebenen Elektroden wurden für die Messung tellur. Ströme in beliebigen Medien verwendet, wie dicker Schlamm u. Meer- u. Seewasser. (Доклады Академии Наук СССР [Ber. Akad. Wiss. UdSSR] [N. S.] **79.** 965—68. 21/8. 1951.) A. Kunze. 140

G. P. Maitak, *Elektrodenprozesse bei hohen Stromdichten.* Es wird eine Erklärung für das „zweite Zersetzungspotential“ auf der Kurve Stromstärke—Spannung, die bei

großen Stromdichten auftritt, gesucht. In einer Übersicht über eine Reihe von Arbeiten wird die Abhängigkeit der Größe des „zweiten Potentialknicks" von den Faktoren Temp., Konz., Viscosität, Natur des Elektrolyten krit. betrachtet u. festgestellt, daß die schwammige Abscheidung von Metall als Ursache für metastabile Zustände im Elektrolyten auftritt. (Украинский Химический Журнал [Ukrain. chem. J.] **16.** Nr. 1. 116—18. 1950. Inst. für allg. u. anorgan. Chem. der Akad. der Wiss. der UdSSR.)
A. KUNZE. 140

C. Drotschmann, *Die Theorie der MnO_2-Depolarisation in galvanischen Elementen.* In früheren Arbeiten ist Vf. im Gegensatz zu anderen Auffassungen zu dem Schluß gekommen, daß die Red. des MnO_2 nur bis zu 3wertigem Mn vor sich geht. Für jede Theorie wesentlich hält Vf. ferner: Abhängigkeit des Potentials der MnO_2-Puppe (+Pol) vom p_H des Innenelektrolyten („Katolyten") in der Puppenmasse; Zunahme des p_H des Katolyten mit der Entladung, bei gleichzeitiger Abnahme des p_H des Außenelektrolyten („Anolyten"); keine Anregung der elektr. Depolarisationsarbeit ohne ständigen Kontakt des MnO_2-Pulvers über elektron. leitende Graphit u. Rußbrücken zur Ableitungsklemme. Nach Vf. läßt sich der Primärvorgang der reduzierenden Ionisierung des MnO_2 durch Elektronen durch $MnO_2 + e \rightarrow Mn\genfrac{}{}{0pt}{}{\nearrow O^-}{\searrow O}$ darstellen; anschließend tritt Gleichgewicht mit den Kationen (R^+) unter Bldg. von Verbb. MnO·OR ein, wo R^+ z. B. H^+, NH_4^+, $^1/_2\,Zn^{2+}$ ist. Auch eine Red. von H^+ u. Abscheidung von H_2 ist diskutabel, ferner die Parallel-Rkk. $MnO_2 + H_2O$, $HMnO_2 + OH^-$ u. $MnO(OH)_2 \rightleftharpoons (MnOOH)^+ + OH^-$. Im Gegensatz zu dem von der Art der Ionen des Katolyten unbeeinflußten Potential ist die Arbeitsleistung der +Pol-Puppe hiervon abhängig. Am größten ist der Einfl. bei NH_4^+; daneben kommen in Betracht: Mn^{2+}, Zn^{2+}, Mg^{2+}, Ca^{2+} als Kationen, als Anion bei Preß-Elektrodenbauart vorzüglich Cl^-, vor SO_4^{2-}. Die Wrkg. von Cl^- wird neuerdings, unter Ablehnung früherer Hypothesen des Vf., durch Einw. auf die theoret. MnO·OR-Deckschicht der MnO_2-Teilchen erklärt. Vf. kommt zu folgenden Entlade-Rkk., am +Pol (p_H-Zunahme): $2\,MnO_2 + 2H^+ + 2\,e \rightarrow 2\,MnO \cdot OH$; am —Pol ($p_H$-Abnahme), mit Überschuß von NH_4Cl in frischer Zelle: $Zn + 2\,NH_4Cl \rightarrow ZnCl_2 \cdot 2NH_3 + 2\,H^+ + 2\,e$, in älterer Zelle: $Zn + 2\,OH^- \rightarrow Zn(OH)_2 + 2\,e$. (Z. Elektrochem. angew. physik. Chem. **54.** 304—07. Juli 1950. Utrecht.) v. EICHBORN. 140

T. F. Franzewitsch-Sabludowskaja, *Elektrolytische Gewinnung einer ternären Chromlegierung mit Nickel und Molybdän.* (Vgl. ROGERS u. BURR, C. **1951.** II. 1353.) Aus einem Elektrolyten mit (im Liter) 320 g $Cr_2(SO_4)_3$, 100 g $NiSO_4$, 100 g NH_4-Molybdat u. 10 g H_3BO_3 werden nach einer Vorbehandlung (Durchleiten von ca. 15 Ah bei 70—90°) bei der Elektrolyse bei 15—25° metall. Ndd. erhalten, die mit Pt-Anode u. Stromdichten bis 75 mA/cm² glänzend u. dicht, mit Ni-Cr- oder Cr-Ni-Mo-Elektroden u. höheren Stromdichten mattgrau u. lockerer sind u. neben Cr 2,3—7,75% Mo u. 2,8—23,75% Ni enthalten. Die Stromausbeute beträgt bei 50—100 mA/cm² nur 4—5%. Ohne Diaphragma treten auf dem glänzenden Nd. schwarze Flecken auf. Verss. mit einem Diaphragma aus Silimonit ($3\,Al_2O_3 \cdot SiO_2$) u. n H_2SO_4 oder 0,5 n H_2SO_4 + 0,5 n Na_2SO_4 als Anolyt liefern kein brauchbares Ergebnis; vor allem stört das Ausfallen eines feinkrist. Nd. im Bad u. auf der Kathode, der aus rosavioletten, in heißem W. leicht lösl. Kristallen der Zus. $(NH_4)_3[Cr(Mo_2O_7)_3] \cdot 10\,H_2O$ besteht. (Журнал Прикладной Химии [J. angew. Chem.] **25.** 1314—15. Dez. 1952. Inst. für Eisenhüttenkunde der Akad. der Wiss. der UkrSSR.) R. K. MÜLLER. 141

A. I. Lewin, *Besonderheiten der Elektroraffination von nickelhaltigem Kupfer.* Bei der Unters. von Elektrolytprozessen wurde festgestellt, daß die einzelnen Komponenten der Anodenlegierung nicht im Verhältnis ihrer elektrochem. Äquivalenz in Lsg. gehen. Dieses führt zu einer sehr schnellen Anreicherung des Ni im Elektrolyten. Mit der hohen Ni-Konz. verringert sich die Löslichkeit des $CuSO_4$, dadurch steigt die Viscosität des Elektrolyten, u. die elektr. Leitfähigkeit nimmt ab. Der Anodenschlamm nimmt zu u. bildet eine dichte Schlammhaut, die zur teilweisen Passivierung der Anode führt. Die Ablagerung des Cu aus nickelsalzreichen Lsgg. an der Kathode stößt gleichfalls auf Schwierigkeiten u. hängt von vielen Faktoren ab, die die Polarisation der Elektrolyten u. den Charakter der Elektrokristallisation beeinflussen. Die Zirkulation des Elektrolyten an der Wanne wird gestört, da der Schlamm fortwährend aufgewirbelt wird, wodurch Zapfen u. Anwachsungen an der Kathode entstehen. Die Arbeit enthält eine Reihe von Tabellen über den Einfl. des Ni-Geh. im Elektrolyten, auf die Löslichkeit des $CuSO_4$, auf das Anodenpotential, auf das Verh. des Schlammes usw. (Журнал Прикладной Химии [J. angew. Chem.] **25.** 616—25. Juni 1952. Uraler Polytechn. Kirow-Inst., Labor. für Elektrochem.) ADOLPHI. 141

M. von Stackelberg, *Die Maxima der polarographischen Stromstärke–Spannungs-Kurven.* Vf. gibt zunächst einen Überblick über die Strömungserscheinungen an großflächigen Hg- u. an Hg-Tropfelektroden, über die „Maxima 2. Art" u. einige Eigg. der Maxima 1. Art. Hierbei werden behandelt: die Stromstärke—Zeit-Kurve eines Tropfens, der Einfl. der Leitsalzkonz. u. der Tropfengeschwindigkeit, die Fälschung der Elektrocapillarkurve durch die Strömung, das Strömungsbild der positiven u. negativen Maxima, der „CHRISTIANSEN-Tropfen" (das Wandern eines Hg-Tropfens in einem Elektrolyten unter Veränderung seiner Gestalt zur Kathode) u. der Maximaabbruch. Anschließend wird eine umfassende Theorie der Maxima 1. Art unter Betrachtung des Tangentialstroms u. des „Austauscheffekts", der Deformation des Konzentrationsgefälles der Diffusionsschicht durch die Maximaströmung, des Unterströmungseffekts, des Abbruchs der negativen Maxima, des positiven Maximums u. des Anspringens des Maximums bei „Rückwärtspolarographieren" gegeben. Die Effekte werden quantitativ abgeschätzt. Zum Schluß wird auf ungeklärte Probleme, wie das Ausbleiben der Maxima in manchen Fällen u. die Unmöglichkeit ihrer Unterdrückung in anderen Fällen u. die ungeklärte Rolle der Leitsalzionen, hingewiesen. — Zahlreiche Literaturzitate. (Fortschr. chem. Forsch. **2.** 229—72. 1951. Bonn.) R. LEVI. 142

Erik Wåhlin und **Willi Hans,** *Untersuchung polarographischer Maxima.* 4. Mitt. *Polarographische Maxima in Methanol-Lösungen.* (3. vgl. C. **1951.** II. 2008.) In Lsgg. von 10^{-3} mol. *$CuCl_2$* u. 2 mol. *LiCl* u. von $0{,}5 \cdot 10^{-3}$ mol. *Chinon* u. 2 mol. LiCl in wasserfreiem Methylalkohol werden ebenso wie in wss. Lsgg. Maxima 2. Art beobachtet. Diese können also nicht durch eine anomale Wasserred. erklärt werden. Die Unterdrückung dieser Maxima wird mit Hilfe von *Eosin*zugaben u. durch Vergrößerung der Tropfzeit versucht. Während bei Tropfzeiten von 5 Sek. ein befriedigender Verlauf der Kurve erzielt werden kann, erstreckt sich die Wirksamkeit des Eosins nur bis zu seinem Desorptionspotential. Hierdurch entsteht eine „falsche Stufe". *Campher* u. *Stearinsäure* verhalten sich ähnlich. Es war bisher nicht möglich, einen in Methylalkohol lösl. Maximadämpfer zu finden, der eine vollständige Dämpfung bis zum Leitsalzanstieg bewirkt. (Z. Elektrochem., Ber. Bunsenges. physik. Chem. **56.** 130—32. Febr. 1952. Bonn, Univ., Inst. für physik. Chem.) R. LEVI. 142

R. Pleticha, *Polarographische Untersuchung einiger Komplexe von Aminosäuren mit Metallen der Eisengruppe.* Vf. untersuchte 15 Aminosäuren polarograph. u. oscilloskop. in 0,1 n KCl oder 0,1 n NH_3-NH_4Cl bei Ggw. von Co^{2+}-, Ni^{2+}-, Fe^{2+}- u. Mn^{2+}-Ionen. *l-Histidinmonochlorhydrat* (**I**), *d-Arginin* (**II**), *Methionin* (**III**), *Asparaginsäure* (**IV**), *Glutaminsäure* (**V**) u. *Asparagin* bilden mit Ni Komplexe, die sich alle polarograph. u. oscilloskop. (50 Hz) irreversibel verhalten. Während **IV** u. **V** n. Komplexe mit Ni bilden, aus welchen Ni bei negativeren Potentialen red. wird, verhalten sich **I, II** u. **III** umgekehrt: Sie geben mit Ni Doppelstufen, deren erste der Red. des Ni–Aminosäure-Komplexes angehört u. die zweite, negativere, der Red. von Ni aus seiner hydratisierten Form entspricht. Dieses Verh. wird dadurch erklärt, daß die entstandenen Ni–Aminosäure-Komplexe weniger stabil (oder reversibler) sind als die entsprechenden Ni-Zusatzelektrolyt-Komplexe. Außerdem wurde die Ausbldg. einiger merkwürdiger Maxima beim Diffusionsstrom des Ni gefunden. (Collect. Trav. chim. Tchécoslov. **15.** 807—17. 1950. Prag, Karlsuniv., Phys. Chem. Inst., u. Land- u. forstwirtschaftliche Hochschule, Laktolog. Inst.) NIEMITZ. 142

A_4. Thermodynamik. Thermochemie.

J. R. Partington, *Fortschritte in der Thermodynamik.* Vf. gibt in großen Zügen einen Überblick über die Entw. der Thermodynamik von CARNOT bis heute u. bespricht einige moderne Bücher über dieses Gebiet. (Nature [London] **170.** 730—32. 1/11. 1952.) CRAMER. 146

V. N. Njegovan, *Totale Thermodynamik.* 1. Mitt. *Totale Thermodynamik fester Systeme.* Vf. behandelt die Zustandsgleichungen von Festkörpern unter Berücksichtigung des 3. Hauptsatzes der Thermodynamik. Am Beispiel der Umwandlung des monoklinen S_2 (**I**) in rhomb. (**II**) bei $T_t = 368{,}8^0$ K wird die Formel für die Zunahme der Entropie beim Übergang (die sogenannte Umwandlungsentropie) abgeleitet: $\int_0^{T_t} \frac{C_m\,dT}{T} - \int_0^{T_t} \frac{C_r\,dT}{T} = \frac{1}{T_t}\int_0^{T_t} \Delta C \cdot dT + \frac{\Delta G_0}{T_t}$, wo C_m, C_r = spezif. Wärme von **I** u. **II**, $\Delta C = C_m - C_r$, $\Delta G_0 = G_{m,0} - G_{r,0}$ = Differenz der Gitterenergien bei 0^0 K ($G_{m,0} > G_{r,0}$). Geht $T \to 0$, nimmt V_0 seinen minimalen Wert an u. nur potentielle Energie bleibt vorhanden.

Daraus formuliert Vf. ein „4. thermodynam. Gesetz": „Der Körper enthält bei seinem minimalen Vol. keine kinet. Energie". Es wird ferner gezeigt, daß der 3. Hauptsatz vollkommen u. ausnahmslos für unterkühlte, metastabile Systeme gilt. (Arhiv Kemiju [Arch. Chim.] **22.** 116—36. 1950. Zagreb, Jugoslawien, Staatl. Arzneimittelfabrik Pliva.) ROEDER. 146

V. N. Njegovan, *Totale Thermodynamik.* 2. Mitt. *Totale Thermodynamik fluider Systeme.* (1. vgl. vorst. Ref.) Die allg. Zustandsgleichung $(p + \pi)(v - b) = RT$ (=AZ) wird in die calor. Zustandsgleichung eingeführt u. ihr Verh. bei 0° K untersucht. Hier würde sich ein Gas im metastabilen Zustand befinden, u. alle zugeführte Energie wäre als potentielle Energie zwischen ruhenden Moll. vorhanden. Der Gaszustand, in welchem sich die Gravitation äußert, ist als „entartet" zu betrachten. (Beispiele: Die Erdatmosphäre als Ganzes genommen; die weißen Zwerge in der Astrophysik mit Tempp. von 7000—28000° C u. 13000—3400000fach stärkerem Gravitationsfeld als die Erde). Vf. wendet die AZ zur Berechnung der inneren Energie im fl. Zustand an, zur Erklärung der Sublimation, der Verdampfung, des Schmelzvorganges, zur Erklärung von Glas- u. Kolloidzustand u. leitet die Reaktionsisochore u. -bare aus der GIBBS-HELMHOLTZschen Gleichung ohne Benutzung des VAN'T HOFFschen Reaktionskastens ab. Auch die Ableitung der ARRHENIUSschen Gleichung auf andere Weise, als bisher bekannt war, wird beschrieben. (Arhiv Kemiju [Arch. Chim.] **22.** 137—70. 1950.) ROEDER. 146

Y. Doucet, *Über ein kryometrisches Kriterium des idealen Zustandes und die Anwendung der Theorie von Arrhenius.* Während man gewöhnlich als Idealitätskriterium angibt, daß die mol. (Gefrierpunkts- bzw. Dampfdruck-) Erniedrigung unabhängig von der Konz. ist, gibt Vf., ausgehend vom RAOULTschen Gesetz, ein strengeres Kriterium an. Weiterhin wird diskutiert, in welchen Fällen eine Berechnung des Dissoziationskoeff. nach ARRHENIUS sinnvoll ist. (J. Physique Radium **14.** 81 S—82 S. Jan. 1953. Dijon, Fac. des Sci.) E. HEINRICH. 146

Walter Junge, *Das leichte Heliumisotop.* Zusammenfassender Bericht über die physikal. Eigg. von reinem ^3He. (Physik. Bl. **6.** 253—57. 1950. Hamburg.) WEIGEL. 149

N. S. Ham, *Die Eigenschaften von flüssigem Helium.* Zusammenfassender Bericht über die Eigg. von fl. He u. über Verss. zu ihrer Deutung. — 33 Literaturzitate. (Roy. Austr. chem. Inst. J. Proc. **17.** 272—83. Juli 1950.) GEHLEN-KELLER. 149

Leonid Andrussow, *Über die Diffusion in Gasen.* 1. Mitt. *Berechnung der Koeffizienten der Diffusion. Beziehung zwischen den Koeffizienten der Diffusion zweier Komponenten und den Koeffizienten der Selbstdiffusion.* Aus vorhandenem experimentellem Material über den Diffusionsvorgang wurden vom Vf. Beziehungen aufgefunden, die es erlauben, die Koeffizienten der Diffusion u. der Selbstdiffusion mit guter Genauigkeit zu berechnen. (Z. Elektrochem. angew. physik. Chem. **54.** 566—71. Dez. 1950. Saint Avre.) FALKENHAGEN. 149

A. Michels, T. Wassenaar und **Th. N. Zwietering,** *Der Dampfdruck von Kohlenmonoxyd.* Vff. bestimmten den Dampfdruck von CO zwischen —180 u. —140,5° im Druckbereich zwischen 2,8 u. 34 at. Die Meßergebnisse lassen sich gut durch die Gleichung $\log_{10}P_{atm} = A/T + B \cdot \log_{10}T + CT + D$ wiedergeben, wobei $A = -612{,}904$, $B = -12{,}968013$, $C = 2{,}709872 \cdot 10^{-2}$ u. $D = 30{,}08570$. (Physica **18.** 160—62. März 1952. Amsterdam, Gemeente-Univ., Van der Waals Labor.) E. HEINRICH. 150

F. T. Selleck, L. T. Carmichael und **B. H. Sage,** *Verhalten der Phasen im System Schwefelwasserstoff-Wasser.* Es werden die Tempp. u. Drucke aller 3 Phasen in der Umgebung des von SCHEFFER gefundenen Quadrupelpunktes bei 85,1° F u. 325 lbs./sq.in. absol. untersucht. Die Zus. eines Zweiphasengebietes (wss. Fl.-Gas) wurde zwischen 100 u. 340° F bestimmt, wobei Messungen bis zu Drucken von 5200 lbs./sq. in. absol. gemacht wurden. Ferner wurde die Zus. der Mischphase H_2S-Gas-Fl. unterhalb der krit. Temp. des Gemisches bestimmt. Die Ergebnisse sind in Tabellen wiedergegeben. (Ind. Engng. Chem. **44.** 2219—26. Sept. 1952. Pasadena, Calif., Inst. of Technol.) CRAMER. 150

T. I. Ssokolowa, W. W. Illarionow und **Ss. I. Wolfkowitsch,** *Trennung der $POCl_3$—PCl_3-Gemische.* Vff. untersuchen das Gleichgewicht zwischen Dampf u. Fl. des Gemisches $POCl_3$—PCl_3 nach einer dynam. Meth. unter Anwendung eines N_2-Stromes. Es ergibt sich, daß die Kurven des Partialdruckes über der Konz. bei konstanter Temp. der Gleichung von DUHEM entsprechen u. eine Berechnung der Konstanten für die DUHEM-MARGULESsche Gleichung ermöglichen. Aus den Ergebnissen kann die Gleichgewichtskurve, d. h. Dampfzus. u. Flüssigkeitszus. bei konstantem Druck mit genügender Genauigkeit abgeleitet werden. Die Arbeit enthält Tabellen der Versuchsergebnisse u. Diagramme der Partialdrucke bei konstanter Temp. u. der Gleichgewichtskurve. Das Bild der letzteren weicht nur wenig von dem der idealen Lsg. ab u. zeigt eine relative Flüchtigkeit von ca. 4. (Журнал Прикладной Химии [J. angew. Chem.] **25.** 652—57. Juni 1952.) ADOLPHI. 150

I. M. Lifschitz, *Über die Wärmekapazitäten dünner Filme und Nadeln bei tiefen Temperaturen.* In dünnen Filmen u. Nadeln kommen bei niedrigen Tempp. nur solche Wärmeschwingungen zur Ausbildung, deren Vektor in der Fläche des Filmes bzw. der Achse der Nadel liegt. Vf. betrachtet die Schwingungsenergien, die sich hieraus ergeben, u. kommt für Filme zu der Formel $C = (2\alpha k/\delta^2)(T/\Theta)$, u. für Nadeln $C = \nu \cdot (T/\Theta)^{1/2}$ (C = Wärmekapazität, Θ = die DEBYE-Temp. des Filmes, δ = Dicke des Filmes bzw. Durchmesser der Nadel, $\nu \approx 2k/R$). Demnach ist C für die Nadel proportional $T^{1/2}$ u. für den Film proportional T. (Журнал Экспериментальной и Теоретической Физики [J. exp. theoret. Physik] **22.** 471—74. April 1952. Physikal.-Techn. Inst. der Akad. der Wiss. der UkrSSR.) ADOLPHI. 151

I. M. Lifschitz, *Über die thermischen Eigenschaften von Ketten- und Schichtstrukturen bei tiefen Temperaturen.* (Vgl. vorst. Ref.) Bei niedrigen Tempp. spielen in geschichteten Stoffen diejenigen Schwingungen eine wesentliche Rolle, die den Wellen in dünnen Filmen mit dem Dispersionsgesetz $\omega = k^2$ analog sind. In dem Temperaturbereich, in dem die Wechselwrkg. zwischen den Schichten unwesentlich ist, führen diese Schwingungen zu einer Wärmekapazität C, die T proportional ist. Bei tieferen Tempp. wird die Wechselwrkg. der Schichten bemerkbar. Die Beziehung zwischen Wärmekapazität u. Temp. hat unter diesen Umständen die Form $C \sim T^3$, wobei $T \ll \Theta\,\mu/\alpha$ oder $C \sim T^2$, wenn $\Theta\,\mu/\alpha \ll T \ll \Theta\sqrt{\beta/\alpha}$. Die quadrat. Abhängigkeit nimmt immer mehr Raum ein, wenn μ ganz klein wird. Für kettenförmige Strukturen gilt bei geringerer Wechselwrkg. zwischen den Ketten $C \sim T^{1/2}$, wenn $\Theta\,\mu/\beta \ll T \ll \Theta\sqrt{\mu/\beta}$. α, β u. μ bezeichnen die Elastizitätsmoduln in den verschied. Koordinatenrichtungen. Bei hinreichend tiefen Tempp. wird der Wärmeausdehnungskoeff. in Längsrichtung infolge des Membraneffektes negativ. Der Tensor des Wärmedehnungskoeff. zeigt eine anisotrope Temperaturabhängigkeit. (Журнал Экспериментальной и Теоретической Физики [J. exp. theoret. Physik] **22.** 475—86. April 1952.) ADOLPHI. 151

P. H. Keesom und **N. Pearlman,** *Eine Anomalie in der Atomwärme von Silber bei tiefen Temperaturen.* Vff. führen zur Feststellung der Anomalie der spezif. Wärme von Ag Messungen an einem Ag-Einkristall aus. Die Ergebnisse sind innerhalb der experimentellen Fehler ident. mit den Messungen von KEESOM u. KOK (vgl. Commun. Kamerlingh Onnes Labor., Univ. of Leiden No. 219d [1932]; No. 232d [1933]) an Polykristallen. Es wird angenommen, daß die aufgetretene Anomalie bei 2,2° K auf elektron. Wärmen infolge Unreinheiten zurückzuführen ist, was aber leider nicht nachgewiesen werden kann, da noch keine Berechnung der Bandstruktur von Ag auf der Basis elektron. Wellenfunktionen möglich ist. (Physic. Rev. [2] **88.** 140—41. 1/10. 1952. Lafayette, Ind., Purdue Univ.) CRAMER. 151

S. S. Todd und **J. P. Coughlin,** *Spezifische Wärme bei tiefen Temperaturen, Entropie bei 298,16° K und Wärmeinhalt bei hohen Temperaturen von Titandisulfid.* Die Reinheit des TiS_2 wurde analyt. geprüft u. als etwas besser als 99% befunden. Die spezif. Wärme wurde zwischen 54 u. 298° K gemessen; auf den absol. Nullpunkt wurde mit der Formel $c_p = D(219/T) + 2 \cdot E(418/T)$ extrapoliert. Die Standardentropie errechnete sich zu $18{,}73 \pm 0{,}15$ cal/Grad/Mol, davon waren 1,38 cal/Grad/Mol durch Extrapolation bestimmt worden. Für Tempp. zwischen 298 u. 1010° K wurde die Enthalpie bestimmt, dazu wurde die Substanz in mit He gefüllte Behälter aus Pt–Rh eingelötet. Bei 1053° K wurden die Behälter durch den Dampfdruck des S zerstört. Bei 420° K wird eine geringe Anomalie der spezif. Wärme beobachtet, eine Umwandlungswärme tritt dort nicht auf. Die Ergebnisse u. äquidistante Werte werden mitgeteilt. Die Enthalpie zwischen 298° u. T läßt sich darstellen durch $TiS_2(\alpha)$: $H_T - H_{298,16} = 8{,}08 \cdot T + 13{,}67 \cdot 10^{-3} \cdot T^2 - 3624$ (± 1%, 298 — 420° K) u. $TiS_2(\beta)$: $H_T - H_{298,16} = 14{,}99 \cdot T + 2{,}57 \cdot 10^{-3} \cdot T^2 - 4569$ ($\pm 0{,}3$%, 420—1010° K). (J. Amer. chem. Soc. **74.** 525—26. 20/1. 1952. Berkeley, Calif., U. S. Dep. of Interior, Bur. of Mines, Minerals Thermodynam. Branch.) WITTIG. 151

Olivier Costa de Beauregard, *Beziehung zwischen dem Prinzip der verzögerten Potentiale und dem zweiten Wärmesatz.* (Vgl. C. **1953.** 5461.) Die vom Vf. aufgestellte statist. Ableitung des Gesetzes verzögerter Potentiale wird weiter ausgedehnt, wobei die Änderung der Entropie eines Syst. Strahler–Absorber u. freie Photonen bei einer Emission oder Absorption von Photonen näher untersucht wird. (C. R. hebd. Séances Acad. Sci. **236.** 666—68. 16/2. 1953.) GERHARD SCHMIDT. 154

Hans Wolff, *Ein Verfahren zur Berechnung der Verbrennungstemperatur von Gasgemischen (Betrachtung von Vorgängen bei konstantem Druck).* (Vgl. C. **1951.** I. 1703.) Bekanntlich läßt sich die Temp. bei der Verbrennung von Gasen bei konstantem Vol.

durch Aufsuchen des Entropiemaximums bestimmen. Diese Meth. läßt sich auf Vorgänge unter konstantem Druck übertragen. (Z. Elektrochem. angew. physik. Chem. **54.** 556—60. Dez. 1950. Heidelberg, Univ., Physik.-chem. Inst.) FALKENHAGEN. 157

A. K. Abass-sade, *Über das Gesetz der Wärmeleitfähigkeit von Flüssigkeiten und Dämpfen.* Vf. bestimmt experimentell die Wärmeleitfähigkeit von fl. u. dampfförmigem *Bzl., Toluol, Xylol* u. *W.* u. findet, daß das Verhältnis der Temperaturleitfähigkeit zur Kubikwurzel aus der D. eine Zustandsfunktion ist. Aus den Verss. ergibt sich die Richtigkeit der Theorie von PREDWODITELEW (C. **1948.** E. 17). Für die Wärmeleitfähigkeit ergeben sich folgende Zahlen: Bzl. (Dampf) 0^0 k = $30 \cdot 10^{-6}$; 280^0 k = $120 \cdot 10^{-6}$; Bzl. (fl.) 0^0 k = $350 \cdot 10^{-6}$; Toluol (Dampf) 0^0 k = $30 \cdot 10^{-6}$; 320^0 k = $125 \cdot 10^{-6}$; (fl.) 100^0 k = $325 \cdot 10^{-6}$; 0^0 k = $390 \cdot 10^{-6}$; Xylol (Dampf) 0^0 k = $30 \cdot 10^{-6}$; 320^0 k = $125 \cdot 10^{-6}$; (fl.) 100^0 k = $305 \cdot 10^{-6}$; 0^0 k = $345 \cdot 10^{-6}$. (Журнал Экспериментальной и Теоретической Физики [J. exp. theoret. Physik] **23.** 60—67. Juli 1952. Baku, Aserbaidshan. Pädagog. Inst.) ADOLPHI. 158

J. S. Walton, R. L. Olson und **Octave Levenspiel,** *Wärmeübergangskoeffizienten des Gas–Festkörper-Films in Kohlefließbetten.* Die Unters. zur Best. des Wärmeübergangskoeff. werden in einem mit W. gekühlten Rohr von 100 mm Weite u. 850 mm Länge ausgeführt. Die Temp. des auf ca. 245^0 F erwärmten Gases wurde anfangs an verschied. Stellen u. in verschied. Höhen des Querschnittes mit einem Durchsaugethermoelement (Kupfer-Konstantan) gemessen. Die festen Körper waren kleine Kohlekugeln oder Scotchlite-Glasperlen oder zertrümmerte Coca-Cola-Flaschen. Sie bewegten sich mit einer Geschwindigkeit von ca. 325—920 lbs./Std./sq. foot durch das Rohr. Der Koeff. h_g zwischen Gas u. festem Körper nahm mit der Größe der Teilchen u. ihrer Geschwindigkeit zu. Für mittlere Teilchengrößen wurde er zu $h_g = 0{,}0022\ G^{1,7} \cdot D_p^{0,5}$ berechnet, wobei G = Massegeschwindigkeit des Gases u. D_p = durchschnittliche Teilchengröße bedeutet. (Ind. Engng. Chem. **44.** 1474—80. Juni 1952. Corvallis, Ore., Oregon State Coll., Chem. Engng. Dep.) MIETHING. 158

I. M. Lifschitz und **G. D. Parchomowski,** *Zur Theorie der Ultraschallausbreitung in Polykristallen.* Vff. betrachten die Ausbreitung von Ultraschallwellen in polykrist. Medien, bes. ihre durch Streuung an Inhomogenitäten bedingte Schwächung u. schlagen eine allg. Meth. zur Berechnung des makroskop. Absorptionskoeff. mittels einer Überlagerung von mikroskop. inhomogenen Zuständen vor. Die Aufgabe führt zu einer Berechnung der makroskop. u. dynam. Elastizitätsmoduln, ähnlich den „statist. Moduln" von LIFSCHITZ u. ROSENZWEIG (vgl. C. **1946.** I. 13). (Журнал Экспериментальной и Теоретической Физики [J. exp. theoret. Physik] **20.** 175—82. Febr. 1950. Charkow, Univ.) AMBERGER. 159

W. H. Janssen, *Apparaturen zur Erzeugung von Ultraschallenergie.* Vf. behandelt zusammenfassend die Eigg. des Ultraschalls in *Luft* u. anderen Medien (*W., Quarz, Ba-Titanat, Ni* u. *Stahl*). Er beschreibt ferner kurz die magnetostriktiven u. piezoelektr. Schallerzeuger. (Chem. Engng. Progr. **46.** 537—41. Okt. 1950.) FALKENHAGEN. 159

A_5. Grenzschichtforschung. Kolloidchemie.

Akira Isihara, *Theorie anisotroper kolloidaler Lösungen.* In Übereinstimmung mit ONSAGER (Physic. Rev. [2] **62.** [1942.] 558) nimmt Vf. an, daß die gelösten Moll. in thixotropen Solen, z. B. von Tabakmosaikviren oder Bentonitteilchen, anisotrope Körper sind u. daß das Orientierungsgleichgewicht sich zwischen Rückstoßkräften u. Kräften, die aus der therm. Bewegung resultieren, einstellt. Unter dieser Annahme werden die die Molekularorientierung bestimmenden Integralgleichungen sowie die Verteilungsfunktionen u. Bedingungen für das Auftreten der anisotropen Phase abgeleitet. (J. chem. Physics **19.** 1142—47. Sept. 1951. Tokyo, Univ., Fac. of Sci., Dep. of Phys.) WOELK. 160

S. Ja. Beresstnewa, G. A. Koretzkaja und **W. A. Kargin,** *Elektronenmikroskopische Untersuchung von TiO_2-Solen und Bildungsmechanismus kolloider Teilchen.* Bei der Darst. von TiO_2-Solen durch Einbringen von $TiCl_4$ in kaltes oder heißes W. entstehen zunächst stets amorphe, kugelförmige Teilchen, die im Laufe der Zeit, im heißen W. schneller, in den krist. Zustand übergehen. Der Durchmesser der amorphen Teilchen beträgt bis zu 0,5 μ. Der Prozeß der Kristallisation beginnt im Innern der amorphen Teilchen u. ist elektronenopt. u. auch im Elektronenbeugungsdiagramm zu verfolgen. In der krist. Phase werden Strukturlinien des *Anatas, Brookits* u. *Rutils* nebeneinander festgestellt. (Коллоидный Журнал [Colloid J.] **12.** 338—41. Sept./Okt. 1950. Moskau, Karpow-Inst. für physikal. Chemie.) REINBACH. 161

L. A. Kulski, A. M. Koganowski und **M. A. Schewtschenko,** *Einfluß von in natürlichen Wässern vorkommenden Anionen auf die Koagulationsgeschwindigkeit von Aluminiumoxydhydratsolen.* Vff. untersuchen die Abhängigkeit der Ausflockungsgeschwindigkeit von $Al(OH)_3$-Sol (I) von der Konz. der Ionen Cl^- (II), SO_4^{2-} (III), HCO_3^- (IV) u. die ζ-Potentialänderung durch die genannten Ionen. Die Kurven Ausflockungsgeschwindigkeit–Ionenkonz. sind infolge der geringen Schwellenkonz. bei III u. IV steiler als bei II. Die Momentankoagulation tritt mit II bei einer ζ-Abnahme von nur 39 bis 40% ein, während mit III u. IV eine sehr rasche ζ-Abnahme stattfindet. Der II-Geh. in natürlichen Wässern ist ohne direkten Einfl. auf die I-Koagulation. Im Gemisch mit anderen Ionen beeinflußt II die Koagulationsgeschwindigkeit schon in geringen Mengen u. fördert die Strukturbildung. Die mit $Fe(OH)_3$ früher beobachtete ζ-Zunahme bei Zugabe geringer Mengen III u. IV tritt mit I nicht ein. Während ein geringer Überschuß an III u. IV die $Fe(OH)_3$-Ausflockung verzögert, ist dies bei I nicht der Fall. Im bin. Gemisch mit II-Geh. koaguliert I rascher als in den einzelnen Salzlsgg., wenn die Elektrolytkonz. 50—60% der Momentankoagulationsschwelle nicht übersteigt. Bei ca. 75% erfolgt die I-Koagulation langsamer als in II mit ca. 75% der Schwellenkonz., rascher jedoch als in der Lsg. mit III u. IV. Im Gemisch von III u. IV verläuft die Koagulation ebenfalls rascher als in den Einzellsgg., wenn die Konz. unterhalb 50—60% der Schwellenkonz. liegt. In der höher konz. Lsg. verläuft sie nur rascher als in IV. Das ζ-Potential wird durch das Gemisch von II, III u. IV bei geringen Konzz. stärker, oberhalb 50% der Schwellenkonz. bis zur Momentankoagulation weniger gesenkt als durch die Komponenten. Die Verschiedenheit der Ausflockungskinetik von I u. $Fe(OH)_3$ ist durch die verschied. Fähigkeit zur Bldg. thixotroper Koagulationsstrukturen bedingt. Aus den Ergebnissen folgt, daß das W. mit nur 50—60% III u. IV (der Momentankoagulationsschwelle) u. II-Geh. der Koagulationsreinigung leichter zu unterwerfen ist als das W. mit wenig II u. viel III u. IV. (Украинский Химический Журнал [Ukrain. chem. J.] **16.** Nr.1. 64—74. 1950. Inst. für allg. u. anorg. Chem. der Akad. der Wiss. der UkrSSR.) Lebtag. 163

P. K. Katti, *Das Quellen und die Aggregation von Kolloidteilchen während der Sol-Gel-Umwandlung.* Vf. berichtet über die Ergebnisse von Verss., die er mit Hilfe der Lichtstreuungsmeth. durchgeführt hat (vgl. Krishnan, Proc. Indian Acad. Sci., Sect. A [1935.] 782, u. Doty u. Kaufmann, Colloid, Sci. von Alexander u. Johnson, Bd. 1, 1949). Unter sehr verschied. Bedingungen (Temp., Konz. u. Salzgeh.) u. unter Änderung der Depolarisations- u. Dichtestreuung während der Sol-Gel-Umwandlung von *Agar, Gelatine, Celluloseacetat* u. einiger hydrophober Kolloide versuchte er, ein klareres Bild der Prozesse zu gewinnen, die zu dem Wachsen der Teilchen in diesen Gelen führen. Vf. konnte feststellen, daß die Sol-Gel-Umwandlung in drei Stufen stattfindet. Einzelheiten über diese Verss. sollen später mitgeteilt werden. (J. chem. Physics **20.** 1980—81. Dez. 1952. Delhi, Indien, Polytechn., Dep. of Appl. Sci.) G. Heinrich. 163

Suzanne Veil, *Anomale rhythmische Verteilungen und der diese verursachende chemische Sog.* Tropft man ein *Cu-Salz* (Chlorid, Sulfat, Nitrat) auf Gelatine, die mit $Na_4P_2O_7$ getränkt ist, so beobachtet man vom Eintropfzentrum ausgehend konzentr. Ringe, deren Abstand voneinander nach außen abnimmt. Der Effekt wurde erstmalig am Ag_2CrO_4 (Auftropfen von $AgNO_3$-Lsg. auf mit CrO_3 getränkte Gelatine) beobachtet. Ebenso zeigen die bekannten Liesegangschen Ringe bei höherer Ordnung (größerer Entfernung vom Zentrum) ein stärkeres Abnehmen der Entfernung von Ring zu Ring, als dem Gradienten der Elektrolytkonz. entsprechen würde. Durch die bereits beim „Randeffekt" benutzte graph. Meth. zur Intervallmessung ist der Beginn anomaler Verteilung festzulegen. Die Annahme eines „chem. Soges", der der eigentlichen chem. Rk. vorausgeht, könnte den beobachteten Effekt erklären. (C. R. hebd. Séances Acad. Sci. **230.** 1769—71. 15/5. 1950.) Halder. 164

H. G. Blocker, Susan L. Craig und **Clyde Orr,** *Bestimmung der Oberflächengröße mit Hilfe dynamischer Gasadsorptionsmethoden.* Vff. untersuchen zwei bisher wenig beachtete dynam. Gasadsorptionsmethoden zur Best. der Größe der Oberfläche von feinzerteilten Stoffen. Die eine Meth. stellt eine Modifikation der „steady-flow"-Technik (Adsorption bei stationärer Strömung von Innes (vgl. C. **1952.** 574) dar, u. die andere ist die von Jura u. Powell (C. **1951.** II. 1701) vorgeschlagene Messung der Adsorptionsgeschwindigkeit. Die Unterss. wurden mit N_2-Gas bei der Temp. von fl. N_2 an verschied. *Kaolinen, Aluminiumoxyden,* $KClO_4$, $NaClO_4$, $MgCO_3$, *Fe-* u. *Cu*-Pulver durchgeführt. Die aus den beiden dynam. Methoden berechneten Werte für die Oberflächengrößen stehen in befriedigender Übereinstimmung mit den sonst meist aus Gleichgewichtsmessungen erhaltenen. Weitere experimentelle Unterss. sind jedoch notwendig, um den Anwendungsbereich der Methoden zu studieren, u. weitere theoret. Überlegungen müssen das Verständnis dieser u. anderer Adsorptionsprozesse vertiefen. (J. physic. Chem. **57.** 517—20. Mai 1953. Atlanta, Ga., Georgia Inst. of Technol.) G. HEINRICH. 176

Henry Brusset und **Mohamed Makki,** *Untersuchung der porösen Struktur gewisser Siliciumdioxydgele.* Vff. untersuchten mit Hilfe der Adsorption von N_2 bei der Temp. von fl. N_2 einige Gele, die sie durch Zers. von Na_2SiO_3-Lsg. mit Carbolsäure oder Benzoesäure herstellten. Die experimentell gefundenen Werte für die spezif. Oberflächen werden mitgeteilt u. die daraus resultierenden Unterschiede in der Struktur der Gele verschied. Herstellungsart diskutiert. (C. R. hebd. Séances Acad. Sci. **236.** 604—05. 9/2. 1953.) G. HEINRICH. 176

E. W. Hough, B. B. Wood jr. und **M. J. Rzasa,** *Die Adsorption von Helium, Methan und Stickstoff an einer Wasseroberfläche bei Drucken bis zu 15000 P.S.I.A.* Unter Anwendung der GIBBSschen Adsorptionsisotherme wird die Adsorption von He, N_2 u. CH_4 an der Grenzfläche Gas–W. aus der isothermen Änderung der Grenzflächenspannung mit dem Druck ermittelt; es werden dabei Drucke von 1,05—1050 at u. Tempp. von 27—138° benutzt. Die Grenzflächenspannung im Syst. N_2–W. nimmt ab, wenn Druck u. Temp. ansteigen, wobei für 1050 at u. 138° die Grenzflächenspannung ca. 32 dyn/cm beträgt. Bei dem Syst. He–W. erhöht sich die Grenzflächenspannung mit steigendem Druck; sie nimmt ab, wenn die Temp. bei konstantem Druck erhöht wird. Für die Systeme Gas–Fl. werden die unteren Schwellenwerte für die Konzentrationsanreicherung der Gasmoll. in der Oberfläche berechnet. Oberhalb von einigen 100 at kann eine mindestens monomol. Konz. für N_2/W. u. CH_4–W. nachgewiesen werden. Die Beobachtung eines plast. Oberflächenfilmes, bes. bei N_2/W., spricht dafür, daß die tatsächlichen Werte erheblich höher als die unteren Schwellenwerte liegen dürften. (J. physic. Chem. **56.** 996—99. Nov. 1952. Tulsa, Okla., Stanolind Oil & Gas Co.) HENTSCHEL. 176

Erik Eriksson, *Die Beziehungen zwischen Wassergehalt und Druck in Bentonitgelen.* Es wird gezeigt, daß die Beziehung zwischen Wassergeh. u. angelegtem Druck in Bentonitgelen sich innerhalb des Druckbereiches zwischen 0,1 u. 1 at durch eine Lsg. einer Differentialgleichung nach POISSON-BOLTZMANN beschreiben läßt, u. darauf hingewiesen, daß diese Beziehung bei höheren Drucken wahrscheinlich nicht mehr gelten wird. Mit Hilfe dieser Beziehung wurde die spezif. Oberfläche einer Bentonitprobe zu $5{,}3 \cdot 10^6$ cm^2/g ermittelt. (Kungl. Lantbrukshögskolans Ann. **17.** 17—23. 1950.) HENTSCHEL. 176

Erik Eriksson, *Die Beziehung zwischen Wassergehalt und Ionenaktivität bei Bentonitgelen und Böden.* (Vgl. vorst. Ref.) Die in der vorhergehenden Mitt. abgeleitete Beziehung zwischen dem Wassergeh. eines Bentonitgels u. dem Druck läßt sich formal auf die Sättigung mit $[H]^+$-Ionen anwenden u. führt zu der Gleichung: $p_H + p_F =$ const. Für mit Na^+ oder Ca^{2+} gesätt. Bentonit gilt eine lineare Beziehung zwischen Wassergeh. u. $[H]^+$-Aktivität, nicht dagegen für elektrodialysierten Humus (Torf) u. tonhaltige Böden. (Kungl. Lantbrukshögskolans Ann. **17.** 204—10. 1950.) HENTSCHEL. 176

F. J. Williams, M. Neznayko und **D. J. Weintritt,** *Der Einfluß austauschbarer Basen auf die kolloidalen Eigenschaften von Bentonit.* Ziel der Unterss. war eine eingehende Analyse der Basenaustauschprozesse im Wyoming-Bentonit, der als das beste Montmorillonitvork. in den USA bezeichnet wird. Zu Vergleichszwecken mußten zunächst gereinigte Bentonite aus den natürlichen hergestellt werden, die nur ein austauschbares Kation enthielten. Die Unterss. ergaben, daß die Viscosität u. der Filterverlust in Abwesenheit von Elektrolyten eine Funktion des austauschbaren Na ist; diese Funktion ist aber nicht linear. Bei Systemen, die analog den natürlichen Vorkk. Na- u. Ca-Salze enthielten, traten für die Viscosität u. die Gelstärke Maxima auf, die für das Flockungsphänomen charakterist. sind. Die bei konstantem Druck gemessene Filtrationsgeschwindigkeit des koll. Tons war ein Index für die Stabilität des Systems. Unterss. an verschied. Proben des natürlichen Bentonits zeigten die großen Variationsmöglichkeiten der rheolog. Eigenschaften. Aus Röntgenaufnahmen war es möglich, den %-Geh. des Na u. Ca in den natürlichen Bentoniten zu bestimmen. Die Ergebnisse der therm. Analyse an gereinigten Bentoniten zeigten den Effekt des Überganges vom Na- zum Ca-Bentonit. (J. physic. Chem. **57.** 6—10. Jan. 1953. Houston, Tex., National Lead Co., Baroid Sales Div., Res. Labors.) G. HEINRICH. 176

K. G. Mijesserow, *Einfluß der Säurebehandlung von Tonen auf die Veränderungen ihrer Austauschfähigkeit.* Um den Einfl. der *HCl*-Behandlung auf die Austausch- u. hydrolyt. Acidität von aktiviertem *Bentonit* (I) festzustellen, wurden 3 I-Proben 10 mal mit nHCl behandelt, dekantiert, mit Lauge neutralisiert u. zwecks Überführung der bas. Formen in $AlCl_3$ mit wenig konz. HCl versetzt. Der Al-Geh. wurde aus der Differenz bei der Titration in Ggw. bzw. ohne NaF ermittelt. In 2 bei 110° getrockneten u. bei 450° geglühten Proben wurde nach Behandlung mit NaCl oder CH_3COONa die hydrolyt. u. Austauschacidität bestimmt, wieder mit nHCl behandelt (auch die 3. Probe) u. geglüht. Es zeigte sich, daß nach 2 Behandlungen das gesamte freie Al_2O_3 in Lsg. geht u. daß bei den weiteren Behandlungen eine Umwandlung von H-Ton in Al-Ton auf Kosten des Al in der oktaedr. Schicht erfolgt (innermicellare Neutralisation). Durch Entfernung der Si-Grenzatome wird das I-Gitter kleiner. Die Zahl der Si-Grenzatome nimmt je Gewichtseinheit von I zu. Damit erhöht sich die hydrolyt. u. Austauschacidität, berechnet auf die Resteinwaage. Die Aciditätszunahme erklärt sich aus der Zunahme der Austauschzentren je Gewichtseinheit von I als Folge der Gitterverringerung u. der Substitution der bas. durch H-Ionen. Unrichtig ist demnach die Annahme von THOMAS, HICKEY u. STECKER (C. **1950.** II. 2992), wonach hierfür die Al-Entfernung aus der oktaedr. Schicht verantwortlich ist, wobei das Rest-Al in die tetraedr. Koordination übergehen soll. Es wird vorgeschlagen, das Austauschvermögen von Tonen erst nach einer Vorbehandlung mit schwacher Säure zu bestimmen. Vf. nimmt ferner an, daß in den natürlichen Alumosilicaten durch die hydrolyt. Acidität jene H- u. Al-Ionen nicht berücksichtigt werden, die an Nichtaustauschzentren gebunden sind. (Доклады Академии Наук СССР [Ber. Akad. Wiss. UdSSR] [N. S.] **88.** 503—06. 21/1. 1953.) LEBTAG. 176

B. W. Derjagin und **G. Ja. Wlassenko,** *Strömungsmethode und Apparat zur Messung der Teilchenkonzentrationen von Aerosolen und anderen kolloiddispersen Systemen.* Das durch Russ. P. 325 565 geschützte Verf. zur Best. der Teilchenkonzz. von Aerosolen u. anderen kolloiddispersen Systemen mit Hilfe des ausführlich beschriebenen Gerätes beruht darauf, daß die Teilchenzählung statt in Ruhe oder fast in Ruhe im kontinuierlichen Strom in Richtung des Sehstrahles im Kanal einer Spezialküvette erfolgt. Es können Konzz. von $3 \cdot 10^7$ bis $4 \cdot 10^7$ bis 1—2 cm^{-3} gemessen werden. Die mit der Sedimentation u. der BROWNschen Bewegung zusammmenhängenden Meßfehler, die bei hoher Ausgangskonz. hochdisperser Systeme bei den übrigen ultramkr. Messungen auftreten, werden hier vermieden. Starke Vergrößerungen entfallen selbst bei der Best. hoher Konzentrationen. Das Verf. macht die automat. Teilchenzählung grundsätzlich möglich. Der Zeitaufwand für die Ablesung wird auf $^1/_{100}$ u. weniger herabgesetzt. Die Genauigkeit entspricht der der üblichen Ultramikroskope. Die experimentellen Werte für die Teilchenkonz. von *Ölnebel* weichen um durchschnittlich 10,9% von den theoret. Werten ab. (Академия Наук СССР. Труды Института Физической Химии [Akad. Wiss. UdSSR, Arb. Inst. physik. Chem.] **1950.** Nr. 1. 161—72.) LEBTAG. 180

Bernard Vonnegut und **Raymond L. Neubauer,** *Erzeugung monodisperser Flüssigkeitsteilchen durch elektrische Zerstäubung.* Vff. beschreiben den neuartigen Effekt einer Flüssigkeitszerstäubung durch hohe elektr. Spannungen. Für zunächst rein qualitative Verss. wird eine Anordnung benutzt, die einfach aus einem Glasrohr besteht, das unten zu einer Capillare ausgezogen ist, u. einer Drahtelektrode, die in die Flüssigkeitsfüllung des Glasrohres hineinragt. Die zunächst langsam aus der Capillare tropfende Fl. (Tropfendurchmesser 1 mm) wird mit steigender Gleichspannung in immer feinere Tropfen zerstäubt. Vff. geben an, daß bei einem Gleichstrompotential von 5 kV Tröpfchen von 0,1 mm entstehen. Die Tropfen sind hoch aufgeladen. Auch eine 60-Perioden-Wechselspannung hat den gleichen Zerstäubungseffekt. Ist die Capillare positiv geladen u. mit einer Fl. gefüllt, die eine geringe elektr. Leitfähigkeit hat, z. B. dest. W., Schmieröl, Alkohol usw., so entstehen monodisperse Aerosole mit einem Teilchen von 1 μ. Die so gebildeten Aerosole zeigen die Farben der TYNDALL-Spektren höherer Ordnung. (J. Colloid Sci. **7.** 616—22. Dez. 1952. Schenectady, N. Y., General Electric Res. Labor.) G. HEINRICH. 180

A₆. Strukturforschung.

Edward Prince, *Das Auflösungsvermögen eines Röntgenstrahlmikroskops.* Es wurde eine Formel hergeleitet zur Best. des Auflösungsvermögens eines nach dem Vorschlag von KIRKPATRICK u. BAEZ (J. Opt. Soc. America **38.** [1948.] 766) gebauten Röntgenstrahlmikroskops. Das optimale Auflösungsvermögen ist derart, daß Punkte, die ca. 2000 Å voneinander entfernt sind, getrennt werden können. (J. appl. Physics **21.** 698. Juli 1950. General Electric Labor.) GOTTFRIED. 181

Teruichiro Kubo und **Hiroshi Akabori,** *Ein neuer Typ von Hochtemperatur-Röntgenkamera für chemische Reaktionen im festen Zustand.* Beschreibung der Kamera. Das Heizelement ist ein Pt-Draht, auf den die zu untersuchende Substanz gebracht wird. Die Temp. des Drahtes kann durch verschied. Widerstände reguliert werden. In der

Kamera kann die zu untersuchende Substanz bis nahezu zum F. des Pt erhitzt werden. (J. physic. Colloid Chem. **54.** 1121—31. Nov. 1950. Tokio, Inst. of Technol.) GOTTFRIED. 181

P. Gay und **A. Kelly**, *Ein schwenkbarer Präparathalter für eine Röntgenmikrostrahlkamera.* Beschreibung der Schwenkvorrichtung. Der Schwenkwinkel beträgt 1½°. (J. sci. Instruments **29.** 287—88. Sept. 1952. Cambridge, Cavendish Labor., Crystallographic Labor.) GOTTFRIED. 181

A. J. C. Wilson, *Untersuchung von unvollkommenen Kristallen durch Pulveraufnahmen.* Zusammenfassend u. hauptsächlich auf theoret. Grundlage wird die Verbreiterung der DEBYE-SCHERRER-Interferenzen durch die Teilchengröße, durch Gitterfehler u. infolge Gitterspannungen behandelt. (Research **3.** 394—99. Sept. 1950. Cardiff, Univ. College, Viriamu Jones Labor.) GOTTFRIED. 181

F. C. Frank, *Gittersummen für Ionenkristalle.* An Hand des NaCl-Gitters wird eine einfachere u. verbesserte Meth. zur Berechnung von Gittersummen beschrieben. (Philos. Mag. [7] **41.** 1287—89. Dez. 1950. Bristol, Univ., H. H. Wills Phys. Labor.) GOTTFRIED. 181

Murray Vernon King und **William N. Lipscomb**, *Einige Formeln für die Röntgenstrahlstreuung von Atomen in verschiedenen räumlichen Wahrscheinlichkeitsverteilungen.* Vff. leiten Formeln zur Berechnung des mittleren komplexen Streuvermögens von Atomen ab, die mit ihren Zentren mit gleichmäßiger Wahrscheinlichkeit über das Innere einer kreisförmigen Scheibe im Innern einer Kugel oder über das Innere eines kreisförmigen Bogens verteilt sind. Diese Formeln eignen sich bes. zur Berechnung von Strukturfaktoren von angenommenen Modellen von Kristallen, die Atome in Bewegung oder in regelloser Anordnung enthalten. (Acta crystallogr. [London] **3.** 318—19. Juli 1950. State College, Pa., State College, Dep. of Phys., u. Minneapolis, Minn., Univ., School of Chem.) GOTTFRIED. 181

H. Niehrs, *Röntgenspektroskopie der Valenzelektronenbänder in Kristallen.* Zusammenfassende Übersicht, die sowohl die allg. Grundlagen als auch spezielle Ergebnisse an Kristallen von Elementen, Legierungen u. Verbb. behandelt. — 80 Literaturzitate. (Ergebn. exakt. Naturwiss. **23.** 359—408. 1950.) H. W. LEVI. 181

Robert S. Mulliken, *Überlappungsintegrale und chemische Bindung.* (Vgl. C. **1953.** 182.) Werte für das Überlappungsintegral $S = \int \chi_a \cdot \chi_b \cdot dv$ einer Bindung mit den Atomeigenfunktionen χ_a u. χ_b der gebundenen Atome sind ein gutes Maß für die Bindungsenergie, falls die S für die experimentell beobachteten Bindungslängen bestimmt werden. Unter Benutzung der SLATERschen χ_l berechnet Vf. daher diese S-Werte für die homöopolaren u. heteropolaren 2sσ-, 2pσ- u. 2pπ- u. di-, tri- u. tetragonalen Hybrid-σ-Bindungen der Elemente der 1. u. 2. Periode. Die gefundenen Werte werden mit den Indices der Bindungsstärke nach PAULING verglichen u. Differenzen begründet. Der Anstieg der red. Bindungslängen ξ (r geteilt durch Summe der theoret. Atomradien) bei den homöopolaren Bindungen innerhalb jeder Periode folgt aus den S-Werten der beteiligten Bindungen; die verminderte Fähigkeit der Elemente der 2. Periode, mehrfache Bindungen auszubilden, ist durch die bei diesen Atomen größeren S-Werte für p-σ-Bindungen u. kleineren für s- u. pπ-Bindungen (gegenüber den Elementen der ersten Periode) erklärbar. Für heteropolare Bindungen kann ein Polaritätsindex abgeleitet werden, der von den effektiven Kernladungen u. Hauptquantenzahlen der beiden Atome abhängt u. die Verkürzung der ξ im Vgl. zu denen der homöopolaren Bindungen deutbar macht; bei den Hybriden folgt aus den S-Werten eine Beteiligung von Resonanzstrukturen mit π-Bindungen, also eine Art Hyperkonjugation. — Auch die VAN DER WAALSschen Kräfte zwischen Edelgasatomen oder H-Atomen in Moll., wie H_2O, CH_4 usw., sind mit Hilfe der Überlappungsintegrale behandelbar, ebenso Wechselwrkg. zwischen den inneren Elektronenbahnen oder inneren u. äußeren Elektronenbahnen eines Atoms. (J. Amer. chem. Soc. **72.** 4493—4503. Okt. 1950. Chicago, Ill., Univ., Phys. Dep.) KRESZE. 182

Claude Vroelant, *Die wahrscheinlichsten Elektronenkonfigurationen in den Atomen und Molekülen.* Vf. gibt Regeln an, nach denen aus Elektronenanzahl u. -spin eines Syst. unter Berücksichtigung elektrostat. Kräfte ein Bild von der wahrscheinlichsten Ladungsverteilung gewonnen werden kann. In verschied. Abbildungen wird die Anwendung der Regeln auf H_2, Li_2, CH_4, C_2H_4, CO_2, B_2H_6, NO_2 u. die Komplexe [Li_3] u. [$C_2H_4Cl^+$] gezeigt. (C. R. hebd. Séances Acad. Sci. **236.** 1887—90. 11/5. 1953.) KRESZE. 182

Eiichi Ishiguro, Tadashi Arai, Masataka Mizushima und **Masao Kotani**, *Über die Polarisierbarkeit des Wasserstoffmoleküls.* Die Polarisierbarkeit des H_2-Mol. wird theoret.

berechnet. Die Energie des Mol. unter dem Einfl. eines äußeren elektr. Feldes wird mit Hilfe der Variationsmeth. unter Verwendung von Wellenfunktionen vom JAMES-COOLIDGE-Typ errechnet, woraus dann die Polarisierbarkeit bestimmt werden kann. Für die 0–0- u. 0–1-Matrixelemente der Polarisierbarkeit zwischen Schwingungszuständen werden unter Benutzung einer MORSE-Funktion für das adiabat. Potential des Mol. folgende Werte berechnet: $\alpha_{00} = 7{,}89$; $\gamma_{00} = 2{,}78$; $\alpha_{01} = 1{,}39$; $\gamma_{01} = 0{,}90$ für H_2, u. $\alpha_{00} = 7{,}75$; $\gamma_{00} = 2{,}68$; $\alpha_{01} = 1{,}13$; $\gamma_{01} = 0{,}71$ für D_2 in Einheiten von 10^{-25} cm (α = Polarisierbarkeit, γ = Anisotropie). Die theoret. Werte stimmen mit experimentell gefundenen verschieden gut überein. (Proc. physic. Soc., Sect. A **65**. 178—87. 1/3. 1952. Tokio, Ochanomizu Univ., Physics Dep., u. Kioto, Univ., Chem. Dep.)
H. W. LEVI. 182

Drago Grdenić, *Die Länge der kovalenten Bindung Hg–Cl.* Aus einer Lsg. in Ae.-A. erhielt Vf. *Sublimat*-Kristalle, die in der Richtung [010] verlängert u. in der Richtung [100] verbreitert waren. Er stellte Prismen von trapezförmigem Querschnitt her u. nahm Schwenkdiagramme um die [100]-Achse auf. Von 76 möglichen wurden 72 0kl-Reflexionen erhalten. Die Intensität wurde mikrophotometr. bestimmt. Für die Länge der Hg–Cl-Bindung ergab sich 2,25 Å. In *Kalomel* u. in *Alkylquecksilber(II)-chloriden* wurde dagegen 2,50 Å gefunden. Die Summe der kovalenten Radien von Hg + Cl würde 1,48 + 0,99 = 2,47 betragen. (Arhiv Kemiju (Arch. Chim.) **22**. 14—25. 1950. Zagreb, Kroatien, Univ., Chem. Inst. u. Physikal. Inst.) WIEDEMANN. 182

B. Luyet, *Ein Versuch zur Bestimmung des Verglasungsgrades in schnell abgekühlten wässerigen Lösungen.* (Sitzungsbericht.) Beim Abkühlen einer 1 mol. wss. *Zucker*-Lsg. mit einer Geschwindigkeit von einigen 100°/Sek. (Eintauchen von 0,01 cm dicken Filmen in fl. N_2) erfolgt Verfestigung im amorphen Zustand („Verglasung"). Bei geringerer Konz. erfolgt die Verglasung weniger leicht infolge der Zunahme der Kristallisationsgeschwindigkeit. Durch thermoelektr. Messungen (unter Verwendung eines Kathodenstrahloscillographen) konnte die Kristallbldg. an Hand der zeitweiligen Temperaturkonstanz verfolgt werden. Für Konzz. >50% tritt keine Kristallisation mehr auf. (Physic. Rev. [2] **81**. 322. 15/1. 1951; Bull. Amer. physic. Soc. **25**. Nr. 5. 34. 24/11. 1950. St. Louis Univ.) FUCHS. 188

G. K. Teal und **E. Buehler**, *Züchtung von Siliciumeinkristallen und von einkristallinen Silicium-p-n-Verbindungen.* (Sitzungsbericht.) Vff. gelang die Züchtung von sehr reinen u. fehlstellenfreien Si-Einkristallen bis zu 5 inch Länge u. 1 inch Durchmesser nach einer ähnlichen Meth., wie sie zur Gewinnung von Ge-Einkristallen angegeben wurde (Physic. Rev. [2] **78**. [1950.] 647). Die Trägerlebensdauer beträgt ca. 200 μSek., während die Elektronenbeweglichkeit in p-leitendem Material auf 1200 cm²/V/sec gebracht werden konnte. Bei den einkristallinen Si-p-n-Verbb. konnten sehr geringe Sättigungsströme erreicht werden. (Physic. Rev. [2] **87**. 190. 1/7. 1952. Bell Telephone Labor.) SPEER. 190

B. Honigmann, E. W. Müller und **I. N. Stranski**, *Die Wachstumsform des Wolframs und die Gleichgewichtsform kubisch raumzentrierter Kristalle.* Beim Tempern einer W-Spitze wird im Feldelektronenmikroskop eine auf einem Kegel aufsitzende Halbkugel beobachtet, die jedoch keine Gleichgewichtsform, welche in diesem Falle polyedr. sein müßte, darstellt, sondern eine Auflösungsform. Eine Wachstumsform wird erhalten, wenn man auf die submkr. einkristalline W-Halbkugel W aufdampft u. bei der Kondensation die Spitze auf Tempp. zwischen 1290 u. 1580° K heizt. Im elektronenmkr. Bild lassen sich von scharfen Kanten begrenzte 011-, 001- u. 112-Flächen nachweisen. Das Auftreten der 011- u. 001-Flächen läßt sich unter Berücksichtigung der Wrkg. der erst- u. zweitnächsten Nachbarn leicht erklären. Eine Erklärung der 112-Fläche aus der Wrkg. der drittnächsten Nachbarn würde das gleichzeitige Auftreten einer 111-Fläche erfordern, die jedoch weder beim W noch bei den ebenfalls kub. raumzentriert kristallisierenden *Mo* u. *Ta* beobachtet werden konnte. Das Auftreten der 112-Fläche muß unter diesen Umständen auf eine Verminderung ihrer freien Oberflächenenergie infolge Verlagerung ihrer Bausteine zurückgeführt werden. Eine kurze vereinfachte Rechnung zeigt, daß die Verzerrung der Oberflächennetzebene von 112 wohl bei allen Bindungsarten auf einer zweidimensionalen Modifikationsänderung beruhen muß. (Z. physik. Chem. **196**. 7—11. Sept. 1950. Berlin-Dahlem, KWI für physikal. Chem.)
H. W. LEVI. 190

K. A. Becker, K. Plieth und **I. N. Stranski**, *Strukturuntersuchung der monoklinen Arsenikmodifikation Claudetit.* Die für die Strukturunters. erforderlichen Claudetit-Einkristalle wurden durch ca. 24std. Erhitzen bei ca. 230° von Arsenolith-Kristallen in Ggw. eines Tropfens W. im abgeschmolzenen Rohr dargestellt. Ihre Identität mit natürlichem Claudetit wurde durch vergleichende Röntgenaufnahmen sichergestellt.

Drehkristall-, Schwenk- u. WEISSENBERG-Aufnahmen ergaben folgende Daten: monokline Raumgruppe C_{2h}^5 – $P2_1/n$; a_1 = 5,25 Å; a_2 = 12,90 Å; a_3 = 4,53 Å; α_2 = 93°53′; Z = 4 Formeleinheiten As_2O_3; $D_{Röntg.}$ 4,23. Die Kristalle sind nach (100) verzwillingt. Aus zweidimensionalen PATTERSON- u. FOURIER-Projektionen ergeben sich für die As-Atome die Parameter x_1 = 0,335; y_1 = 0,351; x_2 = 0,250; y_2 = 0,101; aus stereochem. Gesichtspunkten werden die z-Parameter zu $z_1 = z_2 = 0$ bestimmt. Für die O-Parameter ergeben sich folgende Werte: x_{OI} = 0,432; y_{OI} = 0,219; z_{OI} = 0,915; x_{O2} = 0,452; y_{O2} = 0,344; z_{O2} = 0,376; u. x_{O3} = 0,631; y_{O3} = 0,408; z_{O3} = 0,876. Trotz gewisser Mängel dieser Werte beträgt der Gütefaktor der gesamten Best. $R = \Sigma \| F_{beob.}| - |F_{ber.}\| / \Sigma |F_{beob.}|$ = 0,32. Es ergibt sich ein S-förmig gewundenes Schichtgitter mit Hauptvalenzbindungen innerhalb der Schicht u. Nebenvalenzbindungen zwischen den Schichten. Beim Erhitzen des Arsenoliths auf über 254° entstehen Kristalle, deren Röntgendiagramme von denen des natürlichen Claudetits abweichen u. die als *Claudetit II* bezeichnet werden. (Z. anorg. allg. Chem. **266.** 293–301. Nov. 1951. Berichtigung: Z. anorg. allg. Chem. **269.** 92. Aug. 1952. Berlin, KWI für physikal. Chem. u. Elektrochem. in der Deutschen Forschungshochschule, u. Techn. Univ., Inst. für physikal. Chem. u. Elektrochem.) R. LEVI. 195

H. Bötticher, K. Plieth, E. Reuber-Kürbs und **I. N. Stranski,** *Röntgenographische Strukturuntersuchung des Arsenikglases.* (Vgl. vorst. Ref.) Die Darst. von Arsenikglas wird beschrieben. Mittels monochromatisierter CuK_α-Strahlen werden Intensitätskurven aufgenommen u. in üblicher Weise korrigiert. Die weitere Behandlung erfolgt auf zwei Arten. Einmal werden die gefundenen Intensitätskurven mit den auf Grund von Modellvorstellungen — als Modelle werden die Nahordnungen in den kristallisierten Modifikationen Arsenolith u. Claudetit herangezogen — berechneten verglichen, u. zum anderen wird ohne vorherige Annahmen aus der experimentellen Kurve mittels FOURIER-Analyse die Elektronendichteverteilung ermittelt u. unter Heranziehung von Hilfsvorstellungen gedeutet. Der erste Weg führt, obgleich der Unterschied zwischen den beiden zugrunde gelegten Modellen gering ist, doch zu einer besseren Übereinstimmung mit dem Claudetit-Modell. Die Nahordnung erstreckt sich über einen Bereich von 5 Å, daran schließt sich ein Gebiet von 5–8 Å, das zur Hälfte geordnete u. zur Hälfte kontinuierlich verteilt gedachte Atome enthält. Die FOURIER-Analyse bestätigt diese Ergebnisse. (Z. anorg. allg. Chem. **266.** 302–12. Nov. 1951.) R. LEVI. 195

Yoshihiko Saito, *Über die Umwandlung in Kristallen von Berylliumoxyacetat bei etwa 40°.* Vf. untersucht die Kristallstruktur von Berylliumoxyacetat unterhalb u. oberhalb des Umwandlungspunktes u. leitet einen Ausdruck ab, der die Intensitätsänderung der BRAGGschen u. diffusen Reflexe im Zusammenhang mit der Umwandlung bei 40° erklärt. Dabei schließt Vf. auf eine Umwandlung „Ordnung–Unordnung" mit folgendem Mechanismus: Die Elementarzelle enthält 8 Moll. $[Be_4O(CH_3COO)_6]$, deren Schwerpunkte zwei flächenzentrierte kub. Gitter besetzen (Diamantstruktur). Jedes einzelne Mol. hat die Symmetrie T-23. Die Abweichung von Td-$\bar{4}$3m bedeutet, daß 12 Carboxyl-O-Atome nicht auf (110)-Flächen liegen, sondern auf Flächen, die um 12,7° geneigt sind. Es gibt deshalb 2 spiegelbildliche Konfigurationen, die je eines der beiden flächenzentrierten Gitter besetzen u. dem Kristall die Symmetrie T_h–m3 erteilen. Es kann angenommen werden, daß die potentielle Energie ein Maximum besitzt, wenn die O-Atome die (110)-Fläche überschreiten, u. daß jeweils ein Minimum symm. auf beiden Seiten der (110)-Fläche existiert. Mit steigender Temp. wird die Schwingungsamplitude groß genug, daß die O-Atome den Potentialwall überschreiten können u. die beiden Konfigurationen sich ineinander umwandeln. Oberhalb des Umwandlungspunktes ist die Wahrscheinlichkeit, die Carboxyl-O-Atome auf beiden Seiten der (110)-Fläche anzutreffen, gleich groß. Die Symmetrie wechselt deshalb von T_h^4 – Fd3 nach O_h^7 – Fd3m. (Sci. Pap. Osaka Univ. Nr. **36.** 14 S. Febr. 1951. Osaka, Univ., Fac. of Sci.) KRÖNERT. 195

Philip Hemily, *Kristallstruktur von Natriumhydroxyd mit 4 Molen Wasser.* Vf. wendet zur Darst. u. Unters. der bei –5° gewonnenen Kristalle ein ähnliches Verf. wie BOUTTIER (C. **1950.** I. **1828**) an. Es wurden dünne monokline Blättchen erhalten, die die Raumgruppe C2 (C_2^3) besitzen. Die Elementarzelle enthält 4 Moll. $NaOH \cdot 4\,H_2O$ mit a = 15,47 Å, b = 4,04 Å u. c = 9,44 Å, β = 117°15′. Es wurden WEISSENBERG-Aufnahmen gemacht u. eine dreidimensionale PATTERSON-Synthese berechnet. Alle Atome liegen in den beiden Flächen mit den Koordinaten y = 0; y = b/2. Die restlichen Koordinaten der Atome in der Fläche y = 0 wurden mittels einer FOURIER-Reihe bestimmt. Jedes Na-Atom ist von 5 O-Atomen mit den Abständen zwischen 2,35 u. 2,38 Å umgeben, von denen 3 Atome mit dem Na auf einer Fläche liegen. Die 4 O-Atome der Wassermoll. liegen jeweils im Mittelpunkt eines Tetraeders, dessen 4 Ecken in verschied. Weise von 0, 1 oder 2 Na-Atomen besetzt werden. Die restlichen Eckpunkte sind mit anderen O-Atomen besetzt. Zwischen den einzelnen O-Paaren bestehen Wasserstoffbindungen. Die OH-Gruppe ist anders koordiniert u. betätigt 5 Wasserstoffbindungen. (C. R. hebd. Séances Acad. Sci. **234**. 2085—87. 19/5. 1952.) KRÖNERT. 195

Hermann Müller, *Umwandlungsanomalien beim Zinksulfid.* Kub. ZnS geht bei 1020° in hexagonalem Wurtzit über u. kann durch Tempern bei 900° zurückgewandelt werden. Dabei entstehen, wie röntgenograph. nachgewiesen werden konnte, eindimensionale Fehlordnungen. Es wurde ferner bei den Umwandlungsvorgängen eine anomale Verschiebung gewisser Reflexe nach Art einer 4 Schichtstruktur beobachtet. (Fortschr. Mineralog. **28**. 58. 1949; ausg. Dez. 1950.) ZEDLITZ. 195

Allan Zalkin und **D. H. Templeton,** *Die Kristallstrukturen von YF_3 und verwandten Verbindungen.* Aus der Beugung von Röntgenstrahlen wurde die Kristallstruktur von YF_3 bestimmt: orthorhomb., Raumgruppe Pnma, a = 6,353, b = 6,850, c = 4,393, Z = 4, D_x = 5,069, berechnete D. 5,069. Jedes Y-Atom ist von 8 F-Atomen in Abstand von 2,3 Å u. von einem F-Atom im Abstand von 2,60 Å umgeben. — Die gleiche Struktur haben die nachst. Fluoride: SmF_3: a = 6,669, b = 7,059, c = 4,405, D. 6,643. EuF_3: a = 6,622, b = 7,019, c = 4,396, D. 6,793. GdF_3: a = 6,570, b = 6,984, c = 4,393, D. 7,047. TbF_3: a = 6,513, b = 6,949, c = 4,384, D. 7,236. DyF_3: a = 6,460, b = 6,906, c = 4,376, D. 7,465. HoF_3: a = 6,404, b = 6,875, c = 4,379, D. 7,644. ErF_3: a = 6,354, b = 6,846, c = 4,380, D. 7,814. TuF_3: a = 6,283, b = 6,811, c = 4,408, D. 7,971. YbF_3: a = 6,216, b = 6,786, c = 4,434, D. 8,168. CpF_3: a = 6,151, b = 6,758, c = 4,467, D. 8,332. — Unter gewissen Herstellungsbedingungen erhält man die folgenden Verbb. auch in dem hexagonalen LaF_3-Typ: SmF_3 (a = 6,956, c = 7,120, D. 6,925), EuF_3 (a = 6,916, c = 7,091, D. 7,088), HoF_3(a = 6,833, c = 6,984, D. 7,829) u. TuF_3 (a = 6,763, c = 6,927, D. 8,220). Wenn die Fällung der Fluoride von Ho, Er u. Tu in Ggw. von NH_4-Ionen vorgenommen wird, treten kub. Phasen auf, denen die Zuss. $NH_4Ho_3F_{10}$, $NH_4Er_3F_{10}$ bzw. $NH_4Tu_3F_{10}$ zugesprochen werden. In Ggw. von Na^+ scheint eine kub. Verb. $HoOF$ zu entstehen. — Die Darst. der Fluoride erfolgte teils nach dem trockenen Verf. durch Überleiten eines Gemisches aus H_2 u. HF über das in einem Pt-Tiegel befindliche Sesquioxyd bei 700°, teils nach dem nassen Verf. durch Lösen von 5—15 mg des Oxyds in 4 cm³ 6 mol. HCl, Neutralisieren mit 6 mol. NH_4OH, Lösen des Hydroxyds mit einigen Tropfen HCl, Zugabe von 1—2 cm³ konz. HF zu der erwärmten Lsg., Zentrifugieren, Waschen u. Trocknen des Nd. bei 100—150° u. einstd. Erhitzen im Vakuum auf 1000—1400°. (J. Amer. chem. Soc. **75**. 2453—58. 20/5. 1953. Berkeley, Calif., Univ. of California, Dep. of Chem. u. Radiation Labor.) FORCHE. 195

W. L. Kehl, R. G. Hay und **D. Wahl,** *Die Struktur von tetragonalem Wolframtrioxyd.* Die Strukturänderung von WO_3 mit der Temp. wurde mit Hilfe von differentieller therm. Analyse u. Röntgenpulveraufnahmen untersucht. Das Thermogramm zwischen 25 u. 1000° zeigt endotherme Spitzen bei 740 u. 900°. Eine Röntgenaufnahme von WO_3 bei 25° zeigt die bekannte (vgl. BRAKKEN, Z. Kristallogr., Mineralog. Petrologr., Abt. A **78**. [1931.] 484) trikline Struktur, während Diagramme, die in einer Hochtemperaturkamera bei 740° u. höherer Temp. gemacht wurden, den Übergang zum tetragonalen Gitter erkennen lassen. Der Übergang ist reversibel, wie die Pulveraufnahmen bei Zimmertemp. vor u. nach dem Erhitzen über den Umwandlungspunkt u. das Thermogramm beweisen. Zur Auswertung wurden Aufnahmen [bei 950°, die schärfere Linien als bei 740° aufweisen, benutzt. Zum Vgl. werden Pulveraufnahmen, die nacheinander bei den Temppp. 740°, 880°, 950°, 740° u. 25° gemacht wurden, gegenübergestellt. Die Gitterkonstanten des tetragonalen WO_3 sind bei 950° $a_0 = 5,272 \pm 0,002$ Å u. $c_0 = 3,920 \pm 0,002$ Å. Bei 770° wurde $a_0 = 5,250 \pm 0,002$ Å u. $c_0 = 3,915 \pm 0,002$ Å gefunden. Diese Form besitzt eine verzerrte ReO_3-Struktur (kub.) mit 2 Moll. WO_3 pro Zelle. Alle Atome besetzen 2- oder 4-zählige spezielle Punktlagen der Raumgruppe P 4/n mm. In der idealisierten kub. Form liegen die W-Atome auf den Würfelecken, oktaedr. von je 6 O-Atomen umgeben. Die tetragonale Zelle ist doppelt so groß, u. die W-Atome sind wechselseitig nach oben u. unten aus der Ebene der 4 O-Atome um 0,06 c = 0,23 Å verschoben. Damit läßt sich das von MATTHIAS beobachtete (vgl. C. **1950**. II. 1209) antiferroelektr. Verh. nach der Theorie von KITTEL (vgl. C. **1952**. **643**) erklären. Eine nach dem Thermogramm erwartete Umwandlung in das ideale kub. Gitter bei 900° konnte an Röntgenaufnahmen bis 980° nicht beobachtet werden. (J. appl. Physics **23**. 212—15. Febr. 1952. Pittsburgh, Pa., Gulf Res. and Developm. Co.) KRÖNERT. 195

A. Taylor und **K. Sachs,** *Ein neues zusammengesetztes η-Carbid.* Es gelang Vff., ein η-Carbid der Zus. $(Ni_{0.58}Co_{0.30}Si_{0.12})_3(Mo_{0.49}W_{0.07}Cr_{0.44})_3(C_{0.95}N_{0.05})$ darzustellen, indem sie eine Co, Cr, Mo u. W enthaltende Ni-Legierung in Stabform in 5% ig. alkoh. HCl 260 Std. bei einer Stromdichte von 0,011 A/cm² elektrolysierten. Eine Pulveraufnahme des Rückstandes zeigt die nahe Verwandtschaft zu dem Carbid Fe_4W_2C. Die Gitterkonstante beträgt 10,952 kX gegenüber 11,0246 kX für Fe_2W_4C u. 11,08 kX für Fe_3W_3C. Es handelt sich also grundsätzlich um ein Doppelcarbid $(Ni, Co)_3Mo_3C$, das wahrscheinlich durch die Ggw. von Cr u. Si stabilisiert wird. Gleichzeitig wird die kleinere Gitterkonstante durch Ersatz von W, Mo u. Fe durch diese Elemente erklärt. (Nature [London] **169.** 411. 8/3. 1952. Birmingham, Mond Nickel Co. Ltd., Develop. and Res. Labor.) KRÖNERT. 195

Robert L. Collin, *Die Kristallstruktur von Bandylith, $CuCl_2 \cdot CuB_2O_4 \cdot 4\,H_2O$.* Aus WEISSENBERG-Aufnahmen ergibt sich eine tetragonale Zelle mit a = 6,19 Å u. c = 5,61 Å. Aus der gefundenen D. 2,8 folgt für Z = 1 eine berechnete D. 2,67. Die systemat. Auslöschungen deuten auf die Raumgruppe C_{4h}^3-P4/n im Widerspruch zu den Beobachtungen von PALACHE u. FOSHAG (Amer. Mineralogist **23.** [1938.] 85), die die Raumgruppe D_{4h}^7-P 4/n mm angeben. Zur Best. der Parameter wird folgendes Modell angenommen: Die Cu-Atome liegen in einer Ebene, umgeben von 4 OH-Gruppen in quadrat. ebener Anordnung. 2 Cl-Atome befinden sich auf einer Linie senkrecht zu dieser Ebene. Diese verzerrten Oktaeder um die Cu-Atome sind verkettet mit B-Atomen, die fast tetraedr. von 4 OH-Gruppen umgeben sind. Um die x- u. y-Parameter der OH-Gruppe zu bestimmen, wurde eine FOURIER-Projektion angefertigt u. die erhaltenen Werte mit denen nach der Meth. der kleinsten Quadrate berechneten gegenübergestellt. Parameter: Cu: x = 0; y = 0,500; z = 0,639; B: x = 0; y = 0; z = 0,500; Cl: x = 0; y = 0,500; z = 0,139; OH: x = 0,316; y = 0,554; z = 0,639. Atomabstände: Cu–OH = 1,38 Å; Cu–Cl = 2,80 Å; B–OH = 1,42 Å. Die Atomabstände werden mit denen in ähnlichen Verbb. u. theoret. Werten verglichen. (Acta crystallogr. [London] **4.** 204—09. Mai 1951. Pittsburgh, Pa., Mellon Inst. of Ind. Res.) KRÖNERT. 195

W. Nowacki und **R. Scheidegger,** *Die Kristallstruktur des monoklinen basischen Kupfernitrates.* Kurze Wiedergabe der C. **1951.** II. 1399 referierten Arbeit (vgl. auch C. **1952.** 5538). (Experientia [Basel] **7.** 454. 15/12. 1951. Bern, Univ., Mineralog. Inst., Abt. E. Kristallographie u. Strukturlehre.) GOTTFRIED. 195

N. L. Katzenelenbaum, *Über Überstrukturen bei intermetallischen Verbindungen mit dichtester Atompackung.* Aus der Betrachtung der bin. Legierungen mit dichtester Atompackung folgen zwei Regeln: 1. Für die Intermetallverbb. mit dichtester Atompackung der Zus. AX_3 ist ein geordneter Zustand nur bei der Verteilung der A-Atome auf die Zentren der Kubooktaeder aus X-Atomen möglich. 2. Bei der Zus. $A/X < 1/3$ u. $X/A < 1/3$ u. bei dichtester Atompackung gibt es entweder nur eine statist. Verteilung der Atome oder eine partielle Geordnetheit mit einer der Überstrukturen von AX_3. Die einzige Ausnahme bildet die Überstruktur von $CuPt_7$. Es wird ein Mechanismus für die Bldg. der Überstrukturen vorgeschlagen. (Вестник Московского Университета, Серия Физико-Математических и Естественных Наук [Nachr. Moskauer Univ. physik.-mathemat. u. naturwiss. Ser.] **7.** Nr. 8. 181—86. Aug. 1952. Lehrstuhl für Kristallographie u. Kristallchemie.) LEBTAG. 197

W. B. Pearson und **J. W. Christian,** *σ-Phase in Vanadin-Nickel-Legierungen.* Eine V–Ni-σ-Phase mit 60 At.-% V wurde röntgenograph. untersucht. LAUE- u. Drehaufnahmen ergaben eine tetragonale Elementarzelle mit a = 8,95 u. c = 4,63 kX. Aus den sysetmat. Auslöschungen bei Aufnahmen mit Cu-Strahlung wurde auf die möglichen Raumgruppen P 4/m n m, P 4 m n oder P $\bar{4}$n 2 geschlossen. Diese Ergebnisse sind in Übereinstimmung mit denen an anderen σ-Phasen. Aus der Gleichartigkeit der Strukturfaktoren mit denen von β-Uran (TUCKER, AECD-2957 [1950]) wird auf die enge Verwandtschaft beider Strukturen geschlossen. Es werden ferner einige Reflexe gefunden, die auf eine mögliche Ordnung hinweisen. (Nature [London] **169.** 70—71. 12/1. 1952. Oxford, Inorg. Chem. Labor.) SCHUBERT. 197

D. Chipman und **B. E. Warren,** *Röntgenographische Messung des Ordnungszustandes auf große Entfernung in β-Messing.* Durch Messung der integralen Intensität der (100)-Überstrukturreflexion eines Einkristalls, der auf verschied. Tempp. erwärmt war, mit einem GEIGER-MÜLLER-Spektrometer wurde der Parameter des Ordnungszustandes auf große Entfernung gemessen. Der gemessene Wert stand in befriedigender Übereinstimmung mit den theoret. Vorhersagen. (J. appl. Physics **21.** 696—97. Juli 1950. Cambridge, Mass., Inst. of Technology.) GOTTFRIED. 197

W. D. Ssadowski, K. A. Malyschew und **B. G. Ssasonow,** *Über den Punkt b von Tschernow.* Betrachtungen über die Bedeutung des von TSCHERNOW (im Jahre 1868) mit b bezeichneten Umkristallisationspunktes, der nach Ansicht der Vff. fälschlicherweise mit dem A_3-Punkt nach OSMOND identifiziert wird. Während die Punkte A_1 bis

A_3 die Temp. der Phasenumwandlung (Austenitbldg.) charakterisieren, bedeutet b diejenige, meist höher als A_3 liegende, krit. Temp., oberhalb welcher erst die vollständige Beseitigung der Ausgangsstruktur erfolgt. Die in diesem Sinne verstandene Umkristallisation ist ein komplizierter Prozeß, der die Vorgänge Phasenumwandlung, Rekristallisation infolge von Kaltverformung der Kristalle durch die Volumenänderung bei der Umwandlung u. anschließendes n. Kornwachstum umfaßt. (Известия Академии Наук СССР, Отделение Технических Наук [Nachr. Akad. Wiss. UdSSR, Abt. techn. Wiss.] **1953.** 68—81. Jan.) EHMCKE. 197

H. Seifert, *Zur strukturtheoretischen Deutung von Kristalldeformationen.* Vom strukturtheoret. Standpunkt aus wurde die Gleitfähigkeit der Metalle der Mg-Gruppe sowie das Gleitvermögen der Glimmer behandelt. (Fortschr. Mineralog. **26.** 118—21. 1947, ausg. 1950. Münster.) GOTTFRIED. 200

N. Ss. Fasstow, *Zur thermodynamischen Theorie der elastischen Nachwirkung.* Vf. entwickelt auf Grund thermodynam. Betrachtungen eine Theorie der elast. Nachwrkg. in festen Körpern, wobei die Temperaturänderungen berücksichtigt werden. Er betrachtet die Ausbreitung einer elast. Längsschwingung in einem Relaxationsmedium, ein Vorgang, der vom Gleichgewichtszustand abweichen muß, wenn er in endlicher Zeit abläuft, so daß außer Deformation u. Temp. auch die Relaxation mit berücksichtigt werden muß. (Журнал Экспериментальной и Теоретической Физики [J. exp. theoret. Physik] **22.** 487—92. April 1952. Inst. für Metallkunde u. Metallphys. des Zentr. Wiss. Forschungsinst. für Eisenmetallurgie.) ADOLPHI. 200

I. A. Lesskowitsch, *Neue Form der Fließdruckkurven.* Vf. nimmt Fließdruckkurven F(kg/cm²) als Funktion der Zeit t auf für NH_4NO_3 (I), 50° u. 5; 7 u. 12,5 mm² Stempelquerschnitt (S. Q.), *KCl* (II) (5°; 3,5 u. 7 mm²) u. *p*-$C_6H_4Cl_2$ (III) bei 5, 10, 15 u. 20° u. 3 mm² S. Q. bei allen 4 Versuchen. Die für I bei 50° u. 12,5 mm² S. Q. u. III bei 20° u. 3 mm² S. Q. aufgenommenen Kurven weisen etwa den Verlauf $F = t^2/(a + t^2)$ auf, wobei $F_{I\,max} = 726$ u. $F_{III\,max} = 1100$ kg/cm². Für die übrigen I- u. III-Kurven sind die F_{max}-Werte bis zum 4fachen höher u. weisen für I bei 817 (5 mm² S. Q.) u. 890 kg/cm² (7 mm² S. Q.), für III bei 1600 kg/cm² Phasenübergängen entsprechende Absätze auf. Bei II treten bei allen 3 Kurven Phasenumwandlungen bei 3700 u. 6460 kg/cm² auf. Im Gegensatz zu I u. III sinkt F hier für große t wieder stark ab. Bei der bei 5 mm² S. Q. (II) aufgenommenen Kurve überlagert sich der „glatten" Kurve nach Durchgang durch das Maximum bei 11300 kg/cm² ein wellenförmiger Bereich. (Доклады Академии Наук СССР [Ber. Akad. Wiss. UdSSR] [N. S.] **88.** 833—36. 11/2. 1953. Kurnakow-Inst. für allg. u. anorg. Chem. der Akad. der Wiss. der UdSSR.) AMBERGER. 200

Ss. I. Gubkin und **Ss. I. Dobrowolski,** *Untersuchung der Isochromaten in durchsichtigen Modellen bei ihrer endlichen plastischen Deformation.* Das Isochromatenbild ändert sich beim Übergang von der elast. zur endlichen plast. Deformation nur wenig, solange die Restspannungen 1. Art, die weniger als 1% der gesamten Formänderungsarbeit betragen u. im allg. kleiner sind als die 2. u. 3. Art, maßgebend sind. Dies trifft zu bei feinkörnigem *AgCl* u. verhältnismäßig kleinen plast. Deformationen. Bei grobem AgCl-Korn u. größeren Deformationen werden die Isochromatenbilder jedoch von den von den individuellen Kristalleigg. stark abhängigen Restspannungen 2. u. 3. Art maßgebend beeinflußt. (Доклады Академии Наук СССР [Ber. Akad. Wiss. UdSSR] [N. S.] **88.** 799—802. 11/2. 1953.) AMBERGER. 200

I. A. Oding und **W. Ss. Iwanowa,** *Untersuchung der lokalen Verschiedenheit der plastischen Verformung beim aktiven Dehnen.* An zylindr. Probestäben aus *Armco-Fe* u. den legierten *Stählen EI-454* (ferrit.) u. *EJa-1 T* (austenit.), die bei Raumtemp. u. höheren Tempp. (bis 625°) verschied. stark gereckt wurden, wird festgestellt, daß die plast. Verformung über die Länge bzw. das Vol. des Stabes nicht gleichmäßig verläuft, sondern örtlich verschied. ist. Diese „Lokalität" der Verformung macht sich bei den verschied. Legierungen in verschieden hohem Maße bemerkbar. Sie tritt bei geringem mittleren Verformungsgrad bes. deutlich, mit steigendem Verformungsgrad in abnehmendem Maße in Erscheinung. Eine Erklärung für die unterschiedliche Verformbarkeit des Metalls innerhalb eines Stückes wird in der verschied. Orientierung der Kristallkörner, Unhomogenitäten in der Zus., lokalen Gasansammlungen (H_2, N_2) usw. gesehen. (Известия Академии Наук СССР, Отделение Технических Наук [Nachr. Akad. Wiss. UdSSR, Abt. techn. Wiss.] **1953.** 96—105. Jan.) EHMCKE. 200

R. Hill, *Eine theoretische Untersuchung des Einflusses der Größe der Probe bei der Härtemessung.* Die Eindruckhärte wird als das Verhältnis des angewandten Druckgewichtes zu der projizierten Fläche des Eindrucks definiert. Zur Berechnung der kleinsten Dimensionen, die eine Probe für eine gültige Härteprüfung besitzen sollte, wurde die Theorie der ebenen plast. Spannung von HENCKY u. GEIRINGER angewandt. Berechnet wurde die kleinste Breite υ. Dicke einer rechteckigen Probe für den Eindruck eines Keils, u. zwar wurde das Problem als zweidimensional behandelt, wo die Spannung in der Richtung Null ist, die durch die sich schneidenden Flächen des Keils gegeben ist. Es wurde ferner angenommen, daß das Material bis zur Streckgrenze spröde ist, nach der die maximale Scherspannung in ebener Spannung einen konstanten Wert annimmt. Es wurde gefunden, daß die kleinsten Dimensionen für das zweidimensionale Modell etwas größer sind als die für wirkliche Eindruckkörper. So ist z. B. die für einen Keil mit einem Winkel von 136° zu empfehlende niedrigste Dicke etwa das Doppelte der Diagonale des Eindrucks. (Philos. Mag. [7] **41.** 745—53. Aug. 1950. Sheffield, Metal Flow Res. Labor.) GOTTFRIED. 200

A_7. Gleichgewichte. Kinetik.

A. M. Ginstling, *Über den Mechanismus der Reaktionen in Gemischen fester Substanzen.* 1. Mitt. Durch theoret. Betrachtungen kommt Vf. zu dem Schluß, daß die TAMMANNsche Theorie der Rkk. in der festen Phase die wichtige Rolle der fl. u. Gasphase bei den chem. Umwandlungen von Feststoffgemischen nicht berücksichtigt. Die Rkk. in der festen Phase verlaufen entweder ohne Teilnahme der fl. oder Gasphase oder unter Beteiligung der einen oder beider Phasen. Als Beispiel für die Prozesse unter Teilnahme der Gasphase wird die Rk. $ZnO + Al_2O_3 \rightarrow ZnAl_2O_4$ (Spinell) behandelt, ferner die Rkk. zwischen $CaCO_3$ u. MoO_3, $CuSO_4$ u. PbO, CuO u. Mg, die Red. von Sulfaten durch C u. andere Prozesse. (Журнал Прикладной Химии [J. angew. Chem.] **25.** 277 bis 286. März 1952.) LEBTAG. 221

A. M. Ginstling, *Über den Mechanismus der Reaktionen in Gemischen fester Substanzen.* 2. Mitt. (1. vgl. vorst. Ref.) Vf. behandelt den Mechanismus der Umwandlungsprozesse im festen Gemisch unter Teilnahme der fl. Phase sowie der fl. u. Gasphase. Danach verlaufen viele techn. wichtige Umwandlungen in festen Mischungen (*CaO*, *SiO_2* u. *Fe-Oxyd*; Fe-Oxyd u. *Al_2O_3* mit *Soda*; *$CaCl_2$* mit *$BaSO_4$*; *Na_2SO_4* mit *C*; Soda mit SiO_2) unter Teilnahme von Flüssigkeiten. (Журнал Прикладной Химии [J. angew. Chem.] **25.** 499—506. Mai 1952.) LEBTAG. 221

I. A. Osstrowski, *Über das VTX-Diagramm für den einfachsten Fall im Systemtyp Silicat–Wasser.* Die theoret. Unters. von VTX-Diagrammen zeigte, daß man die Zus. der verschied. Phasen aus der Diagrammanalyse nicht direkt ermitteln kann, die Folge aber im Auftreten der einander abwechselnden Phasen sich bestimmen läßt. Diese Folge zeigt z. B. eine bedeutende Variabilität beim Abkühlen des Syst. vom Typus Silicat–W. bei konstantem Volumen. In diesem Falle ist ein Gleichgewicht von 3 Phasen innerhalb eines bestimmten Temperaturintervalls möglich. Besondere Verhältnisse ergeben sich, wenn hierbei krit. Erscheinungen in gesätt. Lsgg. auftreten, dann sind Phasenfolgenwechsel zu beobachten. — Die Diagrammanalyse ist von besonderer Bedeutung für die Frage der Mineralbldg. unter Berücksichtigung auftretender Flüssigkeitseinschlüsse, hierbei ist die Best. des Drucks noch schwieriger als die Best. der Bildungstemperatur. (Известия Академии Наук СССР, Серия Геологическая [Nachr. Akad. Wiss. UdSSR, geol. Ser.] **1950.** 143—47. Sept./Okt.) v. WILPERT. 221

C. L. Van Panthaleon Van Eck, *Die Beziehung zwischen der Stabilität von Metallkomplexen in Lösung und dem Ionisationspotential ihrer Metallkomponente.* Vf. untersucht an Hand einer Reihe von in der Literatur beschriebenen Systemen die Beziehung zwischen der Stabilität (log k) eines Metallkomplexes in Lsg. u. dem Ionisationspotential (I) der Metallkomponente mit dem Ergebnis, daß eine lineare Beziehung der Form $\log k = p\,(I - q)$ existiert, wobei die Konstante p von der oder den funktionellen Gruppen des Liganden u. die Konstante q von der Zahl dieser Gruppen u. der Polarisierbarkeit des Ligandenmol. abhängig ist. (Recueil Trav. chim. Pays-Bas **72.** 50—56. Jan. 1952. Amsterdam, Koninklijke/Shell-Labor.) NIEMITZ. 223

Hans B. Jonassen und **Paul C. Yates,** *Anorganische Komplexverbindungen mit mehrwertigen Gruppen.* 7. Mitt. *Komplexe von Silber(I)-Ionen mit Triäthylentetramin.* (6. vgl. C. **1952.** **7619.**) Durch Messung der Lichtstreuung in Ag^+ enthaltender Lsg. nach verschied. großem Zusatz von **Triäthylentetramin** (trien) (bis [trien] = [Ag^+]) u. durch konduktometr. Titration von trien mit Ag^+ wurde die Existenz von $[Ag\ trien]^+$ u. $[Ag_2\ trien]^{2+}$ in W. u. A. als Lösungsm. nachgewiesen. $[Ag\ trien]\ NO_3$ ließ sich nur aus alkoh. Lsg. isolieren, es ist in W. wenig löslich. Sein Kation hydrolysiert in W. allmählich (potentiometr. festgestellt), wahrscheinlich zu $[Ag\ trien \cdot 2\ H_2O]^+$. (J. Amer. chem. Soc. **74.** 3388—91. 5/7. 1952. New Orleans, La., Tulane Univ., Richardson Chem. Labor.) BLUMRICH. 223

J. Chatt und **R. G. Wilkins,** *Die Natur der koordinativen Bindung.* 6. Mitt. *Ein Vergleich der Gleichgewichte zwischen cis- und trans-*$[Me(C_2H_5)_3]_2PtCl_2$ *mit Me=P, As und Sb.* (5. vgl. C. **1952.** 7942.) Die Isomerisationen von *cis*-$[As(C_2H_5)_3]_2PtCl_2$ u. *cis*-$[Sb(C_2H_5)_3]_2PtCl_2$ in benzol. Lsg. sind endotherm. Rkk. mit $\Delta H_{As} \sim 1{,}2$ bzw. $\Delta H_{Sb} \sim 2{,}4$ kcal/Mol u. $\Delta S_{As} = 14{,}2 \pm 0{,}8$ bzw. $\Delta S_{Sb} = 9{,}4 \pm 1{,}0$ cal/Mol · Grad bei 25°. Das Gleichgewichtsgemisch der cis- u. trans-Arsinkomplexe enthält bei 25° nur 0,57 % cis-Isomeres, während die entsprechende Stibinkomplexlsg. 34,4 % u. die analoge Phosphinkomplexlsg. 7,5 % cis-Isomere im Gleichgewicht enthalten. Die Lage der Gleichgewichte wurde durch Messung der DK. bestimmt, die Dipolmomente wurden durch die Temperaturabhängigkeit der DK. nach JENSEN (Z. anorg. allg. Chem. **229.** [1936.] 250) berechnet. Der Phosphinkomplex $[P(C_2H_5)_3]_2PtCl_2$ ($\Delta S_P = 13{,}3 \pm 0{,}7$; $\Delta H_P \sim 2{,}4$) u. der Stibinkomplex unterscheiden sich in ihren Isomerisationsentropien, der Phosphin- u. Arsinkomplex dagegen in den Isomerisationswärmen. Die totalen Bindungsstärken der cis-Isomeren sind $\sim$ 10 kcal höher als die trans-Isomeren. Wenn dieser Unterschied auf einer π-Bindung zwischen d-Bahnen des Platins u. den Donatoratomen (Me) beruhen sollte, müßte die Stärke der π-Komponenten der Me–Pt-Bindung nahezu konstant innerhalb der untersuchten Komplexreihe sein. Andererseits müßte die Stärke der σ-Bindungskomponenten fallen (von Me = P bis Sb), um die tatsächlich beobachtete Schwächung der in Frage stehenden Me–Pt-Bindung zu erklären. Die Schwächung der Bindung läßt sich wegen der Größe des Pt-Atoms auch kaum auf ster. Einfll. zurückführen. Es werden 2 Gründe für die Stabilität der tert. Phosphin-, Arsin- u. Stibin-$PtCl_2$-Komplexe im Gegensatz zu den instabilen tert. Amin–$PtCl_2$-Komplexen diskutiert; 1. wegen Fehlens von 2 d-Bahnen im N-Atom ist die oben diskutierte π-Bindung nicht realisierbar u. 2. der kovalente Charakter der P-, As- u. Sb–$PtCl_2$-Bindung ist größer als der der N–$PtCl_2$-Bindung.

Versuche: Die Komplexe wurden analog den Tri-n-propylkomplexen (C. **1952.** 5700) hergestellt; zur Reinigung wurden sie mehrmals schnell aus A., die trans-Verbb. in Ggw. des Brückenkomplexes $[As(C_2H_5)_3]_2Pt_2Cl_4$ umkrist., *trans*-$[As(C_2H_5)_3]_2PtCl_2$, F. 120–121°; *cis*-$[As(C_2H_5)_3]_2PtCl_2$, F. 154–155°, Dipolmoment (μ) 10,9 D; *cis*-$[Sb(C_2H_5)_3]_2PtCl_2$, F. 102,5–103°, μ 10,45D; *trans*-$[Sb(C_2H_5)_3]_2PtCl_2$ konnte nicht in Substanz isoliert werden. *cis*-$[P(C_2H_5)_3]_2PtCl_2$, μ 10,9 D. (J. chem. Soc. [London] **1952.** 4300–06. Nov. The Frythe, Welwyn, Herts., Imp. Chem. Ind. Ltd., Butterwick Res. Labors.) ZIMMER. 223

J. A. Christiansen, *Über die Bestimmung reaktionskinetischer Konstanten aus Versuchsdaten.* Wenn man zum Studium eines Reaktionsmechanismus die Meth. der stationären Konzz. der Zwischenstoffe benutzen kann, so erhält man, wenn man die reziproke Geschwindigkeit dt/dx als Funktion von x integriert, einen Ausdruck der Form $t = A_1\int_0^{x_t}\varphi_1\,dx + A_2\int_0^{x_t}\varphi_2\,dx + A_3\int_0^{x_t}\varphi_3\,dx + \cdots$. Hierin müssen nun die Konstanten, die gewöhnlich Funktionen der Anfangskonzz. der Reaktanten sind, bestimmt werden. Hierfür wird statt der üblichen Meth. der kleinsten Quadrate eine einfachere vorgeschlagen. Hierzu ersetzt man die Laufzeit x durch einen echten Bruch x, den Umsetzungsgrad, u. schafft dann, indem man die Geschwindigkeitsgleichung der Reihe nach mit jeder der bei den Konstanten stehenden Funktionen durchmultipliziert, eine der Anzahl der Konstanten entsprechende Anzahl von Gleichungen. Hieraus können mit Hilfe der Versuchsdaten die Konstanten berechnet werden. (Z. physik. Chem. **196.** 12–15. Sept. 1950. København, Univ., fysik-kemiske Inst.) H. W. LEVI. 225

Tucker Carrington und **Norman Davidson,** *Die photoelektrische Beobachtung der Dissoziationsgeschwindigkeit von* N_2O_4 *durch eine Druckwelle.* Der Verlauf der Konz. des NO_2 u. des N_2O_4 beim Durchgang einer Druckwelle wird photoelektr. registriert. Die Halbwertszeit der Rk. ist etwa $5 \cdot 10^{-8}$ Sek. Das NO_2 u. das N_2O_4 befinden sich in einer N_2-Atmosphäre von 1 at, die Partialdrucke sind 5,8 u. 2,1 mm bei einer Versuchstemp. von 4°. Die ersten Verss. ergaben für die unimol. Dissoziationsgeschwindigkeit des N_2O_4 $1 \cdot 10^5$/Sek. (J. chem. Physics **19.** 1313. Okt. 1951. Pasadena, Calif., California Inst. of Technol. Gates and Crellin Labors of Chem.) WITTIG. 225

Warren C. Schwemer und **Arthur A. Frost,** *Eine numerische Methode für die kinetische Analyse zweier Folgereaktionen zweiter Ordnung.* Es wird ein numer. Verf. angegeben zur Ermittlung der Geschwindigkeitskonstanten zweier Folge-Rkk. 2. Ordnung des Typs $A + B \xrightarrow{k_1} C$ u. $A + C \xrightarrow{k_2} D$ (Beispiel: Verseifung von Dicarbonsäureestern). Zur Lsg. der beiden simultanen Differentialgleichungen für x u. y (die Konzz. von A u. B als Funktionen der Zeit t) werden die beiden neuen Variablen $\Theta_1 = \int_0^{t_1} x\,dt$ u. $\Phi_1 = (d\ln x/dn)_{t=t}$

eingeführt. Die numer. Werte für Θ_i u. Φ_i werden für je 3 (oder mehr) aufeinanderfolgende Meßwerte von x mit Hilfe von LAGRANGEschen Polynomen ermittelt u. zur numer. oder graph. Best. von zugeordneten Wertepaaren k_1 u. k_2 verwandt. Über letztere Werte von k_1 u. k_2 wird schließlich gemittelt. Die Meth. wird am Beispiel der alkal. Verseifung von Diäthyladipat in einer W.–Dioxan-Mischung (75:25 Vol.-%) bei 25° illustriert. Für k_1 u. k_2 werden die Mittelwerte 0,0848 bzw. 0,0308 Liter·Mol^{-1}·sec^{-1} erhalten, in ausgezeichneter Übereinstimmung mit den nach einer exakten Meth. bestimmten Werten 0,0855 bzw. 0,0305 (über die verwendete exakte Meth., die jedoch nur für den Spezialfall stöchiometr. äquivalenter Ausgangskonzz. anwendbar ist, soll an anderer Stelle berichtet werden). Die beschriebene numer. Meth. ist auf die meisten 2-Stufen-Rkk. anwendbar; allerdings erfordert sie recht genaue Versuchsdaten, da die Zahlenwerte von k_1 u. k_2 sehr empfindlich gegen kleine Fehler in Θ_i u. Φ_i sind. (J. Amer. chem. Soc. **73.** 4541—42. Okt. 1951. Lincoln, Nebr., Univ. of Nebraska, u. Northwestern Univ., Dep. of Chem.) REITZ. 225

J. P. W. Houtman, *Wissenschaftliche Betrachtung der heterogenen Katalyse.* Übersicht über die physikal. Grundlagen der heterogenen Katalyse, die Schwierigkeiten, die sich der Unters. heterogener katalyt. Verff. entgegenstellen u. die beiden wichtigsten Hypothesen auf diesem Gebiet. Die katalyt. C_2H_4-Hydrierung nach BEECK (C. **1946.** I. 888) u. ihre grundsätzliche Bedeutung für die heterogene Katalyse werden erörtert. (Chronica natur. [Batavia] **106.** 441—49. Okt./Nov. 1950. Bandung, Indonesien, Univ., Labor voor chem. Technologie.) WESLY. 227

O. W. Krylow und **Ss. S. Roginski,** *Oxydation von Wasserstoff an mit Sauerstoff aktiviertem Platin.* Bei 800° entgastes Pt weist bei der Oxydation von H_2 im Knallgas (I) eine S-förmige kinet. Kurve vom autokatalyt. Typ mit Induktionsperiode auf; es zeigt bei 0° (0,1 mm Hg) keine Einw. auf I innerhalb 24 Std., dagegen weist mit O_2 aktiviertes Pt sofort stabile hohe Aktivität auf u. katalysiert die I-Rk. bei 0° schon in 10—30 Min. bis zum Ende. Das Maximum der Aktivierung wird zwischen 200 u. 800° erreicht, wenn sie bei 550° erfolgt. Optimale Wrkg. wird bei monomol. O_2-Schicht erzielt. Die Aktivierungsenergie der I-Rk. beträgt bei Pt, das bei 300° aktivert ist, 7800 cal/Mol, bei 550° 7850, bei 720° 7700. Bei Änderung der O_2-Aufnahme von 1,6 auf 15 mMol je cm^2 sichtbarer Pt-Oberfläche ändert sich die Aktivierungsenergie der O_2-Sorption von 10,7 auf 60,5 kcal/Mol. Die Abnahme der Aktivität des Pt bei höherem O_2-Geh. kann auf Bldg. eines inakt. Oxydfilms oder auf Diffusion von O_2 von den akt. Zentren ins Innere beruhen. Ähnliche Gesetzmäßigkeiten wie bei glattem, massivem Pt werden auch bei dispersem Pt auf Silicagel oder Asbest u. bei massivem *Pd* gefunden. (Доклады Академии Наук СССР [Ber. Akad. Wiss. UdSSR] [N. S.] **88.** 293—95. 11/1. 1953. Inst. für physikal. Chem. der Akad. der Wiss. UdSSR.) R. K. MÜLLER. 227

F. Lihl, H. Wagner und **P. Zemsch,** *Untersuchungen über den Einfluß der Herstellungsbedingungen von Nickel- und Kobaltpulvern auf die katalytischen Eigenschaften bei Hydrierungsreaktionen.* Vff. untersuchen die katalyt. Wirksamkeit von Co- bzw. Ni-Pulvern auf die Hydrierung von *Bzl.* zu *Cyclohexan* (I). Die Ausbeute an I wird durch Best. des Brechungsindex des resultierenden Gemisches von Bzl. u. I ermittelt. Die Versuchsanordnung wird eingehend beschrieben. Die Metallpulver werden durch Red. von *Ni-* bzw. *Co-Formiat* bzw. *-Oxalat* bei 325° im H_2-Strom hergestellt. Bei Konstanthaltung der Red.- sowie der Hydrierungsbedingungen wird die Darst. der Oxalate bzw. Formiate variiert. Die katalyt. Aktivität verschied. aus Formiat gewonnener Ni-Pulver ist stark von den Herstellungsbedingungen des Formiats, nicht aber von den verwendeten Ausgangsmaterialien abhängig, so daß ein Einfl. von Verunreinigungen ausgeschlossen werden kann. Die aus NiC_2O_4 hergestellten Pulver zeigen größere Aktivität als die aus $Ni(HCO_2)_2$ gewonnenen. Co-Pulver ergeben den 7—11fachen Umsatz wie die unter entsprechenden Bedingungen dargestellten Ni-Pulver, was zum Teil auf die viel geringere Kristallitgröße der Co-Oxalate bzw. Formiate gegenüber den Ni-Salzen zurückgeführt wird. Ferner zeigen die Ni-Präpp. im Verlauf mehrerer Verss. eine stetige Abnahme ihrer Aktivität, die Co-Präpp. dagegen eine Zunahme, wobei sie anscheinend einem Grenzwert zustrebt. Das DEBYE-SCHERRER-Diagramm der Co-Präpp. zeigt eine Verbreiterung des Basisreflexes der hexagonalen Zelle, was auf Verwerfungen im Kristall schließen läßt. Außerdem sind Anzeichen für das Vorliegen der kub.-flächenzentrierten neben der hexagonalen Phase vorhanden. Beide Erscheinungen fehlen beim Ni, so daß hieraus die größere Aktivität des Co erklärt werden kann. Auch die Zunahme der Aktivität mit der Zahl der Verss. soll beim Co aus der Zweiphasigkeit der Präpp. erklärt werden können. (Z. Elektrochem., Ber. Bunsenges. physik. Chem. **56.** 612—19. 1952. Wien, T.H., Inst. für Anorg. Chem. Technologie.) H. W. LEVI. 227

F. Lihl, H. Wagner und **P. Zemsch,** *Untersuchung der katalytischen Eigenschaften von Legierungspulvern der Systeme Kobalt–Nickel und Kobalt–Eisen.* (Vgl. vorst. Ref.)

Legierungspulver der Systeme Co–Ni u. Co–Fe wurden durch Red. von Formiat-Mischkristallen der entsprechenden Metalle mit H_2 bei 325° dargestellt. Im Syst. Co–Ni wurde eine hexagonal dichtestgepackte ε-Phase u. eine kub. flächenzentrierte γ-Phase gefunden. Die reine ε-Phase erstreckt sich bis zu einem Ni-Geh. von ca. 15%, die reine γ-Phase beginnt bei 36% Ni, dazwischen liegt ein Zweiphasengebiet. Im Syst. Co–Fe wurden eine hexagonale ε-Phase, eine kub. flächenzentrierte γ-Phase u. eine kub. raumzentrierte α-Phase beobachtet. Während die Existenzgebiete der reinen ε- u. γ-Phase klein sind u. bei niedrigen Fe-Gehh. liegen, beginnt bei ca. 26% Fe das Gebiet der reinen α-Phase. Der Oxydgeh. der Legierungspulver nimmt vom Co zum Fe zu, es treten zwei Oxydphasen mit NaCl- bzw. Spinell-Struktur auf. Die katalyt. Wirksamkeit des Syst. Co–Ni auf die Hydrierung des Bzl. zu Cyclohexan fällt mit steigendem Ni-Geh. zunächst, durchläuft dann ein kleines Maximum u. sinkt schließlich auf den Wert für reines Ni. Störend überlagert sich hier die Tatsache, daß die Formiate mit steigendem Co-Geh. immer feinkristalliner anfallen. Beim Syst. Co–Fe durchläuft die katalyt. Aktivität mit steigendem Fe-Geh. mehrere Maxima, um ab 26% Fe ganz zu verschwinden. Ein Einfl. des Oxydgeh. der Pulver auf die katalyt. Aktivität konnte nicht festgestellt werden. Die beobachteten Aktivitätsminima liegen jeweils in den hetrogenen Gebieten in der Nähe einer Phasengrenze, in den homogenen Gebieten dagegen findet Aktivitätsabnahme statt. Vff. nehmen an, daß die akt. Zentren an den Phasengrenzflächen lokalisiert sind. (Z. Elektrochem., Ber. Bunsenges. physik. Chem. **56**. 619—24. 1952.)

H. W. LEVI. 227

B. Anorganische Chemie.

Egon Wiberg, *Neuere Ergebnisse der präparativen Hydridforschung.* Zusammenfassende Übersicht über die in den letzten 10 Jahren im Inst. für anorgan. Chemie der Univ. München ausgeführten Unterss. über Hydride (mit vollständiger Bibliographie). Die Verbb. sind nach dem Period. Syst. geordnet u. bestätigen die Einteilung in salzartige, metall. u. flüchtige Hydride, wobei jedoch überall gleitende Übergänge zu beobachten sind. Die neuen Ergebnisse sind von wesentlicher Bedeutung für die Systematik u. Valenztheorie der H-Verbindungen. — 109 Literaturangaben. (Angew. Chem. **65**. 16—33. 7/1. 1953. München, Univ., Inst. für anorgan. Chemie.)

GEHLEN-KELLER. 238

F. Seel, *Die Chemie des Nitrosylions.* 1. Mitt. Vf. zeigt einleitend, daß dem NO ein bes. niedriges Ionisierungspotential zukommt u. daß das NO^+-Ion aus diesem Grunde nicht nur als kurzlebiges Ionisierungsprod. bei Entladungsvorgängen, sondern auch in salzartigen chem. Verbb. auftreten kann. Auf die Isosterie mit N_2, CO u. CN^- wird hingewiesen. Das bisher vorliegende Material über NO-Verbb. wird dahingehend ausgewertet. In neueren Unterss. konnte Vf. zeigen, daß NO-Verbb. in nichtwss. Lösungsmitteln wie SO_2 oder NOCl elektrolyt. dissoziiert vorliegen u. Ionen-Rkk. einzugehen vermögen. Als Reaktionsarten werden angegeben: 1. Bldg. von flüchtigen NO-Verbb. oder Nichtelektrolyten, 2. Ausfällung von schwerlösl. Ndd., 3. Redox-Rkk. des NO^+ durch das Anion, 4. Sonstige Umwandlung der prim. gebildeten NO-Verbindungen. Es konnte der Beweis erbracht werden, daß salzartige NO-Verbb. nur als Derivv. starker Säuren auftreten. *Nitrosylnitroprussiat* enthält einmal ein ionogen gebundenes NO^+, zum anderen NO als Ligand durch eine Atombindung gebunden. Durch die Rkk. $NO^+ + J^- \rightarrow NO + \frac{1}{2} J_2$ u. $NO^+ + N_3^- \rightarrow N_2 + N_2O$ lassen sich Nitrosylionen gut nachweisen. Verschiedene Farb-Rkk. des NO^+ werden diskutiert. (Z. anorg. Chem. **261**. 75—84. Febr. 1950. München, TH., Anorgan.-chem. Inst.) HECHT. 243

Christian A. Wamser, *Die Gleichgewichte in dem System Bortrifluorid–Wasser bei 25°.* Vf. untersuchte das Syst. BF_3-H_2O im Konzentrationsbereich von verd. Lsgg. bis zu dem Dihydrat $BF_3 \cdot 2\,H_2O$ in Gefäßen aus Polystyrol oder Polyäthylen u. ermittelte die Gleichgewichtszuss. durch Leitfähigkeitsmessungen, elektrometr. Titrationen u. mit Hilfe speziell ausgearbeiteter Analysenmethoden. In BF_3–H_2O-Gemischen liegen die Verbb. HBF_4, HBF_3OH, $HBF_2(OH)_2$, $HBF(OH)_3$ (nicht isoliert) u. $B(OH)_3$ vor, die nach den folgenden Umsetzungen entstehen. BF_3 reagiert mit W. zunächst gemäß $BF_3 + H_2O \rightarrow$ *HBF_3OH*. Die Säure HBF_3OH entsteht ferner nach der Rk. $B(OH)_3 + 3\,HF \rightarrow HBF_3OH + 2\,H_2O$, wenn ein Mol wss. Borsäure mit 3 Mol wss. HF vermischt wird. HBF_3OH hydrolysiert dann gemäß $HBF_3OH + H_2O \rightleftharpoons$ *$HBF_2(OH)_2$* $+ HF$. Ein geringer Teil des so gebildeten $HBF_2(OH)_2$ hydrolysiert vermutlich weiter gemäß $HBF_2(OH)_2 + H_2O \rightleftharpoons$ *$HBF(OH)_3$* $+ HF$, u. ein kleiner Teil des $HBF(OH)_3$ steht seinerseits mit Borsäure im Gleichgewicht $HBF(OH)_3 \rightleftharpoons$ *$B(OH)_3$* $+ HF$. Daneben verläuft die langsame Umsetzung $HBF_3OH + HF \rightleftharpoons$ *HBF_4* $+ H_2O$. — Die Geschwindigkeitskonstante der Rk. zwischen BF_3 u. W. hat bei 25° den Wert $k = 0{,}064 + 7{,}35[H^+]$

Liter/Mol·Min. Die Hydrolysekonstante von HBF_3OH beträgt bei 25° 0,011. — Das Dihydrat $BF_3 \cdot 2H_2O$ erweist sich bei 25° als reines *Hydroxoniummonooxyfluoborat* $H_3O^+BF_3OH^-$. Auch das Monohydrat scheint bei 25° als reines HBF_3OH vorzuliegen. — Aus Leitfähigkeitsmessungen in wss. Lsgg. folgt, daß die Stärke der Fluoborsäuren in der Reihenfolge $HBF_4 > HBF_3OH > HBF_2(OH)_2 > HBF(OH)_3 > B(OH)_3$ abnimmt. Die Stärke von HBF_4 bzw. HBF_3OH in wss. Lsgg. entspricht etwa derjenigen von HCl bzw. CCl_3–COOH. $HBF_2(OH)_2$ ist annähernd ebenso stark wie $CHCl_2$–COOH. (J. Amer. chem. Soc. **73.** 409—16. Jan. 1951. Flushing, N. Y., Labor. of C. A. Wamser.) FORCHE. 258

P. W. Geld, Ss. I. Popel und **Ju. P. Nikitin,** *Über flüssiges Siliciumoxyd.* Vff. stellen fest, daß in den Abgasen von Öfen, in denen Si geschmolzen wird, bis zu 85% SiO vorhanden ist. Die Bldg. von SiO_2 geht in Stufen über SiO vor sich. Die Spannung zwischen den Phasen an der Grenze zwischen Schmelzfluß u. Schlacke wurde gemessen. Die Oberflächenenergie der Schmelze wird durch das Si herabgesetzt. Eine Extrapolation der Ergebnisse auf reines Si führt zu der Schlußfolgerung, daß hier die Spannung zwischen den Phasen ca. 20—50 Erg/cm² beträgt. Diese wächst nur wenig, wenn im Ferrosilicium das Eisen teilweise durch Cr ersetzt wird. Die geringe Spannung an der Phasengrenze Si u. Silicat erklärt sich aus der Bldg. von SiO_2, durch das die Energiedifferenz zwischen den sich berührenden Phasen herabgesetzt wird. (Журнал Прикладной Химии [J. angew. Chem.] **25.** 592—601. Juni 1952.) ADOLPHI. 261

N. A. Toropow und **O. I. Arakeljan,** *Neue Orthosilicate des Calciums und Natriums.* Beim Zusammenschmelzen von feingemahlenem Na-Ferrit $Na_2O \cdot Fe_2O_3$ u. $2CaO \cdot SiO_2$ bei 1200—1300° wurde bei der mkr. Unters. vorwiegend β-$2CaO \cdot SiO_2$ (N_g 1,735, N_p 1,715) ferner das Orthosilicat $Na_2O \cdot CaO \cdot SiO_2$ (N 1,60), endlich eine unbekannte krist. Phase (N_g 1,674±0,003) gefunden. Sodann wurden 16 Ausgangsmischungen von 5—90 Gew.-% $2CaO \cdot SiO_2$ u. 10—95 Gew.-% $Na_2O \cdot CaO \cdot SiO_2$ angefertigt u. 2 mal zu je 3—4 Std bei 1240—1270° geschmolzen (zwischen dem 1. u. 2. Schmelzen wurde zerrieben). Die kristalloopt. Unters. u. chem. Analyse ergab den Nachw. zweier Phasen: $2Na_2O \cdot 8CaO \cdot 5SiO_2$ (N_g 1,674±0,004, N_p 1,668±0,003, 6kantige Kristalle, häufige polysynthet. Zwillinge, direkte Auslöschung, schwache Doppelbrechung) u. $2Na_2O \cdot 4CaO \cdot 3SiO_2$ (N_g 1,634±0,004, N_p 1,627±0,004, unregelmäßige Körner u. verlängerte Fäden). Beide Orthosilicate sind wasserzersetzlich, der wss. Auszug enthält 3% Alkali. Tabellen der Debyeogramme (d_{hkl}). (Доклады Академии Наук СССР [Ber. Akad. Wiss. UdSSR] [N. S.] **72.** 365—68. 11/5. 1950. Allunions-Aluminium-Magnesium-Inst.) v. WILPERT. 283

I. N. Beljajew und **K. Je. Mironow,** *Physikalisch-chemische Analyse der Systeme aus den Quecksilberhalogeniden und den Halogeniden der Alkalimetalle und des Ammoniums.* 1. Mitt. *Schmelzbarkeit des Systems $HgCl_2$–MeCl.* Die Unters. der Schmelzbarkeit von *$HgCl_2$* (**I**)–*LiCl* (**II**), **I**–*NaCl* (**III**), **I**–*KCl* (**IV**) u. **I**–*NH_4Cl* (**V**) ergab, daß die Neigung zur Komplexbldg. in der Reihe Li → Na → K → NH_4 ansteigt. In derselben Reihenfolge nimmt der Neigungswinkel des Zweiges der **I**-Kristallisation zu. In **I–II** tritt keine Komplexbldg. ein; in **I–III** entstehen 2 Komplexe, in **I–IV** 4 Komplexe, in **I–V** 5 Komplexe. Für den Komplex 1:1 werden in **I–V** 3 polymorphe Umwandlungen beobachtet (203, 207, 213°). (Журнал Общей Химии [J. allg. Chem.] **22** (**84**). 1484—89. Sept. 1952. Rostow/Don, Molotow-Univ.) LEBTAG. 290

I. N. Beljajew und **K. Je. Mironow,** *Physikalisch-chemische Analyse der Systeme aus den Quecksilberhalogeniden und den Halogeniden der Alkalimetalle und des Ammoniums.* 2. Mitt. *Schmelzbarkeit der Bromid- und Jodidsysteme.* (1. vgl. vorst. Ref.) Aus den Schmelzdiagrammen von *$HgBr_2$* (**I**)–*NaBr* (**II**), *HgJ_2* (**III**)–*NaJ* (**IV**), **III**–*KJ* (**V**), **I**–*KBr* (**VI**), **I**–*NH_4Br* (**VII**) u. **III**–*NH_4J* (**VIII**) ergibt sich, daß die Hg-Halogenide zur Komplexbldg. neigen. In **I/II** entstehen 2 Verbb. unbekannter Zus., in **I/IV** die Komplexe **VI**·7**I**; **VI**·2**I**; **VI**·**I**, 2**VI**·**I**. In **I/VII** entstehen **VII**·7**I**(?); 2**VII**·9**I**; 2**VII**·3**I**; 2**VII**·**I**; 4**VII**·**I**, in **III/IV** wahrscheinlich **IV**·**III**. In **III/VIII** entstehen 2**VIII**·**III** u. 4·**VIII**·**III**. Im Gegensatz zu den wss. Lsgg. nimmt die Neigung zur Komplexbldg. u. die Beständigkeit der Komplexe in der Reihe J → Br → Cl zu. Zunahme des Ionenradius des Alkalimetalls ist bei den Jodiden von nur geringem Einfl. auf die Komplexbldg., während bei den Chloridsystemen diese sehr stark intensiviert wird. Die an Hg-Halogeniden reichen Verbb. sind bei den Chloriden vorherrschend, die an Alkalihalogeniden reichen bei den Jodiden. Bei allen Systemen kommen die Verbb. $Me_2[HgHal_4]$ vor. (Журнал Общей Химии [J. allg. Chem.] **22** (**84**). 1490—97. Sept. 1952.) LEBTAG. 290

I. N. Beljajew und **K. Je. Mironow,** *Physikalisch-chemische Analyse der Systeme aus den Quecksilberhalogeniden und den Halogeniden der Alkalimetalle und des Ammoniums.* 3. Mitt. *Die elektrische Leitfähigkeit der Systeme HgHal–NH_4Hal in den Schmelzen.*

(2. vgl. vorst. Ref.) Durch Unters. der spezif. elektr. Leitfähigkeit ϰ der Schmelzen von $HgCl_2$ (I)–NH_4Cl (II), $HgBr_2$ (III)–NH_4Br (IV) u. HgJ_2 (V)–NH_4J (VI) wurde festgestellt, daß die Komplexbldg. zwischen HgHal u. MeHal in der Reihe J–Br–Cl ansteigt. In derselben Reihenfolge wächst die Stabilität der Komplexe. Während bisher nur 2 Minima auf den ϰ-Isothermen beobachtet wurden, gelang es, 4 Minima nachzuweisen, denen 4 scharfe Maxima auf den Kurven der Temperaturkoeffizienten entsprachen. Au den ϰ-Isothermen (225, 250, 275, 300°) von I + II entsprechen die Minima bei 30 bzw. 49% II den Verbb. $2HgCl_2 \cdot NH_4Cl$ bzw. $HgCl_2 \cdot NH_4Cl$. Das 3. Minimum bei 9:2 ist auf der Isotherme nur schwach, auf der Temperaturkoeffizientenkurve jedoch als Maximum scharf ausgeprägt. Das Minimum für $HgCl_2 \cdot 2NH_4Cl$ ist nur angedeutet. In III + IV treten 2 scharfe Minima bei 30 u. 55% IV auf, entsprechend den Verbb. 2:1 u. 1:2. Der Verb. 9:2 entspricht ein Umkehrpunkt, der auf der Temperaturkoeffizientenkurve als Maximum erscheint. Die Lage des der Verb. $HgBr_2 \cdot 4NH_4Br$ entsprechenden Minimums konnte nicht festgestellt werden. In der Schmelze von V + VI treten 3 scharfe Minima der ϰ-Isothermen bei 30, 48 u. 53% IV auf. Nur dem letzten Minimum entspricht eine auf der Liquiduslinie festgestellte chem. Verb. ($HgJ_2 \cdot 2NH_4J$). Den beiden ersten Minima entsprechen wahrscheinlich $2HgJ_2 \cdot NH_4J$ u. $HgJ_2 \cdot NH_4J$. Das Minimum für $HgJ_2 \cdot NH_4J$ konnte nicht ermittelt werden. (Журнал Общей Химии [J. allg. Chem.] **22** (**84**). 1734—41. Okt. 1952. Rostow/Don, Molotow-Univ., Lehrstuhl für allg. Chem.) Lebtag. 290

J. P. McGeer, *Einwertiges Aluminium.* Besprechung von Arbeiten über Al-Subverbb.: Erste Auffindung, theoret. Grundlagen, Existenz von *gasförmigem AlF, AlCl* u. *AlBr* bei hohen Tempp. (Reinigen von Al durch Dest. mit Halogeniden), von *fl. AlCl* in Lsgg. von Al in Halogenidschmelzen, von *festem AlJ, gasförmigem AlO* u. Al_2O bei hoher Temp. (Dest. von Oxyd–Al-Mischungen), von Al_2S, Al_2Se u. *AlS* bei hoher Temp. u. von Al^+ (anod. Oxydation von Al). — 37 Literaturangaben. (J. chem. Educat. **29.** 534—38. Nov. 1952. Übersetzung: Успехи Химии [Fortschr. Chem.] **22.** 499—507. April 1953. Quebec, Can., Arvida.) Blumrich. 294

Fr. Hein und **P. W. Albert,** *Das Aluminiumtriäthanolaminat* $Al(OC_2H_4)_3N$ *und seine koordinativen Verhältnisse.* Vff. teilen die Darstellungsmeth. der Verb. $Al(OC_2H_4)_3N$ (I) mit u. untersuchen ihr chem. u. komplexchem. Verhalten. Zur Darst. schm. man zweckmäßig *Al-Isopropylat,* $Al(C_3H_7O)_3$ mit *Triäthanolamin,* $(C_2H_4OH)_3N$, in mol. Verhältnis bei 150—160° zusammen. Die Schmelze läßt sich aus Dioxan (II) umkrist. unter Bldg. eines **I–II** Adduktes der Zus. $N(C_2H_4O)_3Al \cdot OC_4H_8O$, das über H_2SO_4 im Vakuum verwittert u. bei Tempp. >64° **II** abspaltet, so daß nach längerem Trocknen im Vakuum bei 140° die reine Verb. **I** zurückbleibt, die kub. krist. u. bei 13 mm oberhalb 280° sublimiert. Schlechte Ausbeuten erhält man bei der Darst. in fl. Phase in Bzl. oder **II. I** ist leicht lösl. in Chlf., Bzl., Xylol, Essigester, Pyridin, Acetonitril, Benzonitril, Nitromethan u. Nitrobenzol, wenig lösl. in Aceton u. **II**, unlösl. in Ae., während sich **I** in W. unter Bldg. von Al-Hydroxyd zersetzt. Die kryoskop. Teilchengrößenbest. in Bzl. ergibt eine 8fache Assoziation mit einem von der Konz. abhängigen Mol.-Gew. von 1240—1690. Mit *Pikrinsäure, Anthranilsäure, HCl* u. *Reineckesäure,* $[Cr(NH_3)_2(SCN)_4]H$, bilden sich in geeigneten Lösungsmitteln Additionsverbb. im Mol-Verhältnis 1:1. Während sich 2 Mol *Salicylsäure* an 1 Mol **I** anlagern können, vermögen *p-Aminobenzoesäure, Trichloressigsäure* u. *Tribromphenol* je Mol Säure 2 Mol **I** zu binden. Auch Metallhalogenide, wie $HgCl_2$, $SnCl_4$ u. $SbCl_3$, geben Verbb. im Mol-Verhältnis 1:1, dagegen bindet $FeCl_3$ 4 Mol **I.** Die komplexchem. Eigg. des Al- bzw. N-Atoms von **I** sowie die Erscheinungen beim Auflösen von **I** in Nitrobenzol u. Nitromethan werden diskutiert u. mit den Eigg. der analogen B-Verb. $N(C_2H_4O)_3B$ verglichen. (Z. anorg. allg. Chem. **269.** 67—75. Aug. 1952. Jena, Friedrich-Schiller-Univ., Inst. für anorgan. Chem.) Weitbrecht. 294

A. Romwalter, *Über die neue Verbindung* $Pb_3Ca_2J_2O_4 \cdot 7\,H_2O$. Bei der CN^--Best. im alkal. Filtrat von gerösteten, mit Cyanidlauge behandelten Au-haltigen Pb-Erzen nach der Meth. von Liebig-Denigès wurde die $Ca(OH)_2$-haltige Lsg. mit KJ versetzt. Hierbei entstand ein hellgelber kristalliner Nd., dem nach eingehender Unters. die Formel $Pb_3Ca_2J_2O_4 \cdot 7H_2O$ zukommt. Der Bildungsmechanismus der Verb. wird erörtert, sie entsteht wahrscheinlich aus dem in der Lsg. befindlichen $CaPbO_2$ nach der Gleichung $3CaPbO_2 + 2KJ + xH_2O = PbJ_2(CaPbO_2)_2 \cdot 7H_2O + Ca(OH)_2 + 2KOH + (x - 9)$ H_2O. In Alkaliplumbitlsgg. entsteht mit KJ kein Niederschlag. (Acta Univ. Szegediensis, Sect. Sci. natur., Acta chem. physica **3.** 24—26. 1950. Szeged, Univ., Inst. org. Chem.) H. W. Levi. 328

A. A. Schidlowski und **Ss. A. Oransherejew,** *Untersuchung des Brennprozesses anorganischer Ammoniumsalze des Dichromats und Trichromats.* Untersucht wurde die

Abhängigkeit der Verbrennungsgeschwindigkeit v (in cm/Min.) von $(NH_4)_2Cr_2O_7$ (I) u. $(NH_4)_2Cr_3O_{10}$ (II) vom Außendruck p u. der Temperatur. Die v-Werte betrugen für I 0,89 bei 1,0 (p in kg/cm²); 1,90 bei 1,6; 2,04 bei 1,9; 7,5 bei 5,0; 11,6 bei 10,0; 15,1 bei 15,0; 20,5 bei 20,0. Für II wurden folgende Werte erhalten: 2,3 bei 0,5 u. 34 bei 5,0 kg/cm². Es war v von I gleich 1,4 bei 18°, 4,5 bei 95°, 6,6 bei 150°; bei II: 3,4 bei 20° u. 6,8 bei 98°. Die I-Verbrennung erfolgt in 3 Stufen: $(NH_4)_2Cr_2O_7 = 2NH_3 + H_2O$ (Dampf) $+ 2CrO_3$ (endotherm); $2CrO_3 = Cr_2O_3 + 1,5O_2$ (endotherm); $2NH_3 + 1,5O_2 = N_2 + 3H_2O$ (Dampf) (exotherm). Bestimmend für v ist die exotherme Reaktion. Dasselbe gilt für die II-Verbrennung, wo der Zerfall des Salzes u. des gebildeten Cr_2O_3 ebenfalls endotherm u. von untergeordneter Bedeutung für v ist. (Журнал Прикладной Химии [J. angew. Chem.] **26.** 25—29. Jan. 1953.) LEBTAG. 335

F. Barendregt und **Sj. Tom,** *Eine trägerfreie Abtrennung des UZ vom UX.* Sehr reines $UO_2(NO_3)_2 \cdot 6H_2O$ (I) wird in mit W. gesätt. Ae. gelöst. Nach Kochen der Lsg. verd. man die Wasserschicht u. gibt sie auf eine „Wofatit"-Ionenaustauschkolonne auf. Die UO_2^{2+}-Ionen werden mit 2 mol. HCl, das UX mit 1 mol. Oxalsäure eluiert. Durch Eindampfen u. Absublimieren der Oxalsäure erhält man trägerfreies UX, welches mit konz. HCl aus dem Tiegel gelöst wird. Die Lsg. wird mit W. verd., bis sie etwa 1 mol. an HCl ist; sie enthält ca. 90% des im I vorliegenden UX. In dieser Lsg. kann die *Pa*-Fraktion (UX_2 + *UZ*) u. die *Th*-Fraktion (UX_1) durch Aufgeben auf eine IMAC C 240-Ionenaustauschkolonne schnell voneinander getrennt werden. Das Eluieren der Pa-Fraktion erfolgt durch 5%ig. Ammoniumcitratlsg. (p_H 2,5); UX_1 wird dadurch nur sehr langsam ausgewaschen. 80 ml Eluat, welche mehr als 90% der Pa-Fraktion enthalten, werden durch Kochen auf 10 ml u. danach im Pt-Tiegel zur Trockene eingedampft; ein organ. Rückstand wird durch 2—3 Min. Erhitzen auf Rotglut zerstört. Der Tiegel enthält ca. 80% des UZ, wovon jedoch nur 60% mit einigen Tropfen 30%ig. HF bzw. HCl herausgelöst werden können. UX_2 ist, da das Verf. 1½ Std. in Anspruch nimmt, bereits vollständig zerfallen. Die trägerfreien UZ-Präpp. wiesen nur 0,8% dem UX_1 u. UX_2 zuzuschreibende Strahlung auf. Die Halbwertszeit von UX_2 wird zu $1,175 \pm 0,003$ gefunden. (Physica **17.** 817—20. Sept. 1951. Amsterdam, Vrije Univ., Natuurkundig Labor.) GEDSCHOLD. 339

Gabriel Tridot, *Untersuchungen über die Fällungs- und Beständigkeitsbedingungen des Ammonium-, Natrium- und Kaliumuranates in wässeriger Lösung. Anwendung auf die Untersuchung des „orangefarbenen" und „roten" Uransulfides.* Uranylnitrat (I)- u. Uranylacetat (II)-Lsgg. werden mit NH_3, NaOH u. KOH versetzt oder umgekehrt. Konduktometr. u. p_H-Messungen zeigen: Bei allmählicher Zugabe einer der Basen zu I entsteht zuerst ein lösl. bas. Salz unter Gelbfärbung der Lsg., dann ein Nd. von $UO_3 \cdot xH_2O$, der sich schließlich zu wasserbeständigem $(NH_4)_2U_2O_7$, $Na_2U_2O_7$ oder $K_2U_2O_7$ löst. Diese Salze bilden sich auch nach Zugabe von I oder II zu den entsprechenden Mengen Base. II bildet mit Basen $(NH_4)_2UO_4$, Na_2UO_4 u. K_2UO_4; diese Salze werden von W. u. UO_2-Verbb. in Diuranate (III) übergeführt. NH_3 setzt sich mit $UO_3 \cdot xH_2O$ unmittelbar zu III um. I bildet bei Zusatz von NaOH oder KOH intermediär $Na_2U_5O_{16}$ u. $K_2U_5O_{16}$ die schließlich in III übergehen; II bildet bei Zusatz dieser Basen intermediär $Na_2U_4O_{13}$ u. $K_2U_4O_{13}$, die bei weiterem Zusatz von Alkali in III übergehen. Die Zugabe von I oder II zu NaOH oder KOH führt zur Bldg. von Monouranat, das sich bei weiterem Zusatz der Salze in III verwandelt. Im Verlaufe der Umsetzung von I mit NaOH oder KOH sind III u. Pentauranat (IV) auf der Leitfähigkeitskurve erkennbar; das bei der Rk. von II mit NaOH oder KOH entstehende Tetrauranat ist immer im Gleichgewicht mit III. Ein Überschuß an I oder II verwandelt diese Uranate in $UO_2(OH)_2$; dieses löst sich wieder u. verleiht der Lsg. die Gelbfärbung, die zunächst auftritt, wenn die Salze einer Alkalilsg. zugesetzt werden. — Versetzt man eine Na_2S-Lsg. mit steigenden Mengen I-Lsg., so spielen sich folgende Rkk. ab: $12\,Na_2S + 5\,UO_2(NO_3)_2 + 6\,H_2O = 12\,NaHS + Na_2U_5O_{16} + 10\,NaNO_3$; $3\,Na_2U_5O_{16} + 36\,NaHS + 5\,UO_2(NO_3)_2 + 6\,H_2O$ (im Original steht fälschlich: $12H_2O$; der Ref.) $= 4\,(Na_2U_5O_{16} \cdot 2\,NaHS)$ (Uranorange, V) $+ 16\,NaHS + 12\,H_2S + 10NaNO_3$; $4\,(Na_2U_5O_{16} \cdot 2\,NaHS) + 16\,NaHS + 10\,UO_2(NO_3)_2 = 6\,Na_2U_5O_{16} + 24\,H_2S + 20NaNO_3$. Ein weiterer Zusatz von I-Lsg. führt das entstandene IV wie oben in III über. Die Analyse des V bestätigt die angegebene Formel. Versetzt man I mit Na_2S, so spielen sich die gleichen Rkk. wie beim Versetzen von I mit NaOH bis zur Bldg. von IV ab. Ein weiterer Zusatz von Na_2S führt zur Bldg. von V, das durch Altern oder Einw. von NaOH in Uranrot, $Na_2U_5O_{16} \cdot NaHS \cdot Na_2S$, übergeht; durch Einw. einer H_2S-Lsg. geht dieses unter Bldg. von NaHS wieder in V über. (Ann. Chimie [12] **5.** 358—97. Mai/Juni 1950. Paris, Fac. des Sci., Labor. de Chimie S.P.C.N.) WESLY. 339

P. Pério, *Die Oxydation von UO_2 bei tiefer Temperatur.* In Fortsetzung früherer Unterss. (vgl. HERING u. PÉRIO, C. **1953.** 4012) verfolgt Vf. die Oxydation von UO_2

an der Luft bei 120°. In den Anfangsstadien der Oxydation, deren Verlauf durch die Gewichtszunahme infolge des aufgenommenen O_2 bestimmt wird, sich aber teilweise nicht durch oxydometr. Titration ermitteln läßt, bleiben die Gitterkonstanten des Ausgangsprod. unverändert. Bei höherem O-Geh., wenig oberhalb $UO_{2,32}$, bildet sich ein neues als tetragonale α-Phase bezeichnetes Oxyd mit a = 5,436 ± 0,003 u. c= 5,389 ± 0,002 kX. Es ist von der l. c. beschriebenen, gleichfalls tetragonalen γ-Phase der Zus. $UO_{2,40}$ verschieden. Im Gegensatz zu den l. c. gemachten Angaben ändert sich die Zus. des $UO_{2,40}$ unterhalb 400° nicht, seine Gitterkonstanten betragen a = 5,364 ± 0,002 u. c = 5,531 ± 0,002 kX. Die l. c. genannte kub. α-Phase ist gegen $UO_2 + U_4O_9$ metastabil. Das Oxyd der Zus. U_4O_9 stellt bei 700° die untere Grenze eines Homogenitätsbereichs dar, die sich bei höheren Tempp. nach kleineren O-Gehh. hin verschiebt u. bei 1000° die Zus. $UO_{2,21}$ erreicht. Vf. diskutiert die Ergebnisse u. stellt ein neues Zustandsdiagramm auf. (Bull. Soc. chim. France, Mém. [5] **20.** 256—63. März 1953. Comm. à l'Énergie Atomique, Serv. de Chim. Phys.) B. REUTER. 339

K. Street jr., S. G. Thompson und **G. T. Seaborg,** *Chemische Eigenschaften von Californium.* Zur Darst. von ^{244}*Cf* wurde *Curiumoxyd* mit He-Ionen (35 MeV) bombardiert, dann in 6 mol. HNO_3 gelöst, Zusatz von La^{3+}-Ionen, Ausfällen mit NH_4OH, Auflösen des Nd. in 0,5 mol. $HClO_4$, Adsorption an der NH_4-Form eines Dowex 50-Kationenaustauschharzes, Waschen mit einer NH_4-Citrat-Citronensäure-Pufferlsg. (p_H = 3,5) bei 87°. In der Lsg. wurde ^{244}Cf auf Grund der α-Strahlenaktivität (Energie der α-Strahlen 7,1 MeV) nachgewiesen; die Halbwertszeit beträgt 45 Minuten. Besondere Verss. zeigen, daß die α-Strahlen nicht von einem Isotop des Bk stammen können. Vff. versuchten weiter, Cf(III) in der wss. salpetersauren Lsg. mit Ammoniumpersulfat bei 70° oder mit Natriumbismutat bei 60° zu oxydieren; die anschließenden Trennverss. unter Verwendung von Zirkonphosphat bzw. LaF_3 als Trägern zeigten jedoch weder die Ggw. von Cf(IV) noch von Cf(VI). Vergleichende Trennverss. mit Dy, Tb, Gd u. Eu einerseits bzw. mit Cf, Bk, Cm u. Am andererseits zeigen, daß Cf dem Dy entspricht u. zu der Actiniumreihe gehört. (J. Amer. chem. Soc. **72.** 4832—35. Okt. 1950. Berkeley, Calif., Univ., Dep. of Chem., u. Radiation Labor.) FUCHS. 347

P. F. Váradi, *Das System $CoCl_2$–H_2O–HCl.* Vf. erörtert den Farbwechsel $Co(H_2O)_6^{2+}$ (rot) ⇌ $CoCl_4^{2-}$ (blau), der unter dem Einfl. von HCl nach rechts u. unter dem Einfl. von W. nach links verläuft. Es wird festgestellt, daß ein derartiger Farbwechsel in der Chemie sonst nirgends beobachtet worden ist. Es wird gezeigt, daß Co(II)-Komplexe auf Grund ihres Valenzfeldes weder mit der Koordinationszahl 5 noch mit den Koordinationszahlen 4 oder 6 beständig sein können. Die Einführung von Zwangskräften (constraint forces), die durch HCl oder H_2O verursacht werden sollen u. die die Existenz von 4fach oder 6fach koordinierten Co-Komplexen ermöglichen sollen, wird diskutiert. Die Richtung dieser Kräfte bestimmt auch die Richtung des Farbwechsels. (Acta Univ. Szegediensis, Sect. Sci. natur., Acta chem. physica **3.** 62—67. 1950. Szeged, Univ., Inst. of Phys. and Gen. Chem.) H. W. LEVI. 355

Walter Hieber, Fritz Seel und **Hermann Schneider,** *Raumchemie und Konstitution der Metallcarbonylwasserstoffe.* 49. Mitt. *über Metallcarbonyle.* (48. vgl. C. **1950.** II. 2895.) Zur Klärung des Molekülaufbaus der Metallcarbonylwasserstoffe *$Co(CO)_4H$* (**I**) u. *$Fe(CO)_4H_2$* (**II**) werden die DD. dieser Verbb. unmittelbar über dem F. bestimmt u. die Mol.-Voll. bei Versuchstemp. u. 0° K berechnet. Ferner werden mit der Blasenmeth. nach KÄUFER u. SCHEIBE die Oberflächenspannungen der Verbb. gemessen u. daraus die Parachorwerte bestimmt. Die Ergebnisse werden mit den entsprechenden Werten für *$Ni(CO)_4$* (**III**), *$Co(NO)(CO)_3$* (**IV**) u. *$Fe(NO)_2(CO)_2$* (**V**) verglichen u. tabellar. mitgeteilt. Danach nehmen die Mol.-Voll. in der Reihenfolge **III** > **IV** > **V** u. **III**>**I**>**II** ab. Der Eintritt von H in das Carbonylmol. wirkt also kontrahierend. Auch die Parachorwerte lassen auf eine besondere Bindung des H schließen. Die Ergebnisse werden valenztheoret. an Hand der von BROCKWAY bestimmten Atomabstände der Verbb. **I**—**V** diskutiert, u. ein Kalottenmodell für **I** wird aufgestellt. (Chem. Ber. **85.** 647—54. 1952. München, TH, Anorgan. chem. Labor.) WEITBRECHT. 356

W. Hieber und **R. Brück,** *Über Metallcarbonyle.* 50. Mitt. *Die Bedeutung von Nickel(IV)-komplexen bei der Bildung von Nickelcarbonyl.* (49. vgl. vorst. Ref.) Vff. untersuchen krit. die Rkk. zwischen *Nickel(II)-o-aminothiophenolat* (**I**), $Ni(SC_6H_4NH_2)_2$, *Nickel(II)-mono-*(**II**) u. *-dithiobenzoat* (**III**), $Ni(SOC{\cdot}C_6H_5)_2$ u. $Ni(SSC{\cdot}C_6H_5)_2$, *Nickel(II)-phenyldithiocarbamat* (**IV**), $Ni(SSC{\cdot}NHC_6H_5)_2$, bzw. *Nickel(II)-dimethylglyoxim* (**V**) u. CO in stark alkal. bzw. sulfalkal. Lsgg., bei denen *$Ni(CO)_4$* (**VI**) entsteht. So werden 2 mmol. salzsaures *o-Aminothiophenol* u. 10 mmol. NaOH in 20 ml A. gelöst, unter CO mit einer Lsg. von 1 mmol. $NiCl_2$ in 30 ml A. schüttelnd versetzt u. die CO-Absorption verfolgt. Es entsteht aus **I**, OH^- u. CO unter Valenzdisproportionierung des Metalls **VI** u. ein Ni(IV)-Komplex der Zus. *O:Ni($SC_6H_4NH_2$)$_2$* von tiefblauer Farbe, der seinerseits langsam von CO zu dem blaßgelben Ni(II)-Komplex **I** red. wird. 35% des gesamten Ni können als **VI** abdest. u. analyt. bestimmt werden. Dagegen reagiert **II** in neutraler CS_2-Lsg. gar nicht mit CO u. nur sehr schwach in schwach alkal. *Cyclohexanol*-Lsg. (**VII**) unter Abscheidung von $Ni(OH)_2$. Läßt man dagegen auf eine Lsg. von 0,6 mmol. **II** mit einem Überschuß von 6 mmol. *Monothiobenzoesäure* u. 4 mmol. NaOH in 40 ml **VII** CO einwirken, so ändert sich die Farbe der homogenen Lsg. unter Abgabe von **VI** von Orangerot nach Dunkelviolett, gleichzeitig tritt eine Umbldg. von **II** in **III** ein, so daß man nach dem Ende der Rk. mit wss. A. eine schwarzviolette Verb. der Zus. *S:Ni(SSC·C_6H_5)$_2$* (**VIII**) mit F. 195° isolieren kann. Diese gleiche Verb. **VIII** entsteht jedoch in viel kürzerer Zeit, wenn eine Lsg. von 65,6 mg **III** in 5 ml A. mit 1 mmol. NaSH versetzt u. von CO durchströmt wird. Gleichzeitig bildet sich zu 50% **VI** u. freie *Dithiobenzoesäure*, die mit $NiCl_2$ wieder die blaue Verb. **III** gibt. Ersetzt man NaSH durch NaOH, so entweichen 90% Ni als **VI**, da die Ni(IV)-μ-Dioxoverb. im Gegensatz zum Disulfokomplex von CO red. wird. Nur 10% **VIII** können in diesem Fall nach dem Vakuumeindampfen mit wss. A. isoliert werden. Zur labormäßigen Darst. von **VI** wird aus der Rk. von **IV** mit CO ein einfaches Verf. entwickelt. Aus 23 g *Anilin*, 19 g CS_2 u. 100 ml 5 nK_2CO_3-Lsg. wird *K-Phenyldithiocarbamat* hergestellt, in 400 ml W. gelöst u. mit einer Lsg. von 28 g $NiSO_4 \cdot 7\,H_2O$ in 100 ml W. die gelbe Verb. **IV** ausgefällt. Versetzt man nun **IV** mit 25 g $Na_2S \cdot 9\,H_2O$, 100 ml A. u. 60 ml W. u. leitet einen CO-Strom hindurch, so lassen sich in fl. N_2 ca. 4 ml **VI** in 33%ig. Ausbeute isolieren. Mit Polysulfidschwefel dagegen geht die Rk. nicht. Schließlich wird gezeigt, daß in 20 ml 30%ig. NaOH bei der Rk. zwischen **V** — aus 1 mmol. $NiCl_2$ u. einer sd. alkoh. Lsg. von 2 mmol. Dimethylglyoxim hergestellt — u. CO 76% des gesamten Ni als **VI** erhalten werden. Stellt man nach FEIGL in 30%ig. NaOH durch Oxydation mit PbO_2 die dunkelrote Lsg. der Ni(IV)-Komplexverb. her u. leitet CO ein, so nimmt die Farbe mit der Entstehung von **VI** ab. Der Reaktionsmechanismus der Valenzdisproportionierung u. die Voraussetzungen zur Bldg. von Ni(IV)-Komplexen werden eingehend diskutiert. (Z. anorg. allg. Chem. **269**. 28—39. Aug. 1952.) WEITBRECHT. 356

Fritz Seel, *Über Metallcarbonyle. 51. Mitt. Über eine neue Darstellungsweise der Nitrosylcarbonyle von Kobalt und Eisen.* (50. vgl. vorst. Ref.) Wie Vf. berichtet, entstehen in übersichtlicher Rk. bei der Säurezers. der Alkalisalze der Carbonylhydride von Co u. Fe in Ggw. von NO_2^- die Nitrosylverbb. *Co(NO)(CO)$_3$* u. *Fe(NO)$_2$(CO)$_2$*. Die Verb. $K[Co(CO)_4]$ wird zunächst in üblicher Weise aus einer wss. Lsg. von 14 g $CoSO_4 \cdot 7\,H_2O$, 22,4 g KOH u. 3,2 g KCN durch Schütteln unter CO-Druck hergestellt, mit 3,5 g $NaNO_2$ in 10 ml W. versetzt u. in einer einfachen, näher beschriebenen App. im CO-Strom mit 50%ig. Essigsäure zersetzt. Man erhält $Co(NO)(CO)_3$ in 50%ig. Co-Ausbeute als kirschrote, sehr flüchtige, in W. nicht lösl., aber mit organ. Lösungsmitteln mischbare Fl. mit F. —1,05°, Kp. 48,6° u. Zersetzungstemp. 58°. In ähnlicher Weise kann aus einer wss. Lsg. von 10 g $Fe(CO)_5$ u. 25 g NaOH durch Schütteln unter CO-Druck die Verb. $Na[Fe(CO)_4]$ hergestellt werden, die sich analog der Co-Verb. nach Vermischen mit 7 g $NaNO_2$ durch 50%ig. Essigsäure zersetzen läßt. In 40%ig. Ausbeute erhält man die tiefrote, krist. Substanz, in W. unlösl., aber mit organ. Lösungsmitteln mischbar, F. 18,3°, Zersetzungstemp. 50°. In gleicher Weise können aus den Alkalicarbonylwasserstoffverbb. die Carbonylhydride durch Zers. mit 50%ig. H_2SO_4, natürlich ohne Zugabe von $NaNO_2$, hergestellt werden. Die Abhängigkeit der Zers. der alkal. Carbonylhydridlsgg. vom p_H-Wert wird diskutiert. (Z. anorg. allg. Chem. **269**. 40—43. Aug. 1952.) WEITBRECHT. 356

F. P. Dwyer und **J. W. Hogarth**, *Fünfwertiges Osmium.* Bei langsamer Zugabe von Ammoniumhexabromoosmat(IV) zu wasserfreiem Äthylendiamin (en) bei 10° entsteht in exothermer Rk. eine rote Lsg., aus der glimmerartige blaßrote Plättchen von *[Os(en-H)$_2$en]Br$_2$* (**I**) (en-H = $H_2NCH_2CH_2NH$) abgetrennt werden können. **I** verhält sich als schwache einsäurige Base, wenn es mit HBr titriert wird, wobei grüne Nadeln von *[Os(en-H)en$_2$]Br$_3$·3 H$_2$O* (**II**) ausfallen. Durch Alkali geht **II** wieder in **I** über. **I** u. **II** sind diamagnet. u. zeigen nicht die für Os(II) oder Os(III) zu erwartenden reduzierenden Eigenschaften. Bei Red. mit Natriumhydrosulfit entstehen farblose Lsgg., die mit NaJ hellgelbe Plättchen von *Trisäthylendiaminosmium(III)-jodid*, $[Os(en)_3]J_3$, ergeben, was Vff. aus der Analyse, der Ähnlichkeit mit $[Os(NH_3)_6]J_3$, seiner reduzierenden Wrkg. auf $AgNO_3$ u. seinem Paramagnetismus (1,6 B. M.) schließen. Daraus folgt, daß **I** u. **II** Os(IV)-Komplexe sind, die 2 bzw. 1 Proton aus dem en abgegeben haben, wie in den Au-Komplexen von BLOCK u. BAILAR (vgl. C. **1953**. 504). Ihr Diamagnetismus stimmt mit den bei Os(IV)-Verbb. üblichen Werten überein, in denen in Widerspruch zu der Hundschen Regel alle 5d-Elektronen paarweise gebunden sind unter Bldg. einer unbesetzten Bahn. In wasserfreiem en löst sich I (bzw. das analoge Jodid) bei 100° in Abwesenheit von Luft zu einer roten Lsg., die intensiv grün wird. Durch A. kann eine grüne feste Substanz, vermutlich $[Os(en\text{-}H)_2en_2]J_2$ (III) gefällt werden, die nicht isoliert werden kann. III gibt sehr leicht unter Rückbldg. von I en ab. In einem solchen achtfach kovalenten Komplex wie III (d^4sp^3-Bindungen) müssen 2 Elektronen auf der 7s- oder einer 6d-Bahn untergebracht sein, vermutlich trifft das erste zu, da III diamagnet. ist. An der Luft wird III rasch zu zwei grünlichbraunen Verbb. oxydiert, die durch Kristallisation aus Methanol u. Ae. isoliert werden können. Die weniger lösl. Verb. ist paramagnet. (1,78 B.M.) u. vermutlich die erste bisher bekannte Os(V)-Verb.; analyt. ergibt sich die Zus. $[Os(en\text{-}H)_3en]J_2 \cdot 4\,H_2O$ (IV). Die andere Verb. ist diamagnetisch. Sie scheint eine achtfach kovalente Os(VI)-Verb. der analyt. ermittelten Zus. $[Os(en\text{-}H)_4]J_2 \cdot 3\,H_2O$ (V) zu sein. Wss. Lsgg. von IV u. V sind braun bzw. grün, reagieren alkal. u. nehmen bis zu 2 Äquivalente Säure auf. Durch oxydierende u. reduzierende Agentien können sie ineinander übergeführt werden. (J. Amer. chem. Soc. **75.** 1008—09. 20/2. 1953. Sidney, Australien, Univ., Dep. of Chem.) B. Reuter. 366

Theodore P. Perros und **Charles R. Naeser**, *Die Fluoplatinate.* 1. Mitt. *Lanthan-, Cer-, Praseodym- und Neodym-fluoplatinat.* Durch Überleiten von elementarem Fluor über ein Gemisch aus den entsprechenden Fluoriden u. Pt-Folie bei 525° in einem Ni-Rohr wurden die Fluoplatinate von La, Pr u. Nd dargestellt. $La_2(PtF_6)_3$, $D.^{30}$ 2,63, Löslichkeit bei 30° (L^{30}) 7,5 g/100 g Wasser. — $Pr_2(PtF_6)_3$, $D.^{30}$ 2,64, L^{30} 7,1. — $Nd_2(PtF_6)_3$, $D.^{30}$ 2,66, L^{30} 6,6. — Die Absorptionsspektren der Verbb. zeigen die für das Fluoplatination charakterist. Spitzen bei 273 u. 308 mμ. — Die entsprechende Ce-Verb. läßt sich nicht isolieren; das Reaktionsprod. wird von W. hydrolysiert. (J. Amer. chem. Soc. **75.** 2516—17. 20/5. 1953. Washington, D. C., George Washington Univ., Dep. of Chem.) Forche. 368

C. Mineralogische und geologische Chemie.

Robert J. Uffen, *Eine Methode zum Abschätzen des Schmelzpunktgradienten im Erdmantel.* Unter Anwendung der Einstein-Debye-Theorie der festen Körper u. Lindemanns Schmelztheorie wird der F. im Erdmantel für verschied. Tiefen aus seism. Daten berechnet. Der Schmelzpunktgradient nimmt mit der Tiefe ab. Für *Olivin* wird 5300° K als F. an der Grenze Mantel–Kern gefunden. Das ist die obere Grenze für dort herrschende wirkliche Temperaturen. (Trans. Amer. geophysic. Union **33.** 893—96. Dez. 1952. London, Ontario, Canada, Univ. of Western Ontario, Dep. of Phys.) Hiller. 370

W. Kleber, *Zur kristallchemischen Systematik der Mineralien.* Vf. schlägt eine neue Systematik der krist. Mineralien auf kristallchem. Grundlage vor. Danach werden zunächst zwei Haupttypen unterschieden, u. zwar homodesm. u. heterodesm. Gitter. Unter ersteren werden solche Gitter verstanden, bei denen nur eine Hauptbindungsart entscheidend überwiegt. Als heterodesm. werden solche Strukturen bezeichnet, bei denen zwei oder mehrere Bindungsarten in gleicher Weise auftreten. Die homodesm. Gitter werden unterteilt in metall., homöopolare u. heteropolare Gitter. Die heterodesm. Gitter werden entsprechend valenzchem. Beziehungen in einfache Ionengitter (isodesm.) u. komplexe Ionengitter unterteilt; letztere in Ionengitter mit verknüpfbaren Komplexen (mesodesm.) u. in Ionengitter mit nicht verknüpfbaren Komplexen (anisodesm.). Die heterodesm. Gitter werden vorläufig in zwei Untergruppen unterteilt, wobei in dem einen Fall metall. Tendenzen stärker in den Vordergrund rücken u. die als metalloide Gitter zusammengefaßt werden. Die zweite Gruppe, bei der van der Waalssche Bindung charakterist. ist, werden Heterometalloide genannt. (Fortschr. Mineralog. **26.** 70—72. 1947, ausg. 1950. Bonn.) Gottfried. 370

G. Deicha, *Resultate einer neuen Forschungsmethode an flüssigen Einschlüssen.* Zur Unters. flüchtiger Bestandteile als Einschlüsse in Mineralien empfiehlt Vf., das betreffende Mineral in einer Fl. zu zerdrücken u. mit Hilfe einer starken Lupe die evtl. Bldg. von Gasblasen zu beobachten. (Schweiz. mineralog. petrogr. Mitt. **30.** 495—96. 1950. Paris.) Gottfried. 370

G. G. Lemmlein, *Über das Verhältnis der heutigen und primären Volumina flüssiger Einschlüsse in Mineralien.* Im Rahmen einer Forschungsarbeit über die Möglichkeit, aus der Homogenisierungstemp. fl. Einschlüsse beim Erhitzen von Mineralproben Rückschlüsse auf die ursprünglichen Bildungstempp. der Minerale selbst ziehen zu können, werden einige Ansichten über die Besonderheiten der Morphologie u. der Bldg. der Einschlüsse entwickelt sowie über die Unterschiede ihrer Voll. zur Zeit ihrer Entstehung u. heute. (Доклады Академии Наук СССР [Ber. Akad. Wiss. UdSSR] [N. S.] **72.** 775–78. 1/6. 1950. Inst. für Kristallographie der Akad. der Wiss. der UdSSR.) V. MICKWITZ. 370

R. Hocart und **S. Goldsztaub**, *Methoden und moderne Forschungsverfahren in der Strukturmineralogie.* Übersicht über die modernen Verff. zur Erforschung des Aufbaus krist. Festkörper. (Ann. Guébhard-Séverine **25/26.** 87–92. 1949/1950. Strasbourg, Faculté des Sciences.) HILLER. 372

Robert Mackenzie, Robert Meldau und **Robert H. S. Robertson**, *Die Teilchenform und Mineralogie einiger Nontronite.* Es wurden drei *Nontronit* (I)-Proben untersucht, u. zwar: I u. *Brauneisen* im miozänen Sand vom Hohen Hagen bei Göttingen, ferner I aus Kalifornien u. schließlich „*Chloropal*" aus Sachsen. Je nach dem Ursprungsort besitzt der Nontronit blättchen- oder lattenartige Form. (Ber. dtsch. keram. Ges. e. V. Ver. dtsch. Emailfachleute e. V. **29.** 221–26. Juli 1952.) STEINER. 380

V. Marmo, *Ein Vergleich mittels erzmikroskopischer Untersuchungen zwischen erzführenden Findlingen und den Erzen von Outokumpu und Polvijärvi.* Erzmkr. Unterss. von 2 erzführenden Findlingen aus den Kirchspielen Kontiolahti u. Röksä (Finnland) zeigen, daß beide zu demselben Erztyp gehören, der auch in Outokumpu vorkommt. Während der erste wahrscheinlich wirklich dorther stammt, entspricht das andere Erz eher dem von Polvijärvi. Die typ. Umwandlung *Pyrit–Pyrrhotin–Markasit* wird als Beweis dafür angesehen. (Bull. Commiss. géol. Finlande **1950.** Nr. 150. 23–29. Helsinki, Geol. Survey.) HILLER. 384

Richard Weyl, *Schwermineraluntersuchungen an Böden des württembergischen Unterlandes.* In den Bodenprofilen wurden reichlich frische vulkan. Mineralien, wie *basalt. Hornblende* u. *Titanit*, gefunden, welche auf die bisher unbekannte Nachbarschaft tertiärer Tuffe schließen lassen u. nach der Tiefe verschwinden. Die Schwermineralien der Profile werden in Tabellen angegeben. (Neues Jb. Geol. Paläontol., Mh. **1952.** 482–99. Nov. Kiel.) ENSSLIN. 385

Eugen Seibold, *Chemische Untersuchungen zur Bankung im unteren Malm Schwabens.* Die *Kalke* u. *Mergel*, welche im unteren Malm Schwabens wechsellagern, sind wahrscheinlich so entstanden, daß bei einer kontinuierlichen, spärlichen Zufuhr von Tonsubstanz zeitweise eine stoßartige Kalkfällung verschied. Intensität stattgefunden hat. (Neues Jb. Geol. Paläontol., Abh. **95.** 337–370. Sept. 1952. Karlsruhe.) ENSSLIN. 385

Ju. A. Kusnetzow, *Über das Problem des Ursprungs magmatischer Gesteine.* Vf. erbringt den Beweis dafür, daß die magmat. Gesteine heterogener Natur sind. Es werden 3 genet. Haupttypen unterschieden: granitoide, basaltoide u. Hyperbasitkomplexe. Auf Grund der Unters. ihrer Entstehungsgeschichte wird gefolgert, daß jeder Vers. zur Aufstellung einer universellen Theorie der Bldg. magmat. Gesteine fehlschlagen muß u. daß für jeden Typ gesondert die Genese der magmat. Gesteine unter Berücksichtigung der besonderen geol. Verhältnisse zu untersuchen ist. (Известия Академии Наук СССР, Серия Геологическая [Nachr. Akad. Wiss. UdSSR, geol. Ser.] **1953.** Nr. 1. 81–97. Jan./Febr.) LEBTAG. 385

G. D. Afanassjew, *Zum Problem des Granits.* An den Eruptivgesteinen des Nordkaukasus wird gezeigt, daß die Bldg. der postkambr., nach Alter u. Zus. verschied. Magmakomplexe nicht dadurch bedingt ist, daß die Magmamassen period. aus einem ständig wirksamen juvenilen Herd in die oberen Strukturzonen der Erdrinde eindringen, daß sie vielmehr die period. Entstehung von Magmaherden in den Tiefenzonen der Erdrinde wiedergibt. Es werden zwei natürliche Assoziationstypen der Magmakomplexe unterschieden: 1. Assoziation von bas. u. sauren Gesteinen (vorwiegend mit Na-Geh.), die sich sowohl in den effusiven als auch in intrusiven Fazien zeigt. Große ultrabas. serpentinisierte Körper treten nur in den Intrusivfazien auf. 2. Assoziation vorwiegend aus Intrusivfazien aus Granodiorit u. Granitgestein bis zum Gabbrodiorit u. Gabbro. Die Effusivfazien enthalten große Mengen an sauren Effusiven vom Liparit- u. Dacittyp. (Известия Академии Наук СССР, Серия Геологическая [Nachr. Akad. Wiss. UdSSR, geol. Ser.] **1953.** Nr. 1. 63–80. Jan./Febr.) LEBTAG. 385

N. W. Frolowa, *Über den Ursprung der Granite des Archaikums Ost-Sibiriens.* Im ostsibir. Archaikumkomplex unterscheidet Vf. zwei Gruppen von Granitkörpern. Die verbreiteste Gruppe ist ultrametamorphen Ursprungs. Die zweite Gruppe ist sek. magmat. Ursprungs. Sie ist bei lokaler Schmelzung der ultrametamorphen Granite entstanden. Die Granite der ersten Gruppen sind vorwiegend im Archaikum entstanden, die der zweiten Gruppen können archaisch oder jüngeren Alters sein. (Известия Академии Наук СССР, Серия Геологическая [Nachr. Akad. Wiss. UdSSR, geol. Ser.] **1953.** Nr. 1. 28—37. Jan./Febr.) LEBTAG. 385

W. A. Nikolajew, *Über einige Fragen der Granitisierung und der Genesis des Granitmagmas.* Behandlung der Bildungsbedingungen der granitoiden Magmen, die Basifizierung, die Texturen der Granite u. Gneise im Archaikum, die Granitisierung u. Diffusion im festen Medium sowie die Granitisierung u. Intrusionen der mittleren u. großen Tiefen. (Известия Академии Наук СССР, Серия Геологическая [Nachr. Akad. Wiss. UdSSR, geol. Ser.] **1953.** Nr. 1. 15—27. Jan./Febr.) LEBTAG. 385

R. G. Dmitrijewa, *Zur Lithologie der Tschokrak-Dolomite im westlichen Vorkaukasus.* Die Tschokrak-Dolomite sind ziemlich ausgebreitet inmitten von Lehm-, Sand- u. organogenen Kalksteinschichten. Sie bilden Rhomboeder von 0,005—0,02 mm Korngröße, Mikroporösität 10—15%, ferner brecciaartige Formen von 20—30%ig. Porösität, umgeben von Calcitkristallen (0,1—0,05 mm Korngröße); beide Carbonate verraten gegenseitige Übergänge ineinander; sie enthalten geringe Mengen von Bitumen in 4 Verteilungsformen. (Доклады Академии Наук СССР [Ber. Akad. Wiss. UdSSR] [N. S.] **76.** 251—54. 11/1. 1951. Allunions Wiss. geol. Forschungsinst. für Erdölschürfung. v. WILPERT. 385

A. M. Kusnetzow und **N. A. Ignatjew,** *Chemische Charakteristik der „Waps".* Die „Waps" (örtliche Benennung) ist eine Sediment-Gesteinsmischung von Aleurit-Carbonat-Lehmen im Gebiet des Kamaflusses. Bei der Sichtung von 163 Analysenergebnissen konnten 13 Gruppen des Mischungsverhältnisses unterschieden werden, die einen Übergang von Pelitoliten (Gruppe 1) zu Mergeln (Gr. 13) anzeigen. Analysenergebnisse: (Gr. 1→13) Glühverlust ($H_2O + CO_2$) 7—21%, SiO_2 56—36, $(Al,Fe)_2O_3$ 22—13, CaO + MgO 6—25; daraus $SiO_2 + R_2O_3$ 78—49%. SiO_2/R_2O_3 schwankt wenig (1,9—2,7; in den Hauptgruppen 3—7 fast konstant 2,2—2,3). In der Summe CaO + MgO (Gr. 1→13) wächst MgO nur langsam, CaO (als $CaCO_3$, Prüfung mit 5%ig. HCl) bedeutend rascher an. Ein Dreieckdiagramm erläutert die chem. Zusammensetzung. (Доклады Академии Наук СССР [Ber. Akad. Wiss. UdSSR] [N. S.] **76.** 257—59. 11/1. 1951. Molotow, Gorki-Univ.) v. WILPERT. 385

F. Rutley, Elementos de Mineralogía. Barcelona: Gustavo Gili. 1952. (48 S. m. Abb.) ptas 150,—.

D. Organische Chemie.

D_1. Allgemeine und theoretische organische Chemie.

G. Briegleb und **G. Angerer,** *Zur Mesomerie der Nitrophenolationen vom Standpunkt eines neuartigen Effektes in der Lichtabsorption.* Die langwelligen Absorptionsbanden der *Nitrophenole* werden bei Abspaltung eines Protons nur langwellig verschoben, z. B. bei *p-Nitrophenol* von ca. 3200 Å auf 4000 Å; neue Banden treten nicht auf. Von den Vff. wurde gefunden, daß die Bande des p-Nitrophenolat-Ions bei 4000 Å in Dioxan-Lsg. bei längerem Stehen allmählich verschwindet zugunsten der 3200 Å-Bande. Das gleiche geschieht in Butanol–Heptan (I)-Mischungen u. Piperidin–I-Mischungen bei zunehmendem I-Geh., eine Erhöhung des Phenolat-Geh. oder des Butanol- oder Piperidin-Geh. bringt die 4000 Å-Bande wieder zum Entstehen. In Piperidin–I-Mischungen läßt sich das Verschwinden u. Entstehen der 4000 Å-Bande auch durch Erwärmen bzw. Abkühlen bewirken. Auch *m-* u. *o-Nitrophenolat*-Lsgg. in Butanol oder Piperidin lassen sich durch Zugabe von I entfärben. Die Messungen (isobest. Punkte) zeigen, daß es sich um definierte Gleichgewichte handelt. Die Effekte werden durch Ausbildung von Resonanzkomplexen mit chinol-chinoiden-Grenzstrukturen der nebenst. Form erklärt, die durch Wechselwrkg. der Elektronenacceptoren (Nitrophenolat-Ionen) mit Elektronendonatoren (NH_3, Piperidin, Anilin, OH^-, $RCOO^-$ oder OH-haltigen Lösungsmitteln) zustande kommen. (Angew. Chem. **64.** 685—86. 21/12. 1952. Würzburg, Univ., Chem. Inst., Phys.-Chem. Abtlg.) D. BRÜCK. D 118

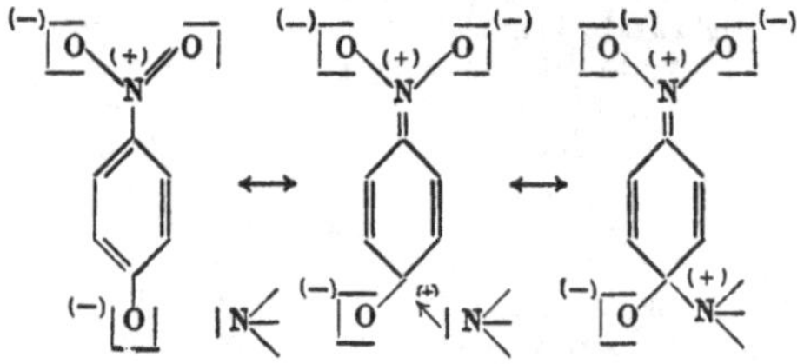

E. D. Amstutz, *Vergleich der Ultraviolettabsorptionsspektren von Naphthalin, Phthalazin und Cinnolin.* (Vgl. C. **1953.** 988.) Die UV-Absorptionsspektren von *Naphthalin* (**I**) in Isooctan, *Phthalazin* (**II**) in Methylcyclohexan u. von *Cinnolin* (**III**) in

Cyclohexan wurden gemessen u. miteinander verglichen. Während das Spektr. von **II** dem des **I** sehr ähnlich ist, seine intensiven Banden nur etwas kürzerwellig liegen, sind die Absorptionsbanden des **III** beträchtlich langwellig verschoben u. etwas schwächer als beim **I**. Die Änderungen des Grund- u. Anregungszustandes beim **III** werden diskutiert. (J. org. Chemistry **17**. 1508—10. Nov. 1952. Bethlehem, Pa., Lehigh Univ.)
D. BRÜCK. D 118

Ivar Cucka, Charles Herschmann und **Bernard Susz,** *Infrarotspektren der Komplexe des Benzophenons, Acetophenons und des Benzoylchlorids mit Aluminiumchlorid und -bromid.* Es wurden die Infrarotspektren der folgenden Komplexverbb. untersucht: $C_6H_5\cdot CO\cdot C_6H_5\cdot AlX_3$ (I), $C_6H_5\cdot CO\cdot CH_3\cdot AlX_3$ (II) u. $C_6H_5\cdot COCl\cdot AlX_3$ (III) (X = Cl, Br). Für **I** wurde gefunden, daß die charakterist. Frequenz der Valenzschwingung der CO-Gruppe des Benzophenons (**IV**) bei 1650 cm^{-1} auf dem **I**-Spektr. nicht mehr auftritt. Die zweite CO-Frequenz des **IV** bei 1280 cm^{-1} ist im **I**-Spektr. durch eine andere intensive Bande bei 1300 cm^{-1} ersetzt. Eine neue starke Bande, die möglicherweise für den Komplex charakterist. ist, tritt bei 1515—1520 cm^{-1} auf. Ident. Ergebnisse wurden bei **II** beobachtet. Die in dem Spektr. von Benzoylchlorid auftretenden Banden bei 1732 u. 1783 cm^{-1} sind in den Spektren von **III** nicht mehr vorhanden; dagegen war eine neue Bande bei 1710 cm^{-1} bei dem Komplex mit $AlCl_3$ zu beobachten. Es wird angenommen, daß das Verschwinden der Bande bei 1783 cm^{-1} als eine neue Bestätigung der Deformation der Doppelbindung C=O infolge des Hinzutretens des AlX_3 angesehen werden kann. (Arch. des Sci. **5** (**157**). 262—65. 1952.)
GOTTFRIED. D 120

E. Scott Barr, *Infrarotabsorptionsspektren von pflanzlichem Öl und einigen verwandten Verbindungen.* Es wurden die Infrarotspektren im NaCl-Gebiet von raffiniertem Erdnußöl sowie von Ölproben untersucht, die bei der Verarbeitung von Rohöl erhalten worden waren. Ausgenommen von dem Gebiet von 2,3 u. 3 μ konnten keine großen Änderungen im Spektr. bei den verarbeiteten oder gealterten Proben festgestellt werden. Infolge der komplexen Natur des Öls wurden zu Vergleichszwecken noch die Spektren der folgenden Verbb. untersucht: *Ölsäure, Caprinsäure-* u. *Ölsäuremethylester* sowie *Caprinsäure-, Laurinsäure-* u. *Myristinsäureäthylester.* (Physic. Rev. [2] **79**. 416. 15/7. 1950. Univ. of Alabama.) GOTTFRIED. D 120

F. M. McGehee jr. und **E. Scott Barr,** *Das Infrarotspektrum von Tungöl.* Messungen der Infrarotspektren von *Tungöl* verschied. Herkunft zwischen 1—15 μ ergaben nahezu ident. Spektren. Öl, das unter verschied. Trocknungsbedingungen erhalten worden war, zeigte auch im Spektr. bei verschied. Wellenlängen Änderungen. Die Natur u. der Grad dieser Veränderung scheint durch die Trocknungsbedingungen bestimmt zu werden. Trocknen unter UV-Bestrahlung zeigte andere Ergebnisse als Trocknen unter Infrarotbestrahlung. Trocknen unter UV-Bestrahlung verlief schneller als bei gewöhnlichem Licht, war dagegen langsamer als unter Infrarotbestrahlung. Es wurden noch Messungen durchgeführt an Lsgg. in CCl_4 sowie an einer Fraktion des Öls, das teilweise ausgefroren war. In diesen Fällen erschienen einige Banden intensiver. (Physic. Rev. [2] **79**. 416. 15/7. 1950. Univ. of Alabama.)
GOTTFRIED. D 120

Michael P. Balfe, Michael K. Hargreaves und **Joseph Kenyon,** *Die Abhängigkeit des optischen Drehungsvermögens von der chemischen Konstitution.* 38. Mitt. (—)-1-*Chlor-3-phenoxypropanol-*(2) *und* (—)-*Glycidphenyläther.* (37. vgl. C. **1952**. **5064**.) Darst. des (—)-*Glycidphenyläthers* (**IVa**) von *1-Chlor-3-phenoxypropanol-*(2) (**I**) aus über den *sauren Phthalsäureester* (**II**), dessen Brucinsalz (**III**), das (—)-*Brucinsalz* (**IIIa**) u. den *sauren Phthalsäureester von* **Ia** (**IIa**). Die Anlagerung von HCl an **IVa** lieferte (—)-*1-Chlor-3-phenoxypropanol-*(2) (**Ia**). Racemisierung trat nicht ein. Das UV-Spektr. von reinem **IVa** u. von **IVa** in Octangemisch, die Rotationsdispersion von reinem **IVa**, von **IVa** u. **IIa** in verschied. organ. Lösungsmitteln, sowie die Änderung der spezif. Drehung bei steigender Temp. wurden aufgenommen. Durch zwei- bzw. dreigliedrige Gleichungen nach DRUDE konnten die beobachteten Meßwerte einigermaßen befriedigend wiedergegeben werden, wobei die opt.-akt. Banden aus dem UV-Spektr. abgeleitet wurden. Der starke Einfl. des Lösungsm., bes. von Ae. u. Di-n-butyläther, u. der Temp. auf das Drehungsvermögen von **IVa** wurde untersucht. Zum Vgl. wurde der Phenyl-(+)-sek.-butyläther dargestellt u. dessen Rotationsdispersion aufgenommen. Vff. führen den Effekt auf Assoziationserscheinungen, die durch die Äthylenoxydgruppe bewirkt werden, zurück. In Lsg. u. bei erhöhter Temp. wird die Assoziation verringert, wodurch die spezif. Drehung sich stark ändert.

V e r s u c h e: *1-Chlor-3-phenoxypropanol-*(2) (**I**), $Kp._6$ 134—136°; aus 376 g Phenol, 370 g Epichlorhydrin, 2 g NaOH u. 20 cm^3 W. nach BOYD u. MARLE [1909], 364 g;

daneben *α.α'-Diphenylglycerinäther*, $C_{15}H_{16}O_3$, F. 80°. — *Saurer Phthalsäureester von* **I** (**II**), $C_{17}H_{15}O_5Cl$, F. 97—98° (Ae.-Leichtbenzin), aus **I** u. Phthalsäureanhydrid in Pyridin nach 10 Tagen bei Zimmertemp.; (—)-*Brucinsalz von* **II** (**IIIa**), F. 108—110°; aus 788 g trockenem Brucin mit einer Lsg. von 669 g **II** in trockenem Essigester, nach 2 Wochen die ausgeschiedenen Kristalle 4mal aus Essigester, u. dann 5mal aus Aceton umkrist.; 44 g. —*Saurer Phthalsäureester von* **Ia** (**IIa**), durch Zers. eines Gemisches von **IIIa** u. Aceton mit HCl bei 0°; $[\alpha]_D^{17}$ —12,2° (c = 9,6; Ae.). — (—)-*Phenylglycidäther* (**IVa**), $C_9H_{10}O_2$, Kp.$_{23}$ 133°; n_D^{17} 1,5310, D.$^{25}_4$ 1,106, $[\alpha]_D^{18,5}$ —24,9°. — (—)-*1-Chlor-3-phenoxypropanol-(2)* (**Ia**), Kp.$_{20}$ 143—145°; durch Anlagerung von HCl an 15 g **IVa** ($[\alpha]_D^{17}$ —24,4), 7 g; n_D^{19} 1,5378, $[\alpha]_D^{19}$ —2,1°. — (+)-*sek.-Butylbromid*, Kp. 80—86°, aus 5 g (+)-sek.-Butylalkohol ($[\alpha]_D^{17}$ + 10,9°) u. trockenem HBr unter Rückfluß, 1 Std., 3 g. — *Phenyl-(+)-sek.-butyläther*, Kp.$_{10}$ 75—76°, aus 3 g vorst. Verb. u. 2,75 g Na-Phenolat, 12std. Erhitzen, 0,85 g; D.$^{18}_4$ 0,9350, n_D^{16} 1,4978, $[\alpha]_D^{25}$ +28,34°. (J. chem. Soc. [London] **1950**. 1861—66. Juli. London, Battersea Polytechnic.) L. FISCHER. D 122

Ian G. Anderson, Michael P. Balfe und **Joseph Kenyon,** *Die Abhängigkeit des optischen Drehungsvermögens von der chemischen Konstitution.* 39. Mitt. (—)-*2-Thienylmethylcarbinol.* (38. vgl. vorst. Ref.) (—)-*2-Thienylmethylcarbinol* [*1-Thienyl-(2)-äthanol*] (**Ia**) besitzt ein Maximum in der Absorptionskurve bei 2335 Å, ε_{mol} = 7840, das dem Maximum des Thiophens entspricht, u. eine schwache Absorptionsstelle bei 2750 Å, ε_{mol} = 14. Die gemessene Rotationsdispersion von **Ia** in reinem Zustand u. in verschied. organ. Lösungsmitteln bei verschied. Tempp. ergibt: starke Abhängigkeit der Drehung vom Lösungsm., geringe Temperaturabhängigkeit u. keine Möglichkeit zur Darst. der Drehwerte in Form einer eingliedrigen Gleichung nach DRUDE unter Benutzung von λ_{max}. Vff. schließen daraus, daß in Lsgg. zwischen **Ia** u. dem Solvens Wechselwirkungen auftreten, deren Art sie nicht bestimmen konnten. Ferner sind für die Rotationsdispersion mindestens zwei Absorptionsstellen maßgebend. Aus der gemessenen Rotationsdispersion des *sauren Phthalsäureesters von* **Ia** (**IIa**) in Bzl. u. CS_2 ergibt sich eine wirksame Absorptionsbande im nahen UV, deren genaue Best. nicht durchgeführt worden ist.

V e r s u c h e: *2-Thienylmethylketon*, nach HARTOUGH u. KOSAK (J. Amer. chem. Soc. **68**. [1946.] 2639); 75—80% (Ausbeute). *Semicarbazon*, F. 189—190°. — *2-Thienylmethylcarbinol* (**I**), a) durch Red. von 20 g vorst. Ketons nach MEERWEIN-PONNDORF in 1 Std., 70%; b) durch GRIGNARD-Rk. aus 2-Jodthiophen u. Acetaldehyd; 36% bezogen auf die Jodkomponente. — *Di-[1-thienyl-(2')-äthyl]-äther*, Kp.$_{14}$ 145—147°, Nebenprod. bei der Darst. von **I** nach a); n_D^{18} 1,5615. — *5-Chlormercuriderív. von* **I**, F. 158 bis 160°. — *Saurer Phthalsäureester von* **I** (**II**), $C_{14}H_{12}O_4S$, F. 94° (CS_2), aus 53,6 g **I**, 69 g Phthalsäureanhydrid u. Pyridin entweder 5 Std. bei 70° oder 18 Std. bei 20°; 42 g. — *Brucinsalz von* **IIa** (**IIIa**), F. 156° (Essigester), aus 204 g Brucin u. 144 g **II** in 1 Liter heißem Essigester, nach 4maligem Umkristallisieren aus Essigester 68 g; $[\alpha]_{Hg}^{13}$ —60,0° (c = 2,45; Chlf.). — *Saurer Phthalsäureester von* **Ia** (**IIa**), F. 84° (CS_2); a) durch Zers. von **IIIa** in Aceton mit HCl bei 0°; $[\alpha]_D^{18}$ —57,9° (c = 1,87, Bzl.), b) aus **Ia** analog Darst. von **II**, $[\alpha]_D^{19,5}$ —56,2° (c = 1,605, Bzl.). — (—)-*2-Thienylmethylcarbinol* (**Ia**), Kp.$_{11}$ 88—89°; $[\alpha]_D^{19}$ —22,9° (c = 2,16, Bzl.). (J. chem. Soc. [London] **1950**. 1866 bis 1868. Juli.) L. FISCHER. D 122

Ian G. Anderson, Michael P. Balfe und **Joseph Kenyon,** *Die Abhängigkeit des optischen Drehungsvermögens von der chemischen Konstitution.* 40. Mitt. (+)-*2-[2-Oxy-n-propyl]-pyridin.* (39. vgl. vorst. Ref.) Das UV-Spektr. von (+)-*2-[2-Oxy-n-propyl]-pyridin* (**Ia**) in A. weist bei 2620 Å ein Maximum u. ein weiteres für $\lambda < 2200$ Å auf, die den beiden Absorptionsbanden des Pyridins entsprechen. Die Rotationsdispersion von **Ia** wurde in reinem Zustand u. in verschied. organ. Lösungsmitteln aufgenommen. Sie zeigt keine ausgeprägte Temperaturabhängigkeit, jedoch eine starke Abhängigkeit vom Solvens ohne erkennbaren Zusammenhang zwischen spezif. Drehung u. Dipolmoment bzw. Brechungsindex des Solvens. Vff. erklären die Verhältnisse wie folgt: 1. In reinem Zustand bewirkt nur die langwellige Absorptionsbande die opt. Aktivität von **Ia**. Es liegt nur zwischenmol. Assoziation vor. 2. In Lsg. sind die Verhältnisse komplizierter. Das Auftreten anomaler Dispersion in Lösungsmitteln, die keine OH-Gruppen enthalten, erfordert einen zweigliedrigen Ausdruck nach DRUDE mit entgegengesetzten Vorzeichen. Die kurzwelligere Bande mit positivem Vorzeichen dominiert im sichtbaren Spektralbereich. In diesem Fall tritt jedoch bei **Ia** verstärkt die innermol. Assoziation — durch H-Brückenbindung der OH-Gruppe zum Ring-N-Atom — auf u. erhöht die Wirksamkeit der längerwelligen Bande des Pyridins. Anomale Dispersion ist möglich. 3. In OH-Gruppen enthaltenden Solventien sind ebenfalls zwei Banden wirksam. Auf Grund der Assoziation zwischen **Ia** u. Solvens wird die opt. Aktivität hauptsächlich durch die kurzwellige Bande bestimmt. Der Kurvenverlauf ist demzufolge relativ einfach. Die Werte der spezif. Drehung liegen weit über denen der Gruppe 2. Bei Veresterung von **Ia** wird die Bldg. von Assoziaten verhindert. Vff. haben die Ester von **Ia** mit Phthalsäure u. Essigsäure u. das Diphenylurethan hergestellt u. deren Rotationsdispersion in verschied. Lösungsmitteln bestimmt.

Versuche: *2-[2-Oxy-n-propyl]-pyridin* (I), aus Li-α-Picolin u. Acetaldehyd nach WALTER, HUNT u. FOSBINDER (J. Amer. chem. Soc. **63**. [1941.] 2771), 45% (Ausbeute). — *Saurer Phthalsäureester von* I (II), F. 138—141°, aus 51 g I u. 55 g Phthalsäureanhydrid in Aceton, 30 Min. am Rückfluß, 91 g. — *Brucinsalz von* **IIa** (**IIIa**), F. 154 bis 156° (Essigester), aus 197 g Brucin u. 142 g II in 1,250 Liter heißem Aceton nach 18 Std. bei Zimmertemp. durch Umkristallisieren aus Essigester bis zur konstanten Drehung, 100 g; $[\alpha]_D^{19}$ —20,2° (c = 2,147, Chlf.). — (+)-*2-[2-Oxy-n-propyl]-pyridin* (**Ia**), $Kp._{10}$ 111°, 1,5 g; n_D^{18} 1,5142; $D.^{20}_4$ 1,049, $[\alpha]_D^{20}$ +55,5°. — (—)-*2-[2-Oxy-n-propyl]-pyridin*, aus Filtrat von 1. Nd. bei Darst. von **IIIa**, $[\alpha]_D^{19}$ —42,0° (c = 2,2; CS_2). — *Essigsäureester von* **Ia**, $Kp._{19}$ 124—125°, aus gleichen Voll. **Ia** (2,2 g) u. Acetanhydrid nach 3 Std. bei 60°, 1,3 g; $D.^{25}_4$ 1,048, n_D^{21} 1,4915. — (+)-*2-[2-Oxy-n-propyl]-pyridin-p-diphenylylurethan*, F. 134° (Bzl.-Leichtbenzin.). (J. chem. Soc. [London] **1950**. 1868—71. Juli.) L. FISCHER. D 122

M. P. Balfe, *Die Abhängigkeit des optischen Drehungsvermögens von der chemischen Konstitution.* 41. Mitt. (40. vgl. vorst. Ref.) Vf. umreißt an Hand der vorangegangenen Mitt. die Möglichkeit zur Unters. geringer Konfigurationsänderungen der Moll. eines Stoffes auf Grund seiner Rotationsdispersion in verschied. Solventien u. bei verschied. Temperatur. Der Einfl. von Temp. u. Solvens, von D. u. Brechungsindex, wird durch den Ausdruck $\Omega = 3[\alpha]/n^2 + 2$, die „rotivity" (vgl. BECKMANN u. COHEN, J. chem. Physics **6**. [1938.] 183 u. früher), weitgehend ausgeschaltet, so daß für 100° Temperatursteigerung nur noch eine 10—20%ig. Änderung von [α] auf Grund der Änderung der freien Drehbarkeit zu erwarten ist. Bei gleicher Temp. erlaubt daher die verschied. Größe von Ω eines Stoffes in verschied. Lösungsmitteln Rückschlüsse auf seine Konfiguration. (J. chem. Soc. [London] **1950**. 1871—73. Juli.) L. FISCHER. D 122

Leslie S. Forster und **Robert Livingston,** *Die absoluten Quantenausbeuten der Fluorescenz von Chlorophyll-Lösungen.* Eine Anordnung mit ULBRICHTscher Kugel, Thermosäule u. Photozelle zur Messung von Quantenausbeuten wird beschrieben, u. Fluorescenzquantenausbeuten für *Chlorophyll a* (I) u. *b* (II), *Phäophytin*, *Mesoporphyrin*, *Rubren*, *Fluorescein*, *Eosin* u. *Magdalarot* in verschied. Lösungsmitteln, wie wss. NaOH, W., A., n-Heptan, Methanol, Ae., Aceton, Bzl. u. Cyclohexanol gemessen. Die absol. Quantenausbeuten der Fluorescenz von I u. II in Ae.-Lsgg. sind 0,25 bzw. 0,11. Die Ausbeute für I ist ziemlich unabhängig von den Lösungsmitteln, die von II dagegen nicht (0,06 für Methanollsgg.). Ferner ist die Ausbeute von I unabhängig von der erregenden Wellenlänge λ ($\lambda < \lambda_e$ des Emissionsmaximums). Die Ausbeuten für die anderen Fluorescenzstoffe sind in Übereinstimmung mit früheren Untersuchungen. (J. chem. Physics **20**. 1315—20. Aug. 1952. Minneapolis, Univ. of Minnesota, Inst. of Technol., School of Chem.) RUDOLPH. D 125

J. W. Smith, *Molekularpolarisation und molekulare Wechselwirkung.* 5. Mitt. *Die scheinbaren Dipolmomente von Mesidin, Aminodurol und Methylmesidin in Benzol- und Dioxanlösung.* (4. vgl. C. **1951**. II. 1561.) Für *Mesidin* (I; $Kp._{762}$ 227°, aus Nitromesitylen), *Aminodurol* (II; F. 72,0° (A.), aus Durol durch Bromierung, Nitrierung u. Red. mit Sn—HCl in Essigsäure), u. *Methylmesidin* (III; $Kp._{755}$ 229°, aus I mit Dimethylsulfat) ergeben sich bei 25° für die scheinbaren Dipolmomente in Benzollsg. die Werte 1,45; 1,45 u. 1,22 D u. in Dioxanlsg. 1,57; 1,57 u. 1,26 D. Aus der Differenz der Dipolmomente in Bzl. u. Dioxan u. aus Vgl. mit früheren Ergebnissen schließen Vff., daß in **III** Resonanz nahezu vollkommen ster. unterdrückt wird. Es hat weiter den Anschein, als ob die Zunahme in dem scheinbaren Moment, die die H-Bindung in den Anilinen begleitet, in engem Zusammenhang steht mit dem mesomeren Effekt des Aminmoleküls. Daraus läßt sich schließen, daß eine große Zunahme in dem scheinbaren Dipolmoment Auftreten einer H-Bindung nur begleitet, wenn eine starke Zunahme in dem Mesomerieeffekt auftreten kann. Für **III** ist der Unterschied zwischen den Momenten in Dioxan u. Bzl. angenähert derselbe wie für Dimethylanilin; es handelt sich demnach wohl nur um einen n. Lösungsmitteleffekt. (J. chem. Soc. [London] **1953**. 109—13. Jan. Bedford Coll., Dep. of Chem.) GOTTFRIED. D 132

H. F. Walton und **A. A. Schilt,** *Die Ionisationskonstante und Hydrolysengeschwindigkeit des Bernsteinsäureimids.* Vff. bestimmten die Ionisationskonstante k des *Bernsteinsäureimids* (I) zwischen 0 u. 35° potentiometr. mit Hilfe der Kette: Ag, AgBr | KBr, I, Na-Salz von I | Glaselektrode. Bei 25° ergibt sich K zu $2{,}38 \cdot 10^{-10}$, das ist ca. 10 mal größer als die von WOOD (J. chem. Soc [London] **89**. [1906.] 1831) mit einer katalyt. Meth. gefundene. Die Temperaturabhängigkeit wird durch $\log K = -36{,}92 + 0{,}167\ T - 2{,}53 \cdot 10^{-4} T^2$ wiedergegeben. Für ΔH^0 ergibt sich der Wert 6510 cal/Mol, für ΔF^0 13130 cal/Mol, für ΔS^0 −22,0 cal/Mol·Grad u. für ΔC_p −160 cal/Mol·Grad. Der stark negative Wert für ΔC_p hängt sicherlich mit der großen Nähe der polaren Gruppen zum ionisierenden H zusammen. Die Hydrolysengeschwindigkeit des I wurde näherungsweise bestimmt. Die Hydrolyse führt in irreversibler Rk. zum Anion des Bernsteinsäureamids, die Rk. ist basenkatalysiert u. hat eine Aktivierungsenergie von 20,5 ± 0,5 kcal/Mol. (J. Amer. chem. Soc. **74.** 4995—96. 20/10. 1952. Boulder, Col., Univ., Dep. of Chem.) NIEMITZ. D 139

P. L. DuBrow, C. W. Hoerr und **H. J. Harwood,** *Das polymorphe Verhalten von 2-Undecyl- und 2-Heptadecylbenzthiazol in organischen Lösungsmitteln.* Die Löslichkeiten von *2-Undecyl-* (I) u. *2-Heptadecylbenzthiazol* (II) sind in *Hexan, Bzl., Tetrachlorkohlenstoff, Chlf., Äthylacetat, Aceton, Methanol, A., Isopropanol* u. *Acetonitril* über einen Temperaturbereich von −40,0° bis +50,0° bestimmt worden. Polarität, innerer Druck u. Löslichkeit der Lösungspartner werden in Beziehung gesetzt. Weiter werden die Modifikationen bei Kristallisation aus verschied. Lösungsmitteln untersucht. — I, $C_{18}H_{27}NS$, F. 18,20° (PAe. + 2% Äthylacetat) FF. 25°, 7°, aus Laurinsäure, 2-Aminobenzolthiol u. konz. HCl unter CO_2, 5 Std. bei 170—250°, Reinigung durch Chromatographieren an Al_2O_3. — II, $C_{24}H_{39}NS$, F. 39,60° (A.), F. 51,0° (Neo-Test Nr. 1—65), FF. 29°, 19°, analog I aus Stearinsäure. — Das Infrarotspektr. von I ist graph. angegeben. (J. Amer. chem. Soc. **74.** 6241—45. 20/12. 1952. Chicago, Ill., Res. Div. Armour and Comp.) v. SCHIESZL. D 147

Abraham Wilson und **Edward L. Simons,** *Dampf–Flüssigkeits-Gleichgewichte. Propanol-(2)–Wasser-System.* Es wurde das Verh. des bin. azeotrop. Syst. Isopropanol–H_2O im Gebiet von 95 mm bis 4 at untersucht u. die Gleichgewichtsdaten tabellar. angegeben. Der Dampfdruck des Azeotrops in Abhängigkeit von Druck u. Temp. wird dargestellt. (Ind. Engng. Chem. **44.** 2214—19. Sept. 1952. New Brunswick, N. J., Rutgers Unis.) CRAMER. D 150

J. R. Lacher, T. J. Billings, D. E. Campion, K. R. Lea und **J. D. Park,** *Die Wärmetönung der Anlagerung von Bromwasserstoff an isomere Butene in der Dampfphase.* (Vgl. C. **1952.** 4113.) Die Hydrobromierungswärmen von dampfförmigem *Buten-(1), cis-* u. *trans-Buten-(2)* werden bei 100° in der früher (l. c.) beschriebenen Weise bestimmt. Die Anlagerung von HBr führt in allen Fällen zu 2-Brombutan. Aus den gefundenen Hydrobromierungswärmen der 3 Verbb. werden (in der genannten Reihenfolge) die Isomerisationswärmen zu −2804, −1800, −1004 cal berechnet; diese Werte stimmen gut mit den von anderer Seite ermittelten Werten überein. Da die Rk. von Br_2 mit den entsprechenden gesätt. KW-stoffen als eine Dehydrierung mit anschließender HBr-Anlagerung angesehen werden kann, lassen sich die bei der Bldg. von Isopropylbromid u. 2-Brombutan aus Br_2 u. C_3H_8 bzw. C_4H_{10} auftretenden Reaktionswärmen aus den gefundenen Werten errechnen. (J. Amer. chem. Soc. **74.** 5291—92. 5/11. 1952. Boulder, Col., Univ.) WESLY. D 156

Takeo Yamane, *Die Adsorption an Rohrzuckerkristallen.* Die Adsorption von *Caramel* (I) der empir. Zus. $(C_{12}H_9O_9)_n$ an Rohrzuckerkristallen in einer Lsg. gehorcht der LANGMUIRschen Adsorptionsisotherme, während diese auf die Adsorption von Fumsäuren [II, „fumic acids" aus Invertzucker mit CaO, 1½ Std. bei 70°, empir. Zus. $(C_{18}H_{22}O_{11})_n$] nicht anwendbar ist. Der p_H-Wert der Lsg. ist von entscheidendem Einfl. auf die Adsorption. So zeigt sich bei I ein Adsorptionsmaximum bei p_H 7, während die adsorbierte Menge bei II mit fallendem p_H-Wert zunimmt. Die vorzugsweise Adsorption von Farbstoffen (*Kongorot, Wasserblau* u. *Methylwasserblau*) an einzelnen Kristallflächen [$(\bar{1}\,1\,0)$ u. $(\bar{1}\,\bar{1}\,0)$] wird untersucht, der Effekt tritt nicht auf bei *Lichtgrün, Methylorange, Erythrosin, Eosin, Neutralrot, Bismarckbraun, Methylviolett* u. *Nachtblau.* (J. sci. Res. Inst. [Tokyo] **45.** Nr. 1. 246. 287—94. Juli 1951.) v. SCHIESZL. D 176

V. Prey und **H. Berbalk,** *Zur Kenntnis des o-Oxyphenylacetylens.* 2. Mitt. *Ein Beispiel für die Ausbildungsmöglichkeit einer neuen Type von Wasserstoffbrücke.* (1. vgl. Mh. Chem. **80.** [1949.] 790.) Für *o-Oxyphenylacetylen* (I) wird das Vorliegen einer H-Brücke zum α-C-Atom unter Bldg. eines Fünfrings wahrscheinlich gemacht. Als Beweis dienen der Dampfdruck, Kp. sowie das Verh. der Zähligkeit f (= kryoskop. bestimmtes Mol.-Gew./Formel-Mol.-Gew.) u. des Infrarotspektr. des reinen I sowie in verschied. Lösungsmitteln bei verschied. Konzz. im Vgl. mit den Eigg. anderer Stoffe, die keine bzw. zwischenmol. oder innermol. H-Brücken aufweisen. Im einzelnen gemessen wurden: die f-Werte in Bzl. für *o-* (III; $Kp._{760}$ 197°) u. *p-Oxybenzaldehyd* (subl.), *o-Methoxybenzaldehyd* ($Kp._{760}$ 243—244°), *o-* (IV) u. *p-Kresol, o-* u. *p-Nitrophenol,* I ($Kp._{11}$ 73—74°) u. *o-Methoxyphenylacetylen* (II; $Kp._{10}$ 93°); die Kpp. der obigen Verbb., soweit angegeben,

u. von *o*- (Kp.$_{760}$ 195—197°) u. *p-Oxyäthylbenzol* (Kp.$_{760}$ 218—219°), von *o*- (Kp.$_{758}$ 186—188°) u. *p-Methoxyäthylbenzol* (Kp.$_{760}$ 199—200°), *o-Oxy-* (Kp.$_{12}$ 93—94°) u. *p-Methoxystyrol* (Kp.$_{12}$ 83—84°), *o*- (Kp.$_{13}$ 120—121°) u. *p-Methoxyacetophenon* (Kp.$_{15}$ 146—148°), *p-Oxyacetophenon* (Kp.$_3$ 147—148°), *p-Methoxybenzaldehyd* (Kp.$_{760}$ 248—249°), *o*- (Kp.$_{760}$ 273°) u. *p-Nitroanisol* (Kp.$_{760}$ 274°), *o*- (Kp.$_{760}$ 195—196°) u. *p-Chloranisol* (Kp.$_{759}$ 197,7°), *p-Chlorphenol* (Kp.$_{760}$ 217°) u. *o-Cyanphenolmethyläther* (Kp.$_{18}$ 140°); die Infrarotspektren von **I**, **II**, o- (**V**) u. *p-Methylphenylacetylen* (**VI**), *p-Methoxyphenylacetylen* (**VII**), **III**, **IV**, *o-Cyanphenol* u. *Benzylalkohol.*

Versuche: *o-Methylphenylacetylen* (**V**), Kp.$_{12}$ 35—39°, Darst. auf dem Wege: o-Methylacetophenon (Kp.$_{10}$ 85—85°, aus Benzyl–MgCl mit Acetylchlorid [**VIII**], 40%. [Ausbeute]), Rk. mit PCl_5 → o-Methyl-α'.α'-dichloräthylbenzol (55,9%), Rk. mit alkoh. KOH → o-Methyl-α-chlorstyrol u. Rk. mit Pyridin–Na, 5 Std. bei 160°, Ausbeute gering. — *p-Methylphenylacetylen* (**VI**), Kp.$_{11}$ 52°, Darstellungsweg: a) p-Methylacetophenon (Kp.$_{10}$ 97—98°, aus Toluol u. **VIII**, 59,5%), Rk. mit PCl_5 → p-Methyl-α'.α'-dichloräthylbenzol (67%), Rk. mit alkoh. KOH → p-Methyl-α-chlorstyrol u. Rk. mit $NaNH_2$ in Petroleum (Kp. 160°); b) p-Methylzimtsäure (F. 198°, aus p-Toluylaldehyd, Na-Acetat u. Acetanhydrid, 58,3%), Rk. mit Br_2 in sd. CCl_4 → p-Methylphenyl-α.β.dibrompropionsäure, Rk. mit KOH in Methanol → p-Methylphenylpropiolsäure (F. 120°) u. Decarboxylieren in Anilin oder Wasserdampfdest. des Cu-Salzes. — *o-Methoxyphenylacetylen* (**II**), Darstellungsweg: a) o-Methoxybenzaldehyd (Kp$_{760}$ 239°), Rk. mit Malonsäure in alkoh. NH_3 → o-Methoxyzimtsäure (F. 183° (A.], 43,1%), Veresterung u. Bromierung in Ae. unter Kühlung → o-Methoxyphenyl-α.β-dibrompropionsäureäthylester, Rk. mit alkoh. KOH → o-Methoxyphenylpropiolsäure (70%) u. Wasserdampfdest. des Cu-Salzes, 48%; b) Phenylacetat (Kp.$_{760}$ 195°), Umlagerung mit $AlCl_3$ → o-Oxyacetophenon (Kp.$_{11}$ 88—92°, 35%), Methylierung mit p-Toluolsulfonsäuremethylester in alkoh. Lsg. → o-Methoxyacetophenon (Kp.$_{11,5}$ 113—115°, 44,6%) → o-Methoxy-α.α-dichloräthylbenzol (95%) → o-Methoxy-α-chlorstyrol (95%) → **II** (16%). — *p-Methoxyphenylacetylen* (**VII**), F. 28,5°, Kp.$_{11}$ 87—91°, Darstellungsweg: a) p-Nitrobenzaldehyd (F. 101°) mit $NaHSO_3$ oder Schwefelblume → p-Aminobenzaldehyd (F. 65°, 92 bzw. 75%), Diazotieren u. Verkochen → p-Oxybenzaldehyd (F. 114°) → p-Methoxybenzaldehyd (Kp.$_{760}$ 247°) → p-Methoxyzimtsäure (F. 170,5°) → p-Methoxyphenyl-α.β-dibrompropionsäure (Zers. 140—145°) → p-Methoxybromstyrol (F. 55 bis 56° [A.], Kp.$_{12}$ 145—147°) → **VII**, 85%; b) p-Oxyacetophenon (F. 107° [A.]) → p-Methoxyacetophenon (F. 38°, Kp.$_{12}$ 133—136°, 73%) → p-Methoxy-α.α-dichloräthylbenzol (70%) → p-Methoxy-α-chlorstyrol u. Rk. mit $NaNH_2$ in Petroleum. (Mh. Chem. **82.** 990—1007. 15/12.; S.-B. österr. Akad. Wiss., math.-naturwiss. Kl., Abt. IIb **160.** 990—1007. 1951.) Du Mont. D 182

Georg Wittig und Hans Zimmermann, *Zur Molekülasymmetrie des 4.5-Dimethylphenanthrens; gleichzeitig ein Beitrag zur metallorganisch geleiteten Synthese von Phenanthrenderivaten.* Da opt.-akt. Derivv. des 4.5-Dimethylphenanthrens (**I**) u. des 4.5-Dimethylphenazons (**II**) bekannt sind (Theilacker u. Baxmann, C. **1952.** 5548; Newman u. Hussey, C. **1947.** E. 521), versuchten Vff., opt.-akt. **I** selbst darzustellen, was nicht gelang. Zerlegung von **I** in die Antipoden erschien aussichtslos. Daher wurden opt.-akt. Ausgangssubstanzen verwendet, die Cyclisierungs- bzw. Aromatisierungsprodd. dieser Verbb. waren jedoch inaktiv. Eingeschlagene Wege: 1. Akt. 2.2'-Dimethyldiphensäure-(6.6')-dimethylester (**VI**) wurde mit Na bzw. K–Na–Legierung zu inakt. *4.5-Dimethylphenanthrenchinon* (**XI**) kondensiert. — 2. Akt. 2.2'-Dimethyl-6.6'-di-[brommethyl]-diphenyl (**VIII**) gab mit C_6H_5Li inakt. *4.5-Dimethyl-9.10-dihydrophenanthren* (**X**). — 3. Akt. 2.2'-Dimethyl-6.6'-di-[oxymethyl]-diphenyl (**VII**) gab mit p-Toluolsulfonsäure das akt. *cycl. Oxyd* (**III**), dieses jedoch mit protoneneinfangenden Mitteln (nach Wittig, Davis u. König, C. **1952.** 4762) nicht das erwartete Dimethyldihydrophenanthrol, sondern undefinierbare Harze. — 4. Akt. 2.2'-Dimethyldiphenylen-(6.6')-tetramethylammoniumbromid(**IV**) gab durch Stevenssche Umlagerung das akt. *9-Dimethylamino-4.5-dimethyl-9.10-dihydrophenanthren* (**V**), das über das akt. Jodmethylat u. akt. Ammoniumhydroxyd jedoch nur in inakt. **I** übergeführt werden konnte. Vff. nehmen an, daß in **V** die beiden Benzolkerne gegeneinander verdrillt sind, da sich von dieser Verb. 2 Jodmethylate ableiten, von denen jedes in die opt. Antipoden (3 wurden isoliert) spaltbar ist. Für Diastereomerie der beiden Jodmethylate sprechen auch die UV-Absorptionskurven der zugehörigen Amine **V** (Maximum bei 260 mμ), die mit den Kurven von **III** u. **IV** (Maximum bei kürzeren Wellenlängen) verglichen wurden. Die Inaktivität von **I** läßt schließen, daß beide Benzolkerne koplanar liegen. Daß die ster. Behinderung durch die Methylgruppen hier nicht wirksam ist, erklären Vff., indem sie Verkürzung der Abstände zwischen Kern- u. Methyl–C-Atomen durch Hyperkonjugation annehmen. Hierauf kann auch der Vgl. von UV-Spektren schließen lassen: gegen *Phenanthren* u.

Phenazon zeigten die 4.5-Dimethylderivv. **I** u. **II** eine Rotverschiebung der Absorption. Außerdem nehmen Vff. an, daß durch die Aromatisierung der C-Atome 9 u. 10 die beiden Phenyle etwas gegeneinander gewinkelt werden, so, daß die beiden Methylgruppen in 4- u. 5-Stellung mehr Raum haben als bei der 2.2'-Dimethyldiphensäure-(6.6'). Die Existenz der eingangs erwähnten opt.-akt. Derivv. von **I** u. **II**, die sich alle leicht racemisierten, läßt sich wie bei den Diphenylen dadurch erklären, daß die Racemisierungsgeschwindigkeit abnimmt, wenn weitere Substituenten in Nachbarstellung zu den behindernden Gruppen eingeführt werden.

Versuche: *2.2'-Dimethyldiphensäure-(6.6')-dimethylester* (**VI**), $C_{18}H_{18}O_4$, F. 52 bis 53°, Kp.$_{13}$ 197—198°, aus 2-Jod-m-toluylsäuremethylester u. Naturkupfer C unter Rühren bei 260—270° in 100 Min.; 74% (Ausbeute). — *2.2'-Dimethyldiphensäure-(6.6')*, F. 231—232°, aus vorst. Verb. durch alkal. Verseifung. Spaltung nach Bell (J. chem. Soc. [London] **1934**. 835) in (+)-*Säure*, F. 205—207°, $[\alpha]_D^{25}$ +20,4°, u. (—)-*Säure*, F. 203—205°, $[\alpha]_D^{25}$ —14,5° (c = 1,5150, Methanol). Aus vorst. Säuren mit CH_2N_2 (+)-**VI**, $[\alpha]_D^{25}$ +44,0° (c = 2,0550, Methanol), +52,2° (c = 2,0000, Bzl.) u. (—)-**VI**, $[\alpha]_D^{25}$ —31,4° (c = 1,6050, Methanol), —45,1° (c = 1,2966, Bzl.). — *2.2'-Dimethyl-6.6'-di-[oxymethyl]-diphenyl* (**VII**), $C_{16}H_{18}O_2$, F. 120,5—121,3° (Bzl.), aus **VI** durch Kochen mit $LiAlH_4$ in Ae., 91,2%; (+)-**VII**, $[\alpha]_D^{20}$ +23,3° (c = 1,550, Methanol), +92,3° (c = 0,8233, Bzl.); (—)-**VII**), $[\alpha]_D^{20}$ —28,4° (c = 1,1233, Methanol), —114,1° (c = 1,100, Bzl.). — *Cycl. Oxyd* aus **VII** (**III**), $C_{16}H_{16}O$, F. 103,5—104,2° (PAe.), durch 24 Std. Kochen von **VII** mit p-Toluolsulfonsäuremonohydrat in Bzl., 94,3%, (+)-**III**, F. 130—131°, $[\alpha]_D^{20}$ +100,2° (c = 0,7280, Methanol), +114,3° (c = 1,4166, Bzl.); (—)-**III**, F. 130—131°, $[\alpha]_D^{20}$ —77,8° (c = 1,0330, Methanol), —92,3° (c = 0,5900, Bzl.). — *2.2'-Dimethyl-6.6'-di-[brommethyl]-diphenyl* (**VIII**), $C_{16}H_{16}Br_2$, F. 66,5—67,2° (PAe.), durch 45 Min. Kochen von **VII** mit PBr_3 in Bzl., 80,7%; (+)-**VIII**, F. 52—53°, $[\alpha]_D^{20}$ +52,4° (c = 0,7533); (—)-**VIII**, F. 52—53°, $[\alpha]_D^{20}$ —46,9° (c = 0,3300, Bzl.). — *2.2'-Dimethyldiphenylen-(6.6')-tetramethylammoniumbromid* (**IV**), $C_{18}H_{22}NBr$, F. 259 bis 261° (Aceton), aus **VIII** mit Dimethylamin in Ae., 85,2%; (+)-**IV**, F. 278—287°, $[\alpha]_D^{20}$ +30,3° (c = 1,2833), (—)-**IV**, F. 280—282°, $[\alpha]_D^{20}$ —30,3° (c = 1,3700, Methanol). — *9-Dimethylamino-4.5-dimethyl-9.10-dihydrophenanthren* (**V**), $C_{18}H_{21}N$, a) Kp.$_{0,01}$ 116,5—117,5°, aus **IV** mit C_6H_5Li durch 8tägiges Schütteln in Ae. unter N_2, 84,8%; (+)-**V**, $[\alpha]_D^{20}$ +14,1° (c = 1,4200), (—)-**V**, $[\alpha]_D^{20}$ —14,3° (c = 0,7667, Bzl.), beide vom Kp.$_{0,01}$ 116,5—117,5°. b) Kp.$_{0,05}$ 118—119°, aus **IV** durch Schütteln mit KNH_2 in fl. NH_3 unter N_2, 76,8%; (+)-**V**, Kp.$_{0,05}$ 117—118°, $[\alpha]_D^{20}$ +31,9° (c = 0,6567 Bzl.). — *[4.5-Dimethyl-9.10-dihydrophenanthryl-(9)]-trimethylammoniumjodid*, $C_{19}H_{24}NJ$, a) Zers. 43—44° (Aceton-Ae.), aus dem nach a) dargestellten **V** mit CH_3J in Ae., 12 Std., 95%; aus (—)-**V** (+)-*Verb.*, $[\alpha]_D^{20}$ +116,8° (c = 1,0100), u. aus (+)-**V** (—)-*Verb.*, $[\alpha]_D^{20}$ —115,1° (c = 2,0100, Methanol), beide F. 41,5—43° (Zers.). b) F. 169—170° (Methanol), aus dem nach b) dargestellten **V** mit CH_3J, aus (+)-**V** (—)-*Verb.*, F. 161—163° (Aceton-PAe.), $[\alpha]_D^{20}$ —150,4° (c = 0,4120, Methanol). — *4.5-Dimethylphenanthren* (**I**), $C_{16}H_{14}$, F. 76,5—77,2° (Methanol), a) aus vorst. Jodmethylat (Zers. 43—44°) durch 1 Std. Schütteln mit Ag_2O, Filtrieren des *[4.5-Dimethyl-9.10-dihydrophenanthryl-(9)]-trimethylammoniumhydroxyds* (**IX**) u. Eindampfen der Lsg. nach 3 Tagen, 85%; *Pikrat*, F. 108,5—109,5° (A.). b) aus den vorst. (+)- u. (—)-Jodmethylaten vom F. 41,5—43° (Zers.), über (+)- bzw. (—)-**IX**, $[\alpha]_D^{20}$ +125,2° (c = 0,9021) u. —124,1° (c = 0,4430), 77%. c) analog aus dem (—)-Jodmethylat vom F. 161—163°. — *Phenanthren*, F. 97,5 bis 98,5°, aus Diphenylen-(2.2')-tetramethylammoniumbromid u. KNH_2 u. fl. NH_3 unter N_2, 85%. — *4.5-Dimethyl-9.10-dihydrophenanthren* (**X**), $C_{16}H_{16}$, Kp.$_{0,01}$ 97,5—98,5°, aus **VIII** mit C_6H_5Li in Ae. unter N_2, 12 Std., 38,6%; ebenso aus (—)-**VIII**, 30,4%. — *4.5-Dimethylphenanthrenchinon-(9.10)* (**XI**), $C_{16}H_{12}O_2$, a) F. 162—162,6° (Bzl.), aus **VI** u. einer Suspension von Na in Xylol bei 130—135° unter N_2, 2 Std., 35,7%; *Chinoxalinderiv.*, F. 171—171,8° (Bzl.). b) analog aus (+)-**VI**, 33,2%. c) aus (—)-**VI** durch 100 std. Schütteln in Bzl. mit fl. K–Na-Legierung unter N_2, 29,4%. (Chem. Ber. **86**. 629—40. 1953. Tübingen, Univ., Chem. Inst.) Cleve. D 184

Walter C. McCrone und **John Krc jr.**, *2.4-Dinitrophenol.* Sehr gute Kristalle von *2.4-Dinitrophenol* in Form von Platten nach {010} wurden aus A. enthalten. Die goniometr. Vermessung der rhomb. Kristalle ergab das Achsenverhältnis a:b:c = 0,2645:1:0,2237. Die Brechungsindices (5983 Å, 25°) sind α = 1,660 ± 0,002, β = 1,738 ± 0,002; γ = 1,772 ± 0,002; 2 E = 118°; 2 V = 66°. Dispersion r > v; opt. Achsenebene (010). Doppelbrechung ist negativ, spitze Bisektrix α = a. — Die Elementarkörperdimensionen sind a = 6,11 Å; b = 23,11 Å; c = 5,17 Å; Z = 4. Die Hauptlinien des Pulverdiagramms sind tabellar. zusammengestellt. (Analytic. Chem. **24**. 1863—64. Nov. 1952. Chicago, Ill., Inst. of Technol., Armour Res. Foundation.) Gottfried. D 195

Walter C. McCrone und **Irene Corvin**, *4.6-Dinitroresorcin.* Tafelförmige Kriställchen von *4.6-Dinitroresorcin* erhält man durch Sublimation oder durch Kristallisation aus Äthylalkohol. Die monoklinen Kristalle haben das Achsenverhältnis a:b:c = 3,394: 1:2,344 mit β = 48°. Die Elementarkörperdimensionen sind a = 17,07 Å; b = 5,03 Å; c = 11,79 Å; Z = 4. D_{exp} 1,786. Die Brechungsindices (5893 Å; 25°) wurden gemessen zu α = 1,598 ± 0,002; β = 1,673 ± 0,002; γ = 2,01 (berechnet aus α, β u. 2 V); 2 V = 50°(+); 2 E = 91°. Dispersion r > v. Opt. Achsenebene ist (010); spitze Bisektrix ist γ. Die Auslöschung γ:a ist 3° im spitzen Winkel β. (Analytic. Chem. **24.** 2008—09. Dez. 1952. Chicago, Ill., Inst. of Technol., Armour Res. Foundation.) GOTTFRIED. D 195

Harry Kroll, *Mangankomplexe einiger Aminosäuren.* Die Bindung von 2wertigem Mn durch einige Aminosäuren in Ggw. von überschüssigem Mn^{2+} wurde untersucht. Die Bildungskonstanten der Mn-Aminosäurekomplexe wurden durch Titration nach SCHWARZENBACH u. Mitarbeiter (C. **1946.** I. 911) bestimmt. Die Tendenz des Mn^{2+}, mit organ. Liganden Komplexe zu bilden, ist im Vgl. zu der des Cu^{2+} u. Co^{2+} schwach. Im p_H-Bereich von 7—8 werden von Mn^{2+} u. Aminosäuren vorwiegend 1:1-Komplexe gebildet. Es ergaben sich folgende Bildungskonstanten $K_1 \cdot 10^3$ solcher Mn-Aminosäurekomplexe bei 25°: *L-Leucin* 0,14, *Glycin* 0,70, *L-Prolin* 2,2, *L-Histidin* 3,8, *L-Asparaginsäure* 5,5, *L-Cystein* ca. 0,1 (K_{1a}) u. 130 (K_{1b}). Die Beziehung zwischen Struktur u. Metallbindungseigg. wird diskutiert. (J. Amer. chem. Soc. **74.** 2034—36. 20/4. 1952. Providence, R. I., Yale Univ., School of Med., Dep. of Physiol. Chem.)
K. F. MÜLLER. D 223

J. O'M. Bockris, J. Bowler-Reed und **J. A. Kitchener**, *Der Einsalzeffekt.* Vff. führten Messungen aus über die Erhöhung der Löslichkeit (lyotroper Einsalzeffekt) von *Benzoesäure* durch Tetraalkylammoniumjodide (*Ammonium-*, *Tetramethyl-*, *-äthyl-*, *-n-propyl-* u. *-n-butylammoniumjodid*) in wss. bzw. Äthylenglykollösungen. Dabei erwies sich die Aussalzkonstante k von SETSCHENOW als negativ u. als konstant bis zu 0,1 m Elektrolytkonz., darüber hinaus als annähernd konstant. k nimmt ab mit steigender Temp., wobei der Effekt bei Tempp. über 60° bes. deutlich wird. Die Aussalzkonstante nimmt zu, bleibt aber weiterhin negativ mit abnehmender DK. des Lösungsm., sie nimmt linear ab mit steigendem Elektrolytionenradius. Es wird eine quantitative Theorie vorgeschlagen unter Berücksichtigung von COULOMB- u. Dispersionskräften. Nach dieser soll der lyotrope Einsalzeffekt dann eintreten, wenn der auf der höheren totalen mol. Polarisation des Lösungsm. beruhende COULOMBsche Aussalzeffekt übertroffen wird durch den resultierenden Dispersions-Einsalzeffekt, der auf der höheren elektron. Polarisierbarkeit des Nichtelektrolyten beruht. Die Berechnung des relativen Einsalzeffektes liefert Werte, die positiv u. in vernünftiger Übereinstimmung mit experimentellen Resultaten sind. (Trans. Faraday Soc. **47.** 184—92. Febr. 1951. London, Imp. Coll., Dep. of Inorg. and Phys. Chem.) NIEMITZ. D 224

K. E. Howlett, *Untersuchungen an unimolekularen Zersetzungen von Chlorkohlenwasserstoffen.* 4. Mitt. (3. vgl. C. **1953.** 5000) Vf. untersuchte die therm. Zers. von *2.2-Dichlorpropan* (**I**) bei 330,5—413,5° u. Anfangsdrucken von 7—40 mm Hg sowie von *1.1-Dichlorpropan* (**II**) bei 384—443° u. 6—60 mm durch manometr. u. titrimetr. Verfolgung. Bei der Rk. wird pro Mol **I** bzw. **II** 1 Mol HCl abgespalten; nur bei längerer Reaktionsdauer steigt der Enddruck auf über das Doppelte. Die unimol. Pyrolyse von **I** wird durch die Ggw. von Propylen nicht beeinflußt, was als Beweis für die Abwesenheit einer Ketten-Rk. gewertet wird. **II** ergab ebenfalls Reaktionsgeschwindigkeitskonstanten k nach der 1. Ordnung, wobei aber unter 30 mm Anfangsdruck die k stark ansteigen, während bei Ggw. von nicht weniger als 10 mm Isobutylen (**III**) über den ganzen untersuchten Druckbereich die Rk. nach der 1. Ordnung verlief. Für **II** werden daher der gleichzeitige Ablauf einer unimol. u. einer Radikalketten-Rk. angenommen; letztere wird durch **III** unterdrückt. Durch Änderung der Oberflächen-Volumenverhältnisse um das 10fache zeigte Vf., daß die Rk. für **I** homogen verläuft, welches Ergebnis Vf. auch auf **II** überträgt. Die Aktivierungsenergien E betragen für **I** 43900, für **II** 51200 cal/Mol, die Stoßzahlfaktoren A $10^{12,76}$ bzw. $10^{11,90}$. Diese Ergebnisse stützen die Annahme der 3. Mitt., daß niedrige A-Werte in diesen Rkk. zu erwarten sind. Vf. nimmt an, daß die unterschiedliche Inhibitor-Wrkg. vor allem von Äthylenverbb. auf Radikalketten-Rkk. von der Ggw. solcher C—H-Bindungen abhängt, die eine relativ niedrige Bindungsdissoziationsenergie aufweisen. Da diese Verbb. Reaktionsprodd. der therm. Zers. von Chloralkanen sind, kann hiermit eine Voraussage über das Auftreten eines unimol. Zerfalls leichter gemacht werden. — **I**, Kp. 69,2° (korr.), aus Aceton u. PCl_5, n_D^{18} 1,4158. — **II**, Kp. 88,1° (korr.), analog **I**, n_D^{18} 1,4288. (J. chem. Soc. [London] **1953.** 945—47. März. London, Bedford Coll.)
GNAUCK. D 225

Arthur T. Blades und **George W. Murphy,** *Die Kinetik der Zersetzung von Äthyl-, Isopropyl- und n-Propylbromid.* Vff. untersuchten die Kinetik der therm. Zers. von *Äthylbromid* (I), *Isopropylbromid* (II) u. *n-Propylbromid* (III) im Gasstrom unter Verwendung von Toluol (IV) als Trägergas durch potentiometr. Titration der entstandenen HBr. Ein von AGIUS u. MACCOLL vorgeschlagener radikal. Mechanismus (C. **1950.** II. 1799) für **III** konnte nicht bestätigt werden, als Zerfallsprodd. wurden nur Propylen (V) u. HBr gefunden; Vff. nehmen eine intramol. Zers. an. Die Rk. ist 1. Ordnung u. folgt dem Ausdruck $\log(n_0/n) = k\,t_c$, wobei n_0/n das Mol.-Verhältnis in Anfangs- u. Endzustand u. t_c die Kontaktzeit ist. Es wurden gefunden für I k (800—899° K) = $7{,}3 \cdot 10^{12}$ exp.(—52300/RT) sec^{-1}, für **II** k (688—796° K) = $4{,}0 \cdot 10^{13}$ exp.(—47700/RT) sec^{-1}, für **III** k (793—893° K) = $1{,}0 \cdot 10^{13}$ exp (50700/RT) sec^{-1}. Ein Übergangszustand bei **III**, der zur Bldg. von *Cyclopropan* führt, ist energet. unwahrscheinlich. Die Entropieabnahme bei Rk. von **I**, verursacht durch das Einfrieren einer inneren Rotation im Übergangszustand, wird annähernd aufgehoben durch den Entropieanstieg infolge der hier 3 äquivalenten reaktionsfähigen Stellungen. Der hohe Häufigkeitsfaktor für **II** wird auf ster. Gründe zurückgeführt, die niedrige Aktivierungsenergie von **II** war wegen der A+J-Wrkg. der Methylgruppe zu erwarten. (J. Amer. chem. Soc. **74.** 6219—21. 20/12. 1952. Madison, Wis., Univ., Dep. of Chem.) PAULIG. D 225

Arthur A. Frost und **Warren C. Schwemer,** *Die Kinetik von konkurrierenden Folgereaktionen 2. Ordnung: Die Verseifung von Adipin- und Bernsteinsäurediäthylester.* (Vgl. SCHWEMER u. FROST, C. **1953.** 6438.) Vff. stellten Zahlentabellen u. Kurven zur allg. Best. u. Berechnung der Reaktionsgeschwindigkeitskonstanten k' u. k'' von Rkk. des Typs $A + B \xrightarrow{k'} C + E$; $A + C \xrightarrow{k''} D + E$ für den speziellen Fall des Molverhältnisses $A_0/B_0 = 2$ auf u. prüften diese am Beispiel der Verseifung von *Adipin-* (I) u. *Bernsteinsäurediäthylester* (II) mittels NaOH in Dioxan–W.–KCl-Lsg. bei 25° im N_2-Strom. Die Rkk. wurden titrimetr. verfolgt, wobei an Stelle von HCl zum Stoppen der Rk. saures Kaliumphthalat verwendet wurde. Es wurden gemessen: (k-Werte in Liter/Mol·Min.) für **I** k' = 5,14, k'' = 1,83; für **II** k' = 11,4, k'' = 2,12. Vff. geben das Reaktionssyst. für den Bereich k'/k'' = K von 0 bis ∞ in graph. Darst., u. für 1/K von 2—10 in Interpolationstabellen wieder, mit denen aus der Abnahme von A mit der Zeit k' u. k'' ermittelt werden können. Der Rechnungsgang wird ausführlich dargestellt. (J. Amer. chem. Soc. **74.** 1268—73. 5/3. 1952. Evanston, Ill., Northwestern Univ., Chem. Labor.) GNAUCK. D 225

Henri le Moal, *Über die alkalische Hydrolyse einiger α- und α.α-disubstituierter Diester der Bernsteinsäure und Glutarsäure.* Zur Klärung der Konst. von Dicarbonsäuren (vgl. SALMON-LEGAGNEUR (Bull. Soc. chim. France, Mém. [5] **19.** [1952.] 580 u. 994) wurde die Geschwindigkeit der alkal. Hydrolyse bei folgenden Dimethylestern untersucht: *Phenyl-* (I), *Benzyl-* (II), *α.α-Diphenyl-* (III), *α-Phenyl-α-benzyl-* (IV), *α.α-Dibenzylbernsteinsäuredimethylester* (V) u. *α.α-Diphenylglutarsäuredimethylester* (VI). Die Messung erfolgte acidimetr. in wss.-alkoh. Lösung. Die Geschwindigkeitskonstanten $k^{50°}$, die sich prakt. nur auf die Verseifung des einen der beiden veresterten Carboxyle beziehen, zeigten eine Abhängigkeit vom Abstand r der beiden Carboxyle u. von den Dissoziationskonstanten der Monoester: **I** (k, Liter/Mol^{-1}·$Min.^{-1}$) 12,2; (r) 3,33 Å; **II** 7,8; 3,30; **III** 0,26; 1,58; **IV** 0,29; 1,88; **V** 0,093; 2,10; **VI** 3,2; 4,92. Das Absinken von k durch Einführung des zweiten Substituenten in α-Stellung erklärt sich aus einer Änderung der Molekülstruktur, was auch die r-Werte beweisen, die aus den Dissoziationskonstanten der freien Säuren nach Bjerrum berechnet wurden. (C. R. hebd. Séances Acad. Sci. **236.** 1799—1802. 4/5. 1953.) CLEVE. D 225

Hugh Felkin, *Beitrag zur Kenntnis des Mechanismus der Desaminierung von α-Aminoalkoholen durch HNO_2.* 3. Mitt. *Einfluß des Reaktionsmilieus.* (2. vgl. C. R. hebd. Séances Acad. Sci. **227.** [1948.] 1383.) Bei der Rk. von α-Aminoalkoholen (*1.1-Diphenyl-2-aminoäthanol, 1.1.2-Triphenyl-2-aminoäthanol* u. *1.1-Dibenzyl-2-phenyl-2-aminoäthanol*) mit HNO_2 in Dioxan–W.-Gemischen bei Ggw. von HCl wird die Ausbeute an Chlorhydrin in Abhängigkeit von der Zus. des Lösungsm. bzw. der Konz. an HCl untersucht. Die Erhöhung der Ausbeute mit abnehmender Wasserkonz. ist ausgeprägter als bei Zunahme der HCl-Konzentration. Für die Rk. werden nach Bldg. des Diazoniumions folgende Möglichkeiten der Weiter-Rk. erwogen: Mechanismus a (führt zu Keton) Wanderung eines Restes R vom $C_{(1)} \rightarrow C_{(2)}$ unter gleichzeitiger Lockerung der C—N-Bindung, Abspaltung von N_2 u. H^+. Mechanismus b: Abspaltung von N_2 unter Ausbldg. eines Carbeniumions u. nucleophile Addition des Cl^-. Mechanismus c: Vorgelagert ein Gleichgewicht Diazoniumion + $Cl^- \rightleftharpoons$ Diazoverb., dem intramol. Rk. der Diazoverb. folgt, indem im gleichen Maß die Cl—C-Bindung geknüpft wird, wie sich die C—N-Bindung lockert. In wasserfreiem Dioxan soll Weg c dadurch bevorzugt sein, daß das Gleichgewicht zugunsten der Diazoverb. verlagert wird. Dagegen soll Weg c in wasserhaltigem Dioxan nur eine untergeordnete Rolle spielen. Hier ist die Bldg. des Carbeniumions begünstigt, u. die Chlorhydrinbldg. soll bevorzugt über Weg b erfolgen. (C. R. hebd. Séances Acad. Sci. **234.** 2203—05. 26/5. 1952.) MANTHEY. D 225

Jean Tirouflet, *Sterischer und polarer Effekt in der Reihe der substituierten Phthalide und o-Oxymethylbenzoesäuren.* (Vgl. C. R. hebd. Séances Acad. Sci. **236.** [1953.] 1426 u. 1675.) Ester der *2-[Oxymethyl]-benzoesäure* (I) zeigen bei der alkal. Hydrolyse, wenn sie in 6-Stellung substituiert werden, ein beträchtliches Absinken des Entropiefaktors PZ (EVANS, GORDON u. WASTON, J. chem. Soc. [London] **1937.** 1430). Die entsprechenden Phthalide zeigen diesen Effekt nicht. Gefunden wurden für die Aktivierungsenergien E u. PZ-Werte der alkal. Hydrolyse von *4-Chlor-* (E) 15,33, (log PZ) 10,85; *4-Amino-* 17,18, 10,63; *7-Chlor-* 16,56, 11,30; *7-Brom-* 16,51, 11,25 u. *7-Aminophthalid* 18,68, 10,70. Die PZ-Werte stimmten annähernd überein mit denen der in 5-Stellung substituierten Phthalide (vgl. VENE, TIROUFLET u. CARRIE, C. R. hebd. Séances Acad. Sci. **234.** [1952.] 2074). Vf. nimmt an, daß bei den Estern von **I** die freie Drehbarkeit des aktivierten Komplexes durch o-Substituenten gehindert wird. Dadurch wird bei Übergang Anfangszustand → aktivierter Komplex die Zahl der Freiheitsgrade geringer u. PZ klein. Bei Phthaliden tritt diese Störung nicht ein, da Drehbarkeit in jedem Falle, auch im Anfangszustand, unmöglich ist. Zur Bestätigung dieser Theorie wurden pK-Messungen mit den den Phthaliden entsprechenden freien Säuren durchgeführt (elektrometr. Titration): *3-Chlor-*, (pK) 3,27; *3-Brom-*, 3,28; *3-Jod-* 3,18; *3-Methoxy-* 3,58; *3-Äthoxy-* 3,62; *6-Chlor-* 2,26; *6-Brom-2-[oxymethyl]-benzoesäure* 2,25. Das Anwachsen der Acidität bei den in 6-Stellung substituierten Säuren zeigt wieder den Einfl. der o-Substitution. (C. R. hebd. Séances Acad. Sci. **236.** 1796—98. 4/5. 1953.) CLEVE. D 225

Sheffield Gordon und **Milton Burton,** *Bestrahlungsempfindlichkeit von Benzol-d_6. Benzol-d_6* (**I**) erweist sich gegenüber einer Bestrahlung von ca. 1,5 MeV noch unempfindlicher als nichtdeuterisiertes Bzl.; die Ausbeuten der Bestrahlung von **I** betragen $G(D_2) \sim 0{,}011$ u. $G(C_2D_2) \sim 0{,}013$. Die besondere Stabilität von **I** führen Vff. auf Differenzen der Nullpunktsenergie zwischen der C—H u. der C—D-Bindung zurück. Möglicherweise werden durch die C—D-Bindung auch die C—C-Schwingungen stabilisiert. (Science [Washington] **115.** 406. 11/4. 1952. Notre Dame, Univ., Dep. of Chem.) ZIMMER. D 226

P. Pino und **A. Miglierina,** *Wasserstoffübertragungsreaktionen, die die durch Kobalt katalysierte Synthese aus C_2H_2, CO und Methanol begleiten.* C_2H_2 reagiert mit CO u. Methanol in Ggw. von Co-Katalysatoren hauptsächlich zu Estern. Bei Verwendung gelöster Katalysatoren verläuft die Rk. schneller u. es wird in den Reaktionsprodd. kein metall. Co gefunden. — Bei geringer Temp. (90—110°) u. hohem CO-Druck (200—300 at) wurden bei Ggw. von 2% gelöstem $[Co(CO)_4]_2$ als Katalysator folgende Prodd. identifiziert, wobei die Ausbeuten vor allem von der Konz. des C_2H_2 abhängig sind: *Methylacrylat* (**I**), Ausbeute (in g/100 g C_2H_2) 14—24; *Cyclopentanon* (**II**), Spuren (*2.4-Dinitrophenylhydrazon,* F. 146°); Δ^2-Cyclopentenon-(1) (**III**, Kp.$_{760}$ 154 bis 155°; n_D^{20} 1,4787; λ_{max} 309 mμ, log ε = 1,5; *2.4-Dinitrophenylhydrazon,* $C_{11}H_{10}O_4N_4$, F. 166°), 2—10; *Dimethylfumarat* (**IV**, F. 101,4°); 1—14; *Dimethylsuccinat* (**V**, F. 19°; n_D^{20} 1,4484) 70—250; *Äthantricarbonsäuretrimethylester* (**VI**, $C_8H_{12}O_6$, F. 34,5°) 35—50; *Dimethyl-γ-ketopimelat* (**VII**, $C_9H_{14}O_5$, F. 56°) 40—60. Die Formeln der Prodd. **I** u. **V** sind in Übereinstimmung mit der Addition von einem oder zwei Moll. CO u. Methanol an ein Mol C_2H_2. Die Prodd. **II, III, IV, VI** u. **VII** müssen aus homogenen Wasserstoffübertragungs-Rkk. entstanden sein. Vff. vermuten, daß **V** der Wasserstoffdonator u. **IV** das erste Dehydrierungsprod. ist. Der Co-Katalysatorkomplex wirkt dabei als Wasserstoffüberträger nach dem Gleichgewicht: $[Co(CO)_4]_2 + H_2 \rightleftarrows 2\,[Co(CO)_4]H$, das bei hohem CO-Druck in Ggw. von beweglichen H-Atomen sich einstellen kann. (J. Amer. chem. Soc. **74.** 5551. 5/11. 1952. Mailand, Polytechn. Inst., Abt. für industrielle Chem.) FECHTER. D 227

G. C. Bond und **J. Sheridan,** *Untersuchungen zur heterogenen Katalyse.* 4. Mitt. *Die Hydrierung von Cyclopropan.* (3. vgl. C. **1953.** 1154.) Die Hydrierung von *Cyclopropan* (**I**) mit H_2 im Druckbereich von 30—400 Torr wurde mit Ni im Temperaturbereich von 129—202°, mit Pt (50—201°) u. Pd (72—203°) untersucht. Die Rk. ist 1. Ordnung in bezug auf **I** u. von nullter Ordnung in bezug auf H_2. Die Aktivierungsenergien ergeben sich zu 10,6 ± 0,5 kcal/Mol für Ni bzw. 8,9 ± 0,7 (Pt) bzw. 8,1 ± 1,0 (Pd). Der Reaktionsverlauf ist ein ganz anderer als der bei der Hydrierung von n. Olefinen (vgl. l. c.). Wahrscheinlich liegt prim. eine chem. Adsorption von H_2 vor; die Hydrierung soll durch aufeinanderfolgende Anlagerung von 2 H-Atomen erfolgen. (Trans. Faraday Soc. **48.** 713—15. Aug. 1952. Birmingham, Univ., Dep. of Chem.) FUCHS. D 227

G. C. Bond, J. Sheridan und **D. H. Whiffen**, *Untersuchungen zur heterogenen Katalyse. 5. Mitt. Austauschreaktionen mit Dideuteriumacetylen.* (4. vgl. vorst. Ref.) Unter Verwendung des früher (vgl. C. **1953.** 1153) von Vff. beschriebenen Ni-Katalysators wurde der zeitliche Verlauf der Austausch-Rk. $C_2H_2 + C_2D_2 \rightleftharpoons 2\ C_2HD$ zwischen 60 u. 120° bei Drucken zwischen 50 u. 400 Torr untersucht. C_2D_2 wurde aus CaC_2 u. D_2O hergestellt, es war 98%ig. Die Zus. des Reaktionsgemisches wurde durch Ultrarotunterss. bestimmt. Das Gleichgewicht hat sich nach ca. 120 Min. eingestellt. Die Gleichgewichtskonstante K ergibt sich zu 3,2 ±0,5. Die Austauschgeschwindigkeit läßt sich darstellen durch $d[C_2HD]/dt = k\ (3{,}2\,[C_2H_2][C_2D_2] - [C_2HD]^2)$. Ferner ist $d[C_2HD]/dt$ proportional $p^{0{,}65}$, wo p = Gesamtdruck; daraus folgt, daß der Austausch zwischen chem. u. physikal. adsorbierten Moll. stattfindet. Die Aktivierungsenergie ergibt sich zu 10,7 ±0,3 kcal/Mol. Die Halbwertszeit beträgt 45 Min., unabhängig vom Mischungsverhältnis C_2H_2/C_2D_2, das von 0,22—5,07 variiert wurde. Bei der Einw. von C_2D_2 auf $CH_3C{\equiv}CH$ wird nur ein H-Atom ausgetauscht unter Bldg. von $CH_3C{\equiv}CD$ gemäß: $C_2D_2 + CH_3C{\equiv}CH \rightleftharpoons C_2HD + CH_3C{\equiv}CD$ (Gleichgewichtskonstante K_1); $C_2HD + CH_3C{\equiv}CH \rightleftharpoons C_2H_2 + CH_3C{\equiv}CD$ (K_2); $2\ C_2HD \rightleftharpoons C_2H_2 + C_2D_2$ (K). K_1 ergibt sich zu 1,2—1,3 u. K_2 zu 0,40—0,45, daraus $K = K_1/K_2 = 3{,}0$, in Übereinstimmung mit obigem Wert. Die Geschwindigkeit ist proportional $p^{0{,}47}$; die Aktivierungsenergie beträgt 12,5 ±0,3 (Messungen zwischen 74 u. 133°). Unterss. mit verschied. Mischungsverhältnissen $CH_3C{\equiv}CH/C_2D_2$ (0,18—5,30) zeigen, daß beide Moll. ungleich stark am Ni adsorbiert werden. Zwischen C_2D_2 u. *Allen* bzw. C_2D_2 u. *Äthylen* konnte unter den vorgenannten Versuchsbedingungen innerhalb von mehreren Std. kein Austausch festgestellt werden. Vff. nehmen daher an, daß H in den ≡C—H-Bindungen nur deshalb austauschfähig ist, weil diese Bindungen stärker polar sind als die =C—H-Bindungen. (Trans. Faraday Soc. **48.** 715—23. Aug. 1952.) FUCHS. D 227

D_2. Präparative organische Chemie. Naturstoffe.

Frank Kipnis, *Weiterentwicklung der Steroidnomenklatur.* (Science [Washington] **113.** 40—42. 12/1. 1951. Cleveland, O.) SCHICKE. 450

Shiro Morimoto, *Wasserstoffübertragung zwischen organischen Verbindungen durch selenorganische Verbindungen.* 1. Mitt. Durch 50std. Kochen mit 1 g $(C_6H_5)_2Se_2$ wurden 5 g Zimtsäure in 50 g Tetralin zu 2,9 g *Hydrozimtsäure* hydriert. In ähnlicher Weise wurden 2 g Tetrahydrocarbazol durch 5std. Kochen mit 50 g Methylcinnamat + 0,7 g Diisoamyldiselenid zu 0,5 g *Carbazol* dehydriert. Vf. nimmt an, daß das Diselenid zum Selenol RSeH hydriert wird, welches dann 1 H an das Acceptormol. abgibt u. wieder in Diselenid übergeht. — *Diisoamyldiselenid*, $C_{10}H_{22}Se_2$, Kp.$_3$ 134—137°; aus 0,55 Mol Isoamyl-MgCl + 0,5 g/At Se in sd. Ae., Behandlung mit verd. HCl u. Fraktionierung der Ae.-Schicht; $n_D^{20,5}$ 1,5198; 10 g. (J. chem. Soc. Japan, pure Chem. Sect. [Nippon Kagaku Zassi] **71.** 166—68. Febr. 1950. Osaka, Univ. [Orig.: japan.]) SCHULER. 450

Herman Stone und **Harold Shechter**, *1.6-Dijodhexan.* Aus Hexandiol-(1.6), KJ u. $P_2O_5 + H_3PO_4$: bei 100—120° $C_6H_{12}J_2$, F. 10°, Kp.$_4$ 123—128°, n_D^{25} 1,585; 83—85% Ausbeute. (Org. Syntheses **31.** 31—32. 1951. Columbus, O., State Univ.)
TROFIMOW. 510

A. D. Petrow, M. A. Tschelzowa und **Je. A. Tschernyschew**, *Über das Verhalten von γ-Halogenalkanen bei der Grignard-Wurtz-Synthese.* An den Beispielen von 4-Brombuten-(1) (**I**), 4-Brompenten-(1) (**II**) u. 4-Brom-4-methylpenten-(1) (**III**) wird gezeigt, daß diese Halogenide nicht nach GRIGNARD-WURTZ, z. B. mit CH_3MgBr, reagieren. Wenn die entsprechenden gesätt. Verbb. zum Vgl. herangezogen werden, so ergibt sich, daß die Einführung einer doppelten Bindung in γ-Stellung zum Halogenatom, wie bei **I, II** u. **III**, starke Erniedrigung der Reaktionsfähigkeit zur Folge hat. Aus Literaturangaben folgt, daß auch die α-Stellung der Doppelbindung zur Verminderung der Reaktionsfähigkeit führt, während die β-Stellung diese stark erhöht. In einer früheren Unters. (vgl. C. **1949.** E. 387) war aus 4-Brom-4-propylheptadien-(1.6) (**IV**) u. n-C_3H_7MgBr ein Tridecadien gewonnen worden. Die Rk. wurde jetzt wiederholt, da Zweifel an dem n. Gang der Rk. entstanden waren. Bei der Oxydation des Reaktionsprod. wurde außer HCO_2H u. *Methylpropylketon* (**V**) auch *α-Methylvaleriansäure* (**VI**) gebildet. Danach ist also Isomerisation von **IV** eingetreten, entweder bei seiner Herst. oder bei der Rk. mit der GRIGNARD-Verb., die zur Bldg. von *6-Brom-4-propylheptadien-(1.4)* führte; mit letzterem war die Kondensation erfolgt, so daß dem Tridecadien die Konst. von *4-Methyl-6-propylnonadien-(5.8)* zukommt. — Die Oxydation von **III** ergab, daß diesem in geringer Menge *4-Brom-2-methylpenten-(2)* (**VII**) beigemischt ist, entstanden infolge einer analogen Isomerisation; denn die Oxydationsprodd. waren *β-Methyl-*

β-butyrolacton u. *HCO_2H* (beide aus **III**), außerdem *β.β-Dimethylacrylsäure, Milchsäure,* u. *Aceton* (diese aus **VII**). Daß trotz des beigemischten **VII** mit β-Stellung der Doppelbindung die Rk. nach GRIGNARD-WURTZ versagt, wird von Vff. auf die zu geringe Menge zurückgeführt.

Versuche: *4-Brom-4-methylpenten-(1)* (**III**; *Dimethylallylcarbinylbromid*), $C_6H_{11}Br$, Kp.$_{30}$ 42—47°; aus dem Carbinol bei Einw. der äquivalenten Menge PBr_3 in Ggw. von Pyridin bei 0° u. anschließendem 3—4std. Erhitzen; $D.^{20}_4$ 1,2001; n_D^{20} 1,4650; Mol.-Refr. ($[MR]_D$) 37,97. Die Rk. der aus 120 g **III** u. 16 g akt. Mg in Ae. hergestellten GRIGNARD-Verb. mit CH_3Br liefert nach Hydrieren der Fraktion vom Kp. 70—80° (3,5 g) *Isohexan* (?), Kp. 73—80°; $D.^{20}_4$ 0,6684; n_D^{20} 1,3761. Zu der gleichen Verb. führt die Umsetzung von **III** mit CH_3MgBr. 4.4-Dimethylpenten-(1) entstand nicht. — *2-Chlor-2-methylpentan*, Kp. 110—112°; aus dem Carbinol mit HCl-Gas; n_D^{20} 1,4105. Liefert (131 g) bei der Rk. mit CH_3MgBr (aus 48 g Mg) in Ae. nach Entfernung der ungesätt. Prodd. *2.2-Dimethylpentan*, C_7H_{16}, Kp. 78—79°; $D.^{20}_4$ 0,6730; n_D^{20} 1,3820; $[MR]_D$ 34,59; 16 g. — *4-Brompenten-(1)* (**II**; *Methylallylcarbinylbromid*), C_5H_9Br, Kp. 111—112°; $D.^{20}_4$ 1,2417; n_D^{20} 1,4520; $[MR]_D$ 32,8. Bei der Rk. mit CH_3·MgBr in sd. Ae. wurde fast alles **II** wiedererhalten. 4-Methylpenten-(1) entstand nicht; ebenso passiv verhielt sich **II** gegen $CH_2{=}CHCH_2MgBr$. — Die Rk. der GRIGNARD-Verb. aus 2-Brompentan (60 g) mit $CH_2{=}CHCH_2Br$ (50 g) in Ae., 80 Std. bei 30°, liefert wenig *4-Methylhepten-(1)*, C_8H_{16}, Kp. 112—113°; $D.^{20}_4$ 0,7191; n_D^{20} 1,4105; $[MR]_D$ 39,08. — *4-Methyl-6-propylnonadien-(5.8)*, $C_{13}H_{24}$, Kp.$_{20}$ 98—104°; aus dem durch Sättigen von Diallylpropylcarbinol mit HBr bei 80—90° erhaltenen Bromid (45 g) beim Kochen mit n-C_3H_7Br (50 g) u. Mg (10 g) in Ae.; n_D^{20} 1,4484; 6,2 g. Die Oxydation (6 g) mit 1%ig. $KMnO_4$-Lsg. ergab 1,7 g **V**, 0,4 g *HCO_2H* u. 2,3 g **VI** (*Ag-Salz*, $C_6H_{11}O_2Ag$. *Amid*, F. 77°). — Bei der Rk. der GRIGNARD-Verb. aus **I** [aus Buten-(3)-ol-(1) u. PBr_3 in Pyridin] u. dem Tributylcarbinylchlorid bei 70—80° spaltet letzteres HCl ab unter Bldg. von *5-Butylnonen-(4)*, Kp.$_{10}$ 91—93°; n_D^{20} 1,4398. Unter den gleichen Bedingungen wurde aus Butyl-MgBr u. dem Chlorid 15% *Tetrabutylmethan* erhalten. (Известия Академии Наук СССР, Отделение Химических Наук [Nachr. Akad. Wiss. UdSSR, Abt. chem. Wiss.] **1952.** 1087—93. Nov./Dez. Inst. für organ. Chem. der Akad. der Wiss. der UdSSR.) R. KNOBLOCH. 520

A. I. Sacharowa und **K. N. Dobromysslowa,** *Intramolekulare Umwandlungen in der Acetylenreihe.* 6. Mitt. *Gewinnung von Methyl-tert.-butylmethylacetylenylcarbinol und seine Reaktion mit Chlorwasserstoff. Umsetzung von 2.2.3-Trimethyl-3-chlorhexin-(4) mit Silberacetat.* (5. vgl. Журнал Общей Химии [J. allg. Chem.] **19** (**81**). [1949.] 1297.) Nach der Meth. von FAWORSKI wurde aus Methylacetylen u. Pinakolin *2.2.3-Trimethylhexin-(4)-ol)-(3)* (*Methyl-tert.-butylmethylacetylenylcarbinol*) (**I**) erhalten. **I** gab mit HCl das entsprechende Chlorid *2.2.3-Trimethyl-3-chlorhexin-(4)* (**II**), das leicht hydrolysiert wird, in Übereinstimmung mit der Bindung von Cl an ein tert. C-Atom. Bei der Oxydation von **II** wurden *Pinakolin* u. *Essigsäure* gebildet, der Struktur entsprechend. Bei der Einw. von Ag-Acetat auf **II** oder von Acetanhydrid auf **I** wurde *2.2.3-Trimethyl-3-acetoxyhexin-(4)* (**III**) erhalten. Sämtliche Rkk. dieser Arbeit verliefen demnach ohne Acetylen–Allen-Umlagerung.

Versuche: *2.2.3-Trimethylhexin-(4)-ol-(3)* (**I**), $C_9H_{16}O$, Kp.$_{13}$ 68°. Ein Gemisch von 200 g KOH u. 400 cm³ absol. Ae. wird bei 0° mit Methylacetylen gesätt. u. unter weiterem Einleiten eine Lsg. von 110 g Pinakolin in 100 cm³ Ae. innerhalb 7 Std. zugetropft; $D.^{20}_4$ 0,8767; n_D^{20} 1,4526; Mol.-Refr. ($[MR]_D$) 43,13; 65% (Ausbeute). — *2.2.3-Trimethyl-3-chlorhexin-(4)* (**II**), $C_9H_{15}Cl$, F. 21°; Kp. 56—57°; durch Behandeln von **I** (in Mengen von 4—5 g) mit gasförmiger HCl; $D.^{25}_4$ 0,9251; n_D^{25} 1,4631; $[MR]_D$ 47,20; 90%. — *2.2.3-Trimethyl-3-acetoxyhexin-(4)* (**III**), $C_{11}H_{18}O_2$, Kp.$_6$ 65°; durch Zutropfen einer Lsg. von 16 g **II** in 10 cm³ Eisessig zu 17 g CH_3CO_2Ag in 20 cm³ Eisessig u. 4std. Erwärmen auf 60°; $D.^{20}_4$ 0,9144; n_D^{20} 1,4432; $[MR]_D$ 52,77; 63%. Die gleiche Verb. wird beim Erhitzen von 8 g **I** mit 40 g Acetanhydrid auf dem Sandbad erhalten. (Журнал Общей Химии [J. allg. Chem.] **20** (**82**). 2029—37. Nov. 1950. Leningrad, Shdanow-Univ., Lehrstuhl für organ. Chemie.) TROFIMOW. 560

B. A. Arbusow und **W. Ss. Winogradowa,** *Cetylester einiger anorganischer Säuren.* Durch Umesterung wurden aus Cetylalkohol (**I**) u. Triäthylphosphit (**II**) bzw. Orthokieselsäuretetraäthylester (**III**) *Tricetylphosphit* u. *Tetracetylorthosilicat* erhalten. Einw. von **I** auf Borsäure ergab *Tricetylborat.* Alle dargestellten Verbb. lassen sich ohne Zers. im Hochvakuum destillieren.

Versuche: *Tricetylphosphit*, $C_{48}H_{99}O_3P$, F. 51°; Kp.$_{0,4}$ 288—290°. 3,5 g **II**, 14 g **I** u. 2 Tropfen Phosphorsäure werden dest.; zuerst geht A., dann etwas **I** u. zuletzt eine farblose Fl. über, die in der Vorlage erstarrt; Reinigung durch nochmalige Dest.

u. Kristallisation aus Hexan bei 0°. — *Tetracetylorthosilicat*, F. 44,5—45°; Kp.$_{0,011}$ 353—255°; Kp.$_{0,2}$ 363—366°; aus 30 g **I** u. 5,6 g **III** analog Vorstehendem. — *Tricetylborat*, $C_{48}H_{99}O_3B$, F. 43—44°; Kp.$_{0,5}$ 328—329°; aus 10 g **I** u. 0,75 g Borsäure; beim Erhitzen auf 200° (Badtemp.); 80% (Ausbeute). (Известия Академии Наук СССР, Отделение Химических Наук [Nachr. Akad. Wiss. UdSSR, Abt. chem. Wiss.] **1952.** 505—06. Mai/Juni. Kasan, Uljanow-Lenin-Univ., Wiss. Chem. Butlerow-Forschungsinst.) H. FRÖHLICH. 590

Carl Ziegler und **James M. Sprague,** *Die Darstellung von Alkansulfohalogeniden.* Da alle bisherigen Verff. zur Labordarst. von *Sulfohalogeniden* durch die verhältnismäßig geringe Zahl der zugänglichen Sulfonsäuren begrenzt sind, wird von Vff. eine neue Meth. empfohlen, die Mercaptane oder deren Derivv. als Ausgangssubstanzen benutzt. Als Derivv. kommen in Frage: Disulfide, Thiocyanate, Thioester u. vor allem Thiosulfate u. Isothiuroniumsalze. Sie werden durch Chlorierung in wss. Medium nach nachst. Schemata in Sulfohalogenide übergeführt: 1. $RX + Na_2S_2O_3 = NaX + RS_2O_3Na, + Cl_2(H_2O) = RSO_2Cl + RSO_2X$. Hierbei sind für R Reste mit bes. reaktionsfähigen Gruppen (wie im Benzylchlorid) erforderlich; verwendet man Bromide als Ausgangsmaterial, so bestehen die Endprodd. zu 80—90% aus *Sulfobromiden* neben den Chloriden. Sek. Alkylbromide reagieren nicht in dieser Weise. 2. $NH{=}C\cdot(SR)NH_2\cdot HX + NaOH = RSH, + Cl_2(H_2O) = RSO_2Cl$, wobei das Isothiuroniumsalz je nach der Natur der Alkylgruppen entweder aus Alkylhalogenid (2a) oder aus Alkohol + HBr (2b) u. Thioharnstoff dargestellt wird.

Versuche: Meth. 1: Durch 3std. Kochen von Pentylbromid, $Na_2S_2O_3$ u. 50%ig. wss. Methanol, Abdest. des Lösungsm. im Vakuum bis zur beginnenden Kristallisation des *Na-1-pentylthiosulfates*, Kühlen auf 10°, Zufügen von Eis + Eisessig unter heftigem Rühren, 1std. Einleiten von Cl_2 (Temp. unter 10°) u. Ausäthern, das Prod. besteht hauptsächlich aus *1-Pentansulfobromid*; 65% (Rohausbeute); nicht unzers. destillierbar. — Analog nachst. *Alkansulfohalogenide*. RSO_2X [bei Bromiden als Ausgangsmaterial entstehen Halogenidgemische (X = Cl + Br)]: *R = Äthyl, X = Cl + Br*; 59%. — *R = n-Propyl, X = Cl + Br*; 56%. — *R = n-Butyl, X = Cl + Br*; 56%. — *R = 2-Methylpropyl, X = Cl + Br*; 60%. *R = 3-Methylbutyl, X = Cl + Br*; 44%. — *R = 2-Methylbutyl, X = Cl + Br*; 50%. — *R = 2-Äthoxyäthyl, X = Cl + Br*; 55%. — *R = 2-Äthylbutyl, X = Cl + Br*; 67%. — *R = n-Heptyl, X = Cl + Br*; 72%. — *R = 2-Cyclohexyläthyl, X = Cl + Br*; 74%. — *R = Benzyl, X = Cl*, F. 88—91°; 85—90%. — *R = 4-Nitrobenzyl, X = Cl*, F. 90—91°; 88%. — *R = 3-Nitrobenzyl, X = Cl*, F. 95—100°; 86%. — *R = 2-Chlorbenzyl, X = Cl*, F. 55—59°; 90%. — *R = 4-Chlorbenzyl, X = Cl*, F. 90—91°; 90%. — *R = 2.4-Dichlorbenzyl*, F. 79—81°; 90%. — *R = 3.4-Dichlorbenzyl, X = Cl*, F. 67—69°; 100%. — *R = 2-Phenyläthyl, X = Cl*; 73%. — *R = 2-[4'-Nitrophenyl]-äthyl, X = Cl*, F. 72 bis 75°; 90%. — Meth. 2a: *Pentan-(2)-sulfochlorid*, Kp.$_9$ 80,5—81°; durch 8std. Kochen von 2-Brompentan u. Thioharnstoff in A. unter Rückfluß, Verdünnen mit NH_3, Abdampfen des A. im Vakuum, Aufnehmen in W. u. Zufügen von 40%ig. NaOH bis zur vollständigen Fällung, Abfiltrieren des gebildeten *Pentyl-(2)-mercaptans*, Aufnehmen in Essigsäure u. Eis u. Chlorieren wie vorst. beschrieben; n_D^{25} 1,4590; 30% (Reinausbeute). — Analog nachst. *RSO_2Cl*: *R = n-Pentyl*, Kp.$_1$ 75—76°; 64%; wurde auch nach Meth. 2b mit Kp.$_1$ 76—80°, 53%, erhalten. — *R = Pentyl-(3)*, Kp.$_6$ 77—78°; n_D^{25} 1,4602; 35%. — *R = 2-Äthoxyäthyl*, Kp.$_4$ 75—76°; n_D^{25} 1,4552; 6% (geringe Ausbeute bedingt durch große H_2O-Löslichkeit des Mercaptans). — *R = n-Hexyl*, Kp.$_{11}$ 110 bis 112°; n_D^{25} 1,4564; 40%. — *R = 4-Methylpentyl-(2)*, Kp.$_9$ 95—96°; n_D^{25} 1,4582; 28%. — *R = Cyclohexylmethyl*, Kp.$_5$ 112°; n_D^{25} 1,4920; 38%. — *R = n-Octyl*, Kp.$_4$ 121—122°; n_D^{25} 1,4568; 82% (roh). — *R = Octyl-(2)*, Kp.$_2$ 94—98°; n_D^{25} 1,4600; 66%. — *2-Cyclohexyläthyl*, Kp.$_3$ 124°; n_D^{25} 1,4890; 50%. — Meth. 2b: *Heptan-(2)-sulfochlorid*, Kp.$_5$ 100—101°; durch 5tägiges Erhitzen von Heptanol-(2), Thioharnstoff u. 48%ig. HBr, Abdampfen, Aufnehmen in W., Zufügen von 40%ig. NaOH u. Chlorieren wie vorst. beschrieben; n_D^{25} 1,4595; 41%. — Analog nachst. *RSO_2Cl*: *R = 2-Methylbutyl*, Kp.$_8$ 85—86°; n_D^{25} 1,4535; 40%. *R = 2-Äthylbutyl*, Kp.$_5$ 87—90°; n_D^{25} 1,4604; 20%. — *R = Hexyl-(2)*, Kp.$_6$ 94—95°; n_D^{25} 1,4610; 30%. — *R = Cyclohexyl*, 60% (roh). — *R = Heptyl-(2)*, Kp.$_5$ 99—100°; n_D^{25} 1,4595; 41%. — *Heptyl-(4)*, Kp.$_2$ 90—92°; n_D^{25} 1,4618; 20%. (J. org. Chemistry **16.** 621—24. April 1951. Glenolden, Pa., Sharp and Dohme Inc., Res. Div., Dep. of Organ. Chem.) LEHWALD. 600

Dexter B. Sharp, Stuart E. Whitcomb, Leo W. Patton und **A. Dwight Moorhead,** *Autoxydation von Ketonen.* 2. Mitt. *Di-n-propylketon.* (1. vgl. C. **1953.** 5481.) Durch Oxydation von *Di-n-propylketon* (**I**) mit mol. O_2 wurden annähernd äquimol. Mengen *Propion* (**II**)- u. *Buttersäure-* (**III**) u. geringe Mengen W. u. *Propionaldehyd* (**IV**) erhalten. Im Gegensatz dazu isolierte PAQUOT (Bull. Soc. chim. France, Mém. **12.** [1945.] 450) nach Oxydation von **I** mit O_2 in Ggw. von Ni-Phthalocyanin ein Gemisch von **II** u. **III** u. kleine Mengen *Heptadion-(3.4)* u. *n-Butyraldehyd.* Es wird angenommen, daß die Bldg. von **II** u. **III** über ein α-Hydroperoxyd erfolgt. **IV** scheint das prim. Zersetzungsprod. des Hydroperoxyds zu sein. Die Isolierung der Verb. selbst gelang nicht, da sie im Gegensatz zum Hydroperoxyd des Diisopropylketons (**V**) nicht stabil ist. Die Carbonylgruppe aktiviert also das sek. α-C-Atom von **I** in ähnlicher Weise wie das tert. α-C-Atom von **V**. Die unterschiedliche Stabilität der beiden Hydroperoxyde wurde auf die sek. u. tert. Natur des C zurückgeführt. Die Daten des Infrarotspektr. wurden während der Oxydation aufgenommen u. in einem Diagramm festgelegt. Es wurde ein analoger Reaktionsmechanismus wie bei **V** angenommen.

Versuche: *Di-n-propylketon* (**I**), $Kp._{736}$ 142—143°, durch Überleiten von n-Buttersäuredämpfen über heißes ThO_2, n_D^{20} 1,4064, $D.^{20}_4$ 0,822. — Die Oxydation des Ketons erfolgte wie in der 1. Mitt. (l. c.) beschrieben. Die in der Kühlfalle befindliche Fl. war **IV** u. wurde als *Propionaldehyd-2.4-dinitrophenylhydrazon,* F. 151—152°, identifiziert. Durch Ausschütteln der Reaktionslsg. mit 5%ig. NaOH (Phenolphthaleinzusatz), Eindampfen, Zugabe von 85%ig. H_3PO_4 u. Extraktion mit Ae. wurden erhalten: *Propionsäure,* Kp. 120—145°, n_D^{20} 1,3861. *p-Bromphenacylester,* F. 62—63°, u. *Buttersäure,* Kp. 145—162°, n_D^{20} 1,3956. *p-Bromphenacylester,* F. 62—63°. Eine bei der Dest. gebildete gelbgefärbte Verb. konnte nicht durch Dest. abgetrennt werden, (J. Amer. chem. Soc. **74.** 1802—04. 5/4. 1952. Manhattan, Kans., Kansas State Coll., Dep. of Chem. u. Dep. of Physics.) HORST BAGANZ. 710

J. Colonge und **P. Stuchlik,** *Über einige Diester aliphatischer Säuren und des Thiodiglykols.* Die von CLAYTON u. REID (vgl. C. **1943.** I. 1043) hergestellten Diester des *Thiodiglykols* (**I**) u. der ersten Glieder der gesätt. aliphat. Carbonsäuren (C_1—C_6) zeigen nicht die nach der theoret. Berechnung zu erwartenden Verseifungszahlen. — Vff. stellten daher einige *Diester* (**II**) des **I** u. der gesätt. aliphat. Monocarbonsäuren C_6—C_{12} mit n-Kette, um ihre plastifizierenden Eigg. zu untersuchen, her. — Die Reindarst. der Säuren erfolgte auf folgendem Wege: *Capronsäure,* durch Oxydation von Hexanol-(1) mit $KMnO_4$ unter 20°, $Kp._{21}$ 111°; 75% (Ausbeute). — *Önanthsäure,* durch Oxydation von Önanthol mit $KMnO_4$ unter 12°, $Kp._{22}$ 125°; 62%. — *Caprylsäure,* durch Kondensation von 1-Bromhexan mit Äthylnatriummalonat, Verseifung, Decarboxylierung u. Ansäuern, $Kp._{17}$ 136°, F. 16°; 60%. — *Pelargonsäure,* durch Alkalischmelze von Undecylensäure bei 300°, $Kp._{20}$ 151°; 50%. — *Caprinsäure,* durch Reinigung des Handelsprod., F. 28,5°. — *Undecylsäure,* durch Hydrierung des K-Salzes der Undecylensäure mit RANEY-Ni bei 20°, $Kp._2$ 130°, F. 28,5°. — *Laurinsäure,* durch Verseifung von Kopraöl u. Raffination, $Kp._{15}$ 174—177°, F. 43°. — *Stearinsäure,* Handelsprod., F. 69,5°. — Die **II** wurden folgendermaßen hergestellt: 1 Mol **I** u. 2 Mol Säure (mit einem Überschuß) werden im Ölbad 15 Std. auf 160—180° ohne Katalysator erhitzt. Unter geringem Unterdruck wird das dabei entstehende W. entfernt; nachfolgende Wäsche mit W.-Bzl., die Benzolschicht wird durch Vakuumdest. fraktioniert u. der Säureüberschuß, eine Zwischenfraktion (wahrscheinlich Monoester) u. der **II** gewonnen. Der **II** wird im Vakuum refraktioniert u., wenn fest, aus A. kristallisiert. Der Dicapronsäure- u. Diönanthsäureester sind bei gewöhnlicher Temp. Fll. mit leichtem Fruchtgeruch, während die höheren Ester krist. fast geruchlose Substanzen sind, die mit steigender C-Zahl immer mehr wachsartiges Aussehen zeigen. Während **I** nicht ohne Zers. über 200° erhitzt werden kann, sind die **II** thermostabil u. scheinen sich bis 300° nicht zu ändern. In einem Diagramm werden die FF. der freien Säuren u. ihrer Ester gegenübergestellt. *Dicapronsäureester,* $C_{16}H_{30}O_4S$, F. 6,2°, Kp. 187,4°, $D.^{25}_4$ 1,002, n_D^{25} 1,4620, VZ. 353,7. — *Diönanthsäureester,* $C_{18}H_{34}O_4S$, F. 7,5°, Kp. 179,2°, $D.^{25}_4$ 0,9857, n_D^{25} 1,4615, VZ. 323,5°. — *Dicaprylsäureester,* $C_{20}H_{38}O_4S$, F. 27,2°, Kp. 214,2°, VZ. 299,0. — *Dipelargonsäureester,* $C_{22}H_{42}O_4S$, F. 28,6°, Kp. 226,2°, VZ. 279,6. — *Dicaprinsäureester,* $C_{24}H_{46}O_4S$, F. 41,5°, Kp. 245,2°, VZ. 260,8. — *Diundecylsäureester,* $C_{26}H_{50}O_4S$, F. 45,3°, Kp. 255,2°, VZ. 244,7. — *Dilaurinsäureester,* $C_{28}H_{54}O_4S$, F. 54,7°, Kp. 269,2°, VZ. 232,4. — *Distearinsäureester,* $C_{40}H_{78}O_4S$, F. 80°, VZ. 172,3°. — *Sulfoxyde,* durch Oxydation einer essigsauren **II**-Lsg. mit 27%ig. H_2O_2-Fällung mit W. u. umkrist. aus A.; bei Dest., selbst bei 2 Torr, tritt Zers. ein. *Sulfone,* durch Oxydation einer essigsauren **II**-Lsg. mit einer gesätt. u. mit H_2SO_4 angesäuerten $KMnO_4$-Lsg. bis zur Rotfärbung. *Sulfoxyd des Thiodiglykoldiönanthsäureesters,* $C_{18}H_{34}O_5S$, F. 33°. *Sulfon,* $C_{18}H_{34}O_6S$, F. 51°. — *Sulfoxyd des Thiodiglykoldicaprylsäureesters,* $C_{20}H_{38}O_5S$, F. 58°; *Sulfon,* $C_{20}H_{38}O_6S$, F. 70°. — Für die Atomrefraktion des Sulfid-S ergab sich aus den Mol.-Refraktionen der früher (CLAYTON u. REID, l. c.) u. jetzt dargestellten Diester des Thioglykols ein mittlerer Wert von 7,80 gegenüber dem Wert von 8,00

von BOUDET u. RAMBAUD (C. **1949.** I. 371). (Bull. Soc. chim. France, Mém. [5] **17.** 586—88. Mai/Juni 1950. Lyon, École de Chim. Industrielle, u. Fac. des Sci.)
ROTTER. 810

H. Wolf, *Die Bildung von Milchsäure aus Saccharose.* Wiederholung früher gewonnener Untersuchungsergebnisse über die Milchsäure (I)-Bldg. aus Saccharose (II) durch Einw. von Kalk (vgl. Biochem. Z. **210.** [1929.] 458). Maximale Ausbeute an I (ca. 70%) wird erhalten durch 7 std. Erhitzen einer 40%ig. II-Lsg. mit 2 Mol CaO im Autoklaven, der mit einer Rührvorr. versehen ist, auf 197—235°. Vgl. der Resultate mit denen von HAWORT, GREGORY u. WIGGINS (J. Soc. chem. Ind., Chem. and Ind. **65.** [1946.] 95). (Chem. and Ind. **1952.** 872. 6/9. Santurce, Puerto-Rico, Coll. of the Sacred Heart, Dep. of Sci.)
RUTKOWSKI. 850

N. A. Khan und **Melvin S. Newman,** *Ozonisierung und Oxydation von Stearolsäure zu 9.10-Diketostearinsäure.* Einw. von Ozon auf *Stearolsäure* (I) in Essigsäure oder CCl_4 liefert unter Gelbfärbung der Reaktionslsg. *9.10-Diketostearinsäure* (II). Offensichtlich bildet II sich bereits während des Ozonisierens u. nicht erst durch die Hydrolyse des Ozonids. Ob die Menge der II nach der Hydrolyse zunimmt, konnte nicht festgestellt werden; es wurde aber eine Vertiefung der Gelbfärbung beobachtet. Bei längerem Einleiten von Ozon wird II langsam zerstört. II entsteht nicht, wenn Luft durch eine essigsaure Lsg. von I geleitet oder wenn ozonisierte Luft in Essigsäure geleitet u. I hinzugegeben wird. — Im Anschluß an eine frühere Arbeit zur Darst. von II aus I mit $KMnO_4$ im neutralen Bereich (KHAN, DEATHERAGE u. BROWN, vgl. **1051.** II. 2305) wird der Einfl. des p_H-Bereiches auf diese Umsetzung untersucht. Dabei zeigt sich, daß bei p_H 7,0—7,5 die maximale Ausbeute an II erreicht wird, bei p_H 1 oder 12 entsteht kein II. Kontrollverss. zeigen, daß II bei p_H 1 oder 12 von $KMnO_4$ zerstört wird, bei p_H 7,0—7,5 bleibt es stabil.

V e r s u c h e: *9.10-Diketostearinsäure* (II), F. 84,5—85,5°, durch Einleiten von 5—10%ig. ozonisierter Luft in I in Essigsäure oder Ozonisierung in CCl_4 bis zur maximalen Gelbfärbung, gelbe Kristalle; 4% Ausbeute, Adsorptionsmaxima in aldeydfreiem Alkohol 2750 u. 4250 Å. In fast allen Fällen wurde Azelainsäure (III), 69—80%, nach der Zers. des Ozonids auf dem üblichen Weg isoliert. — Bei Darst. von II a) aus 5,6 g I, 1,5 g KOH u. 6,3 g $KMnO_4$ in W. bei p_H 7,0—7,5, 5,7—6,0 g II; b) wie vorst. bei p_H 9, 5,4—5,6 g II; c) bei p_H 12, keine Ausbeute an II, dagegen 80% III; d) bei p_H 1, dazu 2,8 g II in 500 cm³ Dioxan gelöst, 1 Liter W. u. Alkansulfonsäuren hinzu, dadurch auf p_H 1, 100 cm³ Dioxan u. 3,2 g $KMnO_4$ in 250 cm³ W. hinzu, keine Ausbeute an II, dagegen III. Wenn Verss. a), b), c) u. d) mit II statt mit I ausgeführt, wurden folgende Mengen an II zerstört: bei a) 1—2%, b) 6—7%, c) u. d) 100%. (J. org. Chemistry **17.** 1063—65. Juli 1952. Ohio State Univ., Chem. Labor.)
MACHOLDT-ERDNISS. 870

Robert Rothstein und **Pierre Gley,** *Diäthylcholin-Chlormethyldiäthylaminoäthanol.* Es wurden 2 Verff. für die Synth. von *Methyldiäthyl-β-oxyäthylammoniumchlorid* (I; *Diäthylcholin, „Chlormethyldiäthylaminoäthanol“*) aus Diäthylaminoäthanol (II) u. CH_3Cl beschrieben: a) In 117 g II in der doppelten Gewichtsmenge trockenem Ae. werden bei —15° 60 g gasförmiges CH_3Cl eingeleitet; nach 8 Tagen bei n. Temp. wird der Ae. abdekantiert, II wird durch Waschen der Kristalle mit Ae., Lösen in A. u. Fällen mit Ae. oder Lösen in W. u. Dest. bei 5—10 Torr bis zur neutralen Rk. des Destillats entfernt; 75% (Ausbeute). b) Der Ae. wird durch trockenes Bzl. ersetzt u. ein 5—10%ig. CH_3Cl-Überschuß angewandt; die Lsg. wird im Autoklaven 8 Std. auf 80° erwärmt u. das Prod. wie oben gereinigt; unterdrückt das Entstehen von Aortenatheromen beim Kaninchen u. bewirkt Resorption. (C. R. hebd. Séances Acad. Sci. **230.** 1188—90. 20/3. 1950.)
ROTTER. 920

Kiichiro Sugino, Keijiro Odo, Yukio Horiki und **Seiichi Yamagiwa,** *Verbesserte Darstellung von l(+)-Ornithin durch enzymatische Hydrolyse von Arginin.* Zur Abtrennung des *Ornithins* (I) bewährte sich die Pikratmeth., so daß mit deren Hilfe eine brauchbare Meth. der Herst. von l(+)-I aus Arginin (II) (aus Gelatine) durch Spaltung mittels Arginase (aus Ochsenleber) ausgearbeitet werden konnte. Für die enzymat. Hydrolyse des II konnte so durch fast quantitative Isolierung von Harnstoff u. I die Abwesenheit anderer verwandter Verbb. bewiesen werden.

V e r s u c h e: Vollständige Hydrolyse von II: 7,00 g *l-Arginin-HCl* (Zers. bei 207—212°; $[\alpha]_D^{16}$ +9,73) werden mit 11 g Arginase (6300 Einheiten nach HUNTER; C. **1939.** I. 2438) in 300 cm³ W. angerührt, nach dem Filtrieren 60 mg $NiCl_2$ zugesetzt u. nach Einstellung auf p_H 7 für 96 Std. bei 38° gehalten. Nach Verdünnen auf 350 cm³ werden davon 320 cm³ mit verd. HNO_3 neutralisiert, durch ca. 20 Min. Erwärmen auf dem Wasserbad Proteine ausgeflockt u. abfiltriert; Filtrat (u. etwaiger Nd.) wird nach Zusatz von wenig Cetylalkohol unterhalb 50° im Vakuum eingeengt, etwas A.

u. Aktivkohle zugegeben u. das klare Filtrat zur Trockne gebracht. Mit 70 cm^3 96%ig. A. wird in 2 Anteilen der Harnstoff aus dem Rückstand ausgezogen u. mit Ae. nachgewaschen (0,19 g I–HCl aus dem Harnstoff isolierbar). — *Ornithinpikrat* (**III**): Vorst. Rückstand wird mit 50 cm^3 wss. Pikrinsäurelsg. (16,5 g/100 cm^3) über Nacht stehengelassen u. das Kristallisat mit gesätt. Pikrinsäurelsg., dann mit wenig CH_3OH nachgewaschen u. bei 100° getrocknet: 17,5 g **III** (Zers bei) 187°. — *Ornithin-HCl*, C_5H_{12}·O_2N_2·HCl, Zers. bei 230,5°; 15 g **III** werden mit 30 cm^3 5,7 nHCl zerlegt, die Pikrinsäure abgesaugt, mit 10 cm^3 W. u. wenig verd. HCl gewaschen, das Filtrat 2 mal mit gleichem Vol. Ae. ausgeschüttelt, mit wenig Aktivkohle versetzt u. das Filtrat im Vakuum bis zum Erscheinen tafelförmiger Kristalle eingeengt, abgesaugt, mit wenig NH_3 neutralisiert, zur Trockne gebracht, mit 96%ig. A. u. dann Ae. gewaschen: 3,48 g; insgesamt erhalten 4,65 g (83% Ausbeute). Nach Umkristallisieren aus W. u. A.: $[\alpha]_D^{18}$ +10,40 (c = 1,0028). (J. chem. Soc. Japan, pure Chem. Sect. [Nippon Kagaku Zassi] **73.** 214–16. März 1952. Tokyo, TH. [Orig.: japan.]) SCHULER. 950

Ed. F. Degering und **Leslie G. Boatright,** *Untersuchungen zur Lysinsynthese. DL-Lysindihydrochlorid* (**I**) wird aus Hexandiol-(1.6) (**II**) über bekannte Zwischenstufen dargestellt. **II** wird mit HBr zu *6-Bromhexanol-(1)* (**III**) umgesetzt, dieses mit konz. HNO_3 zur *6-Bromcapronsäure* (**IV**) oxydiert. Mit Br_2 entsteht *2.6-Dibromcapronsäure* (**V**), welche mit einem großen Überschuß von wss. NH_3 in *DL-Lysin* übergeht. Letzteres wird als **I** isoliert. Verss., DL-Lysin aus *Furyl-(2)-glykolsäureäthylester* (**VI**) oder der Säure über die *2.6-Dioxycapronsäure* durch hydrierende Spaltung mit Cu-Chromitkatalysator darzustellen, schlugen fehl. Bei Verwendung von Pd-Kohle-Katalysatoren entsteht aus **VI** nur *Tetrahydrofuryl-(2)-glykolsäureäthylester.* — WARNER u. MOE (vgl. J. Amer. chem. Soc. **70.** [1948.] 3918) stellten durch Kondensation von N-Acetylamidomalonsäurediäthylester (**VII**) u. 4-Chlorbutyronitril (**VIII**) *5-Acetamido-5.5-dicarbäthoxypentanonitril* (**IX**) (im Original 4-Acetamido-4.4-dicarbäthoxypentanonitril; der Referent) dar, welches durch Red. u. Hydrolyse des entstandenen *N.N'-Diacetyllysins* (**X**) in **I** übergeführt wird. Vff. finden für **IX** abweichende physikal. Eigenschaften.

V e r s u c h e: *6-Bromhexanol-(1)* (**III**), $Kp._5$ 105–106°, durch 18std. Einw. von 48%ig. HBr bei 80° auf **II** u. kontinuierliche Extraktion mit PAe.; n_D^{24} 1,4845; $D._4^{24}$ 1,3838; 81% (Ausbeute). — *6-Bromhexansäure* (**IV**), $Kp._5$ 129–130°, aus **III** durch tropfenweise Zugabe zu konz. HNO_3, 4std. Rühren bei 25–30°, 45 Min. Erhitzen auf dem Wasserbad, Eingießen in W. u. Extraktion mit Ae.; 91%. — *2.6-Dibromhexansäure* (**V**), $Kp._6$ 175°, Darst. aus **IV** nach MERCHANT u. Mitarbeitern (vgl. J. Amer. chem. Soc. **49.** [1927.] 1828); 94%. — *DL-Lysindihydrochlorid* (**I**), F. 187–188° (aus A. durch Fällung mit Ae.), durch 4tägiges Stehen von **V** u. 28%ig. NH_4OH bei 55–60°, Eindampfen im Vakuum, Lösen in konz. HCl, Eindampfen im Vakuum, Lösen in heißem absol. A. u. Fällung mit Ae.; zunächst fällt *Piperidin-2-carbonsäure*, F. 258°, bei weiterer Zugabe von Ae. fällt **I**; 62%, bzgl. **II**, 38%. — *Furyl-(2)-glykolsäureäthylester* (**VI**), $C_8H_{10}O_4$, F. 39° (A.), $Kp._3$ 103°, aus Furfuralcyanhydrin u. verd. A. bei 0° mit HCl; 45%. — *Furyl-(2)-glykolsäure*, F. 115° (absol. A.), aus **VI** durch 5std. Kochen mit wss. NaOH u. Neutralisation mit HCl; 97%. — *Tetrahydrofuryl-(2)-glykolsäureäthylester*, $C_8H_{14}O_4$, $Kp._2$ 105°, aus **VI** durch 3std. Red. mit H_2 bei 3 at u. 100° an einem Pd–Kohle-Katalysator; n_D^{15} 1,4571; 82%. — *5-Acetamido-5.5-dicarbäthoxypentanonitril* (**IX**), $C_{13}H_{20}O_5N_2$, $Kp._5$ 132°; aus **VII** u. **VIII** in absol. A. + Na durch 18std. Kochen; n_D^{20} 1,4468; $D._{20}^{20}$ 1,1083; Mol.-Refr.$_D$ 68,94; 21,8%. — **I** aus **IX** in Essigsäureanhydrid durch 3std. Red. mit H_2 bei 3 at an einem PtO_2-Katalysator u. Hydrolyse des entstandenen **X** in CH_3COOH durch 18std. Kochen mit konz. HCl; 77%. (J. Amer. chem. Soc. **72.** 5137–39. Nov. 1950. Lafayette, Ind., Purdue Univ., Dep. of Chem.) DIETRICH. 950

A. H. Ford-Moore und **B. J. Perry,** *Diisopropylmethylphosphonat.* Aus Triisopropylphosphit u. CH_3J: $C_7H_{17}O_3P$, $Kp._1$ 51°, n_D^{20} 1,4101; n_D^{25} 1,4081, $D._4^{24}$ 0,985; $D._4^{10}$ 0,997; 85–90% (Ausbeute). Analog *Diisopropyläthylphosphonat*, $Kp._{0,7}$ 61°; n_D^{25} 1,4108; $D._4^{25}$ 0,968; 91%. *Diäthyläthylphosphonat*, $Kp._1$ 56°, $Kp._{1,8}$ 58,5°; n_D^{25} 1,4141, n_D^{20} 1,4161; $D._4^{25}$ 1,022; 98,5%; u. *Diäthylmethylphosphonat*, $Kp._1$ 51°, n_D^{25} 1,4117, $D._4^{25}$ 1,050. (Org. Syntheses **31.** 33–35. 1951. Porton, Nr. Salisbury, Wilts., Chem. Def. Exp. St.) TROFIMOW. 980

Gennady M. Kosolapoff, *Darstellung von Dibutylallylphosphonat.* Nach RUEGGEBERG u. Mitarbeitern. (C. **1951.** II. 1420) reagiert Dibutyl-Na-Phosphit mit Allylbromid zu Tetrabutylpropandiphosphonat. Vf. zeigt, daß bei dieser Rk. auch in geringem Maße das Monoadditionsprod., *Dibutylallylphosphonat* (**I**), gebildet wird.

V e r s u c h e: *Dibutylallylphosphonat* (**I**), $(C_4H_9O)_2P(O)CH_2CH{:}CH_2$, $Kp._{0,4}$ 110°, n_D^{25} 1,4336, $D._{25}^{25}$ 0,9548, aus 98 g Dibutylphosphit u. Na in Hexan durch Zugabe von

Allylchlorid in Hexan, $^1/_2$std. Erhitzen, Behandeln mit Eiswasser, Extraktion mit Hexan u. Dest.; als Hauptprod. entsteht das höhersd. *Tetrabutylpropandiphosphonat.* Gemeinsame fraktionierte Dest. mit dem Reaktionsprod. eines weiteren Ansatzes (Reaktionszeit 6 Std.) ergab 17 g **I**; eine in Xylol mit Allylbromid (61 g) durchgeführte Rk. verlief entsprechend; 39 g **I** wurden erhalten. (J. Amer. chem. Soc. **73.** 4040. Aug. 1951. Auburn, Alabama Polytechn. Inst., Dep. of Chem.) ZIMMER. 980

C. A. Bunton und **E. A. Halevi,** *Darstellung von Arylalkansulfonsäuren.* Die Meth. zur Darst. von Arylalkansulfonsäuren durch Erhitzen der Arylalkylhalogenide mit wss. Na_2SO_3 gibt bei den Chloriden keine befriedigenden Ergebnisse. Vff. überführen die durch Chlormethylierung erhaltenen Arylalkylchloride durch Behandlung mit NaJ in Aceton in die entsprechenden Jodide, die ohne Isolierung durch Erwärmen mit Na_2-SO_3 in wss. Aceton in die Sulfonate übergeführt werden können.

Versuche: *5-Methoxy-2-methylbenzyljodid,* $C_9H_{11}OJ$, F. 45—46° (Bzn.; zers. sich beim Stehen). 5-Methoxy-2-methylbenzylchlorid u. NaJ in Aceton werden 15 Min. auf dem Wasserbad erwärmt. — *Na-5-Methoxy-2-methyltoluol-ω-sulfonat,* $C_9H_{11}O_4SNa$. Die Acetonlsg. vorst. Verb. wird mit Na_2SO_3 15 Min. erhitzt; ~ 60% (Ausbeute); *S-Benzylthiuroniumsalz,* $C_{17}H_{22}O_4N_2S_2$, F. 164°. — *Na-Mesitylmethansulfonat* (*Na-Isodurol-α²-sulfonat*), $C_{10}H_{13}O_3SNa$, α²-Chlorisodurol wird mit NaJ in Aceton behandelt u. nach Abfiltrieren des NaCl mit warmer wss. Na_2SO_3-Lsg. umgesetzt; ~ 60%; *S-Benzylthiuroniumsalz,* $C_{18}H_{24}O_3N_2S_2$, F. 151°. (J. chem. Soc. [London] **1952.** 4541. Nov. London, Univ. Coll., William Ramsay and Ralph Forster Labors.) ULRICH. 1090

Dorothy V. Nightingale, Robert L. Sublett, Richard A. Carpenter und **Herschel D. Radford,** *Acylierungen mit Pivalylchlorid.* Vff. kondensieren Toluol, Xylol, Mesitylen u. Kresolmethyläther mit Pivalylchlorid nach FRIEDEL-CRAFTS u. erhalten *Pivalophenone* in zufriedenstellender Ausbeute. Als Nebenprodd. treten hierbei *Polymethylanthracene* auf, die sich zu *Polymethylanthrachinonen* oxydieren lassen.

Versuche: Nachst. *Pivalophenone,* durch langsames Zufügen von Pivalylchlorid in CS_2 zu einer unter Rückfluß sd. Lsg. des entsprechenden aromat. KW-stoffs u. $AlCl_3$, nach 2std. Rühren Einengen im Vakuum, Zers. mit HCl + Eis, Ausäthern u. Rektifizieren: *2.4-Dimethyl-*, n_D^{25} 1,5023. *Ketoxim,* $C_{13}H_{19}ON$, F. 153—154°. — *2.5-Dimethyl-*, $C_{13}H_{18}O$, Kp.$_2$ 76—78°. *Ketoxim,* $C_{13}H_{19}ON$, F. 162—163°. — *2.4.6-Trimethyl-*, $C_{14}H_{20}O$, Kp.$_8$ 120—122°; n_D^{25} 1,5150; bildet kein Ketoxim. — *2.3.4.6-Tetramethyl-*, $C_{15}H_{22}O$, Kp.$_2$ 117—119°; n_D^{25} 1,5170; aus 35 g Isodurol; 15 g (Ausbeute). Daneben *Hexamethylanthracen,* $C_{20}H_{22}$, F. 269—271°; gelbe Platten aus Bzl. + Ae.; 1,2 g; wird durch Na_2CrO_4 + verd. H_2SO_4 in Benzollsg. bei Zimmertemp. in *Hexamethylanthrachinon,* $C_{20}H_{20}O_2$, F. 200—202°, übergeführt. — *2-Methyl-4-methoxy-*, $C_{13}H_{18}O_2$, Kp.$_4$ 126—128°; F. 73,5—74°; analog Vorst. bei 0°; 63%. *Ketoxim,* $C_{13}H_{19}O_2N$, F. 177—178°. — *3-Methyl-4-methoxy-*, $C_{13}H_{18}O_2$, Kp.$_4$ 127—129°, F. 51—52°. *Ketoxim,* $C_{13}H_{19}O_2N$, F. 172—173°. — *2-Methyl-5-methoxy-*, $C_{13}H_{18}O_2$, Kp.$_4$ 130—132°. *Ketoxim,* $C_{13}H_{19}O_2N$, F. 174—175°. — *3.4-Dimethyl-*, $C_{13}H_{18}O$, Kp.$_2$ 102—109°; n_D^{25} 1,5150; a) wie vorstehend. b) aus Pivalonitril u. 4-Brom-o-xylol; 15%. *Ketoxim,* $C_{13}H_{19}ON$, F. 202—203°. — *1-Methyl-3-methoxy-6-neopentylbenzol,* $C_{13}H_{20}O$, Kp.$_4$ 93—94°; durch Red. der entsprechenden vorst. Verb. mit Cu-Cr-Oxyd-Katalysatoren (NIGHTINGALE u. SHANHOLTZER, J. Org. Chemistry **14.** [1949.] 1089); n_D^{20} 1,4962. — *1-Methyl-2-methoxy-5-neopentylbenzol,* $C_{13}H_{20}O$, Kp.$_4$ 102—104°; analog vorst. Verb.; n_D^{20} 1,4999. — *1-Methyl-4-methoxy-2-neopentylbenzol,* $C_{13}H_{20}O$, Kp.$_4$ 92—93°; n_D^{20} 1,4979. — *1.2.3.5-Tetramethyl-4-neopentylbenzol,* $C_{15}H_{24}$; Kp.$_2$ 96—97°; n_D^{25} 1,5080. — *1.3-Dimethyl-4-neopentylbenzol,* $C_{13}H_{20}$, Kp.$_3$ 75—78°; n_D^{25} 1,4983. — *[2.4-Dimethylphenyl]-tert.-butylcarbinol,* $C_{13}H_{20}O$, Kp.$_2$ 95—97°; n_D^{25} 1,5155. — *[x.x-Dimethylphenyl]-tert.-butylcarbinol,* $C_{13}H_{20}O$, Kp.$_5$ 92—93°, F. 87—88°; durch Red. des aus Pivalinsäure mit m-Xylol erhaltenen Ketons. Oxydation mit $KMnO_4$ in Pyridin liefert eine *Säure* (wahrscheinlich ein Gemisch) vom F. 223—225°. (J. org. Chemistry **16.** 655—59. April 1951. Columbia, Mo., Univ., Dep. of Chem.) LEHWALD. 1160

A. B. Sen und **S. S. Parmar,** *Untersuchungen über die Friessche Verschiebung.* 5. Mitt. (4. vgl. J. Indian chem. Soc. **26.** [1949.] 339.) Die FRIESsche Verschiebung wird auf weitere Crotonsäureester von Phenolen ausgedehnt; als Reaktionsprodd. entstehen ausschließlich die entsprechenden *o-Oxyketone* (**0**).

Versuche: *Crotonylchlorid* (**I**), Kp. 123—125°, nach STAUDINGER [1916]. — Die Darst. der *Crotonsäureester* erfolgte durch Zutropfen von **I** zu einer benzol. Lsg. des Phenols in Ggw. von Mg-Band, 10—12 Std. Kochen, Zugabe von W. u. Dest. der Benzolschicht; die Umlagerung der so erhaltenen Ester geschah durch $^1/_2$std. Erhitzen mit $AlCl_3$ im Verhältnis 1:1,3 in CS_2, wobei das Lösungsm. abdest.; anschließend wurde noch weitere 30 Min. auf 120° erhitzt u. mit verd. HCl zers.; die o-Oxyketone (**0**) wurden als 2.4-Dinitrophenylhydrazone (**D**) identifiziert. Die Crotonsäureester nachst. Phenole wurden hergestellt u. in die entsprechenden **O** umgelagert: *m-Äthylphenol-*, $C_{12}H_{14}O_2$, Kp.$_{14}$ 135°; 58% (Ausbeute). **O**, Kp.$_{20}$ 183°; 76,7%; **D**, $C_{18}H_{18}O_5N_4$, F. 243°. — *5-Oxy-3.5-dimethylbenzol-*, $C_{12}H_{14}O_2$, Kp.$_{13}$ 166°; 61%. **O**, Kp.$_{20}$ 143°; 78,6%; **D**, $C_{18}H_{18}O_5N_4$, F. 187°. —*1.3.5-Äthylmethylphenol*, $C_{13}H_{16}O_2$, Kp.$_{11}$ 162°; 62,8%. **O**, Kp.$_1$ 144°; 57,5%; **D**, $C_{19}H_{20}O_5N_4$, F. 229°. — *1.4.5-Xylenol-*, $C_{12}H_{14}O_2$, Kp.$_{23}$ 139—141°; 87,4%. **O**, F. 161°; 53%; **D**, F. 243°. — *1.3.4-Xylenol-*, $C_{12}H_{14}O_2$, Kp.$_3$ 150°; 71%. — **O**, Kp.$_2$ 142°; 86%; **D**, $C_{18}H_{18}O_5N_4$, F. 249°. — *p-tert.-Butylphenol-*, $C_{14}H_{18}O_2$, Kp.$_3$ 156°; 68,8%. **O**, Kp.$_5$ 115°; 31%; **D**, $C_{20}H_{22}O_5N_4$, F. 236°. — *p-tert.-Amylphenol-*, $C_{15}H_{20}O_2$, Kp.$_3$ 158°; 62,5%. **O**, Kp.$_3$ 114°; 58%; **D**, $C_{21}H_{24}O_5N_4$, F. 179°. — *Guajacol-*, $C_{11}H_{12}O_3$, Kp.$_5$ 145°; 70,2%. **O**, Kp.$_2$ 103°; 32%; **D**, $C_{17}H_{16}O_6N_4$, F. 155°. — *Hydrochinonmonomethyläther-*, $C_{11}H_{12}O_3$, Kp.$_2$ 152°; 96,8%. **O**, F. 88°; 54,0%; ein **D** konnte nicht erhalten werden. — *Resorcinmonomethyläther-*, $C_{11}H_{12}O_3$, Kp.$_3$ 139°; 76,7%. **O**, F. 84°; 42%; **D**, $C_{17}H_{16}O_6N_4$, F. 238°. (J. Indian chem. Soc. **28**. 661—63. Nov. 1951. Lucknow, Univ., Dep. of Chem.)

ZIMMER. 1180

Leonard M. Rice, Martin Rubin, Jean Scholler und **E. Emmet Reid**, *Salze und Derivate von cis-Δ⁴-Tetrahydrophthalsäure.* Zweiwertige Metallsalze der Pthhalsäurehalbester zeichnen sich durch große Fettlöslichkeit aus u. lassen sich als Träger radioisotoper Atome bei therapeut. Behandlung anwenden. Vff. stellten aus cis-Δ⁴-Tetrahydrophthalsäureanhydrid (**I**) u. Alkohol die Halbester dar, die in Form ihrer Na-Salze mit den entsprechenden Metallsalzen umgesetzt wurden. Weiter wurden symm. Diester aus **I** u. Alkohol dargestellt. Die entsprechenden asymm. Diester entstanden aus den Ag-Salzen der Halbester u. Alkylhaliden. Durch Rk. von **I** mit prim. u. sek. Aminen entstanden *cis-Δ⁴-Tetrahydrophthalamidsäuren*, die durch H_2O-Abspaltung u. Ringschluß in die entsprechenden *Imide* übergeführt wurden. Analoge Rkk. wurden auch mit einigen Aminosäuren u. **I** durchgeführt, deren *Imid*-Verbb. überraschenderweise in W. erheblich lösl. sind. Rk. von **I** mit β-Isopropylaminopropionitril hingegen führte zu *N-Isopropyltetrahydrophthalimid* u. *Acrylonitril* (Spaltung). *N-Decyl-4-aminonaphthalimid* wurde aus 4-Aminonaphthalsäureanhydrid u. n-Decylamin dargestellt. Seine Red. mit $LiAlH_4$ bewirkte den Austausch der CO- durch die CH_2-Gruppe.

Versuche: *Salze der Monoalkylester* von *cis-Δ⁴-Tetrahydrophthalsäure* (**II**), durch Rk. von **I** mit dem entsprechenden Alkohol 15 Min. bei 110—130°, Auflösen der gereinigten Halbester in 10%ig. NaOH, Neutralisieren mit Essigsäure (Phenolphthalein) u. Zufügen einer wss. Lsg. des entsprechenden 2wertigen Metallsalzes. Nach dieser Meth. wurden die *Cu*, *Mg*- u. *Ni*-, in einigen Fällen auch die *Co*- u. *Ca-Salze* der Monoalkylester mit den n. Alkylgruppen CH_3 bis $C_{18}H_{37}$ dargestellt mit Ausnahme der C_4-, C_{11}-, C_{13}-, C_{15}- u. C_{17}-Alkylgruppen. Analog wurden die *Metallsalze* des *β-tert.-Butylmercaptoäthyl-cis-Δ₄-tetrahydrophthalats* dargestellt. *Freier Halbester*, F. 98—101° (Aceton). — Nachst. *symm. Diester* von **II**, durch Rk. von **I** u. dem entsprechenden Alkohol bei Ggw. von wenig konz. H_2SO_4 unter azeotropem Abdest. des sich bildenden W. mit Toluol: *Dihexyl-*, $C_{20}H_{34}O_4$, Kp.$_{0,2}$ 146—148°. *Diheptyl-*, $C_{22}H_{38}O_4$, Kp.$_{0,7}$ 163—168°. *Dioctyl-*, $C_{24}H_{42}O_4$, Kp.$_{0,7}$ 195—197°. *Dinonyl-*, $C_{26}H_{46}O_4$, Kp.$_{0,5}$ 195—201°. *Didecyl-*, $C_{28}H_{50}O_4$, Kp.$_{0,3}$ 200—206°. — *Asymm. Diester* von **II**, durch Überführen des Halbesters in das Ag-Salz durch Zufügen von wss. $AgNO_3$-Lsg. zu einer gegen Phenolphthalein neutralisierten Lsg. des Halbesters, Trocknen durch azeotrope Dest. mit Bzl. u. Kochen mit dem entsprechenden Alkylhalid: *Äthyldecylester*, $C_{20}H_{34}O_4$, Kp.$_{0,3}$ 148—152°. *Benzyloctylester*, $C_{23}H_{32}O_4$, Kp.$_{0,7}$ 189—193°. — Nachst. N-substituierte *cis-Δ⁴-Tetrahydrophthalamidsäuren*, aus **I** u. dem entsprechenden Amin ohne Lösungsm. oder in Aceton nach mehrstd. Stehen: *N-Butyl-*, $C_{12}H_{19}O_3N$, F. 90—91° (A.). *N-Hexyl-*, $C_{14}H_{23}O_3N$, F. 91 bis 92° (A.). *N-Decyl-*, $C_{18}H_{31}O_3N$, F. 90—91° (A.). *N-Dodecyl-*, $C_{20}H_{35}O_3N$, F. 70—71° (A.). *N-Phenyl-*, $C_{14}H_{15}O_3N$, F. 96—98° (A.). *N-Benzyl-*, $C_{15}H_{17}O_3N$, F. 98—100° (A.). *Diäthylaminoäthyl-*, *Hydrochlorid*, $C_{14}H_{25}O_3N_2Cl$, F. 211—213°. *N.N-Dibutylamidsäure-*, $C_{16}H_{27}O_3N$, F. 74—75°. *N.N-Dicyclohexyl-*, $C_{20}H_{31}O_3N$, F. 178—180°. — *cis-Δ⁴-Tetrahydrophthalmorpholidsäure*, $C_{12}H_{17}O_4N$, F. 142—143,5°. — Nachst. *N-Alkyl-cis-Δ⁴-tetrahydrophthalimide*: *Decyl-*, $C_{18}H_{29}O_2N$, Kp.$_{0,7}$ 163—165°; durch 1std. Erhitzen von 10 g der entsprechenden vorst. Amidsäure auf 150°; 7,3 g (Ausbeute). *Hexyl-*, $C_{14}H_{21}O_2N$, Kp.$_{1,5}$ 131—134°; durch 3std. Erhitzen von **I** u. Hexylamin auf 180°. *Dodecyl-*, $C_{20}H_{33}O_2N$, Kp.$_{0,2}$ 165—170°. *Diäthylaminoäthyl-*, $C_{14}H_{22}O_2N_2$, Kp.$_{0.25}$ 112—116°. — *cis-Δ⁴-Tetrahydrophthalamid*, F. 136° (A.); durch 15 Mim. langes Kochen von **I** u. 28%ig. wss. NH_3 u. langsames Steigern der Temp. auf 300°. — Durch 30minütiges Erhitzen äquimol. Mengen von **I** u. den entsprechenden Aminosäuren auf 190—200° u. Dest. im Vakuum wurden die *N-Carboxyalkylverbb.* von *cis-Δ⁴-Tetrahydrophthalimid* mit folgenden Aminosäuren dargestellt: Mit Glykokoll-*Verb.* $C_{10}H_{11}O_4N$, Kp.$_{0,3}$ 160—165°. Mit Alanin $C_{11}H_{13}O_4N$, Kp.$_{0,75}$ 180°. Mit Methionin $C_{13}H_{17}O_4NS$, Kp.$_{0,3}$ 175°. — *N-Isopropyl-*

tetrahydrophthalimid, $C_{11}H_{15}O_2N$, Kp.$_{0,3}$ 100—105°; durch Erhitzen von 44,8 g β-Isopropylaminopropionitril mit 60,8 g I auf 180—200° (Ölbadtemp.); 70 g. Daneben *Acrylonitril*, C_3H_3N, Kp.75-76°, als flüchtiger Bestandteil; 18 g. — *4-Amino-N-decylnaphthalimid*, $C_{22}H_{28}O_2N_2$, F. 176° (Bzl.); durch 4std. Erhitzen von 4-Aminonaphthalsäureanhydrid u. Decylamin auf 200°. — *Verb.* $C_{22}H_{32}N_2$, F. 139—140° (Bzl.); durch 2std. Kochen von vorst. Verb. mit $LiAlH_4$ in Ae. unter Rückfluß u. Abdest. des entstehenden W., Zers. mit W., Ansäuern, Alkalisieren u. Extrahieren mit Benzol. (J. org. Chemistry **16**. 501—05. April 1951. Washington, Georgetown Univ., Med. Center.) LEHWALD. 1220

R. L. Jones, *Mit* ^{131}J *markierte 4-Chlor-2-jodphenoxyessigsäure.* Mit ^{131}J *markierte 4-Chlor-2-jod-phenoxyessigsäure* wurde wegen der gefährlichen Strahlung u. der geringen Halbwertszeit des ^{131}J unter besonderen Vorsichtsmaßregeln aus *4-Chlor-2-chlormercuri–phenoxyessigsäure* (I) hergestellt.

V e r s u c h e: *4-Chlor-2-chlormercuri-phenoxyessigsäure* (I), $C_8H_6O_3Cl_2Hg$, F. 189 bis 190°, durch Kochen von 20 g 4-Chlor-phenoxyessigsäure u. 32 g Hg-Acetat in H_2O, Hinzufügen von 30%ig. NaOH, Filtrieren u. Ansäuern mit HCl; aus Essigsäure u. 35%ig. A. umkrist.; 21,4 g (Ausbeute). Beim Lagern tritt langsame Zers. ein. — *2.4-Dichlor-phenoxyessigsäure*, F. 137—138° (H_2O), aus I in chlorhaltige Essigsäure. Nach 1std. Stehen 2 Std. Erhitzen auf 90°, Eingießen in W., Lösen des Nd. in warmer NaOH u. Ansäuern mit HCl. — Analog: *2-Brom-4-chlor-*, F. 138—139°, u. *4-Chlor-2-jod-phenoxyessigsäure*, $C_8H_6O_3ClJ$, F. 140°. — *Mit* ^{131}J *markierte 4-Chlor-2-jod-phenoxyessigsäure*, in einem mit Bleischirm geschützten App. (Abb. vgl. Orig.) wurde 500 Millicurie ^{131}J enthaltendes NaJ (in 20 cm³ H_2O gelöst) eingebracht, KJ u. H_2SO_4 hinzugefügt, das Jodid mit $K_2Cr_2O_7$ oxydiert u. das ausgeschiedene Jod mit in Eiessig auf 90° erhitzt. Aufarbeitung vgl. Original. Da die Substanz nicht in fester Form gewonnen wurde, war keine genaue Best. der Ausbeute u. des ^{131}J-Geh. möglich. (J. chem. Soc. [London] **1952**. 4080—82. Okt. Blackley, Manch. Research Labor., Imperial Chem. Ind.) FRANCK. 1250

László Szekeres, *Über die Einwirkung von Phenacylbromid auf Kaliumcyanat.* (Vorl. Mitt.) Bei der Eiw. von Phenacylbromid (I) auf KCNO in A. wird statt des erwarteten Phenacylisocyanates bzw. -urethans *Phenacylallophansäureäthylester*, $C_{12}H_{14}\cdot O_4N_2$, F. 150—152°, erhalten, wohl infolge Rk. des prim. gebildeten Isocyanates mit Urethan. Beim Kochen vorst. Verb. mit 20%ig. HCl wurde statt des Phenacylaminsalzes eine *Verb.* $C_{21}H_{20}O_4N_4$, F. 280°, erhalten. Vf. hält hier die Struktur eines cycl. Triazinderiv. für wahrscheinlich. Bei der Einw. von I auf KCNO in Aceton wurde *Isocyanursäure-tris-phenacylester*, $C_{27}H_{21}O_6N_3$, F. 189—190°, erhalten u. daneben eine Verb. mit niedrigerem N-Geh., F. 134—135°. Vf. nimmt von letzterer Verb. an, daß es sich um Triphenacylcarbamid handelt. (Magyar Kémiai Folyóirat [Ung. Z. Chem.] **58**. 285. Sept. 1952. Szeged, Ungarn, Szegedi Tudományegyetem, Szerves Kém. Int.) v. PILINSZKY. 1280

Frederick Kurzer, *o-Chlorphenylcyanamid.* Durch Einw. von Pb-Acetat auf o-Chlorphenylthioharnstoff: $C_7H_5N_2Cl$, glänzende Nadeln aus Bzl. + PAe., F. 105 bis 106°; 85—91% (Ausbeute.) (Org. Syntheses **31**. 19—20. 1951. London, Univ.) TROFIMOW. 1290

W. M. Beresowski und **W. Ss. Warkow,** *Elektrolytische Reduktion halogenalkylsubstituierter aromatischer Nitroverbindungen.* Die elektrolyt. Red. von 2-Chlormethyl-4-nitrotoluol (I) in wss. A. in Ggw. von H_2SO_4 zu *3.4-Dimethylanilin* (II) wurde an Kathoden aus Sn, Ni, Cu, Hg, Pb u. Zn durchgeführt; hierbei betrugen die Ausbeuten in dieser Reihenfolge 10, 20,1, 45,2, 52—52,5, 70,4—72 u. 78,7%. Nach der kathod. Überspannung ordnen sich diese Metalle in anderer Reihe. Der hierin zum Ausdruck kommende katalyt. Einfl. ist bei Zn am stärksten ausgesprochen. Ausbeute vermindernd wirkt eine Neben-Rk., bei der das als Zwischenprod. anzunehmende 2-Chlormethyl-4-oxyaminotoluol in das entsprechende p-Chinolimin u. dieses durch NH_3-Abspaltung in das Chinol übergeht. Der Einfl. des Mediums zeigte sich darin, daß die Ausbeuten sanken, wenn statt wss.-alkoh. wss.-methylalkoh. H_2SO_4 angewendet wurde; auch 75%ig. CH_3CO_2H war ungünstig.

V e r s u c h e: Als Katolyt diente eine Suspension (1:30) von I in 75%ig. A., die in 100 cm³ 6,3 g H_2SO_4 enthielt, als Anolyt 10%ig. H_2SO_4. Nach Beendigung der Elektrolyse wurde die fast klare Lsg. filtriert, der A. abdest. (zum Schluß mit Wasserdampf), die Lsg. alkal. gemacht u. II mit Wasserdampf übergetrieben; nach Dest. im Vakuum F. 48—49°. Optimum der Temp. 30—40°, der Stromdichte 2—4,5 A/dm², der Konz. 3,3—6,6% I in der Suspension; Stromausbeute an Pb-Kathode 30%. (Журнал Общей Химии [J. allg. Chem.] **23**. (**85**.) 100—06. Jan. 1953. Allunions Wiss. Vitaminforschungsinst.) R. KNOBLOCH. 1310

Pierre Mastagli, Maurice Métayer und **Aleth Bricard,** *Untersuchungen über die Aminolyse einiger Ketone und Aldehyde.* Umsetzung einiger Ketone mit einer α-Äthylenbindung mit NH_3 u. H_2 bei Drucken bis zu 150 at führte zur Bldg. der entsprechenden gesätt. Amine u. wenig hydriertem Ausgangsmaterial. Acetophenon lieferte unter gleichen Bedingungen nicht das Amin, sondern den dem Keton entsprechenden Alkohol. Gleiche Ergebnisse wurden mit Caprylophenon, α-Tetralon, 1-Benzylidenheptanon-(2), 1-Phenyloctanon-(3), 3-Benzylidenheptanon-(2) u. 3-Benzylheptanon-(2) erhalten. Hohe Drucke scheinen zur Darst. der entsprechenden Amine in diesen Fällen nötig zu sein. Im Gegensatz dazu lieferte 4-Methyl-1-benzylidenpentanon-(2) bei 150 at das Amin mit 50% Ausbeute, die bei 100—120 at aber auf 5—10% zurückging. In allen Fällen, in denen die Aminolyse nicht quantitativ verlief, wurde neben dem Amin ein Gemisch aus Alkohol u. Keton erhalten. Während Isophoron *3.3.5-Trimethylcyclohexylamin* mit 84,5% Ausbeute lieferte, wurde aus dem ähnlich aufgebauten Diisobutylketon *2.6-Dimethyl-4-aminoheptan* nur mit 7% Ausbeute isoliert. Ähnliche Verhältnisse wurden am Styrylisobutylketon u. Styrylamylketon beobachtet.

Versuche: Die Umsetzung der Ketone erfolgte durch Lösen in CH_3OH, das bei 0° mit NH_3 gesätt. worden war, Einw. von H_2 in Ggw. von RANEY-Ni bei geeigneter Temp., Eindampfen des Filtrats, Ausziehen mit HCl u. Ausziehen des unlösl. Rückstands mit einem organ. Lösungsm.; die Amine wurden durch Zugabe von NaOH zur wss. Lsg. in Freiheit gesetzt: *1-Phenyl-3-aminobutan,* $Kp._{14}$ 111—115°, aus Benzalaceton, 4 Std. (Reaktionszeit), 40 at, 70° (Reaktionstemp.); 84% (Ausbeute). — *Benzylamin,* $Kp._{760}$ 185°, aus Benzaldehyd, 3 Std., 40 at, 70°; 72%. — *1-Phenyl-5-aminohexan,* $Kp._{13}$ 130—133°, a) aus Cinnamalaceton, 5 Std., 40 at, 65°; 100%; b) aus 6-Phenylhexanon-(2), 2 Std., 130 at, 65°; 77%. *Hydrochlorid,* F. 112°. — *1-Phenyl-2-aminopropan,* $Kp._{12}$ 92—95°, aus Methylbenzylketon, 5 Std., 40 at, 65°; 86%. — *1-Phenyl-3-aminopropan,* $Kp._{15}$ 105—106°, aus Zimtaldehyd, 3 Std., 130 at, 70°; 17%. Daneben *Bis-[γ-phenylpropyl]-amin,* $Kp._{35}$ 230—250°; 16%. *Hydrochlorid,* $C_{18}H_{24}NCl$, F. 208° (A.). — *3.3.5-Trimethylcyclohexylamin,* $Kp._{760}$ 176—177°, aus Isophoron, a) 3 Std., 120 at, 75°; 84,5%; *Hydrochlorid,* F. über 300°; b) 2,5 Std., 120 at, 55°; 41%. Daneben *Bis-[3.3.5-trimethylcyclohexyl]-amin,* $Kp._{18}$ 165°; 3%; *Hydrochlorid,* F. 268° (A.–Ae.); *Dihydroisophoron* (*Semicarbazon,* F. 230°) u. *Dihydroisophoronol* (*Phenylurethan,* F. 102°). — *2.6-Dimethyl-4-aminoheptan,* $Kp._{769}$ 160°, aus Diisobutylketon (Semicarbazon, F. 121—122°), 3 Std., 100 at, 90—100°; 7%. Bei 70° wurde nur eine sehr geringe Menge erhalten. *Hydrochlorid,* F. 150°. Daneben wenig *Diisobutylcarbinol.* — *1-[p-Methoxyphenyl]-3-aminobutan,* $Kp._{18}$ 149—154°, aus p-Methoxybenzylaceton, 5 Std., 100 at, 65°; 60%. *Hydrochlorid,* F. 140—141°. *Acetylderiv.,* $C_{13}H_{19}O_2N$, F. 52° (70%ig. A.). — *1-Phenyl-5-methyl-3-aminohexan,* $Kp._{20}$ 145—148°, a) aus 1-Phenyl-5-methylhexanon-(3), 4 Std., 150 at, 100°; 50%; b) aus 1-Benzyliden-4-methylpentanon-(2), 5 Std., 150 at, 100°; 33%. Bei 3 Std., 80 at u. 70° geringe Ausbeute. *Hydrochlorid,* F. 135° (Isopropylalkohol). *Acetylderiv.,* $C_{15}H_{23}ON$, F. 82—83° (wss. A.). —*2-Cyclohexyl-1-aminocyclohexan,* aus 2-Cyclohexylcyclohexanon, 4 Std., 100 at, 100°; 5%. *Hydrochlorid,* F. 262° (A.). — *Methylphenylcarbinol,* $C_8H_{10}O$, aus Acetophenon, 5 Std., 70°. — *Amylphenylcarbinol,* $C_{12}H_{18}O$, aus Caprylophenon, 5 Std., 60°. — *Amylphenäthylcarbinol,* $C_{14}H_{22}O$, $Kp._{17}$ 165—170°, a) aus Styrylamylketon, 3 Std., 70°, wurde auch bei 4 Std., auch unter 150 at, erhalten; b) aus β-Phenyläthylamylketon, 4 Std., 75°, 80 at. — *α-Tetralol,* $C_{10}H_{12}O$, $Kp._{760}$ 254°, aus α-Tetralon, 4 Std., 100°, 100 at. *Phenylurethan,* F. 121—122°. — *Methyl-[α-benzyl-n-amyl]-carbinol,* $C_{14}H_{22}O$, $Kp._{18}$ 161—163°, aus 3-Benzylidenheptanon-(2), 5 Std., 50 at, 70°.(Bull. Soc. chim. France, Mém. [5] **17.** 1045—48. Nov./Dez. 1950. Paris, Inst. Cathol., Labor. de Chim. Organ.)

HORST BAGANZ. 1310

R. O. Clinton, U. J. Salvador, S. C. Laskowski und **Mary Wilson,** *Derivate der 4-Amino-2-oxybenzoesäure.* 2. Mitt. (1. vgl. C. **1952.** 2157.) Von *2-Alkoxy-4-amino-* u. *2-Alkoxy-4-alkylaminobenzoesäuren* wurden verschied. *bas. Ester* dargestellt. Ausgegangen wurde von p-Nitrosalicylsäure. Es wird nachgewiesen, daß bei deren Alkylierung mit Alkylarylsulfonaten in Ggw. von K_2CO_3 prim. Veresterung, dann Bldg. des Esterphenolats u. zuletzt die Verätherung eintritt. Die Diäthylierung verläuft am langsamsten. Cyclohexyl- u. Cyclopentyl-p-toluolsulfonat alkylieren nicht; aus Trimethylenbromhydrin wurde HBr abgespalten, Thenylbromid u. 4-Chlorchinolin lassen sich ebenfalls nicht zur Alkylierung verwenden. Die *2-Alkoxy-4-nitrobenzoesäuren* lassen sich aus den entsprechenden Nitrilen über die Amide nur mit den beiden kleinsten Alkylgruppen in guter Ausbeute darstellen; bei 2-[n-Propoxy]-4-nitrobenzonitril u. den höheren Alkoxyverbb. tritt bei der Hydrolyse zum Amid Spaltung der Alkoxygruppe in erheblichem Maße ein. — Der von Vff. für *4-Amino-2-methoxybenzoesäure* gefundene F. liegt um mehr als 60° tiefer als der von FROELICHER u. COHEN (J. chem. Soc. [London]

121. [1922.] 1625) angegebene. — Einzelne Substanzen besitzen bemerkenswerte lokalanaesthet. Wirksamkeit.

Versuche (FF. korr. u. in der Hershberg-App. bestimmt): *2-Äthoxy-4-nitrobenzoesäureäthylester*, $C_{11}H_{13}O_5N$, F. 53,9—54,4°; 0,1 Mol 2-Oxy-4-nitrobenzoesäure, 0,22 Mol K_2CO_3 u. Xylol werden unter Wasserabscheidung gekocht; nach 2 Std. werden 0,28 Mol p-Toluol- oder Benzolsulfonsäureäthylester zugesetzt, 24 Std. wird gekocht; gelbe Nadeln aus CH_3OH. 93% (Ausbeute). *Säure*, $C_9H_9O_5N$, F. 147,3—148,2°. — Entsprechend: *2-Methoxy-4-nitrobenzoesäuremethylester*, $C_9H_9O_5N$, F. 86,8—87,1°. *Äthylester*, $C_{10}H_{11}O_5N$, F. 43,8—44,6°. *Säure*, $C_8H_7O_5N$, F. 148,4—149,8°; 96,5%; entsteht auch aus 2-Methoxy-4-nitrobenzonitril durch kurzes Erhitzen mit konz. H_2SO_4 auf 95°, Rk. mit $NaNO_2$-Lsg. bei 20—23°, kurzes Erhitzen auf 95° u. Versetzen mit Eis; 69%. — *2-n-Propoxy-4-nitrobenzoesäuremethylester*, $C_{11}H_{13}O_5N$, F. 42,3—43,9°. *Säure*, $C_{10}H_{11}O_5N$, F. 148,5—149,4°. — *2-n-Butoxy-4-nitrobenzoesäureäthylester*, $C_{13}H_{17}O_5N$, F. 38,7—40,6°. *Säure*, $C_{11}H_{13}O_5N$, F. 120,9—122,8°. — *2-Oxy-4-nitrobenzoesäurecyclohexylester*, $C_{13}H_{15}$·O_5N, F. 91,4—92,4°. — *2-Carbäthoxy-5-nitrophenyl-p-toluolsulfonat*, $C_{16}H_{15}O_7NS$, F. 101,0 bis 102,0°, bei der Einw. von p-Toluolsulfonylchlorid auf 2-Oxy-4-nitrobenzoesäure, aus absol. A. Plättchen. — *2-Isobutoxy-4-nitrobenzoesäure*, $C_{11}H_{13}O_5N$, F. 158,6—159,6°. — *2-n-Hexyloxy-4-nitrobenzoesäure*, $C_{13}H_{17}O_5N$, F. 86,3—87°. — *4-Propoxy-3-nitrobenzoesäure*, $C_{10}H_{11}O_5N$, F. 167,5—169,7°, aus verd. A. blaßgelbe Prismen. — *4-Butoxy-3-nitrobenzoesäure*, $C_{11}H_{13}O_5N$, F. 166—167°, aus verd. A. cremefarbene Nadeln. — *3-Propoxy-4-nitrobenzoesäure*, $C_{10}H_{11}O_5N$, F. 197,5—198,2°, aus absol. A. blaßgelbe Nadeln. — Ferner in mindestens 95%ig. Reinheit folgende *4-Nitrobenzoesäureester*: *2-Propoxy-*, *n-Propylester*; *2-n-Butoxy-*, *n-Butylester*; *2-Isobutoxy-*, *Isobutyl-* u. *Äthylester*; *2-n-Hexoxy*, *n-Hexyl-*u. *Äthylester; 2-Methoxy-*, *n-Butylester*; außerdem *4-n-Propoxy-3-nitrobenzoesäure-n-propylester*, *4-n-Butoxy-3-nitrobenzoesäure-n-butylester* u. *3-n-Propoxy-4-nitrobenzoesäure-n-propylester*. — Als neue *p-Toluolsulfonsäureester* wurden roh dargestellt der *Isobutyl-*, *n-Hexyl-* u. *Cyclopentylester*. — Aus den Nitroestern durch Red. mit Fe/HCl in A. oder katalyt. mit PtO_2 (Ausbeuten 87—95%) folgende 4-Amino-2-alkoxybenzoesäureester: *4-Amino-2-äthoxybenzoesäureäthylester*, $C_{11}H_{15}O_3N$, F. 120,7 bis 121,8° (Bzl.-Skellysolve B); 96,5%. *Hydrochlorid*, $C_{11}H_{16}O_3NCl$, Doppel-F. 161,4—163,3° u. > 240°. *Säure*, $C_9H_{11}O_3N$, F. 148,8—149,6° (Zers.). — *4-Acetamido-2-äthoxybenzoesäureäthylester*, $C_{13}H_{17}O_4N$, F. 141,6—143,2°; Nadeln aus Bzl.-Skellysolve B. — *5-Amino-2-carbäthoxyphenyl-p-toluolsulfonat*, $C_{16}H_{17}O_5NS$, F. 104,5—106,6°; aus A. Rosetten von Nadeln. — *2-Methoxy-4-aminobenzoesäuremethylester*, $C_9H_{11}O_3N$, F. 157,3—158,1°. *Hydrochlorid*, $C_9H_{12}O_3NCl$, F. > 300. *Äthylester*, $C_{10}H_{13}O_3N$, F. 130,8—132,6°. *Hydrochlorid*, $C_{10}H_{14}O_3NCl$, F. > 300°. *Säure*, $C_8H_9O_3N$, F. 150,5—151,4° (Zers.). — *2-n-Propoxy-4-aminobenzoesäuremethylester*, $C_{11}H_{15}O_3N$, F. 85,8—87,4°. *Säure*, $C_{10}H_{13}O_3N$, F. 183,6—184,6° (Zers.). — *2-n-Butoxy-4-aminobenzoesäuremethylesterhydrochlorid*, $C_{12}H_{18}O_3NCl$, F. 140,6—142,3°. *Äthylester*, $C_{13}H_{19}O_3N$, F. 56,0—57,6°. *Säure*, $C_{11}H_{15}O_3N$, F. 167,6—169,9° (Zers.). — *2-Isobutoxy-4-aminobenzoesäure*, F. 190,6—192,3° (Zers.). — *4-Acetamido-2-äthoxybenzoesäure*, $C_{11}H_{13}O_4N$, F. 148,0—152,2°, aus W. Nadeln. — *4-Butylamino-2-äthoxybenzoesäure*, $C_{13}H_{19}O_3N$, F. 98,0—98,8°, durch reduktive Alkylierung von 4-Amino-2-äthoxybenzoesäureäthylester mit Butyraldehyd, Zn-Staub u. assigsäure u. anschließende Verseifung; aus Bzl.-Skellysolve B Prismen. — Dialkyl-Eminoalkylester der 2-Alkoxy-4-nitrobenzoesäuren wurden auf 3 Wegen dargestellt: A) *2-n-Butoxy-4-nitrobenzoesäure-β-diäthylaminoäthylesterhydrochlorid*, $C_{17}H_{27}O_5N_2Cl$, F. 108,0—110,4°, aus der Säure u. β-Diäthylaminoäthylchlorid in Isopropanol (6 Std. Kochen). Mit Ae. wird gefällt. *Pikrat*, F. 147,8—148,6°. B) *2-n-Propoxy-4-nitrobenzoesäure-β-dimethylaminoäthylesterhydrochlorid*, $C_{14}H_{21}O_5N_2Cl$, F. 158,7—159,5°, aus der Säure in Ggw. von K_2CO_3 in trockenem Toluol mit β-Dimethylaminoäthylchlorid während 20 Std.; 81%. *Pikrat*, F. 155,2—155,8°. C) *2-Methoxy-4-nitrobenzoesäure-γ-[2'-methylpiperidyl-(1')]-propylesterhydrochlorid*, $C_{17}H_{25}O_5N_2Cl$, F. 153,5—154,4°, aus dem Säurechlorid (roh, F. 33—36°; 81%) u. γ-[2-Methylpiperidino]-propanol in Bzl.; 88%. — *4-n-Propoxy-3-nitrobenzoesäure-β-diäthylaminoäthylesterhydrochlorid*, $C_{16}H_{25}O_5N_2Cl$, F. 124,8—126,8°, gelbe Blättchen aus absol. A./Aether. *Pikrat*, $C_{22}H_{27}O_{12}N_5$, F. 130,4 bis 131,4°. — *4-n-Butoxy-3-nitrobenzoesäure-β-diäthylaminoäthylesterhydrochlorid*, C_{17}·$H_{27}O_5N_2Cl$, F. 138,4—140,0°, cremefarbene Blättchen aus absol. A./Aether. *Pikrat*, C_{23}·$H_{29}O_{12}N_5$, F. 124,2—125,0°. — *3-n-Propoxy-4-nitrobenzoesäure-β-diäthylaminoäthylesterhydrochlorid*, $C_{16}H_{25}O_5N_2Cl$, F. 134,9—136,9°, aus absol. A./Ae. Nadeln. *Pikrat*, $C_{22}H_{27}O_{12}N_5$, F. 127,9—128,8°. — *2-Methoxy-4-nitrobenzoesäure-β-dimethylaminoäthylesterhydrochlorid*, $C_{12}H_{17}O_5N_2Cl$, F. 158,0—159,8°. — *β-Diäthylaminoäthylesterhydrochlorid*, $C_{14}H_{21}O_5N_2Cl$, F. 158,2—159,4°. *Pikrat*, F. 135,2—136,2°. — *β-Piperidinoäthylesterhydrochlorid*, $C_{15}H_{21}O_5N_2Cl$, F. 164,2—165,3°. — *β-[2-Methylpiperidino]-äthylesterhydrochlorid*, $C_{16}H_{23}O_5N_2Cl$, F. 154—156°. — *β-Morpholinoäthylesterhydro-*

chlorid, $C_{14}H_{19}O_6N_2Cl$, F. 170,5—172,5°. — *γ-Dimethylaminopropylesterhydrochlorid*, $C_{13}H_{19}O_5N_2Cl$, F. 158,5—160,5°. — *β-Dimethylaminoisopropylesterhydrochlorid*, F. 189,6 bis 190,4°. — *γ-Diäthylaminopropylesterhydrochlorid*, $C_{15}H_{23}O_5N_2Cl$, F. 166,2—166,8°. *Pikrat*, F. 153,2—154,2°. — *γ-Piperidinopropylesterhydrochlorid*, $C_{16}H_{23}O_5N_2Cl$, F. 168,5 bis 170,1°. — *γ-Morpholinopropylesterhydrochlorid*, $C_{15}H_{21}O_6N_2Cl$, F. 203—204,5.° — *2-Äthoxy-4-nitrobenzoesäure-β-dimethylaminoäthylesterhydrochlorid*, $C_{13}H_{19}O_5N_2Cl$, F. 140,5—141,2°. *Pikrat*, F. 159,2—160,2°. — *β-Diäthylaminoäthylesterhydrochlorid*, $C_{15}H_{23}O_5N_2Cl$, F. 131—132°. *Pikrat*, F. 157,2—158°. — *γ-Diäthylaminopropylesterhydrochlorid*, $C_{16}H_{25}O_5N_2Cl$, F. 128,3—129,3°. *Pikrat*, F. 120—120,8°. — *γ-Piperidinopropylesterhydrochlorid*, $C_{17}H_{25}O_5N_2Cl$, F. 147—147,3° *Pikrat*, F. 120,4—121,5°. — *2-n-Propoxy-4-nitrobenzoesäure-β-diäthylaminoäthylesterhydrochlorid*, $C_{16}H_{25}O_5N_2Cl$, F. 131,0—132°. *Pikrat*, F. 124—125°. — *γ-Diäthylaminopropylesterhydrochlorid*, $C_{17}H_{27}O_5N_2Cl$, F. 101,4—102°. *Pikrat*, F. 121,4—123°. — *γ-Piperidinopropylesterhydrochlorid*, $C_{18}H_{27}O_5N_2Cl$, F. 147,3—148,6°. *Pikrat*, F. 110—111°. — *2-n-Butoxy-4-nitrobenzoesäure-β-dimethylaminoäthylesterhydrochlorid*, $C_{15}H_{23}O_5N_2Cl$, F. 108,8—110,7°. *Pikrat*, F. 149,2—150°. — *γ-Diäthylaminopropylesterhydrochlorid*, $C_{18}H_{29}O_5N_2Cl$, F. 123 bis 124,2°. *Pikrat*, F. 109,4—111°. — *γ-Piperidinopropylesterhydrochlorid*, $C_{19}H_{29}O_5N_2Cl$, F. 138,8—139,6°. *Pikrat*, F. 105,2—106°. — *2-Isobutoxy-4-nitrobenzoesäure-β-diäthylaminoäthylesterhydrochlorid*, $C_{17}H_{27}O_5N_2Cl$, F. 156—158°. *Pikrat*, F. 149,2—150,1°. — *γ-Piperidinopropylesterhydrochlorid*, $C_{19}H_{29}O_5N_2Cl$, F. 163,3—165°. *Pikrat*, F. 125,6 bis 127°. — *2-n-Hexyloxy-4-nitrobenzoesäure-β-diäthylaminoäthylesterhydrochlorid*, $C_{19}H_{31}O_5N_2Cl$, F. 77,5—78,5°. *Pikrat*, F. 118,4—119,6°. — *γ-Piperidinopropylesterhydrochlorid*, $C_{21}H_{33}O_5N_2Cl$, F. 133,9—135,2°. *Pikrat*, F. 114,6—115,4°. *Flavianat*, F. 161,7—163°. — Aus den Nitroestern wurden durch Fe/HCl oder katalyt. Red. die jeweiligen Aminoester erhalten: *3-Amino-4-propoxybenzoesäure-β-diäthylaminoäthylesterhydrochlorid*, $C_{16}H_{27}O_3N_2Cl$, F. 182—183,3°, Prismen (absol. A./Essigester). *Flavianat*, $C_{26}H_{32}O_{11}N_4S$, F. 162—163° (Zers.). — *3-Amino-4-butoxybenzoesäure-β-diäthylaminoäthylesterhydrochlorid*, $C_{17}H_{29}O_3N_2Cl$, F. 158,8—160°, Nadeln (absol. A./Essigester). *Flavianat*, $C_{27}H_{34}O_{11}N_4S$, F. 172,6—174,6°. — *4-Amino-3-propoxybenzoesäure-β-diäthylaminoäthylesterhydrochlorid*, $C_{16}H_{27}O_3N_2Cl$, F. 172,5—173,2°, Nadeln (absol. A.). *Diflavianat*, $C_{36}H_{38}O_{19}N_6S_2$, F. 208,8—210°, gelbe Nadeln (Essigsäure). —*2-Methoxy-4-aminobenzoesäure-β-dimethylaminoäthylesterphosphat*, $C_{12}H_{21}O_7N_2P$, F. 197 bis 198,4°. *Pikrat*, F. 179—179,9°. — *β-Diäthylaminoäthylesterphosphat*, $C_{14}H_{25}O_7N_2P$, F. 197,5—199°. *Pikrat*, F. 172,6—173,8°. — *β-Piperidinoäthylesterphosphat*, $C_{15}H_{25}O_7N_2P$, F. 171,7—172,3°. *Pikrat*, F. 180,4—181,4°. — *β-[2'-Methylpiperidino]-äthylester*, $C_{16}H_{24}O_3N_2$, F. 94,5—96,6°. *Phosphat*, $C_{16}H_{27}O_7N_2P$, F. 219—220° (Zers.). *Dipikrat*, F. 149,5—150,5°. — *β-Morpholinoäthylesterphosphat*, $C_{14}H_{23}O_8N_2P$, F. 173—174,1°. *Pikrat*, F. 189,6—190,2°. — *γ-Dimethylaminopropylester*, $C_{13}H_{20}O_3N_2$, F. 113,4—114,4°. *Phosphat*, $C_{13}H_{23}O_7N_2P$, F. 183,8—184,5°. *Pikrat*, F. 138—138,8°. — *β-Dimethylaminoisopropylester*, $C_{13}H_{20}O_3N_2$, F. 99—100,6°. *Pikrat*, F. 183,5—184,5°. — *γ-Diäthylaminopropylesterphosphat*, $C_{15}H_{27}O_7N_2P$, F. 215—217,5°. *Pikrat*, F. 142,4—143,4°. — *γ-Piperidinopropylesterphosphat*, $C_{16}H_{27}O_7N_2P$, F. 219,1—220°. *Pikrat*, F. 168,8—170°. — *γ-[2'-Methylpiperidino]-propylesterphosphat*, $C_{17}H_{29}O_7N_2P$, F. 206,8—208,4°. *Pikrat*, F. 169,4—170,4°. — *γ-Morpholinopropylesterphosphat*, $C_{15}H_{25}O_8N_2P$, F. 170,7—171,5°. *Pikrat*, F. 205—205,8°. — *2-Äthoxy-4-aminobenzoesäure-β-dimethylaminoäthylester*, $C_{13}H_{20}O_3N_2$, F. 76,2—77,1°. *Pikrat*, F. 152—153°. — *β-Diäthylaminoäthylester*, $C_{15}H_{24}O_3N_2$, F. 92—93,8°. *Phosphat*, $C_{15}H_{27}O_7N_2P$, F. 151,8—152,8°. *Pikrat*, F. 177—178,2°. — *γ-Diäthylaminopropylesterdihydrochlorid*, $C_{16}H_{28}O_3N_2Cl_2$, F. 154,9—155,3° (Zers.). *Flavianat*, F. 163,8—165,4°. — *γ-Piperidinopropylester*, $C_{17}H_{26}O_3N_2$, F. 90—90,8°. *Dihydrochlorid*, $C_{17}H_{28}O_3N_2Cl_2$, F. 171,6—176,6°. *Flavianat*, F. 184,2—186°. — *2-n-Propoxy-4-aminobenzoesäure-β-dimethylaminoäthylesterdihydrochlorid*, $C_{14}H_{24}O_3N_2Cl_2$, F. 157 bis 160° (Zers.). *Flavianat*, F. 194,2—194,8° (Zers.). — *β-Diäthylaminoäthylesterhydrochlorid*, $C_{16}H_{27}O_3N_2Cl$, F. 148,3—150°. *Dihydrochlorid*, $C_{16}H_{28}O_3N_2Cl_2$, F. 132,8—136,8°. *Dipikrat*, F. 137—137,8°. — *γ-Diäthylaminopropylesterdihydrochlorid*, $C_{17}H_{30}O_3N_2Cl_2$, F. 152,5—154,5°. *Flavianat*, F. 130,4—133,2°. — *γ-Piperidinopropylester*, $C_{18}H_{28}O_3N_2$, F. 62,8—64°. *Dihydrochlorid*, $C_{18}H_{30}O_3N_2Cl_2$, F. 169,4—172° (Zers.). *Diflavianat*, F. 151° (Zers.). — *2-n-Butoxy-4-aminobenzoesäure-β-dimethylaminoäthylesterdihydrochlorid*, $C_{15}H_{26}O_3N_2Cl_2$, F. 156,8—159° (Zers.). *Diflavianat*, F. 191,2—192,5°. — *β-Diäthylaminoäthylesterhydrochlorid*, $C_{17}H_{29}O_3N_2Cl$, F. 125,4—126,4°. *Dipikrat*, F. 96,2 bis 96,9°. — *γ-Diäthylaminopropylesterdihydrochlorid*, $C_{18}H_{32}O_3N_2Cl_2$, F. 148,3—150,9°. *Flavianat*, F. 139,6—146,8°. — *γ-Piperidinopropylesterphosphat*, $C_{19}H_{33}O_7N_2P$, F. 80 bis 83°. *Dipikrat*, F. 84,2—85,6°. — *2-Isobutoxy-4-aminobenzoesäure-β-diäthylaminoäthylesterhydrochlorid*, $C_{17}H_{29}O_3N_2Cl$, F. 128,6—129,6°. *Dipikrat*, F. 131—131,6°. — *γ-Piperidinopropylesterhydrochlorid*, $C_{19}H_{31}O_3N_2Cl$, F. 178,7—179,8°. *Diflavianat*,

F. 157—159°. — *2-n-Hexyloxy-4-aminobenzoesäure-β-diäthylaminoäthylesterhydrochlorid*, $C_{19}H_{33}O_3N_2Cl$, F. 130,5—133,5°. *Diflavianat*, F. 166,2—168,1°. — *γ-Piperidinopropylesterhydrochlorid*, $C_{21}H_{35}O_3N_2Cl$, F. 133,2°. *Diflavianat*, F. 198—199,6°. — Durch reduktive Alkylierung mit einem Aldehyd u. Zn-Staub/Essigsäure wurden aus den 4-Aminobenzoesäureestern folgende 4-Alkylaminobenzoesäureester dargestellt: *2-Methoxy-4-butylaminobenzoesäure-β-dimethylaminoäthylesterdihydrochlorid*, $C_{16}H_{28}O_3N_2Cl_2$, F. 143,1—145,6°. *Flavianat*, F. 164—166° (Zers.). — *β-Diäthylaminoäthylesterdihydro-, chlorid*, $C_{18}H_{32}O_3N_2Cl_2$, F. 143,1—144,4°. — *β-Piperidinoäthylester*, $C_{19}H_{30}O_3N_2$, Öl. *Pikrat*, F. 141,5—142,6°. — *β-[2'-Methylpiperidino]-äthylester*, $C_{20}H_{32}O_3N_2$, Öl. — *β-Morpholinoäthylester*, $C_{18}H_{28}O_4N_2$, Öl. *Pikrat*, F. 146,1—148°. — *γ-Dimethylaminopropylester*, $C_{17}H_{28}O_3N_2$, Öl. *γ-Diäthylaminopropylester*, $C_{19}H_{32}O_3N_2$, Öl. *Flavianat*, F. 165,2—167,5°. — *γ-Piperidinopropylester*, $C_{20}H_{32}O_3N_2$, Öl. *Pikrat*, F. 132,4—134,4°. — *γ-[2'-Methylpiperidino]-propylester*, $C_{21}H_{34}O_3N_2$, Öl. *Flavianat*, F. 167—168,2°. — *γ-Morpholinopropylester*, $C_{19}H_{30}O_4N_2$, Öl. *Pikrat*, F. 159,6—161,6°. — *2-Äthoxy-4-butylaminobenzoesäure-β-diäthylaminoäthylester*, $C_{19}H_{32}O_3N_2$, Öl. *Flavianat*, F. 149,9 bis 151,7°. — *γ-Piperidinopropylesterdihydrochlorid*, $C_{21}H_{36}O_3N_2Cl_2$, F. 143,4—146,8°. *Flavianat*, F. 166,4—168°. — *2-Propoxy-4-butylaminobenzoesäure-β-diäthylaminoäthylesterdihydrochlorid*, $C_{20}H_{36}O_3N_2Cl_2$, F. 136,8—138°. *Flavianat*, F. 168,5—169° (Zers.). — *γ-Piperidinopropylesterdihydrochlorid*, $C_{22}H_{38}O_3N_2Cl_2$, F. 136,2—137,5°. *Flavianat*, F. 167,8—169,7°. — *2-n-Butoxy-4-butylaminobenzoesäure-β-diäthylaminoäthylester*, $C_{21}H_{36}O_3N_2$, Öl. — *γ-Piperidinopropylester*, $C_{23}H_{38}O_3N_2$, Öl. *Flavianat*, F. 186,6—187,2°. — *2-Methoxy-4-pentylaminobenzoesäure-β-dimethylaminoäthylesterdihydrochlorid*, $C_{17}H_{30}O_3N_2Cl_2$, F. 152,8—158,2°. *Flavianat*, F. 155,5—157°. — *2-Methoxy-4-[ω-oxypentylamino]-benzoesäure-β-dimethylaminoäthylester*, $C_{17}H_{28}O_4N_2$, Öl. *Flavianat*, F. 167—168,2°. — *β-[2'-Methylpiperidino]-äthylester*, $C_{21}H_{34}O_4N_2$, Öl. — *2-Methoxy-4-propylaminobenzoesäure-γ-dimethylaminopropylesterphosphat*, $C_{16}H_{29}O_7N_2P$, F. 164,6—165,8°. *Flavianat*, F. 170° (Zers.). — *2-Methoxy-4-pentylaminobenzoesäure-γ-dimethylaminopropylesterdihydrochlorid*, $C_{18}H_{32}O_3N_2Cl_2$, F. 97—100°. *Flavianat*, F. 161 bis 162,2°. — *2-n-Butoxy-4-pentylaminobenzoesäure-γ-piperidinopropylester*, $C_{24}H_{40}O_3N_2$, Öl. *Flavianat*, F. 192,5—193,2°. (J. Amer. chem. Soc. **74**. 592—98. 5/2. 1952. Rensselaer, N. Y., Sterling-Winthrop Res. Inst.) NEZEL. 1350

D. Sch. Rosina, *o-Aminobenzolarsonsäure*. Bei der Red. von o-Nitrobenzolarsonsäure (I) mit Fe bei p_H 7—8 wird die Arsongruppe nicht angegriffen, u. *o-Aminobenzolarsonsäure* (**II**) entsteht mit 83—85%ig. Ausbeute. Als Nebenprod. wird *Azobenzol-2.2'-diarsonsäure* gebildet, das in größerer Menge entsteht, wenn grobkörniges Fe angewendet wird.

Versuche: *o-Aminobenzolarsonsäure* (**II**), F. 152°. 200 g gußeiserne Fe-Feile (gesiebt durch ein Sieb mit 80 Maschen/cm^2) werden in 1 Liter 5%ig. NaCl-Lsg. eingetragen. Man erhitzt unter Rühren 30 Min. zum Sieden, gibt anteilweise in 3 Std. 100 g **I** zu u. rührt noch 2 Stunden. Nach Zusatz von 200 g 5nNaOH-Lsg. wird heiß filtriert, die Lsg. mit HCl angesäuert, mit Aktivkohle behandelt u. im Vakuum eingeengt. Nadeln. — *Azobenzol-2.2'-diarsonsäure*, $C_{12}H_{12}O_6N_2As_2$, F. 269°. Man red. **I** unter vorst. Bedingungen, aber mit gröberer Fe-Feile (weniger als 40 Maschen/cm^2). Zur Trennung von **II** wird die wie vorst. mit NaOH erhaltene Lsg. bei p_H 3—4 angesäuert u. der Nd. aus Na_2CO_3-Lsg. umgefällt. Gelbbraun; 4—5 g (Ausbeute). (Журнал Прикладной Химии [J. angew. Chem.] **23**. 1110—12. Okt. 1950. Inst. für chem. Reagentien.) v. PEZOLD. 1380

J. Dvořák, *Darstellung von Äthylensäurenitrilen durch Pyrolyse der Nitrile von acetylierten Oxysäuren.* Durch Anlagerung von HCN an *Acetaldehyd, Aceton, Acetophenon, p-Methylacetophenon* u. *Dipropylketon*, Acetylierung der Oxynitrile u. Pyrolyse durch Überleiten über Porzellanscherben bei Tempp. bis zu 500° wurden die *Nitrile* der *Acryl-, Methacryl-, α-Phenylacryl-, α-p-Tolylacryl-* u. *α-Propyl-β-äthylacrylsäure* dargestellt. Der Einfl. der Temp. auf die Ausbeute wurde untersucht. Zur Erreichung von optimalen Ausbeuten waren bei den einzelnen Verbb. unterschiedliche Tempp. notwendig. Weiterhin wurde beobachtet, daß eine Verlängerung der Kontaktdauer bei tieferen Tempp. zum gleichen Zersetzungsgrad führte, jedoch mit größeren Verlusten.

Versuche: *Acrylonitril*, Kp. 77,5—79°, durch Rk. von Acetaldehydcyanhydrin mit Essigsäureanhydrid u. wenig konz. H_2SO_4 u. Pyrolyse des *Acetylierungsprod.* (F. 167—169°) bei 500—550°. — Die Darst. der *Cyanhydrine* erfolgte durch Rk. des Ketons mit KCN in Ggw. von 40%ig. H_2SO_4. Die Acetylierung wurde wie vorst. beschrieben durchgeführt. — Die Pyrolyse der Acetoxynitrile erfolgte in einer ausführlich beschriebenen App. durch Zutropfen zu dem auf die Zersetzungstemp. erhitzten

Porzellankontakt unter gleichzeitigem Einleiten von N_2. Die austretenden Reaktionsprodd. wurden nach Kühlen in Eiswasser aufgefangen. — *Methylacrylonitril*, Kp. 90 bis 91°, durch Pyrolyse von *acetyliertem Acetoncyanhydrin* (Kp. 180—181°) bei 450—500° u. Destillation. — *α-Phenylacrylonitril* (*Atropasäurenitril*), $Kp._{13}$ 111—115°, durch Pyrolyse der *Acetylverb.* [$C_{11}H_{11}O_2N$, $Kp._{15}$ 15—153°(?), F. 36° (Ae.)] bei 400—450°. — *α-p-Tolylacrylonitril*, $C_{10}H_9N$, $Kp._{12}$ 115—118°, durch Acetylierung von Methyl-p-tolylketoncyanhydrin u. Pyrolyse des Reaktionsprod. ($Kp._{15}$ 163—164°, $n_D^{18,5}$ 1,5041) bei 400°. — *α-Propyl-β-äthylacrylonitril*, Kp. 175—176°, durch Acetylierung von Dipropylketoncyanhydrin ($Kp._{17}$ 117—119°) u. Pyrolyse des Reaktionsprod. ($Kp._{17}$ 121—122°, $n_D^{18,5}$ 1,4280) bei 400°. (Collect. Trav. chim. Tchécoslov. **15.** 909—17. 1950. Brno, École Polytechn. Dr. E. Benes, Inst. de chim. organ. et des matières plastiques.)

HORST BAGANZ. 1610

J. D. Billimoria, *Einfache Analoge von Cortison.* (Vgl. C. **1953.** 1952.) Es werden methylsubstituierte Analoge von 1-[Oxyacetyl]-cyclohexanol dargestellt: *cis-* bzw. *trans-2-Methyl-1-äthinylcyclohexanol* aus 2-Methylcyclohexanon u. Na-Acetylid in fl. NH_3; *cis*-Verb., F. 58°, 40%; *trans*-Verb., $Kp._{15}$ 76°, n_D^{22} 1,4698, 60%. — *cis-* bzw. *trans-2-Methyl-1-acetylcyclohexanol*, aus vorst. Verbb. u. verd. H_2SO_4 mit Hg^{2+}; *cis*-Verb., F. 36° (*Semicarbazon*, F. 229—230°); *trans*-Verb., $Kp._{10}$ 92°, n_D^{18} 1,4635 (*Semicarbazon*, F. 218—219°). Liefern bei Bromierung *cis-* bzw. *trans-2-Methyl-1-[bromacetyl]-cyclohexanol*, *cis*-Verb., F. 68—69° (*Pyridiniumsalz*, F. 188—190°); *trans*-Verb., $Kp._{10^{-4}}$ 70° (*Pyridiniumsalz*, F. 202—203°). — *cis-* bzw. *trans-2-Methyl-1-[oxyacetyl]-cyclohexanol*, durch Hydrolyse der entsprechenden vorst. Bromide; *cis*-Verb., F. 79—80°, u. *trans*-Verb., viscose Fl. (*Semicarbazon*, F. 199—201°; *Thiosemicarbazon*, F. 210°, Zers.). — *4-Methyl-1-äthinylcyclohexanol*, F. 20°, aus 4-Methylcyclohexanon (vgl. oben); cis- + trans-Form, eine reine Form, F. 36°, in geringer Ausbeute isoliert. Liefert bei Wasseranlagerung *4-Methyl-1-acetylcyclohexanol*, $Kp._{10}$ 99 bis 100° (*Semicarbazon*, F. 181—182°). Dieses gibt bei Bromierung u. Hydrolyse *4-Methyl-1-bromacetylcyclohexanol*, $Kp._{0,004}$ 125°, u. *4-Methyl-1-[oxyacetyl]-cyclohexanol*, F. 80 bis 81°. — *2.2-Dimethyl-1-[oxyacetyl]-cyclohexanol*, F. 56°, durch entsprechende Rkk. in sehr geringer Ausbeute. — *1-Acetylcyclohexylbenzoat*, $Kp._{10^{-4}}$ 124,5°, nach entsprechenden Rkk. u. Benzoylierung. *2.4-Dinitrophenylhydrazon*, F. 200°. — *1-[Oxyacetyl]-cyclohexylbenzoat*, F. 76°. *Phosphat*, F. 80—81°. (Nature [London] **170.** 248—49. 9/8. 1952. London, Univ., Westminster Med. School, Dep. of Chem. Pathol.)

H.-J. KOCH. 1860

S. H. Harper und **H. W. B. Reed,** *Die Crysanthemumcarbonsäuren.* 2. Mitt. *Veresterung der Chrysanthemumsäuren.* (1. vgl. C. **1953.** 1471.) Die Veresterung von (±)-*trans-* bzw. -*cis-Chrysanthemsäure* (**II**) mit 2n methanol. H_2SO_4 führt neben der n. Veresterung gleichzeitig zur Anlagerung von CH_3OH an die Doppelbindung der Isobutenylgruppe unter Bldg. der entsprechenden *δ-Methoxydihydrochrysanthemsäuremethylester* (**I**).

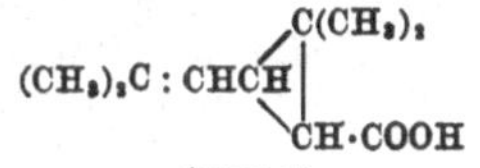
trans-II

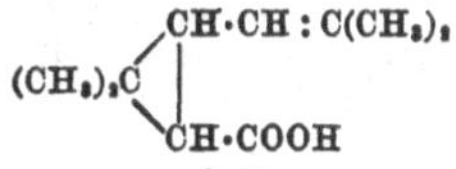
cis-II

cis-I entsteht auch aus (±)-cis-Dihydrochrysanthemo-δ-lacton durch Methanolyse. Ozonolyse der **II**-Methylester liefert nur in geringer Menge die entsprechenden *cis-* u. *trans-3-Formyl-2.2-dimethylcyclopropancarbonsäure-(1)-methylester* (**III**). Andere Darstellungsmethoden für **III** ergaben auch nur geringe Ausbeuten, z. B. die ROSENMUND-Red. von trans-3-Carbomethoxy-2.2-dimethylcyclopropancarbonsäure-(1)-chlorid oder die RANEY-Ni-Hydrogenolyse des aus dem Säurechlorid mit Äthylmercaptan erhaltenen Thiolesters.

V e r s u c h e: (±)-*cis-Chrysanthemsäure*(**II**)-*methylester*, $C_{11}H_{18}O_2$, $Kp._7$ 82—83°; n_D^{25} 1,4624; $D._4^{25}$ 0,9417; Mol.-Refr. 53,25; ca. 25 g (Ausbeute) aus 70 g *cis*-**II**. Verseifung von 1 g gibt 0,51 g *cis*-**II**, F. 113° (Essigester). Neben dem Ester (±) *cis-δ-Methoxydihydrochrysanthemsäuremethylester* (**I**), $C_{12}H_{22}O_3$, $Kp._7$ 97—98°; n_D^{25} 1,4490; $D._4^{25}$ 0,9653; Mol.-Refr. 59,54; ca. 30 g. — (±)-*cis-δ-Methoxydihydrochrysanthemsäure*, $C_{11}H_{20}O_3$, F. 89°; aus Essigester/PAe. Würfel. *p-Phenylphenacylester*, $C_{25}H_{30}O_4$, F. 75°, aus PAe. Tafeln. — (±)-*trans*-**II**-*Methylester*, $C_{11}H_{18}O_2$, $Kp._8$ 85°; n_D^{25} 1,4595; $D._4^{25}$ 0,9270; Mol.-Refr. 53,80; ca. 55 g aus 60 g *trans*-**II**. Verseifung von 1 g liefert 0,48 g *trans*-**II**, F. 54° (Essigester). — Neben dem Ester (±)-*trans*-**I**, $C_{12}H_{22}O_3$, $Kp._{12}$ 111—112°; n_D^{25} 1,4455; ca. 4 g. — (±)-*trans-δ-Methoxydihydrochrysanthemsäure*, $C_{11}H_{20}O_3$, F. 44°; aus Essigester Nadeln. *p-Phenylphenacylester*, $C_{25}H_{30}O_4$, F. 70°; aus A.-W. Tafeln. — (±)-*cis-3-Formyl-2.2-dimethylcyclopropancarbonsäure-(1)-methylester* (**III**): 4,55 g cis-**II**-Methylester werden in Essigester bei 0° mit O_3 behandelt, die Lsg. zu vorred. Pd/$CaCO_3$ gegeben u. 12 Std. bei 19° hydriert; 0,25 g. *Semicarbazon*, $C_9H_{15}O_3N_3$, F. 197°; Prismen. *2.4-Dinitrophenylhydrazon*, $C_{14}H_{16}O_6N_4$, F. 148°; aus A. gelbe Stäbchen. — (±)-*trans*-**III**,

$C_8H_{12}O_3$, F. 84—86° (aus Essigester bei —40°), 1,3 g aus 5 g trans-**II**-Methylester. *p-Nitrophenylhydrazon*, $C_{14}H_{17}O_4N_3$, F. 158°, aus wss. CH_3OH gelbe Nadeln. *2.4-Dinitrophenylhydrazon*, $C_{14}H_{16}O_6N_4$, F. 151°, aus A. orangefarbene Tafeln. *Dimedonderiv.*, $C_{24}H_{34}O_6$, F. 152°, aus wss. CH_3OH unregelmäßige Prismen. — (±)-*cis-δ-Formoxy-γ-oxydihydrochrysanthemsäuremethylester*, $C_{12}H_{20}O_5$, Kp.$_{0,2}$ 79°, aus 4,53 g (±)-cis-**II**-Methylester, Perhydrol u. Ameisensäure; 3,5 g. Gibt mit sd. W. den entsprechenden *Glykolester*, der mit $Pb(OCOCH_3)_4$ keinen Aldehyd liefert. — (±)-*trans-Caronsäure*(**IV**)-*monomethylester*, F. 103° (Leichtbenzin), aus 37 g **IV**-Dimethylester (Kp.$_{13}$ 103—105°) mit der berechneten Menge KOH in CH_3OH bei 20°; 25,6 g. Der von STAUDINGER u. RUZIÇKA (Helv. chim. Acta **7**. [1924.] 201) für den **IV**-Dimethylester angegebene Kp. muß unrichtig sein. — (±)-*trans-3-Carbomethoxy-2.2-dimethylcyclopropancarbonsäure-(1)-chlorid*, Kp.$_{12}$ 91—93°, aus **IV**-Halbester mit $SOCl_2$ in Leichtbenzin; 97%. 8,3 g geben bei ROSENMUND-Red. in sd. Xylol 3,5 g rohen (±)-trans-**III**. — (±)-*trans-3-Carbomethoxy-2.2-dimethylcyclopropanthiolcarbonsäure-(1)-äthylester*, $C_{10}H_{16}O_3S$, Kp.$_{18}$ 137—138°, aus 10 g des vorst. Säurechlorids u. Äthylmercaptan in Bzl. +.Pyridin; 78%. 8,4 g geben nach Red. mit RANEY-Ni in wss. A. 0,43 g (±)-trans-**III**. (J. Sci. Food Agric. **2**. 414—20. Sept. 1951. London, Univ., King's Coll.) NEZEL. 2010

L. Crombie, S. H. Harper und **R. A. Thompson,** *Die Chrysanthemumcarbonsäuren. 3. Mitt. Lactonisierung der Chrysanthemsäuren.* (2. vgl. vorst. Ref.) Durch sd. $2nH_2SO_4$ wird (±)-cis-Chrysanthemsäure [(±)-cis-Chrysanthemummonocarbonsäure, **I**] leicht in (±)-*cis-Dihydrochrysanthemo-δ-lacton* (**IV**) übergeführt, das mit alkoh. KOH zu (±)-*cis-δ-Oxydihydrochrysanthemsäure* (**III**) verseift wird u. mit sd. 1%ig. methanol. H_2SO_4 (±)-*cis-I-Methylester* u. hauptsächlich (±)-*cis-δ-Methoxydihydrochrysanthemsäuremethylester* bildet. Aus (±)-trans-**I** entsteht bei den gleichen Lactonisierungsbedingungen durch Hydratisierung (±)-*trans*-**III**. Der Mechanismus der Rkk. wird diskutiert. Beim Erhitzen von cis- u. trans-**I** im evakuierten Rohr auf 300° entsteht (±)-*Pyrocin* (**II**), das auch MATSUI (1950) u. NAGARE u. MATSUI (J. agric. chem. Soc. Japan **20**. [1944.] 250) aus Pyrethrumblüten durch trockene Dest. erhielten, das aber nicht, wie die japan. Autoren annahmen, mit **IV** ident. ist, wohl aber daraus unter gleichen Bedingungen entsteht. Da **II** durch Ozonolyse *Aceton* u. *Terebinsäure* gibt, kommt ihm die Struktur von *β-Isobutenylisohexano-γ-lacton* zu. Die von MATSUI bei der $KMnO_4$-Oxydation von **II** neben Aceton angeblich erhaltene trans-Caronsäure wird vielleicht die bis jetzt unbekannte opt.-akt. Terebinsäure gewesen sein. (±)-cis-**I** entwickelt beim Erhitzen CO_2; es entsteht nur wenig **II**. Für Hausfliegen waren die Lactone nicht tox.; die Feststellung von MATSUI, daß **II** sehr tox. ist, wird auf ungenaue u. unvollständige Versuchsdurchführung zurückgeführt.

Versuche: (±)-*cis-Dihydrochrysanthemo-δ-lacton* (**IV**), $C_{10}H_{16}O_2$: 4 g (±)-cis-Chrysanthemsäure (**I**) werden in 5%ig. H_2SO_4 3 Std. gekocht, mit Ae. isoliert; Kp.$_{16}$ 136°; n_D^{20} 1,4645; F. 52—53°; aus PAe. große Bipyramiden; 2,35 g (Ausbeute). Durch Verseifung mit alkoh. KOH u. Veresterung mit p-Bromphenacylbromid in sd. wss. A. entsteht hieraus (±)-*cis-δ-Oxydihydrochrysanthemsäure* (**III**)-*p-Bromphenacylester*, $C_{18}H_{23}O_4Br$, F. 115° (A.). Methanolyse von 2 g **IV** mit 1%ig. methanol. H_2SO_4 (12 Std.) gibt ca. 0,1 g (±)-cis-**I**-Methylester (in der Fraktion vom Kp.$_8$ 96—98°) u. 1,39 g (±)-*cis-δ-Methoxydihydrochrysanthemsäuremethylester*, $C_{12}H_{22}O_3$, Kp.$_8$ 98 bis 100°; n_D^{20} 1,4528. 5std. Hydrolyse mit 10%ig. methanol. KOH liefert aus 0,75 g 0,65 g der *Säure*, F. 84—85° (roh; aus Essigester); *p-Phenylphenacylester*, F. 72—73° (PAe.). — (±)-*β-Isobutenylisohexano-γ-lacton* [(±)-*Pyrocin*, **II**], F. 59—60° (PAe.), aus (±)-trans-**I** im geschlossenen, vorher auf 10^{-2} mm evakuierten Rohr bei 300° (3 Std.); Kp.$_9$ 116—119°; 46%; aus (±)-cis-**I** 35%, aus 0,75 g **IV** 0,065 g. Das Gemisch von (±)-cis- u. -trans-**I** gibt 37% **II** u. einen ungesätt. *KW-stoff*, Kp.$_{12}$ 38—39°. — **II** nimmt prakt. 1 Mol H_2 auf. Ozonbehandlung von **II** gibt *Aceton* (*2.4-Dinitrophenylhydrazon*, F. 124—125°; 31%, u. *Terebinsäure*, F. 174°; 33%. (J. Sci. Food Agric. **2**. 421—28. Sept. 1951.) NEZEL. 2010

A. T. Carpenter und **R. F. Hunter,** *Synthese von Molekulareinheiten zur rationellen Synthese von Phenol-Formaldehyd- und verwandten Harzen.* 1. Mitt. *Synthese von Resolen, Dioxydiphenyläthanen und Dioxydiphenylpropanen.* Als Beitrag zur Aufklärung der Struktur der Polykondensationseinheiten von *Phenolformaldehydharzen* wurde mit der systemat. Synth. von genuinen Zwischenprodd. mit eindeutiger Konst. begonnen. Vff. stellen fest, daß das von HARDEN u. BREWER (C. **1938**. I. 3466) aus 2.4-Dibrom-6-brommethylphenol (**IV**) u. Phenol (**III**) erhaltene u. als 3.5-Dibrom-2.4′-dioxydiphenylmethan (**I**) angesehene Prod. hauptsächlich aus *3.5-Dibrom-2.2′-dioxydiphenylmethan* (**V**) besteht; **I** liegt in den löslicheren Anteilen vor. — Bei kontrollierter Pd-Red. von 3.5-Dibrom-2.2′-dioxy-3′.5′-bis-[oxymethyl]-diphenylmethan (**VII**) entsteht das Resol *2.2′-Dioxy-3.5-bis-*[*oxymethyl*]*-diphenylmethan*, bei höherer Pd-Konz. werden auch die Methylolgruppen zu $-CH_3$ reduziert. — *2.4.6-Tris-[oxymethyl]-phenol* (**X**) konnte nicht durch $LiAlH_4$-Red. von Oxytrimesinsäure (**II**) oder 2.4.6-Tris-[acetoxymethyl]-phenylacetat, wohl aber aus **II**-Triäthylester in geringer Ausbeute dargestellt werden. — Die *Bis-[oxyphenyl]-äthane* u. *-propane* wurden dargestellt, um den Einfl. der zusätzlichen CH_2-Gruppen auf die Rk. der Verbb. mit HCHO festzustellen. — *1.3-Bis-[p-oxyphenyl]-propan* wurde aus p-Methoxyacetophenon dargestellt; der direkte Weg aus p-Oxyacetophenon u. p-Oxybenzaldehyd über 4.4'-Dioxychalkon erwies sich als weniger gut geeignet. — o.o'-Dimethoxydibenzylketon konnte aus dem Ca-Salz der o-Methoxyphenylessigsäure nicht dargestellt werden.

Versuche: *5-Brom-2.4'-dioxydiphenylmethan*, $C_{13}H_{11}O_2Br$, F. 155° (Bzl.), aus 22 g 4-Brom-2-oxymethylphenol in 100 g **III** durch Zugabe zu 50 g **III** + wenig konz. HCl, 1 std. Erhitzen auf dem Dampfbad, Neutralisation mit Soda, Dampfdest. u. Kristallisation des Rückstandes aus wss. CH_3OH; 4,1 g (Ausbeute); gibt bei Red. mit Pd-Kohle in A. *2.4'-Dioxydiphenylmethan* (**VI**). — *5-Carboxy-2.4'-dioxydiphenylmethan*, $C_{14}H_{12}O_4$, F. 199—201° (wss. CH_3COOH), aus n-Butyl-Li in Ae. durch Addition zu 2,5 g der vorst. Bromverb. in Ae., Gießen auf CO_2 nach mehreren Std., Ansäuern, Ausäthern, Ausziehen mit 10%ig. Sodalsg. u. Ansäuern; 1,1 g. — *2.4'-Dioxy-5-oxymethyldiphenylmethan*, $C_{14}H_{14}O_3$, F. 155—158°, durch $LiAlH_4$-Red. von 0,5 g vorst. Verb. in Ae.; aus Bzl.–Leichtbenzin Flocken; 0,18 g. — *3.5-Dibrom-2.2'-dioxydiphenylmethan* (**V**), $C_{13}H_{10}O_2Br_2$, F. 180—181,5°, aus **IV** u. **III** nach HARDEN u. BREWER (l. c.); 13% Rohprod. mit F. 172—174°; aus Toluol u. wss. CH_3OH Nadeln; 0,7 g der Verb. liefern nach Kochen in Butanol mit Na, Zugabe von CH_3OH, Ansäuern mit Essigsäure u. Dampfdest. *2.2'-Dioxydiphenylmethan*; aus Bzl.–Leichtbenzin lange Nadeln; 0,2 g. — *4.6-Dibromsaligenin*, aus 60 g **IV** durch Hydrolyse mit wss. Aceton; roh, F. 81—82°; 44 g. — Daraus durch 5 std. Rk. mit **III** bei 100° in Ggw. von p-Toluolsulfonsäure (**VIII**), Dampfdest. u. fraktionierte Kristallisation des Rückstandes **V**; 31,4%; wiederholte Kristallisation aus Bzl., CH_3OH u. wss. CH_3OH gibt einen Rückstand, der bei Red. mit Na in Butanol zu **VI** führt; 18%. — *3.5-Dibrom-2.2'-dioxy-3'.5'-bis-[oxymethyl]-diphenylmethan* (**VII**), $C_{15}H_{14}O_4Br_2$, F. 144—146°, aus 3 g **V** in verd. NaOH durch 5tägige Rk. mit Formalin u. Ansäuern mit festem CO_2; aus wss. CH_3OH blaßgelbe Nadeln; 2,91 g. — *2-[3'.5'-Dibrom-2'-oxybenzyl]-4.6-bis-[2''-oxy-5''-methylbenzyl]-phenol*, $C_{29}H_{26}O_4Br_2$, F. 197—199° (Bzl. u. Leichtbenzin), aus 0,22 g **VII**, 4,7 g p-Kresol (**IX**) u. wenig **VIII** durch 2 std. Erhitzen auf dem Dampfbad, Zugabe von wenig 10%ig. Sodalsg. u. Dampfdest.; cremefarben; 0,31 g. — *2-[2'-Oxybenzyl]-4.6-bis-[2''-oxy-5''-methylbenzyl]-phenol*, $C_{29}H_{28}O_4$, F. ca. 120° (Bzl.–Leichtbenzin), aus vorst. Verb. durch Hydrierung in 90%ig. CH_3OH mit Pd-Kohle; cremefarben. — *2.2'-Dioxy-3.5-bis-[oxymethyl]-diphenylmethan*, $C_{15}H_{16}O_2$, F. 122—123° ($ClCH_2Cl$), aus 0,31 g **VII** in wss.-alkoh. NaOH durch Red. mit 5%ig. Pd-Kohle. Eimdampfen des Filtrats u. Ausäthern; 0,2 g. — *Oxytrimesinsäure* (**II**)-*Triäthylester*, $C_{15}H_{18}O_7$, F. 80,5—81,5° (A.). — *2.4.6-Tris-[oxymethyl]-phenol* (**X**), $C_9H_{12}O_4$, F. 76—78° (Essigester), aus 1 g vorst. Verb. durch $LiAlH_4$-Red. in Dioxan, 3 std. Erhitzen auf 70—80°, Zers. mit feuchtem Ae., Ansäuern mit 5%ig. H_2SO_4, Zugabe von Soda bis zur Fällung, Ausziehen mit Essigester, Eindampfen bei n. Temp. u. Behandeln mit Bzl.; 0,11 g; mit alkoh. $FeCl_3$ intensiv blau. — *2.4.6-Tris-[acetoxymethyl]-phenylacetat*, $C_{17}H_{20}O_8$, Kp.$_{0,003}$ 185—190° (Badtemp.), aus 41,6 g 2.4.6-Tris-[dimethylaminomethyl]-phenol durch 3 std. Erhitzen mit 90 g Acetanhydrid auf dem Dampfbad, Fraktionierung u. Aufnehmen der bei 170—260° Badtemp./1 mm übergehenden Fraktion (26,5 g) in CCl_4. — *2.4.6-Tris-[2'-oxy-5'-methylbenzyl]-phenol*, $C_{30}H_{30}O_4$, F. 184—187°, a) aus 1,06 g vorst. Verb. durch 6 std. Erhitzen mit 25 g **IX** u. 0,05 g **VIII**, Dampfdest., Lösen des Rückstandes in Bzl. u. Zugabe von Leichtbenzin; aus Bzl.–Leichtbenzin kurze Prismen; 0,1 g; b) aus 0,08 g **X**, 5 g **IX** u. wenig **VIII** durch 5 std. Erhitzen u. Dampfdest.; 0,19 g; c) aus 1 g **II** durch $LiAlH_4$-Red. in Dioxan + Ae. (5 std. Erhitzen), Zers., Ansäuern, Neutralisieren mit $(NH_4)_2CO_3$, Ausziehen des Filtrats mit Essigester, Eindampfen u. Rk. des gelben Harzes (0,1 g) mit **IX** + **VIII**. — *1.2-Bis-[p-methoxyphenyl]-äthan*, F. 125°, a) aus Anisil durch MARTIN-CLEMMENSEN-Red.; 45%; b) aus 30,2 g Gemisch von o- u. p-Chlormethylanisol durch Kochen mit absol. Ae. + Mg, 2 std. Kochen mit $FeCl_3$, Behandeln mit W. u. Fraktionieren, wobei zunächst Chlormethylanisol (1 g) übergeht, dann die gewünschte Verb. (Kp.$_8$ ca. 160°), schließlich 5,2 g einer Fraktion vom Kp.$_1$ 200—250°. — *1.2-Bis-[p-oxyphenyl]-äthan*, F. 197—199°. *Diacetylverb.*, $C_{18}H_{18}O_4$, F. 116—117°, aus A. Platten. — *1.2-Bis-[o-methoxyphenyl]-äthan* (**XII**), F. 85—86° (A.), aus o-Anisoin durch MARTIN-CLEMMENSEN-Red.; 8%. — *1.2-Bis-[o-oxyphenyl]-äthan* (**XI**), $C_{14}H_{14}O_2$, F. 114—114,5°, aus 1,1 g **XII** durch 8½ std. Kochen mit Eisessig–48%ig. HBr (1:1) u. Zugabe von W.; aus W. Nadeln; 0,1 g. — *o-Methoxybenzylchlorid*, F. 25—26°, aus o-Methoxybenzylalkohol u. $SOCl_2$ in Pyridin $<20°$; Kp.$_{11}$ 99—100°; hexagonale Platten; 85%;

gibt nach Kochen mit Mg in Ae., Zugabe von $FeCl_3$, 1std. Kochen, Eingießen in W. u. Ausziehen mit Bzl. **XII**; 49%. — *Salicil*, F. 154,5—155,5° (Bzl.-Leichtbenzin), durch mehrstd. Stehen von o-Anisil, Bzl. u. $AlCl_3$, 2std. Erhitzen auf 60°, Gießen in Eiswasser, Ausziehen der benzol. Lsg. mit 10%ig. NaOH u. Ansäuern; 63%. — **XI**, auch aus vorst. Verb. durch Red. nach HUANG-MINLON-WOLFF-KISHNER mit 85%ig. $N_2H_4 \cdot H_2O$; aus wss. CH_3OH Nadeln; 89%. *Diacetoxyverb.*, $C_{18}H_{18}O_4$, F. 75 bis 76° (wss. A.). — *2'.4-Dimethoxydesoxybenzoin*, $C_{16}H_{16}O_3$, F. 89,5—90° (wss. CH_3OH u. Bzl.-Leichtbenzin), aus o-Methoxyphenylessigsäure durch 1std. Erhitzen mit PCl_3, Verdünnen des Säurechlorids mit Anisol, Gießen auf $AlCl_3$ unter Kühlung, Gießen auf Eis + HCl u. Ausziehen mit Bzl.; 77%. — *1-[o-Methoxyphenyl]-2-[p-methoxyphenyl]-äthan*, $C_{16}H_{18}O_2$, F. 40—42°, aus vorst. Verb. nach HUANG-MINLON mit NaOH < 180°; 53%. — *1-[o-Oxyphenyl]-2-[p-oxyphenyl]-äthan*, $C_{14}H_{14}O_2$, F. 133—134° (Bzl.-Leichtbenzin), aus vorst. Verb. wie **XI** aus **XII**; aus W. Platten; 46%. — Bei der Darst. von *p-Methoxyacetophenon* nach KOSAK u. HARTOUGH (J. Amer. chem. Soc. **69.** [1947.] 3144) wurde durch Dest. auch etwas *Anissäure* erhalten. — *1.3-Bis-[p-methoxyphenyl]-propan*, F. 43—45°, aus 4.4'-Dimethoxychalkon durch 24std. Erhitzen mit RANEY-Ni in Isopropanol; aus A. Flocken; 93%. — Daraus *1.3-Bis-[p-oxyphenyl]-propan*, F. 106°. *Diacetoxyderiv.*, $C_{19}H_{20}O_4$, aus A. Flocken, F. 72—73,5°. — *2.2'-Dioxychalkon* (**XIII**), $C_{15}H_{12}O_3$, F. 161—163° (Toluol), aus 6,8 g o-Oxyacetophenon, 6 g Salicylaldehyd u. wss.-alkoh. KOH durch 17std. Erhitzen auf 52° im Rohr u. Ansäuern; 6 g. — *1.3-Bis-[o-oxyphenyl]-propan*, $C_{15}H_{16}O_2$, F. 97—99°, aus 15 g **XIII** durch 24std. Kochen mit RANEY-Ni in Dioxan; aus Bzl.-Leichtbenzin Nadeln; 9,3 g. *Bis-[3.5-Dinitrobenzoat]*, $C_{29}H_{20}O_{12}N_4$, F. 190—192°, Flocken. — *1.3-Bis-[o-oxyphenyl]-propanon-(1)*, $C_{15}H_{14}O_3$, F. 89°, aus **XIII** durch Red. mit H_2 in Ggw. von 5%ig. Pd-Kohle in A.; aus $ClCH_2CH_2Cl$ u. Bzl.-Leichtbenzin Prismen. — *1-[o-Methoxyphenyl]-3-[p-methoxyphenyl]-propanon-(3)*, $Kp._{0,3}$ 210—230° (Badtemp.), aus 10 g 2-[o-Methoxyphenyl]-äthan-1-carbonsäure durch ½std. Erhitzen mit PCl_3, Zugabe von Anisol, Abdekantieren in $AlCl_3$ unter Kühlung, Gießen auf Eis + HCl u. Ausziehen mit Bzl.; 14,2 g. *Semicarbazon*, $C_{18}H_{21} \cdot O_3N_3$, aus wss. A. Nadeln, F. 155—157°. — *1-[o-Oxyphenyl]-3-[p-oxyphenyl]-propanon-(1)*, $C_{15}H_{14}O_3$, F. 109—111°, aus 26,8 g 2'.4-Dioxychalkon durch Hydrierung mit Pd-Kohle in A.; Prismen aus $ClCH_2CH_2Cl$; 22,7 g. — *1-[o-Oxyphenyl]-3-[p-oxyphenyl]-propan* (**XIV**), $C_{15}H_{16}O_2$, F. 89—90,4°, aus vorst. Verb. durch MARTIN-CLEMMENSEN-Red.; aus Bzl. feine Nadeln; 61%. *Diacetoxyderiv.*, $C_{19}H_{20}O_4$, aus A. Nadeln, F. 52 bis 53°. — *2.4'-Dioxychalkon*, $C_{15}H_{12}O_3$, F. 178° (Zers.), aus 6,8 g p-Oxyacetophenon u. Salicylaldehyd; 8,3 g; krist. in 2 Formen, kurzen roten oder feinen dunkelgelben Nadeln. — *1-[o-Oxyphenyl]-3-[p-oxyphenyl]-propanon-(3)*, $C_{15}H_{14}O_3$, F. 103—104°, aus 4 g vorst. Verb. durch Pd-Red. in A.; aus wss. A. blaßrosafarbene Nadeln; 2,7 g. — **XIV**, auch aus 2 g vorst. Verb. durch MARTIN-CLEMMENSEN-Red.; 0,65 g. (J. appl. Chem. **1.** 217—26. Mai 1951. Tyseley, Birmingham, Bakelite Ltd., Res. and Development Dep.) FRÜHWALD. 2260

F. T. Wadsworth und **Frank J. Smith,** *Identifizierung und Dampfphasenoxydation von Bicyclo-[0.3.4]-nonadien.* Der stark ungesätt. fl. Rückstand der Hochtemperaturspaltung stellt eine neue Quelle für chem. Rohstoffe dar. Testanalyse eines solchen Rückstandes hat die Anwesenheit von beträchtlichen Mengen eines KW-stoffes ergeben, dessen Konst. als *Bicyclo-[0.3.4]-nonadien* (**I**; Kp. 160°; $D.^{20}_{4}$ 0,9227; n_D^{25} 1,4940) ermittelt wurde. **I** läßt sich zu Hydrindan hydrieren, nach UV- u. Infrarotspektren enthält es keine konjugierten Doppelbindungen. Wird **I** in der Dampfphase über einem V_2O_3-Katalysator oxydiert, dann erhält man *Phthalsäureanhydrid* in Ausbeuten, die sich mit solchen aus Naphthalin vergleichen lassen. Die Unterss. zeigen, daß man zur Herst. von Phthalsäureanhydrid nicht nur von Aromaten auszugehen braucht. (Ind. Engng. Chem. **45.** 217—21. Jan. 1953. New York, N. Y., Pan American Chem. Div., u. Texas City, Tex., Pan American Refining Corp.) K. O. MÜLLER. 2650

Raymond Quelet und **Jean Gavarret,** *Kondensation von Äthoxychloressigsäureäthylester mit aromatischen Kernen; neue Methode zur Synthese von Arylessigsäuren und ihren α-Oxyderivaten.* In Fortsetzung früherer Arbeiten (C. R. hebd. Séances Acad. Sci. **222.** [1946.] 88) wird gefunden, daß der leicht herstellbare *Äthoxychloressigsäureäthylester* (**I**) (MYLO, Ber. dtsch. chem. Ges. **44.** [1911.] 3211) weniger akt., jedoch analog den einfachen Chloralkyläthern gegenüber aromat. Verbb., bes. *Phenoläthern* (**II**) reagiert. Die Rk. geht in Ggw. von Eisessig vor sich: Sehr langsam mit aromat. KW-stoffen, bedeutend schneller mit **II**, wobei die entsprechenden *α-Chlorarylessigsäureäthylester* (**IIa**) entstehen: $C_6H_5 \cdot O \cdot CH_3 + C_2H_5O \cdot CHCl \cdot COOC_2H_5 \rightarrow C_2H_5OH + CH_3O \cdot C_6H_4 \cdot CH \cdot Cl \cdot COOC_2H_5$ (Rk. **A**). Diese Rk. wird mit *Bzl.* u. *Naphthalin* (**III**), sowie mit *Anisol* (**IV**), *Veratrol* (**V**), *β-Methoxynaphthalin* (**VI**) u. *Acetophenon* (**VII**) untersucht. Der Fortgang der Rk. läßt sich durch Hydrolyse des noch nicht verbrauchten **I** zu Glyoxylsäureäthylester in einem aliquoten Teil des Gemisches verfolgen. — Bei Bzl. tritt Rk. erst oberhalb seines Kp. (bei 100° im Einschlußrohr) ein, während **III** etwas aktiver ist: bei 65° findet nach 40tägiger Dauer ein Umsatz von 40% zu α-Naphthylchloressigsäure statt. **II** zeigen bereits nach Std. Umsätze bis zu 70% (9 Std. bei **V** u. **VI**, 12 Std. bei **IV**). Darst. in Diagrammen. Bei gewöhnlicher Temp. (19°) zeigen **IV** u. **V** Erscheinungen von Autokatalyse durch in Neben-Rk. (Rk. **B**) abgespaltenen HCl; durch Zugabe von HCl-Gas wird der gleiche Effekt erzielt; es bewährt sich jedoch, wegen des höheren Umsatzes bei 60—70° ohne HCl-Zusatz zu arbeiten. — Rk. **B**: $CH_3O \cdot C_6H_4 \cdot CHCl \cdot COOC_2H_5 + C_6H_5 \cdot O \cdot CH_3 \rightarrow HCl + (CH_3 \cdot O \cdot C_6H_4)_2 \cdot CH \cdot COOC_2H_5$. Die Reaktionsgeschwindigkeit von **VII** ist anfangs doppelt so groß wie bei **III**, nimmt aber vom 10. Tag an stark ab, um bei 50% Umsatz (ca. 40 Tage) gleich Null zu werden. — Das Cl-Atom in den entstandenen **IIa** besitzt sehr große Beweglichkeit; **IIa** kondensieren beim Vers., sie durch fraktionierte Dest. zu gewinnen, mit sich selbst. Durch Behandlung der Roh-**IIa** mit W. hydrolysieren sie quantitativ zu den *α-Oxyarylessigsäureäthylestern*, die destillierbar sind u. durch Verseifung die *α-Oxysäuren* geben. Rohe **IIa** können ferner durch Red. in der Kälte mit H_2 in Ggw. von Pd in die entsprechenden *Arylessigsäureester* u. *-säuren* umgewandelt werden. Die Ausbeuten an Säuren liegen um 50%, bezogen auf die Ausgangs-**II**. Bei allen Rkk. treten als Nebenprodd. beachtliche Mengen von *Diarylessigsäureestern* (**IIb**) (Rk. **B**) auf. **IIb** können mit 90%ig. Ausbeute erhalten werden, wenn von vornherein 2 Mole der **II** oder anderer aromat. Verbb. auf 1 Mol **I** angewandt werden u. zur essigsauren Lsg. etwas $ZnCl_2$ gegeben wird. — Bei der etwas abweichenden Rk. von **I** mit **VII** in Essigsäure konnte aus dem Reaktionsgemisch ($Kp._{0,3}$ 120°) durch fraktionierte Dest. unter vermindertem Druck *4-Phenyl-2-chlor-4-oxo-buttersäureäthylester* u., durch Abspaltung von HCl daraus, *4-Phenyl-4-oxo-butensäureäthylester* ($C_6H_5 \cdot CO \cdot CH = CH \cdot COOC_2H_5$) gewonnen werden. Durch Hydrolyse des letzteren wird die freie *Säure* $C_6H_5 \cdot CO \cdot CH = CH \cdot COOH$, F. 95°, durch Hydrierung mit Raney-Ni der *4-Phenyl-4-oxy-buttersäureäthylester* erhalten. Oxydation der Verbb. mit $KMnO_4$ führt zu Benzoesäure. — Die Kondensation von **VII** mit Chlormethylmethyläther gibt als Hauptprod. *ω-Chlorphenyläthylketon*, F. 57°.

Versuche: Messung der Reaktionsgeschwindigkeiten: Gleiche Voll. von Äthoxychloressigsäureäthylester (**I**) u. aromat. Verb. in Form von Normallsgg. in Eisessig werden in einem Thermostaten gleichzeitig mit einer Blindprobe untergebracht. In bestimmten Zeitabständen wird je 1 cm^3 Probe entnommen u. mit dest. W. auf 100 cm^3 gebracht. Die Hydrolyse geht sehr rasch vor sich, das *Äthylglyoxalat* wird nach Baudoin u. Lewin (Bull. Soc. Chim. biol. **9.** [1927.] 280) bestimmt. — Kondensation mit Anisol (**IV**): 16,6 g **I** u. 10,8 g **IV** in Lsg. in gleichem Vol. Eisessig werden 14 Std. bei 65—70° belassen. Der entstandene Chloressigester wird mit 300 cm^3 W. hydrolysiert, mit Ae. extrahiert u. fraktioniert; es entstehen: 1. *p-Methoxyphenylglykolsäureäthylester*, $C_{11}H_{14}O_4$, $Kp._2$ 162°, F. 47°, 10,5 g (Ausbeute). 2. *4.4'-Dimethoxydiphenylessigsäureäthylester* (**VIII**), $C_{18}H_{20}O_4$, $Kp._2$ 200°, F. 47°, 4 g. Verseifung führt zu den Säuren *p-Methoxyphenylglykolsäure*, $C_9H_{10}O_4$, F. 109° u. *4.4'-Dimethoxydiphenylessigsäure*, $C_{16}H_{16}O_4$, F. 110°. — Hydrierung des Rohprod. in Essigsäurelsg. mit Pd-Schwarz unter n. Druck u. Temp. führt zu den Estern bzw. Säuren: 1. *p-Methoxyphenylessigsäureäthylester*, $C_{11}H_{14}O_3$, $Kp._2$ 135°, 9,5 g; *p-Methoxyphenylessigsäure* [*Homoanisidinsäure*], $C_9H_{10}O_3$, F. 85°. 2. **VIII**, ca. 4 g. — Die Kondensation mit 13,8 g Veratrol (**V**) führt in analoger Weise zu: 1. *3.4-Dimethoxyphenylglykolsäureäthylester*, $C_{12}H_{16}O_5$, $Kp._2$ 165°, 12 g; *freie Säure*, $C_{10}H_{12}O_5$, F. 108°. 2. *3.4.3'.4'-Tetramethoxydiphenylessigsäureäthylester* (**IX**), $C_{20}H_{24}O_6$, $Kp._2$ 210°, 5 g; *freie Säure*, $C_{18}H_{20}O_6$, F. 114°. — *3.4-Dimethoxyphenylessigsäureäthylester*, $C_{12}H_{16}O_4$, $Kp._2$ 150°, neben **IX** bei der Hydrierung des vorst. Rohprod. 11,5 g; *freie Säure*, $C_{10}H_{12}O_4$, F. 99°. — Kondensation mit 12,8 g Naphthalin (**III**): *α-Naphthylglykolsäure*, $C_{12}H_{10}O_3$, durch Lösen in Ae. u. Fällen der höheren Prodd. mit PAe., F. 80°. — *α-Naphthoesäure*, durch Oxydation der vorigen Säure mit $KMnO_4$, F. 160°. — *α-Naphthylessigsäureäthylester*, $C_{14}H_{14}O_2$, $Kp._{0,4}$ 132°, bei der Hydrierung des vorst. Rohprod. 5,2 g; *freie Säure*, $C_{12}H_{10}O_2$, F. 131°. — Kondensation mit 15,8 g β-Methoxynaphthalin (**VI**) u. Red. des Rohprod.: 1. *2-Methoxynaphthyl-(1)-essigsäureäthylester*, $C_{15}H_{16}O_3$, $Kp._{0,4}$ 145°, 13,2 g; *freie Säure*, $C_{13}H_{12}O_3$, F. 210°. 2. *2-Methoxynaphthyl-(1)-glykolsäure*, $C_{13}H_{12}O_4$, F. 144°; durch Oxydation *2-Methoxynaphthoesäure-(1)*, $C_{12}H_{10}O_3$, F. 175°. (Bull. Soc. chim. France, Mém. [5] **17.** 1075—78. Nov./Dez. 1950, Paris, Fac. des Sci., Labor de Chim. IV.) Rotter. 2700

D. Stanley Tarbell, George P. Scott und **Alexander D. Kemp**, *4.5-Benztropolon und verwandte Verbindungen*. Vff. setzen in Analogie zu dem Verf. von Thiele (1910 u. früher) Oxyaceton (**II**) u. Aryloxyacetone mit o-Phthalaldehyd (**III**) zu *4.5-Benztropolon* (**I**) u. seinen *Aryläthern* um. Die Konst. der letzteren ist bewiesen durch Analyse, durch

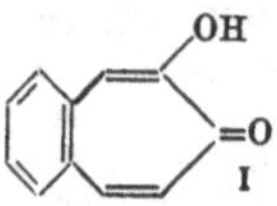

I

das Ausbleiben von Enol-Rkk., durch die Bldg. von Carbonylderivv. u. durch die Infrarotspektren. Neben I entsteht aus II u. III *Phthiocol* (VII), das wahrscheinlich durch eine Aldolkondensation zwischen II u. III zu IV, Wanderung der CO-Gruppe (vielleicht über das Endiol) zu V u. weitere Aldolkondensation zu dem Naphthohydrochinon VI, das leicht

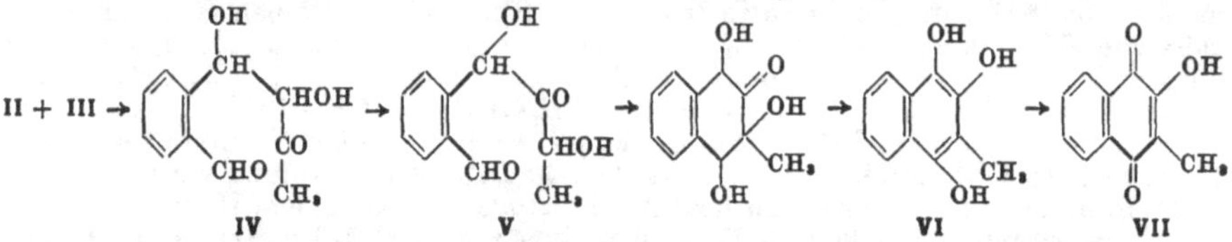

IV V VI VII

zu VII oxydiert, entstanden ist. I konnte katalyt. zum entsprechenden *Diol* (VIII) red. werden. VIII nimmt etwas mehr als 1 Mol Perjodat auf; wahrscheinlich wird das prim. Oxydationsprod. durch Perjodat langsam weiteroxydiert; aus der Oxydationslsg. konnte wenig *3.4-Dihydronaphthaldehyd-(1)-dinitrophenylhydrazon* isoliert werden. — VIII gibt bei $KMnO_4$-Oxydation *o-[β-Carboxyäthyl]-phenylessigsäure.*

Versuche (FF. korr.): Nach langsamer Zugabe von 2,8 g NaOH in CH_3OH zu 8,5 g Phthalaldehyd (III) u. Oxyaceton (II) in CH_3OH, 3tägigem Stehen, Einengen bei 60—70°, Zugabe von W. (0,14 g Festprod.), Ausäthern des Filtrats, Einstellen auf p_H 5 mit H_2SO_4, Lösen der festen Substanz (2,7 g) in Chlf., Ausziehen mit 7%ig. $NaHCO_3$-Lsg. u. Aufarbeiten der Chloroformlsg. wurden 0,5 g *4.5-Benztropolon* (I), $C_{11}H_8O_2$, F. 159,5—160,5° (A., dann Sublimation bei 1 mm) erhalten; hellgelb; lösl. in 5%ig. KOH (gelbe Lsg.), nicht in $KHCO_3$-Lsg., u. lösl. in konz. HCl (gelbe Lsg.). *Acetylderiv.*, $C_{13}H_{10}O_3$, durch 24std. Stehen von 95 mg I in Pyridin + Acetanhydrid, 1std. Erhitzen auf dem Dampfbad, Eingießen in 3%ig. HCl u. Ausäthern, F. 103—104° (Essigester-Hexan); 49 mg (Ausbeute). *Phthiocol* (VII), F. 174—175° (A., dann Vakuumsublimation), aus der obenst. Bicarbonatlsg. durch Ansäuern mit 10%ig. H_2SO_4 u. Ausziehen mit Chlf.; 1,25 g; das UV-Spektr. wird bestimmt. — I-*Phenyläther*, $C_{17}H_{12}O_2$, F. 136 bis 137°, aus 5 g III u. 5,6 g Phenoxyaceton in CH_3OH durch Verdünnen mit W. u. 5tägige Rk. mit methanol. KOH; Nadeln aus A., Reinigung durch Vakuumsublimation; 3,63 g. *Dinitrophenylhydrazon*, $C_{23}H_{16}O_5N_4$, F. 254,5—257° (Eisessig + Nitrobenzol, dann Chlf.). — I-*p-Nitrophenyläther*, $C_{17}H_{11}O_4N$, F. 191,5—192,5° (Methyläthylketon), aus 2 g III u. 2,9 g p-Nitrophenoxyaceton wie vorst.; 0,78 g. — *1.2-Dioxy-4.5-benzocycloheptan* (VIII), $C_{11}H_{14}O_2$, F. 116,5—117°, aus 406 mg I in CH_3OH durch Hydrierung unter n. Bedingungen mit Adams-Katalysator, Aufnehmen des erhaltenen Öls in Bzl., Chromatographie an Al_2O_3, Eluierung erst mit Bzl., dann des Diols mit steigenden Anteilen Chlf.; aus Essigester–Hexan Platten; 110 mg; *Diacetat*, $C_{15}H_{18}O_4$, F. 128—128,5° (Essigester). — *o-[β-Carboxyäthyl]-phenylessigsäure*, F. 141—142,5°, aus 69 mg VIII in W. durch langsame Zugabe von 127 mg $KMnO_4$, 5std. Rk. bei 25°, Ansäuern (Kongorot), Zugabe von $NaHSO_3$, Sättigen mit NaCl, Ausäthern, Ausziehen mit $KHCO_3$-Lsg., Ansäuern u. Ausäthern; 67 mg; aus W. 33,5 mg dicke Nadeln. — Nach Zugabe von VIII in wss. A. zu Perjodatlsg. (Best. des Perjodatverbrauchs mit Na-Arsenit), Ausziehen der Oxydationslsg. mit Chlf., Eindampfen, Aufnehmen in A., Rk. mit 2.4-Dinitrophenylhydrazin u. Chromatographie wurde *3.4-Dihydronaphthaldehyd-(1)-2.4-dinitrophenylhydrazon*, $C_{17}H_{14}O_4N_4$, erhalten; orangegelbe Kristalle, F. 198—201°. — Die Infrarotspektren von I u. der dargestellten Äther werden angegeben. (J. Amer. chem. Soc. 72. 379—82. Jan. 1950. Rochester, N. Y., Univ., Dep. of Chem.) Nitzschke. 2950

André Étienne und **Edmond Toromanoff**, *Synthese von Derivaten des 1.4-Diphenylnaphthalins durch die Methode der Dienaddition an α.α'-Diphenylisobenzofuran.* Ebenso wie Maleinsäureanhydrid u. Acrolein (VI) läßt sich auch *Methylvinylketon* (I) als Philodien an *α.α'-Diphenylisobenzofuran* (II) addieren; in Chlf. oder A. entstehen 2 isomere Epoxyde $C_{24}H_{20}O_2$, wahrscheinlich die beiden stereoisomeren *1.4-Diphenyl-2-acetyl-1.4-epoxy-1.2.3.4-tetrahydronaphthaline* (III), F. 124° u. 154°, im Verhältnis 3:1. Beim Erhitzen auf 80° geben beide Verbb. I u. II zurück. Die Dehydratation gibt jedoch andere Ergebnisse, als früher bei den mit II gewonnenen anderen Addukten angegeben: Mit gesätt. alkoh. HCl geben beide III-Isomeren in der Kälte ein Gemisch aus einer weiteren *Verb.* $C_{24}H_{20}O_2$ (V), F. 211°, u. *1.4-Diphenyl-2-acetylnaphthalin* (IV), $C_{24}H_{18}O$, F. 148—150°. IV-*Oxim*, $C_{24}H_{19}ON$, F. 253°. IV gibt eine Bisulfitverbindung. Mit Hypobromit entsteht aus IV nach der Rk. von Serullas-Lieben *1.4-Diphenyl-2-naphthoesäure*, F. 225°. Mit H_2 + Raney-Ni liefert IV *1.4-Diphenyl-2-[1'-oxyäthyl]-naphthalin*, $C_{24}H_{20}O$, F. 141°, das auch aus CH_3MgJ u. 1.4-Diphenyl-2-naphthaldehyd (VII) gebildet wird. — Die Konst. von V konnte noch nicht völlig aufgeklärt werden. Das

UV-Spektr. ähnelt dem der **III**-Isomeren, doch ist das Vorliegen eines dritten Stereoisomeren schwer einzusehen. Auch ist **V** stabiler als die **III**-Isomeren u. liefert beim Erhitzen nicht **I** u. **II**, kann vielmehr bei 200° im Vakuum sublimiert werden; Einw. von gesätt. alkoh. HCl in der Hitze führt erst nach langer Zeit zu wenig **IV**. — Die **III**-Isomeren zeigen eine weitere Anomalie: Bei Einw. von mit HCl gesätt. Eisessig tritt nicht nur Dehydratisierung zu **IV**, sondern auch Desacetylierung zu *1.4-Diphenylnaphthalin* (**VIII**) ein, F. 137°. **V** wird bei dieser Rk. nicht angegriffen. — Diese Anomalien veranlassen Vff. zur Nachprüfung der Rk. von **II** mit **VI**: In Chlf. oder PAe. entsteht ein einziges *1.4-Diphenyl-2-formyl-1.4-epoxy-1.2.3.4-tetrahydronaphthalin*, $C_{23}H_{18}O_2$, F. 113°. Seine Dehydratation zeigt ebenfalls Anomalien: In Methanol oder A. entsteht mit HCl nicht nur **VII**, sondern eine weitere Verb. (vgl. WEISS u. Mitarbeiter, Mh. Chem. **61**. [1932.] 162) von unbekannter Konstitution. Vff. stellen fest, daß bei der Einw. von Essigsäure + HCl auf das Addukt als Haupt-Rk. Decarbonylierung zu **VIII** eintritt. (C. R. hebd. Séances Acad. Sci. **230**. 306—08. Jan. 1950.)

NITZSCHKE. 3061

Robert Bruce Moffett und **James H. Hunter**, *Antispasmodica*. 5. Mitt. *Mono- und Dimethylpyrrolidylalkylester disubstituierter Essigsäuren.* (4. vgl. C. **1952**. 2505.) Unter nachst. Verbb. fanden sich sehr wirksame Spasmolytica. Die Darstellungsmethoden entsprachen den bereits früher beschriebenen (4. Mitt. u. früher): *α-Phenyl-α-[cyclopenten-(2)-yl-(1)]-essigsäure-β-[2'-methylpyrrolidino]-äthylester*, $C_{20}H_{27}O_2N$, Kp.$_{0,2}$ 150°; n_D^{25} 1,5197; 88,2% (Ausbeute, bezogen auf das Säurechlorid). *Hydrochlorid*, $C_{20}H_{28}$·O_2NCl, F. 126—128,5° (Essigester); 82,8% (Ausbeute); 0,7 (spasmolyt. Aktivität, bezogen auf Atropinsulfat = 1). — *α-Phenyl-α-cyclopentylessigsäure-β-[2'-methylpyrrolidino]-äthylester*, $C_{20}H_{29}O_2N$, Kp.$_{0.02}$ 125°; n_D^{25} 1,5130; 90,6%. *Hydrochlorid*, $C_{20}H_{30}O_2$·NCl, F. 133—136° (Butanol + Essigester); 80,4%; 0,8. — *α-Phenyl-α-[cyclohexen-(2)-yl-(1)]-essigsäure-β-[2'-methylpyrrolidino]-äthylester*, $C_{21}H_{29}O_2N$, Kp.$_{0,03}$ 134°; n_D^{25} 1,5248; 90,6%. *Hydrochlorid*, $C_{21}H_{30}O_2$NCl, F. 146—148° (Butanon); 76,1%; 0,7. — *α-Cyclopentylvaleriansäure-β-[2-methylpyrrolidino]-äthylester*, $C_{17}H_{31}O_2N$, Kp.$_{0,02}$ 89°; n_D^{25} 1,4672; 90%. *Hydrochlorid*, $C_{17}H_{32}O_2$NCl, F. 119,5—120,5° (Essigester + Ae.); 93,2%; 1,0. — *α-[Cyclopenten-(2)-yl-(1)]-capronsäure-β-[2'-methylpyrrolidino]-äthylester*, $C_{18}H_{31}O_2N$, Kp.$_{0,02}$ 103°; n_D^{25} 1,4735; 85,4%. *Hydrochlorid*, $C_{18}H_{32}O_2$NCl, F. 98,5 bis 100° (Essigester + Ae); 92%; 0,3. — *α-[Cyclohexen-(2)-yl-(1)]-α-[cyclopenten-(2')-yl-(1')]-essigsäure-β-[2''-methylpyrrolidino]-äthylester*, $C_{20}H_{31}O_2N$, Kp.$_{0,02}$ 130°; n_D^{25} 1,5022; 81,3%. *Hydrochlorid*, $C_{20}H_{32}O_2$NCl, F. 107—110° (Essigester); 0,1. — *α-Phenyl-α-[cyclopenten-(2)-yl-(1)]-essigsäure-γ-[2'-methylpyrrolidino]-propylester*, $C_{21}H_{29}O_2N$, Kp.$_{0,01}$ 132°; n_D^{25} 1,5169; 89,6%. *Hydrochlorid*, $C_{21}H_{30}O_2$NCl, F. 166—167° (A. + Essigester); 83,3%; 0,1. — *α-Cyclopentylvaleriansäure-γ-[2-methylpyrrolidino]-propylester*, $C_{18}H_{33}O_2N$, Kp.$_{0,03}$ 117°; n_D^{25} 1,4674; 98%. *Hydrochlorid*, $C_{18}H_{34}O_2$NCl, F. 167—169° (A. + Essigester); 82%; 0,1. — *α-Phenyl-α-[cyclopenten-(2)-yl-(1)]-essigsäure-β-[3'-methylpyrrolidino]-äthylester*, $C_{20}H_{27}O_2N$, Kp.$_{0,01}$ 121°; n_D^{25} 1,5238; 97%. *Hydrochlorid*, $C_{20}H_{28}O_2$NCl, F. 102—106° (Essigester + Ae.); 60,8%; 0,1. — *α-Phenyl-α-[cyclohexen-(2)-yl-(1)]-essigsäure-β-[3'-methylpyrrolidino]-äthylester*, $C_{21}H_{29}O_2N$, Kp.$_{0,01}$ 133°; n_D^{25} 1,5238; 93,5%. *Hydrochlorid*, $C_{21}H_{30}O_2$NCl, F. 120—123° (Essigester + Ae.); 57%; 0,1. — *α-Cyclopentylvaleriansäure-β-[3'-methylpyrrolidino]-äthylester*, $C_{17}H_{31}O_2N$, Kp.$_{0,01}$ 87°; n_D^{25} 1,4660; 94,5%. *Hydrochlorid*, $C_{17}H_{32}O_2$NCl, F. 96,5—98° (Essigester + Ae.); 83%; 0,1. — *α-[Cyclohexen-(2)-yl-(1)]-α-[cyclopenten-(2')-yl-(1')]-essigsäure-β-[3''-methylpyrrolidino]-äthylester*, $C_{20}H_{31}O_2N$, Kp.$_{0,01}$ 126°; n_D^{25} 1,5012; 83,4%. *Hydrochlorid*, $C_{20}H_{32}O_2$NCl, F. 99—100° (Essigester + Ae.); 94,7%; 0,1. — *α-Phenyl-α-[cyclopenten-(2)-yl-(1)]-essigsäure-β-[2'.2'-dimethylpyrrolidino]-äthylester*, $C_{21}H_{29}O_2N$, Kp.$_{0,015}$ 125°; n_D^{25} 1,5177; 89,6%. *Hydrochlorid*, $C_{21}H_{30}O_2$NCl, F. 132—142° (Essigester); 83,4%; 0,7. — *α-Phenyl-α-cyclopentylessigsäure-β-[2.2-dimethylpyrrolidino]-äthylester*, $C_{21}H_{31}$·O_2N, Kp.$_{0,065}$ 140°; n_D^{25} 1,5109; 74%. *Hydrochlorid*, $C_{21}H_{32}O_2$NCl, F. 110—112° (Essigester); 91%; 0,8. — *α-Phenyl-α-[cyclohexen-(2)-yl-(1)]-essigsäure-β-[2'.2'-dimethylpyrrolidino]-äthylester*, $C_{22}H_{31}O_2N$, Kp.$_{0,014}$ 134°; n_D^{25} 1,5227; 87,9%. *Hydrochlorid*, $C_{22}H_{32}$·O_2NCl, F. 157—158,5° (Butanon); 67,5%; 0,2. — *α-Cyclopentylvaleriansäure-β-[2.2-dimethylpyrrolidino]-äthylester*, $C_{18}H_{33}O_2N$, Kp.$_{0,03}$ 100°; n_D^{25} 1,4679; 76%. *Hydrochlorid*, $C_{18}H_{34}O_2$NCl, F. 119,5—121° (Essigester); 88,9%; 1,2. — *α-[Cyclohexen-(2)-yl-(1)]-α-[cyclopenten-(2')-yl-(1')]-essigsäure-β-[2''.2''-dimethylpyrrolidino]-äthylester*, $C_{21}H_{33}O_2N$, Kp.$_{0,013}$ 128°; n_D^{25} 1,5011; 64,6%. *Hydrochlorid*, $C_{21}H_{34}O_2$NCl, F. 130,5—132° (Essigester); 73%; 0,9. — *α-Phenyl-α-[cyclopenten-(2)-yl-(1)]-essigsäure-β-[3'.3'-dimethylpyrrolidino]-äthylester*, $C_{21}H_{29}O_2N$, Kp.$_{0,04}$ 133°; n_D^{25} 1,5179; 92,2%. *Hydrochlorid*, $C_{21}H_{30}O_2$NCl, F. 116—118° (Essigester + Ae.); 89,5%; 0,02. — *α-Phenyl-α-[cyclohexen-(2)-yl-(1)]-essigsäure-β-[3'.3'-dimethylpyrrolidino]-äthylester*, $C_{22}H_{31}O_2N$, Kp.$_{0,01}$ 134°; n_D^{25} 1,5180; 92,2%. *Hydrochlorid*, $C_{22}H_{32}O_2$NCl, F. 131,5—133,5° (Essigester); 84,5%;

0,01. — *α-Cyclopentylvaleriansäure-β-[3.3-dimethylpyrrolidino]-äthylester*, $C_{18}H_{33}O_2N$, $Kp._{0,04}$ 102°; n_D^{25} 1,4631; 81,9%. *Hydrochlorid*, $C_{18}H_{34}O_2NCl$, F. 107,5—108,5° (Essigester + Ae.); 72,2%; <0,01. — *α-Phenyl-α-[cyclopenten-(2)-yl-(1)]-essigsäure-β-[2'.5'-dimethylpyrrolidino]-äthylester*, $C_{21}H_{29}O_2N$, $Kp._{0,02}$ 131°; n_D^{25} 1,5153; 85,5%. *Hydrochlorid*, $C_{21}H_{30}O_2NCl$, F. 117,5—122,5° (Essigester); 67,5%; 0,6. — *α-Phenyl-α-cyclopentylessigsäure-β-[2.5-dimethylpyrrolidino]-äthylester*, $C_{21}H_{31}O_2N$, $Kp._{0,06}$ 138°; n_D^{25} 1,5089; 92,3%. *Hydrochlorid*, $C_{21}H_{32}O_2NCl$, F. 135,5—136,5° (Butanon); 92,3%; 0,3. — *α-Phenyl-α-[cyclohexen-(2)-yl-(1)]-essigsäure-β-[2'.5'-dimethylpyrrolidino]-äthylester*, $C_{22}H_{31}O_2N$, $Kp._{0,03}$ 145°; n_D^{25} 1,5202; 90,2%. *Hydrochlorid*, $C_{22}H_{32}O_2NCl$, F. 123—128° (Butanon + Essigester); 63,6%; 0,6. — *α-Cyclopentylvaleriansäure-β-[2.5-dimethylpyrrolidino]-äthylester*, $C_{18}H_{33}O_2N$, $Kp._{0,07}$ 113°; n_D^{25} 1,4657; 81,2%. *Hydrochlorid*, $C_{18}H_{34}O_2NCl$, F. 116—120° (Essigester); 90,6%; 0,3. — *α-Phenyl-α-[cyclopenten-(2)-yl-(1)]-essigsäure-β-[2'.5'-dimethylpyrrolidino]-isopropylester*, $C_{22}H_{31}O_2N$, $Kp._{0,015}$ 124°; n_D^{25} 1,5097; 68%. *Hydrochlorid*, $C_{22}H_{32}O_2NCl$, F. 143—146° (Essigester); 44%; 0,01. — *α-Phenyl-α-[cyclohexen-(2)-yl-(1)]-essigsäure-β-[2'.5'-dimethylpyrrolidino]-isopropylester*, $C_{23}H_{33}O_2N$, $Kp._{0,05}$ 154°; n_D^{25} 1,5147; 77,1%; <0,01. — *α-Cyclopentylvaleriansäure-β-[2.5-dimethylpyrrolidino]-isopropylester*, $C_{19}H_{35}O_2N$, $Kp._{0,03}$ 117°; n_D^{25} 1,4636; 65,9%; <0,01. — *α-Phenyl-α-[cyclopenten-(2)-yl-(1)]-essigsäure-β-[2'.3'-dimethylpyrrolidino]-äthylester*, $C_{21}H_{29}O_2N$, $Kp._{0,03}$ 138°; n_D^{25} 1,5170; 80,5%. *Hydrochlorid*, $C_{21}H_{30}O_2NCl$, F. 105—107,5° (Essigester + Ae.); 87%; 0,1. — *α-Phenyl-α-[cyclohexen-(2)-yl-(1)]-essigsäure-β-[2'.3'-dimethylpyrrolidino]-äthylester*, $C_{22}H_{31}O_2N$, $Kp._{0,04}$ 151°; n_D^{25} 1,5219; 89%. *Hydrochlorid*, $C_{22}H_{32}O_2NCl$, F. 145—156° (Butanon); 58,6%; 0,2. — *α-Cyclopentylvaleriansäure-β-[2.3-dimethylpyrrolidino]-äthylester*, $C_{18}H_{33}O_2N$, $Kp._{0,03}$ 109°; n_D^{25} 1,4670; 75,7%. *Hydrochlorid*, $C_{18}H_{34}O_2NCl$, F. 101—104° (Essigester + Ae.); 88,3%; 0,05. — *α-Phenyl-α-[cyclopenten-(2)-yl-(1)]-essigsäure-β-[2'.4'-dimethylpyrrolidino]-äthylester*, $C_{21}H_{29}O_2N$, $Kp._{0,02}$ 132°; n_D^{25} 1,5147. *Hydrochlorid*, $C_{21}H_{30}O_2NCl$, F. 150—152° (Butanon); 80%; 0,1. — *α-Phenyl-α-[cyclopenten-(2)-yl-(1)]-essigsäure-β-[2'.4'-dimethylpyrrolidino]-isopropylester*, $C_{22}H_{31}O_2N$, $Kp._{0,015}$ 121°; n_D^{25} 1,5078. *Hydrochlorid*, $C_{22}H_{32}O_2NCl$, F. 136—140° (Essigester + Ae.); 20%; <0,01. — *α-Phenyl-α-[cyclopenten-(2)-yl-(1)]-essigsäure-β-[3'.4'-dimethylpyrrolidino]-äthylester*, $C_{21}H_{29}O_2N$, $Kp._{0,015}$ 126°; n_D^{25} 1,5133; 93,5%; 0,1. — *α-Phenyl-α-cyclopentylessigsäure-β-[3.4-dimethylpyrrolidino]-äthylester*, $C_{21}H_{31}O_2N$, $Kp._{0,01}$ 125°; n_D^{25} 1,5065; 91,6%; <0,01. — *α-Phenyl-α-[cyclohexen-(2)-yl-(1)]-essigsäure-β-[3'.4'-dimethylpyrrolidino]-äthylester*, $C_{22}H_{31}O_2N$, $Kp._{0,02}$ 142°; n_D^{25} 1,5180; 90,3%. *Hydrochlorid*, $C_{22}H_{32}O_2NCl$, F. 122,5—124° (Essigester); 72%; 0,01. — *α-Cyclopentylvaleriansäure-β-[3.4-dimethylpyrrolidino]-äthylester*, $C_{18}H_{33}O_2N$, $Kp._{0,025}$ 95°; n_D^{25} 1,4634; 95%. *Hydrochlorid*, $C_{18}H_{34}O_2NCl$, F. 143—145° (Essigester); 93,5%; 0,01. — *α-[Cyclopenten-(2)-yl-(1)]-capronsäure-β-[3'.4'-dimethylpyrrolidino]-äthylester*, $C_{19}H_{33}O_2N$, $Kp._{0,04}$ 124°; n_D^{25} 1,4696; 85%. *Hydrochlorid*, $C_{19}H_{34}O_2NCl$, F. 136—137,5° (Essigester); 94,7%; <0,01. (J. Amer. chem. Soc. **74**. 1710—12. 5/4. 1952. Kalamazoo, Mich., Upjohn Co., Res. Labors.) NEZEL. 3081

Jacob Shapira, J. L. Riebsomer und **Guido H. Daub**, *Synthese einiger 2-Imidazoline aus [4.4-Dimethyl-1-isopropyl-2-imidazolinyl-(2)]-essigsäureäthylester*. *[4.4-Dimethyl-1-isopropyl-2-imidazolinyl-(2)]-essigsäureäthylester* (I), der nach einer von PACHTER u. RIEBSOMER (C. **1952**. 1324) beschriebenen Meth. dargestellt wird, reagiert in Form seiner Na-Verb. mit Äthyl- u. Propyljodid sowie mit Butylbromid zu den entsprechenden *α-[4.4-Dimethyl-1-isopropyl-2-imidazolinyl-(2)]-α-alkylessigsäureäthylestern*, die nach Verseifung in n. Weise decarboxyliert werden können.

V e r s u c h e: *[4.4-Dimethyl-1-isopropyl-2-imidazolinyl-(2)]-essigsäureäthylester* (I), F. 58—59°, $Kp._5$ 148—151°; aus 2 Mol Malonester u. 1 Mol N-[2-Aminoisobutyl]-isopropylamin ($Kp._{50}$ 68—69°) nach PACHTER u. RIEBSOMER (l. c.); 54—58% (Ausbeute). *Methojodid*, $C_{13}H_{25}O_2N_2J$, F. 163—163,5° (korr.; Essigester + A.). — *α-[4.4-Dimethyl-1-isopropyl-2-imidazolinyl-(2)]-buttersäureäthylester*, $C_{14}H_{26}O_2N_2$, $Kp._{15}$ 139,5—140°; durch Zufügen von I zu Na in absol. A., nach Kochen u. Erkalten langsames Zufügen von Äthyljodid, nach 5std. Kochen Einengen, Ausziehen mit HCl, Abdekantieren u. Alkalisieren; 67%. *Pikrat*, $C_{20}H_{29}O_9N_5$, F. 121,5—122° (korr.). — *α-[4.4-Dimethyl-1-isopropyl-2-imidazolinyl-(2)]-n-valeriansäureäthylester*, $C_{15}H_{28}O_2N_2$, $Kp._5$ 125,5—129°; aus Propyljodid u. I wie vorst.; 62%. *Pikrat*, $C_{21}H_{31}O_9N_5$, F. 143—144,5° (korr.). — *α-[4.4-Dimethyl-1-isopropyl-2-imidazolinyl-(2)]-n-capronsäureäthylester*, $C_{16}H_{30}O_2N_2$, $Kp._5$ 130—132,5°; aus I u. Butylbromid wie vorst.; 41%. *Pikrat*, $C_{22}H_{33}O_9N_5$, F. 125—125,5° (korr.). — *4.4-Dimethyl-1-isopropyl-2-n-propyl-2-imidazolin*, $C_{11}H_{22}N_2$, $Kp._{15}$ 89—90,5°; durch Verseifen des vorst. Butyrats in 80%ig. A. + NaOH (5 Std. Rückfluß) u. Dest.; 78%. *Pikrat*, $C_{17}H_{25}O_7N_5$, F. 127,5—128° (korr.). — *4.4-Dimethyl-1-isopropyl-2-n-butyl-2-imidazolin*, $C_{12}H_{24}N_2$, $Kp._{15}$ 108—112°; analog vorst. Verb.; 73%. *Pikrat*, $C_{18}H_{27}O_7N_5$, F. 115,5—116° (korr.). — *4.4-Dimethyl-1-isopropyl-2-n-pentyl-2-imidazolin*, $C_{13}H_{26}N_2$,

Kp.$_2$ 84—87°; als Nebenprod. bei der Darst. vorst. Capronsäureäthylesters. *Pikrat*, $C_{19}H_{29}O_7N_5$, F. 80—83° (korr.). (J. org. Chemistry **16.** 1856—58. Dez. 1951. Albuquerque, N. M., Univ., Dep. of Chim.) LEHWALD. 3122

Ahmed Mustafa und **Mustafa Kamal Hilmy,** *Reaktion von Grignard-Reagentien. 4. Mitt. Die Einwirkung von Grignard-Reagentien auf substituierte Derivate von Naphthsulton, N-Phenyl-o-sulfobenzoesäureimid, 2-Phenyl-4.5-benzo-1.2-thiazolon und 3-Chlor-4.5-benzo-1.2-thiazoldioxyd-(1.1).* (3. vgl. J. chem. Soc. [London] **1949.** 2151; 2. vgl. C. **1950.** II. 2422.) Die Einw. von CH_3-, C_2H_5-, C_6H_5- u. α-$C_{10}H_7$-Mg-Halogenid auf 5substituierte Naphthsultone verläuft ebenso wie bei unsubstituierten Naphthsultonen unter Bldg. von substituierten *1-Oxy-8-alkyl-* (bzw. *aryl-*)*sulfonylnaphthalinen.* — N-Phenyl-o-sulfobenzoesäureimid (I) gibt mit GRIGNARD-Verbb. unter Ringöffnung *o-[Arylsulfonamido]-triaryl-* bzw. *-aryldialkylcarbinole.* — 2-Phenylbenzo-1.2-thiazolon addiert GRIGNARD-Verbb. n., wobei die betreffenden *Carbinole* entstehen, die mit H_2O_2 in die *1.1-Dioxyde* (**III**) übergeführt werden können. — 3-Chlorbenzo-1.2-thiazoldioxyd-(1.1) liefert mit C_6H_5-, CH_3-, C_2H_5-, n-C_3H_7- u. n-C_4H_9-Mg-Halogeniden *3.3-disubstituierte Benzo-1.2-thiazolindioxyde-(1.1).*

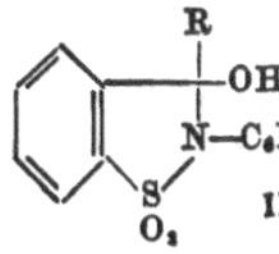

III

Versuche: *4-[α-Oxy-α-methylbenzyl]-8-phenylsulfonylnaphthol-(1)*, $C_{24}H_{20}O_4S$, F. 168° (Bzl.–PAe.), aus 5-Acetylnaphthsulton-(1.8) in Bzl. u. C_6H_5MgBr in Ae. durch 3std. Erhitzen u. anschließendes 12std. Stehen bei 20°; 69% (Ausbeute). *1-Methyläther*, $C_{25}H_{22}O_4S$, F. 200° (Bzl. + PAe.), mit äther. CH_2N_2 bei 0° in 24 Stunden. — Analog werden folgende *4-substituierte 8-Alkyl-* (oder *-aryl*)*-sulfonylnaphthole-(1)* erhalten: *4-[α-Oxyisopropyl]-8-methyl-*, $C_{14}H_{16}O_4S$, F. 176° (A.). *Methyläther*, $C_{15}H_{18}O_4S$, F. 120° (Bzl. + PAe.). — *4-[2-Oxy-n-butyl-(2)]-8-äthyl-*, $C_{16}H_{20}O_4S$, F. 158° (A. oder Bzl. + PAe.). *Methyläther*, $C_{17}H_{22}O_4S$, F. 135° (CH_3OH). — *4-[α-Oxy-α-methylnaphthyl-(1)-methyl]-8-[naphthyl-(1)]-*, $C_{32}H_{24}O_4S$, F. 163° (Bzl.). *Methyläther*, $C_{33}H_{26}O_4S$, F. 157° (CH_3OH). — *4-[α-Oxy-α-methylbenzyl]-8-methyl-*, $C_{19}H_{18}O_4S$, F. 170° (Bzl. + PAe.), aus 5-Benzoylnaphthsulton-(1.8). *Methyläther*, $C_{20}H_{20}O_4S$, F. 136° (PAe.). — *4-[α-Oxy-α-äthylbenzyl]-8-äthyl-*, $C_{21}H_{22}O_4S$, F. 181° (Bzl. + PAe.). *Methyläther*, $C_{22}H_{24}O_4S$, F. 142° (Leichtbenzin). — *4-[α-Oxy-α-phenylbenzyl]-8-phenyl-*, $C_{29}H_{22}O_4S$, F. 164° (Bzl. + PAe.). *Methyläther*, $C_{30}H_{24}O_4S$, F. 150° (CH_3OH). — *4-Benzyl-8-phenyl-*, $C_{23}H_{18}O_3S$, F. 169° (Bzl.) (mitbearbeitet von **A. F. A. Shalaby**). *Methyläther*, $C_{24}H_{20}O_3S$, F. 199° (Bzl.). — *4-[Naphthyl-(1)-methyl]-8-[naphthyl-(1)]-*, $C_{31}H_{22}O_3S$, F. 232° (Bzl.). *Methyläther*, $C_{32}H_{24}O_3S$, F. 244° (Bzl.). — *N-Phenyl-o-sulfamyltriphenylcarbinol*, $C_{25}H_{21}O_3NS$, F. 205° (Bzl.), aus N-Phenyl-o-sulfobenzoesäureimid (I) mit C_6H_5MgBr; ca. 70%. *N-Methylderiv.*, $C_{26}H_{23}O_3NS$, F. 168°, mit äther. CH_2N_2; 82%. — *Sulton* **II**, $C_{19}H_{14}O_3S$, F. 162° (A.) aus vorst. Carbinol mit konz. H_2SO_4 (1 Std. bei 20°, 30 Min. bei 100°), dann Gießen auf Eis u. Ausäthern. Aus der wss. Phase durch Neutralisieren, Ausäthern u. Rk. mit C_6H_5COCl *Benzanilid*, F. 163°. — *α.α-Dimethyl-o-[N-phenylsulfamyl]-benzylalkohol*, $C_{15}H_{17}O_3NS$, F. 113—114° (verd. A.), aus I mit CH_3MgJ; 75%. — *α.α-Diäthyl-o-[N-phenylsulfamyl]-benzylalkohol*, $C_{17}H_{21}O_3NS$, F. 117° (A.), aus I u. C_2H_5MgJ. — Folgende *3-substituierte 2-Phenyl-3-oxy-4.5-benzo-1.2-thiazoline* werden durch Rk. von GRIGNARD-Verbb. mit 2-Phenylbenzo-1.2-thiazolon-(3) erhalten u. mit H_2O_2 in Eisessig durch 1std. Erhitzen in die *1.1-Dioxyde* (**III**) übergeführt: *3-Methyl-*, $C_{14}H_{13}ONS$, F. 150° (A.); 75%; *-1.1-Dioxyd*, $C_{14}H_{13}O_3NS$, F. 155° (A.); 88%. — *3-Äthyl-*, $C_{15}H_{15}ONS$, F. 103° (Bzl. + PAe.); 62%. — *3-Phenyl-*, $C_{19}H_{15}ONS$, F. 170° (A.); 70%; *-Dioxyd*, $C_{19}H_{15}O_3NS$, F. 182° (Eisessig); 79%. — *3.3-disubstituierte 4.5-Benzo-1.2-thiazolindioxyde-(1.1)*: *3.3-Diphenyl-*, $C_{19}H_{15}O_2NS$, F. 210° (Bzl.), aus 3-Chlorbenzo-1.2-thiazoldioxyd-(1.1) mit C_6H_5MgBr; 82%. *2-Methylderiv.*, $C_{20}H_{17}O_2NS$, mit äther. CH_2N_2, F. 205° (Bzl.). — *3.3-Dimethyl-*, $C_9H_{11}O_2NS$, F. 114° (Bzl. + PAe.); 60%. — *3.3-Diäthyl-*, $C_{11}H_{15}O_2NS$, F. 144° (Bzl.); 75%. — *3.3-Di-n-propyl-*, $C_{13}H_{19}O_2$·NS, F. 156° (Bzl. + PAe.); 65%. — *3.3-Di-n-butyl-*, $C_{15}H_{23}O_2NS$, F. 72° (CH_3OH); 72%. (J. chem. Soc. [London] **1952.** 1339—42. April. Cairo, Ägypten, Fuad I Univ., Fac. of Sci.) K. FABER. 3142

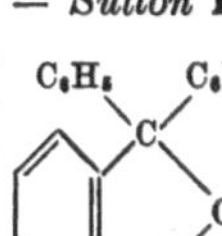

II

P. A. S. Smith und **J. H. Boyer,** *Benzofurazanoxyd.* Durch therm. Zers. von *o-Nitrophenylazid* (aus o-Nitrobenzoldiazoniumchlorid + Na-Azid, F. 52—55°), C_6H_4·O_2N_2, strohgelbe Prismen, F. 70—72°; 80—85% Ausbeute. (Org. Syntheses **31.** 14—16. 1951. Ann Arbor, Mich., Univ.) TROFIMOW. 3163

Richard H. Wiley und **Newton R. Smith,** *Cumalinsäure.* Nach VON PECHMAN [1891] aus 200 g Maleinsäure, 170 cm³ konz. H_2SO_4 u. 150 cm³ 20—30%ig. rauchende H_2SO_4 auf dem Wasserbad: $C_6H_4O_4$, hellgelbe Kristalle aus Methanol, F. 206—209°; 75—80 g Ausbeute. (Org. Syntheses **31.** 23—24. 1951. Louisville, Ky., Univ.) TROFIMOW. 3211

Price Truitt, Bob Hall und **Bennie Arnwine,** *Reduktion von 1-[4-Nitrophenacyl]-4-hexyl-(1)-pyridiniumbromid.* Es wird über die Synth. von *1-[4-Nitrophenacyl]-4-hexyl-(1)-pyridiniumbromid* (I) u. seine Red. berichtet. Die katalyt. Red. verläuft stufenweise; mit ADAMS-Katalysator wird zuerst der Pyridinring, dann die Nitrogruppe red., mit RANEY-Ni verläuft die Red. in umgekehrter Reihenfolge; die Carbonylgruppe wird unter den angewandten Bedingungen nicht reduziert. Die Struktur der als Zwischen- u. Endprodd. auftretenden Verbb. wurde durch Synthese u. die Infrarotspektren bewiesen. *1-[4-Aminophenacyl]-4-[hexyl-(1)]-piperidinhydrobromid* (III) konnte nicht aus 4-Acetylaminophenacylbromid u. 4-Hexylpiperidin gewonnen werden.

V e r s u c h e: *1-[4-Nitrophenacyl]-4-[hexyl-(1)]-pyridiniumbromid* (I), $C_{19}H_{23}O_3 \cdot N_2Br$, F. 144—145°, aus 4-Nitrophenacylbromid (V) u. 4-[Hexyl-(1)]-pyridin (IV) in Toluol beim Stehen; aus A. + Ae. gelbe Kristalle; 62% (Ausbeute). — *1-[4-Aminophenacyl]-4-[hexyl-(1)]-piperidin,* $C_{19}H_{30}ON_2$, F. 95,5—97°, aus 0,0123 Mol I in A. mit RANEY-Ni/H_2 bei 20°/50 lbs./sq. in. bis zur Aufnahme von 0,047 Mol H_2; Erhitzen, Filtrieren u. Kühlen der Lsg. liefert das *Hydrobromid* (III), $C_{19}H_{31}ON_2Br$, F. 240° (Zers.); 23%; daraus mit NH_3 in wss. A. die Base. Aus dem Filtrat von III durch Fällen mit Ae. *1-[4-Aminophenacyl]-4-[hexyl-(1)]-pyridiniumbromid* (II), $C_{19}H_{25}ON_2Br$, F. 180 bis 181°; aus A. gelbe Nadeln; 43%. — III entsteht auch aus 0,0246 Mol I in A. mit PtO_2/0,1476 Mol H_2 bei 20°/50 lbs. sq. in.; 74%. — *1-[4-Acetylaminophenacyl]-4-[hexyl-(1)]-pyridiniumbromid,* $C_{21}H_{27}O_2N_2Br$, F. 230—234° (Zers.), aus 4-Acetylaminophenacylbromid u. IV in Toluol + n-Amylalkohol bei 1 std. Kochen; aus absol. A. gelbe Nadeln; 60%. — Daraus II durch Verseifen mit 20%ig. HBr; 52%; oder aus I mit Fe/Essigsäure bei 80—85°; 41%. — II liefert mit PtO_2/H_2 bei 20°/50 lbs. sq. in. III; 50%. — *1-[4-Nitrophenacyl]-4-[hexyl-(1)]-piperidin,* $C_{19}H_{28}O_3N_2$, F. 134—136°, aus V in Aceton mit etwas KJ u. einer auf —5° gekühlten Lsg. der doppeltmol. Menge 4-[Hexyl-(1)]-piperidin bei 0°; gelbes Pulver; 18%. — Daraus durch katalyt. Red. die freie Base von III; 82%. (J. Amer. chem. Soc. **74.** 4552—54. 20/9. 1952. Denton, Tex., North Texas State Coll.)

GOEBEL. 3231

David Craig, A. K. Kuder und **John Efroymson,** *Das Maleinsäureanhydridaddukt von N-Phenyl-3.5-diäthyl-2-propyl-1.4-dihydropyridin.* Obwohl die Doppelbindungen im *N-Phenyl-3.5-diäthyl-2-propyl-1.4-dihydropyridin* (I) nicht konjugiert sind, bildet es mit *Maleinsäureanhydrid* (II) nur ein *1:1-Addukt* (vgl. C. **1949.** II. 973), das kein Dihydropyridinderiv. sein kann, weil es gegenüber milden oxydierenden Agentien (J_2) stabil ist u. in Ggw. von Säuren nicht zu Disproportionierung u. Polymerisation neigt. II addiert sich an $C_{(3)}$ u. $C_{(6)}$ von I unter Bldg. von III, wobei wahrscheinlich I als *N-Phenyl-3.5-diäthyl-2-propyl-1.2-dihydropyridin* in Rk. tritt. Der alkal. Abbau von III führt zu *Anilin* u. den Salzen der *Buttersäure, 3.5-Diäthylbenzoesäure* (V) u. *3.5-Diäthylphthalsäure.* Obwohl III in mehreren stereoisomeren Formen existieren könnte, bildet sich stets nur eine Modifikation. — Der vorgeschlagene Reaktionsmechanismus wird in bezug auf den räumlichen Ablauf erläutert; das UV-Spektr. von III wird angegeben.

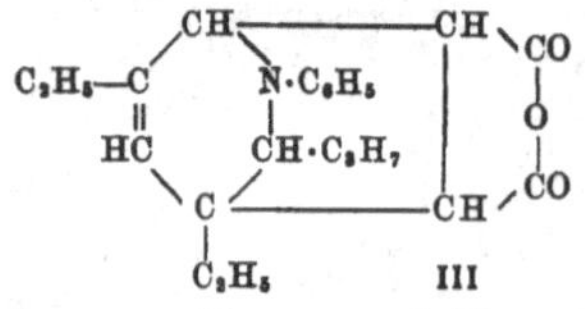

III

V e r s u c h e: Das *Addukt* III, F. 120°, ist zweibas. u. liefert nach ½ std. Kochen mit verd. NaOH u. vorsichtiger Zugabe von n HCl die entsprechende *Säure* (IV), F. 153° (A.). — Wird III in konz. HCl gelöst, so krist. nach mehreren Std. große durchsichtige Kristalle des IV-*Hydrochlorids* aus, F. 185—187° (Zers.); 93% (Ausbeute). Nach Erhitzen von III mit KOH unter Abdest. von W. bis zur Entw. von Nebel wird aus dem öligen Destillat beim Ansäuern, Ausäthern u. Alkalisieren der wss. Lsg. *Anilin,* F. —8°, isoliert; 95%. Dest. der Schmelze mit W. + konz. HCl liefert *Buttersäure*; 64%; *p-Bromphenacylester,* F. 63—64°. Wird dann der Rückstand mit HCl versetzt u. ausgeäthert, so wird nach Filtration u. Dest. erneut Buttersäure (14%) u. *3.5-Diäthylbenzoesäure* (V), F. 127—129° (Bzl. + Hexan, dann CH_3OH) erhalten; $Kp._7$ 145—150°; 5%. Die aus der äther. Lsg. abgeschiedenen Kristalle erwiesen sich als *3.5-Diäthylphthalsäure,* $C_{12}H_{14}O_4$, F. 190°, unter Zers. (verd. CH_3OH); 27%; spaltet beim Erhitzen W. ab unter Bldg. des *Anhydrids,* $C_{12}H_{12}O_3$, F. 55—56° (Hexan). Die Säure entsteht auch beim alkal. Abbau des 2-Äthylhexanalanil–Maleinsäureanhydrid-Addukts (10%) neben V (14%). (J. Amer. chem. Soc. **72.** 5236—38. Nov. 1950. Brecksville, O., B. F. Goodrich Res. Center.)

NITZSCHKE. 3231

Nelson J. Leonard und **William J. Middleton,** *Oktahydropyrrocolin: Spaltung und Konfiguration.* Vff. berichten über die Konfigurationsbest. des (—)-*Oktahydropyrrocolins* [(—)-*δ-Conicein, -Piperolidin, -1-Azabicyclo-[4.3.0]-nonan,* I]. Die Konfigurationsbest. ist möglich, wenn gesichert werden kann, daß bei der Überführung des (+)-Coniins (II) in die N-Bromverb. u. Behandeln dieser mit H_2SO_4 (vgl. LELLMANN, Ber.

dtsch. chem. Ges. **23.** [1890.] 2141), wobei **I** entsteht, die Konfiguration am asymm. C-Atom erhalten bleibt. Aus synthet. **I**-Racemat wurde mit Dibenzoyl-D-weinsäure opt.-akt. **I** $[\alpha]_D^{27}$ $-7,89^0$, gewonnen, das ident. mit dem von LELLMANN (l. c.) aus **II** dargestellten ist. **II** steht in Beziehung zur D-(+)-Pipecolinsäure; es folgt daraus, daß linksdrehendes **I** die D-Konfiguration besitzt.

V e r s u c h e: *Mono-(—)-oktahydropyrrocolindibenzoyl-D-tartrat*, $C_{26}H_{29}O_8N$, F. 163 bis 164^0 (Zers.), aus je 0,3 Mol Dibenzoyl-D-weinsäuremonohydrat (**III**) u. synthet. **I** in Methanol; Prismen aus Methanol; $[\alpha]_D^{27}$ $-75,8^0$ (c = 0,6; Methanol); 33,8 g (Ausbeute). — *(—)-Oktahydropyrrocolin* (**I**), $C_8H_{15}N$, Kp.$_{18}$ 58—59^0, aus 31,4 g vorst. Verb. beim Schütteln mit 3 n HCl (30 Min.); die Ölschicht erstarrt beim Impfen mit **III**; Filtrat mit 33%ig. KOH alkal. stellen u. ausäthern; n_D^{20} 1,4712; $[\alpha]_D^{27}$ $-7,89^0$; 5,1 g. (J. Amer. chem. Soc. **74.** 5776—77. 20/11. 1952. Urbana, Ill., Univ. of Illinois, Noyes Chem. Labor.)

GOEBEL. 3231

Reynold C. Fuson, Harold L. Jackson und **Emil W. Grieshaber,** *Die Reaktion von Benzylmagnesiumchlorid mit gewissen 2-Methoxychinolinen.* Vff. fanden, daß bei Einw. von $C_6H_5CH_2MgCl$ (**I**) auf 2-Methoxychinolin *4-Benzyl-2-methoxydihydrochinolin* (1.4- oder 3.4-Dihydroderiv.) entsteht, das mit verd. HCl in *4-Benzylhydrocarbostyril* (**II**) übergeführt wird. Aus 2-Methoxylepidin (**V**) entstand *4-Benzyl-2-methoxy-4-methyl-1.4-dihydrochinolin* (**III**) [reagiert nicht mit **I**; die 3.4-Dihydroverb. müßte reagieren]; bei Hydrolyse entsteht *4-Benzyl-4-methylhydrocarbostyril* (**IV**). Beim Behandeln von **III** bzw. **IV** mit Pd-Kohle entsteht in beiden Fällen Toluol, daneben **V** bzw. 4-Methylcarbostyril. Unter den angewandten Bedingungen reagierte weder 2-Methoxychinolin noch -lepidin mit C_6H_5MgBr oder CH_3MgJ. **IV** ist nicht hydrolysier- u. acetylierbar; seine Struktur wurde durch Abbau zu *3-Benzyl-N.N-dimethyl-3-phenylbutylamin* u. dessen Synth. bewiesen.

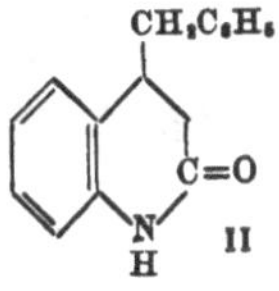

II

V e r s u c h e: *2-Methoxychinolin*, Kp.$_{0,13}$ 60—63^0; aus 2-Chlorchinolin (F. 38^0; durch Erhitzen von Carbostyril u. $POCl_3$; 87%) u. $NaOCH_3$ in absol. Methanol durch 4 std. Kochen; n_D^{20} 1,6071; 67% (Ausbeute). *Pikrat*, $C_{16}H_{12}O_8N_4$, F. 179—180^0; aus A. feine Nadeln. — *4-Benzyl-1.4-dihydro-2-methoxychinolin*, $C_{17}H_{17}ON$, Kp.$_{0,25}$ 127—130^0; aus vorst. Verb. mit **I** in Ae. bei 7 std. Kochen; viscoses Öl; n_D^{20} 1,7052; 71%. — *4-Benzyl-3.4-dihydrocarbostyril* (**II**), $C_{16}H_{15}ON$, F. 160—161^0; aus vorst. Verb. mit 0,5%ig. HCl bei 20^0; aus A. lange Nadeln. — *2-Methoxylepidin* (**V**), Kp.$_{0,4}$ 93—95^0; aus 2-Chlorlepidin wie beschrieben; n_D^{20} 1,6062; 69%. *Pikrat*, $C_{17}H_{14}O_8N_4$, F. 157,5—159^0; aus A. feine Nadeln. — *4-Benzyl-1.4-dihydro-2-methoxy-4-methylchinolin* (**III**), $C_{18}H_{19}ON$, Kp.$_{0,8}$ 150—153^0; aus vorst. Verb. mit **I**; n_D^{20} 1,6593. — Daraus mit Pd-Kohle bei 360—380^0 (30 Min.) Toluol u. **V**. — *4-Benzyl-4-methylhydrocarbostyril* (**IV**), $C_{17}H_{17}ON$, F. 162,5—164^0; aus vorst. Verb. mit 0,5%ig. HCl. — Daraus mit Pd-Kohle wie beschrieben Toluol u. *4-Methylcarbostyril*, F. 221—223^0. — *4-Benzyl-4-methyl-1.2.3.4-tetrahydrochinolin*, $C_{17}H_{19}N$, Kp.$_{0,5}$ 151—152^0; aus **IV** in Bzl. mit $LiAlH_4$ in Ae., dann 36 Std. Kochen; gelbes Öl; n_D^{20} 1,6119; 65%. *Pikrat*, $C_{23}H_{22}O_7N_4$, F. 158—159^0; aus A. Nadeln. — *4-Benzyl-4.N-dimethyl-1.2.3.4-tetrahydrochinolin*; *Methojodid*, $C_{19}H_{24}$·NJ, F. 194—195^0; aus vorst. Verb. in absol. Methanol mit CH_3J/Na_2CO_3 bei 12 std. Kochen; hellgelbe Nadeln; 65%. — *3-Benzyl-N.N-dimethyl-3-phenylbutylamin*, $C_{19}H_{25}N$, Kp.$_{0,5}$ 139—140^0; aus vorst. Verb. nach EMDE mit Na/Hg; gelbes Öl; 40%. *Methojodid*, $C_{20}H_{28}NJ$, F. 192—193^0; aus A. Kristalle. — *[β-Phenylisopropyliden]-cyanessigsäureäthylester* (**VI**), $C_{14}H_{15}O_2N$, Kp.$_{0,7}$ 145—149^0; aus Cyanessigester u. Benzylmethylketon, in Chlf. mit Eisessig u. NH_4OOCCH_3 beim Kochen (Wasserabscheider); daneben *2-Cyan-3-methylnaphthol-(1)* (**VII**), $C_{12}H_9ON$, F. 202—204^0 (Cyclisierungsprod.). — **VII** wurde bei 5 tägigem Kochen mit KOH u. Äthylenglykol verseift u. decarboxyliert zu *3-Methylnaphthol-(1)*, $C_{11}H_{10}O$, F. 90—91^0; Kristalle aus PAe.; 69%. — *β-Benzyl-α-cyan-β-phenylbuttersäureäthylester*, $C_{20}H_{21}O_2N$, Kp.$_{0,8}$ 167—174^0; Darst. aus **VI** mit C_6H_5MgBr; n_D^{20} 1,5371; 76%. — *β-Benzyl-β-phenylbuttersäure*, $C_{17}H_{18}O_2$, F. 97^0; aus vorst. Verb. mit KOH in Äthylenglykol bei 5 tägigem Kochen; Kristalle aus wss. A.; 56%. — *3-Benzyl-N.N-dimethyl-3-phenylbutylamin*, $C_{19}H_{25}N$, Kp.$_{0,5}$ 137—138^0; aus vorst. Verb. über das Säurechlorid (Darst. mit $SOCl_2$), dann Umsetzung mit $(CH_3)_2NH$ u. Red. des *β-Benzyl-N.N-dimethyl-β-phenylbutyramids* (Kp.$_{0,9}$ 161^0; sublimiert, F. 19^0) ohne vorherige Reinigung mit $LiAlH_4$ in absol. Ae. durch 36 std. Kochen. (J. org. Chemistry **16.** 1529—35. Okt. 1951. Urbana, Ill., Univ. of Illinois, Noyes Chem. Labor.)

GOEBEL. 3231

J. G. Breckenridge, *Dimethyl-2.2'-bichinolyle.* Die von WIBAUT u. Mitarbeitern (C. **1936.** I. 1020) zuerst durchgeführte katalyt. Dehydrierung von Chinolin (**II**) zu 2.2'-Bichinolyl (**III**) wird vom Vf. auf einige Methylchinoline übertragen, um die Eigg. der erhaltenen *Dimethyl-2.2'-bichinolyle* mit denen der unsubstituierten Verb. zu vergleichen. *4-Methylchinolin* (**IV**) gab *4.4'-Dimethyl-2.2'-bichinolyl* (**I**) in höchstens 30%ig. Ausbeute; *6-Methylchinolin* (**V**) lieferte nur ca. 1% an Dehydrierungsprod.; *7-* (**VI**) u. *8-Methylchinolin* konnten mit der Meth. gar nicht dehydriert werden. — Der Vers., **I** auf unabhängigem Wege aus o-Aminoacetophenon u. Diacetyl darzustellen, gelang nicht, jedoch konnte **I** aus 2-Chlor-4-methylchinolin u. Cu-Pulver in geringer Menge gewonnen werden. — Es werden die UV-Absorptionsspektren von **II** u. der Methylchinoline **IV**, **V** u. **VI** einerseits u. die Spektren der Bichinolyle **III**, **I**, *6.6'-Dimethyl-2.2'-bichinolyl* (**VII**) u. *8.8'-Bichinolyl* andererseits angegeben, miteinander verglichen u. erläutert; aus ihnen geht hervor, daß die Chinolinringe bei den dargestellten Vertretern tatsächlich in 2- u. 2'-Stellung miteinander verknüpft sind. — Ferner werden die Spektren der *Cu(I)-Komplexe* von **III**, **I**, **VII** u. *2.2'-Dipyridyl* zwischen 400 u. 600 mμ angegeben; hinsichtlich dieser Komplexbldg. verhalten sich **I** u. **VII** ebenso wie **III**, die Methylgruppen beeinflussen die Bldg. der Komplexe ster. nicht. Die Rk. ist spezif. für Cu(I)-Ion bei p_H 2,3—2,7.

V e r s u c h e (FF. korr.): Die Dehydrierungen wurden, wie früher angegeben, durchgeführt (vgl. C. **1940**. I. 2352); Reaktionstemp. 325 ± 15°; Reaktionszeit wenigstens 8 Stunden. — *4.4'-Dimethyl-2.2'-bichinolyl* (**I**), $C_{20}H_{16}N_2$, aus Chlf. oder A. kleine Nadeln, F. 280—281°; läßt sich im Vakuum bei 240° sublimieren. *Pikrat*, $C_{26}H_{19}O_7N_5$, in Bzl. dargestellt; orangefarbene Kristalle, F. 236° (Zers.). — *6.6'-Dimethyl-2.2'-bichinolyl* (**VII**), $C_{20}H_{16}N_2$, aus absol. A. kleine Nadeln, F. 259—260°. *Pikrat*, $C_{26}H_{19}O_7N_5$, F. 232° (Zers.). — **I** u. **VII** reagieren in A. mit $CuCl_2$ unter Bldg. eines orangefarbenen, mit $CoCl_2$ unter Bldg. eines grünen krist. Nd., die sich von den mit **III** erhaltenen Ndd. nicht unterscheiden. — *8.8'-Bichinolyl*, aus 2.2'-Diaminodiphenyl nach von Niementowski u. Seifert (Ber. dtsch. chem. Ges. **38**. [1905.] 762), F. 205°. — **I** wurde in geringer Menge auch aus 3 g 2-Chlor-4-methylchinolin durch 2 std. Erhitzen mit Cu-Bronze auf 218° im Rohr, Ausäthern, Ausziehen des Rückstandes mit heißem A., Behandeln des Nd. mit NH_4OH u. Ausziehen des Rückstandes mit Chlf. erhalten; Ausbeute 5 mg. Auch mit 2-Brom- u. 2-Jod-4-methylchinolin wurde keine bessere Ausbeute erzielt. (Canad. J. Res., Sect. B **28**. 593—98. Okt. 1950. Toronto, Ontario, Can., Univ., Dep. of Chem. Engng.)

Nitzschke. 3231

S. J. Davis und **J. A. Elvidge**, *Heterocyclensynthesen mit Malonylchlorid.* 1. Mitt. *Pyrano-1.3-dioxine aus Ketonen.* Bei der heftig verlaufenden Rk. von Malonylchlorid (**I**) mit Aceton (**II**) entsteht weder Phloroglucin noch 3.5-Diketohexanoylchlorid, wie von Komninos [1918] angegeben, sondern *6'-Chlor-2'.4-diketo-2.2-dimethylpyrano-[3'.4':5.6]-1.3-dioxin* (**III**). Entsprechende Pyrano-1.3-dioxine bilden sich auch aus **I** u. anderen Ketonen als **II**; am Beispiel des aus **I** u. Benzophenon (**IV**) erhaltenen *6'-Chlor-2'.4-diketo-2.2-diphenylpyrano-[3'.4':5.6]-1.3-dioxins* (**V**) wurde der Reaktionsverlauf näher untersucht. Die Bruttogleichung zeigt, daß nur die CO-Gruppe von **IV** in Rk. tritt, u. zwar mit 2 Mol **I** unter Entw. von 3 Mol HCl. Bei der Behandlung von **V** mit sd. A. u. dann mit NH_3 in der Kälte entstehen **IV** u. *Malonamid.* Kochen von **V** mit W. gibt 3 Mol CO_2, 1 Mol HCl, 1 Mol **IV** u. 1 Mol **II**; die Bldg. von CO_2 u. **II** spricht für das Vorhandensein einer potentiellen Acetontricarbonsäuregruppe. Nach kurzem Erhitzen von **V** mit 3 Mol A. (HCl-Entw.) wurde aus dem **IV** enthaltenden Rückstand das *Cu-Enolat* des *Acetontricarbonsäure-(1.1.3)-triäthylesters*, das auf gleichem Wege auch aus **III** erhältlich ist. In Dioxan reagiert **V** mit kaltem W. zu *6-Chlor-4-oxy-2-ketopyrancarbonsäure-(3)* (**VI**), entsprechend wurden mit CH_3OH bzw. A. der *Methyl-* (**VIa**) u. *Äthylester* (**VIb**) von **VI** erhalten. Zwar konnte **VIb** nicht zu **VI** verseift werden, da sich hierbei unter CO_2-Abspaltung *Acetessigester* bildete, doch entstand aus **VIa** u. **VI** mit CH_2N_2 derselbe *4-Oxy-6-oxymethyl-2-ketopyrancarbonsäure-(3)-methylester*, so daß der Zusammenhang von **VI** mit den Estern **VIa** u. **VIb** gesichert ist. Aus den bei der Spaltung von **V** erhaltenen Prodd. u. den Spektren ergibt sich die angegebene Struktur von **V** u. damit auch diejenige der weiteren Kondensationsprodd. von **I** mit Ketonen. Vff. nehmen an, daß die 1. Stufe der Rk. in einer durch das Keton als sehr schwacher Base hervorgerufenen Selbstkondensation von **I** besteht, die sich im Auftreten der charakterist. Pyronbande bei 3040 Å zu erkennen gibt.

V e r s u c h e (Spektren in Dioxan): *6'-Chlor-2'.4-diketo-2.2-dimethylpyrano-[3'.4':5.6]-1.3-dioxin* (**III**), $C_9H_7O_5Cl$, F. 183° (Zers.), a) aus **I** u. **II** nach der Vorschrift von Komninos [1918] in Ggw. von Marmor; b) durch Kochen von **I** u. **II** bis zum Auftreten eines Nd., Abkühlen u. Digerieren mit Ae.; aus Bzl. Prismen, λ_{max} 3020, 3140 u. 3180 Å (ε = 9700, 10900 u. 9700); 63% (Ausbeute). — *6'-Chlor-2'.4-diketo-2.2-diphenylpyrano-[3'.4':5.6]-1.3-dioxin* (**V**), $C_{19}H_{11}O_5Cl$, F. 179° (Zers.), durch Erhitzen von **I** u. **IV** auf 100° bis zum Aufhören der HCl-Entw. u. Digerieren mit Ae.; aus Bzl. wenig gefärbte Nadeln, λ_{max} 2450, 2510, 2580, 2900, 3040 u. 3120 Å (ε = 14200, 16700, 15300, 7100, 8200 u. 7100); 82%. — *2-Carbäthoxy-6'-chlor-2'.4-diketo-2-methylpyrano-*

[3'.4':5.6]-1.3-dioxin, $C_{11}H_9O_7Cl$, F. 87,5° (CCl_4), wie vorst. aus **I** u. Brenztraubensäureäthylester; 48%. — *2-Carbäthoxymethyl-6'-chlor-2'.4-diketo-2-methylpyrano-[3'.4':5.6]-1.3-dioxin*, $C_{12}H_{11}O_7Cl$, F. 118° (Zers.), aus **I** u. Acetessigsäureäthylester; aus CCl_4 Nadeln; 60%. — *6'-Chlor-2'.4-diketo-2-methyl-2-n-propylpyrano-[3'.4':5.6]-1.3-dioxin*, $C_{11}H_{11}O_5Cl$, F. 89°, aus **I** u. Methyl-n-propylketon; aus PAe. Blättchen, λ_{max} 3140 Å (ε = 8000); 92%. — *6'-Chlor-2.2-diäthyl-2'.4-diketopyrano-[3'.4':5.6]-1.3-dioxin*, $C_{11}H_{11}$·O_5Cl, F. 104°, aus **I** u. Diäthylketon in Ggw. von $CaCO_3$; aus PAe. Nadeln; 32%. — *6'-Chlor-2'.4-diketo-2-methyl-2-phenylpyrano-[3'.4':5.6]-1.3-dioxin*, $C_{14}H_9O_5Cl$, F. 147°, aus **I** u. Acetophenon; aus CCl_4 Nadeln, λ_{max} 2800 u. 3140 Å (ε = 4700 u. 10000); 62%. — *6'-Chlor-2'.4-diketo-2-spirocyclohexanpyrano-[3'.4':5.6]-1.3-dioxin*, $C_{12}H_{11}O_5Cl$, F. 129°, aus **I** u. Cyclohexanon; aus CCl_4 Platten; 53%. — Nach Erhitzen von **V** mit A. auf dem Dampfbad bis zur Beendigung der HCl-Entw., Zugabe von Ae. u. NH_4OH (D. 0,88), Schütteln u. 24std. Stehen wurde aus der Ae.-Schicht **IV** (F. 43—44°), aus der wss. Schicht *Malonamid* [$C_3H_6O_2N_2$, F. 164° (A.)] isoliert. — *Acetontricarbonsäuretriäthylester* als *hydratisisiertes Cu-Enolat*, F. 85°, a) durch Erwärmen von **V** mit A. in Dioxan während 10 Min. auf dem Dampfbad, Schütteln mit Cu (II)-Acetatlsg., Ausschütteln von **IV** mit PAe. u. Abkühlen der wss. Lsg.; b) ebenso aus **III**; 98%; c) durch 30 Min. Kochen von Malonsäuremonoäthylesterchlorid in Ae. mit Äthoxymagnesiummalonsäurediäthylester, Zers. mit verd. H_2SO_4 in der Kälte, Abtrennen des *Mg-Deriv.* ($C_{24}H_{34}O_{14}Mg$, F. 119°, aus Äthylacetat prismat. Nadeln), Eindampfen der Ae.-Schicht unter vermindertem Druck, Extraktion mit 5%ig. NaOH, Neutralisation mit verd. H_2SO_4 u. Überführung des mit Chlf. isolierten öligen Esters in die Cu-Verbindung. — *6-Chlor-4-oxy-2-ketopyrancarbonsäure-(3)* (**VI**), $C_6H_3O_5Cl$, F. 134,5°, aus 1,42 g **V** durch Lösen in Dioxan unter Erwärmung, Zugabe von W. zur abgekühlten Lsg., Eindampfen am nächsten Tag unter vermindertem Druck u. Zugabe von Ae.; aus PAe. 0,5 g Nadeln. *Methylester* (**VIa**), $C_7H_5O_5Cl$, F. 149°, aus **V** wie vorst. mit CH_3OH statt W.; aus Bzl. Nadeln, λ_{max} 3040 Å (ε = 12300); 90%. *Äthylester* (**VIb**), $C_8H_7O_5Cl$, F. 121°, durch Versetzen der Lsg. von 1 g **V** in Chlf. mit A. unter Rühren, Eindampfen nach Stehen über Nacht u. Rühren mit PAe. als Nd.; aus PAe. 0,3 g Nadeln, λ_{max} 3040 u. 3190 Å (ε = 11500 u. 10500); aus dem Petrolätherfiltrat **IV** (*2.4-Dinitrophenylhydrazon*, F. 234°). Bei der Zugabe von **VIb** in Dioxan zu wss. NaOH trat CO_2-Entw. ein, nach Ansäuern mit 2nHCl wurde *Acetessigester* erhalten (*2.4-Dinitrophenylhydrazon*, F. 89°). — *4-Oxy-6-oxymethyl-2-ketopyrancarbonsäure-(3)-methylester*, $C_8H_8O_6$, F. 147° (Bzl.), a) aus 320 mg **VI** in Dioxan mit CH_2N_2 in nicht getrocknetem Ae., Eindampfen u. Behandlung des Rückstandes mit PAe.; 50 mg; b) ebenso aus 300 mg **VIa**; 50 mg. — *6-Methoxy-4-oxy-2-ketopyrancarbonsäure-(3)-methylester*, $C_8H_8O_6$, F. 148,5°, durch Versetzen von 0,65 g **VIa** in Dioxan mit $NaOCH_3$-Lsg. unter Kühlung, Ansäuern nach 30 Min. mit verd. H_2SO_4 u. Ae.-Extraktion; aus Bzl.–PAe. 90 mg Nadeln, λ_{max} 3040 Å (ε = 17600). (J. chem. Soc. [London] **1952**. 4109—14. Nov. London, South Kensington, Imp. Coll. of Sci. and Technol.) SPAETH. 3252

J. R. Marshall und **James Walker**, *Eine experimentelle Untersuchung von einigen möglicherweise tautomeren 2- und 4(6)-substituierten Pyrimidinen.* Vff. versuchen festzustellen, in welcher Struktur *Monooxy-*, *Monomercapto-* u. *Monoaminopyrimidine*, die den Substituenten in 2- oder 4- (bzw. 6-) Stellung tragen, in wss. Lsg. vorliegen. Dazu werden die UV-Spektren von *2-* oder *4-* bzw. *6-Oxy-*, *-Amino-* u. *-Mercaptopyrimidinen* mit denen der entsprechenden O- bzw. S- u. N-methylierten Derivv. verglichen, u. zwar bei p_H-Werten, die je nach den p_{K_a}-Werten der einzelnen Substanzen gewählt wurden, um zu vermeiden, daß Mischungen von Ionen u. neutralen Moll. vorliegen. — Die bei Hydrolyse von 4-Methyl-2-methylmercaptopyrimidin entstehende Verb. könnte *2-Oxy-4-methylpyrimidin* (**IV**) oder *4-Methylpyrimidon-(2)* (**IVa**) sein. Mit $POCl_3$ entsteht daraus nur wenig *2-Chlor-4-methylpyrimidin* (**I**); dieses kann besser aus 2.4-Dichlor-6-methylpyrimidin (**VII**) durch katalyt. Hydrierung erhalten werden. **I** liefert leicht *2-Methoxy-4-methylpyrimidin* (**V**). Während MCOMIE u. BOARLAND (Chem. and Ind. **1950**. 602) aus 2-Chlorpyrimidin u. Thioharnstoff kein Thiuroniumsalz erhalten konnten, konnten Vff. aus **I** *S-[4'-Methylpyrimidyl-(2')]-thiuroniumchlorid* gewinnen, das bei Zers. zu dem Hydrochlorid von *2-Mercapto-4-methylpyrimidin* bzw. *4-Methylthiopyrimidon-(2)* führte. — *4-Oxy-6-methylpyrimidin* (**III**) bzw. *6-Methylpyrimidon-(4)* (**IIIa**) wurde durch Entschwefelung von 6-Methyl-2-thiouracil dargestellt u. gibt mit $POCl_3$ *4-Chlor-6-methylpyrimidin* (**II**), aus dem *4-Methoxy-6-methylpyrimidin* (**VIII**) u. *6-Methyl-4-methylmercaptopyrimidin* hergestellt wurden; ein Thiuroniumsalz konnte aus **II** nicht gewonnen werden, das isolierte Prod. bestand aus *4-Mercapto-6-methylpyrimidin* bzw. *6-Methylthiopyrimidon-(4)*. — Dem aus **III** bzw. **IIIa** mit CH_2N_2 gewonnenen Methylierungsprod. dürfte die Konst. *N-6-Dimethylpyrimidon-(4)* zukommen, da die Methylierung nicht mit einem bathochromen Effekt verbunden ist. — Ferner wurden verschied. *Aminopyrimidine* gewonnen, die auch in einer entsprechenden tautomeren Form vorliegen können. — Die p_{K_a}-Werte aller dargestellten Verbb. wurden durch potentiometr. Titration ermittelt u. werden tabellar. angegeben; gleichfalls werden tabellar. die UV-Maxima u. graph. die UV-Absorptionskurven angegeben; die Absorption wurde bei solchen p_H-Werten gemessen, bei denen die Verbb. entweder als neutrale Moll. oder als 1 wertige Kationen oder, soweit möglich, als 1 wertige Anionen vorliegen. — Der Vgl. der Spektren von **IV** bzw. **IVa** mit denen von *1.4.6-Trimethylpyrimidon-*(2) (**VI**) in saurer, neutraler u. alkal. Lsg. u. mit denen von **V** in saurer u. neutraler Lsg. spricht deutlich für die Pyrimidonstruktur **IVa**; das gleiche gilt für die anderen „Oxy"-pyrimidine (z. B. **IIIa** statt **III**) u. für die „Mercapto"-pyrimidine, die sicher vornehmlich als Thiopyrimidone vorliegen, wie bei jeder Vergleichsserie im einzelnen erläutert wird. Die Ähnlichkeit des Spektr. von **VI** in saurer Lsg. mit dem von seinem Jodmethylat im Gegensatz zu dem von **V** in saurer Lsg. spricht dafür, daß die Kationen aus **IVa** u. aus **VI** als resonanzfähige Amidiniumsysteme vorliegen, was im Gegensatz steht zu der von ARNDT u. Mitarbeitern angegebenen Auffassung, daß **IVa** als inneres Salz formuliert werden muß. Bei den Pyridonen u. Chinolonen wird man dagegen bei der Salzbldg. eine Addition des Protons an das O-Atom annehmen müssen. — Die S-haltigen Pyrimidinverbb. sind schwächer bas. als ihre O-Analogen. — Bei den *Aminopyrimidinen* konnte mit Hilfe der Spektren keine Entscheidung darüber getroffen werden, in welcher Form sie vornehmlich vorliegen. — Vff. stellen fest, daß nach dem Vgl. der Absorptionsspektren von *2-Methoxy-6-methylpyrimidon-*(4), *6-Methyluracil* u. *1.3.6-Trimethyluracil* dem *Uracil* die nebenst. Konst. zukommen muß. — Die meisten der dargestellten Verbb. wurden auf ihre Wrkg. gegenüber Tuberkelbacillen untersucht; die S-haltigen weisen eine geringe Wirksamkeit auf.

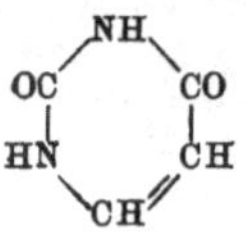

V e r s u c h e: *4-Methyl-2-methylmercaptopyrimidin*, $C_6H_8N_2S$, Kp.$_{15}$ 111°, aus 4-Chlor-6-methyl-2-methylmercaptopyrimidin durch 2std. Kochen mit Zn-Pulver in W. unter portionsweiser Zugabe von NH_4OH u. Ausäthern; n_D^{17} 1,5726; 89% (Ausbeute). *Pikrat*, $C_6H_8N_2S \cdot C_6H_3O_7N_3$, aus A. gelbe rhomboedr. Prismen, F. 106—108°. Die Verb. konnte aus dem Na-Salz von Oxymethylenaceton u. S-Methylthiuroniumsulfat (**IX**) in wss. Lsg. nur in höchstens 10%ig. Ausbeute gewonnen werden. — *4-Methylpyrimidon-*(2)(**IVa**)*-Hydrochlorid*, $C_5H_6ON_2 \cdot HCl$, F. 246° (Zers.), aus vorst. Verb. durch Kochen mit konz. HCl u. Eindampfen im Vakuum; aus A. + 3nHCl Nadeln; 87%. — *1.4.6-Trimethylpyrimidon-*(2) (**VI**), F. 62° (Bzl.), aus Methylharnstoff u. Acetylaceton nach HALE [1914]; mehrfaches Ausziehen aus der wss. Lsg. mit Chlf. ist notwendig. *Methojodid*, $C_8H_{13}ON_2J \cdot H_2O$, F. 194°, aus 1 g vorst. Verb.; aus CH_3OH-Essigester blaßgelbe Nadeln; 1,1 g. — *2-Chlor-4-methylpyrimidin* (**I**), $C_5H_5N_2Cl$, F. 48—50°, aus 29,3 g **IVa**·HCl u. $POCl_3$ durch 1¹/₄std. Rk. bei 120—125° Badtemp., Eindampfen nach Filtration u. Neutralisieren mit Eis + NaOH; Kp.$_{17}$ 93—93,5°; aus Leichtbenzin lange Platten; 3,9 g. Wurden 15,2 g **IVa**·HCl mit PCl_5 in $POCl_3$ 1,5—2 Std. gekocht, so wurde nach Aufarbeitung u. Fraktionierung *2.x.x.x-Tetrachlor-4-methylpyrimidin*, $C_5H_2N_2Cl_4$, F. 43,5—45°, erhalten; Kp.$_{13}$ 132,5—134°; aus Leichtbenzin lange Prismen; 6,3 g. — *2.4-Dichlor-6-methylpyrimidin* (**VII**), Kp.$_{18,5}$ 108°, nach GABRIEL u. COLMAN [1899]; Gießen der Reaktionsmischung in Eiswasser u. Ausäthern; 90—95%. — Nach 16std. Schütteln von 81,5 g **VII** mit überschüssigem MgO u. 1,2%ig. Pd/$SrCO_3$ in Ae. u. W. unter 3 at H_2 wurde die wss. Phase auf p_H 10—11 gebracht, ausgeäthert u. fraktioniert; als Hauptprod. entstanden 35,6 g **I**. Mit methanol. Alkali gibt **VII** schon in der Kälte *2.4-Dimethoxy-6-methylpyrimidin*, F. 65°. — *2-Methoxy-4-methylpyrimidin* (**V**), $C_6H_8ON_2$, Kp.$_{21}$ 89°, aus 6,4 g **I** u. $NaOCH_3$ in CH_3OH, Eingießen in W. u. Ausäthern; n_D^{21} 1,5013; 5 g. — *S-[4'-Methylpyrimidyl-(2')]-thiuroniumchlorid*, $C_6H_9N_4ClS$, Zers. zwischen 185 u. 200°, aus **I** u. Thioharnstoff durch Kochen in A.; gelbe Nadeln aus A. mit wenig HCl; etwas nachst. Verb. als Nebenprodukt. — *4-Methylthiopyrimidonhydrochlorid*, $C_5H_6N_2S \cdot HCl$, F. 265° (Zers.), aus 0,88 g vorst. Verb. in A. durch 8std. Kochen mit etwas HCl; aus viel A. mit 1,5% HCl kleine gelbe Platten; 0,5 g roh. — *1.4.6-Trimethylthiopyrimidon-*(2), nach HALE u. WILLIAMS [1915] aus Acetylaceton u. Methylthioharnstoff. —*6-Methylpyrimidon-*(4) (**IIIa**), F. 150°, aus 6-Methyl-2-thiouracil durch 2std. Kochen mit RANEY-Ni in W., Eindampfen des Filtrats u. Ausziehen mit sd. Essigester, Eindampfen, Wiederholen des Ausziehens, Eindampfen u. Extrahieren mit sd. Bzl.; aus A., dann Bzl. lange Prismen; 64%. — *N-6-Dimethylpyrimidon-*(4), $C_6H_8ON_2$, F. 80—82°, aus 1,5 g **IIIa** in Chlf. u. äther. CH_2N_2; aus CCl_4 Prismen; 0,8 g. Als Nebenprod. 0,23 g **VIII**; *Pikrat*, $C_6H_8ON_2 \cdot C_6H_3O_7N_3$, aus W. Prismen, F. 117°. — *4-Chlor-6-methylpyrimidin* (**II**), F. 34,5—36°, aus **IIIa** durch 1¹/₄std. Kochen mit $POCl_3$, Zers. mit Eis, Alkalisieren u. Ausäthern; Kp.$_{12}$ 65,5—66,5°; 70%. — *4-Methoxy-6-methylpyrimidin* (**VIII**), $C_6H_8ON_2$, Kp.$_{21}$ 69°, aus **II** u. $NaOCH_3$ in CH_3OH durch ¹/₄std. Rk.,

Gießen in W. u. Ausäthern; n_D^{21} 1,4950; 79%. — *6-Methylthiopyrimidon-(4)*, F. 255 bis 260° (Zers.), aus 2,57 g **II** durch 1 std. Kochen mit Thioharnstoff in A.; aus Essigsäure oder viel W. blaßgelbe Prismen; 1,2 g. — *6-Methyl-4-methylmercaptopyrimidin*, $C_6H_8N_2S$, F. 25—28°, aus einer aus **IX** u. 25%ig. NaOH gewonnenen Lsg. von $NaSCH_3$ u. 6,43 g **II** durch 4 std. Rk. bei 60—80°, Zugabe von A. u. 3 std. Kochen; $Kp._{17}$ 104°; n_D^{20} 1,5740; aus Leichtbenzin Prismen; 6,5 g. — Nach 5—6 std. Erhitzen von **VII** mit bei 0° gesätt. alkoh. NH_3 im Autoklaven auf ca. 100°, Eindampfen, Kochen mit Bzl. u. Eindampfen wird zunächst *2-Amino-4-chlor-6-methylpyrimidin* (**X**), F. 183°, isoliert; aus A. Nadeln. Kontinuierliche Extraktion des Rückstandes mit sd. Bzl. liefert *4-Amino-2-chlor-6-methylpyrimidin* (**XI**), F. 219,5°; aus A. Prismen. Als letztes Prod. bleibt *2.4-Diamino-6-methylpyrimidinhydrochlorid*, $3\,C_5H_8N_4 \cdot HCl$, zurück; aus A. lange tafelförmige Prismen. Daraus die *Base*, $C_5H_8N_4$; Reinigung durch Kristallisation aus W. u. Vakuumsublimation; F. 185—186°. — *2-Amino-4-methylpyrimidin*, F. 158—160°, aus 7,2 g **X** in wss.-aceton. KOH durch Schütteln mit 1,2%ig. Pd/$SrCO_3$ in H_2, Eindampfen u. Ausziehen mit sd. A.; aus W. Platten; 3,7 g; mit 20%ig. KOH wird beim Kochen NH_3 entwickelt. — *4-Amino-6-methylpyrimidin*, F. 197°, aus **XI** in CH_3OH durch Schütteln mit 5%ig. Pd-Kohle u. H_2, Eindampfen des Filtrats u. Alkalisieren; 65%. 2 std. Erhitzen mit 25%ig. H_2SO_4 auf 180° bildet etwas **IIIa**. — *2.4-Dichlor-6-methyl-5-nitropyrimidin* (**XII**), F. 53—54,5° (Leichtbenzin), aus 8 g 6-Methyl-5-nitrouracil in $POCl_3$ durch langsame Zugabe von 10 g Dimethylanilin, $^3/_4$ std. Kochen, Gießen auf Eis, Ausäthern u. fraktionierte Dest.; $Kp._{23}$ 137°; 6,4 g. Daneben als höhersd. Fraktion *2(4)-Chlor-6-methyl-4(2)-methylanilino-5-nitropyrimidin*, $C_{12}H_{11}O_2N_4Cl$, F. 128°, $Kp._2$ 188°; aus A. gelbe Prismen; 0,75 g. — *5-Amino-4-methylpyrimidin*, F. 150—151,5° (Bzl.), aus dem durch Red. von **XII** mit Zn-Pulver u. sd. W. gewonnenen rohen 5-Amino-2-chlor-4-methylpyrimidin (F. 87°) in W. durch Schütteln mit 1,2%ig. Pd/$SrCO_3$ u. H_2, Eindampfen der mit $NaHCO_3$ behandelten Lsg., Ausziehen mit sd. A., Eindampfen, Extrahieren mit Bzl. u. Vakuumsublimation; 1 g. — *2.4-Dithio-6-methyluracil*, $C_5H_6N_2S_2$, F. >380°, aus **VII** u. Thioharnstoff in A. durch 1½ std. Kochen, Behandeln mit kalter verd. HCl, Lösen des Rückstandes in KOH u. Fällen mit Essigsäure; 1,5 g. Aus der sauren Waschlsg. durch Vakuumverdampfen, Lösen in sd. CH_3OH u. Behandeln mit heißem Essigester *2.4-Bisamidinothio-6-methylpyrimidindihydrochlorid*, $C_7H_{10}N_6S_2 \cdot 2\,HCl \cdot H_2O$, F. 260° (Zers.); 1,67 g. Gibt beim Kochen mit W. die vorst. Verbindung. — *4-Methylpyrimidin*, $Kp._{114}$ 86°, aus **VII** u. Zn-Pulver in sd. W.; n_D^{29} 1,4916. Daneben etwas **I**. — *1.3.6-Trimethyluracil*, F. 113°, durch Methylierung von 6-Methyluracil mit Dimethylsulfat. — *2-Methoxy-6-methylpyrimidon-(4)*, $C_6H_8O_2N_2$, nach BRUCE [1904]; aus A. Prismen, die nur bei schnellem Erhitzen bei 207° schm., andernfalls tritt bei 195° Schmelzen u. Umlagerung ein unter Wiedererstarrung. (J. chem. Soc. [London] **1951**. 1004—17. April. London, Nat. Inst. for Med. Res.) NITZSCHKE. 3272

P. J. Heald und **T. K. Walker**, *Synthesen einiger Thiazolopyrimidine (4.5.6.9-Tetrahydro-1-thia-7.9-diazaindane)*. Das aus α-Bromisobuttersäure u. Thioharnstoff zugängliche *2-Amino-5.5-dimethylthiazolon-(4)* (**IV**) konnte mit Malonsäurediäthylester unter verschied. Bedingungen nicht kondensiert werden; mit n-Alkylmalonylchloriden trat nicht die erwartete Cyclisierung ein, vielmehr reagierte nur eine der beiden Säurechloridgruppen unter Bldg. von Verbb. des Typs **II**, die als entsprechende Säuren isoliert wurden, welche enolisieren können. Werden diese Verbb. bis auf 20—10° unter ihren F. erhitzt (am besten im Hochvakuum), spalten sie W. ab u. geben *3.4.6-Triketo-2.2-dimethyl-5-n-alkyl-4.5.6.9-tetrahydro-1-thia-7.9-diazaindane* (**Ia**) (= *3.5.7-Triketo-2.2-dimethyl-6-n-alkyl-2.3.6.7-tetrahydro-5-thiazolo-[3.2:a]-pyrimidine*, **Ib**). Die Verbb. sind gegenüber verd. HCl beständig, werden aber durch warme verd. NaOH in die Ausgangssubstanz rückhydrolysiert. — Die *n-Butylverb.* wurde auf ihre bakteriostat. Wrkg. gegenüber *Escherichia coli*, *Mycobacterium phlei*, *Staphylococcus albus*, *Pseudomonas pyocyanea* u. *Chromobacterium prodigiosum* geprüft, zeigt aber nur bei den ersten 3 Organismen eine geringe Wirkung.

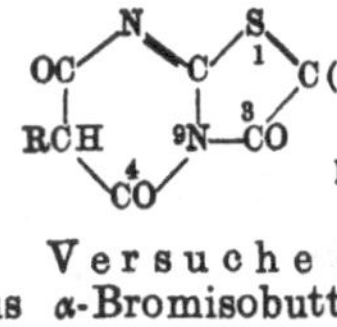
Ia

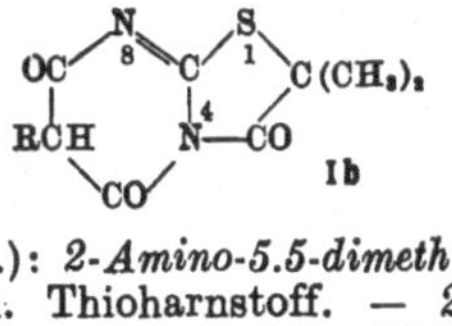
Ib

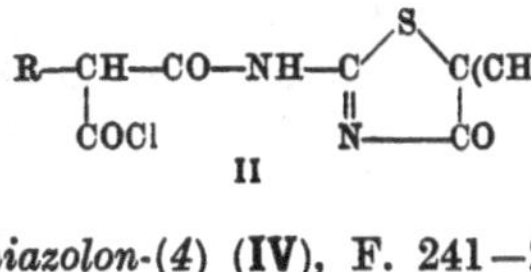
II

Versuche (FF. korr.): *2-Amino-5.5-dimethylthiazolon-(4)* (**IV**), F. 241—242°, aus α-Bromisobuttersäure u. Thioharnstoff. — *2-[α-Carboxy-n-valerylamido]-5.5-dimethylthiazolon-(4)* (**III**), $C_{11}H_{16}O_4N_2S$, F. 203—204° unter Zers. (wss. A.), aus 5 g **IV** in sd. absol. Dioxan durch Zugabe von 6,5 g n-Propylmalonylchlorid in demselben Lösungsm., 1 std. Kochen u. Gießen auf Eis + HCl; 3,4 g (Ausbeute); in Pyridin ist die Ausbeute geringer. Die Verb. ist lösl. in verd. NaOH u. fällt mit Säure wieder aus. Ein Pikrat u. Trinitrobenzolat werden nicht gebildet. — *3.4.6-Triketo-2.2-dimethyl-5-n-propyl-4.5.6.9-tetrahydro-1-thia-7.9-diazaindan*, $C_{11}H_{14}O_3N_2S$, F. 213—214°, aus 1 g III durch 8std. Erhitzen auf 180° als Sublimat; 0,5 g. Wird bei 0,001 mm auf 185° erhitzt, so entstehen nach 2 Std. 0,4 g aus 0,5 g III. Die Verb. ist unlösl. in W. u. Bzl., wenig lösl. in Ae., Chlf., CCl_4, besser in CH_3OH, A. u. Aceton. In verd. NaOH entsteht bei nachherigem Ansäuern III. — *2-[α-Carboxy-n-hexoylamido]-5.5-dimethylthiazolon-(4)*, $C_{12}H_{18}O_4N_2S$, F. 205—206° (Zers.), aus 3 g n-Butylmalonylchlorid u. 2 g IV wie bei III; aus A. Nadeln; 2 g. *p-Bromphenacylester*, F. 162—163°, leitet sich von der Enolform ab, die auch durch elektrometr. Titration nachgewiesen werden kann. — *3.4.6-Triketo-2.2-dimethyl-5-n-butyl-4.5.6.9-tetrahydro-1-thia-7.9-diazaindan*, $C_{12}H_{16}O_3N_2S$, F. 210 bis 211° (C_6H_5Cl), aus 1 g vorst. Verb. durch Erhitzen auf 180°/0,001—0,005 mm; 0,9 g. — *2-[α-Carboxy-n-heptoylamido]-5.5-dimethylthiazolon-(4)*, $C_{13}H_{20}O_4N_2S$, F. 176,5°, aus 10 g IV u. 5,5 g n-Amylmalonylchlorid durch 1 std. Erhitzen u. Eingießen des Filtrats in Eis + konz. HCl; aus wss. A. Platten; 6,5 g. — *3.4.6-Triketo-2.2-dimethyl-5-n-amyl-4.5.6.9-tetrahydro-1-thia-7.9-diazaindan*, $C_{13}H_{18}O_3N_2S$, F. 155—156° (Chlorbenzol), aus 1 g vorst. Verb. durch 4std. Erhitzen auf 160°/0,001—0,005 mm; 0,8 g. (J. chem. Soc. [London] **1950**. 1127—29. April. Manchester, Univ., Coll. of Technol.) NITZSCHKE. 3272

Hermann Stetter, *Ein neues Prinzip zur Darstellung höhergliedriger Ringsysteme.* 1. Mitt. *Ringschlußreaktionen bei Sulfonamiden des o-Phenylendiamins. N.N'-Ditosyl-o-phenylendiamin* (I) läßt sich als Di-Na-Verb. mit α.ω-Dihalogenalkanen ohne Anwendung des Verdünnungsprinzips zu höhergliedrigen Ringsystemen cyclisieren, da aus ster. Gründen weder eine Dialkylierung zu N.N'-Ditosyl-N.N'-di-[ω-bromalkyl]-o-phenylendiamin noch eine intermol. Polykondensation möglich ist. Die Cyclisierung, die bis zum 8gliedrigen Ring ausschließlich auch mit überschüssiger Dibromverb. eintritt, verläuft mit bes. guten Ausbeuten in n-Butanol als Lösungsmittel. Bei Anwendung von weniger als 1,5 Mol Dibromverb. wurde als Nebenprod. bei der Darst. der 9gliedrigen Ringverb. *N.N'-Ditosyl-N.N'-bis-[o-tosylaminophenyl]-1.5-diaminopentan* (III) erhalten. 1.6-Dibromhexan (II) konnte mit I nicht zum 10gliedrigen Ring umgesetzt werden; dieser ist auch nicht aus *N.N'-Ditosyl-N-[6-bromhexyl]-o-phenylendiamin* (dargestellt aus je 1 Mol der I-Mono-Na-Verb. u. II) durch Kondensation in Ggw. von Alkali erhältlich. Da auch 1.7-Dibromheptan mit I nicht zum 11gliedrigen Ring cyclisiert werden konnte, wird für die Einführung von mehr als 5 Methylengruppen in I bereits eine ster. Hinderung vorliegen, für die die räumlich großen N-gebundenen SO_2-Gruppen hauptsächlich verantwortlich sein dürften. Daß auch der Tolylrest einen Einfl. ausübt, wurde dadurch gezeigt, daß aus *N.N'-Dimesyl-o-phenylendiamin* als Di-Na-Verb. wohl mit II der 10gliedrige Ring gewonnen werden konnte, jedoch nicht mehr der 11gliedrige. *N.N'-Dimesitylensulfonyl-o-phenylendiamin* lieferte bereits keinen 9gliedrigen Ring mehr. — Ebenso wie III wurde auch die entsprechende Hexanverb. erhalten; α.ω-Dibromäthan, -propan u. -butan (V) gaben mit der Mono-Na-Verb. von I die entsprechenden Verbb. auch nicht beim Umsatz im Verhältnis 1:2; es wurden ausschließlich das Cyclisationsprod. u. I isoliert; in allen Fällen, in denen Ringschluß ster. nicht möglich ist, verläuft die Cyclisation mit wesentlich größerer Geschwindigkeit. — Der Sulfonsäurerest wurde beim 6gliedrigen Ring mit 90%ig. H_2SO_4 abgespalten, während diese bei den Verbb. mit 7—9gliedrigen Ringen nur einen der Sulfonsäurereste entfernt, so daß die Verbb. mit 7- u. 8gliedrigem Ring mit 70%ig. H_2SO_4 bei Zusatz von etwas H_2SO_3 gewonnen wurden; die Verbb. mit 9- u. 10gliedrigem Ring wurden durch hydrierende Spaltung erhalten.

Versuche (FF. korr.): *N.N'-Ditosyltetrahydrochinoxalin* (IX), $C_{22}H_{22}O_4N_2S_2$, F. 162° (Eisessig), aus der sd. Lsg. von 0,1 g-Atom Na in n-Butanol durch Kochen mit I bis zur Lsg., Kochen mit 0,075 Mol 1.2-Dibromäthan bis zum Verschwinden der alkal. Rk. (7 Std.) u. Auskochen der gewaschenen Kristalle mit 3%ig. NaOH; 77% (Ausbeute). — Ebenso wurden die folgenden Verbb. erhalten, die alle in Chlf. lösl., in Bzl., A., n-Butanol u. Eisessig schwerlösl. u. in W. u. Ligroin unlösl. sind: *N.N'-Ditosyl-N.N'-trimethylen-o-phenylendiamin* (VI), $C_{23}H_{24}O_4N_2S_2$, F. 193° (Eisessig), aus 1.3-Dibrompropan (4 Std.); 75%. — *N.N'-Ditosyl-N.N'-tetramethylen-o-phenylendiamin*, $C_{24}H_{26}O_4N_2S_2$, F. 219° (Eisessig), aus V (4 Std.); 91%. — *N.N'-Ditosyl-N.N'-pentamethylen-o-phenylendiamin* (VII), $C_{25}H_{28}O_4N_2S_2$, F. 206° (Eisessig), aus 1.5-Dibrompentan (10 Std.); 61%. — *N.N'-Ditosyl-N-[6-bromhexyl]-o-phenylendiamin*, $C_{26}H_{31}O_4N_2BrS_2$, F. 128° (n-Butanol), aus 0,05 g-Atom Na in sd. n-Butanol durch Kochen mit 0,05 Mol I bis zur Lösung, 6std. Kochen mit 0,075 Mol II, Entfernen von NaBr durch Waschen der Kristalle mit W., Lösen in CH_3OH u. Fällen mit W.; 73,4%. — *N.N'-Dimesyl-o-phenylendiamin*, $C_8H_{12}O_4N_2S_2$, F. 214°

(Eisessig), aus o-Phenylendiamin (**IV**) in Pyridin durch Zutropfen der doppeltmol. Menge Methansulfonsäurechlorid u. Eintragen in 10%ig. HCl nach mehreren Std.; 96,2%. — *N.N'-Dimesyl-N.N'-hexamethylen-o-phenylendiamin*, $C_{14}H_{22}O_4 \cdot N_2S_2$, F. 235° (Eisessig), aus 0,1 Mol vorst. Verb. in sd. Butanol durch Zusatz von 0,2 g-Atom Na in Butanol, $^1/_4$std. Kochen, 10std. Kochen mit **II** u. mehrstd. Stehen; zusätzliche Mengen werden durch Einengen des Filtrats gewonnen; 25,8%. — *N.N'-Dimesitylen-sulfonyl-o-phenylendiamin*, $C_{24}H_{28}O_4N_2S_2$, F. 180,5° (Eisessig), aus **IV** u. Mesitylen sulfonylchlorid in absol. Pyridin bei höchstens 70°, mehrstd. Stehen u. Eintragen in 15%ig. HCl; 83,7%. — *N.N'-Dimesitylensulfonyl-N.N'-tetramethylen-o-phenylen-diamin*, $C_{28}H_{34}O_4N_2S_2$, F. 219° (Eisessig), aus Na in n-Butanol, vorst. Verb. u. **V** (4 Std.); 48,3%. — *Tetrahydrochinoxalin*, F. 97°, aus dem Bissulfonamid durch mehrtägige Rk. mit 90%ig. H_2SO_4, bis beim Eingießen in W. keine Trübung mehr auftritt, Eingießen in W., Alkalisieren mit konz. NH_4OH u. Ausäthern; 73%. — Ebenso wurden erhalten: *N-Tosyl-N.N'-trimethylen-o-phenylendiamin*, $C_{16}H_{18}O_2N_2S$, F. 166° (A.); 72%. — *N-Tosyl-N.N'-tetramethylen-o-phenylendiamin*, $C_{17}H_{20}O_2N_2S$, F. 135° (Bzl.-Ligroin); 94%. — *N-Tosyl-N.N'-pentamethylen-o-phenylendiamin*, $C_{18}H_{22}O_2N_2S$, F. 154° (A.); 93%. — *N-Mesyl-N.N'-hexamethylen-o-phenylendiamin* (**VIII**), $C_{13}H_{20}O_2N_2S$, F. 163° (A.); 93%. — *N.N'-Trimethylen-o-phenylendiamin*, F. 103° (Ligroin), aus **VI** durch 4std. Kochen mit 70%ig. H_2SO_4 u. sehr wenig H_2SO_3, Verdünnen, Alkalisieren des Filtrats mit NH_4OH u. Ausäthern; 68,8%. — Ebenso *N.N'-Tetramethylen-o-phenylendiamin*, $C_{10}H_{14}N_2$, F. 74°; 85,3%. — *N.N'-Pentamethylen-o-phenylendiamin*, $C_{11}H_{16}N_2$, F. 86° (Ligroin), aus **VII** in sd. Butanol durch Zugabe der gleichen Menge Na, Kochen bis zum Verschwinden des Na, Zugabe von W., Ausschütteln des Amins aus der Butanolschicht mit verd. HCl, Ausäthern der sauren Lsg. u. Alkalisieren mit NH_4OH; 86,1%. — Ähnlich *N.N'-Hexamethylen-o-phenylendiamindihydrochlorid*, $C_{12}H_{18}N_2 \cdot 2HCl$, F. 150° unter Zers. (unkorr.), aus **VIII**. — Nach Zugabe von 0,05 Mol **I** zu 0,05 g-Atom Na in sd. n-Butanol, Kochen bis zur klaren Lsg., Kochen mit **V** bis zum Verschwinden der alkal. Rk. (4 Std.), Ausziehen der Kristalle mit heißer verd. HCl u. Ansäuern des Filtrats werden 8 g **I** zurückerhalten; aus dem in NaOH unlösl. Anteil 11,8 g **VIII**. — Ebenso aus $BrCH_2CH_2Br$, 8,4 g **I** (7 Std.) u. 9,3 g **IX**. — Aus $Br(CH_2)_3Br$, 8 g **I** (4 Std.) u. 8,7 g **VI**. — Aus $Br(CH_2)_5Br$ (4 Std.) nach Abfiltrieren der ausgeschiedenen M. u. Auskochen mit Eisessig als Rückstand *N.N'-Ditosyl-N.N'-bis-[o-tosylaminophenyl]-1.5-diaminopentan* (**III**), $C_{45}H_{48}O_8N_4S_4$, F. 241° (Eisessig); aus der Eisessiglsg. krist. ein Gemisch von **I** u. **VII**. — Ebenso aus **II** (4 Std.) *N.N'-Ditosyl-N.N'-bis-[o-tosylaminophenyl]-1.6-diaminohexan*, $C_{46}H_{50}O_8N_4S_4$, F. 235° (Eisessig); 81,2%. (Chem. Ber. **86**. 197—205. 1953. Bonn, Univ., Chem. Inst.) NITZSCHKE. 3390

Hermann Stetter, *Ein neues Prinzip zur Darstellung höhergliedriger Ringsysteme.* 2. Mitt. *Ringschlußreaktionen bei Sulfonamiden des 2.2'-Diaminodiphenyls.* (1. vgl. vorst. Ref.) Ebenso wie bei den Sulfonylderivv. des o-Phenylendiamins war auch bei den entsprechenden Derivv. des *2.2'-Diaminodiphenyls* (**I**) zu erwarten, daß die Bldg. von Polykondensaten bei der Kondensation der Di-Na-Verb. mit α.ω-Dihalogenverbb. ster. stark behindert ist, die Ringschluß-Rk. also bevorzugt ablaufen wird. Diese Vermutung wurde bestätigt durch die Umsetzung der Di-Na-Verb. des N.N'-Ditosyl-2.2'-diaminodiphenyls mit verschied. α.ω-Dibromalkanen ohne Anwendung des Verdünnungsprinzips zu 8—11gliedrigen Ringen, wobei Polykondensate nicht auftraten. Der 12gliedrige Ring konnte mit 1.6-Dibromhexan nicht mehr gewonnen werden, auch nicht bei Anwendung der Methansulfonylverb. von **I**. — Aus den erhaltenen Ringsystemen (mit Ausnahme des 8gliedrigen) wurden die p-Toluolsulfonylreste durch hydrierende Spaltung mit Na in Butanol entfernt; das 8gliedrige freie cycl. Amin konnte nicht erhalten werden.

V e r s u c h e (FF. korr.): *N.N'-Ditosyl-2.2'-diaminodiphenyl*, $C_{26}H_{24}O_4N_2S_2$, F. 171° (Eisessig), aus **I** u. p-Toluolsulfochlorid in Pyridin <70° u. Eintragen von 15%ig. HCl nach mehreren Std.; 92,3% (Ausbeute). — *N.N'-Ditosyl-N.N'-äthylen-2.2'-diaminodiphenyl*, $C_{28}H_{26}O_4N_2S_2$, F. 247° (Eisessig), aus vorst. Verb. in n-Butanol durch Zugabe zu Na in sd. Butanol, $^1/_4$std. Kochen, Addition von 1.2-Dibromäthan u. 50std. Erhitzen; 42,3%. — *N.N'-Ditosyl-N.N'-trimethylen-2.2'-diaminodiphenyl*, $C_{29}H_{28}O_4N_2S_2$, F. 247°, aus 1.3-Dibrompropan; 15 Std. (Reaktionszeit); 44,6%. — *N.N'-Ditosyl-N.N'-tetramethylen-2.2'-diaminodiphenyl*, $C_{30}H_{30}O_4N_2S_2$, F. 257°, aus 1.4-Dibrombutan; 6 Std.; 35,8%. — *N.N'-Ditosyl-N.N'-pentamethylen-2.2'-diaminodiphenyl*, $C_{31}H_{32}O_4N_2S_2$, F. 245°, aus 1.5-Dibrompentan; 9 Std.; 30,4%. — Beim Vers. der Kondensation der I-Na-Verb. mit 1.6-Dibromhexan (**II**; 12 Std.) wurde nur ein in wss. Alkali vollständig lösl. Nd. erhalten. — *N.N'-Dimesyl-2.2'-diaminodiphenyl*, $C_{14}H_{16}O_4N_2S_2$, F. 231° (Eisessig), aus **I** in Pyridin u. Methansulfochlorid; 86,6%. Die Verb. konnte nicht mit **II** (70 Std.) kondensiert werden. — Nach Kochen des Sulfonamids in n-Butanol mit Na bis zum Verschwinden des Na, Zugabe von W., Ausschütteln der Butanollsg. mit HCl, Ausziehen der sauren Lsg. mit Ae. u. Zugeben von NH_4OH zur wss. Lsg. entsteht das freie Amin: *N.N'-Trimethylen-2.2'-diaminodiphenyl*, F. 117° (CH_3OH); 79,3%. — *N.N'-Tetramethylen-2.2'-diaminodiphenyl*, F. 156° (CH_3OH); 84,7%. — *N.N'-Pentamethylen-2.2'-diaminodiphenyl*, F. 76° (CH_3OH); 88,8%. (Chem. Ber. **86.** 380—83. 1953.) NITZSCHKE. 3390

Kurt Heyns und **Wolfgang Koch**, *Über die Bildung eines Aminozuckers aus d-Fructose und Ammoniak.* Aus Fructose u. Ammoniak wird eine Substanz gebildet, die sich chromatograph. wie *d-Glucosamin* verhält. In Ggw. von Phosphaten findet diese Rk. auch im physiol. p_H-Bereich (7,2 bzw. 6,6) statt. Es besteht also die Möglichkeit, daß die Glucosaminbldg. im Organismus auf einem ähnlichen Wege erfolgt. Der Versuchsverlauf mit d-Glucose u. NH_3 macht die Annahme wahrscheinlich, daß hier die Rk. über intermediär gebildete d-Fructose verläuft.

Versuche: d-Fructose, NH_4Cl u. Phosphat werden bei 38° mehrere Tage bebrütet; Chromatographie der Reaktions-Fl. ergibt dem d-Glucosamin entsprechende Farbflecke mit Ninhydrin bzw. ammoniakal. $AgNO_3$-Lösung. Bei d-Fructose mit 10%ig. NH_3-Lsg. verstärkter Effekt. Die gleichen Verss. mit d-Glucose ergeben nach 2 Tagen gar keine bzw. geringe Hexosaminfärbung, nach 9 Tagen ist der Effekt jeweils ebenso groß wie bei d-Fructose. (Z. Naturforsch. **7b.** 486—88. Aug. 1952. Hamburg, Univ., Chem. Inst.) ROSSOW. 3400

Fritz Micheel und **Wilhelm Berlenbach** (unter Mitarbeit von **Kurt Weichbrodt**), *Eine neue Methode zur Darstellung von Kohlenhydrat–Aminosäure-Derivaten und verwandten Verbindungen.* (Vgl. C. **1951.** II. 2194.) Der aus Glucosylthioharnstoff gewonnene *S-Äthyl-N-[d-glucosyl-*(1)*]-isothioharnstoff* (**Ia**) ließ sich mit Glycin, dl-Lysin, l-Histidin, Glycylglycin, Tetramethylendiamin u. verschiedenen Proteinen umsetzen, wobei unter Abspaltung von Mercaptan die entsprechenden N-[Glucosylguanyl]-Derivv. gebildet wurden. Bei Cystin bzw. cystinhaltigen Proteinen trat durch das Äthylmercaptan eine — wenn auch geringe — teilweise Spaltung der S–S-Bindung auf, die beim **Ia** größer als bei seinem S-Methylhomologen war. Nach den bisherigen Erfahrungen läßt sich das neue Verf. auf Aminosäuren, Peptide, Eiweißstoffe u. einfache Amine anwenden. Mit Tetramethylendiamin wurde *N.N'-Bis-[d-glucosylguanyl]-tetramethylendiamin* erhalten.

Versuche: *S-Äthyl-N-[d-glucosyl-(1)]-isothioharnstoffhydrobromid* (**I**), $C_9H_{18}O_5 \cdot N_2S \cdot HBr$, durch Umsetzung von Glucosyl-l-thioharnstoff mit Äthylbromid in W./A. bei 55°, Eindampfen des Filtrates u. Verreiben mit Ae.; festes hygroskop. Pulver, nicht ganz rein, lösl. in W., Methanol, A., unlösl. in hydrophoben Lösungsmitteln, ließ sich nicht kristallisieren. — *N-[d-Glucosylguanyl]-glykokoll*, $C_9H_{17}O_7N_3$, F. 208° (Zers., aus W./Isopropanol), durch Umsetzung von **I** mit Glykokoll in wss. alkal. Lsg.; prismenförmige Kristalle, FEHLINGsche Lsg. wird red., SAKAGUCHI-Rk. positiv, Ninhydrin-Rk. nach Verseifen positiv, $[\alpha]_D^{18}$ —115° (W.). — *Schwefelsaures N.N'-Bis-[d-glucosylguanyl]-dl-lysin*, $C_{20}H_{38}O_{12}N_6 \cdot \frac{1}{2} H_2SO_4$, F. 178° (Zers., aus W./A.), aus **I** mit dl-Lysinhydrochlorid in $Ba(OH)_2$-Lsg., Ausfällen des Ba^{2+} u. Eindampfen bei p_H 5; hygroskop. Pulver. — *Schwefelsaures 1.N$^\alpha$-Bis-[d-glucosylguanyl]-l-histidin*, $C_{20}H_{33}O_{12}N_7 \cdot \frac{1}{2} H_2SO_4$, aus **I** u. l-Histidinhydrochlorid bei p_H 9—10 in 4 Tagen bei Zimmertemp. unter Ae., vor dem Eindampfen des Reaktionsprod. Einstellen von p_H 5—5,5 mit H_2SO_4; Pulver aus wss. Lsg. mit Methanol, Zers. bei 160°. — *N'-[d-Glucosylguanyl]-glycylglycin*, $C_{11}H_{20}O_8N_4$, F. 180° (Zers.; aus W. + Isopropanol), durch 12std. Rk. von **I** mit Glycylglycin bei p_H 9 in wss. Lsg. unter Ae. bei Zimmertemp., Eindampfen bei p_H 7,5 u. Ausfällen der Nebenprodd. mit Methanol/A. u. Kristallisation aus dem Filtrat. — *Schwefelsaurer S-Methyl-N-[d-glucosyl-(1)]-isothioharnstoff*, durch Umsetzung von Glucosylthioharnstoff mit Dimethylsulfat in A. unter Zusatz von wenig W. u. Behandlung des Reaktionsprod. mit A. u. mit Ae., stark hygroskop. Pulver, lösl. in absol. Alkohol. — *S-Methyl-N-[d-glucosyl-(1)]-isothioharnstoffhydrojodid*, $C_8H_{16}O_5N_2 \cdot HJ$, durch 5std. Kochen von Glucosylthioharnstoff mit Methyljodid in W./A., amorphe hygroskop. M. aus Alkohol. — *Na-Salz des N.N'-Bis-[d-glucosylguanyl]-l-cystins*, $C_{20}H_{34}O_{14}N_6S_2Na_2$, F. 220° (Zers., aus W./Methanol), aus vorvorst. Verb. u. Cystin in NaOH (unter Entfernung des Methylmercaptans durch Luftdurchleiten) bei 40°; lösl. in W., Rk. mit Phosphorwolframsäure positiv erst nach Zugabe von Sulfit. *Pikrat des Na-Salzes*, F. 148—149°, nicht Na-frei in analysenreiner Form erhalten. — *Na-Salz des N-[d-Glucosylguanyl]-l-cysteins*, aus der entsprechenden Cystinverb. mit H_2S, konnte analysenrein nicht frei von Na erhalten werden. (Chem. Ber. **85.** 189—92. 1952. Münster/Westf., Univ., Organ.-Chem. Inst.) WILLENBERG. 3400

H. Hérissey, A. Wickstrom und **J. E. Courtois**, *Wirkung von Perjodsäure auf nicht reduzierende Tri- und Tetraholosaccharide.* 2. Mitt. *Untersuchung der Gentianose.* (1. vgl.

C. **1952.** 4611.) Vff. stellen fest, daß 1 Mol *Gentianose* (I) 5 Mole HJO_4 red., wobei 2 Mole HCOOH gebildet werden. Aus I entsteht dabei ein linksdrehender Hexaldehyd, der mit Br_2 zur *Hexasäure* oxydiert wird. Das *Sr-Salz* dieser Säure hat die Zus. $C_{18}H_{16}\cdot O_{20}Sr_3$. Bei der Hydrolyse der Säure entstehen *Oxybrenztraubensäure, Glykolsäure, D-Glycerinsäure* u. *Glykolaldehyd.* Im Vgl. mit Raffinose (l. c.) wird I langsamer angegriffen, weil die Glucopyranose der I keine cis-OH-Gruppen besitzt. Die spez. opt. Drehung der I in 2%ig. wss. Lsg. beträgt $[\alpha]_D$ +31,5°. Aus den Ergebnissen geht hervor, daß I die Struktur einer *β-D-Glucopyranosido-⟨1.6⟩-α-D-glucopyranosido-⟨1.2⟩-β-D-fructofuranose* besitzt. (Bull. Soc. Chim. biol. **33.** 1768—75. 1951. Paris, Fac. de Pharm., Labor. de Chim. biol., u. Oslo, Univ., Inst. de Pharm.) FAHRNLAENDER. 3400

Henry Rapoport und **Henry D. Baldrigde jr.**, *Der stickstoffhaltige Ring des Carpains.* (Vgl. C. **1951.** II. 3026.) Da Carpamsäure, die aus Carpain (I) durch Hydrolyse erhältliche Aminosäure, im Gegensatz zu Prolin bei der Umsetzung mit Ninhydrin kein CO_2 abspaltet u. nach der potentiometr. Titration einen pK'-Wert von 4,6 besitzt, befinden sich in ihr die COOH-Gruppe u. der N-haltige Ring sehr wahrscheinlich an entgegengesetzten Enden des Moleküls. I geht bei milder Dehydrierung mit Pd-Kohle unter Entw. von 2 H_2 in Desoxycarpyrinsäure ($C_{14}H_{21}O_2N$) (II) über, die in ihrem UV-Spektr. mit 2.6-Lutidin übereinstimmt u. beim Abbau mit $KMnO_4$ Pyridindicarbonsäure-(2.6) liefert, so daß ihr die Konst. der 8-[6'-Methylpyridyl-(2')]-octansäure zuzuschreiben ist. Da eine Ringerweiterung bei der Bldg. von II unwahrscheinlich ist, muß die alte Pyrrolidinringformel für I durch die vorläufige Formel **Ia** mit einem Piperidinring ersetzt werden. — Das Pyrrolidinderiv. III, welches ursprünglich als Modellsubstanz für I angesehen wurde, liefert bei der Dehydrierung unter den genannten Bedingungen das entsprechende Pyrrolderivat.

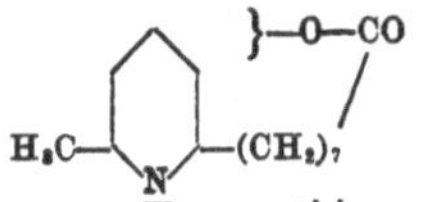

Ia

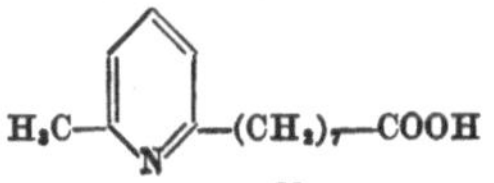

II

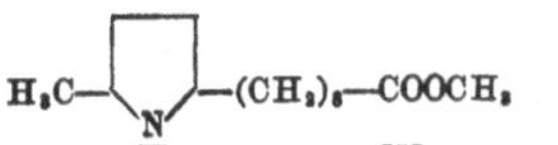

III

Versuche (FF. korr.): *Carpamsäure,* F. 225—226° (Zers.), pK' (COOH) 4,6 pI' 7,5, pK' (NH_2^+) 10,4, entsteht mit 86%ig. Ausbeute als *Hydrochlorid* (F. 160,6 bis 161,4°) durch Kochen von Carpain (I) mit 12nHCl. — *Desoxycarpyrinsäurehydrochlorid* (II-Hydrochlorid), $C_{14}H_{22}O_2NCl$, F. 96—97°, pK' (COOH) 4,6, pI' 5,8, pK' (NH_2^+) 7,0, aus I u. Pd-Kohle in sd. p-Cymol. — *Hexahydrodesoxycarpyrinsäuremethylester* (Öl), aus vorst. Verb. durch Hydrierung mit PtO_2 in Eisessig u. Veresterung mit CH_2N_2; liefert bei der Dehydrierung (wie vorst.) diese zurück. — *Dipicolinsäure,* identifiziert als *Diamid,* F. 305—307° (Zers.), aus II-Hydrochlorid u. $KMnO_4$ in W. bei 70°. — *2-[8'-Cyanoctanoyl]-5-methylpyrrol,* $C_{14}H_{20}ON_2$, F. 63—64°, aus 2-Methylpyrryl-Mg-Bromid u. 8-Cyanoctanoylchlorid in Äther. — *2-[8-Carboxyoctanoyl]-5-methylpyrrol,* $C_{14}H_{21}O_3N$, F. 143—144°, aus vorst. Verb. u. KOH in Diäthylenglykol bei 170—180°. — *9-[5'-Methylpyrryl-(2')]-nonansäure,* $C_{14}H_{23}O_2N$, F. 118,5—119°, aus vorst. Verb., Hydrazinhydrat u. KOH in Diäthylenglykol bei 195—200°. — *9-[5'-Methylpyrrolidyl-(2')]-nonansäuremethylester* (III), Öl, aus vorst. Verb. durch Hydrierung mit PtO_2 in Eisessig; liefert bei der Dehydrierung (wie oben) diese zurück. (J. Amer. chem. Soc. **74.** 5365 bis 5368. 5/11. 1952. Berkeley, Calif., Univ., Dep. of Chem., u. Naval Med. Res. Inst.) BOIT. 3500

Alain Le Hir, Robert Goutarel und **Maurice -Marie Janot,** *Umwandlung des Sempervirins in Alloyohimban.* Sempervirin geht durch Hydrierung in alkoh. Lsg. vom $p_H \geqq 10$ unter 35 kg/cm² bei Ggw. von PtO_2 in *rac.-Alloyohimban* ($C_{19}H_{24}N_2$, F. 134°) über, aus dem durch Spaltung mit *l*-Weinsäure über das *Hydrogen-l-tartrat* (F. 200° [Zers.], $[\alpha]_D$ —121° [Pyridin]) *Alloyohimban* (I; $C_{19}H_{24}N_2$, F. 159—160°, $[\alpha]_D$ —170° [Pyridin]), ident. mit der aus Alloyohimbin gewonnenen Base (vgl. LE HIR, C. **1953.** 1816), erhalten wird. In I liegt ein Deriv. des cis-Dekahydroisochinolins vor. (C. R. hebd. Séances Acad. Sci. **235.** 63—64. 7/7. 1952.) BOIT. 3500

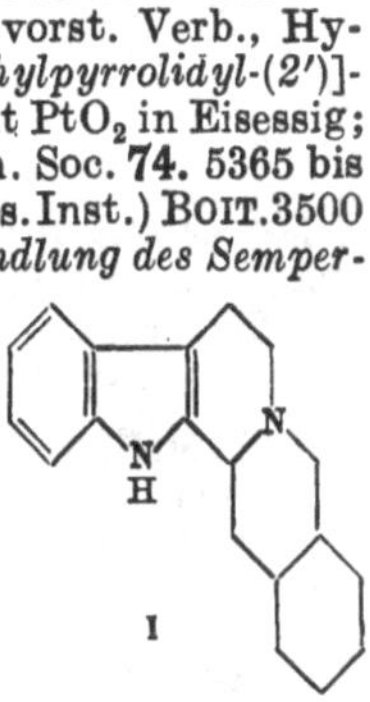

I

Alain Le Hir, Robert Goutarel und **Maurice-Marie Janot,** *Hydrierung von Sempervirin. Darstellung von racemischem, rechts- und linksdrehendem Alloyohimban.* Ausführliche Wiedergabe der vorst. referierten Arbeit. Die Mutterlauge von (—)-Alloyohimban-hydrogen-*l*-tartrat liefert mit NH_3–Ae. eine rechtsdrehende Base, aus der über das Hydrogen-d-tartrat (F. 200°, $[\alpha]_D^{18}$ +121° [Pyridin]) (+)-*Alloyohimban* ($C_{19}H_{24}N_2$, F. 159°. $[\alpha]_D^{18}$ +170° [Pyridin]) erhalten wird (FF. korr.). (Bull. Soc. chim. France, Mém. [5] **19.** 1091—94. Nov./Dez. 1952. Paris, Fac. de Pharm., Labor. de Pharm. Galén.) BOIT. 3500

M.-M. Janot, R. Goutarel, A. Le Hir, M. Amin und **V. Prelog,** *Stereochemie von Pseudoyohimbin, Yohimbin und Corynanthin.* Pseudoyohimbin (I), dessen Identität mit Yohimben erneut bestätigt wird, liefert wie Yohimbin (II) bei der Dehydrierung mit Bleitetraacetat Tetradehydroyohimbin, das sich zu **II** hydrieren läßt. Hieraus ist unter Berücksichtigung der früheren Ergebnisse (JANOT u. Mitarbeiter, C. R. hebd. Séances Acad. Sci. **230.** [1950.] 2041; **231.** [1950.] 582) zu folgern, daß sich **I** von **II** lediglich durch die Konfiguration des C-Atoms 3 unterscheidet u. sich von einem entsprechend mit Yohimban diastereomeren, bisher nicht dargestellten Pseudoyohimban ableitet. Unter der Annahme, daß Yohimban, das offenbar stabilere Stereoisomere, über eine größere Zahl von äquatorialen C,C-Bindungen verfügt als Pseudoyohimban, sind **I** u. **II** die nachst. Formeln (oder deren Spiegelbilder) zuzuschreiben.

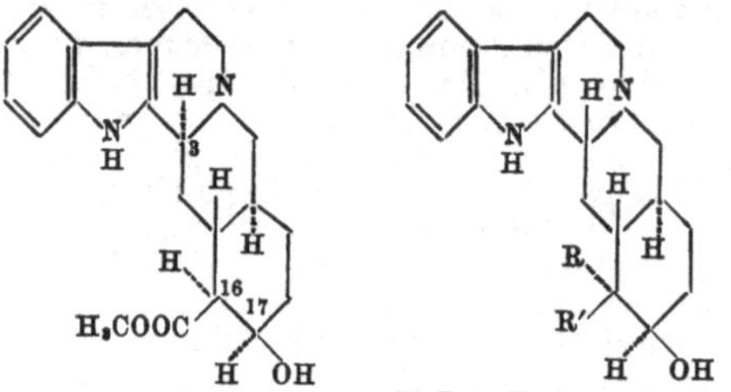

I II R = H, R′ = $COOCH_3$ III R = $COOCH_3$, R = H

Die hierbei vorweggenommene Konfiguration der C-Atome **16** u. **17** ergibt sich durch Vgl. mit **II** mit dem bzgl. des C-Atoms 16 epimeren Corynanthin (III; vgl. JANOT u. GOUTAREL, Bull. Soc. chim. France, Mém. [5] **16.** [1949] 509 u. 659): das verschiedenartige Verh. der H_2SO_4-Ester von **III** u. **II** bei der Verseifung (Dehydratisierung u. Decarboxylierung im einen, ausschließlich Dehydratisierung im anderen Falle) weist darauf hin, daß im **III** die OH- u. die $COOCH_3$-Gruppe, im **II** (u. **I**) die OH-Gruppe u. das H am C-Atom 16 jeweils die p.p-Position einnehmen, aus der heraus bevorzugt heterolyt. Eliminierung erfolgt. In Übereinstimmung hiermit steht die Beobachtung, daß die polare Estergruppe von **III** schwerer verseift wird als die äquatoriale von **II**.

Versuche (FF. korr., pK-Werte in 80%ig. Methylcellosolve): *Yohimbin* (**II**), F. 235—236° bzw. 241—242° (Block); $[\alpha]_D^{18}$ +106° (Pyridin) bzw. +54° (A.); pK_A 7,13. — *Corynanthin* (**III**), F. 225—226° bzw. 230—231° (Block); $[\alpha]_D^{18}$ —125° (A.) bzw. —85° (Pyridin); pK_A 7,15. — *Pseudoyohimbin* (**I**), $C_{21}H_{26}O_3N_2$, F. 268° bzw. 293° (Block); $[\alpha]_D^{19}$ +27° (Pyridin); pK_A 7,41; *Hydrochlorid*, $C_{21}H_{26}O_3N_2 \cdot HCl$, F. 233° (Block); $[\alpha]_D^{20}$ —10° (W.); liefert bei der Se-Dehydrierung (280—300°) *Yobyrin*, F. 214—215° (Block), *Tetrabyrin*, F. 165° (Block) u. *Ketoyobyrin*, F. 235° (Block). — *Pseudoyohimboasäure* (**IV**), $C_{20}H_{24}O_3N_2$ + 2 H_2O, F. 248° (Block); $[\alpha]_D^{20}$ —24° (Pyridin); pK_A 5,56 u. 8,00; aus **I** durch Erhitzen mit methanol. KOH; liefert mit methanol. HCl **I** zurück. — *Yohimbon*, F. 307° (Block); $[\alpha]_D^{20}$ —105° (Pyridin); aus **IV** durch Dest. mit Natronkalk (300°, 0,01 Torr). — *Pseudoyohimbon* (*Yohimbenon*), $C_{19}H_{22}ON_2$, F. 268° bzw. 287° (Block); $[\alpha]_D^{20}$ —24° (Pyridin); pK_A 6,97; aus **IV** oder **I** durch Kochen mit Al-Phenolat + Cyclohexanon in Xylol; *2.4-Dinitrophenylhydrazon-Hydrochlorid*, $C_{25}H_{26}O_4N_4 \cdot HCl$ + 0,5 H_2O, F. 290° (Block). — *Yohimban* (**V**), $C_{19}H_{24}N_2$, F. 205 bis 206° bzw. 211° (Block); $[\alpha]_D^{20}$ —80° (A.); pK_A 7,45; aus Pseudoyohimbon, Hydrazinhydrat u. Na in Äthylenglykol bei 200—210°. — *Tetradehydroyohimbin*, aus **I** u. Bleitetraacetat in Eisessig; *Hydrochlorid*, F. 245°; $[\alpha]_D^{18}$ +211° (W.); liefert bei der Hydrierung mit PtO_2 in CH_3OH + alkohol. KOH (p_H 10) unter Druck **II**. — *Tetradehydroyohimban*, $C_{19}H_{20}N_2$, F. 320—330° (Block); $[\alpha]_D^{20}$ —101° (Essigsäure); pK_A 10,4; aus **V** u. Bleitetraacetat in Eisessig; liefert bei der Hydrierung (wie oben) **V** zurück. (Bull. Soc. chim. France, Mém. [5] **19.** 1085—91. Nov./Dez. 1952.) BOIT. 3500

A. Stoll, Th. Petrzilka und **J. Rutschmann,** *Über die Synthese von 6-Methyl-8-oxyisoergolin (I) und Versuche zu dessen Dehydrierung zu 6-Methylergolin-8-on.* 28. Mitt. *über Mutterkornalkaloide.* (27. vgl. C. **1952.** 7019.) Während sich 1-Methyl-4-methylaminonaphthostyril (**II**; vgl. STOLL u. RUTSCHMANN, C. **1951.** II. 976) mit Epichlorhydrin (in n-Butanol bei 150°) über die Verb. **III** hinweg zu der *Verb.* **IV** ($C_{16}H_{16}O_2N_2$, goldgelb, F. 176—177°; *Acetylderiv.*, $C_{18}H_{18}O_3N_2$, gelb, F. 169—170°) kondensiert, bleibt die Rk. beim 4-Aminonaphthostyril (**I**) (in sd. A.) auf der Stufe der *Verb.* **V** ($C_{14}H_{13}O_2N_2Cl$, gelb, F. 190—191°; *Triacetylderiv.*, $C_{20}H_{19}O_5N_2Cl$, F. 174—175°) stehen. Die Cyclisierung zu der *Verb.* **VII** ($C_{15}H_{14}O_2N_2$, orangegelb, F. 226—228°; *O-Acetylderiv.*, $C_{17}H_{16}O_3N_2$, gelb, F. 263—265°) gelingt aber bei der aus **V** durch Methylierung (CH_3Br + Na-Acetat in CH_3OH bei 90°) erhältlichen *Verb.* **VI** ($C_{15}H_{15}O_2N_2Cl$, gelb, F. 150—151°; *Acetylderiv.*, $C_{17}H_{17}O_3N_2Cl$, gelb, F. 136—138°) durch Erhitzen in Cyclohexanol + Diäthylanilin, weil hier, ebenso wie bei **III**, der hemmende Einfl. der p-ständigen CO-Gruppe auf die Ringschluß-Rk. durch den starken dirigierenden Effekt

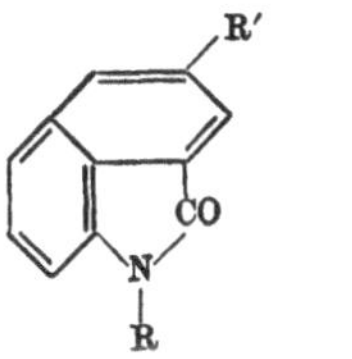

I R = H, R' = NH_2
II R = CH_3, R' = $NHCH_3$
III R = CH_3, R' = $N(CH_3)—CH_2—CHOH—CH_2Cl$
V R = H, R' = $NH—CH_2—CHOH—CH_2Cl$
VI R = H, R' = $N(CH_3)—CH_2—CHOH—CH_2Cl$

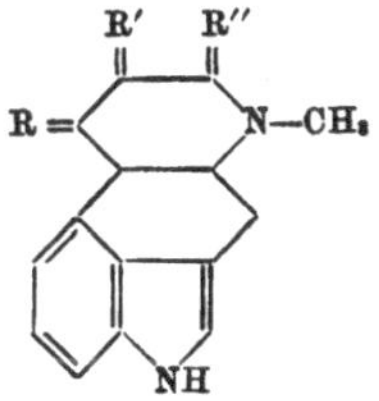

XI R = H_2, R' = O, R'' = H_2
XII R = H_2, R' = O, R'' = 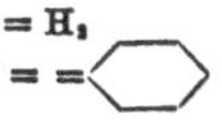
XIII R = , R' = O, R' = H_2
XIV R = H_2, R' = 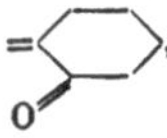, R'' = H_2

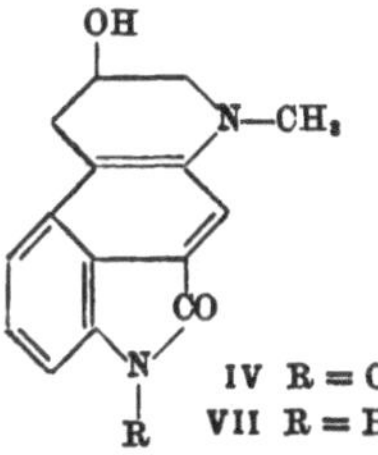

IV R = CH_3
VII R = H

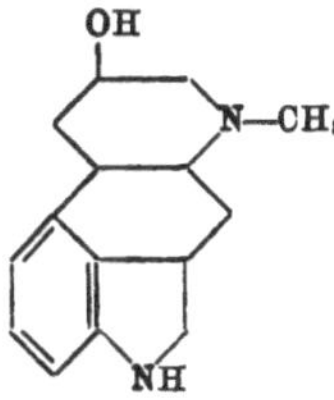

VIII

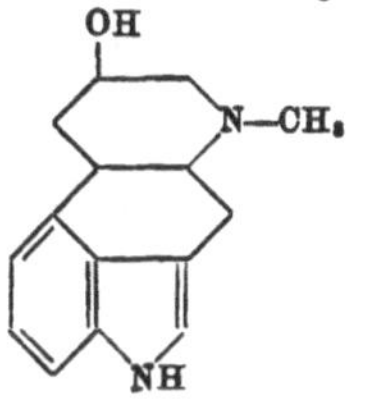

IX

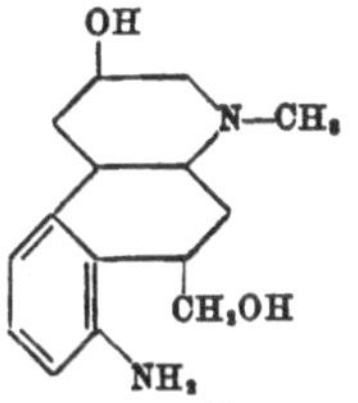

X

der tert. Aminogruppe kompensiert ist. **VII** liefert bei der Red. mit Na in sd. n-Butanol ein chromatograph. trennbares Gemisch von *6-Methyl-8-oxy-2.3-dihydroergolin* (**VIII**; $C_{15}H_{20}ON_2$, F. 212—214°), *Verb.* **X** ($C_{15}H_{22}O_2N_2$, F. 227—230°; *Triacetylderiv.*, $C_{21}H_{28}O_5N_2$, F. 263—266°) u. *DL-6-Methyl-9-oxyisoergolin-I* (**IX**; $C_{15}H_{18}ON_2$, F. 254—256°, KELLER-Rk. gebend; *O-Acetylderiv.*, $C_{17}H_{20}O_2N_2$, F. 217—219°). Die Zugehörigkeit von **IX** zur Isoergolin-I-Reihe ergibt sich aus dem Verh. seines Acetylderiv. im Chromatogramm an Al_2O_3 u. aus dem Drehwert der *L-Verb.* ($C_{15}H_{18}ON_2$, F. 280—282°, $[\alpha]_D^{20}$ +46° [Pyridin]), die aus dem Racemat durch opt. Spaltung mit L-Menthoxyacetylchlorid (*L-Menthoxyacetylderiv.*, $C_{27}H_{38}O_3N_2$, F. 177°, $[\alpha]_D^{20}$ —9,5° [Pyridin]) erhalten wird. Die Dehydrierung von **IX** mit Cyclohexanon + Al-Phenolat in Xylol bei 150° führt zu 2 isomeren *Ketonen* $C_{21}H_{24}ON_2$ (a, F. 209—210°; *Semicarbazon*, $C_{22}H_{27}ON_5H_2O$, F. 270—271°; b, F. 174—175°; beide KELLER-Rk. gebend), die Kondensationsprodd. des erwarteten *6-Methylergolin-8-ons* (**XI**) mit Cyclohexanon darstellen u. als **XII**, **XIII** oder **XIV** zu formulieren sind. Nur bei einem Vers. wird **XI** ($C_{15}H_{16}ON_2$, F. 228—230°) in geringer Ausbeute gewonnen. (Helv. chim. Acta **35.** 1249—58. 16/6. 1952. Basel, Pharmazeut.-Chem. Labor. Sandoz.) BOIT. 3500

A. Stoll, F. Troxler und **A. Hofmann,** *Über die Umwandlung von 6-Methyl-8-aminoergolin in 6-Methyl-8-oxyergolin.* 29. Mitt. *über Mutterkornalkaloide.* (28. vgl. vorst. Ref.). D-(—)-6-Methyl-8-aminoergolin (D-**I**; vgl. HOFMANN, C. **1948.** I. 1411) wird durch Umsetzung mit überschüssigen $NaNO_2$ in Eisessig, Abspaltung der NO-Gruppe am Indol-N durch Hydrierung mit Pd u. alkal. Verseifung des mitentstandenen Acetylderiv. in *D-(—)-6-Methyl-8-oxyergolin* (*D*-**II**; $C_{15}H_{18}ON_2$, F. 247—250°, $[\alpha]_D^{20}$ —129° [Pyridin]; *O-Acetylderiv.*, $C_{17}H_{20}O_2N_2$, F. 213°, $[\alpha]_D^{20}$ —103° [Pyridin]; beide KELLER-Rk. gebend) übergeführt. DL-**I** ($C_{15}H_{19}N_3$, F. 215° Zers.), dargestellt aus DL-Dihydrolysergsäurehydrazid (vgl. STOLL u. Mitarbeiter, C. **1951.** I. 1737) über das Azidhydrochlorid nach HOFMANN (l. c.), liefert analog *DL*-**II** ($C_{15}H_{18}ON_2$, F. 207° Zers.), während *DL-6-Methyl-8-aminoisoergolin-I* ($C_{15}H_{19}N_3$, F. 250—255° Zers.), dargestellt aus DL-Dihydroisolysergsäure-I-hydrazid (vgl. STOLL u. Mitarbeiter, l. c.) über das Azidhydrochlorid, unter den beschriebenen Bedingungen in *DL-6-Methylergolin* ($C_{15}H_{18}N_2$, F. 213°, KELLER-Rk. gebend) umgewandelt wird. (Helv. chim. Acta **35.** 1259—63. 16/6. 1952.) BOIT. 3500

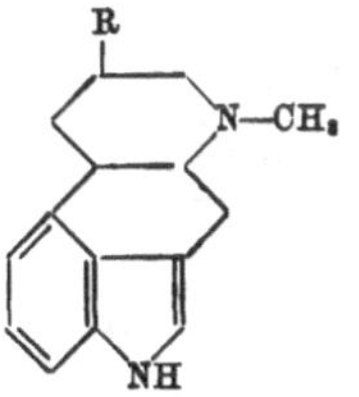

I R = NH_2
II R = OH

Massimo Simonetta und **Cesare Cardani,** *Über die Ultraviolettabsorptionsspektren des Flavoglaucins und einiger ähnlicher Verbindungen.* Das UV-Absortionsspektr. des aus Aspergillus glaucus isolierten *Flavoglaucins,* dem von QUILICO u. Mitarbeiter (C. **1950.** I. 2112) die Struktur eines *2-n-Heptyl-3-methyl-5-isopentenoylhydrochinons* (**I**) zugeschrieben wird, wird mit dem Spektr. von *Dimethylacryloylhydrochinon* (**II**) verglichen. Ebenso werden die Spektren von *Dihydro*-**I** (**III**) u. *2.5-Dioxyisovalerophenon* (**IV**), die von dem aus **I** bzw. **II** durch Cyclisieren hergestellten *2.2.8-Trimethyl-7-n-heptyl-*

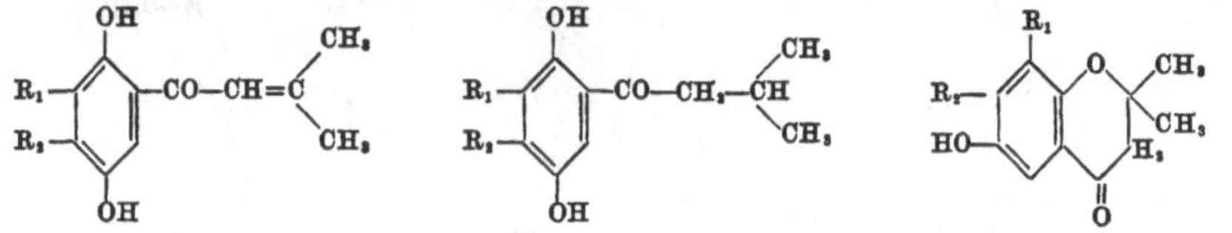

I $R_1 = CH_3$, $R_2 = C_7H_{15}$ III $R_1 = CH_3$, $R_2 = C_7H_{15}$ V $R_1 = CH_3$, $R_2 = C_7H_{15}$
II $R_1 = R_2 = H$ IV $R_1 = R_2 = H$ VI $R_1 = R_2 = H$

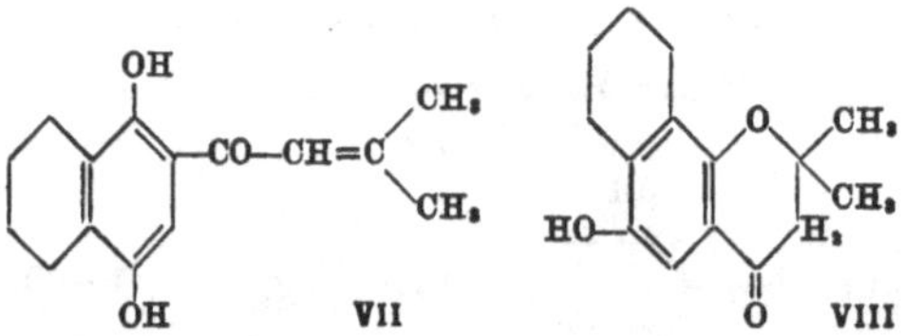

VII VIII

6-oxychromanon (**V**) u. *2.2-Dimethyl-6-oxychromanon* (**VI**) sowie die von *Dimethylacryloyltetrahydronaphthohydrochinon* (**VII**) u. dem daraus hergestellten *2.2-Dimethyl-6-oxy-7.8-tetramethylenchromanon* (**VIII**) miteinander verglichen. Die große Ähnlichkeit aller untersuchten Spektren bestätigt die für Flavoglaucin angenommene Struktur **I**. (Gazz. chim. ital. **80**. 750—56. Nov./Dez. 1950. Mailand, Polytechn., Inst. für allgem. u. analyt. Chem., u. Centro di Chim. industr. del C. N. R.) K. FABER. 3550

Hans Reich, Frank E. Walker und **Raymond W. Collins**, *Δ^4-Cholesten-6-on und verwandte Verbindungen*. Vff. stellten *Δ^4-Cholesten-6-on* (**VI**) aus 5α-Oxycholestan-6-on (**V**) durch Wasserabspaltung her; **V** war auf 2 Wegen zugänglich: Cholestan-*3β*.5α-diol-6-on (**I**) wurde in 3-Stellung tosyliert u. der Tosylrest mit Pyridin abgespalten zu einem ungesätt. *Ketol* (**III**), das Vff. als *Δ^2-Cholesten-5α-ol-6-on* formulieren. Hydrierung von **III** liefert dann **V**. Im anderen Falle wurde Δ^5-Cholesten (**VII**) mit H_2O_2 in Ameisensäure in *Cholestan-5α.6β-diol* (**VIII**) übergeführt, das sich mit CrO_3 oder Bromsuccinimid zu **V** oxydieren ließ. — Bei der Darst. der *Dinitrophenylhydrazone* von **III** u. **V** trat jeweils Wasserabspaltung ein, im ersten Fall zum Deriv. des *$\Delta^{2,4}$-Cholestadien-6-ons* (**IV**), das auch direkt aus **III** erhalten werden konnte.

Versuche (FF. im KOFLER-Heizblock u. korr.; Infrarot (IR)-Spektren in CS_2): *Cholestan-3β.5α-diol-6-on-3-tosylat* (**II**), $C_{34}H_{52}O_5S$, aus **I** mit Tosylchlorid in absol. Pyridin bei Raumtemp.; nach Ausfällen mit W. u. Trocknen wurde an Al_2O_3 chromatographiert (eluiert mit Bzl. u. Benzol-Ae. 4:1); aus Aceton-Hexan Prismen, F. 161—163° (Zers.); IR-Banden bei 2,70; 5,78; 8,40 u. 8,50 μ. Aus den Benzol-Ae.-3:2- u. -2:3-Eluaten wurde ein *Cholestandiolon*, $C_{27}H_{46}O_3$, F. 195—197°, IR-Banden bei 2,83 u. 5,80 μ, erhalten. — *Δ^2-Cholesten-5α-ol-6-on* (**III**), $C_{27}H_{44}O_2$, durch 36std. Kochen von **II** in absol. Pyridin; nach Aufarbeitung wurde an Al_2O_3 chromatographiert (eluiert mit Hexan-Bzl. 3:7), im Hochvakuum bei 160° sublimiert u. aus Ae.–Pentan umkrist., Nadeln, F. 140—141,5°, $[\alpha]_D^{26}$ —25,1 ± 3° (absol. A.); IR-Banden bei 2,70 u. 5,79 μ. *Oxim*, $C_{27}H_{45}O_2N$, aus verd. A. Nadeln, F. 160—180°. *Semicarbazon*, $C_{28}H_{47}O_2N_3$, nach Chromatographie an Al_2O_3 (eluiert mit Ae. u. Chlf.) aus verd. A., F. 200—202°, λ_{max} 226 mμ (log ε = 4,082; in A.). — *$\Delta^{2,4}$-Cholestadien-6-on* (**IV**), $C_{27}H_{42}O$, durch 2std. Kochen von **III** mit verd. alkoh. H_2SO_4 (ca. 2%); nach Chromatographie (eluiert mit Hexan) Hochvakuumsublimation bei 135°, aus Aceton oder absol. A. Nadeln, F. 129—130°; λ_{max} 314 mμ (log ε = 3,882; in A.); IR-Bande bei 5,93 μ. Behandeln von **III** in Chlf. mit trockenem HCl-Gas unter Kühlung lieferte ebenfalls **IV**. *Semicarbazon*, nach Chromatographie an Al_2O_3 (eluiert mit Benzol-Ae. 2:3), aus verd. A., F. 125—130°; λ_{max} 225 u. 305—310 mμ (log ε = 3,851 bzw. 3,749; in A.). *2.4-Dinitrophenylhydrazon*, $C_{33}H_{46}O_4N_4$, aus **III** oder **IV** (dargestellt in salzsaurer Lsg.), nach Chromatographie (eluiert mit Hexan-Bzl. 9:1) aus A. feine rote Nadeln, F. 189—193°; λ_{max} 257, 320 u. 408 mμ (log ε = 4,067, 3,894 bzw. 4,400; in Chlf.). — *Cholestan-5α.6β-diol* (**VIII**), durch Schütteln einer Suspension von **VII** in Ameisensäure mit 30%ig. H_2O_2 bei Raumtemp. über Nacht; nach Al_2O_3-Chromatographie (eluiert mit Bzl.) aus verd. A., F. 123,5—126,5°. *6-Monoacetat*, $C_{29}H_{50}O_3$,

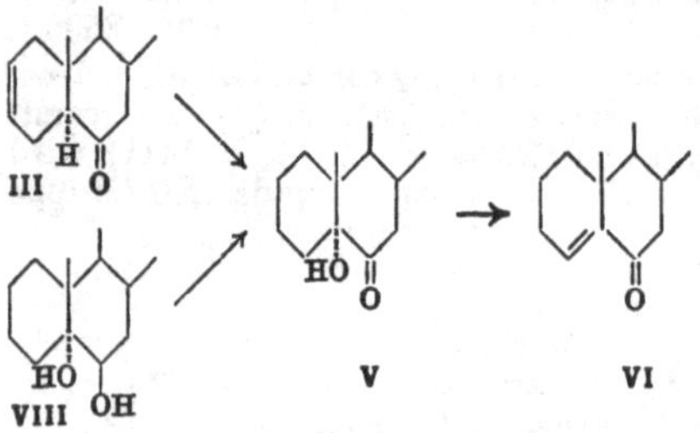

III V VI VIII

aus **VIII** mit Pyridin/Acetanhydrid bei Raumtemp.; nach Al_2O_3-Chromatographie (eluiert mit Hexan-Bzl. 3:2—3:7) u. Hochvakuumsublimation bei 150° aus Methanol, F. 112—114°. — *Cholestan-5α-ol-6-on* (**V**), $C_{27}H_{46}O_2$, a) durch 5 Min. Schütteln einer Suspension von **VIII** in Ae.-W.-Methanol (6:1:1) mit N-Bromsuccinimid; b) durch Oxydation von **VIII** mit CrO_3; c) durch Hydrierung von **III** (5% Pd-Tierkohle-Katalysator in absol. A.); aus Ae.-Pentan oder verd. Aceton Prismen, F. 152,5—154°, $[\alpha]_D^{26}$ $-44,5 \pm 3°$, (absol. A.); IR-Banden bei 2,70 u. 5,80 μ. *Oxim*, $C_{27}H_{47}O_2N$, aus Ae.-Pentan oder Methanol, F. 195—197°. *Semicarbazon*, $C_{28}H_{49}O_2N_3$, aus Methanol, F. 226—232°, λ_{max} 220 mμ (log ε = 4,114; in A.). *5-Acetat*, $C_{29}H_{48}O_3$, durch 24std. Kochen von **V** mit Acetanhydrid; nach Al_2O_3-Chromatographie (eluiert mit Hexan-Bzl. 7:3 bis 1:1) u. Hochvakuumsublimation bei 160° aus Methanol, feine Nadeln, F. 124—125,5°; IR-Banden bei 5,70; 5,78 u. 8,05 μ. Im Vorlauf konnte neben dem Acetat etwas α.β-ungesätt. Keton (λ_{max} 240 mμ) nachgewiesen werden. — *Δ^4-Cholesten-6-on* (**VI**), $C_{27}H_{44}O$, durch 10 Min. Kochen einer Lsg. von **V** in absol. Pyridin mit wenig Thionylchlorid; nach Al_2O_3-Chromatographie (eluiert mit Hexan u. Hexan-Bzl. 4:1) u. Hochvakuumsublimation bei 150° aus Aceton, Nadeln, F. 108—109°, $[\alpha]_D^{25}$ $+36,2° \pm 3°$ (A.); λ_{max} 243 mμ (log ε = 3,804; in A.); IR-Bande bei 5,89 μ. Das Oxim konnte nicht zur Kristallisation gebracht werden. *Semicarbazon*, $C_{28}H_{47}ON_3$, aus Methanol, schm. zwischen 100 u. 165°, λ_{max} 253 mμ (log ε = 3,852; in A.). *2.4-Dinitrophenylhydrazon*, $C_{33}H_{48}O_4N_4$, aus **V** oder **VI** in salzsaurer Lsg. dargestellt; nach Al_2O_3-Chromatographie (eluiert mit Hexan-Bzl. 1:1) aus A. Prismen, F. 163—165°; λ_{max} 257 u. 377 mμ (log ε = 4,090 bzw. 4,396; in Chlf.). — *Cholestan-6-on*, durch Hydrierung von **VI** (5% Pd-Tierkohle in absol. A.) u. Al_2O_3-Chromatographie (eluiert mit Hexan); aus A. F. 99—101°; IR-Bande bei 5,79 μ. *Oxim*, aus A. Nadeln, F. 194—196°. — Zu Vergleichszwecken wurden dargestellt: *Δ^4-Cholesten-3β-ol-6-on-acetatsemicarbazon*, $C_{30}H_{49}O_3N_3$, aus Methanol, F. 141—196°; λ_{max} 258 mμ (log ε = 3,999; in A.); IR-Banden bei 5,71; 5,87 u. 8,08 μ. — *3α-Tosyloxy-12-ketocholansäuremethylester*, $C_{32}H_{46}O_6S$, durch CrO_3-Oxydation des 3α-Tosyloxy-12α-oxycholansäuremethylesters in Eisessig; aus Aceton-Hexan Prismen, F. 167,5—168,5°; IR-Banden bei 5,71; 5,82; 8,40 u. 8,49 μ. (J. org. Chemistry **16.** 1753—60. Nov. 1951. Salt Lake City, Utah, Univ., Coll. of Med., Dep. of Biochem.)
FRUHSTORFER. 3700

William S. Johnson, D. K. Banerjee, William P. Schneider, C. David Gutsche, Wesley E. Shelberg und **Leland J. Chinn**, *Totalsynthese des Östrons und dreier Stereoisomerer einschließlich Lumiöstron.* Es wird die Totalsynth. von vier der acht möglichen Östron (**I**)-isomeren als Racemate beschrieben. Eines davon erwies sich als das Racemat des natürlichen Hormons (**Ia**), ein zweites als Lumiöstron (**Ib**). Die Synth. wurde auf folgendem Wege durchgeführt: Das K-Salz des m-Methoxyphenylacetylens (**III**) [aus m-Oxyacetophenon (**II**)] wurde mit Dekalindion-(1.5) (**IV**) zu *5-Oxy-5-(m-methoxyphenyläthinyl)-dekalon-(1)* (**V**) kondensiert u. das in die stereoisomeren Carbinole α u. β zerlegte **V** zu den beiden entsprechenden 5-Oxy-5-[β-(m-methoxyphenyl)-äthyl]-dekalonen (**VI**) hydriert. Die direkte Cyclodehydrierung beider **VI**-Isomerer mit $AlCl_3$ lieferte nur die α-Form des *1-Keto-8-methoxy-1.2.3.4.4a.5.6.10b.11.12.12a-dodekahydrochrysens* (**VIII**), während bei der Dehydrierung beider **VI**-Isomerer mit 88%ig. HCOOH 5-[β-(m-Methoxyphenyl)-äthyl]-$\Delta^{9,10}$-oktalon-(1) (**VII**) entsteht, das bei der Cyclisierung mit $AlCl_3$ drei Isomere (α, β u. γ) von **VIII** liefert. Jedes dieser Isomeren wurde in *1-Keto-2-benzyliden-8-methoxy-1.2.3.4.4a.4b.5.6.10b.11.12.12a-dodekahydrochrysen* (**IX**) übergeführt, wobei die aus der β- u. γ-**VIII** entstehenden **IX** ident. waren. Aus α-**IX** ließen sich mit K-tert.-Butylat u. CH_3J zwei isomere (α^1 u. α^2) *17-Benzyliden-D-homoöstronmethyläther* (*1-Keto-2-benzyliden-8-methoxy-12a-methyl-1.2.3.4.4a.4b.5.6.10b.11.12.12a-dodekahydrochrysene*) (**X**), die an $C_{(12a)}$ epimer sind, darstellen. Entsprechend wurden aus β-**IX** die epimeren β^1- u. β^2-**X** erhalten. Jedes dieser **X**-Isomeren lieferte bei der Ozonisierung den entsprechenden *Homomarrianolsäuremethyläther* (*β-[2-Carboxy-2-methyl-7-methoxy-1.2.3.4.9.10.11.12-oktahydrophenanthyl-(1)]-propionsäure*) (**XI**) die bei der Cyclisierung durch Pyrolyse mit $PbCO_3$ in α^1-, α^2-, β^1-u. *β^2-Östronmethyläther* (**XII**) übergingen. Durch Aufspaltung der Ätherbindung mit Pyridinhydrochlorid wurden aus den **XII**-Isomeren α^1,- α^2-, β^1- u. β^2-**I** erhalten. Die β^2-Verb. erwies sich als ident. mit dem Racemat des natürlichen **Ia**, während β^1-**I** mit dem Racemat von **Ib** ident. war, wodurch gleichzeitig die von BUTENANDT u. Mitarbeitern (C. **1945.** I. 1030 u. früher) für **Ib** geforderte Epimerie am $C_{(13)}$ bestätigt werden konnte. Der Vgl. der 4 **I**-Racemate mit den Verbb. von ANNER u. MIESCHER (C. **1950.** II. 1955 u. **1951.** I. 3047) zeigt die Identität von β^2-**I** mit **I** *b*, aber die Verschiedenheit von β^1-**I** u. **I** *f*, so daß **I** *f* nicht das Racemat von **Ib** sein kann; Vff. nehmen an, daß es sich bei β^1-**I** um **I** *g*, bei α^1-**I** um **I** *c* u. bei α^2-**I** um **I** *h* handelt, so daß nunmehr alle 8 möglichen **I**-Racemate bekannt sind. — Eine weitere Versuchsreihe wurde mit den entsprechenden methoxylfreien

Verbb. durchgeführt, bei der die Struktur der Cyclisierungsprodd. ebenso wie während der I-Synth. durch Dehydrierung gesichert wurde. Außer der Isolierung einiger Nebenprodd., für die Strukturformeln aufgestellt wurden, wird der Vers. einer I-Synth. beschrieben, die der Synth. des Equilenins (JOHNSON u. Mitarbeiter, C. **1947.** E 535) entsprechen würde. Dazu wurde *7-Methoxy-2-methyl-2-cyan-1-keto-1.2.3.4.9.10.11.12-oktahydrophenanthren* synthetisiert, dessen Kondensation mit Bernsteinsäureestern jedoch mißlang, da der Ring C anscheinend durch Alkoholyse gesprengt wurde. Ebensowenig glückten Verss. mit *7-Methoxy-2-methyl-2-cyan-1-keto-1.2.3.4.9.10-hexahydrophenanthren.* Außerdem wurden einige weitere Verbb. hergestellt, die als Ausgangsstoffe für die I-Synth. in Frage kamen.

Versuche: (FF. korr., UV-Spektren in A.): *1-Keto-2-oxymethylen-7-methoxy-1.2.3.4.9.10.11.12-oktahydrophenanthren,* F. 134—135°, aus 1-Keto-7-methoxy-1.2.3.4.-9.10.11.12-oktahydrophenanthren (F. 103,5—106°), Äthylformiat u. Na-Methylat in Bzl. in 16 Std.; cremefarbenes Rohprod.; 93% (Ausbeute). — *7-Methoxy-3b.4.5.9b.10.-11-hexahydrophenanthro-[2.1:d]-isoxazol,* $C_{16}H_{17}O_2N$, F. 120,8—127,8°, aus vorst. Verb., $NH_2OH \cdot HCl$ u. Eisessig durch Kochen als Isomerengemisch; aus A. bräunliche Tafeln; 96%. — *1-Keto-2-cyan-7-methoxy-1.2.3.4.9.10.11.12-oktahydrophenanthren,* $C_{16}H_{17}O_2N$, F. 177—180°, aus vorst. Verb. u. $NaOCH_3$ in Bzl. bei Zimmertemp.; aus A. Nadeln; 88% (roh). — *1-Keto-2-cyan-2-methyl-7-methoxy-1.2.3.4.9.10.11.12-oktahydrophenanthren,* $C_{17}H_{19}O_2N$, aus vorst. Verb., CH_3J u. CH_3ONa in trockenem Bzl. durch halbstd. Kochen nach halbstd. Stehen bei Zimmertemp.; das rohe Prod. schien aus einem Gemisch von Stereoisomeren zu bestehen; aus A. konnte ein reines Isomeres, Nadeln, F. 152,4—153,2°, erhalten werden. — *1-Keto-2-oxymethylen-7-methoxy-1.2.3.4.9.10-hexahydrophenanthren,* F. 87—88°, aus 1-Keto-7-methoxy-1.2.3.4.9.10-hexahydrophenanthren (F. 74—76°), Äthylformiat u. CH_3ONa; 85%. — *7-Methoxy-4.5.10.11-tetrahydrophenanthro-[2.1:d]-isoxazol,* $C_{16}H_{15}O_2N$, aus Methanol hellbraune Nadeln, F. 103 bis 104,3°; 86%. — *1-Keto-2-cyan-7-methoxy-1.2.3.4.9.10-hexahydrophenanthren,* $C_{16}H_{15}O_2N$, aus Methanol gelbe Kristalle, F. 157,5—159,2°; 90%. — *1-Keto-2-cyan-2-methyl-7-methoxy-1.2.3.4.9.10-hexahydrophenanthren,* $C_{17}H_{17}O_2N$, aus A. blaßgelbe Nadeln, F. 108,4—109,2°, 94%. —*5-Oxy-5-phenyläthinyl-dekalon-(1)* (**XIII**), $C_{18}H_{20}O_2$. 24,6 g Phenylacetylen (n_D^{25} 1,5459) wurden mit K in tert.-Butanol in die K-Verb. übergeführt u. die erhaltene Lsg. zu 40 g **IV** (Gemisch der cis- u. trans.-Form) in tert.-Butanol während 40 Min. bei 60—70° unter N_2 zugetropft; nach 3 std. Rühren bei Raumtemp. wurde mit NH_4Cl-Lsg. zers., tert.-Butanol abdest., in Ae. aufgenommen u. mit PAe. bis zur Trübung versetzt; das Rohprod. hinterließ beim Behandeln mit Ae. 2,10 g *1.5-Dioxy-1.5-bis-[phenyläthinyl]-dekalin* [**XIV**, $\cdot C_{26}H_{26}O_2$, F. 210,8—212° (Bzl., Ae.)]. Die Ae.-Lsg. lieferte nach Einengen 12,3 g α-**XIII**, aus Ae.–PAe. Prismen, F. 120,4 bis 121°. Aus den Mutterlaugen wurden weitere 0,64 g α-**XIII** u. 0,215 g β-**XIII** erhalten, aus Ae.–PAe. Nadeln, F. 139,8—141°. α-**XIII**-*Semicarbazon,* $C_{19}H_{23}O_2N_3$, Kristalle aus verd. Methanol, F. 204—205° (Zers.). β-**XIII**-*Semicarbazon,* Kristalle aus verd. Methanol, F. 220—220,4° (Zers.). Aus 20 g reinem trans-**IV** wurden ebenso 23,3 g α-**XIII** u. aus dem gummiartigen Rückstand durch Chromatographie 8,8 g β-**XIII** gewonnen. Aus cis-**IV** wurde neben etwas **XIV** hauptsächlich α-**XIII** erhalten. — *α-[5-Oxy-5-(β-phenyläthyl)-dekalon-(1)]* (α-**XV**), $C_{18}H_{24}O_2$, F. 169—169,4°, aus 1,093 g α-**XIII** durch Hydrierung mit Pd-Kohle in Äthylacetat bei n. Druck u. Zimmertemp., aus Äthylacetat Nadeln; 1 g *Semicarbazon,* $C_{19}H_{27}O_2N_3$, Kristalle aus verd. Methanol, F. 223° (Zers.). — β-**XV**, F. 132,5—133,5°, wie vorst. aus 0,058 g β-**XIII**; aus Äthylacetat Prismen; 0,06 g. — *1.5-Dioxy-1.5-bis-[β-phenyläthyl]-dekalin* (**XVI**), $C_{26}H_{34}O_2$, F. 230—232°, aus 0,146 g **XIV** durch Hydrierung mit Pd-Kohle; aus Äthylacetat flache, spitze Stäbchen; 0,095 g. — Hydrierung des rohen Kondensationsprod. von $C_6H_5C{\equiv}CH$ mit **IV** in Äthylacetat in Ggw. von Pd-Kohle bei 2—3 at u. fraktionierte Kristallisation lieferte 65% α-**XV**, 10% β-**XV** u. 1% **XVI**. — *5-[β-Phenyläthyl]-$\Delta^{9.10}$-oktalon-(1)* (**XVII**), $C_{18}H_{22}O$, $Kp._{0,75}$ ~185°, aus 11,05 g α-**XV** bzw. 0,257 g β-**XV** durch 6 std. Kochen in 88%ig. HCOOH; 7 g bzw. 0,221 g blaßgelbes Öl, λ_{max} 253 mμ (log E = 3,92). *Semicarbazon,* $C_{19}H_{25}ON_3$. Kristalle aus Methanol, F. 210—211,5° (Zers.; sintert bei 208°). — *1-Keto-1.2.3.4.4a.4b-5.6.10b.11.12.12a-dodekahydrochrysen* (**XVIII**), $C_{18}H_{22}O$. a) Eine Lsg. von α-**XV** in Bzl. wurde zweimal bei 6° mit HCl gesätt. u. das gebildete W. zwischendurch azeotrop abdest., dann wurde bei 6° $AlCl_3$ zugefügt, 12 Std. bei 45° gerührt; auf Eis + konz. HCl gegossen u. mit Ae. extrahiert: α-**XVIII**, F. 139—140,5°, aus CH_3OH Platten; 46%; b) wie a), aber Behandlung mit HCl, bis kein W. mehr übergeht; 35% α-**XVIII** u. 3% β-**XVIII**, F. 128,5—130° (Ae.); c) wie a), aber ohne HCl-Behandlung: 39% α-**XVIII** u. 5% γ-**XVIII**, F. 123—124°, aus CH_3OH Stäbchen; d) wie a) aus β-**XV** in Ggw. von wasserfreiem $CaCl_2$: 38% α-**XVIII** u. 6,3% γ-**XVIII**; e) wie a) aus **XVII**: β-**XVIII**; *Semicarbazon,* $C_{19}H_{25}ON_3$, F. 255,8—257,4° (Zers.; nach vorherigem Sintern). Durch 2½ std. Stehen mit K in tert.-Butanol unter N_2 u. Zers. mit NH_4Cl-Lsg. wurde β-**XVIII** zum Teil zu α-**XVIII** isomerisiert, während die umgekehrte Isomerisierung nicht gelang. — *5-[β-Phenyläthyl]-naphthol-(1)*, $C_{18}H_{16}O$, F. 105,6—106,2°, durch 1std. Erhitzen von **XVII** mit 30%ig. Pd-Kohle auf 280—300°; aus PAe. Nadeln; 63%. — *Chrysenol-(1)*, F. 281,5 bis 283° (Vakuum), wie vorst. aus 0,047 g α-**XVIII**, 0,0444 g β-**XVIII**, 0,04 g γ-**XVIII** oder 0,606 g öligem Rückstand der **XVIII**-Darst.; 0,024, 0,0178, 0,019 bzw. 0,116 g. *Acetat*, $C_{20}H_{14}O_2$, F. 240,6—241,2°, aus Bzl. Nadeln. — *4b.5.6.6a.6b.7.8.12b.13.14.14a.14b.15.16-Tetradekahydrobenzo-[c]-picen*, $C_{26}H_{30}$, durch Cyclisierung von **XVI** wie bei **XVIII** unter d); aus Bzl. Platten. — *α-[1-Keto-2-benzyliden-1.2.3.4.4a.4b.5.6.10b.11.12.12a-dodekahydrochrysen*, $C_{25}H_{26}O$, F. 159,3—160°, aus α-**XVIII** in Methanol, Benzaldehyd u. 33%ig. NaOH durch Erwärmen auf 40—45° (Bad) für 2 Tage; aus A. flache Prismen, λ_{max} 285 mμ (log E = 4,25); 72%. — Bei der Rk. von β-[m-Methoxyphenyl]-äthyl-MgBr mit **IV** konnten keine reinen Prodd. in befriedigender Ausbeute erhalten werden. Wiederholte Fraktionierung gab eine kleine Menge des *ungesätt. Ketons $C_{19}H_{24}O_2$*, Kp.$_{0,4}$ 180°, λ_{max} 254 mμ (log E = 3,85); *Semicarbazon*, $C_{20}H_{27}O_2N_3$, F. 198,5—200° (Zers.). — *m-Methoxyacetophenon*, Kp.$_{16}$ 130—132°, aus **II** (F. 85—89°) mit Dimethylsulfat u. KOH; 84%. — *m-Methoxyphenylacetylen* (**III**), C_9H_8O, Kp.$_{13}$ 85°, aus vorst. Verb. in Bzl. mit PCl_5 u. anschließend Behandlung mit KOH; n_D^{25} 1,5559; 48%. — *5-Oxy-5-[m-methoxyphenyläthinyl]-dekalon-(1)* (**V**), $C_{19}H_{22}O_3$; a) aus trans-**IV** (F. 163—165°) in tert. Butanol u. der K-Verb. von **III** analog **XIII**; aus Ae.–PAe. α-**V**, Tafeln, F. 83,8—84,8°; aus den Mutterlaugen β-**V**, Prismen, F. 116—116,6°; *1.5-Dioxy-1.5-bis-[m-methoxyphenyläthinyl]-dekalin* (**XIX**), $C_{28}H_{30}O_4$, aus Bzl.–Ae. Kristalle, F. 188,4—189,4° u. eine polymorphe Modifikation von α-**V**, F. 99,4—100,2°. b) Bei der Kondensation von cis-**IV** (F. 79—81°) mit **III** wurde hauptsächlich höherschm. α-**V** neben wenig **XIX** erhalten. c) Bei der Kondensation von 16,60 g eines Gemisches von cis- u. trans-**IV** mit **III** bei 70° (Bad) in 1½ Std. entstanden 20,60 g Carbinolgemisch, aus dem 0,911 g **XIX**, 7,10 g α-**V** u. 0,265 g β-**V** erhalten wurden. Das zurückbleibende Isomerengemisch wurde nicht weiter aufgearbeitet. — α-**V**-*Semicarbazon*, $C_{20}H_{25}O_3N_3$, F. 204,2—205,6° (Zers.). β-**V**-*Semicarbazon*, F. 209—210° (Zers.). — *α-{5-Oxy-5-[β-(m-methoxyphenyl)-äthyl]-dekalon-(1)}* (α-**VI**). $C_{19}H_{26}O_3$, F. 76,8—77,6°, aus α-**V** durch Hydrierung mit Pd-Kohle in Äthylacetat in 19 Min.; 92%. *Semicarbazon*, $C_{20}H_{29}O_3N_3$, F. 208,4—209,2° (Zers.) (Sintern bei 206°). — β-**VI**, aus Ae.-PAe., F. 89,4—91°, analog aus β-**V**; 91%. *Semicarbazon*, F. 188,4—190,4° (Zers.). — *1.5-Dioxy-1.5-bis-[β-(m-methoxyphenyl)-äthyl]-dekalin*, F. 197,8—198,1°, $C_{28}H_{38}O_4$, analog aus **XIX**; aus Äthylacetat Tafeln. — *5-[β-(m-Methoxyphenyl)-äthyl]-$\Delta^{9.10}$-oktalon* (**VII**), $C_{19}H_{24}O_2$, Kp.$_{0,4}$ 200—215°, aus α-**VI** oder rohem **VI**-Gemisch analog **XVII**; n_D^{25} 1,5663, λ_{max} 227,5 mμ (log E = 4,04), 249 (4,18), 279 (3,44). *Semicarbazon*, $C_{20}H_{27}O_2N_3$, F. 190,8—193° (Zers.), λ_{max} 269 mμ (log E = 4,52). — *1-Keto-8-methoxy-1.2.3.4.4a.4b.5.6.10b.11.12.12a-dodekahydrochrysen* (**VIII**), $C_{19}H_{24}O_2$. a) Aus **VII** wurden analog **XVIII** 15% α-**VIII**, F. 168,4—170°, 3% β-**VIII**, F. 153,4—154,8°, u. 2% γ-**VIII**, F. 167,8—169,8° erhalten, in geringer Menge außerdem β-**XX**. b) Durch Cyclisierung von α-**VI** entstanden 28,5% α-**VIII**. c) Cyclisierung von β-**VI** lieferte 40% α-**VIII**. d) Nach Cyclisierung von rohem **VI**-Gemisch wurde außer 25% α-**VIII** (bezogen auf **IV**) eine geringe Menge δ-**VIII**, F. 112—113,4°, erhalten. α-**VIII**-*Semicarbazon*, $C_{20}H_{27}O_2N_3$, F. 237—237,5° (Zers.; A.). α-**VIII**-*2.4-Dinitrophenylhydrazon*, $C_{25}H_{28}O_5N_4$, gelbe Nadeln aus Äthylacetat, F. 210,4—211° (Zers.). β-**VIII**-*Semicarbazon*, F. 267—269° (Zers.). — *1-Oxy-8-methoxychrysen*, F. 267,8—271°, aus α-**VIII** u. Pd-Kohle durch 8 Min. Erhitzen auf 250°, Extraktion mit A. u. heißem Bzl. u. Dest. bei 175°/0,05 mm; zers. sich beim Umkristallisieren; mit FOLIN-DENIS-Reagens tiefblaue Farbe; daneben γ-**VIII**, das bei 183° alleiniges Prod. außer unverändertem α-**VIII** war. — *1.8-Dimethoxychrysen*, $C_{20}H_{16}O_2$, F. 198—200,5°, mit Dimethylsulfat u. KOH; nach Sublimation bei 150°/0,05 mm aus A. Tafeln. — *α-[1-Oxy-8-methoxy-1.2.3.4.4a.4b.5.6.10b.11.12.12a-dodekahydrochrysen]* (**XXI**), $C_{19}H_{26}O_2$, F. 114,5—115,5°, aus α-**VIII** in Bzl. mit $LiAlH_4$ in Ae., aus Ae. kleine Nadeln. — *2-Methoxychrysen* (**XXII**), F. 249,5—250,5° (Bzl.) aus **XXI** durch Dehydratation mit $KHSO_4$ bei 200° für 10 Min., Dest. bei 200°/0,05 mm u. Dehydrierung mit Pd-Kohle bei 280—300° für 20 Min.; 64%. — *2-Oxychrysen*, aus **XXII** durch Kochen mit Essigsäure u. 48%ig. HBr unter N_2; *Acetat*, F. 226—228° (Bzl.). — β-**XXI**, F. 140,3—141°, aus β-**VIII** u. $LiAlH_4$; aus Ae. Nadeln; liefert wie α-**XXI** mit $KHSO_4$ u. Pd-Kohle **XXII**; 75%. — δ-**VIII** liefert bei Red., Dehydratisierung u. Dehydrierung ebenfalls **XXII**; 8,5%. Das intermediär auftretende δ-**XXI** krist. nicht. — *α-[1-Keto-8-oxy-1.2.3.4.4a.4b.5.6.10b.11.12.12a-dodekahydrochrysen]* (α-**XX**), $C_{18}H_{22}O_2$, F. 204,8—206,2°, aus 0,2 g α-**VIII** mit Pyridinchlorid durch 40 Min. Erhitzen auf 210° unter N_2; aus Äthylacetat Tafeln; 0,155 g. *Acetat*, $C_{20}H_{24}O_3$, aus A. Tafeln, F. 131,8—132,6°. — β-**XX**, F. 271,2—272,6° (Zers.), aus β-**VIII**; nach Sublimation bei 180—190°/0,05 mm aus A. Tafeln. *Acetat*, längliche Tafeln, F. 134—137,2°. — *α-[1-Keto-2-piperonyliden-*

8-methoxy-1.2.3.4.4a.4b.5.6.10b.11.12.12a-dodekahydrochrysen] (α-**XXIII**), mit 31%ig. KOH; $C_{27}H_{28}O_4$, F. 190,2—192° (sintert bei 188°), aus α-**VIII** u. Piperonal in A., 53%. — β-**XXIII**, F. 209—211,4° (sintert bei 207°), aus β-**VIII** oder γ-**VIII**; 45 bzw. 40%. — *17-Piperonylidenhomoöstronmethyläther*, $C_{28}H_{30}O_4$, F. 191,6—193° (sintert bei 190°), aus 0,1405 g β-**XXIII** in Bzl. mit K–tert.-Butylat u. CH_3J unter N_2; aus Aceton 9 mg blaßgelbe Kristalle. — Durch Kochen von β-**XXIII** mit K in tert.-Butanol mit oder ohne Zusatz von CH_3J entstand eine *isomere Verb.* $C_{27}H_{28}O_4$, F. 153,0—154,6°, die bei der Oxydation mit $KMnO_4$ in Aceton das *β-Isomere* der *β-[2-Carboxy-7-methoxy-1.2.3.4.9-10.11.12-oktahydrophenanthryl-(1)]-propionsäure* (β-**XXIV**) gab, F. 220,5—222° (Bzl.). *Dimethylester*, $C_{21}H_{28}O_5$, aus PAe., F. 110—111°. — *1-Keto-2-oxymethylen-8-methoxy-1.2.3.4.4a.4b.5.6.10b.11.12.12a-dodekahydrochrysen*, $C_{20}H_{24}O_3$, F. 160,2—161,4°, aus α-**VIII** in trockenem Bzl. mit methanolfreiem CH_3ONa u. Äthylformiat unter N_2; aus CCl_4 Nadeln; 83%. — α-**XXIV**, $C_{19}H_{24}O_5$, F. 240—241,5° (Zers.), aus vorst. Verb. mit $KMnO_4$ in Aceton; aus A. Prismen oder Rhomben; 39%. — *α-[1-Keto-2-benzyliden-8-methoxy-1.2.3.4.4a.4b.5.6.10b.11.12.12a-dodekahydrochrysen*] (α-**IX**), $C_{26}H_{28}O_2$, F. 175 bis 176,5°, aus α-**VIII**, Benzaldehyd u. NaOH in Methanol unter N_2; aus Bzl.–Ae. Nadeln, λ_{max} 221 mμ (log E = 4,39), 283 (4,43), λ_{min} 216 (4,38), 242 (3,85); 74%. Bei einem weiteren Ansatz wurden neben 51% des bei 176° schm. α-**IX** 14% eines bei 165,2 bis 166° schm. Isomeren durch fraktionierte Kristallisation aus Bzl.–Ae. abgetrennt, aus Äthylacetat Prismen, λ_{max} 220 mμ (log E = 4,29), 285 (4,20); λ_{min} 214 (4,21), 245 (3,04). — β-**IX**, F. 152—153,1°, aus β-**VIII** oder γ-**VIII** wie vorst.; aus Bzl.–Ae. Nadeln, λ_{max} 219 mμ (log E = 4,28), 285 (4,34), λ_{min} 216 (4,26), 241 (3,67); 68% (roh) bzw. 24%. — *17-Benzyliden-D-homoöstronmethyläther* (**X**), $C_{27}H_{30}O_2$. Aus α-**IX** in CH_3J durch Zutropfen zu K-tert.-Butylat in tert.-Butanol unter Eiskühlung u. fraktionierte Kristallisierung des isolierten Rohprod. aus Methanol u. A. wurden 56% α^1-**X** u. 13% α^2-**X** erhalten, aus β-**IX** ebenso 49,1% β^1-**X** u. 17% β^2-**X**. α^1-**X**, aus A. flache Nadeln, F. 117—118°, λ_{max} 221 mμ (log E = 4,22), 287,5 (4,32), λ_{min} 217,5 (4,21), 241,5 (3,54). α^2-**X**, aus A. Prismen, F. 149,2—150°, λ_{max} 220 mμ (log E = 4,21), 286 (4,28), λ_{min} 217,5 (4,21), 241 (3,58). β^1-**X**, aus A. Nadeln, F. 146,6—147,2°, λ_{max} 220,5 mμ (log E = 4,20), 286 (4,29), λ_{min} 215 (4,18) 241,5 (3,45). β^2-**X**, aus A. Prismen, F. 147—147,8°, λ_{max} 218,5 mμ (log E = 4,24), 281 (4,32), λ_{min} 216 (4,23), 241 (3,63). Aus der Mutterlauge wurde nach Abtrennung von β^1- u. β^2-**X** in 3%ig. Ausbeute eine *Verb.* $C_{27}H_{30}O_2$ in Nadeln (aus A.) isoliert, F. 156—157°, λ_{max} 222 mμ (log E = 4,24), 287,5 (4,51), λ_{min} 217 (4,18), 242 (3,81). — Beim Kochen von α-**IX** in tert.-Butanol mit K–tert.-Butylat für 45 Min. u. Zusatz von CH_3J wurde ein öliges Rohprod. erhalten, das auch nach Chromatographie nicht krist.; nach $KMnO_4$-Oxydation in Aceton wurde eine unlösl. saure Fraktion von einem neutralen Öl abgetrennt; letzteres blieb bei erneuter $KMnO_4$-Behandlung zum größten Teil unverändert; nach Chromatographie aus CCl_4 an säurebehandeltem Al_2O_3 konnte diese Fraktion aus A. krist. erhalten werden: $C_{26}H_{30}O_2$, Nadeln, F. 113—113,5°, λ_{max} 279 mμ (log E = 3,33), 288 (3,30). *1-Keto-2-benzyl-8-methoxy-1.2.3.4.4a.4b.5.6.10b.11.12.12a-dodekahydrochrysen*, $C_{26}H_{30}O_2$, F. 171—171,7°, aus α-**IX** durch Hydrierung mit Pd-Kohle in Äthylacetat. Aus A. Nadeln, λ_{max} 279 mμ (log E = 3,40), 287,5 (3,35). — *Homomarrianolsäuremethyläther* (**XI**), $C_{20}H_{26}O_5$. α^1-**XI**, F. 169,8—170,5°, aus α^1-**X** durch Ozonisation in Äthylacetat–Eisessig unter Eiskühlung; aus Äthylacetat Prismen, die beim Trocknen im Vakuum bei 56° zu Pulver zerfielen; 71,5%. α^2-**XI**, ebenso aus α^2-**X**, amorphes Pulver, F. 97—120°; 79%. β^1-**XI**, F. 191,2 bis 192°, aus β^1-**X**; aus Äthylacetat Nadeln; 75%. β^2-**XI**, F. 225,2—227,5°, aus β^2-**X**, aus Äthylacetat u. Aceton Prismen; 77%. *d*-**XI**, F. 253—254°, durch Methylierung von *d*-**I** (F. 251,7—253,5°) in Methanol mit KOH u. Dimethylsulfat zu *d*-**XII** (F. 162,4 bis 166,8°; 100%), Umsetzung mit Äthylformiat in Ggw. von $NaOCH_3$ zu *16-Oxymethylen-d-östronmethyläther* (F. 161,4—164,2°, 95%), dessen *Oxim* ($C_{20}H_{25}O_3N$, aus verd. A. in zwei polymorphen Formen, F. 183—184° u. 202—204°) 41 Std. mit 5%ig. KOH u. $NH_2OH \cdot HCl$ gekocht wurde, danach Ansäuern; 85% (roh). — *Östronmethyläther* (**XII**), $C_{19}H_{24}O_2$. α^1-**XII**, F. 115—116,2°, aus α^1-**XI** u. $PbCO_3$ bei 305°/0,05 mm; aus Methanol flache Nadeln; 57%. *2.4-Dinitrophenylhydrazon*, $C_{25}H_{28}O_5N_4$, gelbes, mikrokrist. Pulver aus Chlf.–Äthylacetat, F. 273—274° (Zers.). α^2-**XII**, F. 67—68,3°, aus α^2-**XI**; aus Methanol Nadeln; 48%. *2.4-Dinitrophenylhydrazon*, gelbes Pulver aus Äthylacetat, F. 209—210° (Zers.). β^1-**XII**, F. 109—110°, aus β^1-**XI**; Tafeln aus Methanol; 81%. *2.4-Dinitrophenylhydrazon*, orangefarbene Prismen aus Äthylacetat, F. 210—211° (Zers.). β^2-**XII**, F. 143,2—144°, aus β^2-**XI**; aus Methanol flache Nadeln; 46%. — *Östron* (**I**), $C_{18}H_{22}O_2$. α^1-**I**, F. 180,6—181,4°, aus α^1-**XII** mit Pyridinhydrochlorid bei 210° für 40 Min. unter N_2; aus Methanol Tafeln; 90%. *Benzoat*, $C_{25}H_{26}O_3$, Tafeln aus Methanol, F. 149—151°. α^2-**I**, F. 197—198,1°, aus α^2-**XII**; aus Methanol Tafeln; 84%. *Benzoat*, flache Nadeln, F. 159,5—161,5° β^1-**I** [*dl-Lumiöstron* (dl-**Ib**)], F. 238,5—240°, aus β^1-**XII**; aus Aceton kleine Prismen; 90%. *Benzoat*, Nadeln aus A., F. 157,5—158,5°. β^2-**I** (dl-**Ia**), F. 252,8—254,7°, aus 0,0153 g β^2-**XII**; aus Aceton flache Nadeln; 0,008 g. *Benzoat*, aus A. Nadeln, F. 184,5—190°; die Hauptmenge schm. bei 184,5—187°, dieses Verh. deutet darauf hin, daß es sich um eine dl-Kristallmischung oder um eine Beimischung unbenzoylierten Materials handelt. — *d-I-l-Menthoxyacetat*, F. 132—135°, aus dl-**I** mit l-Menthoxyacetylchlorid u. Pyridin u. fraktionierte Kristallisation aus Petroläther. — *l*-**Ib**, F. 266—267°, aus d-**I** durch 34std. UV-Bestrahlung in Dioxan unter N_2; $[\alpha]_D^{35}$ —41 ± 2° (Dioxan); 25%. *Methyläther*, aus A., F. 130—130,6°, $[\alpha]_D^{32}$ —27° (Chlf.). (J. Amer. chem. Soc. **74.** 2832—49. 5/6. 1952. Madison, Wis., Univ., Labor. of Organ. Chem.) IPPEN. 3750

F. W. Heyl und **M. E. Herr,** *Progesteron aus 3-Acetoxybisnor-Δ^5-cholenaldehyd und 3-Ketobisnor-Δ^4-cholenaldehyd.* Stigmastadienon ließ sich mit O_3 in guter Ausbeute zu *3-Keto-bisnor-Δ^4-cholenaldehyd* (**I**) abbauen. **I** u. *3β-Acetoxy-bisnor-Δ^5-cholenaldehyd* (**II**) ließen sich mit Essigsäureanhydrid u. Na-Acetat leicht in Na-Enolacetate überführen, aus denen durch O_3-Einw. die $C_{(20)}$-Ketoverbb. erhalten wurden. Die Doppelbindung in **II** konnte mit Br_2 geschützt werden oder auch ungeschützt bleiben. Das angegebene Verf. ermöglicht einen einfachen Weg von Stigmasterin oder seinen Derivv. zu *Progesteron.*

Versuche (FF. korr.): *Enolacetat von 3β-Acetoxy-bisnor-Δ^5-cholenaldehyd*, $C_{26}H_{38}O_4$, F. 156—157°, aus **II** durch Einw. vom Essigsäureanhydrid u. frisch geschmolzenem Na-Acetat unter N_2 während 6, 12 oder 24 Std.; Nadeln aus A. oder konz. Ae.-Lsg., $[\alpha]_D^{25}$ —60,4° (c = 0,0508 g/10 cm³ in Chlf.); 70—72% (Ausbeute); wenn das Kochen auf 3 Std. red. wurde, nur 54%. — *Δ^5-Pregnen-3β-ol-20-onacetat* (**III**). F. 125—130°, a) aus vorst. Verb. nach Bromierung in Chlf. durch Ozonisierung (190%) für 16 Min., das erhaltene Ozonid wurde mit Zn-Staub in Eisessig red.; **III** wurde als *Semicarbacon*, $C_{24}H_{37}O_3N_3$, isoliert, F. 240—242°; 57%; b) aus **II** durch Einw. von Essigsäureanhydrid u. geschmolzenem Na-Acetat unter N_2 für 8 Std., nach dem Eindampfen im Vakuum wurde in Chlf. aufgenommen, vom Na-Acetat abfiltriert u. ozonisiert, das Ozonid wurde mit Zn-Staub u. Eisessig in Ggw. von Ae. red. u. das entstandene **III** als Semicarbazon isoliert; 57%. — *3-Keto-bisnor-Δ^4-cholenaldehyd* (**I**) $C_{22}H_{32}O_2$, F. 160—161° (Ae.), aus Stigmastadienon durch Ozonisierung in Chlf.-Pyridin, anschließende Red. mit Zn-Staub u. Eisessig u. Aufnehmen in Ae. (das beim Waschen mit 10%ig. NaOH ausfallende Na-Salz wurde abgetrennt); $[\alpha]_D^{24}$ +82,5° (c = 0,1252 g/10 cm³ Chlf.; 60%; aus der Mutterlauge konnte noch Ausgangsmaterial (F. 121—123°) isoliert werden, bei Einrechnung 72%. — *3-Ketobisnor-Δ^4-cholensäure*, $C_{22}H_{32}O_3$, F. 268° (Zers.), aus dem unlösl. Na-Salz der vorst. Rk. mit 20%ig. H_2SO_4; aus Methanol-Chlf. Kristalle. — *3-Keto-bisnor-Δ^4-cholenaldehydcyanhydrin*, $C_{23}H_{33}O_2N$, F. 200—202° (Zers.), aus der Bisulfitadditionsverb. von **I** durch Einw. von KCN; feine Nadeln aus Aceton. — *Progesteron*, $C_{21}H_{30}O_2$, F. u. Misch-F. 125—128°, aus **I** durch Einw. von sd. Essigsäureanhydrid u. geschmolzenem Na-Acetat unter N_2 für 6 Std., nach Entfernung des Lösungsm. wurde in Chlf. gelöst, vom ungelösten Na-Acetat abfiltriert u. die Chloroformlsg. ozonisiert, das erhaltene Ozonid wurde mit Zn-Staub u. Eisessig in Ae. red., nach Hydrolyse mit verd. H_2SO_4 in Methanol wurde aufgearbeitet; Prismen aus Aceton; 60%. (J. Amer. chem. Soc. **72.** 2617—19. Juni 1950. Kalamazoo, Mich., Upjohn Co., Res. Labors.) BIENECK. 3750

—, *Strukturformeln von Terramycin und Aureomycin.* Kurze Übersicht über neuere, bes. nordamerikan. Arbeiten betr. *Terramycin, Aureomycin* sowie *Drosofilin* (*p-Methoxytetrachlorphenol*) zur Aufklärung der betreffenden Strukturformeln. (Arquivos Biologia **36.** 97—98. Nov./Dez. 1952.) ALTPETER. 3900

C. W. Waller, B. L. Hutchings, C. F. Wolf, R. W. Broschard, A. A. Goldman und **J. H. Williams,** *Der Abbau von Aureomycin.* 3. Mitt. *3.4-Dioxy-2.5-dioxocyclopentancarboxamid-(1).* (2. vgl. C. **1953.** 2291.) Beim Behandeln von Aureomycin mit 5nNaOH entsteht *Desdimethylaminoaureomycinsäure* (**I**; $C_{20}H_{18}O_9NCl$, F. 210—212°, $[\alpha]_D^{25}$ +100° [in Methanol]; pK_a 6,4, 7,8, 10,2) u. $(CH_3)_2NH$. Bei der Luftoxydation von **I** in nNaOH entstehen als Spaltprodd. *β-[4-Chlor-7-oxy-3-methylphthalidyl-(3)]-glutarsäure* u. eine *monobas. Säure* (**II**; $C_6H_7O_5N$, F. 198—200° [Zers.]; pK_a 2,65; UV-Absorptionsspektr. in 0,1nNaOH bzw. 0,1nHCl hat die Charakteristika eines cycl. β-Diketons mit Maxima bei 252 bzw. 247 mμ, E 22500, 17200. Die Hauptmenge ist opt.-inakt., ein Teil hat [α] —65°). Mit HJ + rotem P entsteht aus **II** unter Einw. von NH_3 u. CO_2 eine *monobas. Säure* ($C_5H_6O_2$, F. 151—152°; pK_a 4,5; UV-Absorptionsmaximum in 0,1nNaOH 257 mμ, E 29400; in 0,1nHCl 242 mμ, E 20700), die durch Oxydation zu *Bernsteinsäure* als *Cyclopentandion-(1.3)* erkannt wurde. Beim Erhitzen mit 48%ig. HBr bildet **II** eine *monobas. Säure* ($C_5H_4O_3$, F. 172,5—173° [Zers.]; pK_a 3,0; UV-Absorptionsmaximum in 0,1nNaOH 310 mμ, E 13450; in 0,1nHCl 267 mμ, E 10850), die als *Cyclopentantrion-(1.2.4)* identifiziert wurde. — Durch Erhitzen des Pyridinsalzes von **II**-Triacetat mit Acetanhydrid entsteht ein *Descarboxamidotriacetat* $C_5H_2O\cdot(CH_3COO)_3$, das durch Hydrolyse mit verd. Säure *4.5-Dioxycyclopentandion-(1.3)* ($C_5H_6O_4$, F. 153—154°) gibt. Aus der Unfähigkeit, mit Aldehyden zu kondensieren u. der großen Stabilität gegen alkal. Hydrolyse folgt für **II** die Struktur eines *3.4-Dioxy-2.5-dioxocyclopentancarboxamids-(1)*. (J. Amer. chem. Soc. **74**. 4978—79. 5/10. 1952. Pearl River, N. Y., Amer. Cyanamid Comp., Lederle Labors. Div.) K. FABER. 3900

C. W. Waller, B. L. Hutchings, A. A. Goldman, C. F. Wolf, R. W. Broschard und **J. H. Williams,** *Der Abbau von Aureomycin.* 4. Mitt. *Desdimethylaminoaureomycinsäure.* (3. vgl. vorst. Ref.). Desdimethylaminoaureomycinsäure (**I**; vgl. l. c.) enthält einen Phthalidkern (Infrarotbande bei 5,7 μ), eine freie Carboxylgruppe (Bldg. eines Methylesters) u. eine Carboxamidgruppe (Bldg. von NH_3 u. CO_2 bei Hydrolyse). Die Anwesenheit einer 2.6-Dioxybenzoesäuregruppierung ergibt sich aus dem Vgl. der UV-

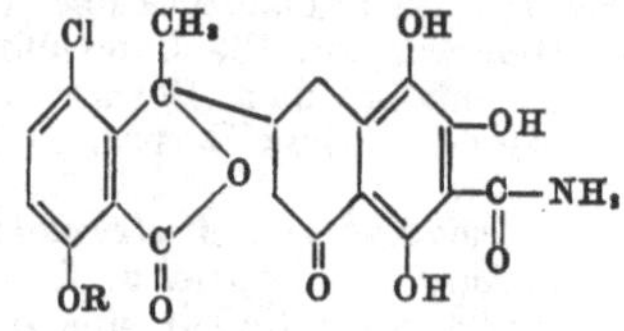

II R = H
V R = CH_3

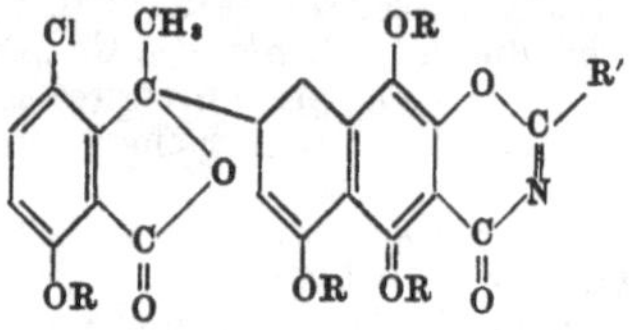

III R = $COCH_3$, R′ = CH_3
IV R = COC_6H_5, R′ = C_6H_5

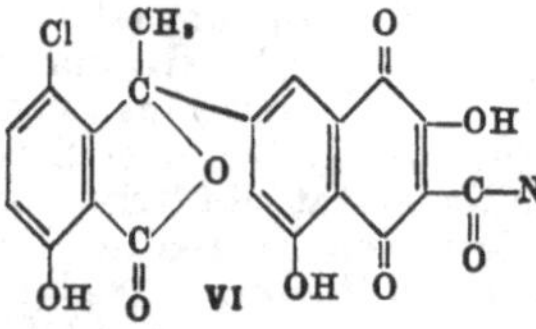

Absorptionsspektren. Bei Dehydratisierung von **I** mit H_2SO_4 oder durch Erhitzen entsteht *Aureonamid* (**II**), $C_{20}H_{16}O_8NCl$, F. 295—305° (Zers., aus Methylcellosolve), das *Pentaacetyl-* u. *Pentabenzoylderivv.* (**III, IV**) liefert. **II** läßt sich zu einem *7-Methyläther* (**V**) methylieren, der ebenso wie **II** stabile krist. *Diboratkomplexe* liefert. Luftoxydation in 5nNaOH überführt **II** in *Aureochinonamid* (**VI**), $C_{20}H_{12}O_8NCl$, F. 142—148°. Hydrolyse von **II** führt zu Aureon (**VII**), $C_{19}H_{15}O_7Cl$, F. 296—300° (Zers.), $[\alpha]_D^{25}$ +19° (in A.), das ein *Mono-2.4-dinitrophenylhydrazon* liefert. Auf Grund dieser Befunde werden den Verbb. obenst. Strukturformeln zuerteilt. (J. Amer. chem. Soc. **74**. 4979—80. 5/10. 1952.) K. FABER. 3900

B. L. Hutchings, C. W. Waller, R. W. Broschard, C. F. Wolf, P. W. Fryth und **J. H. Williams,** *Der Abbau von Aureomycin.* 5. Mitt. *Aureomycinsäure.* (4. vgl. vorst. Ref.). Beim Behandeln von Aureomycin (**I**) mit Na-Hydrosulfit in 5nNaOH entsteht bei kurzer Reaktionszeit (2,5 Std.) *α-Aureomycinsäure* (**II**; *Hydrochlorid,* $C_{22}H_{25}O_9N_2Cl\cdot HCl$, F. 225—230°; $[\alpha]_D^{25}$ +54° [in verd. HCl]), bei langer Reaktionszeit *β*-Aureomycinsäure (**III**; *Hydrochlorid,* $C_{22}H_{25}O_9N_2Cl\cdot HCl$, F. 174—175° Zers.; $[\alpha]_D^{25}$ —10,2° [in verd. HCl]).

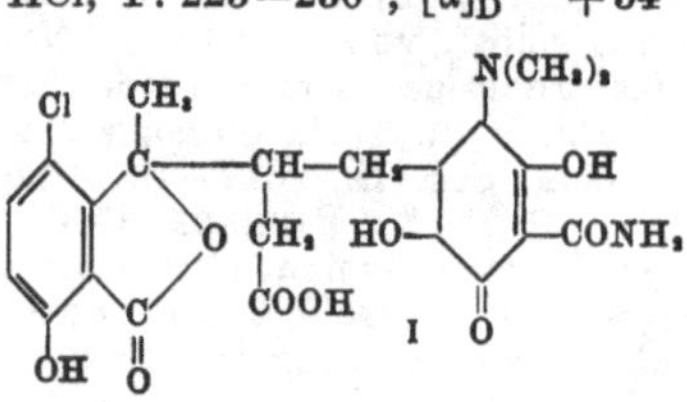

II entsteht auch durch Erhitzen (2 Std.) von **I** mit Zn-Staub auf 100°. Die Bldg. eines *Methylesters* (*Hydrochlorid,* $C_{23}H_{27}O_9N_2Cl\cdot HCl$) aus **I** beim Erhitzen mit CH_3OH + HCl sowie eines *Methylestermethyläthers* (**IV**) mit CH_2N_2 beweisen die Anwesenheit einer freien Carboxylgruppe. **IV** läßt sich zum Halbester der *β-[4-Chlor-7-methoxy-3-methylphthalidyl-(3)]-glutarsäure* oxydieren. Opt. Unterss. u. die Bldg. von $(CH_3)_2NH$ bei der Hydrolyse von **I** mit 5nNaOH machen für **I** nachst. Strukturformel wahrscheinlich. (J. Amer. chem. Soc. **74**. 4980. 5/10. 1952.) K. FABER. 3900

C. W. Waller, B. L. Hutchings, C. F. Wolf, A. A. Goldman, R. W. Broschard und **J. H. Williams,** *Der Abbau von Aureomycin.* 6. Mitt. *Isoaureomycin und Aureomycin.* (5. vgl. vorst. Ref.).

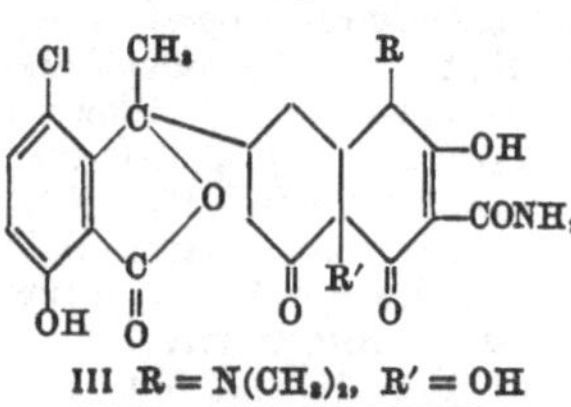

III R = $N(CH_3)_2$, R′ = OH
IV R = OH, R′ = $N(CH_3)_2$

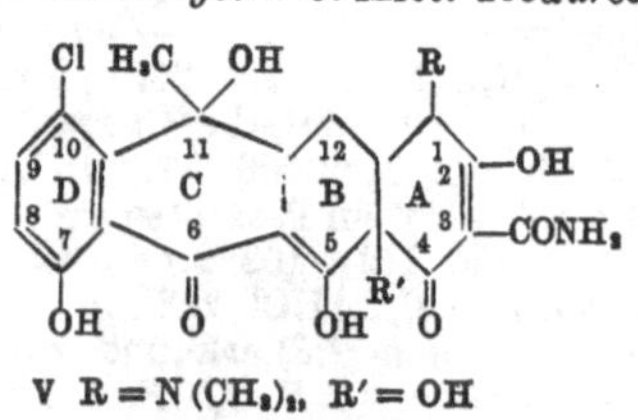

V R = $N(CH_3)_2$, R′ = OH
VI R = OH, R′ = $N(CH_3)_2$

Beim Stehenlassen von Aureomycin (**I**) in verd. alkal. Lsg. bei 20° (24 Std.) entsteht *Isoaureomycin* (**II**) (F. 195—197°; *Hydrochlorid,* $C_{22}H_{23}O_8N_2Cl\cdot HCl$, F. 248—250°; $[\alpha]_D^{25}$ —94° [in verd. HCl]). Alkal.

Hydrolyse von **II** zeigt die Anwesenheit einer Carboxamidgruppe. Rk. von **II** mit 5 n NaOH in Ggw. von Na-Hydrosulfit führt zu *α-Aureomycinsäure*. Aus diesen Verss. u. Unterss. der UV- u. Infrarotspektren folgt, daß **II** Struktur **III** oder **IV** zukommt. Für **I** ergibt sich dann die Struktur **V** oder **VI**. (J. Amer. chem. Soc. **74**. 4981. 5/10. 1952.)
K. FABER. 3900

C. W. Waller, B. L. Hutchings, R. W. Broschard, A. A. Goldman, Gr. W. J. Stein, C. F. Wolf und **J. H. Williams**, *Der Abbau von Aureomycin*. 7. Mitt. *Aureomycin und Anhydroaureomycin*. (6. vgl. vorst. Ref.). Durch Erhitzen von Aureomycin (I) mit konz. HCl auf 60° (30 Min.) entsteht *Anhydroaureomycin* (**II**; $C_{22}H_{21}O_7N_2Cl$, F. 220 bis 235° Zers.; $[\alpha]_D^{25}$ +16° [in Cellosolve]; pK_a 5,5 u. 8,5). Die Struktur von **II** ergibt sich aus den UV- u. Infrarotspektren u. daraus, daß bei der alkal. Schmelze aus **I** keine 5-Chlorsalicylsäure gebildet wird. Beim Erhitzen von **I** mit 48%ig. HJ entsteht *Deschloranhydroaureomycin* ($C_{22}H_{22}O_7N_2$, F. 225—226° Zers.; $[\alpha]_D^{25}$ +24° [in Cellosolve]; pK_a 6,0 u. 8,6). Dieselbe Verb. entsteht auch aus **II** durch Erhitzen mit HJ. Daraus folgt für **II** die Struktur **III** oder **IV**, womit Ring C in I (s. Formel in vorst. Ref.) als sechsgliedriger Ring erkannt ist. Die OH-Gruppe an $C_{(11)}$ befindet sich zum H-Atom an $C_{(11a)}$ in trans-Stellung. Die $N(CH_3)_2$-Gruppe im Ring A (an $C_{(1)}$ oder $C_{(4a)}$), das H-Atom an $C_{(4a)}$ oder $C_{(1)}$ u. dasjenige an $C_{(12a)}$ dürften cis,cis-Struktur haben. (J. Amer. chem. Soc. **74**. 4981—82. 5/10. 1952.) K. FABER. 3900

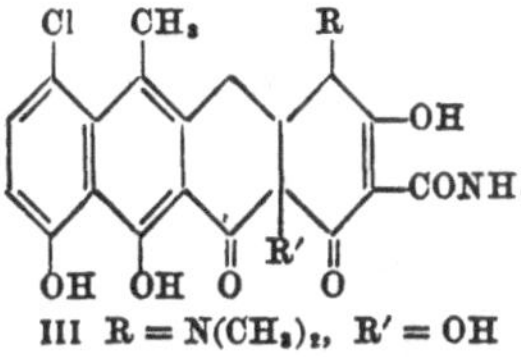

III $R = N(CH_3)_2$, $R' = OH$
VI $R = OH$, $R - N(CH_3)_2$

Scott MacKenzie, *Absorptionsspektren von Derivaten der Usninsäure im Ultraviolett*. Um die Konst. von *Usninsäure* (I) aufzuklären, wurden die UV-Absorptionsspektren von *Usnetinsäure*, *Acetusnetinsäureäthylester*, *Desacetyldecarbousninsäure*, *Decarbousninsäure* u. den *Diacetaten* der letzten zwei Verbb. gemessen u. mit den Spektren von *Usnetol* u. seinem *Diacetat* verglichen. Die Analyse der Spektren bestätigt die von SCHÖPF u. ROSS (Liebigs Ann. Chem. **546**. [1941.] 1) für *Dihydrousninsäure* u. die von CURD u. ROBERTSON (J. chem. Soc. [London] **1937**. 894) für I vorgeschlagenen Formeln. (J. Amer. chem. Soc. **74**. 4067—69. 20/8. 1952. Kingston, Rhode Island.) D. BRÜCK. 3950

John Frederick Grove, *Alternarsäure*. 1. Mitt. *Reinigung und Charakterisierung*. Für die durch den Stamm *Alternaria solani* hervorgerufenen Pflanzenkrankheiten wird sein phytotox. Abbauprod. *Alternarsäure* (**I**), $C_{21}H_{30}O_8$, verantwortlich gemacht. **I** hat eine spezifisch fungicide aber geringe bactericide Wrkg. u. ist ein opt. inakt., ungesätt. zweibas. Säure. Von den beiden titrierbaren Säuregruppen ist nur eine veresterbar u. potentiometr. nachweisbar. UV- u. UR-Absorptionsspektren (s. Orig.) u. Farb-Rkk. mit Hydroxamsäure, $TiCl_4$, $FeCl_3$ u. Cu-Acetat deuten u. a. darauf hin, daß die 2. Säurefunktion von einer *β*-Dicarbonylgruppierung ausgeübt wird. Von den 8 O-Atomen der Säure $C_{21}H_{30}O_8$ sind 4 auf diese Weise festgelegt, 2 gehören wahrscheinlich OH-Gruppen an, während die Funktion der restlichen zwei noch ungeklärt ist.

Versuche: *Alternarsäure* (**I**), $C_{21}H_{30}O_8$, F. 138°; die durch $CHCl_3$-Extraktion eines auf p_H 3,5 eingestellten Kulturfiltrates von Alternaria solani erhaltene gelbe Substanz wurde aus Bzl. umkrist. u. durch Behandlung mit $NaHCO_3$-Lsg. mit Ae. u. Ausfällen mit HCl gereinigt u. aus Methanol umkrist.: *Monohydrat*, $C_{21}H_{32}O_9$, F. 135—136°, dünne rechtwinklige Platten; aus absol. A. u. Trocknen über P_2O_5, Prismen von **I**, F. 138°. ZEREWITINOFF-Best. ergab 4 akt. H, Hydrierung mit Pd in Essigsäure eine H_2-Aufnahme entsprechend 3,6 Doppelbindungen. Mit $NaHCO_3$ u. NaOH tritt CO_2-Entw. ein, ammoniakal. $AgNO_3$ wird red. u. Br_2-W. entfärbt. *Säurehydrolyse* durch Erhitzen mit 2 n H_2SO_4 auf 130° unter N_2 ergab nach 5 Std. 1,25 Mol CO_2 u. durch Titration Feststellung von 2 Säuregruppen, eine evtl. im Lactonring. — Nach 1 std. Erhitzen mit n NaOH bei 100° am Rückfluß wurde eine zusätzliche Säuregruppe durch Titration festgestellt. Als neutrale Prodd. wurden ein ätherlösl. Öl u. *Aceton* gewonnen. *Methylalternarat*, $C_{22}H_{32}O_8$, F. 106—107°, aus 0,4 g **I** in Methanol mit 1 cm³ H_2SO_4 bei 0° u. Eingießen in H_2O nach 48 Std.; Prismen aus Methanol, 0,28 g (Ausbeute). (J. chem. Soc. [London] **1952**. 4056—59. Okt. The Frythe, Welwyn, Herts, Imper. Chem. Industr., Butterwick Res. Labor.) FRANCK. 3950

R. J. C. Harris, S. F. D. Orr, E. M. F. Roe und **J. F. Thomas**, *Untersuchung von Polymorphie und Isomerie in Cytidinphosphaten*. Aus einem Gemisch von Pyrimidinnucleotid, das durch Säurehydrolyse von Heferibonucleinsäure erhalten worden war, wurden aus der pyridinunlösl. Fraktion zwei isomere Cytidylsäuren über ihre Dibrucinsalze erhalten, die *Cytidylsäure a* (**I**) u. *Cytidylsäure b* (**II**) genannt werden. Aus wss. A. umkr. schm. **I** bei 235—236° unter Zers. u. hat $[\alpha]_D^{20}$ +19,8° (c 0,95 in W.);

II zers. sich bei 232—233° u. hat $[\alpha]_D^{20}$ +47,2° (c 0,97 in W.). Beide Formen liefern beim schnellen Eindunsten einer wss. Lsg. über P_2O_5 je eine amorphe Form, ebenso erhält man aus A. je zwei isomere Formen. Von den krist. Verbb. wurden die IR- u. UV-Spektren aufgenommen u. zum Vgl. das IR-Spektr. von *Cytidin-5'-phosphat* untersucht. Auf Grund der erhaltenen Spektren u. auf Grund ihrer chem. Eigg. muß angenommen werden, daß in den obigen Säuren die Phosphatgruppe sich nicht in 5'-Stellung, sondern wahrscheinlich in 2'-Stellung befindet. (J. chem. Soc. [London] **1953.** 489.—94 Febr. London, Royal Cancer Hosp., Chester Beatty Res. Inst.)
GOTTFRIED. 3950

D_3. Makromolekulare Chemie.

Herbert Bauss und **R. F. Boyer,** *Zufälliges Auftreten von Tönen in Dielektrika.* 2. Mitt. (Sitzungsbericht). Die früher bei mehreren polaren Polymeren bei Anlegung einer konstanten elektr. Spannung beobachteten Wechselströme wurden hinsichtlich ihrer Temperaturabhängigkeit u. des Frequenzspektr. der erzeugten Töne untersucht. Der Effekt geht mit der Temp. zurück, verschwindet aber nicht im Einfrierbereich. Bei Nylon (I) u. einem Vinylidenchlorid–Vinylcyanid-Mischpolimerisat (II) verschwindet der Ton nahezu bei —75°, tritt aber beim Erwärmen der Probe auf Raumtemp. wieder auf. Das Frequenzspektr. wurde bis jetzt in verschied. Wellenbereichen bis zu 3 kHz untersucht. Die Versuchsanordnung wurde beschrieben. Es ist noch nicht möglich, das Frequenzspektr. jeder einzelnen untersuchten Substanz (Cellophan, I u. II) zu charakterisieren, weil verschiedenartige Effekte auftreten. Obwohl die Amplitude im allg. mit der Frequenz abnimmt, erscheinen sek. Maxima an verschied. Stellen. Diese Befunde stimmen mit der früher entwickelten Vorstellung über das Auftreten der Töne durch Bewegung von Ionenschwärmen überein. (Physic. Rev. [2] **86.** 653. 15/5. 1952. Dow Chemical Co.) SCHÄFF. 4000

Seizo Okamura, Takao Yamashita und **Masako Tsuchiya,** *Untersuchungen über die Geschwindigkeit der Copolymerisation.* 2. Mitt. *Über das Phänomen der Bedingung der Copolymerisation nach sehr geringen Umsätzen.* Zur kinet. Erklärung dieser, bei der Copolymerisation eines leicht u. eines schwierig polymerisierenden Monomeren auftretenden Erscheinung geben Vff. folgende Beziehung an, die für Vinylacetat–Acrylonitril überprüft wird: $P = 1 - (x + y) = 1 - (1 + z)y_0[(1 - (\gamma_x - 1)z)/1 - (\gamma_x - 1)z_0]^{1/\gamma_x - 1})$ mit P = Polymerisationsausbeute (als Molenbruch), x = Mol.-Konz. des leicht polymerisierenden Monomeren, y = Mol.-Konz. des schwer polymerisierenden Monomeren, γ = Reaktionsgeschwindigkeit des Monomeren, $z = x/y$, y_0 u. z_0 die entsprechenden Anfangswerte. (Bull. Inst. chem. Res., Kyoto Univ. [Kagaku Kenkyusho Hokoku] **23.** 75—76. Dez. 1950. Sakurada Labor. [Orig.: engl.].) RUSKE. 4000

Hiroshi Fujita und **Akira Kishimoto,** *Weitere Untersuchungen über die Bestimmung der Konzentrationsabhängigkeit des Diffusionskoeffizienten.* Ausführliche mathemat. Behandlung zur Best. der Konzentrationsabhängigkeit des Diffusionskoeff. aus Sorptionsmessungen für die Systeme *Polystyrol/Chlf.* u. *Polyisobutylen/Isobutan.* (Textile Res. J. **23.** 59—63. Jan. 1953. Maizuru, Japan, Kyoto Univ., Dep. of Fisheries, Fac. of Agricult.) H. G. FRÖHLICH. 4010

Kurt Ueberreiter, Hans-Joachim Orthmann und **Günther Sorge,** *Fraktionierung und Molekulargewichtsbestimmung von Polyäthylen.* Die App. u. Meth. zur Fraktionierung von *Polyäthylen* (I) bei 80° u. die an techn. I (mittleres Mol.-Gew. 4000—40000) (Lsg. von I in Toluol bei 80°, Zugabe von n-Propanol u. Temperaturerniedrigung) durchgeführten Unterss. werden beschrieben. Bei Polymerisationsgraden bis ca. 300 konnten die Mol.-Geww. der I-Fraktionen kryoskop. in Diphenyl bestimmt werden. Bei Mol.-Geww. >18000 wurden osmot. Messungen in Dekalin bei 70° mit einem abgeänderten HERZOG-SPURLIN-Osmometer (Z. physik. Chem. [**1931.**] 239) (Polyurethanmembran mit 0,025 mm Dicke) u. viscosimetr. Bestimmungen mit dem UMSTÄTTER-Viscosimeter (Kolloid-Z. **102.** [1943.] 272) durchgeführt. Die Unterss. ergaben im Mol.-Gew.-Bereich von 2600—35000 folgende Beziehungen: Viscositätszahl = $3{,}873 \cdot 10^{-5}\, M_n^{0{,}738}$ bzw. Intrinsicviscosität = $3{,}873 \cdot 10^{-4}\, M_n^{0{,}738}$. Die integralen Verteilungsfunktionen u. die Massenverteilungsfunktionen von 8 Polyäthylenen werden graph. u. die nach SCHULZ (Z. physik. Chem., Abt. B **47.** [1940.] 161) berechnete Uneinheitlichkeit in einer Tabelle wiedergegeben. (Makromolekulare Chem. **8.** 21—40. April 1952. Berlin-Dahlem, KWI für physikal. Chem. u. Elektrochem.) SCHÄFF. 4010

E. Klein und **E. Jenckel,** *Über die Abhängigkeit des Elastizitätsmoduls von der Temperatur bei Hochpolymeren.* Die zylindr. Probekörper aus unvernetztem *Polystyrol* (I), aus mit *Divinylbenzol* (II) vernetztem Polystyrol (III) u. aus unvernetztem *Polymethacrylsäuremethylester* (IV) vom Querschnitt q u. der Höhe h_0 wurden mit dem konstanten Gewicht k belastet; gemessen wurde die zeitliche Längenänderung Δh. Die auf die Spannung S = 1 dyn/cm² bezogene Verformung ist gegeben durch $\gamma = \Delta hq/h_0k$ cm²/dyn, die Verformungsgeschwindigkeit v durch $d\gamma/dt$. Ergebnisse: v von **I** steigt mit zunehmender Temp. an; oberhalb 80° ist keine Messung mehr möglich; v hängt wenig von k ab. Unterhalb 80° besteht zwischen **I** u. **III** kein Unterschied; bei 110° laufen alle Kurven von **III** auf einen Grenzwert zu, der bei 120° in unmeßbarer kurzer Zeit erreicht wird. (γ, t)-Kurven von **III** wurden bis 220° aufgenommen, wobei der Geh. an **II** von 3,68—13,5% variiert wurde; $1/\gamma$ steigt proportional mit T an; ferner besteht Proportionalität zwischen $1/\gamma$ u. dem Vernetzungsgrad V (Gew.-Verhältnis **II** zu Styrol in **III**). Bei **IV** tritt auch oberhalb 70° eine merkliche plast. Verformung auf; bei steigender Temp. nimmt v stark zu; bei 130° wird ein Grenzwert angestrebt (Hinweis auf das Vorliegen eines Netzwerkes wie bei **III**). Diskussion: Der Gesamtelastizitätsmodul setzt sich additiv aus dem energet. Anteil E_1 u. dem statist. Anteil E_2 zusammen; für E_1 (in dyn/cm²) wurde gefunden $9{,}1 \cdot 10^9$ (**I**), $9{,}1 \cdot 10^9$ (**III** mit 10% **II**) u. $4{,}8 \cdot 10^9$ (**IV**); E_1 ist unabhängig von der Temp. (wegen der Temperaturunabhängigkeit der chem. Valenzkräfte u. der Dispersionskräfte). E_2 beträgt bei 130° $4{,}8 \cdot 10^7$ für **III** mit 10% **II** u. $3{,}3 \cdot 10^7$ für **IV**; E_2 ist proportional T (Entropieeinfl.). Der in der Literatur bekannte Abfall von E in der Nähe der Einfriertemp. wird auf Relaxationseffekte zurückgeführt. Eine Abschätzung der Aktivierungswärmen gibt mit der Vorstellung über die Einfriertemp. in Übereinstimmung stehende Werte. Die Verss. an **III** führen in Analogie zum idealen Gasgesetz zu der Beziehung $E_2V = RT$, wo V = Mol.-Vol. des Netzbogens. (Z. Naturforsch. **7a**. 800—07. Dez. 1952. Aachen, TH, Inst. für theoret. Hüttenkunde u. physik. Chem.) Fuchs. 4010

A. R. Schultz und **P. J. Flory**, *Phasengleichgewichte in Polymer–Lösungsmittel-Systemen.* Von den Lsgg. von *Polyisobutylen* (**I**) in Diisobutylketon bzw. von *Polystyrol* (**II**) in Cyclohexan (**III**) wurde die Abhängigkeit der Entmischungstemp. T_p von dem Volumenbruch v_2 des Polymeren bestimmt. Für **I** u. **II** wurden Fraktionen verwendet mit den Mol.-Geww. M = 22700, 285000 u. 6000000 bzw. 43600, 89000 (**IIIa**), 250000 u. 1270000 (**IIIb**). In allen Fällen steigt in qualitativer Übereinstimmung mit der Theorie (vgl. z. B. Flory, J. Chem. Physics **10**. [1942.] 51) T_p mit steigendem v_2 zunächst an u. fällt dann wieder ab. Das Maximum ist um so breiter, je kleiner M; ferner verschiebt sich die Lage des Maximums bei steigendem M nach kleineren v_2-Werten. Zum Unterschied von der Theorie sind die gefundenen (T_p, v_2)-Kurven breiter u. v_2 am Maximum ist doppelt so groß wie berechnet. Die Größe $1/T_c$, wo T_c = Temp. am Maximum, nimmt in völliger Übereinstimmung mit der Theorie linear mit $1/\sqrt{x} + 1/2x$ zu, wo x = Verhältnis der Mol.-Voll. von Polymerem u. Lösungsmittel. Daraus berechnen sich weiter die Größen Θ (T_p-Wert für M = ∞) u. Ψ_1 (Entropieparameter) zu 331,1° K u. 0,6534 für **I** bzw. 307,2° K u. 1,0558 für **II**; allerdings stehen diese Werte im Widerspruch zu viscosimetr. u. osmot. Messungen. Weiter wurde T_p für die Lsgg. verschied. Gemische aus **IIa** u. **IIb** in **III** bestimmt; auch hier besteht nur in qualitativer Hinsicht Übereinstimmung mit der Theorie, während zahlenmäßig beträchtliche Differenzen auftreten. Die Diskrepanzen werden auf die nicht genügend exakte formelmäßige Darst. der Konzentrationsabhängigkeit des chem. Potentials von Hochpolymerlsgg. zurückgeführt. (J. Amer. chem. Soc. **74**. 4760—67. 5/10. 1952. Ithaca, N. Y., Cornell Univ., Dep. of Chem.) Fuchs. 4010

Simon H. Herzfeld, Adelle Roginsky, M. L. Corrin und **William D. Harkins**, *Monomer–Polymer-Verhältnis bei der Emulsionspolymerisation von Styrol.* Bei der Emulsionspolymerisation von Styrol (**I**) bei 35 u. 40,7° mit verschied. Seifenkonzz. wurde das Verhältnis des Monomeren zum Polymerisat (M/P) in Latexteilchen gravimetr. u. spektralphotometr. ermittelt. Z. B. wurde bei 35° u. 5% Seife (bezogen auf **I**) bei 0,55% Umsatz nach 12 Min. M/P = 3,96, bei 8,23% (1 Std.) 2,49, bei 21% (2 Std.) 2,32, bei 45,48% (3,5 Std.) 1,5, bei 74,66% (6 Std.) 0,26 u. bei 82,16% (7,5 Std.) 0,16 gefunden. In Übereinstimmung mit der Theorie von Harkins, nach welcher der Kettenstart in den Seifenmicellen u. das Wachstum in von Monomerem gequollenen Polymerisatteilchen stattfindet, zeigt der Befund, daß das Latexteilchen eine große Menge an gelöstem Monomeren enthält, jedoch bleibt M/P nicht konstant. — M/P wird durch das Verhältnis der Geschwindigkeit der Diffusion des Monomeren in das Latexteilchen u. der Geschwindigkeit der Polymerisation innerhalb dieses Teilchens bestimmt. Ob diese dynam. Werte durch die gefundenen M/P-Werte wiedergegeben werden, erscheint noch fraglich, da über die Diffusion des Monomeren in das Latexteilchen nach der Probenahme u. vor der Entfernung der freien Monomerenphase nichts bekannt ist. Es ist aber wahrscheinlich, daß der Befund den dynam. Werten etwa entspricht, da in verschied. Verss. bei gleicher Seifenkonz. u. mit verschied. Reaktionsgeschwindig-

keiten die gefundenen M/P-Werte in gleicher Weise abfallen. Mit 5 u. 10%ig. Seifenlsgg. bei 35° u. Ausbeuten über 25% werden die spektralphotometr. bestimmten M/P-Werte fast gleich. Für die gravimetr. ermittelten M/P-Werte bei 40,7° trifft dies jedoch nicht zu. — Wenn sich die gefundenen Werte auf die während der Polymerisation sich einstellende Löslichkeit des Monomeren im Polymerisat beziehen, müßte sich diese mit der Ausbeute ändern. Dies würde aber bedeuten, daß die Natur des Polymerisats sich mit steigender Ausbeute ändert. Wenn andererseits M/P bei steigender Ausbeute konstant bleiben sollte, dann müßte die Diffusionsgeschwindigkeit des Monomeren in das Polymerisatteilchen im Vgl. zur Polymerisationsgeschwindigkeit innerhalb des Teilchens groß sein. Bei Polymerisationen in Ggw. von O_2 wird die Rk. verzögert, jedoch lassen sich keine Schlüsse über den Einfl. der Reaktionsgeschwindigkeit auf M/P ziehen. Die Ergebnisse erlauben noch keine Erörterung einer Beziehung zwischen den Abweichungen von M/P u. der Ausbeute bzw. der Seifenkonzentration. (J. Polymer Sci. **5.** 207—15. April 1950. Chicago, Ill., Univ., Dep. of Chem.)
SCHÄFF. 4010

H. T. Hookway und **R. Townsend,** *Hochpolymere Lösungen.* 1. Mitt. *Messung des osmotischen Drucks mittels Polyvinylalkoholmembranen.* Zur osmot. Mol.-Gew.-Best. in nichtwss. Lösungsmitteln sind Membranen aus Polyvinylalkohol geeignet, bes. wenn sie vorher in einer bestimmten Feuchtigkeitsatmosphäre getrocknet werden. Die Gleichgewichtseinstellung im Osmometer nach ZIMM-MEYERSON erfolgt nach 2—3 Std., ohne daß niedermol. Anteile des Polymerisats durch die Membrane diffundieren. Es gelang auf diese Art, osmot. Mol.-Geww. verschiedenartig hergestellter *Polystyrole* (meist unfraktioniert) im Mol.-Gew.-Bereich zwischen $1 \cdot 10^6$ u. 1900 zu messen, desgleichen einen *Phenol-Novolak* vom Mol.-Gew. 2100 in Methyläthylketon. In den untersuchten Polymer-Lösungsm.-Systemen läßt sich die Beziehung zwischen dem osmot. Druck π u. der Konz. c am besten wiedergeben durch $\pi/c = a + b \cdot c$. (J. chem. Soc. [London] **1952.** 3190—95. Aug. Teddington, Middlesex, Chem. Res. Labor.) DALL'ASTA. 4010

D. D. Eley und **J. Saunders,** *Die Kinetik ionischer Polymerisationen.* 3. Mitt. *Der Seitenketteneffekt bei den Vinyläthern.* (2. vgl. C. **1950.** I. 198.) Es wird die Polymerisation des Syst. Alkylvinyläther-Jod in Diäthyläther bei 25° mit Alkyl, Cyclohexyl, Isobutyl, 2-Äthylhexyl, n-Butyl, Äthyl u. 2-Chloräthyl dilatometr. untersucht. Die Anfangsgeschwindigkeiten lassen sich bei niedriger Monomeren-Konz. [M] durch die Gleichung $v = k\,[J_2]^2\,[M]$ wiedergeben, v erreicht jedoch ein Maximum bei einem bestimmten Wert für $[M]_t$ [M]. Zur Erklärung werden drei verschied. J_2-Anlagerungstypen angenommen: a) Normalzustand, J_2 komplex am O gebunden, b) π-Komplex, inakt. Zustand, keine Ionisierung, nicht polymerisationsfähig, u. c) ion. Additions-Red., akt. Zustand, polymerisationsfähig. Der %-Geh. des inakt. Komplexes nach b) steigt mit [M] an, für die Gleichgewichtskonstante seiner Bldg. gilt $K_c = 1/[M]_t$. K_c u. k werden um so größer, je größer der +J-Effekt der Alkylgruppe im Vinyläther ist, nehmen daher in der obenst. Folge ab. Der Polymerisationsgrad dagegen zeigt keine systemat. Änderung mit der Konst. der Vinyläther. (J. chem. Soc. [London] **1952.** 4167—73. Nov. Bristol, Univ., Chem. Inst.) GRAF. 4010

M. C. de Wilde und **G. Smets,** *Mischpolymerisation von Maleinsäureanhydrid mit verschiedenen monomeren Vinylverbindungen.* Vff. untersuchten die Mischpolymerisation von Maleinsäureanhydrid (**I**) mit verschied. Monomeren in benzol. Lsg. bei 75° mit Benzoylperoxyd u. bestimmten die relativen Reaktionsgeschwindigkeiten r_1 u. r_2, u. zwar für *Isopropenylacetat*: $r_1 = 0{,}032$, $r_2 = 0{,}002$; *Vinylacetat*: 0,055 bzw. 0,003; *Vinylchlorid*: 0,296 bzw. 0,008; *Acrylsäuremethylester* (**II**): 2,8 bzw. 0,02 u. *Methacrylsäuremethylester* (**III**): 6,7 bzw. 0,02. Unter Berücksichtigung der e- u. Q-Werte für Styrol ($e = -0{,}8$ u. $Q = 1$) findet man für **I** $Q = 0{,}18$ u. $e = -2{,}65$ bei Mischpolymerisation mit monomeren Vinylverbindungen. Bei Mischpolymerisation mit **II** bzw. **III** erhält man dagegen maximal die Werte 2,3 bzw. 1,8 für die Ladung der Doppelbindung. Bei der Mischpolymerisation mit Monomeren mit „elektronenreichen" Doppelbindungen ist die Selektivität bes. ausgeprägt. In diesem Falle besteht keine vollkommene Übereinstimmung mit dem Schema von ALFREY u. PRICE. (J. Polymer Sci. **5.** 253—58. April 1950. Louvain, Belgien, Univ., Labor. Chim. Macromol.)
SCHÄFF. 4010

A. L. Klebanski und **K. K. Tschewytschalowa,** *Über die Struktur der Polymeren von 2.3-Dichlorbutadien-(1.3) und 1.2.3-Trichlorbutadien-(1.3).* Das *Polymere* von *2.3-Dichlorbutadien-(1.3)* ist eine harte, in allen Lösungsmitteln unlösl. Substanz vom Charakter der Guttapercha. Bei der Ozonisierung in Chlf. wurden *Formaldehyd* (18,04% des zugrunde liegenden Diens), *Ameisensäure* (6,1%) u. 42,75% *Bernsteinsäure* erhalten; da keine Schmieren u. andere Prodd. anfielen, muß angenommen werden, daß die fehlenden 33% durch den überschüssigen O_2 als HCl, CO_2 u. CH_2O während der

Rk. mitgerissen wurden. Aus dem Anfall relativ großer Mengen HCO_2H u. CH_2O wird geschlossen, daß die Glieder des Polymeren zum Teil 1.2-Verkettung besitzen u. als Folge davon das Polymere beträchtliche Verzweigung aufweist. — Das *Polymere* von *1.2.3-Trichlorbutadien-(1.3)* ist nur in den ersten Stadien der Polymerisation bis zur Grenze von 40% plast. u. lösl. u. zeigt Kautschukcharakter; bei weiterer Polymerisation wird das Polymere fest, unlösl., verliert die Ähnlichkeit mit Kautschuk u. gleicht mehr der Guttapercha. Die Ozonisierung in Chlf. ergab *81,5% Fumarsäure*, was auf vorzugsweise 1.4-Verkettung im Polymer zu schließen erlaubt. Bei höherem Polymerisationsgrad kommen auch verzweigte Strukturen mit räumlicher Vernetzung vor. (Журнал Общей Химии [J. allg. Chem.] **20.** (**82.**) 1102—06. Juni 1950.) V. FÜNER. 4030

Ludwig Holleck und **Herbert J. Exner,** *Methylcellulosen verschiedenen Polymerisationsgrades in ihrer Auswirkung auf polarographische Reduktionen.* Die Verwendbarkeit von Methylcellulosen verschied. Polymerisationsgrades zur Maximumdämpfung wird untersucht. Dazu werden Strom–Spannungskurven an 0,001 mol., gepufferter *p-Nitranilin*-Lsg. bei p_H 11 u. Zusatz von verschied. Mengen Methylcellulose der Polymerisationsgrade 125, 200, 315, 500 u. 590 aufgenommen. Bei gleicher Gewichtskonz. sind die niedrigmol. Prodd. wirksamer als die höhermolekularen. Hieraus folgt, daß die Fadenmoll. der Methylcellulose mit ihrer Achse senkrecht zur Oberfläche des Quecksilbertropfens adsorbiert werden. Außerdem ergibt sich hieraus, daß die Prodd. mit höherem Polymerisationsgrad bis zu höheren Gewichtskonzz. anwendbar sind, ohne daß die Kurvengestalt verändert wird. (Z. Naturforsch. **6a.** 763—67. Dez. 1951. Freiburg, Univ., Inst. für phys. Chem.) R. LEVI. 4050

G. A. Adams und **A. E. Castagne,** *Reinigung und Zusammensetzung einer aus Weizenstroh isolierten Polyuronidhemicellulose.* Vff. isolieren aus einer rohen Weizenstrohholocellulose durch heißes W. eine *Hemicellulose* (**I**) mit einem Geh. von 64,7% *Pentosan,* 8,44% *Uronsäureanhydrit,* 1.79% OCH_3 u. 3,17% *Acetyl;* $[\alpha]_D^{25}$ —67°. Durch Acetylierung von **I** u. anschließende fraktionierte Fällung des in Chlf. gelösten Acetylierungsprod. mit PAe. wird ein Polysaccharid mit einem Geh. von 28 Mol *D-Xylose,* 5 Mol *L-Arabinose* u. 3 Mol *Uronsäure* ($[\alpha]_D^{20}$ —92°) erhalten. Das Mol.-Verhältnis CH_3O:Uronsäureanhydrid beträgt ca. 1,0. Die Entacetylierung mit nKOH ergibt als Zuckerkomponenten der **I**-Fraktion 62% *Xylose,* 12% *Arabinose,* 5% *Glucose,* 1% *Galaktose* u. 8% *Hexuronsäure.* Die Ergebnisse zeigen, daß die in der ursprünglichen **I** anwesenden Hexosane mit der Pentosanfraktion nicht chem. gebunden sind. (Canad. J. Chem. **30.** 515—21. Juli 1952. Ottawa, Canada, Nat. Res. Labor.) FAHRNLAENDER. 4050.

Ralph W. Kerr, *Abbau von suspendierter Maisstärke durch Säure.* Nach SCHOCH aus gereinigter Maisstärke gewonnene *Amylose* (**I**) u. *Amylopektin* (**II**) wurden gesondert der Einw. von Säure unterworfen u. von den gewonnenen Prodd. Depolymerisationsgrad (osmot.), Viscosität, Jodaffinität, Alkalizahl u. Ferricyanidzahl bestimmt. Bei **I** beobachtet man nur ein allmähliches Abfallen des Polymerisationsgrades (DP) von 480 auf 190, während **II** von DP 1450 schnell auf 625 abfällt, um dann auch allmählich auf 210 zu kommen. Frühere Annahmen, daß eine Veränderung der Stärke durch Säurebehandlung mit einer fortschreitenden Aufsplitterung der Moll. Hand in Hand geht, müssen nach Vf. dahin geändert werden, daß anfangs die geradlinigen Molekülketten von **I** durch Bldg. eines widerstandsfähigen Komplexes geschützt werden, indem Bindungen zwischen **I** u. Teilstücken von **II** entstehen. Die verzweigten **II**-Moll. werden dagegen zu Beginn der Rk. bevorzugt aufgespalten. (Stärke. **4.** 39—41. März 1952. Argo, Ill., Res. Labor. of the Corn Products Refining Comp.) ULMANN. 4050

A. C. Giese, H. L. Leighton und **R. Bailey,** *Änderungen der Absorptionsspektren von Proteinen und charakteristischer Aminosäuren, die durch Ultraviolettstrahlung und Ozon verursacht werden.* Die Absorptionsspektren von *Serum* (**I**) u. *Eialbumin, Globulin* u. *Gelatine,* von Mischungen von aromat. oder aliphat. Aminosäuren in Verhältnissen, wie sie in **I** vorkommen, von *Cystin, Serin, Arginin, Alanin, Valin, Tryptophan* (**IV**), *Tyrosin* (**II**) u. *Phenylalanin* (**III**) wurden gemessen sowie die Änderung dieser Spektren nach Einw. von O_3 oder von UV-Bestrahlung. UV u. O_3 haben additive Wrkg. auf die Spektren von **II** u. **III**, aber antagonist. Wrkg. auf das Spektr. von **IV** u. auf die der aliphat. Aminosäuren sowie auf die Spektren der Proteine. (Arch. Biochem. Biophysics **40.** 71—84. Sept. 1952. Stanford, Calif., Stanford Univ., Dep. of Biol. Sci.) D. BRÜCK. 4070

Terrell L. Hill, *Einige statistische mechanische Modelle von elastischen Polyelektrolyten und Proteinen.* Theoret. Arbeit über das Problem der Muskelkontraktion, wobei drei verschied. statist. mechan. Modelle zugrunde gelegt werden: 1. Erweitertes von

LAKI u. Mitarbeiter (vgl. z. B. GERGELY u. LAKI, Enzymologia [Den Haag] **15.** [1950.] 272) vorgeschlagenes Modell (einschließlich Berücksichtigung des Einfl. von adsorbierten Substanzen, z. B. von Adenosintriphosphat); 2. Modell aus gummiartigen zylindr. Fasern, die elektr. Ladungen tragen (Berechnung der freien Energie des Syst. durch Kombination der Quellungstheorie mit dem Adsorptionsmodell u. der elektrostat. freien Energie); 3. Gleichgewichtsmodell für die α-β-Umwandlung in Faserproteinen (Einfl. der Ionenadsorption, von Wasserstoffbrücken, p_H-Änderungen u. Spannungen, elektrostat. Effekte, Hysteresis). Die angestellten Betrachtungen lassen sich auch auf andere Systeme (z. B. Fasern oder Gele von Polyelektrolyten, Ionanaustauscher u. a.) übertragen. (J. chem. Physics **20.** 1259—73. Aug. 1952. Bethesda, Md., Naval Medical Res. Inst.) FUCHS. 4070

N. J. Hipp, M. L. Groves und **T. L. McMeekin,** *Säure-Basen-Titration, Viscosität und Dichte von α-, β- und γ-Casein.* Die Titrationskurven, Viscositäten u. Dichten von α-, β- u. *γ-Casein* zeigen, daß diese Proteine Unterschiede zeigen u. daß die Verschiedenheit der Eigg. mit der Aminosäure-Zus. verknüpft ist. Präpp. dieser Proteine, die durch Harnstoff (I) oder Alkohol (II) abgetrennt wurden, zeigten keine Unterschiede gegenüber solchen, die durch die mildere isoelektr. Fällung bei 2° erhalten wurden. Hieraus ergibt sich, daß **I** u. **II** keine Strukturänderungen hervorrufen. (J. Amer. chem. Soc. **74.** 4822—26. 5/10. 1952. Philadelphia, Pa., East. Reg. Res. Labor.) NEHRING. 4070

Lucien Pénasse, Marian Jutisz, Claude Fromageot und **Heinz Fraenkel-Conrat,** *Die Carboxylgruppenbestimmung von Proteinen.* 2. Mitt. *Die endständige Carboxylgruppe des Ovomucoids.* (1. vgl. C. **1951.** II. 1138.) Mit $LiAlH_4$ red. u. anschließend hydrolysiertes *Ovomucoid* (I) liefert nach Auftrennung des Hydrolysats durch Chromatographie an Säulen von Silicagel u. Aktivkohle als einzigen Aminoalkohol Phenylalaninol (**II**). **II** wurde durch Papierchromatographie u. das UV-Absorptionsspektr. identifiziert, sowie mit Perjodsäure quantitativ bestimmt. Pro Mol (I) werden 0,8 Mol **II** gebildet. Vff. schließen daraus, daß **I** als einzige freie Carboxylgruppe eine zum Phenylalanin gehörige besitzt. (Biochim. biophysica Acta [Amsterdam] **9.** 551—56. Nov. 1952. Paris, Fac. des Sci., Labor. de Chim. biol.) NEHRING. 4070

Rudolf Springer und **Karl-Ernst Quentin,** *Über die Bindungsformen des Proteinschwefels.* 1. Mitt. *Zur Kenntnis des Proteinschwefels.* Vff. bestimmten in *Casein, Weizenkleber, Molken-* u. Sulfitablaugehefe den *Gesamt-S,* den mineral. *S,* den organ. gebundenen *S, Cystein, Cystin* u. *Methionin* u. daraus den Aminosäure-S. Während bei Molkenhefe der Mineral-S nur 3,1% des Gesamt-S ausmacht, liegt dieser Wert für Sulfitablaugehefe bei 41%. Die Gehh. an organ. gebundem S sind bei beiden Hefesorten nicht wesentlich unterschiedlich. Die Werte für Aminosäure-S liegen in allen Fällen unter denen für organ. gebundenen S, wobei Casein u. Weizenkleber die geringeren Unterschiede zeigen. Mögliche Ursachen dieser Befunde werden diskutiert. (Biochem. Z. **322.** 180—85. 1951. München, Univ., Inst. f. Pharm. u. Lebensmittelchem.; Dtsch. Forschungsanst. f. Lebensmittelchem.) KRUSEN. 4070

Rudolf Springer und **Karl-Ernst Quentin,** *Das Verhalten des Proteinschwefels bei der Salzsäurehydrolyse.* 2. Mitt. *Zur Kenntnis des Proteinschwefels.* (1. vgl. vorst. Ref.) Vff. untersuchen den Verbleib des organ. gebundenen S von Proteinsubstanzen im Verlauf der HCl-Hydrolyse. In Abhängigkeit von der Zeit wird organ. gebundener S in Sulfat-S u. unlöslichen Humin-S übergeführt, wobei ein Teil des zunächst festgelegten Humin-S im weiteren Verlauf der Hydrolyse wieder in Lsg. geht. Mit steigender Hydrolysezeit wird der Anteil des Sulfat-S auf Kosten des Humin-S vermehrt, während die Menge des organ. gebundenen Hydrolysat-S annähernd gleich bleibt. Der organ. gebundene Hysrolysat-S wird nicht ausschließlich von S-haltigen Aminosäuren gebildet. Bei der Hydrolyse proteinarmer bzw. kohlenhydrathaltiger Substanzen findet ein starker Verlust an Cystin u. Cystein statt, während sich Methionin als verhältnismäßig stabil erweist. (Biochem. Z. **322.** 486—93. 1952.) NEHRING. 4070

J. D. Bernal, *Die Verwendung von Fourier-Transformationen bei der Kristallanalyse von Proteinen.* An Hand von Beispielen, speziell der *Ribonuclease,* erörtert Vf. die Anwendung von FOURIER-Analyse auf die Best. der Struktur von Proteinen. (Proc. Roy. Soc. [London] Ser. B **141.** 71—85. 11/3. 1953. London, Birkbeck Coll. Res. Labor.) GOTTFRIED. 4090

Melvin J. Astle and **J. Reid Shelton,** Organic chemistry. New York: Harper. 1953. (781 S. m. Abb. u. Diagr.) $ 7,50.

—, Traité de chimie organique, publié sous la direction de **Victor Grignard, G. Dupont** et **R. Locquin.** Secrétaire général: Paul Baud. Tome 21. Hétérocycles avec deux atomes d'azote (suite et fin), hétérocycles avec un atome d'oxygène (de soufre ou de sélénium) et un atome d'azote, hétérocycles à trois ou quatre hétéro-atomes, hétérocycles divers, par MM. **J. Doeuvre, A. Etienne, P. Jullien, R. Paul, R. Rambaud, H. Wuyts.** Paris: Masson. 1952. (XX + 1147 S. m. Abb.) Fr. 8500,—.

E. Biologische Chemie. Physiologie. Medizin.

E_1. Allgemeine Biologie und Biochemie.

F. Ja. Berenstein, *Über die biologische Rolle des Fluors.* Literaturübersicht. (Успехи Современной Биологии [Fortschr. gegenwärt. Biol.] **35.** 216—28. März/April 1953.) ULMANN. 4100

Kirkland C. Brace, *Histologische Veränderungen in den Organen von Murmeltieren im Winterschlaf nach Totalbestrahlung.* Vf. berichtet über histolog. Unterss. an verschied. Organen von Murmeltieren im Zustand des Winterschlafes nach totaler Röntgenbestrahlung mit überletaler Dosis (750 r). Die Milz zeigt gegenüber derjenigen nichtbestrahlter Tiere keinen Unterschied, bei diesen sind lediglich Eosinophile vorhanden, die bei den bestrahlten Tieren fehlen. Ähnliches Verhalten zeigt das Knochenmark. Die Eosinophilen verschwinden in beiden Fällen bei Beendigung des Winterschlafes. Die Testes zeigen nach Bestrahlung verringerte Spermatogonie. Die verminderte Strahlensensibilität im Winterschlaf entspricht derjenigen unterkühlter Tiere. Vff. diskutieren ihre Befunde u. finden die Hypothese bestätigt, daß eine Beziehung zwischen der Zellteilung u. dem Auftreten von Strahlenschäden an der Zelle besteht. (Science [Washington] **116.** 570—71. 21/11. 1952. Bethesda, Md., U. S. Public Health Serv., Nat. Inst. of Health, Nat. Inst. of Arthritis and metabolic Diseases.) REUSSE. 4150

O. A. Trowell, *Die Empfindlichkeit der Lymphocyten gegenüber ionisierenden Strahlen.* Die nichtspezif. cytolog. Veränderungen von Lymphocyten nach Röntgenbestrahlung werden beschrieben. Die DE_{50} (Dosis zur Erzeugung einer 50 %ig. Pyknose in 5 Std.) bei Zellen aus Lymphknoten beträgt 275 r in vitro u. 150 r in vivo. Bei Lymphocyten aus dem Normalblut beträgt die DE_{50} 1600 r. Pyknot. Lymphocyten im peripheren Blut wurden bereits nach einer Totalbestrahlung von 400 r gefunden (7 % nach 3 Std.). (J. Pathol. Bacteriol. **64.** 687—704. Okt. 1952. Harwell, Berks., Med. Res. Council, Radiobiological Res. Unit.) REUSSE. 4150

Jerzy Czosnowski, *Untersuchungen über den Vitaminhaushalt pflanzlicher Gewebe in in vitro-Kulturen auf der Basis ihres Haushalts der Wuchsstoffe vom Typ des Auxins.* In vitro gezüchtetes Gewebe von Daucus carota, Vitis vinifera u. Parthenocissus tricuspidata synthetisierte *Vitamin B, B_1, B_6, Biotin, Nicotinsäure, Pantothensäure* in so ausreichender Menge, daß ein Zusatz dieser Substanzen das Wachstum nicht mehr förderte. Dagegen wurde durch Zugabe von Pflanzenextrakten zum Nährboden die Wachstumsgeschwindigkeit der Transplantate beschleunigt. Karottengewebe bildete auch *Auxin*, aber in so geringer Menge, daß ein an Auxin gewöhntes Transplantat anfangs nur schlecht u. langsam gedieh. Tumorgewebe ist reich an *Auxin*, aber ein chem. Karottentumor synthetisierte kein Thiamin. Die Möglichkeit, daß Auxin im n. Gewebe zwar gebildet, aber inaktiviert wird, wird erörtert. (Poznańskie Towarzystwo Przyjaciół Nauk, Wydział mat.-przyrodniczy, Prace Komisji biol. **13.** Nr. 5. 1—38. 1952. Posen, Univ., Inst. für allg. Bot.) FISCHOEDER. 4160

W. Lührs, M. Lindemann und **H. Arlt,** *Serumeiweißbild, Labilitätsreaktionen des Blutes und Carcinom.* Bei einer großen Zahl Kranker, vor allem bei Carcinompatienten, wurde die Serumeiweißunters. nach der Meth. von KIBRICK u. BLONSTEIN durch Fällung der verschied. Fraktionen mit Na_2SO_4 ausgeführt. Diese Meth. gibt gegenüber der Elektrophorese nur eine Abweichung in der Albumin-α_1-Fraktion. Außerdem wurden nach verschied. Methoden Serumlabilitäts-Rkk. ausgeführt: Senkungs-Rk. nach WESTERGREN, TAKATA-Rk., WELTMANNsches Koagulationsband, Thymol-Trübungs-Test u. Cd-Sulfatreaktion. Aus den gefundenen Gesamteiweißwerten können keine für Carcinome spezif. Schlüsse gezogen werden. Auftretende Hypalbuminämie kann zur Festigung einer unsicheren Carcinomdiagnose dienen, jedoch fehlt die Hypalbuminämie bei den meisten Fällen von Sigmoid- oder Rectumcarcinomen. Bei allen fortgeschrittenen Carcinomfällen findet man Vermehrung der γ-Globuline. Vff. schließen aus den Ergebnissen, daß alle Serumkolloidlabilitätsproben leberunspezif. sind. Leberspezif. Paraproteine können noch nicht sicher nachgewiesen werden. (Dtsch. Gesundheitswes. **7.** 745—57. 12/6. 1952. Berlin, Dtsch. Akad. der Wiss., Inst. für Med. u. Biol., Geschwulstklinik.) H. SCHEURLEN. 4160

Michael Heidelberger, Samuel Graff und **C. D. Haagensen,** *Quantitative immunchemische Untersuchungen mit dem gereinigten Milchfaktor der Maus in Verbindung mit dem Mammacarcinom.* Quantitative Unterss. über die Bldg. von Antikörpern bei Kaninchen nach Injektion des hochgereinigten Milchfaktors der Maus, der mit dem Mammacarcinom zusammenhängt. Antisera mit einem Geh. bis zu 0,5 mg Antikörper-N pro ml sind leicht zu erhalten. Die Ergebnisse der Unterss. stimmen mit der früheren Annahme überein, wonach dem Milchfaktor eine immunolog. Spezifität zukommt, die in n. Mäusegeweben nicht vorhanden ist. (J. exp. Medicine **95.** 333—40. 1/4. 1952. New York, N. Y., Columbia Univ., Coll. of Phys. and Surg., Dep. of Med., u. Inst. for Cancer Res., u. Presbyterian and Francis Delafield Hosp.) REISS. 4160

Hans von Euler, Hans Hasselquist und **Erik Eriksson,** *Zur Kenntnis des Buttergelb-Hepatoms und seiner Entstehung.* 2. Mitt. Der Vgl. der *Katalase*-Wrkg. der Leber von n. u. mit *Buttergelb* (I)-Zusätzen ernährten Ratten zeigt, daß I in allen 4 Leberlappen eine deutliche Senkung des Katalasegeh. bewirkt. Das bei der Red. von I in vivo entstehende *p-Phenylendiamin* (II) wurde durch *Bioseredukton* nachgewiesen. Das aus II u. *Redukton* entstehende *Bis-2.3-dioxyallyliden-p-phenylendiamindihydrochlorid* (im Orig. *Bi-[phenylendiamin]-reduktondihydrochlorid*) $C_{12}H_{12}O_4N_2 \cdot 2\,HCl$ wurde beim Zusammengeben der beiden Substanzen in verd. HCl in Form langer gelber Stäbchen erhalten. Durch *Cysteinhydrochlorid* wird I nur zu ca. 25% in II gespalten, während ein anderer Teil einen blaugrünen Farbstoff bildet. Nach einer 2 std. Inkubation von I mit Rattenleber konnte der Farbstoff vollständig wieder extrahiert werden. Die Entstehung von II konnte dabei nicht beobachtet werden. (Ark. Kemi **4.** 487—94. 1952. Stockholm, Univ., Vitamin-Inst. u. Inst. für organ.-chem. Forschung.) H. SCHEURLEN. 4160

John E. Ultmann, Erich Hirschberg und **Alfred Gellhorn,** *Die Wirkung von Stickstofflost auf die Nucleinsäurekonzentration der Zellen regenerierender Rattenleber.* Es wurde die Eignung regenerierender Rattenleber für die Unters. des biochem. Mechanismus der Wrkg. von Mitteln zur Krebschemotherapie untersucht. In Übereinstimmung mit anderen Autoren wurde gefunden, daß während der frühen Regenerationsperiode nach partieller Hepatektomie in den Leberzellen eine Ansammlung von *Nucleinsäuren* (I) stattfindet, die 36 Std. nach dem Eingriff den Höhepunkt erreicht. Subcutane Injektion einer Einzeldosis von *Stickstofflost, Methylbis-(β-chloräthyl)-aminhydrochlorid* (II), hatte eine merklich größere I-Anhäufung in den Leberzellen, 36 Std. nach der Hepatektomie, zur Folge. Nach 48 u. 60 Std. war im I-Geh./Zelle behandelter u. unbehandelter Tiere kein Unterschied nachzuweisen. Anscheinend erfolgt in diesem biol. Syst. die Mitosehemmung durch II primär nicht über eine Hemmung der I-Synth., wie auf Grund von Arbeiten anderer Vff. mit markierten I-Vorstufen vermutet worden war. (Cancer Res. **13.** 14—20. Jan. 1953. New York, N. Y., Columbia Univ., Coll. of Phys. and Surg., Inst. of Cancer Res., u. Dep. of Biochem. and Med.) K. MAIER. 4160

J. Th. van der Werff, *Die Hormonbehandlung des Brustkrebses.* Vf. bestätigt aus eigener Erfahrung an 4 Fällen die in der Literatur beschriebenen günstigen Erfahrungen mit *Testosteron* (I) bei Rezidiven oder Metastasen von Brustkrebs. Bei frühzeitiger Feststellung der Rezidive oder Metastasen führt die dann sofort einzusetzende I-Therapie zu einem besseren Erfolg, wie an 23 Fällen nachgewiesen wird. (Nederl. Tijdschr. Geneeskunde **96.** 1779—1804. Nijmegen, 26/7. 1952. St. Canisius Krankenhaus.) PATZSCH. 4160

G. W. Blomfield, *Versuche mit Röntgenstrahlen von 2 MeV und eine vorläufige Übersicht über die klinischen Erfolge.* Vf. diskutiert allg. die Vorteile bei der therapeut. Anwendung ultraharter Röntgenstrahlen von 2 MeV gegenüber denjenigen von 150 bis 200 kV u. beschreibt dreijährige Heilerfolge bei tiefliegenden Tumoren u. anderen Erkrankungen. (Proc. Roy. Soc. Med. **46.** 219—24. April 1953.) REUSSE. 4160

Raymond G. Rose, Melvin P. Osborne und **William B. Stevens,** *Die intrakavitäre Anwendung von kolloidalem Radiogold.* Die Bedeutung des radioaktiven ^{198}*Au* für die Dränage von carcinomatös bedingten Flüssigkeitsansammlungen im intrapleuralen oder intraperitonealen Raum wird eingehend besprochen. Im ersteren Fall werden 25—100 mC im zweiten 50—200 mC einer koll. Lsg. benötigt. Die Lsg., deren Darst. beschrieben wird, wird unter Berücksichtigung des Strahlenschutzes in einer bes. entwickelten App. aufbewahrt u. aus dieser mittels Schlauchverbindung u. Injektionsnadel appliziert. Die Messung der Verteilung der Aktivität erfolgt durch GEIGER-Zähler auf der Haut. Mögliche Komplikationen werden beschrieben. (New England J. Med. **247.** 663—67. 30/10. 1952. Boston, Harvard Med. School, Dep. of Path.; New England Deaconess Hosp., Cancer Res. Inst. u. Harvard Cancer Comm.) REUSSE. 4160

William D. McElroy and Bentley Glass, eds. Phosphorus metabolism; a symposium on the role of phosphorus in the metabolism of plants and animals. Vol. 2. Baltimore: Johns Hopkins. 1952. (945 S. u. Bibl.) $ 11,—.

E_2. Enzymologie. Gärung.

H. Brandenberger und **P. P. Cohen,** *Ein Beitrag zum Studium des Reaktionsmechanismus der biologischen Transaminierung.* Als mögliche Wege der Weiter-Rk. bei der enzymat. Transaminierung werden nach Bldg. einer SCHIFFschen Base aus Keto-

u. Aminosäure a) Verschiebung der N=C-Doppelbindung u. b) Hydrierung u. Dehydrierung der C–N–C-Gruppierung diskutiert. Die Wrkg. von spezif. Transaminasen auf Iminosäuren, die nach b) entstehen sollten, wurde untersucht. Im Fall des Syst. Glutaminsäure (I)–Oxalessigsäure wird die α,α'-Imino-DL-glutarsäure-L-bernsteinsäure (II) von „Glutaminsäure–Oxalessigsäure-Transaminase" (III) (CAMMARATA u. COHEN, C. **1952.** 3837) weder abgebaut, noch wird die katalyt. Wrkg. von III durch Zusatz von II zum üblichen Reaktionsgemisch gehemmt. Demnach ist II nicht Intermediärprod. der Transaminierung, u. α.α'-Iminosäuredehydrasen sind von Transaminasen verschieden. Für das Syst. I-Pyridoxal wird gezeigt, daß Pyridoxyliden-I u. Pyridoxyl-I von III nicht angegriffen werden. Die beiden Verbb. sollen ebensowenig wie die phosphorylierten Formen Bedeutung als Intermediärprodd. haben. Die von III katalysierte Umaminierung zwischen α-Ketoglutarsäure u. L-Asparaginsäure wird durch α,α'-Acetondicarbonsäure (IV) gehemmt. Reduzierung der Reaktionsgeschwindigkeit auf die Hälfte erfolgt bei einem Konzentrationsverhältnis 1:2,5 (Substrat zu IV). Keine Inhibitorwrkg. hatten DL-N-Äthyl-I, L-N-Formyl-I, Kynurenin sowie DL-N-(γ-Glutamyl)-äthylamin, DL-N-(γ-Glutamyl)-allylamin u. DL-α-Methyl-I.

Versuche: *α,α'-Imino-DL-glutarsäure-L-bernsteinsäure* (II) nach KARRER u. BRANDENBERGER (Helv. chim. Acta **34.** [1951.] 82) über den Tetraäthylester. Reinigung des Esters durch Chromatographie an Al_2O_3, der freien Säure durch Umkrist. des Pb-Salzes. — *Pyridoxylidenglutaminsäure* [*N-(2-Methyl-3-oxy-5-oxymethyl-4-pyridylmethylen)-glutaminsäure*], aus I u. Pyridoxalhydrochlorid in absol. Methanol mit KOH. Extrema des Spektr. in absol. Methanol werden aufgeführt. Die Verb. ist in rein wss. Lsg. unbeständig. — *Pyridoxylglutaminsäure* [*N-(2-Methyl-3-oxy-5-oxymethyl-4-pyridylmethyl)-glutaminsäure*], nach HEYL, HARRIS u. FOLKERS (J. Amer. chem. Soc. **70.** [1948.] 3428). — Die Enzym-Rk. wurde spektrophotometr. verfolgt. Reaktionstemp. 38°, bei Verss. mit IV 28°. Alle Substanzen waren in 0,05 mol Phosphatpuffer (p_H 7,4) gelöst. (Helv. chim. Acta **36.** 549—54. 30/4. 1953. Madison, Wis., Univ., Dep. of Physiol. Chem.) MANTHEY. 4200

V. M. Venturi, *Biologische Auswertung von Hyaluronidase an Kaninchen.* Die Spreading-Wrkg. von *Hyaluronidase* (I) wird durch Messung der Infusionsgeschwindigkeit (unter konst. Druck) von Kochsalzlsgg. vor u. 20 Min. nach subcutaner Injektion von I bestimmt; sie ist proportional dem log. der I-Dosis. (Acta pharmacol. toxicol. [Köbenhavn] **9.** 93—98. 1953. Kopenhagen, Univ., Pharmacol. Abtlg.) GIBIAN. 4210

Burrill Freedman, *Hyaluronidasewirkungen auf thioningefärbte Gehirnschnitte.* Gefrierschnitte von formalinfixiertem Katzenhirn zeigten mittels Thioninfärbung mit u. ohne vorherige *Hyaluronidase* (I)-Behandlung im Bereich der intracellulären Matrix der Hirnrinde, des Nucleus caudatus u. des Thalamus Vorliegen I-empfindlicher Substanzen, vermutlich *Hyaluronsäure* (u./oder *Chondroitinschwefelsäure*). Heparin (II)-Zugabe zu I unterbindet den Effekt. Aus der tieferen Färbung mit II (ohne I) vorbehandelter Proben wird auf Vorliegen endogener I geschlossen. (Anatom. Rec. **115.** 265—70. Febr. 1953. Chicago, Ill., Univ. of Ill., Coll. of Med., Dep. of Psych., Neuropsych. Inst.) GIBIAN. 4210

W. Daubenmerkl, *Ein neuer Spreadingfaktor: Dioxymaleinsäure. Na-Dioxymaleinat* (I) wirkt in vitro (0,004 mol. bzw. 0,0004 mol. bei Ggw. von 0,0001 mol. $FeSO_4$ oder $CuSO_4$) auf *Hyaluronsäure* schnellstens viscositätssenkend; in vivo beschleunigt I (0,02 mol. stabilisiert durch 0,1% $Na_2S_2O_5$, $NaHCO_3$-Zusatz bis p_H 4, O_2-Ausschluß) unter Zusatz von 0,01 mol. $FeSO_4$ die Resorption subcutaner Kochsalzinfusionen bei Kaninchen bis zum 10-, beim Menschen bis zum 5-fachen. Der Reaktionsmechanismus dürfte dem bei Ascorbinsäure entsprechen. (Acta pharmacol. toxicol. [Köbenhavn] **9.** 1—10. 1953. Kopenhagen, Univ., Pharmakol. Abt.) GIBIAN. 4210

P. A. Roelofsen, *Polygalakturonaseaktivität in Hefe, Neurospora und Tomatenextrakt.* Kleine Mengen von *Polygalakturonaseaktivität* (I) wurden in verschied. Hefearten, Neurospora crassa u. Tomatenextrakten nachgewiesen. I wird mit einer macerierenden Wrkg. auf Collenchymgewebe in Zusammenhang gebracht. Einigen Hefen fehlt die Fähigkeit, Pektin abzubauen. (Biochim. biophysica Acta [Amsterdam] **10.** 410—13, März 1953. Delft, Netherlands, Techn. Univ., Labor for Techn. Botany.) BRATFISCH. 4210

E. Schubert, *Die Trennung der Pektinglykosidasen (PG) aus Aspergillus niger durch selektive Inaktivierung und Adsorption.* Roher Kulturextrakt aus Aspergillus niger verliert bei p_H 4,2 u. Erwärmen auf 47—50° in wenigen Min. ca. 50% seiner pektolyt. Aktivität (p.Akt.) bei Messung an künstl. Pektinslg. (I); p.Akt. bleibt aber gegen Apfelsaft (II) unverändert erhalten. Wesentlich ist die richtige Enzymkonz. des Extrakts. Wird die so behandelte Lsg. bei p_H 0,8 bei 30° 20 Min. lang gehalten, dann sinkt p.Akt. auf 35% der gebliebenen ab bei Messung gegen I, gegen II sinkt p.Akt. auf 0 ab. Es gelang, durch Adsorption an Fullererde die auf II wirkende Fraktion, die am schwersten adsorbiert wird, zu isolieren. Ihre Inaktivierung erfolgt durch Erhitzen auf 60° bei p_H 4,2. (Biochem. Z. **323.** 78—88. 1952. Basel, Schweizerische Ferment A.-G.) FRESENIUS. 4210

N. I. Prosskurjakow und **L. Ss. Cholopowa,** *Die Reaktion von Ascorbinsäure mit pflanzlichen Amylasen verschiedener Herkunft.* Bereits geringe Mengen *Ascorbinsäure* (I) wirken stark inhibierend auf *β-Amylase* (II) aus Gerste u. Sojabohne, während *Dehydroascorbinsäure* (III) nur in hoher Konz. eine geringe Wrkg. zeigt. *α-Amylase* (IV) aus Gerstenmaische wird durch I u. III nicht beeinflußt. Im Gemisch von II u. IV wird II durch I fast vollständig inaktiviert, während IV seine Aktivität beibehält. Dies ermöglicht die Best. des Verhältnisses von II u. IV mit Hilfe von I. Die amylolyt. Präpp. aus Aspergillus oryzae u. Clostridium Pasteurianum werden in ihrer Aktivität durch I nicht verändert. Die Inaktivierung von II durch I wird mit steigendem p_H-Wert verstärkt. (Биохимия [Biochemie] **17.** 578—83. Sept./Okt. 1952. Moskau, Univ., Lehrstuhl für Biochem. der Pflanzen.) LEBTAG. 4210

Ss. I. Pronin und **B. M. Dach,** *Über einige Besonderheiten der thermischen Inaktivierung der β-Amylase des Weizens in Lösung.* 80 ml 20%ig. lösl. *Stärke* wurden mit 10 ml W. auf 50° erwärmt, mit 10 ml 5%ig. Weizenmehlextrakt versetzt u. bei 50° hydrolysiert. Im Hydrolysat wurde nach 1 u. 15 Min. der Zuckergeh. bestimmt. Die Probenahme aus dem Extrakt erfolgte nach Erreichung von 42° (Nullpunkt der Zeitdauer). Zunächst nahm die Geschwindigkeit der Anfangsverzuckerung stärker ab, später die der 15 Min.-Verzuckerung, so daß zum Schluß die gleichen Werte erhalten wurden. Hieraus ist zu schließen, daß das Anfangsstadium der β-Amylaseinaktivierung in einer solchen Veränderung der Moll. besteht, daß die Geschwindigkeit der Bldg. des Komplexes Ferment–Substrat stark abnimmt u. die Verzuckerung verzögert wird. Mit der Zeit wird das Ferment substratgesättigt; die Verzuckerung bleibt konstant. Bei der weiteren Inaktivierung nimmt die Bldg. des Komplexes Ferment–Substrat ab. Die Substratsättigung des Fermentes wird auch in langen Zeiträumen nicht erreicht, wodurch die 15 Min.-Verzuckerung stark abnimmt. (Биохимия [Biochemie] **17.** 557—58. Sept./Okt. 1952. Moskau, Allunions Wiss. Forschungsinst. für Bäckereiwesen.) LEBTAG. 4210

J. A. Maselli und **F. F. Nord,** *Über den Mechanismus der Enzymwirkung.* 48. Mitt. *Untersuchung des Fettes von Fusarium lini Bolley mittels der Harnstoffaddukte.* (47. vgl. Arch. Biochem. Biophysics **35.** [1952.] 204.) Zur Aufklärung der mikrobiolog. Fettsynth. durch den Schimmelpilz Fusarium lini BOLLEY wird das daraus extrahierte Fett (vgl. FIORE, Arch. Biochemistry **16.** [1948.] 161) verseift; die erhaltenen Gesamtfettsäuren werden auf ihre Bldg. von Harnstoffaddukten geprüft; Vergleichsverss. mit den Fettsäuren von Maiskeim- u. Leinöl zur Festlegung der optimalen Arbeitsbedingungen (SCHLENK u. HOLMAN, C. **1951.** I. 3545). Aus den Addukten wird nach Umkristallisation aus Methanol bei 0° *Stearinsäure* identifiziert. Es zeigt sich, daß der Schimmelpilz eine *Fettsäuredehydrogenase* enthält, die aus der Stearinsäure ungesätt. Fettsäuren bildet (Anstieg der JZ.). Betrachtungen über die biolog. Synth. ungesätt. Fettsäuren (Verss. in vitro u. in vivo). Die Harnstoffadduktbldg. zur Fraktionierung natürlicher Fettsäuren wird als wertvolle analyt. Meth. bezeichnet. (Arch. Biochem. Biophysics **38.** 377—83. Juli 1952. New York, N. Y., Fordham Univ., Dep. of Org. Chem. and Enzymol.) TÄUFEL. 4210

R. J. Coleman und **F. F. Nord,** *Über den Mechanismus der Enzymwirkung.* 49. Mitt. *Die Wirkung von Acetat auf die Fettbildung bei Fusarium lini Bolley und der Einfluß von zugesetzten Naphthochinonen.* (48. vgl. vorst. Ref.) Hinweise an Hand der Literatur auf die gegenwärtigen Vorstellungen über die Fettbldg. aus Kohlenhydraten bei Mikroorganismen, wobei 2-C-Systeme eine bes. Rolle spielen, vor allem das Acetat; im wesentlichen Bldg. gesätt. Fettsäuren. Hinweis auf frühere Arbeiten (C. **1950.** II. **1015**; Arch. Biochemistry **22.** [1949.] 314), wonach bei der Umwandlung von Kohlenhydrat in Fett bei Ggw. gewisser Naphthochinone die Ausbeuten an Mycel u. Fett sowie der respirator. Koeff. erniedrigt werden (Einflußnahme auf die Enzymaktivität). Verss. mit dem Schimmelpilz Fusarium lini BOLLEY. Hinsichtlich Kultur desselben, Arbeitsweise, Zugabe von Natriumacetat bzw. 1.4-Naphthochinon, 2-Methyl-1.4-naphthochinon, Naphthazarin sowie Fettabtrennung aus den Mikroorganismen u. Fettprüfung s. Original. Die Verss. lehren, daß der Schimmelpilz in Ggw. von Glucose u. Acetat ein stärker gesätt. Fett produziert als in Anwesenheit von Glucose allein; im letzten Fall Mehrbldg. an Ölsäure. Dies wird damit erklärt, daß bei der Fettsynth. aus Glucose nebenher eine alkohol. Gärung verläuft. In Ggw. von Acetat wird um 43% mehr Fett synthetisiert als aus Glucose allein; die Ausbeuten an Mycel u. an Fett steigen bis zum Geh. von 2% Acetat linear an. Die Naphthochinone setzen die Mycelausbeute in Ggw. von Acetat prakt. kaum herab. Es wird geschlossen, daß die Fettsynth. aus Acetat durch die geprüften Chinone nur in geringem Ausmaß beeinflußt wird, im Gegensatz zu der Hemmung in Ggw. von Glucose allein. (Arch. Biochem. Biophysics **38**. 385—96. Juli 1952.) TÄUFEL. 4210

J. A. Maselli und **F. F. Nord,** *Über den Mechanismus der Enzymwirkung.* 50. Mitt. *Der Einfluß von Naphthochinon auf den Mechanismus der Fettbildung bei Fusarium lycopersici.* (49. vgl. vorst. Ref.) Ausführungen über die Fettbldg. bei dem pigmentierten Schimmelpilz Fusarium lycopersici (Flyco) in Abhängigkeit von seinem Pigment *Lycopersin* ($C_{20}H_{15}O_8$); der Fettgeh. steigt mit der Synth. des letzteren an; er sinkt ab, wenn Flyco im CZAPEK-DOX-Medium farblos wächst. Kulturverss. mit Flyco in Ggw. bzw. Abwesenheit von Naphthochinon bei verändertem Geh. an Lycopersin. Es werden Kulturen von verschied. Geh. an Lycopersin gezüchtet (Geh. zwischen ca. 8—25 mg/g); dies steht im Zusammenhang mit dem zugesetzten Naphthochinon. In gleicher Weise hängen davon ab Mycelgewicht, Fettkoeff., Zus. u. JZ. des Fettes. Daraus wird abgeleitet, daß das Lycopersin in Wechselwrkg. mit dem Dehydrogenase-Syst. bei der Fettsynth. steht u. damit zur Enzymtätigkeit des Flyco überhaupt. (Arch. Biochem. Biophysics **39**. 219—28. Juli 1952.) TÄUFEL. 4210

J. A. Maselli und **F. F. Nord,** *Über den Mechanismus der Enzymwirkung.* 51. Mitt. *Wirkungen von Naphthochinonen auf die Umwandlung Kohlenhydrat → Fett bei Fusarium lini Bolley.* (50. vgl. vorst. Ref.) Hinweise auf frühere Arbeiten, wonach Solanion, das Pigment von Fusarium solani D_2 purpur (ein substituiertes 1.4-Naphthochinon; (Arch. Biochemistry **22**. [1949.] 228), auf Wachstum u. Stoffwechsel nichtpigmentierter Schimmelpilze, z. B. Fusarium lini BOLLEY (FlB), Einfl. nimmt (Arch. Biochemistry **17**. [1948.] 345). Weiterer Hinweis, daß FlB, auf Kohlenhydrat kultiviert, im Medium Brenztraubensäure anreichert, vor allem in Ggw. von Nitration (Arch. Biochemistry **1**. [1942.] 143). Erweiterte Verss. mit FlB in Ggw. von Naphthochinonen sowie von Brenztraubensäure. Als Chinone finden Anwendung Naphthochinon, Menadion, Phthiocol, Naphthazarin, 2-Methylnaphthazarin, Oxydroseron. Aus der an Hand von Tabellen u. graph. Darst. geführten Diskussion der Ergebnisse geht hervor, daß die Zusätze bei FlB sich in einer Erniedrigung des Mycelgewichtes, des Fettkoeff., des Stearingeh. äußern; gleichlaufend erfolgt eine Erhöhung des Grades des ungesätt. Charakters der gebildeten Fettsäuren (Mehrbldg. von Öl- u. Linolsäure). Die Brenztraubensäure-Anreicherung steigt mit den Zusätzen an den Chinonen an (bis auf den 10fachen Betrag der Kontrollen). Es wird abgeleitet, daß die Chinone bei FlB 2 Haupteffekte entfalten, nämlich Einfl. auf das Wachstum sowie auf die biolog. Fettsynthese. (Arch. Biochem. Biophysics **39**. 406—18. Aug. 1952.) TÄUFEL. 4210

R. J. Coleman, M. Cefola und **F. F. Nord,** *Über den Mechanismus der Enzymwirkung.* 52. Mitt. *Die Verwertbarkeit von* $^{14}C_{(1)}$*-Acetat für die Untersuchung der Kohlenhydrat- → Fettsynthese bei Fusarium lini Bolley.* (51. vgl. vorst. Ref.) Unter krit. Auswertung des Schrifttums werden systemat. Verss. mit Fusarium lini BOLLEY (FlB) unter Heranziehung von $CH_3{}^{14}COONa$ im Hinblick auf die Biosynth. von gesätt. u. ungesätt. Fettsäuren ausgeführt. Die experimentellen Ergebnisse lehren, daß bei gleichzeitiger Ggw. von Acetat u. von Glucose als C-Quelle die Bldg. von Fett u. von Sterin durch erhöhte Konz. an Acetat gesteigert wird. Die Hauptmenge des C für den Aufbau des Mycels bezieht FlB aus der Glucose. Die Synth. der gesätt. Fettsäuren vollzieht sich unter Verwendung von C_2-Einheiten, die aus dem Kohlenhydrat stammen. Hinsichtlich der Bldg. der ungesätt. Fettsäuren wird abgeleitet, daß der Hauptweg derjenige einer Denaturation ist; darauf nimmt die Glucose auf Grund der sich abspielenden Prozesse der Glykolyse fördernden Einfluß. (Arch. Biochem. Biophysics **40**. 102—10. Sept. 1952.) TÄUFEL. 4210

R. J. Coleman und **F. F. Nord,** *Die Acetatverwertung durch Fusarium lini Bolley.* (Vgl. ROTTINI, DAMMANN u. NORD, C. **1937**. I. 2791 u. vorst. Reff.) Nach allmählicher Gewöhnung unter Verwendung von Agarmedien mit abnehmendem Glucose- u. steigendem Acetatgeh. kann Fusarium lini in fl. Medium gezüchtet werden, das als einzige C-Quelle 2,5% Acetat enthält. Mycelien, die 29 Tage in Acetatmedium (**I**) gewachsen sind, werden im Vgl. mit solchen aus Glucosemedium (**II**) untersucht. Acetat erweist sich als das wirksamere Substrat für die Fettbldg. Umwandlungskoeff. 8,1 für **I**, 3,8 für **II**, vgl. KLEINZELLER, Biochem. J. **38**. [1944.] 480. Acetat liefert ein stärker gesätt. Fett (Jodzahl nach Verseifung u. Entfernung der Sterine 85 bei **I**, 95 bei **II**). Die qualitative Zus. der Fette ist nach UV-spektralphotometr. Messungen in beiden Fällen gleich.

Quantitativ enthält Fett aus II 3% Linolsäure weniger u. 1% Linolensäure mehr als in I gebildetes Fett; der Unterschied im Sättigungsgrad ist danach hauptsächlich einem höheren Ölsäuregeh. des Fettes aus II zuzuschreiben. Es wird angenommen, daß ein Teil des Acetates im Stoffwechsel zunächst zu Succinat kondensiert wird. Die Nachweisbarkeit von Brenztraubensäure einerseits, die vermutlich aus Oxalessigsäure entsteht, u. von Glykolsäure andererseits während der Oxydation des Acetates im Organismus scheint zu beweisen, daß Acetat auf 2 verschied. Wegen verwertet werden kann, wie dies auch für den holzzerstörenden Pilz *Merulius niveus* gezeigt werden konnte (vgl. NORD u. VITTUCCI, C. **1947**. 1669). (Arch. Biochem. Biophysics **33**. 346—48. Sept. 1951. New York, N. Y., Fordham Univ., Dep. of Organ. Chem. and Enzymol.) REITZ. 4210

E_3. Mikrobiologie. Bakteriologie. Immunologie.

A. M. Moore und **Joyce B. Boylen**, *Ein Hinweis auf das durch Nitrit im Nährmedium beim Wachstum einer Bakterienkultur verursachte Erscheinen eines ultravioletten Absorptionsmaximums.* Beim Wachstum einer Colikultur wird das Auftreten eines Absorptionsmaximums bei 3550 Å beobachtet. Dieses konnte auf die Ggw. von Nitrit, das durch Red. von Nitratsalzen des Nährmediums durch die Kultur entstanden war, zurückgeführt werden. (Canad. J. med. Sci. **30**. 441—42. Okt. 1952.) GERBER. 4320

Samuel Dreizen und **Tom D. Spies**, *Beobachtungen über die Beziehung zwischen bestimmten B-Vitaminen und der Säureproduktion von Mikroorganismen, die bei menschlicher Zahncaries vorkommen.* Verss. in vitro mit reinen Stämmen von *Lactobacillus acidophilus* (L.), *Streptococcus salivarius* (Str.), *Staphylococcus albus* (St.), einer *Hefe*-Art u. gemischten Kulturen aus dem Speichel cariesanfälliger Patienten zeigten, daß sämtliche Arten *Nicotinsäure* (I), *Pantothensäure* u. *Biotin* zu ihrer Entw. benötigen. 6 von 15 L. enthaltenden Kulturen benötigten *Thiamin* (II). St. u. Str. konnten in Abwesenheit von II bzw. *Riboflavin* nur wenig Säure bilden. Durch Zugabe von *Pyridin-3-sulfonsäure* (III), einem Analogon von I, wurden das Wachstum von Str. vollständig gehemmt u. die Säureproduktion von L. u. St. reduziert, während die Säurebldg. des Hefestammes durch III nicht beeinflußt wird. Diese stamm- u. artspezif. Unterschiede im Verh. der oralen Säurebildner gegenüber den verschied. Vertretern der Vitamin-B-Gruppe scheinen von großer Bedeutung für die Cariesanfälligkeit verschied. Personen bzw. der gleichen Person zu verschied. Zeiten u. die Ursache für die Unmöglichkeit zu sein, die Entstehung der Caries auf die Tätigkeit eines bestimmten Mikroorganismus zurückzuführen. (J. Dental Res. **32**. 65—73. Febr. 1953. Birmingham, Ala., Hillman Hosp., u. Chicago, Ill., Northwestern Univ., Dep. of Nutrition and Metabolism.) KLESSE. 4320

J. Ennever, H. B. G. Robinson und **P. C. Kitchin**, *Einfluß von drei Diphenylmethanderivaten auf die Säureproduktion des Speichels und auf das Wachstum eines oralen Lactobacillusstammes.* Durch *Dioxyhexachlordiphenylmethan* (*G-11*), das nach Unterss. von TRAUB u. Mitarbeitern (Surgery, Gynecol. Obstetr. **79**. [**1944**.] 205) für längere Zeit die Bakterienflora der menschlichen Haut zu reduzieren vermag (Verwendung als Seifenzusatzmittel), u. zwei entsprechende Verbb., *Dioxytetrachlordiphenylmethan* (*XDR-504*) u. *Dioxydichlordibromdiphenylmethan* (*XDR-505*), in großen Verdünnungen wird das Wachstum eines oralen Lactobacillusstammes weitgehend gehemmt. Auch die Säurebldg. in einem Speichel–Dextrose–Pepton-Gemisch wird durch Zusatz dieser Verbb. erniedrigt. Bei gleichen Konzz. hat G-11 die größte Wirkung. (J. Dental Res. **32**. 61—64. Febr. 1953. Columbus, Ohio, Ohio State Univ., Coll. of Dentistry.) KLESSE. 4330

I. S. Friedman, S. Zuckerman und **E. McCatty**, *Die Inaktivierung der Antibiotica durch Kation-Austauschharze.* Kation-Austauschharze schädigen in vitro die antibiot. Wirksamkeit von Dehydrostreptomycin, Terramycin u. Aureomycin, von Penicillin u. Chloramphenicol dagegen nicht. (Amer. J. med. Sci. **225**. 399—401. April 1953.) FISCHOEDER. 4340

T. Ukita und **R. Matsuda**, *Über die antibakteriellen Bestandteile in Fructus Juniperi japonicae.* Vff. untersuchten den PAe.-, Ae.-, Chlf.-, Essigester- u. Wasserextrakt der flüchtigen Öle der Früchte von *Juniperus rigida Sieb. et Zucc.* u. *Juniperus conferta Parl* auf ihre bakterielle Aktivität gegen *Staph. aureus* in Bouillonkultur. PAe.-Extrakt zeigt noch im Verdünnungsverhältnis 1:1600 Entwicklungshemmung der Bakterien. Nach dem Behandeln des PAe.-Extraktes mit je 3%ig. $NaHCO_3$-, Na_2CO_3- u. KOH-Lsg. wurde aus der KOH-Lsg. eine Verb. isoliert, die als ein Isomeres der Abietinsäure angesehen wird, gegen Hitze beständig ist (179—185°) u. noch im Verdünnungsverhältnis 1:12800 hemmend wirkte. Sie ist gegen Staph. aureus im Verdünnungsverhältnis 1:51200 in synthet. Nährböden noch wirksam. (Pharmazie **8**. 302. März 1953. Tokyo, Univ., Inst. für Infektionskrankh.) BORSUTZKI. 4340

Je. I. Kwassnikow und **L. W. Kowalewa,** *Die Lebensdauer von Milchsäurebakterien in verschiedenen Medien.* An den aus erkrankten Weinen frisch gewonnenen Stämmen von *Lactobacterium buchneri* (Henneberg) u. den im Labor. 3 Jahre auf Autolysatglucose (I) u. Kohlnährböden (II) kultivierten Stämmen wird gezeigt, daß die durch period. Aussaat auf II mit u. ohne A. sowie durch Einbringen in Petrischalen mit II u. Kreide bestimmte Lebensdauer der Bakterien auf feuchtem sterilem Grauboden größer ist als auf lufttrockenem. Auf unsterilem Boden ist sie stark abhängig von Bodenart, Feuchtigkeit u. Mikroflora. Auf trockenem Daubenholz erreicht die Lebensdauer 8 Tage, auf feuchtem 20 Tage, auf trockenem Glas 6 Tage gegen 20—30 Tage auf der Flascheninnenfläche. In Trocken- u. Dessertweinen sind die Bakterien bei p_H 3,6 nicht lebensfähig. Eine Temperaturabnahme von 10° bewirkt eine 50—100%ig. Erhöhung der Lebensdauer. Most u. Wein werden durch Ansäuerung vor oder zu Beginn des Befalls beständig. Durch Kreidezugabe wird die Lebensdauer erhöht. 15 Vol.-% A. unterdrücken bei p_H 3,6 die Bakterienvermehrung u. erhöhen die Lebensdauer. Auf II ist der Laborstamm nicht lebensfähig. Auf I sind die Bakterien am beständigsten gegen A. u. am lebensfähigsten. (Виноделие и Виноградарство СССР [Weinbereitung u. Weinbau] **11.** Nr. 5. 24—27. Mai 1951.) Lebtag. 4350

G. E. Francis, W. Mulligan und **A. Wormall,** *Quantitative Untersuchungen der Präzipitinreaktion von mit radioaktiven Isotopen markierten Antigenen und Antikörpern.* Durch zweimaliges Waschen mit NaCl-Lsg. werden aus Präcipitaten mit ^{35}S oder ^{131}J markierten Antigenen u. mit ^{131}J markierten Antikörpern unspezif. Proteine u. lose anhaftende spezif. Komponenten ausreichend beseitigt, ohne das Antikörper–Antigenverhältnis zu verändern. Die Jodierung der Antikörper bis zu 1% J beeinträchtigt nicht ihre Aktivität. 3.5-Dijodtyrosin senkt, da es sich haptenartig mit freien Antikörpern verbindet, im jodierten Syst. das Antikörper–Antigenverhältnis, erscheint aber nicht im Nd., was für die Einwertigkeit der Präzipitine spricht. Die Frage, ob Antikörper von Kaninchen, die mit sulfonierten Senfgas–Jodproteinen immunisiert waren, gegen die Sulfon- oder Dijodtyrosingruppen oder gegen beide gerichtet sind, wird in Verss. an mit ^{35}S u. ^{131}J markierten Antigenen geprüft. (Biochem. J. **48.** XXXVI. März 1951. London, St. Bartholomew's Hospital, Med. Coll., Dep. of Biochem.)
Fischoeder. 4370

G. E. Francis, J. D. Hawkins und **A. Wormall,** *Das Schicksal intravenös injizierter Proteine in immunen und normalen Kaninchen.* Nach Injektionen geringer Mengen ^{131}J-markierten *Pferdeserum-γ-globulins* (I) in Kaninchen, die vorher gegen dieses Globulin immunisiert sind, verschwindet I aus dem Blutstrom nach wenigen Minuten. Graph. Analyse ergibt, daß die Geschwindigkeit der Entfernung von I innerhalb der ersten 2 Std. aus zwei gleichzeitigen exponentiellen Prozessen zusammengesetzt ist. Bei n. Kaninchen verschwindet I ebenfalls, wenn auch etwas langsamer, nach zwei exponentiellen Prozessen mit ähnlichen Halbwertszeiten. Im immunisierten Kaninchen ist der ^{131}J-Geh. in Leber, Lunge u. Milz gegenüber den n. Kaninchen erhöht. Fällungsverss. in vitro mit dem Serumantikörper ergaben, daß nur die Hälfte des Antigens, das in vivo verschwindet, gefällt werden kann, so daß bei der in vivo-Ausscheidung noch ein extravasculärer Antikörper eine Rolle spielen muß. (Biochem. J. **53.** XX—XXI. Febr. 1953. London, E. C. 1, St. Bartholomew's Hospital.) Ruske. 4370

H.-A. Uschdraweit, *Die Bedeutung des Tabakmosaikvirus und des Kartoffel-X-Virus für den Tomatenanbau.* Alle untersuchten Tabakmosaik (TM)-Virusstämme bewirken beträchtliche Ertragseinbußen; bei zusätzlicher X-Virusinfektion sind diese noch erheblicher. In Tomatenanpflanzungen wurde auch nur eine bestimmte auf Nicotiana silvestris nicht systemisch wirkende TM-Virusgruppe gefunden. (Angew. Bot. **26.** 118—29. Aug. 1952. Berlin-Dahlem.) Schönberg. 4374

Nils Fries, *Weitere Untersuchungen über Guanin benötigende Mutantenstämme von Ophiostoma.* Von zahlreichen untersuchten Purinen u. Purinderivv. wurden nur *Guanin* (I; frei u. in ribosid. oder desoxyribosid. Bindung) u. *2.6-Diaminopurin* von mehreren I-abhängigen Mutanten von *Ophiostoma multiannulatum,* einem Ascomyceten, verwertet. *Adenin* (II) u. *Hypoxanthin* (III) zeigten eine wachstumshemmende Wirkung. Bei Züchtung mit begrenzter I-Menge häuften alle untersuchten Stämme, mit einer Ausnahme, II (oder *Adenosin?*) im Kulturmedium an. Die charakterist. Umwandlung der älteren I-abhängigen Stämme in I—III-abhängige Doppelmutanten ist anscheinend die Folge spontaner Mutationen zur III-Heterotrophie. Die Selektivität der Doppelmutanten beruht wahrscheinlich auf dem Umstand, daß die Mutation zur III-Heterotrophie den Ausschluß der Bldg. des wachstumshemmenden II in sich schließt. (J. biol. Chemistry **200.** 325—33. Jan. 1953. Uppsala, Univ., Inst. of Physiol. Bot.)
K. Maier. 4380

E_4. Pflanzenchemie. Pflanzenphysiologie. Pflanzenpathologie.

M. T. Dyar, *Untersuchungen über die Reduktion eines Tetrazoliumsalzes durch das Gewebe grüner Pflanzen.* Die photochem. Red. eines Tetrazoliumsalzes hat gegenüber allen Chloroplastenpräpp. den Vorteil, daß mit intakten Zellen gearbeitet werden kann. Zur Anwendung kam ein Ditetrazoliumsalz (I; *blue tetrazolium*; vgl. RUTENBERG, GOFSTEIN u. SELIGMAN, Cancer Res. **10.** [1950.] 113), das bei teilweiser Red. eine purpurrote, bei vollständiger Red. eine blauschwarze Farbe annimmt. Vor- u. Nachteile der Methode werden diskutiert. Die Unterss. bei einer großen Anzahl von Pflanzen haben ergeben, daß die photochem. Red. von I in kleinen kreisförmigen Gebilden, ähnlich den Grana, in den Chloroplasten lokalisiert ist. Bei blaugrünen Algen (Spezies von Phormidium, Nostoc u. Chroococcus) war die Red. auf das Cytoplasma beschränkt. (Amer. J. Bot. **40.** 20—25. Jan. 1953. Seattle, Wash., Univ., Dep. of Botany.) BEINERT. 4400

M. W. Kosstrubin, *Pektinstoffe und Hemicellulosen der Flachsstengel.* Im Bast u. in den verholzten Anteilen der Flachsstengel erfolgt Bldg. u. Umwandlung von Pektinstoffen (I) u. Hemicellulosen (II) in ganz verschied. Art. Da hierbei den *Uronsäuren* (III) eine wesentliche Rolle zukommt, untersucht Vf. den Geh. derselben in verschied. Auszügen: A., W. bei 50—55°, W. bei 100°, 5%ig. Ammoniumoxalat u. im Rückstand vom Bast u. den verholzten Anteilen verschied. Wachstumsperioden. Im Bast findet man bedeutend mehr **III.** Im Verlaufe der Vegetationsperiode verringert sich der Geh. an extrahierbaren **III** im gesamten Stengel, bes in den verholzten Anteilen, während er im zurückbleibenden Material ansteigt. Best. von *Pektinsäuren, Pentosanen,* **III** (im Gesamtmaterial), **II** u. *Cellulose* (**IV**) in verschieden altem Pflanzenmaterial ergab im Bast größere Mengen an **I, III** u. **IV,** in den verholzten Anteilen hingegen mehr Pentosane, **II** u. Lignin. Der prozentuale Geh. an Pektinsäure u. **IV** erniedrigt sich sowohl im Bast, wie auch in den verholzten Anteilen gegen Ende der Vegetationsperiode, während sich die Menge der anderen Stoffe erhöht. Im Bast finden aber nicht nur Umwandlungen der **I** statt, sondern auch deren Neubildung. Stoffe mit Hexoseeinheiten gehen in solche mit Pentoseeinheiten über (Oxydation u. Decarboxylierung) unter Bldg. von **III.** Die **II** sind nicht beständige Verbb., auch sie ändern sich während des Pflanzenwachstums. Als Vorprodd. der **I** sind Galaktane anzunehmen, die durch Oxydation in Galakturonide übergehen, diese nach Decarboxylierung in Arabane. (Биохимия [Biochemie] **18.** 175 bis 183. März/April 1953. Orel, Staatl. Pädagog. Inst., Lehrstuhl für Chem.) ULMANN. 4420

M. Ss. Bardinskaja, *Das Lignin und seine Bildung in den Pflanzen.* Umfassender Literaturbericht (über 130 Angaben). (Успехи Современной Биологии [Fortschr. gegenwärt. Biol.] **35.** 189—215. März/April 1953. Moskau.) ULMANN. 4420

Boyce D. Ezell, Marguerite S. Wilcox und **John N. Crowder,** *Vor- und Nachernteveränderungen von Carotin-, Gesamtcarotinoid- und Ascorbinsäuregehalt von Süßkartoffeln.* 4 verschied. Sorten von Süßkartoffeln wurden zu 9 verschied. Zeiten (zwischen Mitte August u. spätem November) geerntet u. auf Carotin (I), Gesamtcarotinoid (II)-Geh. u. *Ascorbinsäure* (III) analysiert. Der I-, II- u. III-Geh. stieg bis zur n. Erntezeit stetig an, um später wieder abzufallen. (Plant Physiol. **27.** 355—69. April 1952. Beltsville, Md., U. S. Dep. of Agric. Plant Industry Stat.) ITZEROTT. 4425

David P. Hackett, *Die osmotische Veränderung während Auxin-induzierter Wasseraufnahme durch Kartoffelgewebe.* Behandlung von Kartoffeln mit 10 mg/Liter *α-Naphthylessigsäure* hat eine erhöhte Wasseraufnahme des Gewebes zur Folge. Dabei sinkt der osmot. Druck des Preßsaftes. Diese Abnahme entspricht der Volumenzunahme. Auxininduzierte Wasseraufnahme oder auxininduziertes Wachstum kann nicht mit der Bldg. zusätzlicher osmot. aktiver Substanzen in der Zelle zusammenhängen. (Plant Physiol. **27.** 279—84. April 1952. Cambridge, Mass., Harvard Univ., Biol. Labors.) ITZEROTT. 4450

Julian C. Crane und **Tara S. Mallah,** *Wurzel- und Spitzenregeneration von Stecklingen von Feigenvarietäten durch Applikation von Indolylbuttersäure.* Die 4 Handelsvarietäten der kaliforn. Feigen Adriatic, Calimyrna, Kadota u. Mission wurden auf Stecklingsbewurzelung nach Behandlung mit *Indolylbuttersäure* (I) untersucht. I-Konzz. von 100, 150 u. 200 p. p. m. riefen bei allen Stecklingssorten mit Ausnahme von Calimyrna Schädigungen hervor. (Plant Physiol. **27.** 309—19. April 1952. Davis, Calif., Univ. of California, Div. of Pomology.) ITZEROTT. 4486

Leslie G. Paleg und **Robert M. Muir,** *Oberflächenaktivität und physiologische Aktivität von Pflanzenwachstumsregulatoren.* Da die Wirksamkeit von Pflanzenwachstumsregulatoren mit ihrer Oberflächenaktivität zusammenhängen soll (VELDSTRA, C. **1945.** II. 368; Biochim. biophys. Acta [Amsterdam] **3.** [1949.] 278), wurde an folgenden Verbb. die Unterdrückung des O_2-Maximums bei der Polarographie in Beziehung zum

Avenacoleoptilentest gebracht: *Indolylessigsäure, Phenylessigsäure, Phenoxyessigsäure, o-Chlor-, m-Chlor-, p-Chlor-, 2.4-Dichlor-, 2.4.5-Trichlor-, 2.4.6-Trichlor-, o-Methyl-, p-Methyl-, 3.5-Dimethyl-, 2.4.6-Trimethyl-, 2.4-Dibrom-, 2.6-Dibrom-, 2.4.6-Tribromphenoxyessigsäure, o-Oxy-, o-Amino-, o-Chlor-, m-Chlor-, 2.4-Dichlor-, 2.6-Dichlorbenzoesäure, 4-Chlor-, 2-Methyl-* u. *4.7-Dichlor-2-methylindolylessigsäure.* Es konnte keine Korrelation zwischen beiden Werten festgestellt werden. Danach scheint die chem. Reaktionsfähigkeit für die Wirksamkeit organ. Verbb. als Wachstumsregulator maßgebend zu sein. (Plant Physiol. **27.** 285—92. April 1952. Iowa City, Iowa, State Univ. of Iowa, Dep. of Bot.) Itzerott. 4486

R. L. Wain, *Systemische Fungicide. Einführung.* Übersicht über Arbeiten zur inneren Therapie der Pflanze. Bohnenkeimlinge können durch Aufnahme geringer Mengen von Aryloxysäuren durch die Wurzeln vor Schädigungen durch Botrytis cinerea oder B. fabae geschützt werden. Zwischen direkter u. systemisch-fungicider Wrkg. gegen den gleichen pathogenen Faktor (p. F.) besteht keine Übereinstimmung. In der Natur sind die Pflanzen meistens resistent gegen p. F., wofür chem. Grundlagen diskutiert werden: Die Gastpflanze ist als Nährboden für den p. F. untragbar sowie Vorkommen fungicider oder fungistat. Substanzen in den Pflanzen (*Protocatechusäure* in Zwiebelschalen verleiht Resistenz gegen Schmutzfaulflecken, Phenolsubstanzen in Weizenarten gegen Rost, *Linamarine,* ein blausäurebildendes Glucosid in Flachsarten gegen *Fusarium*-Welkstoff; *Tomatin* besitzt fungistat. Wrkg. gegen Fusariumarten, die die Welkekrankheit bei Tomaten, Erbsen u. Kohl bewirken). Das Vork. spezif.-chem. Substanzen u. ihre Wrkg. als system. Fungicide eröffnen weite neue Forschungsaufgaben. (Ann. appl. Biol. **39.** 429—32. Sept. 1952. London, Univ., Wye College.) K. Böhm. 4490

J. Stubbs, *Die Auswertung von systemischen Fungiciden mittels Alternaria solani an Tomaten.* Vf. prüfte *Griseofulvin* (I), *1-p-Sulfamylphenyl-3.5-dimethyl-4-nitrosopyrazol* (II) u. *1-Phenyl-3.5-dimethyl-4-nitrosopyrazol* (III) gegen Alternaria solani an Tomaten. Mit 25000—30000 Sporen von A. solani pro cm^3 Lsg. wurde die Unterseite von Blättern besprüht. Die systemischen Fungicide wurden auf die Blätter aufgesprüht oder durch Wurzelresorption aufgenommen. **II** u. **III** waren merklich weniger wirksam als **I**, Blattapplikation weniger wirksam als Wurzelresorption. Auch konnte besserer Schutz im Sommer als im Winter erreicht werden. Vf. hält die Wurzelresorption für den wirksameren Weg, wenn das auch nicht für alle Mittel u. Krankheiten immer zutrifft. (Ann. appl. Biol. **39.** 439—41. Sept. 1952. Bracknell, Berks, Imperial Chemical Industries Ltd.) K. Böhm. 4490

Robert A. Steinberg, *„Frenching"-Symptome, hervorgerufen bei Nicotiana tabacum und Nicotiana rustica durch optische Isomere von Isoleucin und Leucin und durch Bacillus cereus.* Bei asept. Aufzucht auf mineral. Agar bei 500 foot-candles von weißem Fluorescenzlicht erzeugte Zugabe von L-Isoleucin (I) oder L-Alloisoleucin (II) bei Nicotiana tabacum u. Nicotiana rustica „frenching"-Symptome (Einstellung des Wachstums u. des Blühens, Chlorose). Bei N. rustica war L-Leucin (III) ebenfalls wirksam. Die Wirksamkeit von **II** war viermal größer als die von **I**. Die entsprechenden D-Aminosäuren waren unwirksam, ebenso Glycyl-L-leucin u. L-Leucylglycin. Ein hitzebeständiges Toxin aus Bacillus cereus Fr. u. Fr. verursachte ebenfalls die gleichen Symptome. (Plant Physiol. **27.** 302—08. April 1952. Beltsville, Md., Bureau of Plant Ind., Div. of Tabacco, Med. and Special Crops.) Itzerott. 4495

E5. Tierchemie. Tierphysiologie. Tierpathologie.

C. H. W. Hirs, Stanford Moore und **William H. Stein,** *Isolierung von Aminosäuren durch Chromatographie an Ionenaustauschersäulen; Verwendung flüchtiger Puffer.* Nachdem Vff. in einer früheren Veröffentlichung (vgl. C. **1952.** 4666) die präparative Gewinnung von Aminosäuren in Mengen von etwa 0,1—0,5 mg durch Chromatographie an Dowex 50 beschrieben haben, geben sie nun Einzelheiten einer ähnlichen Trennung in Mengen von 50—300 mg. Vff. verwenden 4 Säulen: die 1. 7,5 × 15 cm mit Dowex 50 zur Trennung der bas. Aminosäuren, die 2. 7,5 × 15 cm mit Amberlite IR-4B (XE-59) zur Trennung der sauren Aminosäuren u. die 3. u. 4. 7,5 × 120 cm u. 7,5 × 60 cm mit Dowex 50 zur Trennung der neutralen Aminosäuren. Die Elution erfolgt mit NH_4-Formiat- bzw. -Acetatpuffer von p_H 3—7. Die Puffer werden durch Sublimation bei 40° entfernt, worauf die Aminosäuren in kristalliner Form erhalten werden. Es wird ein Fraktionierschema für ein Säurehydrolysat von 2,5 g Rinderserumalbumin angegeben. Mit Ausnahme von Methionin werden alle Aminosäuren in analysenreiner Form in Ausbeuten von durchschnittlich 66% gewonnen. Es werden die reinen d-Antipoden erhalten mit Ausnahme des Cystins, welches während der Hydrolyse etwa zur Hälfte racemisiert wird. (J. biol. Chemistry **195.** 669—83. April 1952. New York, N. Y., Labor. of The Rockefeller Inst. for Med. Res.) Nehring. 4520

T. W. Goodwin, *Die Carotinoide der Süßwassermuschel Anodonta cygnea.* In der Süßwassermuschel *A. cygnea* wurden folgende *Carotinoide* (I) nachgewiesen: *β-Carotin* (5,1%), *Echinenon* (3,1), *Kryptoxanthin* (3,0), *Zeaxanthin* (40,9), *Violaxanthin* (14,2), *Auroxanthin* (II) (19,9), *Lutein* (wahrscheinlich spurenweise) u. 2 nicht identifizierte carotinoidartige Pigmente (2,5), die an Al_2O_3 bzw. $ZnCO_3$ khakifarbene Zonen geben u. Absorptionsmaxima von 425 u. 430 mμ aufweisen. Von den marinen Lamellibranchiaten unterscheidet sich *A. cygnea* durch Nichtbldg. neuer, charakterist. Xanthophylle aus I der Nahrung u. durch Ggw. eines 5:8-Epoxyds, wie II. (Biochim. biophysica Acta [Amsterdam] **10.** 114–16. Jan. 1953. Liverpool, Univ., Dep. of Biochem.)
K. MAIER. 4520

Günther Wilke und **Heinrich Kircher,** *Über röntgenographische Untersuchungen zur Frage der Gliafaserbildung.* Es wurde auf röntgenograph. Wege untersucht, welcher Grundsubstanz sich der Organismus bei der *Gliafaser*-Bldg. bedient u. in welcher Weise sich die Einordnung kristalliner Elemente zu einer Faserstruktur vollzieht. Bei vergleichenden Unterss. an *Gliafaser, Fibrinfaser, kollagenen Fasern* u. *markhaltigen Nervenfasern* hat sich gezeigt, daß die Struktur der Gliafaser der der Fibrinfaser auffallend ähnelt, so daß man auf eine gleiche Grundsubstanz schließen kann. Zur kollagenen Faser besteht keine Verwandtschaft. Bei der Unters. der markhaltigen Nervenfaser konnten zwei verschied. Typen unterschieden werden. Es wird angenommen, daß es sich in dem einen Falle um einen patholog. Prozeß der Markscheide handelt. (Dtsch. Z. Nervenheilkunde **167.** 391–406. 1952. Gießen, Max-Planck-Inst. f. Hirnforschung, Neuropathol. Abt.; Leverkusen, Farbenfabriken Bayer, Physik. Labor.)
WALLIS. 4525

Günther Wilke und **Heinrich Kircher,** *Über ultraviolett-mikroskopische Untersuchungen zur Frage der Feinstruktur und chemischen Zusammensetzung der Gliafaser.* Die bereits röntgenograph. festgestellte Identität von *Glia-* und *Fibrinfaser* zeigt sich auch bei UV-mkr. Untersuchungen. UV-Aufnahmen der Gliafaser zeigen denselben Verlauf von Absorption wie *Fibrin,* was auf gemeinsamen Geh. an *Tryptophan* zurückzuführen ist. Ferner ist an der Gliafaser die für eine Mantelfaser typ. Struktur zu erkennen, was auf einen Fällungsvorgang bei der Entstehung der Gliafaser schließen läßt. Eine Verwandtschaft mit der kollagenen Faser konnte auch im UV-mkr. Bild nicht festgestellt werden. (Dtsch. Z. Nervenheilkunde **167.** 529–41. 1952. Gießen, Max-Planck-Inst. für Hirnforschung, Neuropathol. Abt.; Leverkusen, Farbenfabriken Bayer, Physik. Labor.) WALLIS. 4525

L. S. Fosdick und **K. A. Piez,** *Chemische Untersuchungen bei Wurzelhauterkrankungen.* 10. Mitt. *Papierchromatographische Untersuchung der bei Periodontitis auftretenden Fäulniserscheinungen.* (Vgl. OSTROM u. Mitarbeiter, C. **1952.** 5115.) Bei Periodontitis tritt immer eine Eiweißzers. ein. Im Speichel von Gesunden u. von Patienten mit Periodontitis wurden papierchromatograph. freie Aminosäuren, hauptsächlich *Lysin, Glycin, Alanin* u. *Glutaminsäure,* in großen Mengen nachgewiesen, daneben tritt noch eine Substanz auf, die als *δ-Aminovaleriansäure* (I) angesehen wird. Die übrigen bekannten Aminosäuren waren nur in geringer Menge vorhanden. Patholog. Speichel enthält mehr I als Speichel gesunder Personen. Außerdem kommen in patholog. Speichel nichtidentifizierte *flüchtige Amine* vor, die ebenso wie I als Fäulnisprodd. anzusehen sind. Aerobe Bebrütung von n. u. patholog. Speichel in Ggw. von Casein ergab die gleichen Unterschiede; ohne Casain wurden nur sehr wenig Fäulniserscheinungen beobachtet, so daß das Auftreten dieser Erscheinungen im Mund die Anwesenheit von entsprechendem Substrat, wie Exsudat u. zerfallenes Gewebe in den Zahntaschen, voraussetzt. (J. Dental Res. **32.** 87–100. Febr. 1953. Chicago, Ill., Northwestern Univ., Dental School, Dep. of Chem.) KLESSE. 4552

E. R. Kirch, R. G. Kesel, J. F. O'Donnell und **E. C. Wach,** *Einfluß der Zufuhr einzelner Aminosäuren auf den Gehalt des menschlichen Speichels an freien Aminosäuren.* Orale Gaben (5 bzw. 10 g) von *Isoleucin, Tryptophan, Valin, Threonin, Cystin, Lysin, Arginin, Leucin, Histidin, Tyrosin* (I), *Phenylalanin* (II) u. *Methionin* erhöhen den Geh. des Speichels an den betreffenden Aminosäuren für kurze Zeit; nach 30–60 Min. sind jedoch in allen Fällen die ursprünglichen Werte wieder erreicht. Entgegen den Befunden von HIER (J. biol. Chemistry **171.** [1947.] 813) betr. Aminosäuregeh. des Plasmas steigt der I-Spiegel des Speichels nach Gabe von II nicht an. (J. Dental Res. **32.** 57–60. Febr. 1953. Chicago, Ill., Univ. of Illinois, Professional Coll.) KLESSE. 4555

F. C. Dohan, E. M. Richardson, L. W. Bluemle jr. und **P. György,** *Hormonausscheidung bei Leberkrankheit.* Best. der Harnausscheidung von freiem u. gebundenem (Glucuronide, Sulfate) *Östron, Östradiol, Östriol,* sowie den neutralen *17-Ketosteroiden* u. dem *Gonadotropin* im Harn von 5 gesunden Männern u. 17 männlichen Patienten mit Leberleiden. Bei Leberschäden ist die Ausscheidung von Östrogenen durch die

Galle, die n. ein Mehrfaches der Harnausscheidung beträgt, vermindert. Dadurch findet ein Anstieg des Blutspiegels der Östrogene statt, wodurch die Ausscheidung der Östrogene im Harn vergrößert wird. Durch den erhöhten Blutspiegel kommt es bei den Kranken zu Feminisierungserscheinungen, wie Gynäkomastie, Hodenatrophie, Nachlassen der Libido usw. Im Harn sind vorwiegend die freien Östrogene vermehrt, da die Entgiftung (Veresterung mit *Glucuronsäure*, *Schwefelsäure*) in der geschädigten Leber gestört ist. (J. clin. Invest. **31.** 481—98. Mai 1952. Philadelphia, Univ. of Pennsylvania, Med. School, Dep. of Med., Dep. of Pediatrics; Phoenixville, Valley Forge Army Hosp.) DANNEBERG. 4558

R. Courrier und **M. Marois,** *Über Probleme der Sexualhormonforschung.* Allg. Betrachtungen über Physiologie, Chemie u. Stoffwechsel von *Gonadotropinen, Androgenen* u. *Östrogenen.* (Schweiz. med. Wschr. **81.** 989—91. 13/10. 1951. Paris, Coll. de France.) VINCKE. 4559

Ch. D. Kochakian, *Wirkung der Androgene auf den Stoffwechsel.* Übersichtsref. über eigene Arbeiten, das hauptsächlich den eiweißaufbauenden Effekt der *Androgene* u. ihre Wrkg. auf verschied. Enzyme von Niere u. Leber bespricht. — 23 Zitate. (Schweiz. med. Wschr. **81.** 985—89. 13/10. 1951. Oklahoma, Med. Res. Inst.) VINCKE. 4559

R. Borth, A. Heltai und **H. de Watteville,** *Wirkung des Progesterons auf die Hautwärmereaktion von Frauen in der Menopause.* Feststellung von Hauttemperaturkurven im Wiedererwärmungsvers. an der Hand bei 3 Gruppen von je 5 Frauen in der Menopause im Alter von 45—82 Jahren; die beiden ersten Gruppen erhielten 5 intramuskuläre Injektionen zu je 10 bzw. 50 mg *Progesteron* (I) jeden 2. Tag. Bei 4 von 5 Patientinnen, welche die höhere I-Dosis erhielten, wurde eine leichte Verschlechterung der peripheren Zirkulation beobachtet. Die niedrigere I-Dosis war ohne Wirkung. (Schweiz. med. Wschr. **81.** 991—92. 13/10. 1951. Genève, Univ., Clin. de Gynécol. et Obstétr.) VINCKE. 4559

H. J. Kutzleb, *Das Follikelhormon und sein Einfluß auf die Mundhöhle.* Verss. an n. u. kastrierten Kaninchen, die mehr als $^1/_2$ Jahr mit hohen Dosen *Follikelhormon* (keine näheren Angaben) behandelt wurden. Bei den kastrierten Tieren stellte Vf. sowohl in der Mundschleimhaut als auch im Kieferknochen Veränderungen fest. Er leitet daraus für die Frau das Krankheitsbild einer „hämorrhag. hypertrophierenden Gingivitis" ab u. glaubt, therapeut. Applikation von *Vitamin C* empfehlen zu können. (Dtsch. zahnärztl. Z. **6.** 1277—82. 15/11. 1951. Neuß/Rh.) VINCKE. 4559

R. Wenner, *Der Wirkungsmechanismus des androgenen Hormons auf den weiblichen Organismus und dessen therapeutische Anwendung in der Frauenheilkunde.* Zusammenstellung in bezug auf die klin. Indikationen. (Schweiz. med. Wschr. **81.** 1001—07. 13/10. 1951. Basel, Univ., Frauenklinik.) VINCKE. 4559

A. Labhart und **A. Schüpbach,** *Osteoporosebehandlung mit Sexualhormonen.* Übersicht, in der Begriff, Pathogenese u. Symptome der echten Osteoporose besprochen werden. Schilderung der Therapie mit Sexualhormonen. — 47 Zitate. (Schweiz. med. Wschr. **81.** 992—95. 13/10. 1951. Bern, Inselspital.) VINCKE. 4559

E. Eichenberger, *Die diagnostische Bedeutung der Vaginalabstrichtechnik nach Papanicolaou für die gynäkologische Endokrinologie.* Eingehende Beschreibung der Meth. an Hand zahlreicher mkr. Bilder. (Schweiz. med. Wschr. **81.** 1007—12. 13/10. 1951. Basel, Univ., Frauenklinik.) VINCKE. 4559

S. van Creveld, P. G. Hoorweg und **M. M. P. Paulssen,** *Forschungen um ein zirkulierendes Antikoagulans bei einem Hämophilie-Patienten.* 2. Mitt. *Wirkung von ACTH und Cortison.* (1. vgl. Blood **6.** [1951.] 233.) Klin. Bericht. Durch *ACTH-* u. *Cortison-*Verabreichung an einen Hämophiliepatienten wurde ein durch mehrmalige Bluttransfusion entstandenes Antikoagulans in seiner Wirksamkeit zum größten Teil zerstört. Durch Plasmatransfusion erfolgte Normalisierung der Gerinnungszeit. Gleichfalls anwesende Antikörper gegen das DUFFY-Antigen wurden hiervon nicht eindeutig beeinflußt. (Blood **8.** 125—30. Febr. 1953. Amsterdam, Municipal Univ., Ped. Clin., u. Service of Dutch Red Cross, Labor. of the Blood transfusion.) BRATFISCH. 4560

W. G. Whittlestone, *Die milchsezernierende Aktivität von Hypophysenhinterlappenextrakten.* Als Versuchstiere wurden lactierende, mechan. gemolkene Säue benutzt. Das von VAN DYKE u. Mitarbeiter (J. Pharmacol. exp. Therapeut. **74.** [1942.] 190) aus Hypophysenhinterlappen isolierte hochwirksame Protein u. das von LIVERMORE u. DU VIGNEAUD (J. biol. Chemistry **180.** [1949.] 365) hergestellte Polypeptid (500 *Oxytocin* (I)-Einheiten/mg) erhöhten beide ebenso wie Gesamthypophysenhinterlappenextrakte die Milchmenge ihrer oxytoc. Wrkg. entsprechend. Die Wirksamkeit von hochaktivem *Vasopressin* (II) von Polypeptidcharakter u. II-Präpp. des Handels betrug $^1/_5$ von derjenigen der entsprechenden Menge von I-Einheiten. (J. Endocrinology **8.** 89—95. April 1952. Ruakura, New Zealand, Animal Res. Station, Dep. of Agriculture.) VINCKE. 4560

J. Bornstein, E. Reid und **F. G. Young,** *Die hyperglykämische Wirkung des Blutes von Tieren, die mit Wachstumshormon behandelt wurden.* Hypophysäres *Wachstumshormon* (I) wurde alloxandiabet. hypophysektomierten, adrenalektomierten Ratten injiziert oder intakten ♂ Katzen solange appliziert, bis sie diabet. wurden. Bei den Tieren entnommenes Portalvenenblut übte bei intravenöser Injektion stets eine hyperglykämisierende Wrkg. bei alloxandiabet., hypophysektomierten, adrenalektomierten Ratten aus. Direkte I-Zufuhr bei derartigen Empfängertieren hatte keine solche Wirkung. Peripheres Blut (Femoralvene) dagegen verursachte manchmal einen eindeutigen Abfall des Blutzuckerspiegels der Empfängerratten. — Diese Befunde sprechen nach Vff. für die Ansicht, daß I-Behandlung aus den Pankreaszellen den Hyperglykämie-Faktor in Freiheit setzt u. daß dieser, im Gegensatz zum Insulin, im Blut der peripheren Venen nicht in beachtlichen Mengen enthalten ist. (Nature [London] **168.** 903—05. 24/11. 1951. London, King's Coll. Hosp., Dep. of Chem. Pathol., u. Cambridge, Univ., Dep. of Biochem.) VINCKE. 4560

Charles W. Tillett, *Die Wirkung von ACTH auf den normalen Augenbinnendruck.* An 15 Patienten mit n. bzw. nichtglaukomatösen Augen wurden während *ACTH*-Behandlung weder eine Steigerung des intraocularen Drucks noch eine Veränderung der Sehfähigkeit festgestellt. Bei einer Gruppe von 10 Patienten verlief der Provokationstest auf Glaukom während *ACTH*-Behandlung negativ. (Amer. J. Ophthamol. [3] **35.** Nr. 5. Part 1. 659—62. Mai 1952. Baltimore, Md., Johns Hopkins Hosp.) FRUHSTORFER. 4560

Poul Effersøe, *Über den Zusammenhang zwischen dem klinischen Effekt von Corticotropin auf die rheumatische Arthritis und den Serumproteinen vor und während der Behandlung.* Durch fraktionierte Aussalzung wurde das Verhalten bei 12 Kranken vor u. während der Behandlung mit *ACTH* beobachtet. Patholog. Serumveränderungen bildeten sich in fast allen Fällen zurück, doch verhielten sich sehr chron. Fälle, in denen auch der klin. Verlauf der ACTH-Behandlung nicht befriedigend war, refraktär, so daß die Meth. prognost. verwertbar ist. (Acta med. scand. **144.** 7—14. 28/10. 1952. Kopenhagen, Univ. Hospital, Medic. Dep. A, u. Inst. of Gen. Pathology.) FISCHOEDER. 4560

A. N. Contopoulos, D. C. van Dyke, M. E. Simpson, J. F. Garcia, R. L. Huff, B. S. Williams und **H. M. Evans,** *Anwachsen des roten Blutkörperchenvolumens nach oraler Verabreichung von Vorderlappenschleim.* Durch Verabreichung von frischem Schafhypophysenvorderlappen an n. u. hypophysektomierte Ratten wurde im Gegensatz zur Verabreichung von frischem Rinderhypophysenvorderlappen nicht nur Heilung der Anämie bei hypophysektomierten Ratten, sondern auch ein Anwachsen des zirkulierenden roten Blutkörperchenvol. erreicht. Vff. glauben an die Anwesenheit eines erythropoet. Faktors im Schafshypophysenvorderlappen. (Blood **8.** 131—39. Febr. 1953. Berkeley, Calif., Univ., Inst. of Exper. Biol., u. Donner Labor. of Med. Physics.) BRATFISCH. 4560

A. P. Ketel, *Endokrinologische Behandlung von akuten Stadien beim chronischen Alkoholismus.* Es wird über den guten Behandlungserfolg mit *Cortaphine* (= *ACTH*; N. V. ORGANON) bei 2 Patienten mit beginnendem Delirium tremens berichtet. Die Behandlung ist sehr teuer, gleichzeitige diät. u. Psychotherapie ist erforderlich. (Nederl. Tijdschr. Geneeskunde **96.** 1805—09. 20/7. 1952. Poortugaal, Psychiatr. Inricht. „Maasoord".) PATZSCH. 4560

E. F. McCarthy, *Die Wirkung von Cortisonbehandlung auf das elektrophoretische Verhalten der Plasmaproteine unter bestimmten pathologischen Bedingungen.* Elektrophoret. Plasmaunterss. unter *Cortison*-Behandlung ergaben bei 3 Fälllen von Schwangerschaftstoxämie verschied. unspezif. Veränderungen, bei rheumat. Arthritis (1 Fall) eine Annäherung an Normalwerte, bei rheumat. Fieber u. Osteoarthritis mutilans (je 1 Fall) keine signifikante Veränderung der Plasmaanteile durch *Cortison.* (Irish J. med. Sci. [6] **1953.** 102—07. März.) DAUTZENBERG. 4561

J. Bornstein und **P. Trewhella,** *Adrenocorticotrope Aktivität von Blutplasma.* Eine aus heparinisiertem Blutplasma nach dem von LYONS (Proc. Soc. exp. Biol. Med. **35.** [1937.] 645) zur Darst. von *Prolactin*-Präpp. aus Hypophysen angegebenen Verf. erhaltene Fraktion wurde nach SAYERS u. Mitarbeiter (J. Endocrinology **42.** [1947.] 265) ausgewertet. Vff. fanden vermehrte *Adrenocorticotropin* (I)-Aktivität des Plasmas bei Patienten nach Operationen, sowie bei solchen mit CUSHINGscher Krankheit oder Herzfehler. Die I-Aktivität war bei einem Fall von SIMMONDscher Krankheit stark vermindert. — Keine Zahlenangaben. Vgl. auch BORNSTEIN, GRAY u. PARROTT (C. **1953.** 4555.) (J. Endocrinology **7.** XXXII—XXXIII. Aug. 1951. London, King's Coll. Hosp., Dep. of Chem. Pathol.) VINCKE. 4561

F. Gross und **R. Meier,** *Die Bedeutung der Nebennierenrinde für das allergische Geschehen.* Literaturübersicht. 56 Zitate. (Schweiz. med. Wschr. **81.** 949—53. 29/9. 1951. Basel, Ciba Akt.-Ges.) VINCKE. 4561

Gerald F. Hungerford, William O. Reinhardt und **Choh Hao Li,** *Die Wirkungen von Cortison und Hydrocortison auf die Lymphocytenzahl des Ductus thoracicus. Hydrocortison* (*17-Oxy-21-acetoxycorticosteron*) (10 mg) bewirkt bei hypophysektomierten Ratten eine stärkere Lymphocytopenie des Ductus thoracicus als bei n. Ratten. Die Wrkg. einer gleichen Menge *Cortison* ist analog, aber im Gesamten geringer. (Blood **7.** 1125—27. Nov. 1952. Berkeley, Calif., School of Med., Dep. of Anatomy, u. Dep. of Biochem.) H. SCHEURLEN. 4561

H. Th. Schreus, W. Dörner und **H. Ruhrmann,** *Lebensalter und Ausscheidung von 17-Ketosteroiden im Urin.* Es wurde die Ausscheidung von *17-Ketosteroiden* (**I**) bei Männern verschied. Alters untersucht. Das Maximum lag zwischen 40 u. 50 Jahren. Es wird auf die Beziehungen zwischen **I** u. den Sexualhormonen hingewiesen u. die Bedeutung der **I**-Ausscheidung im Urin für die klin. Diagnostik erörtert. (Z. Haut- u. Geschlechtskrankh. **13.** 361—66. 15/12. 1952. Düsseldorf, Med. Akademie, Hautklinik.) WALLIS. 4561

Jack D. Rosenbaum, Bruce C. Ferguson, Robert K. Davis und **Elsie C. Rossmeisl,** *Der Einfluß des Cortisons auf den 24-Stunden-Rhythmus der renalen Exkretionsfunktion.* Bei 5 von 6 Patienten ohne Nieren-, Herz- oder Kreislaufleiden, die über längere Zeit täglich 200—500 mg *Cortison* erhielten, war der Rhythmus der n. renalen Wasserausscheidung invertiert. Der Exkretionsrhythmus von Na u. Cl war bei 6 Patienten invertiert. Der n. Rhythmus der K-Exkretion war ebenfalls teilweise invertiert. Die *Kreatinin*-Ausscheidung blieb unbeeinflußt. Bei einem Patienten, der 40 mg *Desoxycorticosteron* täglich erhielt, war der 24-Stunden-Rhythmus nicht verändert. (J. clin. Invest. **31.** 507—20. Mai 1952. Framingham, Mass., Cushing Veterans Admin. Hosp.) DANNEBERG. 4561

Wilhelm Zimmermann, *Die Ausscheidung der 17-Ketosteroide im Harn als Methode zur Beurteilung der Nebennierenrindenaktivität. Bemerkungen zu dem entsprechenden Aufsatz von H. Sartorius, Klin. Wschr. 1950, 772.* Im Gegensatz zu SARTORIUS (vgl. C. **1953.** 5062) betont Vf. unter Anführung klin. Beispiele, daß der *17-Ketosteroid*-Geh. des Urins sowohl ohne als auch erst recht nach Belastung mit *Adrenocorticotropin* ein gutes Maß für den Funktionszustand der Nebennierenrinde darstellt. Es wird nachdrücklich betont, daß SARTORIUS nicht, wie von ihm angenommen, eine Modifikation der ZIMMERschen Rk. durch amerikan. Autoren, sondern diese Meth. unverändert benutzte. (Klin. Wschr. **29.** 371. 1/6. 1951. Trier, Staatl. Medizinaluntersuchungsamt.) VINCKE. 4561

G. Milhaud und **J. P. Doret,** *Wirkung des Cortisons auf die Ausscheidung der Aminosäuren im Urin.* Wiedergabe der Beobachtungen an 10 Kranken im Alter von 29 bis 70 Jahren (8♀, 2♂), die an chron. Polyarthritis, Leukämie, Arteriitis, Colitis ulcerosa bzw. Bronchialasthma litten u. 5—33 Tage lang mit 0,5—3,2 g *Cortison* (**I**) behandelt wurden. Durch Papierchromatographie wurden eine stark vermehrte Ausscheidung von vor der **I**-Behandlung vorhandenen Aminosäuren (**II**) sowie das Auftreten von normalerweise mit der benutzten Meth. im Urin nicht nachweisbaren **II**, wie Phenylalanin, festgestellt. Bei 7 Fällen von Polyarthritis u. 4 Fällen von Leukämie, die nicht behandelt wurden, wurde keine derartige **II**-Ausscheidung beobachtet. — Diskussion des Wirkungsmechanismus. Danach ist die Vermehrung der **II**-Ausscheidung eine sekundär der Erhöhung ihres Geh. im Blut folgende Erscheinung. Nach Vff. ist der **II**-Anstieg im Blut vor allem einem vermehrten Abbau der Gewebsproteine durch **I** zuzuschreiben. (Schweiz. med. Wschr. **81.** 953—56. 29/9. 1951. Genève, Univ., Policlin. méd. et Clin. méd.) VINCKE. 4561

E. Musso, R. Borth und **R. S. Mach,** *Auffindung von Nebenniereninsuffizienz nach chronischer Cortisonbehandlung durch den 48-Stundentest auf ACTH.* Bei 6 Patienten, die 15—310 Tage lang mit Gesamtdosen von 1,6—18 g *Cortison* (**I**) behandelt worden waren, wurde 3 Tage nach Beendigung der **I**-Zufuhr der 48-Stundentest nach THORN ausgeführt. Nach Injektion von 95 mg *ACTH* (**II**) wurde keinerlei einwandfreie Erhöhung des *17-Ketosteroid*-Geh. des Urins bei den Patienten beobachtet, während diese bei 7 nicht mit **I** behandelten Kontrollpersonen vorhanden war. Injektion von 25 mg **II** bewirkte nur bei einem mit **I** behandelten Patienten einen Eosinophilensturz, während er andererseits bei 4 der Kontrollpersonen auftrat. (Schweiz. med. Wschr. **81.** 1018—20. 13/10. 1951. Genève, Univ., Clin. thérap. u. Maternité.) VINCKE. 4561

J. A. Nissim, *Die biologische Auswertung von Glucocorticoiden durch die Glykogenmethode an Mäusen.* Der mittlere *Leberglykogen* (**I**)-Geh. von 15 Gruppen zu je 10 adrenalektomierten Mäusen schwankte von 2,03—29,17 mg/100 g mit einem Gesamtmittelwert von 12,4 ± 1,8. Die Einzelwerte von I schwankten von 0,3—138,3 mg. FORBES, GRISWOLD u. ALBRIGHT (C. **1951**. I. 3213), die ebenfalls zahlreiche Kontrollwerte von > 9 mg/100 g feststellten, behaupteten, daß diese hohen Werte durch ein kleiehaltiges Spezialfutter ausgeschaltet werden könnten. Die Befunde dieser Autoren konnten vom Vf. nicht bestätigt werden. Bei einem Vgl. der Auswertung von *Cortison* mittels der Wrkg. auf I von Mäusen nach dem Verf. des Vf. mit dem von VENNING u. Mitarbeiter (J. Endocrinology **38.** [1946.] 79) sowie DORFMAN u. Mitarbeiter (J. Endocrinology **38.** [1946.] 178) wird die ausschlaggebende Bedeutung der Verwendung reiner Tierstämme betont. (J. Endocrinology **8.** X—XI. Apr. 1952. London, Guy's Hosp., Med. School, Dep. of Pharmacol.) VINCKE. 4561

Harold S. Fleming, *Einfluß von kristallinem Cortisonacetat auf das Wachstum von intraocularen Transplantaten von Zahnkeimen.* In die vordere Augenkammer von Meerschweinchen, die täglich eine Injektion von 2,5 mg krist. *Cortisonacetat* (MERCK & Co.) erhielten, wurden Zahnkeime von 20 Tage alten Meerschweinchenembryonen transplantiert. Die Zahnkeime entwickelten sich schnell u. bildeten sofort Gefäße, während bei den Kontrolltieren das Wachstum der Keime erst nach der Gefäßbldg. einsetzte, dann aber dasjenige in den Versuchstieren weit übertraf. Wurden die Injektionen ausgesetzt, so wurden viele Transplantate als Folge eines verstärkten Lymphocytenangriffs resorbiert. (J. Dental Res. **32.** 101—09. Febr. 1953. New Haven, Conn., Yale Univ., School of Med., Dep. of Pathol.) KLESSE. 4561

James E. Purnell und **Irving H. Leopold,** *Cortison bei Augenerkrankungen. Weitere Untersuchungen.* (Vgl. C. **1951.** II. 1150.) Vff. stellen die an zahlreichen Fällen gesammelten Erfahrungen mit *Cortison* (I)-Behandlung bei verschied. Augenerkrankungen zusammen. Bei entzündlichen Erkrankungen ist I lokal oder system. angewendet häufig von gutem Erfolg; bei degenerativen Erkrankungen des Auges bleibt I dagegen im allgemeinen ohne Wirkung. (Amer. J. Ophthalmol. [3] **35.** Nr. 5. Part. 1. 663—70. Mai 1952. New York, N. Y., u. Philadelphia, Penn.) FRUHSTORFER. 4561

Klaus Hoppe und **Ulrich Serke,** *Wirkungen von Nebennierenrindenhormon (Beobachtungen an Lungentuberkulösen).* Bei der Lungentuberkulose besteht eine relative Nebennierenrindeninsuffizienz u. eine deutliche Labilität der vegetativen Tonuslage. *Desoxycorticosteron* (*Cortiron*) gleicht die Insuffizienz aus, normalisiert den W.- u. Mineralhaushalt, fördert die Galaktoseresorption u. schafft Bereitschaft zur Lympho- u. Eosinopenie. Das Vegetativum wird ausgeglichen u. auch Appetit u. Ausgeglichenheit des tuberkulösen Patienten verbessert. Es wird daher Cortiron als vorteilhafte Ergänzung zu den tuberkulostat. Mitteln empfohlen. (Münchener med. Wschr. **95.** 489—91. 17/4. 1953. Berlin, Städt. Krankenhaus Moabit.) K. BÖHM. 4561

J. Roskam, H. van Cauwenberge, J. Goblet und **R. Lombard,** *Na-p-Aminosalicylat-Lösung in fraktionierten intravenösen Injektionen und Verhalten der Nebennierenrindenhormone im Blut.* Vff. stellten fest, daß beim Menschen 15,0 g PAS-Na-Lsg. in fraktionierten intravenösen Injektionen eine Hypersekretion der 17-Oxycorticosterone hervorrufen kann. Der mögliche schädliche oder günstige Einfl. dieser Hypersekretion für die Behandlung der tuberkulösen Infektion wird erörtert. (Bull. Acad. nat. Méd. **137** ([3] **117**). 153—57. 3/3. 1953.) K. BÖHM. 4561

Solomon Silver, Mack H. Fieber und **Stephen B. Yohalem,** *Der Blutspiegel nach Gabe von radioaktivem Jod bei der Diagnose von Schilddrüsenstörungen.* Durch orale Gabe von ^{131}*Jod* konnte bei euthyreoiden u. hyperthyreoiden Fällen die ^{131}J-Konz. des Gesamtblutes, des Plasmas u. die Konz. des an Protein gebundenen ^{131}J gemessen werden. Bei insgesamt 310 Messungen wurden nur 3 vom klin. Bild abweichende Ergebnisse erhalten, weswegen der Vf. diese Meth. zur Diagnose der Schilddrüsenfunktion für sehr geeignet hält. (Amer. J. Med. **13.** 725—29. Dez. 1952. New York, Mount Sinai Hosp.) H. SCHEURLEN. 4562

E. Kaechele und **P. Petrides,** *Klinische Erfahrungen mit Di-Insulin-Novo.* Vff. berichteten über 20 Diabetiker, die sie in stationärer Behandlung auf *Di-Insulin-Novo* (*DIN*), das aus 1:1 krist. Alt-Insulin u. Depot-Insulin besteht, umstellten. DIN vermag die ausgesprochen alimentären Hyperglykämien abzufangen. Im Depotanteil des DIN wird die Verzögerungswrkg. durch irreversible Blockierung der 3 freie Aminogruppen enthaltenden Aminosäuren (Lysin, Histidin, Arginin) durch Phenylisocyanat erreicht. (Münchener med. Wschr. **95.** 491—92. 17/4. 1953. Düsseldorf, Med. Akademie.) K. BÖHM. 4564

David L. Drabkin, Ashton Graybiel, J. K. Colehour, Vera Usdin, Anna May Dych und **Karen L. Miller,** *Außergewöhnlicher Hämoglobin- und Stercobilinstoffwechsel bei enthirnten Hunden, nachgewiesen durch Markierung mit* $^{14}C_{(2)}$*-Glycin.* Sowohl enthirnte als auch n. Hunde reagieren auf die Anoxie durch große Höhen mit einer vermehrten Hämoglobin- u. Erythrocytenbildung. Wie Vff. fanden, unterscheidet sich in den beiden Fällen die Menge des markierten *Hämins*, was durch vorherige Gabe von markiertem Glycin ($^{14}CH_2NH_2$-COOH) nachgewiesen werden konnte. Bei enthirnten Hunden ist die Markierung des Hämins wesentlich geringer. Bei ihnen wird aber wie bei n. Hunden kein Unterschied zwischen der Markierung von Hämin u. Globin gefunden. (Amer. J. med. Sci. **223.** 694–95. Juni 1952.) H. SCHEURLEN. 4572

Z. Z. Godlowski, *Das Schicksal von Eosinophilen bei hormonal bewirkter Eosinopenie und ihre Bedeutung.* Nach Erörterung des Bildungsortes eines Teiles der eosinophilen Zellen (EZ) des zirkulierenden Blutes in den Epithelien der Mucosa des unteren Teiles des Darmtraktes, hauptsächlich des Dünndarmes, wird auf die Wirkungsweise der Eosinopenie herbeiführenden Hormone eingegangen. In Verss. an Menschen u. Hunden zeigte sich, daß hohe Dosen *Heparin* (I), vor der Applikation von entsprechenden Hormonen (*ACTH, Adrenalin, Insulin*) injiziert, die Eosinopenie verhindern bzw. abschwächen oder sogar die Zahl der zirkulierenden EZ. vermehren. Dabei beobachtete Schwankungen sind nach Vf. das Ergebnis zweier unabhängig voneinander ablaufenden Reaktionen: Mobilisierung der EZ. des Gewebes durch I u. Zerstörung von EZ. im zirkulierenden Blut durch die Steroidhormone. Die eosinolyt. Wrkg. von *Nebennierenrindensteroiden* (II) wird auf einen Eingriff dieser Stoffe in den intracellulären Proteinstoffwechsel zurückgeführt. Die hormonal bewirkte Eosinopenie bei Mensch u. Hund ist das Ergebnis der im Blut stattfindenden Eosinolyse. Eine gleichartige Einwrkg. findet auch bei den übrigen Leukocytenarten statt; Lymphocyten sollen jedoch gegen II unempfindlicher sein als die EZ. (J. Endocrinology **8.** 102–25. Apr. 1952. Edinburgh, Univ., Dep. of Pathol., u. Ayrshire, Ballochmyle Hosp.) VINCKE. 4573

Angelo Fasoli, *Elektrophorese der Serumlipoproteide auf Filtrierpapier. Cholesterin* (I) u. *Lipoidphosphor* (II) verteilen sich normalerweise in den Globulinfraktionen etwa folgendermaßen: In α_1 37,5 mg I u. 2,7 mg II/100 ml Serum, in α_2 23,6 u. 1,6 mg, in β_1 118 u. 4,2 mg, in β_2 52,3 u. 2,0 mg, in γ 2,5 u. 0,85 mg. Stoffwechselkrankheiten verändern bes. stark – positiv oder negativ – den Lipoidgeh. der α_1-Fraktion. Vff. nimmt an, daß die α_1-Lipoproteide in der Leber entstehen u. vor allem metabol. Zwecken dienen, während die Lipoproteide der beiden β-Fraktionen für die Resorption u. den Transport der Fette wichtig sind. (Acta med. scand. **145.** 233–35. 30/4. 1953. Mailand, Univ., Med. Klinik.) DRESSLER. 4574

R. Marbet und **A. Winterstein,** *Probleme der Blutgerinnung.* 6. Mitt. *Zur Methodik der Prothrombinbestimmung.* (5. vgl. Helv. physiol. pharmacol. Acta **10.** [1952.] 528.) Vff. beschreiben eine neue Meth. zur *Prothrombin*(I)-Zeitbest. mit Gesamtblut, die bes. als „Bed-side-Meth." geeignet ist. Sie besteht darin, daß man das aus Blut, Thrombokinase u. Ca bestehende Gemisch aus einer Injektionsspritze durch die Injektionsnadel abtropfen läßt, wobei der Gerinnungsbeginn scharf zu erkennen ist. Vff. besprechen im einzelnen den Einfl. von Temp., I-Konz. u. Konz. der I-Acceleratoren (Faktor V u. VII) auf die I-Zeit. (Helv. physiol. pharmacol. Acta **11.** 81–95. 1953. Basel, Hoffmann-La Roche u. Co.) BRATFISCH. 4574

E. Fetzer, *Klinische Betrachtungen zur Kontrolle gerinnungshemmender Stoffe in ihrer Wirkung auf den Prothrombinkomplex.* Vf. fordert bestimmte Voraussetzungen, damit eine einwandfreie Untersuchungstechnik gewährleistet ist u. Untersuchungsergebnisse leichter miteinander verglichen werden können. Bei der Beobachtung der Cumarin-Wrkg. auf die Blutgerinnung zeigte es sich, daß die Kontrolle der Recalcifizierungszeit allein nicht ausreicht. Daneben ist eine hochaktive, stabile *Thrombokinase* (I) erforderlich, dagegen führt eine zu hohe I-Konz. zu einer Hemmung. Vf. schlägt vor, die Überprüfung der I-Aktivität ebenfalls am Vollblut u. nicht am Kaninchen durchzuführen. (Med. Mschr. **6.** 592–94. Sept. 1952.) REICHLE. 4574

John H. Tilden und **James D. Peirce,** *Eine Standard-Aktivitätskurve für die Bestimmung von Prothrombin bei Anwendung der Einzeitmethode.* Zur Durchführung einer Prothrombinzeitbest. mit der Einzeitmeth. ist es unbedingt erforderlich, mit der jeweils verwendeten Thrombokinase (z. B. aus Kaninchenhirn, Lunge oder menschl. Placenta) u. n. frischem Humanplasma eine Standard-Aktivitätskurve aufzunehmen. (J. Lab. clin. Med. **39.** 954–62. Juni 1952. Indianapolis, Ind., Indiana General Hospital for Clin. Res.) BRATFISCH. 4574

C. Brilmayer, A. Mack und **W. Stich,** *Spektralphotometrie des menschlichen Harns und ihre diagnostische Bedeutung.* Besprechung der physiol. u. pathol. Harnfarbstoffe u. Überblick über ihre Spektren. (Dtsch. med. Wschr. **78.** 568–74. 10/4. 1953. München, Univ., I. Med. Klinik.) FRESENIUS. 4577

Otto Zekert, *Die Erforschung der Vitamine.* Vortrag über die Geschichte der Erforschung der Vitamine. (Oesterr. Apotheker-Ztg. **4.** 706—12. 23/12. 1950.)
LOCH. 4587

Hugh H. Horowitz und **C. G. King,** *Die Umwandlung von $^{14}C_{(6)}$-Glucose in Ascorbinsäure durch die Albinoratte.* $^{14}C_{(6)}$-*Glucose* (**I**) wird von der durch *Chloretone* stimulierten Albinoratte in *Ascorbinsäure* (**II**) übergeführt, die vorwiegend in $C_{(1)}$ markiert ist. Die „radioaktive" Ausbeute gleicht der bei der Umwandlung von $^{14}C_{(1)}$-*Glucose* in $^{14}C_{(6)}$-**II** gefundenen (0,47 u. 0,53 gegenüber 0,36, 0,79 u. 0,51% der intraperitoneal injizierten **I**-Dosis). Dieser Befund spricht daher für eine direkte Umwandlung von *D-Glucose* in *L*-**II.** Aus Urin isolierte **II** wurde stufenweise abgebaut, u. $C_{(1)}$ durch Decarboxylierung, $C_{(1)}$ u. $C_{(2)}$ als *Oxalat,* sowie $C_{(6)}$ als *Dimedon-Formaldehyd* nach Perjodspaltung des **II**-Osazons erhalten. Bei der letzteren entstand aus $C_{(5)}$ HCOOH, deren Aktivität nach Überführung in $BaCO_3$ gemessen wurde. Die **II**-Spaltung mit *NaOJ* gab Oxalsäure u. nach deren Entfernung das Filtrat bei der H_5JO_6-Oxydation CO_2 (entsprechend $C_{(3)}$ von **II**; Ausbeute 72%), CH_2O ($C_{(6)}$; 84%) u. *HCOOH* ($C_{(4)}$ u. $C_{(5)}$; 84%). (J. biol. Chemistry **200.** 125—28. Jan. 1953. New York, N. Y., Columbia Univ., Dep. of Chem.)
K. MAIER. 4587

J. Baraud, *Eine neue Methode zur Bestimmung der Ascorbinsäure.* Zur Best. der *Ascorbinsäure* (**I**) u. ihrer Derivv. wird die **I** mittels J_2 in *2.3-Diketogulonsäure* (**II**) übergeführt, die mit *p-Sulfophenylhydrazin* (**III**) einen gelben, photometr. auswertbaren Pyrazolonfarbstoff ergibt. Die Bldg. eines solchen Farbstoffes („Tartrazin") aus *Dioxyweinsäure* (**IV**) u. **III** ist schon lange bekannt. Die systemat. Unters. der Farbstoffbldg. (p_H, Erhitzungsdauer, Konz. u. Stabilität der Lsgg.) aus **II** bzw. **IV** u. **III** ergab: Der Farbstoff aus **II** bildet sich bei einer optimalen Erhitzungsdauer von 75—90 Min. u. einem p_H-Optimum von 4,7; die **II**-Lsg. ist bei p_H 7,4 mindestens 48 Std. beständig. Der Farbstoff aus **IV** bildet sich in 10—15 Min. bei einem p_H-Optimum von 3,0; die **IV**-Lsg. wird bei p_H 7,4 in 2 Std. zerstört. Auf Grund dieses Verh. ist eine Best. der **I** u. ihrer Derivv. neben **IV** u. *Dioxymaleinsäure* möglich. Die Best. wird nicht gestört durch: *Glucose, Fructose, Mannose, einfache Aldehyde* u. *Ketone,* α- u. β-*Diketone* (*Diacetyl, Acetylaceton*) u. *Ketosäuren* (*Brenztraubensäure*). — Die zu untersuchende Lsg., die höchstens 10 mg **I** enthalten soll, wird durch Zugabe von n/10 J-Lsg. genau oxydiert; man gibt 50 cm^3 0,4 n Borsäurelsg. hinzu, stellt auf p_H 7,4 ein, füllt auf 200 cm^3 mit W. auf u. läßt 2 Std. bei Raumtemp. stehen. 10 cm^3 der Lsg. werden nun mit 2 cm^3 einer Lsg. von 5 g **III**/Liter u. soviel n/10-HCl versetzt, daß das p_H 4,7 beträgt. Man erhitzt auf dem Wasserbad, füllt nach dem Abkühlen auf 20 cm^3 auf u. bestimmt elektrophotometr. unter Verwendung des 436 $m\mu$-Filters die Absorption gegenüber einem Blindversuch. Die Meth., die 0,1 mg **I**/Liter erfaßt, hat eine Genauigkeit von 1—2%; sie wurde zur Best. von **I** in Citronen- u. Orangensaft angewandt. (Bull. Soc. chim. France, Mém. [5] **18.** 837—43. Nov./Dez. 1951. Bordeaux, Fac. des Sci., Labor. de Chim. Biol.)
K. F. MÜLLER. 4587

Heinz Bartels, Hans Mayer und **Johannes Moritzen,** *Polarometrische Bestimmung des Sauerstoffverbrauches von Warmblüterhaut.* 0,2 mm dicke Gewebsschnitte von Meerschweinchenhaut werden in verschließbaren Glasgefäßen in physiol. NaCl-Lsg. mit bekanntem O_2-Druck (p) gebracht u. bei konstanter Temp. geschüttelt. Nach gewisser Zeit wird in entnommenen Proben p mit der Hg-Tropfelektrode bestimmt. Aus der Abnahme von p läßt sich bei bekannter O_2-Löslichkeit u. Flüssigkeitsmenge im Gefäß der O_2-Verbrauch des Gewebes berechnen. Vorbehandlung der Tiere mit oralen Gaben von *Vigantol forte* steigert den O_2-Verbrauch der Haut bedeutend. (Pflügers Arch. ges. Physiol. Menschen Tiere **255.** 294—301. 1952. Kiel, Univ., Physiol. Inst. u. Hautklinik.)
FRESENIUS. 4587

Tom D. Spies, *Degenerative Krankheiten im Hinblick auf die Ernährung.* Vf. vertritt die Auffassung, daß viele Krankheiten in erster Linie vom chem. Standpunkt aus zu betrachten u. auch zu heilen sind. Einige Beispiele werden angeführt, um den großen Einfl. falscher Ernährungsweise in verschied. Lebensaltern u. die Heilung von Krankheiten durch Vitamine u. Hormone zu demonstrieren. (Southern med. J. **46.** 238—47. März 1953. Birmingham, Ala., Hillman Hosp., u. Chicago, Ill., Northwestern Univ., Med. School.)
R. KÖNIG. 4587

Grace A. Goldsmith und **Janis Gibbens,** *Die letzten Fortschritte in der Ernährung. Literaturübersicht von 1949 bis 1950.* 311 Literaturangaben. (A. M. A. Arch. intern. Med. **88.** 93—131. Juli 1951. New Orleans, Tulane Univ., School of Med., Div. of Nutr. and Metabolism.)
Loch. 4589

Nancy L. R. Bucher, *Die Bildung von radioaktivem Cholesterin und Fettsäuren aus mit ^{14}C gekennzeichnetem Acetat durch Rattenleberhomogenate.* An Stelle der bisher benutzten

Verff. der Biogenese von Cholesterin aus Acetat (lebende Tiere, überlebende Lebergewebeschnitten) werden analoge Verss. mit zellfreien Leberhomogenaten unter Heranziehung von ^{14}C-Acetat ausgeführt. Herst. der Homogenate bis zur zuverlässigen Zerstörung aller Zellen; Durchführung der Inkubationsverss. in üblicher Weise, ebenso Abtrennung der synthetisierten Lipoide u. Nachw. der Radioaktivität des Cholesterins u. der Fettsäuren. Auswertung der Ergebnisse an Hand des Schrifttums. Während bei fetaler Rattenleber die maximale Inkorporation von ^{14}C-Acetat in Cholesterin zu 0,45% von 1,6 Mikromol ^{14}C-Acetat bestimmt worden ist, übersteigt sie bei weitem diesen Wert u. kommt in die Nähe der Resultate der Verss. mit Leberschnitten selbst. (J. Amer. chem. Soc. **75.** 498. 20/1. 1953. Boston, Harvard Univ., Collis P. Huntington Memorial Hosp., Med. Labor.) TÄUFEL. 4596

Judith Bellin und **Daniel Laszlo,** *Der Stoffwechsel und die Ausscheidung von ^{45}Ca beim Menschen.* Einer Versuchsperson wurde nach Feststellung der Ca-Bilanz eine einmalige Gabe *^{45}Ca* zugeführt u. durch häufige Entnahme von Blutproben, Unters. von Harn u. Fäces sowie (nach dem Ableben 14 Tage später) von Knochen u. verschied. Organen der Umsatz (Ausscheidung u. Retention) des zugeführten ^{45}Ca festgestellt. Bei einem weiteren Fall wurde die starke entmineralisierende Wrkg. von äthylendiamintetraessigsaurem Na nach Infusion von je 4 g in 3 Tagen untersucht. Das Verhältnis von Ca : ^{45}Ca war dabei nicht verändert. Es wird festgestellt, daß mit diesem Verf. die Ca-Stoffwechsellage besser als mit den bisherigen Methoden festgestellt werden kann. (Science [Washington] **117.** 331—34. 27/3. 1953. New York, N. Y., Montefiore Hosp.) SCHWAIBOLD. 4596

Sidney C. Werner, *Diagnostische Technik mit Radiojod.* Der Jodstoffwechsel im Organismus nach Injektion von *^{131}J* wird dargestellt, ebenfalls wird kurz über die J-Aufnahme der Schilddrüse als Maßstab für deren Funktionszustand berichtet. Die Diagnose kann mit einer Sicherheit von 85—90% gestellt werden, als Kontraindikation wird lediglich Schwangerschaft genannt. (Med. Ann. District Columbia **22.** 12—16. Jan. 1953. New York, N. Y., Columbia Coll. of Physic. and Surg., u. Presbyterian Hosp.) REUSSE. 4596

G. P. Lofgreen, Max Kleiber und **A. H. Smith,** *Die Ausscheidung von injiziertem ^{32}P in den Gastrointestinaltrakt des jungen Kalbes.* Zur Unters. des P-Stoffwechsels erhielten junge Kälber Injektionen mit einer isoton. Natriumphosphatlsg. in die Jugularvene. Die Phosphatlsg. enthielt einen Geh. an *^{32}P*, die applizierte Gesamtmenge variierte von 260—3750 μC. Gemessen wurde die Aktivität des Darmtraktes u. der Fäces. Erst nach 5 Std. traten die ersten akt. Spuren in den Fäces auf. Die spezif. Aktivität der Fäces Y nach Verlauf der Zeit X wird für die Zeit zwischen der 5. u. der 34. Std. nach Injektionsbeginn durch die Formel $Y = 0{,}12 \cdot X - 0{,}57$ dargestellt. Der Anteil der einzelnen Darmbereiche an dem P-Austauschprozeß wurde gemessen. (J. Nutrit. **47.** 561—69. 11/8. 1952. Davis, Calif., Univ. of California, Div. of Animal Husbandry.) REUSSE. 4596

Harry Boström und **Sven Gardell,** *Sulfateinbau in mit Schwefelsäure veresterte Mucopolysaccharide in der Haut ausgewachsener Ratten nach intraperitonealer Injektion von mit ^{35}S markiertem Natriumsulfat.* Die Haut von Ratten, die $Na_2{}^{35}SO_4$ intraperitoneal erhalten hatten, wurde nach Trocknen mit Aceton mit kochendem W. ausgezogen, der Extrakt nacheinander längere Zeit mit einem Pankreas–Glycerin-Extrakt verdaut, konz., dialysiert, mit A. gefällt; die Fällung in W. aufgenommen, mit Darmschleimhaut–Glycerin-Extrakt ca. 2 Wochen weiter verdaut, wieder mehrfach konz., dialysiert u. mit A. 3 mal gefällt. Restliche Proteine wurden mit LLOYDs Reagens entfernt, schließlich wurde nochmals mit A. gefällt. Zur Charakterisierung des so erhaltenen Polysaccharids wurde es nach GARDELL u. Mitarbeiter (Acta chem. scand. **4.** [1950.] 907) elektrophoret. zerlegt u. die 2 Hauptkomponenten auf S u. Hexosamin analysiert: Sie bestanden aus *Hyaluronsäure* u. *Chondroitinschwefelsäure.* Diese enthielt ^{35}S in Abhängigkeit vom Zeitpunkt der vorherigen Sulfatgabe, maximal nach ca. 24 Std.; nach 9—10 Tagen ist der Wert auf die Hälfte abgesunken. (Acta chem. scand. **7.** 216—222. 1953. Stockholm, Karolinska Inst., Chem. Dep. II.) GIBIAN. 4596

Gilbert Rucart, Les Parathyroides, physiologie et morphologie. Paris: Le François. 1952. (184 S. m. Abb.) Fr. 2000,—.

—, Manual of nutrition. 3rd edn. London: H. M. S. O. 1953. (64 S.) 2 s.

E₆. Pharmakologie. Therapie. Toxikologie. Hygiene.

Antoine Lacassagne und **Herbert Tuchmann-Duplessis,** *Verringerung der Strahlenempfindlichkeit von Ratte und Meerschweinchen durch das Wachstumshormon.* Meerschweinchen erhielten Röntgentotalbestrahlungen mit 150 r (180 kV, 12 mA, Filter

0,3 mm Cu + 1 mm Al), nachdem sie vorher während 6 Tagen tägliche subcutane Injektionen von je 1 cm^3 des Wachstumshormons *Somatotropin* (I) erhalten hatten. Bei Ratten wurden entsprechende Verss. mit Bestrahlungsdosen von 250—900 r u. Injektionen von I teils vor, teils nach der Bestrahlung durchgeführt. In beiden Fällen verringert die Vorbehandlung mit I die Strahlenempfindlichkeit, u. zwar vorwiegend im Dosisbereich nahe der letalen oder subletalen Dosis. Die Wrkg. des Hormons soll in einem günstigen Einfl. auf den Proteinmetabolismus bestehen. (C. R. hebd. Séances Acad. Sci. **236**. 440—43. 2/2. 1953.) REUSSE. 4601

H. B. Nevinny-Stickel und **G. Mignani**, *Knochenschädigung nach Röntgenbestrahlung* (*Osteoradionekrose*). Vff. bringen den Krankenbericht von 2 Fällen postoperativer Bestrahlung nach Entfernung gynäkolog. Carcinome, bei denen nach 2—4 Jahren Spontanfrakturen des Schenkelhalses auftraten. Diese wurden histolog. auf eine strahlungsbedingte Insuffizienz des Knochens infolge geschwächter Osteoblasten u. Osteoklasten u. einer Bälkchennekrose (*Osteoradionekrose*) zurückgeführt. (Geburtshilfe u. Frauenheilkunde **13**. 303—15. April 1953. Innsbruck, Univ., Patholog.-anatom. Inst., u. Florenz, Univ., Orthopäd. Klinik.) REUSSE. 4601

A. Verhagen, *Über den Einfluß gynäkologischer Röntgen- und Radiumbestrahlungen auf den Prothrombinspiegel des Blutes.* Vf. konnte bei Röntgen- u. Radiumbestrahlung gynäkolog. Carcinompatientinnen keine gesetzmäßige Beeinflussung des Prothrombinspiegels (PTS) feststellen. Im Durchschnitt weicht der PTS nicht von der Norm ab. Desgleichen konnte kein Zusammenhang zwischen Höhe des PTS u. der Röntgenkatererscheinung bewiesen werden. Bei 3 Patientinnen mit Röntgenkatererscheinungen trat nach intravenöser Injektion von 200 mg Thrombocid schlagartig Besserung ein. (Fortschr. Gebiete Röntgenstrahlen verein. Röntgenprax. **78**. 467—71. April 1953. Essen/Ruhr, Städt. Frauenklinik.) BRATFISCH. 4601

Gerhard Schubert, *Methoden und Erfahrungen in der gynäkologischen Strahlentherapie mit künstlichen Isotopen und Elektronenstrahlungen von mehreren Millionen Elektronvolt.* Zusammenfassender Bericht: Allg. u. lokale interstitielle Applikation der verschied. Isotope, intracavitäre Distanzbestrahlung (Telecurietherapie) bei gynäkolog. Erkrankungen. Anwendungen von ultraharten Röntgen- u. Elektronenstrahlen unter Anwendung des Betatrons. (Med. Klin. **47**. 1346—51. 10/10. 1952. Hamburg-Eppendorf, Univ., Frauenklinik.) REUSSE. 4601

Herbert B. Locksley, Henry Powsner und **William H. Sweet**, *Ein Klebmittel für Gewebe auf Metall mit besonderer Eignung für Arbeiten mit Geiger-Zählern.* Zur Fixierung von biol. Dünnschliffen für Isotopengehaltsbestimmungen auf der Unterlage hat sich unter zahlreichen anderen Klebemitteln als bes. vorteilhaft eine gesätt. alkoh. Lsg. von Lecithin bewährt. (Science [Washington] **116**. 572—73. 21/11. 1952. Boston, Mass., Gen. Hosp., Neurosurgical Service, u. Harvard Med. School, Dep. of Surgery.) REUSSE. 4601

H. Kranz, *Die Kontrastmittelfrage bei der Hysterosalpingographie.* Vf. vertritt den Standpunkt, daß die entscheidende Voraussetzung für die Eignung eines wasserlösl. Kontrastmittels für die Hysterosalpingographie eine zweckentsprechende Kombination von J-Geh. u. Viscosität ist. Er berichtet über Arbeiten mit *Per-Akrodil „HS", 45% viskos*, das einen durch ein hochpolymeres Cellulosederiv. auf 300 cP eingestellten Viscositätsgrad bei 37° aufweist. Die Vorzüge dieses Präp. werden beschrieben. (Geburtshilfe u. Frauenheilkunde **13**. 327—34. April 1953. Würzburg, Univ., Frauenklinik.) REUSSE. 4601

W. Dietz und **A. Schneikart**, *Über die Verträglichkeit der „wasserlöslichen, viscosen Kontrastmittel zur Hysterosalpingographie".* Es wird über zahlreiche Verss. mit den Kontrastmitteln *Joduron*, *K 9a* (MERCK), *Per-Akrodil* u. *Xumbradil* für Röntgenaufnahmen des ♀ Genitalapp. berichtet. Bei Tierverss. an kleinen Säugern konnte die Unschädlichkeit nachgewiesen werden, lediglich unmittelbar nach der Applikation findet man Hyperämie der Schleimhaut u. Exsudation von Gewebsflüssigkeit. Im einzelnen wird gezeigt, wie diese Erscheinungen von Menge, Konz. u. Viscosität der Präpp. abhängen. Vff. empfehlen Viscositätswerte von 800—1000 cP u. einen Geh. an kontrastgebender Substanz von 35—50%. (Geburtshilfe u. Frauenheilkunde **13**. 334—43. April 1953. Freiburg/Br., Univ., Frauenklinik.) REUSSE. 4601

H. Ruther und **H. C. Friedrich**, *Gruppenüberempfindlichkeit bei Medikamenten mit einem primären Amin in der Parastellung.* Es wurde in fünf Fällen im Epicutantest Überempfindlichkeit gegenüber Verbb. mit prim. Aminogruppe in Parastellung nachgewiesen. Geprüft wurde in der Hauptsache: *Novocain, Pantocain, Anaesthesin, p-Phenylendiamin, p-Tolylendiamin.* (Z. Haut- u. Geschlechtskrankh. **13**. 358—60. 5/12. 1952. Tübingen, Univ., Hautklinik.) WALLIS. 4607

F. E. Shideman, Thelma C. Gould, Wallace D. Winters, Robert C. Peterson und **Warren K. Wilner,** *Die Verteilung und das in vivo-Verhältnis des Abbaus von Thiopental.* Nach intravenöser Injektion von *Na-Thiopental* (I; 1%ig. Lsg.) an Ratten (Dosis: 30 mg/kg) wurde die Verteilung der Verb. in Blut, Gehirn, Leber u. Fett bestimmt, in gleicher Weise im Fett des Hundes (Dosis: 20 mg/kg) u. des Menschen (8 mg/kg). Bei der Ratte wird ein Gleichgewicht zwischen Blut, Gehirn u. Leber in 1 Min. erreicht, zwischen Blut u. Fett jedoch in 1—2 Stunden. Die größte Menge an I wird im Fettgewebe des Menschen innerhalb von 1½—2½ Std. gefunden. Der Abbau von I in vivo beträgt bei der Ratte innerhalb der ersten 6 Std. nach der Anwendung von I ca. 10%/Stunde. Nach ca. 12 Std. sind 90% abgebaut. Bei Ratten, denen 70% der Leber entfernt worden waren, u. bei beiderseits nephrektomierten Tieren betrug der Abbau im gleichen Zeitraum 27 bzw. 58%. (J. Pharmacol. exp. Therapeut. **107.** 368—78. März 1953. Ann Arbor, Mich., Univ., Med. School, Dep. of Pharmacol. and Anesthesiol.) R. KÖNIG. 4607

Paolo Zoboli, *Die Wirkung des Morphins und ähnlicher Verbindungen auf das Gesamtblutvolumen.* Verss. an Hunden zeigten, daß höhere Dosen von intravenös oder intramuskulär gegebenem *Morphin, Codein, Dilaudid* oder *Amidan* eine deutliche Senkung des Blutvol. hervorrufen. Der mögliche Wirkungsmechanismus wird kurz diskutiert. (Sperimentale, Sez. chim. biol. **3.** 96—99. 15/10. 1952. Modena, Univ., Ist. di Farmacol.) H. SCHEURLEN. 4607

George P. Fulton, Robert P. Akers und **Brenton R. Lutz,** *Reine Thromboembolie und Gefäßbrüchigkeit bei der Hamsterbackentasche nach Antikoagulantien.* Durch Kontakt einer Mikroelektrode mit den kleinen Blutgefäßwänden bei der Hamsterbackentasche erzeugten Vff. Blutungen. Eine einsetzende Plättchenagglutination wurde durch Verabreichungen von *Heparin, Dicumarol, Tromexan* oder *Phenylindandion* nicht verhindert, es erfolgte im Gegenteil ein Anwachsen derselben u. zusätzlich ein Anwachsen der Gefäßbrüchigkeit. (Blood **8.** 140—52. Febr. 1953. Boston, Mass., Univ., Dep. of Biol.) BRATFISCH. 4607

George J. Race und **Doris Wingate Reed,** *Das durch Stickstofflost, adrenocorticotropes Hormon (ACTH) und Thoriumdioxyd veränderte Shwartzman-Phänomen.* Beim SHWARTZMAN-Phänomen (Sh.Ph.) handelt es sich um eine lokale Rk. des Gewebes mit Hämorrhagie nach intradermaler Injektion eines Bakterienfiltrates. Es werden Verss. an Kaninchen beschrieben, denen Filtrate von Meningokokken u. durch Hitze getötete Meningokokken nach vorheriger Behandlung mit *Stickstofflost* (I; 2 mg/kg), *ACTH* [II; 12,5 mg *Corticotropin* (WILSON)] u. *Thoriumdioxyd* (III; *Thorotrast*, HEYDEN CHEM. CORP., 9 cm³) verabreicht wurden. I u. II besitzen nur unvollkommen die Fähigkeit, das Sh.Ph. zu unterdrücken, während III wirkungslos war. Die Veränderungen der Gewebe werden an Hand von Mikroaufnahmen ausführlich beschrieben. (Southern med. J. **46.** 207—13. März 1953. Durham, N. C., Duke Univ., School of Med., Dep. of Pathol.) R. KÖNIG. 4607

Jaako Elo, Eero Estola und **Nicken Malmström,** *Antikoagulantien in Pilzen.* Vff. untersuchten NaCl-Extrakte von 175 Pilzarten auf antikoagulierende Eigg.; 161 erwiesen sich als inaktiv. Von den restlichen waren 4 bes. akt.: *Collybia platyphylla* (I), *Pluteus cervinus* (II), *Polyporus confluens* (III) u. *Tricholoma equestse* (IV). I u. II waren bei 100° für 30 Min. thermostabil, III u. IV wurden bei 56—70° inaktiv. Durch 48 Std. Dialyse gegen physiol. NaCl-Lsg. verlieren I, II, III u. IV einen Teil der Wirksamkeit. (Ann. Med. exp. Biol. fenn. **31.** 82—90. 1953. Helsinki, Univ., Dep. of School and Bacteriol., u. Dep. of Botany.) BRATFISCH. 4608

Ss. D. Balachowski, D. Je. Rywkina und **N. N. Drosdowa,** *Über die physiologische Wirkung von mit Vitamin A verwandten Stoffen im Zusammenhang mit Änderungen ihrer Struktur.* Vff. weisen am isolierten Meerschweinchendarm nach, daß die Antihistaminaktivität von *Allocimen* (I) viel stärker ist als die des strukturell nahestehenden *Citrals* (II). Dies wird durch die 3. Doppelbindung in I verursacht. Die Aldehydgruppe ist von geringem Einfl. auf die Antihistaminaktivität. Die Wrkg. von I u. II nimmt bei wiederholter Applikation zu. Gleich dem Vitamin A sind I u. II ferner fähig, sowohl den mol. als auch den Peroxyd-O zu aktivieren. (Доклады Академии Наук СССР [Ber. Akad. Wiss. UdSSR] [N. S.] **88.** 527—29. 21/1. 1953.) RENTZ. 4608

H. Kreitmair, *Pharmakologische Wirkung des Alkaloids aus Peumus Boldus Molina.* Es wurden das Gesamtalkaloid *Boldin* (I), wie auch das reine, krist. *Boldinhydrochlorid* (II) aus Peumus Boldus, einer Monimiacee aus Peru u. Chile tierexperimentell geprüft. Die krist. Base enthält 25% Kristallchloroform. II wirkt leicht sedativ, in höheren, die Atmung bereits hemmenden Dosen narkot., es ruft am Kaninchenauge keine Pupillenerweiterung hervor u. wirkt nicht lokalanästhet., es besitzt keine analget. u. antipyret. Wirkung. Die Harnstoffausscheidung, Gallen-, Magen- u. Speichelsekretion ist nach **II** vermehrt. Durch Carbaminoylcholinhydrochlorid hervorgerufener Darmspasmus wurde durch **II** aufgehoben u. überkompensiert. Kumulation u. Gewöhnung treten nicht auf. **I** ist weniger stark wirksam als **II**, es ruft keine vermehrte Diurese u. Harnstoffausscheidung hervor, dagegen bewirkt es eine Erhöhung des Blutzuckerspiegels u. eine Senkung des Blutdruckes. Diese von **II** abweichenden Eigg. des **I** sind auf Anwesenheit von Nebenalkaloiden zurückzuführen. (Pharmazie **7.** 507—11. Aug. 1952. Buchenau über Hersfeld.) WALLIS. 4608

M. D. Maschkowski und **N. A. Kryschowa,** *Pharmakologische Eigenschaften und Anwendung des neuen Heilmittels Pachycarpin.* Das Pflanzenalkaloid *Pachycarpin* (**I**) schaltet nicotinähnlich die Synapsen, bes. des Sympathicus, ohne vorausgehende Erregung aus. Die Wrkg. des Acetylcholins u. Adrenalins wird abgeschwächt, der Blutdruck kaum verändert, der Puls verlangsamt, der isolierte Uterus schon in Konzz. 1:20000 deutlich stimuliert. Die Toxizität ist gering. Hunde, Katzen u. Kaninchen vertragen 5—10 mg/kg. 20 mg/kg wirken sedativ. Weiße Mäuse werden durch 35 mg/kg intravenös oder 110 mg/kg subcutan getötet. **I** fand Anwendung bei Endarteriitiden, Myopathien u. zur Beschleunigung der Geburt. Nebenwirkungen wurden nicht beobachtet. Höchstmenge pro Dosis 0,2 g, pro Tag 0,6 g. (Советская Медицина [Sowjet-Med.] **17.** Nr. 2. 36—38. Febr. 1953. Moskau, Allunions Wiss. Chem.-Pharmazeut. Ordschonikidse-Forschungsinst.; Leningrad, Physiol. Pawlow-Inst. der Akad. der Wiss. der UdSSR.) RENTZ. 4608

Hartwig Eufinger, *Gezielte antibakterielle Therapie chirurgischer Infektionen.* Es wird auf die Notwendigkeit hingewiesen, vor der Behandlung mit antibakteriellen Therapeuticis die Empfindlichkeit der Keime zu bestimmen. Am besten eignet sich für die Klinik der Blättchentest. So läßt sich die Zahl der Versager bei *Supronal* von 35 auf 9% herabsetzen. (Wiener med. Wschr. **102.** 1019—21. 27/12. 1952. Kiel, Univ., Chirurg. Klinik.) GERBER. 4610

L. A. Bljumenfeld, Ss. E. Krassowitzkaja und **Sch. D. Moschkowski,** *Die Wirkung von „Bigumal" auf den funktionellen Zustand des Hämoglobins.* In Verss. in vitro u. in vivo (an Hunden) wird festgestellt, daß das Antimalariamittel *Bigumal* (**I**; N-p-Chlorphenyl-N[5]-isopropylbiguanid) die Transhämierung des Oxyhämoglobins verlangsamt u. folglich das Hämoglobin stabilisiert. Wird im **I**-Mol. Cl durch eine CH_3-Gruppe ersetzt oder der Propylrest weggelassen, so geht mit der Antimalariawrkg. auch der Einfl. auf das Oxyhämoglobin verloren. Die Eigg. von **I**, auf die intraerythrocytäre Form des Malariaerregers zu wirken, wird mit der beschriebenen Beeinflussung des Hämoglobinzustandes in Zusammenhang gebracht. (Доклады Академии Наук СССР [Ber. Akad. Wiss. UdSSR] [N. S.] **88.** 531—33. 21/1. 1953. Zentralinst. für Ärztefortbldg. des Gesundheitsminist. der UdSSR.) RENTZ. 4610

Quintino Mingoia, *Behandlung der Tuberkulose mit Isonicotinsäurehydrazid.* Zusammenfassung der Pharmakologie u. klin. Verwendung des Isonicotinsäurehydrazids. (Arquivos Biologia **36.** 61—68. Juli/Okt. 1952.) GERBER. 4610

C. Levaditi, A. Vaisman und **H. Chaigneau-Erhard,** *Heilwirkung von Isonicotinsäurehydrazid (INH) bei der durch den Stamm Mycobacterium paratuberculosis 607 bei der Maus hervorgerufenen Infektion. Isonicotinsäurehydrazid* zeigt bei der Maus, die mit Mycobact. paratuberculosis, Stamm 607, infiziert wurde, sehr wertvolle antibakterielle Eigenschaften. Die Mortalität beträgt im Gegensatz zu den Kontrollen (60%) bis zum 38. Tag nur 25%. (Ann. Inst. Pasteur **84.** 633—35. März 1953. Inst. Alfred Fournier.) RUTKOWSKI. 4610

C. Levaditi, A. Vaisman und **H. Chaigneau-Erhard,** *Therapeutische Wirkung des Isonicotinsäurehydrazids (INH) bei tuberkulöser Infektion, die durch Einbringen von Mycobacterium tuberculosis in das Zentralnervensystem beim Meerschweinchen hervorgerufen wurde.* Die Behandlung der experimentellen Meerschweinchentuberkulose mit *Isonicotinsäurehydrazid* verhindert die Generalisation in den Lungen, der Milz u. Leber. (Ann. Inst. Pasteur **84.** 630—33. März 1953. Inst. Alfred Fournier.) RUTKOWSKI. 4610

Karoline Lucius, *Behandlung der Hauttuberkulosen mit Isonicotinsäurehydrazid.* Es wurden 45 Fälle von Hauttuberkulose mit *Isonicotinsäurehydrazid* (**I**) behandelt, davon 32 mit *Neoteben* u. 13 mit *Rimifon.* Die Wirksamkeit von **I** wird mit der des *Vitamin* D_2 (**II**) u. des *Contebens* (**III**) gleichgesetzt. In der Verträglichkeit soll **I** dem **III** überlegen sein, dem **II** nicht nachstehen. (Z. Haut- u. Geschlechtskrankh. **13.** 367—68. 15/12. 1952. Berlin, Freie Univ., Rudolf-Virchow-Krankenhaus.) WALLIS. 4610

O. Laur und **H. J. Otte,** *Streptomycinspiegelbestimmungen in Serum, Liquor cerebrospinalis und Gehirngewebe bei Meningitis tuberculosa.* Bei 6 Fällen von *Meningitis tuber-*

culosa konnte der letale Ausgang durch *Streptomycin* (I) nicht verhindert werden, obgleich der I-Spiegel im Serum u. Liquor, der nach HENNEBERG u. WATERSTRAAT (Zbl. Bakteriol., Parasitenkunde, Infektionskrankh. Hyg., I. Abt., Orig. **156.** [1950.] 258) bestimmt wurde, ausreichend war, um Tuberkulosestämme mit n. Empfindlichkeit zu hemmen. Im Gehirngewebe konnte in keinem Fall I nachgewiesen werden. (Z. Tuberkulose **100.** 350—56. Sept. 1952. Rostock, Univ., Hygien. Inst. u. Med. Klinik.) RUTKOWSKI. 4611

E. Gratzl und **W. Jaksch,** *Der Penicillinblutspiegel bei Pferd, Rind und Hund.* Best. des *Penicillin* (I)-Blutspiegels mit 20 verschied. I-Präpp. an 102 Pferden, 57 Rindern u. 166 Hunden. Brauchbar sind nach Vff. nur solche Präpp., die einen ausreichenden I-Spiegel über 24 Std. gewährleisten. Diese Bedingung erfüllt etwa *Procain*-I in wss. Suspension (BIOCHEMIE, G. m. b. H., Kundl, Tirol). Eine Erhöhung auf den 2—2,5-fachen Wert ist durch Zusatz von Stabilisatoren möglich. Als bestes Präp. für die prakt. Bedürfnisse der Veterinärmedizin erwies sich *Procain*-I in Öl (BIOCHEMIE). Dieses Präp. enthält Al-Monooleat als Zusatz. Bei Pferd u. Rind gewährleisteten $2 \cdot 10^3$ E./kg einen ausreichenden I-Spiegel für 26—27 bzw. 24 Std., beim Hund mußten $2 \cdot 10^4$ E./kg zur Aufrechterhaltung einer genügenden I-Konz. für 22 Std. gegeben werden. (Wiener tierärztl. Mschr. **39.** 144—72. März. 225—57. April 1952. Wien, Tierärztliche Hochschule, Pharmakolog. Inst. u. Med. Klinik.) DOSSMANN. 4611

P. Terp, *Orale Anwendung von Penicillin. Eine Übersicht.* Auf Grund der Literatur (24 Literaturangaben) wird die heutige Stellung der peroralen Anwendungsweise des Penicillins in der Therapie erörtert. (Arch. Pharmac. og Chem. **59.** (**110.**) 27—35. 24/1. 1953.) R. K. MÜLLER. 4611

I. B. Bender, R. S. Pressman und **Sylvia G. Tashman,** *Wirkung parenteraler Gaben von Antibioticis auf die Mundflora.* Es wurden einmalig je 400000 E. *Penicillin* (I; 100000 E. krist. Na-I + 300000 E. Procain-I), 1 g *Dihydrostreptomycin* (II), ein Gemisch von 1 g II + 400000 E. I (sämtlich intramuskulär) bzw. 1 g *Chloramphenicol* (III; intravenös) gegeben u. nach 1 Std. die Anzahl der Mikroorganismen im Speichel gezählt. Weder I noch II hatten eine sichere Wrkg. auf die Mundflora, dagegen sank nach III die Zahl der Aerobier im Speichel um 40%, die der Anaerobier um rund 30%. Das I + II-Gemisch jedoch verringerte die Menge der Aerobier u. auch die der Anaerobier um 65%. In vitro zeigten Verss. mit 5 aus dem Blut von Patienten mit postoperativer Bakterämie isolierten Bakterienstämmen eine additive bzw. eine synergist. Wrkg. von I u. II, woraus sich die Wrkg. des I + II-Gemisches in vivo erklärt. Eine vor Zahnextraktionen zu verabreichende parenterale Gabe von I + II halten Vff. demnach zur Verhütung postoperativer Bakterämie für zweckmäßig. (J. Dental Res. **32.** 78—86. Febr. 1953. Philadelphia, Pa., Albert Einstein Med. Center, Northern Div., Res. Labors.) KLESSE. 4611

W. Lindemayr, *Mißerfolge bei Penicillinbehandlung der frischen Lues.* Patienten mit Rezidivexanthem bei Lues II zeigen nach einmaliger *Penicillin*-Kur nach ½ Jahr in einem hohen Prozentsatz noch positive Seroreaktionen. Durch Kombination mit Salvarsan–Wismut-Behandlung läßt sich das Ergebnis verbessern. (Wiener med. Wschr. **102.** 1028—30. 27/12. 1952. Wien, Univ., Hautklinik.) GERBER. 4611

Allan Erslev, *Hämatopoietische Depression, hervorgerufen durch Chloromycetin.* Vf. berichtet über 2 Fälle von Salmonella-Infektion, die nach Therapie mit Sulfonamiden u. Antibioticis auch mit *Chloromycetin* (I) behandelt wurden. Unter dem Einfl. von I entwickelte sich erythropoiet. Hypoplasie u. Hemmung des Reifungsprozesses im Knochenmark. Nach Unterbrechung der I-Therapie folgte hämatolog. Genesung mit gut definierter Reticulocytose. (Blood **8.** 170—74. Febr. 1953. Boston, Mass., Harvard Med. School, Dep. of Ped., u. Beth Israel Hosp., Dep. of Ped.) BRATFISCH. 4611

Leon Banov jr., *Die neueren Antibiotica bei der Behandlung rektaler Verengungen durch Lymphogranuloma venereum.* Bericht über 26 Fälle rektaler Verengungen bei Lymphogranuloma venereum, die mit *Aureomycin* (I), *Chloramphenicol* (II) u. *Terramycin* (III) behandelt wurden (Dosis: 750 mg bis 1 g/Tag in mehreren Dosen). Es zeigte sich, daß I, II u. III bis zu einem gewissen Grad eine Besserung herbeiführen können, ohne daß allerdings bei bestimmten Fällen der chirurg. Eingriff überflüssig wäre. Die meisten Nebenerscheinungen verursachte I; II führte bei 2 Fällen zu Erbrechen, während bei III keine Nebenerscheinungen zu beobachten waren. (Southern med. J. **46.** 269—75. März 1953. Charleston, S. C., Med. Coll. u. Roper Hosp.) R. KÖNIG. 4611

Ss. G. Swjaginzewa und **B. W. Popowitsch,** *Die Anwendung von Synthomycin bei Toxikosen intestinaler Herkunft bei Kleinkindern.* Durch seine bakteriostat. Wrkg. ist *Synthomycin,* in Dosen von 0,02 g pro 1 kg Körpergewicht 4 mal täglich 7—8 Tage lang in Zuckersirup oder 5%ig. Glucoselsg. verabreicht, von vorzüglicher Wrkg. bei der tox. Dyspepsie der Kleinkinder. (Советская Медицина Sowjet-Med.] **17.** Nr. 2. 3—6. Febr. 1953. Zentralinst. für Ärztefortbldg., Lehrstuhl für Pädiatrie.) RENTZ. 4611

M. Joerg und **W. Ertl,** *Klinische Anwendung und Erfahrungen mit Hyaluronidase bei Pleuraergüssen.* Subcutane, intramuskuläre, vor allem aber intrapleurale Anwendung von *Hyaluronidase* (*Permease;* SANABO) zur Beschleunigung der Resorption von Pleuraergüssen. (Wiener med. Wschr. **103.** 35—37. 10/1. 1953. Wien, St. Rochus-Spital.) GIBIAN. 4614

W. H. Funderburk und **K. R. Unna,** *Wirkungsort von 2.2-Diäthylpropandiol-(1.3) (Prenderol) am Zentralnervensystem.* Verss. an verschied. Stellen des Rückenmarkes von Katzen ergaben, daß *Prenderol, 2.2-Diäthylpropandiol-(1.3) = DEP* (I), eine ähnliche hemmende Wrkg. auf die spinalen Neuren ausübt wie *Mephenesin* (II). Die Stärke der Wrkg. von I betrug ca. $^1/_3$ der von II u. war von geringerer Dauer. Unterss. mit Hilfe des Elektroencephalogrammes ließen bei I, im Gegensatz zu II, eine Reizwrkg. auf den Rückenmarksbezirk erkennen. (J. Pharmacol. exp. Therapeut. **107.** 344 bis 355. März 1953. Chicago, Ill., Univ., Coll. of Med., Dep. of Pharmacol.)) R. KÖNIG. 4620

E. Woringer, J. Schneider und **G. Brogly,** *Die Rolle integrierender Mechanismen des Nervensystems in der Anästhesie und ihre Beziehung zur Pathoklise. Elektroencephalographischer Nachweis bei Katzen.* Corticale u. subcorticale elektroencephalograph. Ableitungen bei Katzen in *Pentothal-*, *Ae.-*, N_2O*-* u. *Trichloräthylen*-Narkose bestätigen die Theorie eines dynam. Narkosemechanismus, wonach die Erscheinungen der Narkose durch Einw. auf Neuronensysteme entstehen, die bestimmte anatom. Formationen im Hirn verbinden. Diese Ansicht wird auch durch die Pathoklisetheorie von C. u. O. VOGT gestützt. (Current Res. Anesthesia Analgesia **31.** 332—342. Sept./Okt. 1952. Colmar, Frankreich, Hôp. Pasteur.) DAUTZENBERG. 4621

William K. Nowill, C. Ronald Stephen und **Paul W. Searles,** *Beurteilung des Trichloräthylens als Anästheticum und Analgeticum.* Tierexperimentelle u. klin. Unterss. (1032 Patienten) ergaben nach Anwendung von *Trichloräthylen* (*Trilene,* IMPERIAL CHEMICAL LTD.) in Dampfkonzz. unter 0,5% keine schädigende Wrkg. auf Leber u. Nieren, prakt. keine Störungen des Herzrhythmus, dabei eine leichte Steigerung der Hirndurchblutung. Höhere Konzz. führen vor allem zu Herzrhythmusstörungen u. sollen deshalb vermieden werden. *Trichloräthylen* soll deshalb nur als Analgeticum ohne Bewußtseinsausschaltung u. zur Ergänzung anderer Narkotica (Barbiturate, N_2O), nicht als alleiniges Narkoticum verwandt werden. (A. M. A. Arch. Surgery **66.** 35—47. Jan. 1953. Durham, N. C., Duke Univ., Hosp. u. School of Med., Div. of Anesthes.; Buffalo, Univ. of Buffalo, School of Med., Millard Fillmore Hosp.) DAUTZENBERG. 4621

Herman I. Roseman, *Trichloräthylenanästhesie in der Kinderurologie.* Kurzer Bericht über *Trichloräthylen*–N_2O–O_2-Narkosen mit *Pentothal*-Basis bei urolog. Eingriffen bei 30 Kindern von 2—13 Jahren. Die Ergebnisse waren zufriedenstellend. (Amer. J. Surgery **85.** 539—40. April 1953. Montclair, N. J., Mountainside Hosp.) DAUTZENBERG. 4621

Lucien E. Morris, Milton H. Noltensmeyer und **J. M. White jr.,** *Durch Epinephrin hervorgerufene Herzrhythmusstörungen beim Hund unter Trichloräthylen-, Cyclopropan-, Chloräthyl- und Chloroformnarkose.* Unter *Trichloräthylen-*, *Cyclopropan-* u. *Chloräthyl*-Narkose wird das Herz des Hundes gegenüber *Epinephrin* in etwa gleichem Maße sensibilisiert, wobei die Tachykardie als Kriterium diente. Dagegen war *Chloroform* wesentlich schwächer wirksam. (Anesthesiology **14.** 153—58. März 1953. Iowa City, Iowa, State Univ. of Iowa, Coll. of Med., Dep. of Surg., Div. of Anesthes.) DAUTZENBERG. 4621

Douglas C. Wendt, *Lidocaine in der Zahnheilkunde.* Bericht über gute Erfolge mit dem Lokalanästheticum *Lidocaine* (I) bei 300 Patienten. Verwendet wurden 3 verschied. Lsgg.: 2% I + *Epinephrin* (II), 1:50000, 2% I + II, 1:100000, u. I ohne II. Zur örtlichen Betäubung genügte in der Regel 1 cm^3, zur Leitungsanästhesie wurden 1,8 cm^3 injiziert. I wirkt schneller u. erzeugt eine tiefere Anästhesie als *Procain.* Keine postoperativen Reaktionen. (U. S. Armed Forces med. J. **3.** 1645—48. Nov. 1952. Washington, D. C., Andrews Air Force Base, Military Air Transport Service.) KLESSE. 4621

R. Fink, *Schmerzbekämpfung nach kleineren operativen Eingriffen.* Mit *Ircodin*-Suppositorien GEIGY (*Butazolidin* 0,2 g, *Dipyrin* 0,3 g, *Medomin* 0,3 g, *Codein* 0,02 g) konnte in 170 von 200 Fällen nach kleineren Operationen gute Analgesie erzielt werden. Keine Nebenwirkungen. (Praxis [Bern] **42.** 149—50. 19/2. 1953. Horgen, Krankenhaus.) DAUTZENBERG. 4621

G. Wilhelmi, *Über die Retardwirkung von Dioxodiphenylbutylpyrazolidin (Butazolidin) auf verschiedene Pharmaca, insbesondere Analgetica.* Die analget. Wrkg. von *Mor-*

phin, Methadon, Codein, Pethidin, Parpanit u. *Promethazin* bei der Maus wird durch gleichzeitige oder vorherige Gabe von 100 mg/kg *Butazolidin* (*Dioxodiphenylbutylpyrazolidin*), das allein keine analget. Wrkg. besitzt, verstärkt u. verlängert. (Helv. physiol. pharmacol. Acta **10.** C 33—35. 1952. Basel, J. R. Geigy Akt.-Ges., Pharmakol. Labor.) DAUTZENBERG. 4621

Arthur S. Keats und **Henry K. Beecher,** *Die analgetische Wirksamkeit von Morphinlösungen mit Natriumbisulfit.* Unterss. an insgesamt 716 Patienten ergaben, daß ein Zusatz von 0,1% $NaHSO_3$ zu wss. *Morphin*-Lsgg. deren analget. Wrkg. nicht verändert (im Gegensatz zur Toxizitätssteigerung von *Procain*- u. *Epinephrin*-Lsgg. durch $Na \cdot HSO_3$). (Anesthesiology **14.** 140—42. März 1953. Boston, Mass., Harvard Med. School, Massachusetts Gen. Hosp., Anesthes. Labor.) DAUTZENBERG. 4621

G. Taubmann und **E. Tresser,** *Spaltung des Novocains durch Serumesterase. Eine klinische Untersuchung.* Serum gesunder Versuchspersonen spaltet *Novocain* (**I**) nach Vorbehandlung mit **I** 2—4 Tage vorher schneller als ohne diese. Im Fieber u. nach Schädeltraumen ist die **I**-Spaltung verzögert, wird aber auch hier durch wiederholte Applikation beschleunigt. (Dtsch. med. Wschr. **78.** 320—22. 6/3. 1953. Frankfurt/M., Univ., Pharmakol. Inst. u. Hals–Nasen–Ohren-Klinik.) DAUTZENBERG. 4621

Lucien E. Morris, Erwin A. Schilling und **Evan L. Frederickson,** *Die Anwendung von Tensilon bei Lachgasnarkose mit Curare.* An Hand der Erfahrungen bei 120 Narkosen mit *N_2O–Curare* u. Beendigung der Curaresierung durch *Tensilon* (*3-Oxyphenyldimethyläthylammoniumbromid*) wird die klin. Brauchbarkeit dieser Anästhesiemeth. erörtert, die sich bes. bei Patienten in schlechtem Allgemeinzustand, bei Craniotomien, Thoracotomien u. Schnittentbindungen bewährt hat. (Anesthesiology **14.** 117—25. März 1953. Iowa City, Iowa, State Univ. of Iowa, Univ. Hosp.) DAUTZENBERG. 4628

Walter F. Riker jr., *Erregende und Anticurareeigenschaften des Acetylcholins und verwandter quartärer Ammoniumverbindungen an der myoneuralen Synapse.* Ausführliche Übersicht an Hand der Literatur (271 Literaturangaben). (Pharmacol. Rev. **5.** 1—86. März 1953. New York, N. Y., Cornell Univ., Med. Coll., Dep. of Pharmacol.) DAUTZENBERG. 4628

W. C. Brown, D. O. Schiffman, E. A. Swinyard und **L. S. Goodman,** *Vergleichender Versuch mit antiepileptisch wirkenden Mitteln mit Hilfe des psychomotorischen Testes und des Minimum–Elektroschock-Schwellentestes.* Bericht über Verss. an Mäusen mit folgenden 8 Präpp.: *5-Äthyl-5-phenyl-Na-barbiturat* (*Phenobarbital-Na*; **I**), *5-Äthyl-1-methyl-5-phenylbarbitursäure* (*Mebaral*; STERLING-WINTHROP RES. INST.), *3-Methyl-5-phenyl-5-äthylhydantoin* (*Mesantoin*; SANDOZ CHEM. WORKS, INC.), *5.5-Diphenylhydantoin-Na* (*Dilantin-Na*; **II**; PARKE, DAVIS & CO.), *5-Phenyl-5-(2-thienyl)-hydantoin-Na* (*Thiantoin-Na*; **III**; ELI LILLY & CO.), *3.5.5-Trimethyloxazolidindion-(2.4)* (*Tridion*; **IV**; ABBOTT LABORS.), *3.5-Dimethyl-5-äthyloxazolidindion-(2.4)* (*Paradion*, ABBOTT LABORS.) u. *Phenylacetylharnstoff* (*Phenuron*; ABBOTT LABORS.). Mit Hilfe des Minimum–Elektroschock-Schwellentestes nach SWINYARD (J. Amer. pharmac. Assoc., sci. Edit. **38.** [1949.] 201) u. des psychomotor. Testes nach TOMAN (Neurology **1.** [1951.] 444) wurde festgestellt, daß **I** die stärkste u. **IV** die schwächste Wrkg. hat, während die anderen Präpp., mit Ausnahme von **II** u. **III**, die unwirksam waren, dazwischen liegen. Bei der Beurteilung der Effekte antiepilept. wirksamer Mittel durch Tierverss. allein ist nach Ansicht der Vff. Vorsicht geboten. (J. Pharmacol. exp. Therapeut. **107.** 273—83. März 1953. Salt Lake City, Utah, Coll. of Med. u. Coll. of Pharm.) R. KÖNIG. 4628

Ralph W. Schaffarzick und **Beverly J. Brown,** *Die krampfhemmende Wirkung und Toxizität des Methylparafynols (Dormison) und einiger anderer Alkohole.* Am Elektrokrampf der Ratte wurde die krampfhemmende Wrkg. von *3-Methylpentinol-(3)* (*Methylparafynol, Dormison*; **I**), *2-Methylpropanol-(2)* (*tert.-Butanol*; **II**), *3-Pentanol* (*Diäthylcarbinol*; **III**), *2-Methylpentandiol-(2.4)* (**IV**), *2-Methylbutanol-(2)* (*tert.-Amylalkohol*; **V**) u. *3-Äthylpentanol-(3)* (*Triäthylcarbinol*; **VI**), mit *Phenobarbital* (**VII**) u. *A.* verglichen. Dabei ergab sich für den Protektivindex [Verhältnis der mittleren tox. [ataxieerzeugenden] (DT_{50}) zur mittleren krampfhemmenden Dosis (DE_{50})] folgende Reihenfolge: **II, III, VII, IV, V,** A., **I, VI.** Für die therapeut. Breite (DL_{50}/DE_{50}) ergab sich folgende Reihenfolge: **VII, II, IV, III, V, I,** Äthylalkohol. Die außerdem untersuchten Verbb.: *2-Äthylhexanol-(2)* u. *3.9-Diäthyltridecanol* zeigten in dieser Versuchsanordnung nur schwache u. unregelmäßige krampfhemmende Wirkung. (Science [Washington] **116.** 663—65. 12/12. 1952. San Francisco, Calif., Stanford Univ., School of Med., Dep. of Pharmacol. and Therap.) DAUTZENBERG. 4628

Karl-Theodor Ruckdeschel, *Die Anwendung eines Muskelrelaxans, Bis-cholinuccinat-dijodid, bei der Krampfbehandlung.* Bereits früher (zusammen mit FISCHER,

C. **1953.** 1681) mitgeteilte gute Erfahrungen bei der Verwendung von *Succinylcholin* bei der Krampftherapie werden an größerem Material (insgesamt 1728 Krampfbehandlungen) bestätigt. (Dtsch. med. Wschr. **78.** 366—67. 13/3. 1953. München, Univ., Nervenklinik; Klin. Inst. der Deutschen Forschungsanstalt.) DAUTZENBERG. 4628

A. MacA. Blayney, *Die Brevidilreihe der Relaxantien vom Succinylcholintyp.* In 595 Fällen (367 Elektroschocks, 163 Intubationen, 60 Endoskopien, 3 orthopäd. Eingriffen u. 2 Bauchoperationen) wurde *Brevidil* als Relaxans angewandt. *Brevidil E* (*Bis-[β-dimethylaminoäthyl]-succinat-bis-äthobromid, Suxethoniumbromid*) wirkt, bezogen auf gleiche Gewichtsmengen des akt. Kations, kürzer u. etwa halb so stark wie *Brevidil M* (*Bis-[β-dimethylaminoäthyl]-succinat-bis-methobromid, Suxamethoniumbromid*). Unangenehme Nebenwirkungen wurden nicht beobachtet. Zur Nomenklatur: *Suxethoniumjodid* = M & B 2210, 362 1. S., R. P. 4423, Tachycurarin; *Suxamethoniumjodid* = M & B 2207, Compound 48-268, L. T. 1, Celocurin; *Suxamethoniumchlorid* = Lysthenon, Scoline. (Irish J. med. Sci. [6] **1953.** 108—14. März. Dublin, Mater Misericordiae Hosp.) DAUTZENBERG. 4628

W. Trauschke, *Komplikationen der Lysthenonanwendung.* Vf. berichtet über 7 Fälle von Komplikationen bei der Anwendung von *Lysthenon* (*Succinylcholinchlorid*): Tödliche Aspiration, Spontanfraktur des Humerus im Bereich eines Tumors (infolge initialer Krämpfe), keine ausreichende Lähmung bei ausgeprägten Krämpfen (2 Fälle), verlängerte Atemlähmung (3 Fälle). (Wiener klin. Wschr. **65.** ([N. F.] **8.**) 272—73. 3/4. 1953. Wien-Lainz, Stadtkrankenhaus, I. Chirurg. Abt.) DAUTZENBERG. 4628

Jean Delay und **Jean E. Thuillier,** *Curarisierung rectal durch Suppositorien.* Am Kaninchen konnte durch rectale Verabfolgung von 5 mg/kg *d-Tubocurarin,* 5 mg/kg *Flaxedil* oder 25 mg/kg *336 HC* (*N.N-Bis-piperidyläthylpiperazinjodäthylat*) in Suppositorien völlige Curarisierung erzielt werden, die sich von der bei intravenöser Gabe nur durch etwas langsameren Eintritt u. längere Dauer unterscheidet. Intravenöse Gabe von *Prostigmin* oder *Eserin* hebt auch hier die Curarisierung prompt auf. (Science [Washington] **117.** 57. 16/1. 1953. Paris, Fac. de Méd., Clin. des Maladies Mentales et de l'Encéphale, Labor. de Biol.) DAUTZENBERG. 4628

Søren Jørgensen, *Blutdruckabfall nach einmaliger Injektion von Enibomal und Thiomebumal. Enibomal* (**I**; *Na-Salz der 5-Isopropyl-5-β-bromallyl-1-methylbarbitursäure*) u. *Thiomebumal* (**II**; *Na-Salz der 5-Äthyl-5-[1'-methylbutyl]-thiobarbitursäure*) bewirken nach intravenöser Injektion Abfall des Blutdrucks, der seinen tiefsten Wert nach 30—40 Sek. erreicht, um dann wieder anzusteigen. Bei Dosen von 150—350 mg ist der Blutdruckabfall bei Verwendung von **I** größer als bei **II.** (Acta pharmacol. toxicol. [Köbenhavn] **9.** 41—46. 1953. Kopenhagen, Frederiksberg Hosp.) BRATFISCH. 4630

Folke Serin, *Die Wirkungen von Nikethamide auf den Blutdruck nach Paralyse der autonomen Ganglia mit Hexamethoniumchlorid. Nikethamide* (**I**) intravenös injiziert führt zu typ. Wirkungen auf den Blutdruck: kurzer Abfall u. anschließender Anstieg von langer Dauer. Diskussion der **I**-Wirkung. (Acta pharmacol. toxicol. [Köbenhavn] **9.** 59—65. 1953. Lund, Schweden, Univ., Dep. of Pharmacol.) BRATFISCH. 4630

A. Marchand-Alphand und **M. Delecour,** *Abortive Wirkung verschiedener blutgefäßerweiternder Medikamente. 2-Benzylimidazolin* (*Priscol*), eine gefäßerweiternde Verb., verursacht bei graviden Meerschweinchen u. Kaninchen einen Abort, verbunden mit einem Infarkt an Uterus u. Placenta. Da andere vasodilator. Verbb., wie Acetylcholin u. Dilvasen (2249 F), nicht abortiv wirken, schließen Vff., daß die Wrkg. des Priscols auf die chem. Konst., speziell auf die Benzylgruppe, zurückzuführen ist. (Ann. Méd. légale Criminol., Police sci., Méd. soc., Toxicol. **32.** 220—23. Mai/Juni 1952.) BAUMANN. 4630

Henry I. Russek und **Burton L. Zohman,** *Antikoagulantientherapie bei akutem Myokardinfarkt. Ein Überblick von Meinungen von Spezialisten betreffend Indikationen, Ergebnisse und Gefahren.* (Vgl. C. **1953.** 4233.) Zusammenfassender klin. Bericht über die Arbeiten von 229 Ärzten. (Amer. J. med. Sci. **225.** 8—13. Jan. 1953. Brooklyn, N. Y., Univ., Coll. of Med.) BRATFISCH. 4630

Gordon A. Alles, Charles H. Ellis und **Mildred A. Redemann,** *Vergleichende physiologische Wirkungen einiger Alkandiamine.* An Hunden, Kaninchen u. Meerschweinchen wurden Verss. mit den *Dihydrochloriden* von *1.8-Diaminooctan*; *1.10-Diaminodecan* (**I**); *1.12-Diaminododecan*; *2.9-Diaminodecan*; *2.11-Diaminododecan*; *1.10-Bis-[methylamino]-decan*; *1.10-Bis-[äthylamino]-decan*; *1.10-Bis-[dimethylamino]-decan*; *1.10-Bis-[diäthylamino]-decan* durchgeführt. Im Vgl. mit *Histamin* (**II**) wurden 100 bis 1000 mal höhere Dosen benötigt, um eine gleiche Intensität der Wrkg. beim Hund u. Meerschweinchen zu erzielen. Beim Kaninchen zeigte I, die sonst wirksamste Verb., keinen Effekt auf den Blutdruck. Durch Antihistaminica wurden die druckerniedrigenden Eigg. von I nicht so wirksam blockiert wie die von II. Am isolierten Dünndarm sind die Alkandiamine wesentlich weniger akt. als II. Auch die intradermale Injektion beim Menschen zeigte eine Wrkg., die ca. $^1/_{100}$ der von II betrug. Die DL_{50} von I bei weißen Ratten betrug bei intraperitonealer Injektion 0,5—0,7 Millimol/kg. I bewirkt beim Meerschweinchen eine Schädigung der Magenschleimhaut, erhöht jedoch nicht die Sekretion der Magensäure. (J. Pharmacol. exp. Therapeut. **107.** 332—43. März 1953. San Francisco, Calif., Univ. of California, Med. School, Dep. of Pharmacol. and Exp. Therapeut., u. Pasadena, Labors. of Gordon A. Alles.) R. KÖNIG. 4630

R. Triolo und **D. A. Scala,** *Das Röntgenbild des Magen–Darm-Trakts bei Herzinsuffizienz: Durch Strophanthin bedingte Veränderungen.* Bei Herzinsuffizienz erscheint im Röntgenbild das Faltenrelief des meist ptot. Magens hypertrophiert. Der Magen weist nur eine geringe Peristaltik auf, der im allg. erweiterte Darm reagierte dagegen hypokinetisch. Unter *Strophanthin* u. im Stadium der Rekompensation des Herzens sollen die Peristaltikanomalien schwinden. (Minerva med. [Torino] **43.** II. 595—600. 4/10. 1952. Torino, Univ., Ist. di Patologia Spec. Med.) P. G. SCHEURLEN. 4630

James H. Baxter, *Schutzwirkung von Thiouracil und Dibenamin gegen Nierenschädigung nach Cholinmangel: Einfluß der endokrinen und autonomen Systeme.* Injektionen von *Dibenamin* (I) bei Ratten üben eine gewisse Schutzwrkg. gegen Nierenschädigungen nach Cholinmangel aus. Im einzelnen wurden folgende Verbb. geprüft: *Neostigminbromid* (II), *Atropinsulfat* (III), *Dibenamin* = *N.N-Dibenzyl-β-chloräthylaminhydrochlorid, Dibenzylin* = *N-Phenoxyisopropyl-N-benzyl-β-chloräthylaminhydrochlorid* (IV; SMITH, KLINE AND FRENCH LABORS, Philadelphia, Pa.), *Formaldehyd* (V), *A., Terpentin, ACTH* (VI), *Cortisonacetat* (VII), *Nebennierenrindenextrakt, Desoxycorticosteronacetat (DOCA), Thiouracil* (VIII), *getrocknete Schilddrüse* (IX), *Sulfamerazin, Diäthylstilböstrol* (X), *Methyltestosteron, Testosteronpropionat* u. *Cholinchlorid.* Keinen Einfl. auf die Schädigungen übten aus II, III u. IV. Durch Veränderungen der Funktion des autonomen Nervensyst. lassen sich jedenfalls die Nierenschädigungen nicht beeinflussen. V, VI u. VII hatten eine gewisse Schutzwrkg., die jedoch geringer als die von I war. VIII hatte ebenfalls eine starke Wrkg., die jedoch teilweise aufgehoben wurde durch gleichzeitige Verabreichung von IX. Auch bei X war ein Effekt zu beobachten. Veränderungen im endokrinen Syst. scheinen jedenfalls nicht ohne Einfl. auf die Nierenschädigungen zu sein. (J. Pharmacol. exp. Therapeut. **107.** 394—401. März 1953. Bethesda, Md., Federal Security Agency, Public Health Serv., Nat. Inst. of Health, Nat. Heart Inst., Labor. of Metabolism.) R. KÖNIG. 4640

E. M. Glaser, *Entstehung und Behandlung der Seekrankheit.* Bewegungskrankheiten beruhen auf Reizung des Vestibularapparates. Als beste Therapie wird Verabfolgung von *L-Hyoscinhydrobromid* bezeichnet. Erwähnt werden weiter die Antihistaminica *Phenergan* (*Promethazinehydrochlorid*), *Avomine, Lergigan, Dramamine, Benadryl.* Nebenwirkungen sind unvermeidlich. *Atropin, Barbitursäurederivv.* u. gewöhnliche Antihistaminica haben auch eine gewisse Wirkung. (Dtsch. med. Wschr. **78.** 392—93. 20/3. 1953. Singapore, Univ. of Malaya, Physiol. Inst.) DOSSMANN. 4646

Leo Benkendorf, *Über die Behandlung der Seekrankheit.* Bericht über versuchsweise Prüfung von *Hexobion* (I)-Tabletten (MERCK, Darmstadt) an 500 seekranken Patienten. Eine I-Tablette enthält 20 mg *Vitamin* B_6 (*Adermin, Pyridoxin*). 33% Versager, 33% mittlere, 33% ausgezeichnete Erfolge, Verabreichung im allg. 3 Tabletten in 4 Stunden. Rectale Verabreichung von I-Suppositorien 3mal täglich 1 Stück bei 2500 Patienten bedingte zu 90% eine günstige Wirkung. (Dtsch. med. Wschr. **78.** 393—95. 20/3. 1953. Hamburg.) DOSSMANN. 4646

Roy L. Mayhew, *Untersuchungen über Gastro–Intestinal-Parasiten bei Rindern.* 18. Mitt. *Einige Ergebnisse über das Verfüttern kleiner Mengen von Phenothiazin bei Reininfektion durch den Knotenwurm Oesophagostomum radiatum.* (17. vgl. J. Parasitology **36.** [1950.] 536.) Bei Verfütterung von 0,5—1,5 g *Phenothiazin* an Kälber wurde in 6—14 Tagen Freiheit von Oesophagostomum radiatum erzielt. Der Schutz hielt 24 bis 93 Tage an. Die Wrkg. der Substanz beruht auf einem Angriff gegenüber den Eiern der Parasiten, die bes. ihre Teilungsfähigkeit verloren. (Proc. helminthol. Soc. Washington **18.** 70—77. Jan. 1951. Louisiana, La., State Univ.) LÜPNITZ. 4649

Roy L. Mayhew, *Untersuchungen über Gastro–Intestinal-Parasiten bei Rindern.* 19. Mitt. *Weitere Untersuchungen über die Anwendung geringer Mengen von Phenothiazin bei Reininfektion durch den Knotenwurm.* (18. vgl. vorst. Ref.) Unterss. über Minimaldosis u. minimale Anwendungszeit zur erfolgreichen Behandlung infizierter Kälber. Die Tiere wurden 48 Std. nach Geburt unter Beobachtung genommen. Es ist erforderlich, 0,5 g *Phenothiazin* 14 Tage lang zu verfüttern, um Eier von *Oesophagostomum radiatum* aus dem Kot zum Verschwinden zu bringen. (J. Parasitology **38.** 525—31. Dez. 1952. Louisiana, La., State Univ.) LÜPNITZ. 4649

Hermann Birzle, *Die Therapie der Wurminfektionen des menschlichen Darmes.* Gegen Ascariasis ist das *Hexylresorcin* (Dosis: 1,0—1,2 g für Erwachsene; 0,1 g für Kinder pro Lebensjahr) bes. empfehlenswert. Auch Fermentpräpp. (wie *Vermizym* u. *Nematolyt*) u. *Vermella* (halogeniertes Oxyderiv. des 1-Methyl-4-isopropylbenzols) werden verwendet. Gegen Oxyuriasis sind neben hygien. Maßnahmen u. oben genannten Präpp. auch *Gentianaviolett* (I; *Pyoverm*), *Kristallviolett* (*Badil*) u. *Carbinolbasen* des I (*Atrimon*) in Dosen von täglich 3 mal 0,06 g (7 Tage lang) (Kinder: 0,01 g je Lebensalter) von günstiger Wirkung. CCl_4 (3 cm^3 mit 1 Glas $MgSO_4$ auf nüchternen Magen) sowie 1,2—1,5 cm^3 Ol. Chenopodii oder 0,8—1,0 cm^3 *Askaridol* gelten als Therapeuticum gegen Hakenwürmer. Strongyloidesinfektion ist mit I heilbar (Gesamtdosis: 3,2 g über 16 Tage). Der Leberegel (Fasciola hepatica) läßt sich mit *Emetin hydrochlor.* (1 mg/kg Körpergewicht täglich über 8—10 Tage intravenös) bekämpfen. Taenien werden mit *Extractum filicis* bzw. *Filmaron* (8,0 g bzw. 20 g 10%ig. Lsg. von Filmaronol) abgetrieben. *Atropin* (2 Std. vor Gabe des Extr. filicis 0,5 1 mg subcutan) oder Spasmolytica fördern den Abgang des Bandwurmkopfes. Auch *Acridinderivv.* (*Acranil*, 0,3—0,4 g, morgens nüchtern 0,3—0,4 g mit $NaHCO_3$; *Atebrin*, 15 mg/kg oder 0,6—0,8 g) sind gegen Taenieninfektion wirksam. (Münchener med. Wschr. **95.** 567—69. 8/5. 1953. Freiburg/Br., Univ., Med. Klinik.) FAHRNLAENDER. 4649

Donald R. Hales und **Arnold D. Welch,** *Eine vorläufige Untersuchung über die anthelminthische Wirksamkeit des Cyaninfarbstoffs 715 bei Hunden.* Bericht über Verss. mit dem *Cyaninfarbstoff 715* ([*1'-Phenyl-2'.5'-dimethyl-3'-pyrrol*]-[*1-methyl-6-dimethylamino-2-chinolin*]-*dimethincyaninchlorid*; I). I ist unlösl. in Ae., wenig lösl. in W., vollständig lösl. in A., besitzt einen metall. Geschmack u. verleiht nach oraler Applikation den Fäces eine rötlichbraune Färbung. Unterss. an Hunden (durchschnittliche Dosis: 20 mg/kg/Tag), die mit Askariden, Peitschen- u. Hakenwürmern infiziert waren, ließen bemerkenswerte vermicide Eigg. des I erkennen. Bei Bandwurminfektionen des Hundes war keine Wrkg. zu erkennen. Als hauptsächlichste tox. Wrkg. wurde Anorexie, gelegentliches Erbrechen sowie eine reversible Veränderung der Nierenkanälchen festgestellt. (J. Pharmacol. exp. Therapeut. **107.** 310—14. März 1953.) R. KÖNIG. 4649

J. K. Weston, P. E. Thompson, J. W. Reinertson, R. A. Fisken und **T. F. Reutner,** *Antioxyurenwirkung, Toxikologie und Pathologie eines Cyaninfarbstoffs* (*6-Dimethylamino-2-*{(*2'-*[*2''.5''-dimethyl-1''-phenylpyrryl-*(*3''*)]*-vinyl*}*-1-methylchinoliniumchlorids*) *bei Laboratoriumstieren.* Es wird über Verss. mit dem genannten Cyaninfarbstoff (I; 715) (vgl. vorst. Ref.) an Ratten, Mäusen u. Hunden, die mit Strongyloides ratti, Syphacia obvelata u. Aspicularis tetraptera infiziert waren, berichtet. I erwies sich 40 bzw. 5 mal wirksamer als Gentianaviolett. Die akute orale Toxizität (DL_{50}) betrug bei Mäusen 7,9 mg/kg, bei Ratten 161 mg/kg. Die Best. der chron. oralen Toxizität (nach 4 Wochen) ergab bei Mäusen eine Maximumtoleranzdosis von 18 mg/kg/Tag, bei Ratten 52 mg/kg/Tag. Hunde vertragen 10—40 mg/kg 2 mal/Tag, 5 Tage/Woche gegeben, 5—7 Wochen lang ohne Vergiftungserscheinungen. Höhere Dosen führten zu Gewichtsverlust, Erbrechen, Diarrhoe u. Veränderungen im Blut. Patholog. ergab sich eine schwache Reizung des Dünndarms u. eine geringe Schädigung von Leber u. Niere. Die Verwendung von I gegen Oxyuren beim Menschen erfordert weitere Versuche. (J. Pharmacol. exp. Therapeut. **107.** 315—24. März 1953. Detroit, Mich., Parke, Davis & Co., Res. Labors.)
R. KÖNIG. 4649

W. J. Quarles van Ufford, *Die Schwefeltherapie bei Asthma bronchiale. Schwefel* wird in niedriger Dosierung beim chron. Asthma bronchiale als erstes Mittel bei gleichzeitig einsetzender spezif. Behandlung angewendet. Beim status asthmaticus wird S in großen Dosen gegeben, wobei Fieber, Veränderung des Blutbildes, der Blutsenkungsgeschwindigkeit u. der Sputummenge auftreten. S wurde in einer 0,5%ig. Suspension injiziert. (Nederl. Tijdschr. Geneeskunde **96.** 1793—98. Utrecht. 26/7. 1952.)
PATZSCH. 4650

Robert de Beule, *Erfahrungen mit einem neuen hustenstillenden Mittel: Ticarda* (*Hoechst*). Bei 30 Kranken wurde zur Hustenstillung *Ticarda* HOECHST [*1.1-Diphenyl-1-*(*β-dimethylaminoäthyl*)*-butanon-*(*2*) 1%; *1-p-Oxyphenyl-2-methylaminopropanol-*(*1*) = *Suprifen* 2%] angewandt. Durchschnittliche Dosis 12—15 Tropfen entsprechend 1 Tablette zu 7,5 mg. Wirkungseintritt nach 10—20 Min., Wirkungsdauer 4—8 Stunden. *Ticarda* hat zentrale u. periphere Wirkung. Die Verträglichkeit ist gut, nur in einem Fall traten Durchfälle auf, die nach Absetzen sofort verschwanden. Gewöhnung tritt nicht ein. Bei Überdosierung (3 mal 20 Tropfen in 4—5 Std.) kam es zu Nausea, kaltem

Schweiß u. Herzrhythmusstörungen. Die beste Wrkg. hat das Mittel bei Reizhusten jeder Genese. (Praxis [Bern] **42.** 159—62. 26/2. 1953. Leysin, Sanatorium Les Chamois.) DAUTZENBERG. 4650

H. Martini, *Statistisches zur Theophyllin–Äthylendiamin-Behandlung des Asthma bronchiale.* Bei 280 Asthmatikern wurden 2455 Injektionen von *Euphyllin* (= *Theophyllin–Äthylendiamin*)-*Calcium* vorgenommen, davon 1981 mit vollem, 374 mit mäßigem, 100 ohne Effekt. Vergleichende Unterss. mit den Einzelkomponenten ergaben bei 121 Gaben von *Euphyllin* 5 mal eine schwächere Wrkg. als bei *Euphyllin-Calcium*. Von 50 *Ca*-Injektionen waren 36 ohne Wrkg., 13 mäßig wirksam, 1 voll wirksam. (Dtsch. med. Wschr. **78.** 373—75. 13/3. 1953. Bad Reichenhall, Städt. Krankenhaus, Inn. Abt.) DAUTZENBERG. 4650

William E. Clapper, Robert A. Downs und **Mary E. Heatherman,** *Die Beziehung zwischen Cariesaktivität und Anzahl und Art der Lactobacillen und dem Fluorgehalt des Trinkwassers.* Im Verlauf bakteriolog. u. statist. Unterss. an Schulkindern in 2 verschied. Städten ohne u. mit fluoriertem Trinkwasser (1 p. p. m.) wurde ein bes. aggressiver Lactobacillustyp (Typ I) im Speichel gefunden, der *Rhamnose*, *Salicin* u. *Mannit* vergärt. Bei den Kindern, die kein F-haltiges Trinkwasser erhalten hatten, traten auch bei niedriger Lactobacillenzahl (L.-Z.) mehr cariöse Stellen auf, wenn der Typ I im Speichel vorhanden war, als bei einer hohen L.-Z. des Speichels ohne den Typ I. Nur, wenn eine große Anzahl des Typs I gefunden wurde, war auch bei den Kindern aus dem Gebiet mit fluoriertem W. eine größere Cariesaktivität festzustellen. — Diskussion der Ergebnisse. (J. Dental Res. **32.** 27—34. Febr. 1953. Denver, Col., Univ. of Colorado, School of Med., Dep. of Microbiol., u. Dep. of Public Health.) KLESSE. 4655

Harry W. Bruce jr. und **Benjamin F. Gunter,** *Untersuchung der Wirkung eines Trinkwassers mit wechselndem Fluorgehalt auf die Zähne.* Auch bei wechselndem *F*-Geh. des Trinkwassers (0,2—1,0 p. p. m.) ist eine geringere Carieshäufigkeit festzustellen als bei Gebrauch von W. ohne F (statist. Unterss. an 894 Kindern). — 34 Literaturhinweise. (J. Dental Res. **32.** 35—45. Febr. 1953. Ann Arbor, Mich., Univ. of Michigan.) KLESSE. 4655

A. L. Russell, *Die Hemmung der Caries an den Vorderzähnen von Erwachsenen bei lebenslänglichem Fluorgenuß.* Bei statist. Unterss. an Personen, die ständig F-haltiges Trinkwasser verbrauchten, wird im Vgl. zu Bewohnern aus Gegenden ohne fluoriertes W. (vgl. C. **1953.** 2144), entsprechend den Befunden von SUESS u. FOSDICK (C. **1952.** 255) an mit Fluoriden behandelten Kindern, eine geringere Cariesaktivität an den Vorderzähnen als an den Molaren festgestellt. (J. Dental Res. **32.** 138—43. Febr. 1953. Bethesda, Md., Public Health Serv., Nat. Inst. of Dental Res.) KLESSE. 4655

Gerald Bednar, *Eine Basis für die Therapie gewöhnlicher Hautkrankheiten.* Vortrag. Überblick über die Therapie von Hautkrankheiten, wie sie durch Infektion mit tier. Parasiten, Pilzen, Bakterien u. verschied. Virusarten hervorgerufen werden können. Genannt werden Ca-Gluconat, Morphin, Antihistaminica, Cuprex, Kwell, Topocide, Duaden, Jodex, Supronol, Desenex, Furaspor, Vioform, Salinidol u. Antibiotica. (Southern med. J. **46.** 298—302. März 1953. Oklahoma City, Okla.) R. KÖNIG. 4661

Adolph H. Bleier und **Meyer L. Niedelman,** *Ammoniakdermatitis. Vergleichende Untersuchung mit Diaparenchloridsalbe.* Es wurden insgesamt 90 Fälle von Ammoniakdermatitis untersucht. Hiervon wurden 58 mit *Diaparenchloridsalbe* (**I**; *N.N-Dimethyl-N-benzyl-β-[4-(1'.1'.3'.3'-tetramethylbutyl)-3-methylphenoxy]-äthoxyäthylammoniumchlorid*) behandelt. 32 wurden lediglich mit der Salbengrundlage zur Kontrolle behandelt. In 93% der behandelten Fälle zeigte sich eine Heilung oder Besserung. Unerwünschte Nebenwirkungen traten nicht auf. (Arch. Pediatrics **69.** 445—49. Nov. 1952. Chester, Chester Hosp.) WALLIS. 4661

C. Brognoli und **B. Boles Carenini,** *Über die Möglichkeit, die durch Anoxie hervorgerufenen Veränderungen des blinden Flecks und die Angioskotome medikamentös zu beeinflussen.* Gefäßerweiternde Mittel, wie *Nicotinsäure* u. *Amylnitrit*, haben sich in 20 Fällen gut bei diesen Störungen bewährt. (Riv. Med. aeronaut. **15.** 274—86. April/Juni 1952. Pavia, Clin. Oculista.) GERBER. 4670

M. Demmel, *Über einige neuere Arzneimittel in der Veterinärmedizin und ihre Anwendung in der tierärztlichen Praxis.* Über günstige Praxiserfahrungen mit den Präpp. *Suprosal* (Vitamin-D_2-Mineralpräp.), *Vitasterol* (konz. Vitamin D_2 in öliger Lsg.), *Fertiligen* (Hypophysenvorderlappenhormon–Vitamin-E-Kombination), *Metricur* (Jod-Chloramin-Gemisch), *Metricillin* (Penicillin–Sulfonamid-Kombination) u. *Prodigest* (enthält Ca saccharatum, Ca carbonatum, Dimethylaminoantipyrin u. verschied. Pflanzenextrakte) wird berichtet. (Berliner Münchener tierärztl. Wschr. **1951.** 169 bis 174. Sept. 189—93. Okt. Gmund a. Tegernsee.) RUHNKE. 4670

Norbert Brust, *Klinische Beobachtungen mit Düssan, einem terpentinfreien Bodenpflegemittel.* Vf. beschreibt 2 Fälle einer allerg. Dermatitis durch Terpentinöl enthaltendes Bohnerwachs. Auch Terpentinersatzmittel rufen tox. Hautschädigungen hervor. Daher wird die Verwendung des terpentinfreien Bodenpflegemittels *Düssan* empfohlen. (Münchener med. Wschr. **95.** 555. 8/5. 1953. Mannheim, Städt. Krankenanstalt.) Fahrnlaender. 4681

Carlos A. Grau, José Maria Landolfi, Alfonso E. Camblong, Julio Guimil und **Leopoldo C. Blatti,** *Toxikologische Kontrolle der Arbeitsplätze.* Vff. prüften in mehr als 5500 Unterss. die verschied. techn. Betriebe auf die tox. Wirkungen folgender Substanzen: *Butylacetat, Äthylacetat, Aceton, Essigsäure, Cyanwasserstoffsäure, Chromsäure, Fluorwasserstoffsäure, Schwefelsäure, Acrolein, A., Propylalkohol,* NH_3, *Kohlensäureanhydrid, Schwefelsäureanhydrid, As, Benzol, Cl,* Na_2CO_3, *Ae., Phenol, Formaldehyd,* H_2S, *J, Hg, CO,* ZnO_2, *Stickstoffoxyde, Pb, Propan,* CS_2. Es werden die Maximalkonz. in der Luft u. die maximalen Toleranzdosen tabellar. angegeben. (Ind. y Quím. **14.** 270—73. Nov. 1952.) P. G. Scheurlen. 4681

F. Pharmazie. Desinfektion.

Mannfried Pahlow, *Über Tinkturen in einem neuen Arzneibuch.* Durch Perkolation oder Evakolation hergestellte Tinkturen flocken leicht aus u. müssen häufig filtriert werden. Diese Verff. bedeuten in den meisten Fällen keine Verbesserung gegenüber der Maceration des DAB 6. Es wird vorgeschlagen, ein Mustercapillarbild für Tinkturen vorzuschreiben u. die Trübungszahl zu bestimmen. (Pharmazie **8.** 122—23. Febr. 1953. Bogen/Donau.) Fresenius. 4750

F. Jung und **M. Wendler,** *Über die Azulenvorstufen der Kamille.* Vff. isolierten die Vorstufen des Azulens (I) mittels eines zweistufigen Extraktionsapp. (Abb.) aus dem Petrolätherextrakt der Droge, indem diese mit W. extrahiert u. das W. anschließend mit PAe. oder Ae. perforiert wurde. — Die Reinigung des Ae.-Extraktes erfolgte mittels Chromatographie (PAe./Ae.) auf einer Al_2O_3-Säule nach Brockmann; Entwickeln mit PAe. — Beschreibung der gewonnenen Pro-I-Fraktion. — Umwandlungsmöglichkeiten: Beim Erhitzen eines Petrolätherextraktes aus Kamillen im Vakuum entstand aus Pro-I das I (optimal bei 140°). Erhitzen der Droge ergab ein analoges Verhalten. — I wurde colorimetr. in einem lichtelektr. Photometer bestimmt (Vergleichswerte mittels Ungerschen App.). — Neben dem I enthielten die Kamillenextrakte akt. Welkstoffe. (Pharmazie. **8.** 117—20. Febr. 1953. Berlin, Dtsch. Akad. der Wiss., Inst. für Med. u. Biol.; Humboldt-Univ., Pharmakol. Inst.) Borsutzki. 4782

H. Kreitmair, *Juniperus communis — der Wacholder.* Überblick über Geschichte, Inhaltsstoffe, Pharmazie u. Pharmakologie der Droge. — 35 Literaturangaben. (Pharmazie **8.** 187—92. Febr. 1953.) Borsutzki. 4782

H. Schindler, *Über den echten Ammei, Ammi visnaga (L.) LAM, eine khellinhaltige, spasmolytisch wirksame mediterrane Droge.* Kurzer Überblick: Botanik, Chemie, Pharmazie, Wrkg. u. Anwendung. — 38 Literaturangaben. (Pharmazie **8.** 176—79. Febr. 1953. Heidelberg.) Borsutzki. 4782

R. Paris und **H. Moyse-Mignon,** *Über die Blätter des Brotbaumes (Adansonia digitata L.). Chemische Zusammensetzung und physiologische Wirkung.* Ein Aufguß von Brotbaumblättern (I) enthielt Catechingerbstoff u. war frei von Alkaloiden u. Saponinen. Bei sukzessiver Extraktion mit PAe., Bzn., Ae., Chlf., Essigester (**II**), Aceton u. A. wurde bes. aus dem II-Extrakt ein als *Adansoniaflavonosid* bezeichneter Flavongerbstoff (**III**) erhalten, der sich aus den Rückständen gut mit 10—20% A. enthaltendem **II** lösen läßt u. aus Essigsäure oder Pyridin bzw. verd. A. umkrist. wurde, F. 160—162°, $[\alpha]_D$ —29° (A.). Bei der Hydrolyse ergab **III** Glucose u. ein Genin, das bei der Kalischmelze Phloroglucin u. eine Phenolsäure lieferte. Der OH-Geh. betrug 9,6%. Aus den mit organ. Lösungsmitteln extrahierten **I** wurde ein wss. Auszug hergestellt, aus dem mit A. der Schleimstoff (**IV**) gefällt wurde. **IV** wurde als reich an Polyuronsäure erkannt, in der Galakturonsäure in Verb. mit Rhamnose u. Galaktose vorliegt. **IV** steht dem Sterculiagummi nahe. Die **I** u. ihre Inhaltsstoffe sind wenig toxisch. Sie bewirken Blutdrucksenkung u. Bradykardie u. zeigen eine gewisse antiasthmat. (Antihistamin)-Wirkung. (Ann. pharmac. franç. **9.** 472—79. Juli/Aug. 1951.) v. Gizycki. 4782

H. Berndt, *Beobachtungen mit Perlonseide als Nahtmaterial in der Hundepraxis.* Günstige prakt. Erfahrungen mit Perlonseide als Nahtmaterial. Vorzüge: 1. Unbedingte Sterilität, wie sie bei anderem Nahtmaterial nicht erreichbar ist. 2. Reißfestigkeit. 3. Reizlosigkeit. Die Wunden sind bei nichtresorbiertem Faden gut verheilt. (Mh. Veterinärmed. **7.** 150—51. 15/4. 1952. Chemnitz.) Wallis. 4794

Siegfried Raabe, *Neuartige Sulfonamidverbandstoffe in der Wundbehandlung.* Während 2 Jahren wurden 1700 Verbände mit Sulfonamidverbandstoffen ausgeführt. Der Schutz vor Sekundärinfektion ist sicherer als unter einfachem sterilem Mull. Die Wunden werden schneller gesäubert als bei Verwendung von nur steriler Gaze. Die Wundbehandlung ist sparsamer als die orale u. parenterale Chemotherapie. Die Komplikationsmöglichkeiten sind seltener als bei Allgemeinbehandlung oder lokaler Überdosierung. (Münchener med. Wschr. **95.** 629—31. 29/5. 1953. Freiburg/Br., Univ., Chirurg. Klinik.) BOYE. 4794

Reinfried Martin, *Physikalisch-chemische Untersuchungen über das Versuchspräparat Palavit „F".* Der neue selbsthärtende Kunststoff *Palavit „F"* (Palavit für Frontzahnfüllungen; I) wurde im Vgl. zu *Palavit* u. *Hesacryl* bzgl. seiner Farbbeständigkeit, Erhärtungszeit, Schrumpfung, Wasserquellung, Temperatureffekte u. Gewebsfreundlichkeit untersucht u. zeigte sich allg. u. ganz bes. in seiner Farbbeständigkeit den beiden anderen Präpp. überlegen. Auch für vitale Zähne ist I zusammen mit den bekannten Pulpenschutzmitteln geeignet. Der p_H-Wert von polymerisiertem I beträgt nach 2 Std. 5,2 u. geht innerhalb 6 Std. auf 7 zurück. (Zahnärztl. Rdsch. **62.** 224—28. 5/5. 1953. Marburg/Lahn, Univ., Zahnärztl. Inst.) KLESSE. 4798

R. Martin, *Untersuchungen über Verfärbungen bei Palavit.* Unter Lichteinw. verfärben sich *Palavit*-Füllungen, bes. im (sichtbaren) Frontzahngebiet, u. nehmen gelbgrüne Farbtöne an. Nach Behandlung der Cavität mit *Cavit, Chlf.* u. *Dentosol* trat bräunliche Verfärbung auf, die nach *Bzn.* bzw. GOTTLIEBscher Lsg. nicht beobachtet wurde. Proben von *Palavit „F"* zeigen auch nach wesentlich längerer Belichtung kaum Verfärbungen. (Dtsch. Zahnärztebl. **7.** 225—26. 22/4. 1953.) KLESSE. 4798

—, *Neue, nicht offizinelle Arzneimittel. Methimazol:* 1-Methyl-2-mercaptoimidazol = *Tapazol* (ELI LILLY & CO, Indianapolis): Tabletten zu 5 mg. Thyreostaticum. — *Acet-Dia-Mer-Sulfonamides = Incorposul* (BLUE LINE CHEMICAL CO., St. Louis): Tabletten zu 0,5 g. (J. Amer. med. Assoc. **147.** 1668—69. 22/12. 1951.) HOTZEL. 4800

—, *Neue, nichtoffizinelle Arzneimittel. Dorsulfas* (SMITH-DORSEY CO., Lincoln): Tabletten zu 0,5 g von gleichen Teilen Sulfacetamid, Sulfadiazin, Sulfamerazin. Auch als Suspension. — *Vaginal Creme Naprylate* (R. J. STRASENBURGH CO., Rochester): Natriumcaprylat u. Zinkcaprylat in einer mit W. mischbaren Grundlage. — *Sucaryl-Calcium = Cyclamat Calcium* (ABBOTT LABORATORIES, North Chicago): Calciumcyclohexylsulfamat. Süßstoff. — *Meth-Dia-Mer-Sulfonamides* (PREMO PHARMACEUTICAL LABORATORIES, INC., South Hackensack): u. *Multazintabletten* (KREMERS-URBAN CO., Milwaukee): Tabletten zu je 0,167 g Sulfadiazin, Sulfamerazin u. Sulfamethazin. — *Hyprotigen* (DON BAXTER, INC., Gendale): Caseinhydrolysat in Ampullen mit u. ohne Traubenzucker. — *Tapazol* (ELI LILLY & CO., Indianapolis): 10 mg Methimazol. — *Cyclocumarol = Cumopyran* (ABBOTT LABORATORIES, North Chicago): 25 u. 50 mg 2.3.4.5-Tetrahydro-2-methoxy-2-methyl-4-phenylpyrano-(3.2c)-(1)-benzopyran-5-on. Synthet. Anticoagulans. Tabletten. (J. Amer. med. Assoc. **148.** 651. 23/2. 744. 1/3. 846. 8/3. 939. 15/3. 1952.) HOTZEL. 4800

Walter F. Erdmann, *Bildung von Streptomycinen durch Streptomycesarten.* Geschichtlicher Rückblick u. Übersicht über die Biosynth. der verschied. Streptomycine in Kulturen der entsprechenden Streptomycesarten sowie Darst. der chem. Strukturbilder. (Apotheker-Ztg. **3.** 113—14. Juli 1951.) ENDRASS. 4810

E. P. Taylor, *Ein geschmackloser Abkömmling des Chloramphenicols. Chloramphenicolphosphit,* ein cycl. Ester, wird aus Chloramphenicol (I) u. PBr_3 oder PCl_3 in Methylenchlorid oder Äthylenchlorid mit nachfolgender Hydrolyse mittels feuchtem Ae. dargestellt. Das krist. Prod., F. 214—215° (Zers.) bzw. 220—222° (Zers.), ist geschmacklos u. zeigt die gleiche in vivo-Wrkg. wie I. (J. Pharmacy Pharmacol. **5.** 254—56. April 1953. Ware, Herts., Allen & Hanburys Ltd.) FRESENIUS. 4810

N. J. Berridge, G. G. F. Newton und **E. P. Abraham,** *Reinigung und Beschaffenheit des Antibioticums Nisin.* Ein gereinigtes *Nisin* (I)-Präp. (BENGERS LTD.; Charge 706P) ließ sich in 4 bzw. 5 Polypeptide A—E nach der Meth. der Gegenstromverteilung zwischen Lösungsmitteln (Methanol, n-Butanol; Acetatpuffer p_H 3) auftrennen. Verteilung: A 49%, B 32%, C 12%, D 5%, Rest E. Die Fraktionen A u. B zeigen ähnliche Wirkungen gegenüber Streptococcus agalactiae; C u. D haben $^1/_5$ der A- u. B-Aktivität. Nach papierchromatograph. Best. enthalten A, B, C offenbar: *Leucin* u./oder *Isoleucin, Valin* (**II**), *Alanin, Glycin, Prolin, Asparaginsäure, Histidin, Lysin, Methionin* (**III**), *Lanthionin* u. *Cystathionin* (**IV**) oder *Allocystathionin.* Gewichtsmäßig erscheint **IV** in größeren Mengen als die meisten anderen *Aminosäuren* (**V**). D enthält *Glutaminsäure* (**VI**), aber kein **II** oder **III**. Verschied. **I**-Handelspräpp. sind bzgl. **V**-Zus.

ähnlich, aber einige Lieferungen enthalten VI u. *Serin*, die in A, B, C nicht enthalten sind. Die Eigg. der I-*Polypeptide* ähneln denen von *Subtilin*. (Biochem. J. **52.** 529—35. Dez. 1952. Reading, Univ., Nat. Inst. for Res. in Dayrying; Oxford, Univ., Sir William Dunn School of Pathol.) DOSSMANN. 4810

—, *Darstellung des Plasmaersatzmittels Dextran.* Man entwickelt eine ausgewählte Kultur von *Leuconostoc mesenteroides* in einer Saccharoselsg., befreit das erhaltene makromol.Prod. von Protein u. baut es zu Verbb. mit niedrigeren Mol.-Geww. ab durch Teilhydrolyse mit Alkalien oder Säuren, Enzymen oder Ultraschall. Man reinigt das Prod. durch wiederholte fraktionierte Fällung aus wss. Lsg., wobei man ein Lösungsm. anwendet, in dem das Polysaccharid unlösl. ist, durch Anwendung von Ionenaustauschern oder von Adsorptionsmitteln. (Manufact. Chemist **22.** 58. Febr. 1951.) WESLY. 4812

Mutahhar Yenson, *Über die desinfizierende Wirkung der Invertseifen und die Widerstandsfähigkeit der Bindung von Invertseifen–Polysaccharid-Verbindungen.* Ausgehend von der Anschauung, daß die desinfizierende Wrkg. der Invertseifen auf ihrer Reaktionsfähigkeit mit allen makromol. Substanzen des Bakterienorganismus (Proteine, Lipide, Polysaccharide u. Polysaccharidsäuren) beruht, wird die Frage diskutiert, ob hier die verschiedenartige Bindung (Ion–Ion- oder Ion–Dipol-Bindung) der Invertseifen eine Rolle spielt. Um dies zu zeigen, wurden als Modellsubstanzen Verbb. der Invertseifen mit Polysacchariden (Ion–Dipol-Bindung) u. Polysaccharidsäuren (Ion–Ion-Bindung) gewählt. Die Veränderungen, die bei diesen Verbb. bei Zusatz von dest. W., bei Änderungen des p_H oder durch stark saures, stark alkal. oder stark hyperton. Milieu (NaCl) hervorgerufen werden, wurden nephelometr. geprüft. Ion–Dipol-Bindungen werden bei jeder Änderung des Milieus gespalten. Ion–Ion-Bindungen erwiesen sich bei Agar-Agar als widerstandsfähig, während sie bei arab. Gummi ein den neutralen Polysacchariden ähnliches Verh. zeigen. (Istanbul Univ. Tip Fak. Mecmuasi [Bull. Fac. Méd. Istanbul] **15.** 327—32. 1952. Istanbul, Univ., Biochem. Inst.) ARNAKI. 4834

Flavio Mattu und **Renzo Pirisi,** *Über die Charakterisierung des Isonicotinsäurehydrazids.* Vff. untersuchen, welche Rkk. für eine quantitative Best. des *Isonicotinsäurehydrazids* (I) geeignet sind. Es werden tabellar. Farb-Rkk. mit *Chlorameisensäureäthylester*, *α.α'-Dichlorisopropanol*, *Epichlorhydrin*, *Chloressigsäureäthylester*, *Acetylaceton*, *Aceton*, *Äthylbromid*, *Bromcampher*, *o-Chlornitrobenzol*, *p-Nitrobenzoylchlorid* - u. *Methylenjodid* angegeben. In einer 2. Tabelle sind Farb-Rkk. des *1-Chlor-2.4-dinitrobenzols* (II) mit *Pyridin*, *Nicotinsäure*, *Nicotinsäureamid*, *-diäthylamid*, *p-Aminosalicylsäure* u. *p-Aminobenzoesäurehydrazid* aufgeführt, die zeigen, daß II kein spezif. Reagens auf I ist. Die Rk. von I mit Aldehyden, bes. mit *Salicylaldehyd*, *Zimtaldehyd* u. den *o-*, *m-*, *p-Nitrobenzaldehyden*, ist geeignet für eine schnelle Identifizierung, Reinigung u. Trennung von I in pharmazeut. Präpp. auf Grund der Bldg. leicht erkennbarer krist. Niederschläge.

Versuche (unter Mitarbeit von **M. R. Manca** und **G. Spada**): *Isonicotinsäurehydrazid* (I), $C_6H_7ON_3$, F. 172—173° (A.). — *Aldimine* wurden in sd. A. aus I u. folgenden Aldehyden gewonnen: *Benzaldehyd*, F. (des Aldimins) 197—198°; *Salicylaldehyd*, F. 265 bis 266°; *Vanillin*, F. 218—219°; *Zimtaldehyd*, F. 212—215°; *o-Nitrobenzaldehyd*, F. 254 bis 255°; *m-Nitrobenzaldehyd*, F. 246—247°; *p-Nitrobenzaldehyd*, F. 295—296°; *p-Methylbenzaldehyd*, F. 211—212°; *Cuminaldehyd*, F. 223° unter Sublimation. Kristallform u. Halochromie in konz. H_2SO_4 werden jeweils angegeben. (Chimica [Milano] **7.** 239—43. Juni 1952.) ENDRASS. 4880

Soc. des Usines Chimiques Rhône-Poulenc, Seine, Frankreich (Erfinder: **Robert-Michel Jacob**), *α-Phenaceturylamino-β.β-dimethylacrylsäure und ihr Azlacton.* Man läßt *Phenaceturylchlorid* (erhältlich aus Phenacetursäure u. PCl_5 in Ggw. von Chlf.; *Amid*, F. 174°; *Anilid*, F. 162—163°) auf α-Amino-β.β-dimethylacrylsäureäthylester in Ggw. von Ae. bei Zimmertemp. einwirken. Es entsteht *α-Phenaceturylamino-β.β-dimethylacrylsäureäthylester*, F. 131—132°. Durch Verseifen des Esters erhält man die freie Säure, F. 196°, die beim Erhitzen mit Essigsäureanhydrid in Ggw. von Eisessig in ihr Azlacton (I), F. 127°, übergeht. — Zwischenprodd. zur Herst. von *pharmazeut.* Stoffen. (**F. P. 983 528** vom 2/2. 1949, ausg. 25/6. 1951.) NOUVEL. 4807

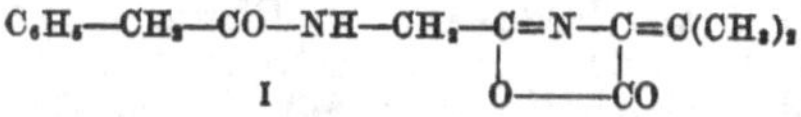
I

Yves-Jean-Louis Raoul, Seine, Frankreich, *Herstellung von Vitamin A.* Natürliche oder synthet. carotinhaltige Stoffe werden mit ionisierend wirkenden Mitteln behandelt, wobei Isomerisierung u. Spaltung des Carotins stattfindet. Geeignet ist Dichloräthan mit einem Zusatz von Acetylchlorid. Gegen Ende des Prozesses wird durch Zugabe von A. die Rk. gemäßigt. Der gesamte Vorgang wird spektrograph. verfolgt u. beim Erreichen eines Absorptionsminimums von 328 mμ abgebrochen. (**F. P. 991 438** vom 28/7. 1949, ausg. 5/10. 1951.) NOUVEL. 4809

Alimentation Équilibrée, Frankreich, *Vitaminprodukt*, bestehend aus: 5,00 (g) W., 2,30 Ca-Gluconat, 3,47 getrocknetem Knorpelpulver, 6,80 Kakao, 24,80 Puderzucker, 0,09 Vanillin, 52,44 Erdnußbutter, 5,10 Kakaobutter, 50000 I.E. Vitamin A, 5000 I.E. Vitamin D. Das Prod. hat gute Lagerbeständigkeit bzgl. des Vitamingeh. u. des Geschmackes. (**F. P. 1 004 816** vom 17/5. 1947, ausg. 3/4. 1952.) HEYNE. 4809

Merck & Co., Inc., Rahway, N. J., V. St. A., *Folsäure*. Man führt die in 2-Stellung acylierte Pteroinsäure mittels $SOCl_2$ oder $POCl_3$ in ihr Chlorid über, setzt dieses mit einem Dialkyl- oder Diarylester der l(+)-Glutaminsäure um u. hydrolysiert das Reaktionsprodukt. (**E. P. 653 068** vom 31/3. 1948, ausg. 9/5. 1951. A. Prior. 3/4. 1947.) BRÖSAMLE. 4809

American Cyanamid Co., New York, N. Y., V. St. A., *Folsäure*. Man setzt 2.4.5-Triamino-6-oxypyrimidin mit p-Aminobenzoylglutaminsäure u. 1.1-Dichlor-2.3-epoxypropan um. (**Schwz. P. 284 000** vom 9/10. 1948, ausg. 1/11. 1952. A. Prior. 10/10. 1947. **Zusatz zu Schwz. P. 272 706; C. 1952. 263.**) BRÖSAMLE. 4809

American Cyanamid Co., New York, N. Y., V. St. A., *Folsäurediäthylester*. Man setzt den Diäthylester der p-Aminobenzoylglutaminsäure mit N-[(2-Amino-4-oxy-6-pyrimido-[4.5-b]-pyrazyl)-methyl]-pyridiniumjodid bei 140—180° um. (**Schwz. P. 285 132** vom 11/6. 1946, ausg. 16/12. 1952. A. Prior. 2/2. 1946.) BRÖSAMLE. 4809

Ciba Akt.-Ges., Basel (Erfinder: **Karl Miescher,** Riehen, und **Jules Heer,** Binningen), Schweiz, *Trennung und Reinigung stereoisomerer Hydrophenanthren-2-carbonsäuren und ihrer Ringhomologen,* die in 1-Stellung, notfalls auch in 2-Stellung einen KW-stoffrest u. in 7-Stellung eine phenol. OH bzw. eine hierin überführbare Gruppe aufweisen. Die Säuren oder ihre Salze, die z. B. durch Alkalischmelze östrogener Hormone nach den D. R. PP. 705 862 (C. **1942.** I. 899) u. 719 572 (C. **1942.** II. 567) gewinnbar sind, werden mit Lsgg. von abgestuften p_H behandelt u. die Säurefraktionen weiter gereinigt u. getrennt. — Das aus Equilenin durch Kalischmelze erhaltene Säuregemisch (Schwellenwert 2—3 γ im Rattenöstrustest) wird in gesätt. Na_2CO_3-Lsg. mit CO_2 behandelt. Der aus dem Filtrat durch Ansäuern erhaltene Nd. wird in gesätt. Na_2CO_3-Lsg. gelöst u. mit CO_2 behandelt, wobei die *Isobisdehydrodoisynolsäure,* F. 254—256°, $[\alpha]_D^{21}$ + 33° (A.), ausfällt. Aus dem Filtrat erhält man nach dem Ansäuern *1-Äthyl-2-carbomethoxy-2-methyl-7-methoxy-1.2.3.4-tetrahydrophenanthren,* F. 103—104°, das beim Erhitzen mit Pyridinchlorhydrat auf 160—180° *1-Äthyl-2-methyl-7-oxy-1.2.3.4-tetrahydrophenanthren-2-carbonsäure* (*n-Bisdehydrodoisynolsäure*), F. 161—162°, $[\alpha]_D^{20}$ —117° (A.), liefert. Die gleichen Säuren erhält man aus Dihydroequilenin. — Gemisch synthet. Bisdehydrodoisynolsäuren, F. 180—212° → *rac. Isobisdehydrodoisynolsäure,* F. 235—237°, u. *rac. n-Bisdehydrodoisynolsäure,* F. 204—205°. — *Iso-1.2-diäthyl-7-oxy-1.2.3.4-tetrahydrophenanthren-2-carbonsäure,* F. 267—269°, u. deren östrogen wirksame *stereoisomere* Verbb., F. 193—195°. (**D. B. P. 842 050** Kl. 12o vom 1/1. 1949, ausg. 23/6. 1952. Schwz. Priorr. 6/7. u. 17/10. 1945.) KRAUSS. 4809

C. F. Boehringer & Soehne G. m. b. H. (Erfinder: **Erich Rabald** und **Josef Kraus**), Mannheim-Waldhof, *Dialkylstilböstrole bzw. deren Derivate* erhält man durch Umlagerung der bei der Wasserabspaltung aus Di-(oxyaryl)-alkanolen der allg. Formel $R_1CH(R)-C(OH)RR_1$ (R = Alkyl, R_1 = Oxyaryl, das auch substituiert sein kann) als Nebenprodd. entstehenden, gegebenenfalls substituierten unsymm. Di-(oxyaryl)-alkylene mit J_2 in Abwesenheit von Lösungsmitteln, zweckmäßig nach vorheriger Abtrennung der prim. entstandenen Stilböstrole. Man erhält aus dem öligkristallinen Rückstand, der durch Behandlung von 3.4-Di-(p-methoxyphenyl)-hexanol-(4) mit W. abspaltenden Mitteln gewonnen wurde, mit J_2 *Di-(p-methoxy)-diäthylstilböstrol,* F. 124 bis 126°. (**D. B. P. 824 043** Kl. 12o vom 1/11. 1949, ausg. 10/12. 1951.) KRAUSS. 4809

Farbenfabriken Bayer, Leverkusen (Erfinder: **Klaus Bauer** und **Ernst Auhagen,** Wuppertal), *Herstellung leichtfließender hochkonzentrierter wässeriger Suspensionen von Procain–Penicillin* durch Zusatz von Alkylendiaminen der Formel $R_1R_2N \cdot X \cdot NR_3R_4$, bes. in Form ihrer Salze. R_1 u. R_2 bedeuten gegebenenfalls substituierte Aryl- oder Aralkylreste oder heterocycl. Gruppen, R_3 u. R_4 Alkylreste oder Substituenten, die gemeinsam mit dem N, an das sie gebunden sind, ein heterocycl. Ringsyst. bilden. X = Alkylenkette mit 2—3 C-Atomen. — Z. B. 10-(2'-Dimethylaminonpropyl)-phenothiazinhydrochlorid oder p-Methoxybenzyldimethylaminoäthyl-α-aminopyridin. (**D. B. P. 872 826** Kl. 30h vom 9/2. 1951, ausg. 9/4. 1953.) SCHINDLER. 4811

Bristol Laboratories, Inc., übert. von: **Alphonse P. Granatek,** Syrakuse, N. Y., V. St. A., *Penicillin-1-(p-Chlorphenyl)-1-(2-pyridyl)-3.3-dimethylaminopropan* erhält man durch Rk. der Komponenten bzw. deren Salzen in organ. Lösungsmitteln, z. B. Äther. *Prolongierte Wrkg.* bei oraler oder extremaler Applikation. (**A. P. 2 569 666** vom 4/10. 1950, ausg. 2/10. 1951.) Schindler. 4811

Chas. Pfizer & Co., Inc., übert. von: **Peter P. Regna,** West New York, N. J., und **Isaiah A. Solomons,** Jackson Heights, N. Y., V. St. A., *Streptomycinazosalz* unmittelbar aus geklärter Kultur-Fl. erhält man durch Rk. mit Na-p-(2-Oxynaphthylazo)-benzolsulfonat bei p_H ca. 5,5. Hohe antibiot. Aktivität. (**A. P. 2 604 472** vom 22/4. 1947, ausg. 22/7. 1952.) Schindler. 4811

American Cyanamid Co., New York, übert. von: **Charles Pidacks,** Spring Valley, und **Edward E. Starbird,** Nanuet, N. Y., V. St. A., *Reinigen von Aureomycin auf chromatographischem Wege* durch Adsorption an A-Kohle, Diatomeenerde, Al_2O_3, MgO u. dergleichen. Nach dem Auswaschen mit W. u. einem neutralen Fettlösungsm. wird mit angesäuertem Aceton oder Methanol eluiert. Die im UV-Licht braun oder blau erscheinenden Eluate werden verworfen, das gelb fluorescierende Eluat stellt das Rohprod. dar u. wird mit Butanol extrahiert, konz., das Aureomycin mit Ae. gefällt, in HCl aufgenommen u. das Hydrochlorid gefriergetrocknet. (**A. P. 2 586 766** vom 30/11. 1948, ausg. 19/2. 1952.) Schindler. 4811

Wellcome Foundation Ltd., London, England, *Gewinnung und Reinigung von Polymyxin* (I) aus Kultur-Fll. nach Entfernen der Zellen u. Verunreinigungen durch Behandeln mit z. B. dem Na- oder Triäthanolaminsalz des Laurylschwefelsäureesters, Na-Dioctylsulfosuccinat oder Cetyl- u. Oleylsulfatgemischen bei p_H 4—8, bes. 4,5. Der Nd. von I-Alkylsulfat wird abfiltriert, bei 40—50° getrocknet, mit A. extrahiert, der Extrakt mit HCl angesäuert u. das I-Hydrochlorid mit Aceton gefällt. (**E. P. 647 925** vom 19/5. 1948, ausg. 28/12. 1950.) Schindler. 4811

Farbenfabriken Bayer, Leverkusen, *Herstellung des Antibioticums Pikromycin* (**I**) durch Züchtung von Streptomyces felleus (NRRL 2251) in üblicher Weise, Isolierung in alkal. Rk. mit organ. Lösungsm. aus der Kultur-Fl. u. Extraktion mit angesäuertem W. als entsprechendes Salz; **daraus das freie I,** F. 169—170°, $[\alpha]_D^{24}$ —50° (Chlf.), $[\alpha]_D^{23}$ +8° (A.), N-Geh. ca. 3%, frei von Methoxyl. (**Schwz. P. 285623** vom 28/12. 1949, ausg. 5/1. 1953. **E. P. 682045** vom 28/12. 1950, ausg. 5/11. 1952. Schwz. Prior. 28/12. 1949.) Schindler. 4811

Farbenfabriken Bayer, Leverkusen (Erfinder: **Hans Brockmann,** Göttingen, und **Arnold Böhme,** Wuppertal), *Herstellung von antibiotisch wirksamen Stoffen* (*Rhodomysine*), dad. gek., daß man Streptomyceten, bes. *Str. purpurescens nov. spec.*, unter aeroben Bedingungen auf oder in Nährmedien wachsen läßt u. aus den Kulturen die Wirkstoffe gewinnt. Morphologie u. Physiologie. Züchtung des Stammes, Vor- u. Hauptkultur, Isolierung der Wirkstoffe aus der Kulturlsg. oder dem Mycel. Verbb. mit Pikrinsäure, Phosphorsäure u. Perchlorsäure. (**D. B. P. 851 398** Kl. 30h vom 3/9. 1950, ausg. 2/10. 1952.) Schindler. 4811

Josef Klosa, Lübbecke/Westf., *Gewinnung reiner Physodsäure* (**I**) aus Flechten, z. B. Parmalina physodes, durch Extraktion mit Chlf.; I ist in A., Aceton, Benzylalkohol lösl., sie wird aus Essigester umkrist., F. 202°. — *Antibiot. Wirksamkeit.* (**D. B. P. 859 350** Kl. 30h vom 5/7. 1950, ausg. 15/12. 1952.) K. Heinze. 4811

Kurt Peters, Der Anbau der wichtigsten deutschen Heil- und Gewürzpflanzen. Mit Angaben über die am häufigsten auftretenden Pflanzenkrankheiten u. ihre Bekämpfung. Nach d. vorhandenen Schrifttum auf Grund eigener Erfahrungen zusammengestellt. Berlin-Kleinmachnow: Gartenverl. 1952. (107 S.) 8°. DM 3,—.

G. Analyse. Laboratorium.

Ju. A. Kljatschko, *Entwicklung der analytischen Chemie in der UdSSR im Jahre 1949.* Zusammenfassende krit. Übersicht. — 84 Literaturzitate. (Заводская Лаборатория [Betriebs-Lab.] **16.** 515—26. Mai 1950.) v. Wilpert. 5000

A. S. Vos, *Verfahren und Geräte zur Temperaturmessung und die Anwendung von Thermistoren (N. T. C.-Widerständen) als neue Möglichkeit für diesen Zweck.* Übersicht über Verff. u. Geräte zur Temperaturmessung, bes. unter Anwendung von Thermistor- (= t h e r m ally sensitive res i s t o r s) Geräten u. die dabei möglicherweise auftretenden Fehler. — 83 Literaturangaben. (Chem. Weekbl. **49.** 68—76. 31/1. **1953.** Wageningen, Landbouwhogeschool, Labor. voor Natuur- en Weerkunde.) Wesly. 5016

I. Ss. Artemow, *Neue Methode hochqualitativer Destillation von Flüssigkeiten.* Zur Trennung von Flüssigkeitsgemischen, die durch einfache Dest. prakt. nicht voneinander getrennt werden können, entwickelte Vf. eine App. u. ein Verf., bei welchem die Verdampfung unterhalb des Kp. der Fl. bei 1 at in der Weise erfolgt, daß zwecks Erreichung der notwendigen Verdampfungsgeschwindigkeit die Oberfläche der Fl. kontinuierlich mit gereinigter Luft (bei der Trennung von reaktionsfähigen KW-stoffen mit inertem Gas) beblasen wird. In einem einzigen Prozeß kann eine bin. Fl. in einzelne Fraktionen mit verschied. Komponentengeh. ohne Anwendung von Sieden, Vakuum oder Luftdurchleitung zerlegt werden. Die Arbeitsweise u. Wirksamkeit des Verf. wird an der Dest. von W. u. A.-W. gezeigt. (Академия Наук СССР. Труды Института Физической Химии [Akad. Wiss. UdSSR, Arb. Inst. physik. Chem.] **1950**. Nr. 1. 173—77.) LEBTAG. 5038

F. G. Morris, *Ein einfacher Hochtemperaturthermostat.* Beschreibung eines leicht herzustellenden Thermostaten für elektr. Öfen oder Salzbäder. (J. sci. Instruments **27**. 254. Sept. 1950. Brit. Non-Ferrous Metals, Res. Assoc.) KLEVER. 5046

James E. Hudgens jr., *Analytische Anwendungen radiochemischer Techniken.* Zusammenfassender Überblick an Hand der vorliegenden Literatur. — 97 Literaturzitate. (Analytic. Chem. **24**. 1704—08. Nov. 1952. New Brunswick, N. J., Atomic Energy Comm.) GOTTFRIED. 5052

Wallace Davis jr. und **Fred D. Rosen**, *Apparat mit konstantem Druck zur Untersuchung von Reaktionsgeschwindigkeiten.* Das Prinzip des neu konstruierten App. beruht auf der Verdrängung von Fl. durch Metallblasebälge. Der App. wurde durch Messen der F-Aufnahme durch Al bei 25 u. 60° geprüft. Evakuierungsgeschwindigkeiten des Syst. von 1—27,4 cm^3/Min. ergaben Drucke, die innerhalb von ca. 1% konstant blieben. (Rev. sci. Instruments **23**. 332—34. Juli 1952. Oak Ridge, Tenn., Union Carbide and Carbon Corp., Carbide and Carbon Chem. Co., K-25 Labor. Div.) GOTTFRIED. 5052

Ludwig Kofler, *Über das Heiztischmikroskop und seine Zusatzgeräte.* Vf. beschreibt das von ihm in Zusammenarbeit mit A. KOFLER entwickelte Heiztischmikroskop sowie dessen Verwendungsmöglichkeiten. (Mikroskopie [Wien] **5**. 164—71. 1950. Innsbruck.) GOTTFRIED. 5056

Albrecht Wilke, *Ein einfaches Mikroskoprefraktometer für Flüssigkeiten, besonders für das Einbettungsverfahren.* Beschreibung eines neuartigen Zusatzgerätes für Mikroskope zur Best. des Brechungsindex unter Verwendung eines in den Strahlengang einzuführenden schmalen Prismas, das durch Schliff in dem dicken Objektträger erzeugt wird. Angaben über die Genauigkeit der Meth. u. ihre Meßgrenzen werden gemacht. (Fortschr. Mineralog. **28**. 84—86. 1949, ausg. Dez. 1950. Clausthal.) ZEDLITZ. 5056

L. M. Ssolz und **F. M. Ssolz**, *Eine refraktometrische Methode zur quantitativen Analyse von Lösungen mit Gewicht/Volumen-Konzentrationen.* Es wird festgestellt, daß die Formel $n = n_0 + ap$ (n u. n_0 = Brechungsindex der Lsg. bzw. des W. bei gleicher Temp., a = n-Zunahme je 1% der Lsg., p = Gewicht/Volumen-Konz. in g/Liter) nicht für alle Präpp. gilt, da a von p abhängig ist. Für *NaJ, KBr, KJ, NaBr,* $MgSO_4$, $CaCl_2$, *Urotropin, Na-Benzoat* u. *Glucose* verschied. Konzz. wird der Koeff. a ermittelt, mit dessen Hilfe aus der n-Best. die Konz. der Lsg. bestimmt wird. (Аптечное Дело [Apotheken] **2**. Nr. 1. 22—25. Jan./Febr. 1953. Charkow, Apotheken-Gebietsverwaltung, Labor. für Kontrollanalysen.) V. SCHROEDER. 5063

Rudolf Landwehr, *Formprüfung mit Mikrointerferenzen. Ein neues Oberflächeninterferometer.* Vf. behandelt die Ausdehnung des Beobachtungsverf. der Mikrointerferenzen auf makrogeometr. Probleme der Formmessung von reflektierenden Apparaten u. Maschinenteilen usw. (Z. angew. Physik **4**. 377—86. Okt. 1952. Menden, Sauerland.) V. HARLEM. 5063

Hiroto Naora, *Der Schwarzschild-Villiger-Effekt in der Mikrospektrophotometrie.* Als SCHWARZSCHILD-VILLIGER-Effekt (Astrophysic. J. **40**. [1906.] 317) bezeichnet man die Erscheinung, daß die Transparenz eines sehr kleinen Ausschnitts eines photograph. Materials infolge der inneren Reflexion u. der Lichtstreuung von der sie umgebenden Beleuchtungsfläche abhängt. Der Effekt ist bes. dann zu beachten, wenn die Transparenz des Teilausschnittes gering u. die seiner Umgebung groß ist, z. B. bei der Auswertung von Sternaufnahmen u. Spektrallinien oder tiefgefärbter Zellkerne gegen einen transparenten Hintergrund. Das Streulicht hängt hauptsächlich von der Zahl der Grenzflächen Luft/Glas der Aufnahmeoptik ab. Es wird eine Formel für das Verhältnis zwischen Streulicht u. Gesamtdurchlässigkeit bei verschied. Reflexionswerten abgeleitet, u. für verschied. Zellkerndurchmesser (6,2, 5,5 u. 4,4 μ) werden Kurven angegeben, die für $\lambda = 5461$ Å den Zusammenhang zwischen der Lichtdurchlässigkeit in % u. dem Durchmesser der sie umgebenden Beleuchtungsfläche zwischen 1 u. 650 μ aufzeigen. Einen der Wirklichkeit entsprechenden Wert für die Lichtdurchlässigkeit erhält man nur dann, wenn der Durchmesser der beleuchteten Fläche kleiner als der Zellkerndurchmesser ist. Der SCHWARZSCHILD-VILLIGER-Effekt kann verringert werden durch Vergütung der Optik mit Antireflexionsschichten. (Science [Washington] **115**. 248—49. 29/2. 1952. Tokyo, Univ., Fac. of Sci., Dep. of Phys.) W. GÜNTHER. 5063

W. Broser und **W. Lautsch**, *Ein neues Verfahren zur Messung der optischen Aktivität.* Es wird ein Verf. zur Best. der opt. Drehung im UV, Sichtbaren u. nahen Ultrarot mittels Sekundärelektronenvervielfacherphotozelle beschrieben. Der App. besteht aus einem üblichen Polarisationsapp., bei dem der Halbschattenpolarisator durch ein einfaches THOMPSON-Prisma ersetzt ist. Der Schwenkmechanismus des Analysators wurde derart abgeändert, daß der das Prisma tragende Konus bei beliebiger Winkelstellung fest mit einem Schwenkarm verbunden werden kann. Als Lichtquelle dient der Austrittsspalt eines Monochromators, als Lichtempfänger eine Sekundärelektronenvervielfacherphotozelle, deren mittels eines Galvanometers gemessener Photostrom der auffallenden Lichtintensität proportional ist. Am Beispiel der Messung der Rotationsdispersion von *Phäophorbid a* u. *Methylphäophorbid a* im Wellenlängenbereich 740 bis 1000 μ sowie der kinet. Unters. der sehr rasch verlaufenden Mutarotation der Glucose in stark saurer Lsg. werden die Anwendungsmöglichkeiten des Verf. aufgezeigt. (Z. Naturforsch. **6b**. 369—72. Okt./Nov. 1951. Berlin-Dahlem, Freie Univ., Inst. für organ. Chem.) GOTTFRIED. 5063

Ernst Lippert, *Apparative Fortschritte in der Infrarotspektroskopie.* Allg. Überblick über die jüngste Entw. u. den heutigen Stand der Infrarotspektroskopie. Behandelte Kapitel: Aufbau von Infrarotspektrometern, Lichtquellen, Photometerteil, Infrarotprismenmonochromatoren, Infrarotgitterspektrometer, Filter, Strahlungsempfänger, Anzeigegeräte, registrierende Spektrophotometer. — Ausführliche Literatur- u. Bezugsquellenangaben. (Z. angew. Physik **4**. 390—97. Okt. 1952. Stuttgart, TH, Labor. für physik. Chem.) v. HARLEM. 5063

H. J. Antweiler, *Ein neues Direktregistrierverfahren für den Polarographen.* Das Verf. ist dad. gek., daß der Lichtstrahl einer Hg-Hochdrucklampe auf dem photograph., UV-empfindlichen Papier eine sofort sichtbare Spur hinterläßt, die ohne Entw. u. Fixierung des Papiers ausgewertet werden kann. (Collect. Trav. chim. Tchécoslov. **15**. 717—18. 1950. Bonn, Univ., Chem. Inst.) KLEVER. 5066

K. Kuntze, *Fixanalsubstanzen.* 25 Jahre alte 1/10n Fixanalampullen (11 verschied. Substanzen) zeigten vollen Wirkungswert. (Apotheker-Ztg. **3**. 55. April 1951. Pfaffenrode/Thüringen, Landeskrankenhaus, Apotheke.) HERRMANN. 5070

Allen F. Reid und **Margaret C. Robbins**, *Kolloider Graphit zur Herstellung der Untersuchungsproben für Gasdurchflußzählung.* Es wird festgestellt, daß bei der Messung die Beladungsdichte auf der Oberfläche der Untersuchungsproben konstant bleibt, wenn ein guter Stromleiter vorliegt. Es wurden Verss. durchgeführt mit Proben, die mit u. ohne koll. Graphit (I) versetzt waren. Alle Verss. mit I ergaben gute Reproduzierbarkeit im Gegensatz zu den Verss. ohne I. Ebenso wurden auch die Fehler ausgeschaltet bei Verwendung von Standard ^{14}C-Polystyrolproben, sobald diese mit Al-Folie bedeckt u. dadurch leitend für den Strom wurden. (Science [Washington] **116**. 148—49. 8/8. 1952. Dallas, Tex., Univ. of Texas, Southwestern Med. School, Dep. of Biophys.) BOYE. 5085

William S. McEwan und **Sol Skolnik**, *Ein Analogierechenapparat für Flammengaszusammensetzung.* Beschreibung des Prinzips, der Schaltungsschemata u. der Arbeitsweise eines aus Potentiometern, Brücken usw. bestehenden App. zur Ermittlung der Zus. von Flammengasen (CO_2, CO, O_2, O, H_2O, OH, H_2, H, NO u. N_2) von Treibmitteln, die zur Errechnung des ballist. wichtigen spezif. Impulses erforderlich ist. Eingangswerte sind die atomare Zus. des Treibmittels (O-Menge wird konstant gesetzt), der gewünschte Druck, die Verbrennungstemp. u. Gleichgewichtskonstanten. — Die Ergebnisse stimmen mit den exakteren, mit IBM-Einrichtung erhaltenen innerhalb $\pm 0,005$ Molenbruch überein. Der App. kann noch vervollkommnet u. in seinen Anwendungen erweitert werden (z. B. für Tempp. unter 2000° K). (Rev. sci. Instruments **22**. 125—32. März 1951. Inyokern, China Lake, Calif., U. S. Naval Test Stat., Chem. Div.) BLUMRICH. 5086

a) Elemente und anorganische Verbindungen.

Béla Jámbor, *Photometrische Mikrobestimmung des Nitrits.* 1. Mitt. *Versuche mit reinen Nitritlösungen.* Krit. Überprüfung der bekannten Mikrobestimmungsmethoden von Nitrit-N durch die Farb-Rk. des NO_2^- mit Sulfanilsäure bzw. Novocain u. α-Naphthylamin. Eignungsprüfung verschied. Photometer u. Lichtfilter. Auf Grund eigener Verss. empfiehlt Vf. folgende Meth.: Versuchslsg. bei p_H 2,5 mit 1 ml 1%ig. Sulfanilsäurelsg. (bis 10 γ NO_2^--Stickstoff in 50 ml) bzw. 3%ig. Novocainlsg. (über 10 γN) in 25%ig. CH_3COOH versetzt, auf 48 ml aufgefüllt u. nach 15 Min. 1 ml 0,25%ig. α-Naphthylaminlsg. in 25%ig. CH_3COOH zugefügt. Messung der Extinktion im PULFRICH-Photometer nach 30 Minuten. Beleganalysen, 15 Literaturstellen. (Agrokémia és Talajtan [Agrochem. u. Bodenkunde] **1**. 51—66. Nov. 1951. Budapest, Agrokém. Kutató Int., Biokém. oszt.) v. PILINSZKY. G 243

H. P. Kramer, W. Allan Moore und **Dwight G. Ballinger,** *Bestimmung von Kleinstmengen Jod in wässeriger Lösung durch amperometrische Titrationen.* Mit dem WALLACE-TIERNAN-Amperometer kann freies J (J_2 u. HOJ) in Konzz. von 0,2—2,0 p. p. m. im p_H-Bereich 6,5—9,15 durch Phenylarsenoxydtitration mit einer Genauigkeit von ±0,01 p. p. m. bestimmt werden. In Ggw. von NH_3 tritt keine merkliche Jodaminbldg. ein. Der Oxydationszustand des J in wss. Lsg. ist zeit- u. p_H-abhängig; bei gegebenem p_H-Wert nimmt die Rest-J-Menge mit der Zeit durch die Redox-Rk. der HOJ ab, die eine Bldg. von Jodat- u. Jodidion zur Folge hat. Bei Verwendung von Cl-bedarffreiem W. u. Borat- bzw. Citratpuffern von geringster katalyt. Wrkg. auf die Oxydored. von HOJ wird der Jodverlust innerhalb einer Kontaktdauer von 30 Min. belanglos. Zur Erzielung genauer Ergebnisse müssen die Elektroden durch halbstd. Stehenlassen in einer Lsg. von ca. 2 p. p. m. J_2 oder durch 3—5 Vortitrationen sensibilisiert werden. Verfahrensvorschrift: Stammlsg.: 0,5 g J in 300cm³ 95%ig. A., auf 1 Liter mit W. verd., 24 Std. vor der weiteren Verdünnung 1:500 mit gepuffertem W. (je 10 cm³/Liter SÖRENSEN-Citratpuffer p_H 6,5 bzw. PALITZCH-Boratpuffer p_H 7,5, 8,5, u. 9,15) stehenlassen. Man verd. 3mal 100 cm³-Anteile auf 200 cm³ mit W., u. titriert amperometr. mit ca. 0,003 n Phenylarsenoxydlsg. (Analytic. Chem. **24.** 1892—94. Dez. 1952. Cincinnati, O., Public Health Serv., Environmental Health Center.) MANZ. G 249

Vizzi Marino, *Die volumetrische Bestimmung der Borsäure durch Anwendung von Bromphenolblau als Indicator.* Durch potentiometr. Titration wird die Neutralisation von HCl-H_3BO_3 (I)-Gemischen untersucht u. gefunden, daß unabhängig von den Konzz. ein steiler Anstieg der p_H-Werte zwischen 3,44 u. 5,22 stattfindet, innerhalb deren der Endpunkt der HCl- u. der Beginn der I-Neutralisation liegt. Der geeignetste Indicator für dieses Gebiet ist *Bromphenolblau* (II) mit p_K 4,1. Um ein *Alkaliborat* (III) zu analysieren, löst man ca. 2,5 g in 500 ml W. u. stellt in einem aliquoten Teil (100 ml) durch Titration mit 0,5 n HCl durch Farbumschlag von Methylorange den Alkaligeh. fest. Zu anderen 100 ml gibt man ohne Indicator die um 0,3 ml kleinere Menge 0,5 n HCl, kocht CO_2 weg, fügt nach Abkühlung 3 Tropfen 0,1%ig. II-Lsg. zu, dann weiter tropfenweise 0,5 n HCl bis zum Umschlag Blauviolett → Gelb, darauf 0,5 n NaOH bis zur Blauviolettfärbung (Ausgangspunkt der I-Titration), sodann 6 Tropfen einer Lsg. von 1 g *p-Nitrophenol* in 75 ml A., auf 100 ml mit W. verd. (zwecks Kompensierung der II-Farbe), weiterhin *Mannit* in 10fach äquivalenter Menge der I u. titriert dann mit 0,5 n NaOH bis zum Umschlag des Phenolphthaleins nach Rot. Die Differenz gegenüber dem Ausgangspunkt sollte der I-Menge entsprechen. Da aber die Farbumschläge nicht genau den Neutralisationspunkten entsprechen, ist eine Korrektur anzubringen, die zu +0,0618% je g I berechnet wird. Das Verf. ist anwendbar auf die Analyse von Gläsern u. anderen Silicaten nach Abtrennung von I. (Chimica [Milano] [N. S.] **29** (**8**). 1—5. Febr. 1953.) METZENER. G 258

Fl. Knotz, *Diphenylphosphat, ein neues Reagens auf Wismut, Eisen, Aluminium und Titan. Diphenylphosphat* (I) reagiert mit einigen Kationen in schwach salpetersaurem oder salzsaurem Medium unter Bldg. wenigiösl. Salze aus 3 Mol. I oder 4 Mol. I u. 1 Atom Metall. I ist bei 15° in 35 Teilen W. lösl., stärker in heißem W., leichtlösl. in Äthanol. Man arbeitet mit 3—4%ig. alkoh. Lsg. als Reagens. Bei Zusatz eines Überschusses kann Bi neben den Metallen der 1. u. 2. Gruppe, wenn Sn u. Sb fehlen, also neben Cu, Cd, Pb, Tl, Ag Hg u. As nachgewiesen werden: bis zu 3γ/ml in salpeter-, bis zu 40γ/ml in salzsaurer Lösung. Bei Prüfung der 3. Gruppe sind neben Co, Ni, Cr, Zn u. Mn mit dem Reagens in der Kälte nachweisbar Fe^{3+}, beim Erwärmen Al, beide in 1—2%ig. salz- oder salpetersaurer Lsg.; zum Nachw. sehr kleiner Mengen ist 0,5 bis 0,7%ig. Säure vorzuziehen bis zu 1 γ-Fe/ml u. 2,8 mg Al/ml, im letzten Falle in HCl-Lösung. Die Fällung des Fe ist quantitativ, aber Fe-I- u. Bi-I-Salz infolge Hydrolyse zur Best. unbrauchbar. Diese Al-Fällung ist unvollständig, bietet aber die Möglichkeit eines eindeutigen Al-Nachweises, wenn man das Fe zuvor mit SO_2-Überschuß reduziert. Ti^{4+} ist neben V^{5+} in schwacher HCl-oder HNO_3-Lsg. bei einigen Min. Kochen quantitativ fällbar, nach kurzer Alterung in der Wärme, kalt filtrierbar, so daß man V^{5+} im Filtrat durch die Braunfärbung mit H_2O_2 nachweisen kann. Ein quantitativer Analysengang für V, Ti, Fe u. Al in Ggw. von Ni, Co, Mn, Zn u. Cr wird auf Grund obiger Rkk. beschrieben, ergänzt durch die Nichtfällbarkeit des TiO^{2+} mit I. Tabellar. ist das Verh. von Zn, U, Pt, Au, Ge, Pd, Nd, Pr, Se u. Be gegenüber I angegeben. (An. Real Soc. españ. Fisica Quím., Ser. B **48.** 564—68. Juli/Aug. **1952.** Graz, Univ. Inst. für Organ. u. Pharmazeut. Chem.) ALTPETER. G 354

Kuang Lu Cheng, Touby Kurtz und **Roger H. Bray,** *Bestimmung von Calcium, Magnesium und Eisen in Kalkstein durch Titration mit Versenat.* Durch Komplexbldg. mit *Versenat* (I) (*Dinatriumäthylendiamintetraacetat*) können in alkal. Lsg. Ca u. Mg,

sowie in saurer Lsg. Fe ohne vorangegangene Trennung mit einer eingestellten I-Lsg. titriert werden. — A u s f ü h r u n g: 1 g Kalkstein wird in 10 ml W. u. 10 ml $HClO_4$ gelöst u. zur Trockne eingedampft. Nach Aufnehmen in 3 ml HCl 1:1 u. 10 ml W. wird auf 250 ml aufgefüllt (Lsg. A). — Ca-Bestimmung: 10 ml A, 20 ml W., 1 ml 20%ig. KOH werden mit 20—30 mg einer Mischung von 40 g K_2SO_4 u. 0,2 g Murexid versetzt u. mit I bis zum Farbumschlag von Rosa nach Violett titriert. — Mg-Best.: 10 ml A, 25 ml W., 2—3 ml einer Lsg. von 60 g NH_4Cl u. 570 ml konz. NH_3 auf 1 Liter W., einige Tropfen 10%ig. wss. KCN werden mit 8 Tropfen einer Lsg. von 0,15 g Eriochromschwarz T (EASTMAN-KODAK CO.) u. 0,5 g $Na_2B_4O_7$ in 25 ml Methanol versetzt u. bis zum Umschlag von Weinrot nach Reinblau mit I titriert. Da Ca hier mittitriert wird, muß der für Ca gefundene Wert in Abzug gebracht werden. — Fe-Best.: 100 ml A werden mit 35%ig. wss. Na-Acetatlsg. auf pH 2—3 abgepuffert, mit 1 ml einer Lsg. von 2 g Salicylsäure in 100 ml Methanol versetzt u. mit I bis zum Verschwinden der Rotfärbung titriert. — Sr u. Ba stören die Mg-Best., sind aber im Kalkstein nicht zu erwarten u. können gegebenenfalls vor der Mg-Best. durch Zugabe von K_2SO_4 beseitigt werden. (Analytic. Chem. **24.** 1640—41. Okt. 1952. Urbana, Ill., Univ. of Illinois.)
MOISAR. G 354

J. P. Mehlig und **G. J. Zeagas,** *Anwendung des Trioxalatokobalt(III)-Farbsystems für die spektrophotometrische Bestimmung großer Mengen Kobalt.* Vff. verwenden das von CARTLEDGE u. NICHOLAS (Ind. Eng. Chem., Analyt. Edit. **13.** [1941.] 20) untersuchte Trioxalatokobalt(III)-Komplexfarbsyst. erfolgreich zur spektrophotometr. Best. großer Co-Gehalte. Die Meth. ist leicht u. schnell auszuführen u. ergibt mit der titrimetr. Jodidmeth. gut übereinstimmende Ergebnisse. Die mit dem BECKMAN-Spektrophotometer Modell B ausgeführten Messungen ergaben, daß bei 605 mμ die gemessenen Extinktionen dem BEERschen Gesetz genügen. — A r b e i t s v o r s c h r i f t: Die Einwaage an Co soll zwischen 0,5 u. 1,5 g liegen u. wird mit 10 ml 6 mol. HCl u. ca. 25 ml W. behandelt u. von einem gegebenenfalls unlösl. Rückstand in einen 100 ml-Meßkolben filtriert u. mit W. aufgefüllt. Ein aliquoter Teil von 1—5 ml wird in einem 100 ml-Meßkolben tropfenweise mit 6 mol. NaOH versetzt, bis sich ein bleibender Nd. von Co-Hydroxyd bildet. Dann werden 2 ml 98%ig. Essigsäure, 5 ml 20%ig. NH_4-Acetatlsg. u. 10 ml 1 mol. K-Oxalatlsg. zugegeben. Das rosa bis tief violette Trioxalatokobalt (II) wird dann zum grünen Kobalt(III)-Komplex oxydiert, indem man 1 g PbO_2 zusetzt u. unter gelegentlichem Schütteln 9 Min. vor hellem Licht geschützt stehenläßt. Die Lsg. wird zur Marke aufgefüllt u. vom PbO_2 filtriert. Die Messung erfolgt bei 605 mμ in einer 10 mm-Küvette. Zur Best. des Extinktionskoeff. werden Lsgg. mit 10—200 mg Co/Liter verwendet. Es wurde der Einfl. folgender Faktoren untersucht: p_H (stärkste Färbung bei p_H 3,0—4,5), Zeit (bis zu 24 Std. konstante Färbung), PbO_2 (nach 9 Min. muß abfiltriert werden). Störende Ionen: Cd^{2+}, Cr^{3+}, Cu^{2+}, Fe^{3+}, Mn^{2+}, Ni^{2+}, SO_3^{2-}, NO_2^-. (Chemist-Analyst **40.** 76—80. Dez. 1951. Corrallis, Ore., Oregon State Coll.) H. U. v. VOGEL. G 355

C. A. Noll und **L. D. Betz,** *Bestimmung von Kupferion durch ein abgeändertes Natriumdiäthyldithiocarbamat-Verfahren. Beseitigung der durch Eisen, Zink und Blei verursachten Störung.* Die in Ggw. von Fe, Pb u. Zn notwendige Extraktion mit Lösungsmitteln bei der Standardmeth. der Cu-Best. mit Diäthyldithiocarbamat wird bei Verwendung eines 100fach verd. Reagenses u. verd. NH_4OH-Lsg. entbehrlich. Arbeitsvorschrift für Photometer mit Farbfilter 415 mμ u. 20×20 mm Küvette: 10 cm^3 Probe + 10 cm^3 0,25 n NH_4OH-Lsg. + 10 cm^3 Na-Diäthyldithiocarbamatlsg. (0,1 g/Liter), daneben Blindprobe mit 10 cm^3 Probe, 10 cm^3 NH_4OH-Lsg. + 10 cm^3 dest. W., Ablesung nach 1—5 Min. u. Auswertung nach Eichkurve für 0—5 p.p.m. Cu. Je 1000 p.p.m. Na_2SO_4, Na_2SO_3, NaCl, $NaNO_2$, KNO_3, $CaCl_2$, $MgSO_4$, ferner 500 p.p.m. K_2CrO_4 sowie 50 p.p.m. Gerbstoff, 5 p.p.m. Tripolyphosphat, 10 p.p.m. Fe^{3+} oder Zn^{2+} u. 2 p.p.m. Pb^{2+} stören nicht. Temperaturschwankungen zwischen 20—36° sind ohne Belang. Genauigkeit ±0,05 p.p.m. Empfindlichkeit bei 20 mm Schichtdicke 0—5, bei 5—10 mm 0—10 p.p.m. Cu. (Analytic. Chem. **24.** 1894—95. Dez. 1952. Philadelphia, Pa., Gibingham and Worth Sts., W. H. & L. D. Betz.) MANZ. G 358

b) Organische Verbindungen.

John H. Weisburger, Elizabeth K. Weisburger und **Harold P. Morris,** *Ein verbessertes Verfahren für die nasse Verbrennung bei Gegenwart von ^{14}C.* Eine Verbesserung der App. u. des Verf. von LINDENBAUM, SCHUBERT u. ARMSTRONG (Analytic. Chem. **20.** [1948.] 1120) für die nasse Verbrennung organ., C-haltigen Materials bei Verwendung von ^{14}C als Leitisotop wird beschrieben. An Stelle von $Ba(OH)_2$-Lsgg. wird in manchen Fällen carbonatfreie NaOH-Lsg. als Absorptions-Fl. verwendet. Angaben über die mit dieser verbesserten Meth. bei der Verbrennung zahlreicher organ., ^{14}C-markierter Substanzen erzielten Ergebnisse. (J. Amer. chem. Soc. **74.** 2399—2400. 5/5. 1952. Bethesda, Md., Nat. Cancer Inst., Labor. of Biochem.) GEDSCHOLD. 5352

Martin Schenck, *Über die Einwirkung von nascierender salpetriger Säure auf verschiedene stickstoffhaltige organische Verbindungen.* (*Zur van Slykeschen Aminostickstoffbestimmung.*) Ein Beitrag zur Aufklärung der anomalen Befunde bei der Aminostickstoffbest. (nach VAN SLYKE) von Gallensäurederivv. u. einigen weiteren N-haltigen Verbindungen. — *1.* Bei der Einw. von nascierender HNO_2 (I) auf *6-Nitrobiliansäure* (II) in der VAN SLYKE-App. entstehender N_2 (55% in 8 Std., bei 1 Mol. N_2 pro Mol. Substanz ≡ 100%) ist durch die NO_2-Gruppe bedingt, da Biliansäure selbst keinen N_2 entstehen läßt. Verss. zur Erfassung von Reaktionsprodd. der Zwischen-Rkk. aus der Einw. von I auf die NO_2-Gruppe blieben erfolglos, hingegen wurde als Endprod. eine kleine Menge krist. *Substanz* $C_{21}H_{28}O_7N_2$ (**III**) gewonnen, bei der im Vgl. mit **II** 3 C-Atome weniger u. 1 N-Atom mehr vorliegen. Vf. erörtert die Möglichkeit für den Bau von **III**, wonach die C-Atome 4, 6 u. 7 der **II** abgespalten u. 2 N-Atome als sek. NO_2-Gruppe am $C_{(8)}$ bzw. als Nitril am $C_{(5)}$ des **II**-Ringsyst. eingetreten, ferner eine Brückenbindung zwischen $C_{(9)}$–$C_{(14)}$ entstanden sein sollen. **III** entfärbt BAEYERS Reagens auf Doppelbindungen nur langsam u. läßt sich 3-bas. titrieren, was durch die mögliche aci-Form der sek. NO_2-Gruppe u. die 2 restlichen COOH-Gruppen erklärt wird. **III** gibt mit Diphenylamin–H_2SO_4 keine Farbreaktion. — *2.* Die *Nitroketolactamtricarbonsäure* $C_{24}H_{34}O_{10}N_2$ (**IV**), gek. gegenüber **II** durch einen 7er Lactamring statt des dem 5er Ring benachbarten 6er Ketoringes in **II**, gibt mit **I** 92% N_2 in 3 Std., wovon auf die sek. NO_2-Gruppe 89% entfallen, da die entsprechende *Ketolactamtricarbonsäure* $C_{24}H_{35}O_8N$ in 6 Std. nur 3% N_2 entstehen läßt. Auch hier wird eine krist. *Substanz* $C_{21}H_{29}O_7N_3$ (**V**) erhalten, die sich von **III** offenbar nur durch den Lactamring unterscheidet. Verh. von **V** bei der Titration, gegen BAEYER-Reagens u. Diphenylamin–H_2SO_4 wie **III**. — *3.* *3-Nitro-d-campher* (**VI**) sowie das daraus durch Kochen mit HCl gewonnene *Camphoryloxim* (**VII**) geben im Gegensatz zu **II** u. **IV** mit **I** keine N_2-Entwicklung. Die dem **VII** entsprechende Oximform der **II** ließ sich nicht krist. erhalten, wohl jedoch die *Oximform* der **IV** (**VIII**) [statt –CH(NO_2)·CO– im äußeren 6er Ring die Gruppierung —C(:NOH)·O·CO— „Oximform" bzw. —CO·N(OH)·CO— „Oximidform"], welche mit **I** dann auch in 3 Std. 78% N_2 lieferte. Es konnte hier kein Umsetzungsprod. krist. erhalten werden. Zur Klärung der Frage, ob die **VIII** hierbei als Oxim oder als entsprechende Hydroxamsäure reagiert, führt Vf. an, daß die aus **VII** durch Erhitzen mit 10%ig. NaOH erhaltene *Hydroxam-* bzw. *Hydroximsäure* (**IX**) mit **I** Camphersäure liefert, im wesentlichen ohne N_2-Abspaltung, hauptsächlich N_2O. Vf. nimmt daher an, daß **VIII** als Oxim in Rk. tritt, da hierbei hauptsächlich N_2 abgespalten wurde (s. oben). Die der **IX** analoge Form der **VIII** konnte auf die oben beschriebene Art nicht erhalten werden. — *4.* Die vom Vf. (Hoppe-Seyler's Z. physiol. Chem. **248.** [1937.] 181 u. **268.** [1941.] 273) entwickelten Anschauungen bzgl. der Einw. von **I** auf das *Dioxim der Biliansäure* (**X**) lassen bei der Rk. von **I** mit dem *Dioxim der 6-Nitrobiliansäure* (**XI**) einen höheren Wert für die N_2-Entw. erwarten, als hier gefunden wurde (123% bei 6 Std.). — *5.* In Analogie zur **X** liefert **XI** mit HNO_3 (D. 1,4) bei Raumtemp. *6-Nitro-7-nitroso-bilien-*(*7,8*)*-säure* (**XII**), mattgrün gefärbte Verb., die nicht rein genug erhalten u. deswegen nicht im Verh. gegen **I** untersucht wurde. Mit Diphenylamin–H_2SO_4 Blaufärbung. — *6.* Die aus vorst. Befunden zu erwartende N_2-Bldg. (ca. 167%) bei der Rk. von **I** mit der *7-Oximino-***IV** $C_{24}H_{35}O_{10}N_3$ (vgl. Hoppe-Seyler's Z. physiol. Chem. **251.** [1938.] 38) wurde mit 103% wohl aus ähnlichen Gründen wie unter *4.* nicht erreicht. Analog zu *5.* wurde auch aus 7-Oximino-**IV** mit HNO_3 (D. 1,4) eine mattgrüne Verb. erhalten, die sich wie **XII** verhielt u. noch nicht weiter untersucht wurde. — *7.* *Ciliansäureoxim* (**XIII**) gibt erwartungsgemäß auf Grund ihrer 12-Ketoximgruppe mit **I** in 6 Std. nur 8% N_2 unter Bldg. von *Pernitrosociliansäure* (**XIV**) [mit $>C(:N_2O_2)$ statt der 12-Ketogruppe], Ciliansäure (vgl. Biliansäure) gab keinen N_2. — *8.* *Isonitrosocampher* + **I** gab entgegen anderen Angaben in 4 Std. 67% N_2 u. zeigte nach der Rk. die gelbe Farbe des Campherchinons. — *9.* Gegenüber den Ketoximen der Gallensäurereihe wurde nun *Succindialdoxim* im VAN SLYKEschen App. mit **I** überprüft, man erhielt auch hier (entgegen anderen Angaben) 51% N_2. Überprüfung früherer Angaben über Aminoketotetracarbonsäuren, $C_{24}H_{37}O_9N$ (Isobiliansäurereihe) u. $C_{24}H_{39}O_8N$ (Desoxybiliansäure-aminocarbonsäure, Biliansäurereihe) bzgl. Verh. bei der VON SLYKE-Analyse ergab übereinstimmende Resultate.

Versuche: *Verb.* $C_{21}H_{28}O_7N_2$ (**III**), Zers. bei ca. 230°, aus 0,4 g **II** in Eisessig + 20 cm^3 23%ig. $NaNO_2$-Lsg., aus W. Nadeln, 9% (Ausbeute bezogen auf **II**). — $C_{21}H_{29}O_7N_3$ (**V**), Zers. bei ca. 198°, aus **IV** wie vorst. Verb., 31%. — *12-Pernitroso-*

ciliansäure (**XIV**), Zers. bei ca. 183°, aus 0,4 g **XIII** wie vorst., 0,24 g. (Hoppe-Seyler's Z. physiol. Chem. **286**. 270—84. Febr. 1951. Leipzig, Univ., Veterinär-Physiol. Inst.)
v. PILINSZKY. 5352

Károly Vas, *Nachweis einiger organischer Säuren mit Hilfe der Verteilungschromatographie.* Verss. zur Trennung einiger organ. Säuren (*Milch-, Lactylmilch-, Oxal-, Bernstein-, Äpfel-, Wein-* u. *Citronensäure*) mittels Verteilungs-Papierchromatographie mit W. als stabiler u. Butanol als beweglicher Phase, fallend bzw. steigend an Papierstreifen (SCHLEICHER u. SCHÜLL Nr. 597). Zwecks Herabsetzen der Dissoziation vorst. Säuren wurde die stabile Phase mit flüchtigen Säuren wie CH_3COOH, HCOOH, HCl, H_2SO_3 angesäuert. Hierbei zeigte sich, daß CH_3COOH u. HCOOH infolge teilweiser Veresterung mit Butanol unscharfe Chromatogramme gaben. Mit HCl erhielt man zwar die beste Trennung, jedoch war es nicht möglich, diese vor der Entw. (mit p_H-Indicatoren) restlos zu entfernen. Entwicklungsverss. mit anderen Reagentien führten nicht zum Erfolg. Diesbezügliche günstigere Ergebnisse wurden bei Anwendung von H_2SO_3 erhalten, welche sich nach der Trennung durch Trocknen bei 100° in 1 Std. gut entfernen ließ. Unter den hier zur Entw. ausprobierten Indicatoren erwiesen sich als brauchbar: Kongorot, Bromphenolblau, Bromkresolgrün, Methylorange, Methylrot. Lediglich die Abtrennung stärkerer organ. Säuren wie Oxalsäure nach letzterem Verf. führte zu Schwierigkeiten, da sich die Herabsetzung ihrer Dissoziation durch H_2SO_3 als ungenügend erwies u. infolge Diffusion keine klare Trennung ermöglichte. Auch Salze obiger Säuren, mit Ausnahme der Oxalate, lassen sich so chromatographieren. Der R_F-Wert organ. Säuren liegt um so niedriger, je mehr polare Gruppen im Säuremol. vorliegen. Die Trennung von Säuren, deren R_F-Werte in Butanol nahe beieinander liegen (wie Äpfel- u. Citronensäure) läßt sich durch Zusatz von z. B. Bzn. zum Butanol sensibilisieren. (Agrokémia és Talajtan [Agrochem. u. Bodenkunde] **1**. 167—79. Dez. 1951. Budapest, Orsz. Magyar Mezögazdasági Ipari Kisérleti Int.) v. PILINSZKY. G 800

Robert R. Redfield, *Lösungsmittel mit großer Trennwirkung für die zweidimensionale Papierchromatographie von Aminosäuren.* (Vgl. C. **1953**. 107.) Vf. empfiehlt für die zweidimensionale Papierchromatographie von Aminosäuren als Entwickler in der 1. Richtung Methanol–W.–Pyridin im Volumenverhältnis 80:20:4 u. für die 2. Richtung tert. Butanol–Methyläthylketon–W.–Diäthylamin (40:40:20:4). Diese beiden Entwickler gestatten eine Trennung aller in Proteinhydrolysaten vorkommenden Aminosäuren. Günstige Trennwrkg. zeigen auch die beiden Entwickler: Methanol–W.–Pyridin (60:20:20) u. n-Propanol–W.–Diäthylamin (85:15:2—4), jedoch gelingt hiermit nicht die Trennung *Leucin–Isoleucin* u. *Threonin–Tryptophan.* Vf. empfiehlt wegen der größeren Empfindlichkeit Kleinchromatogramme von 14×14 cm; Mengen von 0,005 μMol. Aminosäure gaben noch dunkle Flecken. (Biochim. biophysica Acta [Amsterdam] **10**. 344—45. Febr. 1953. Bethesda, Md., Nat. Heart Inst., Sect. on Cell. Physiol.) NEHRING. G 950

D. K. Chaudhuri, *Eine neue Methode zur Bestimmung von Nicotinsäure.* Beschreibung einer neuen Meth. zur Best. von *Nicotinsäure* (**I**): Extraktion des **I**-haltigen Materials mit 0,1 nHCl bei 100°, abkühlen, zentrifugieren, nochmals mit HCl extrahieren. Vereinigte Extrakte mit NaOH versetzen, auf 100° erhitzen u. abkühlen. Mit HCl auf p_H 2,0 bringen, zentrifugieren. Überstehende Fl. mit Isobutanol extrahieren. Wss. Schicht auf p_H 6,6—6,8 bringen, mit 95%ig. A. versetzen u. zentrifugieren. Überstehende Lsg. mit BrCN versetzen, kurze Zeit auf 60° erwärmen u. schnell abkühlen. Nach Zusatz von p-Aminobenzoesäure u. HCl entwickelt sich eine gelbe Farbe, deren Intensität gemessen wird. Vf. benutzt in einer Parallelprobe **I** als inneren Standard. *Thiamin, Pyridoxin, Ca-D-Panthotenat, l-Cystin, l-Tryptophan, Glycin, l-Histidin–HCl, l-Tyrosin, Glucose, Ascorbinsäure, Kreatinin, Folsäure, Cholin-hydrochlorid, Na–Pyruvat,* N^1*-Methylnicotinamid, Adenin–HCl, Xanthin, Uracil–HCl, Guanin–HCl, Adenosintriphosphat* (Na-Salz) u. *Chinolin* geben unter den beschriebenen Bedingungen keine Gelbfärbung. *Nicotinamid* wird vollständig zu **I** hydrolysiert. *Pyridin* gibt die gleiche Gelbfärbung wie **I**, doch wird es durch die Extraktion ausgeschaltet. *Nicotin* gibt 10% der Gelbfärbung von **I**. Nach dieser Meth. erhaltene Werte für **I** in biol. Material stimmen gut mit den nach der Meth. von WANG u. KODICEK (C. **1944**. II. 127) überein. Für die **I**-Best. in *Milch* wird eine vereinfachte Extraktion angegeben. (Indian J. med. Res. **39**. 491—505. Okt. 1951. Calcutta, Univ., Coll. of Sci. and Technol., Ind. Council of Med. Res., Nutrit. Res. Unit.) REISS. G 3231

Yohei Hashimoto, Itsuhiko Mori und **Mutsuo Kimura,** *Papierelektrophorese von Flavonoiden und Zuckern unter Verwendung von Strom hoher, konstanter Spannung.* Vff. berichten über eine neue Meth. der Papierelektrophorese unter Verwendung eines Stromes hoher, konstanter Spannung (100—1000 V), die gegenüber der bisher üblichen

Meth. unter Verwendung niedriger Spannung gewisse Vorteile bietet u. ein rascheres u. bequemeres Arbeiten erlaubt als mit der gewöhnlichen Papierchromatographie möglich ist. Am Beispiel einiger Flavonoide (*Myricitrin, Rutin, Quercetin, Myricetin, Lutedin-7-glucosid, Naringin, Hesperidin, Acacetin, Morin* u. *Robinin*) u. einiger Zucker (*Fructose, Glucose, Sorbose, Galaktose, Mannose, Rhamnose, Arabinose, Ribose* u. *Xylose*) wird die Brauchbarkeit der Meth. gezeigt u. im Fall der Flavonoide auf die interessante Beziehung zwischen der Zahl der cis-OH-Gruppen des Zuckers bzw. der Zahl der vicinalen Di-OH-Gruppen des Aglykons u. der verschied. Wanderungsentfernung aufmerksam gemacht. (Nature [London] **170.** 975—76. 6/12. 1952. Kobe, Mikage P. O., Coll. of. Pharm., Inst. of Phytochem.) NIEMITZ. G 3400

Hans Freytag, *Luminescenzanalytischer Nachweis der Tylose und Alginsäure.* Vf. beschreibt eine Meth. zur Best. von Tylosen u. Alginsäure mit Hilfe von *2.7-Dioxynaphthalin* (I). Unter der Analysenquarzlampe tritt bei Tylosen eine zitronengelbe, bei Alginat eine braungelbe Fluorescenz auf, die deutlich zu unterscheiden sind. Zur Durchführung des Nachw. werden 0,5 cm³ der zu untersuchenden Lsg. mit der gleichen Menge Reagenslsg. (0,01 g I in 100 cm³ konz. H_2SO_4) unterschichtet. Nach einigem Stehen werden die beiden Lsgg. gemischt, es tritt eine rotviolette Färbung auf. Die Empfindlichkeit beträgt 1,25 mg Tylose bzw. Alginat. Für sehr geringe Substanzmengen wird eine modifizierte Methodik angegeben. (Z. analyt. Chem. **133.** 429—32. 1951. Hünfeld, Ondal GmbH., 2. Chem. Labor.) STRAUSS. G 3400

A. A. Henly, *Bestimmung von Corticosteroiden.* Vf. verbessert seine frühere Meth. (vgl. Ann. Rept., Dep. Rheum. Dis., West London Hosp. **30.** [1951.]) zur Best. von Corticosteroiden mit *2-[p-Jodphenyl]-3-[p-nitrophenyl]-5-phenyltetrazoliumchlorid* (I). 5—50 γ des Steroids werden mit 0,2 cm³ 1%ig. I-Lsg. in A. versetzt u. nach 10—15 Min. bei 25° 0,5 cm³ n/20 NaOH in 25%ig. Isopropanol zugegeben u. weitere 15 Min. bei 25° gehalten. Dann werden 3 cm³ n/100 Essigsäure in 90%ig. Isopropanol zugegeben u. bei 480 mμ die Extinktion bestimmt. Die Extinktion nimmt zwischen 5—50 γ linear zu für *Cortison, 17-Oxycorticosteron, Desoxycorticosteron* u. *17-Oxydesoxycorticosteron.* (Nature [London] **169.** 877. 24/5. 1952. London, Hosp. of St. John and St. Elizabeth, Maclean Lab.) H. SCHEURLEN. G 3750

C. J. W. Brooks und **J. K. Norymberski,** *Charakterisierung der Corticosteroidseitenkette.* Zur Unters. der verschied. Corticosteroide durch Oxydation ihrer Seitenkette kann in einigen Fällen die Oxydation mit JO_4^- herangezogen werden. Nach den Erfahrungen der Vff. läßt sich diese Rk. noch besser u. vielseitiger mit BiO_3^- ausführen. Steroide mit einer Seitenkette vom Typ des Dioxyacetons werden zu den 17-Ketosteroiden abgebaut, die sich leicht mit den üblichen Methoden bestimmen lassen. Ein zur Analyse geeignetes Oxydationsverf. mit BiO_3^- wird kurz beschrieben. Δ^4-Androsten-3.11.17-trion wurde danach in guter Ausbeute aus 17α.21-Dioxy-Δ^4-pregnen-3.11.20-trion erhalten. (Chem. and Ind. **1952.** 804—05. 16/8. Sheffield, Nether Edge Hosp., Rheumatism Res. Unit.) H. SCHEURLEN. G 3750

c) Bestandteile von Pflanzen und Tieren.

Hermann Kölbel, *Die fluorescenzmikroskopische Methode für die Darstellung und den Nachweis des Mycobacterium tuberculosis.* Entw. einer Kombination des Mikroskops „BX" (LEITZ, Wetzlar; mit Kohlenbogenlampe) mit geeigneten Erregerlicht- (3000 bis 4200 Å) u. Okularsperrfiltern (Vorschalten einer 20%ig. $CuSO_4$-Lsg., Wahl der Objektive usw.) zum Beobachten der Fluorescenz von Tuberkelbacillen in fluorochromierten Ausstrichen u. histolog. Schnitten. — Färbevorschrift. Ergebnisse (säurefeste Bacillen, Verzweigungen, Granula usw.). (Z. wiss. Mikroskop. mikroskop. Techn. **61.** 142—47. Okt. 1952. Borstel, Tuberkul.-Forschungsinst.) BLUMRICH. 5661

R. Blomstrand und **C. H. Werner,** *Die Verwendung von Polyurethanen zur „Korrosionsanatomie".* Beschreibung der Verwendung von Polyurethanen als verbessertes „Corroplast" von geringem Schrumpfvermögen, großer Elastizität u. Zähigkeit zur Herst. von gehärteten Präpp. zwecks anatom. Unterss., „Corrosion anatomy". Beispiel: Abbildung des Arteriensyst. von Nieren. (Kungl. fysiogr. Sällsk. Lund Förh. **22.** Nr. 4. 1—5. 1952. Lund, Inst. of Anatomy.) SCHÄFF. 5661

Sven Elov Brolin, *Färbung verdeckter Lipoide im Capsularepithelium von Augenlinsen.* Differenzierende, fluorescenzmkr. Unterss. über die Lipoid (I)-Zus. in Cytoplasma u. Nucleus des Linsenepitheliums von Ratten mit Hilfe der 3.4-Benzpyren-Fluorescenzmeth. nach BERG (Acta pathol. microbiol. scand., Suppl. **90.** [1951.]) vor u. nach Extraktion mit Ae./A. (3:4) u. nach Behandlung mit Dioxynatriumsulfosuccinat (1%), die durch Beobachtungen nach Behandlung mit Pepsinlsg. (0,12% in 0,5% HCl) zwecks Überprüfung der feindispergierten I in größeren Partikeln u. Anfärben

mit Sudan B (in Propylenglykollsg.) wesentlich gestützt werden. Dabei werden verdeckte I in der I-haltigen Zone zwischen Nucleus u. Cytoplasma nachgewiesen, ohne jedoch etwas über deren chem. Zugehörigkeit aussagen zu können. (Acta Soc. med. Upsaliensis [N. F.] **57.** 33—37. 11/4. 1952. Uppsala, Univ., Histolog. Dep.)
C. VOGEL. 5661

Béla Jámbor, *Photometrische Mikrobestimmung des Nitrits. 2. Mitt. Versuche mit Pflanzenmaterial.* (1. vgl. C. **1953.** **6538.**) Durch Überprüfung der Nitritbestimmungsmethoden nach ALTEN u. KNIPPENBERG (Bodenkunde u. Pflanzenernähr. **47.** [1937.] 245), BLOM (Ber. Dtsch. Chem. Ges. **59.** [1926.] 121) u. a. stellt Vf. fest, daß die erhaltenen Werte um 0—100% zu niedrig liegen, je nach untersuchter Pflanzenart u. Methode. Es ist jedoch trotz Variation sämtlicher Faktoren der Best. nicht gelungen, ein für alle Pflanzenarten brauchbares Verf. zu finden. Vf. empfiehlt daher, den Nitritfehlbetrag von Fall zu Fall durch Berechnung des Verlustfaktors (Best. des NO_2^- in einer Parallelprobe, der eine bekannte Menge NO_2^- zugesetzt wurde) auszugleichen. (Agrokémia és Talajtan [Agrochem. u. Bodenkunde] **1.** 67—76. Nov. 1951.)
V. PILINSZKY. 5664

d) Medizinische und toxikologische Analyse.

K. Birn, *Über Arbeitsstörungen bei serologischen Untersuchungen, verursacht durch ein Waschmittel.* Die Erythrocytenaufschwemmungen für serolog. Unterss. wurden hämolysiert, weil die verwendeten Gefäße mit einem Waschmittel „*Vel*" gereinigt worden waren, das noch in einer Verdünnung von $1:10^6$ hämolysierend wirkt. (Experientia [Basel] **9.** 35—36. 15/1. 1953. Bern, Univ., Veterinärbakteriol. Inst.) BAUMANN. 5727

Adrian von Oer und **Hans-Joachim Höfert,** *Zur Methodik der flammenphotometrischen Bestimmung von Na, K und Ca im Blutserum.* Bei dem Verf. sind für die laufenden Analysen nur zwei konstante Eichlsgg. notwendig, wenn die Eichung der App. einmal durchgeführt u. diagrammat. festgehalten ist. Als Filter wurden für die Na-Best. ein Interferenzfilter SCHOTT, Jena, SiF 589b, für die K-Best. ein Farbglas SCHOTT RG 8 oder ein Interferenzfilter u. für die Ca-Best. ein aus SCHOTT-Gläsern kombiniertes Filter verwendet. Entsprechend den beiden Serumverdünnungen 1:10 bzw. 1:100 werden 2 Eichlsgg. mit folgenden Gehh. benötigt: 1. 30 mg Na/l u. 2. 300 mg Na/l + 20 mg K/l + 10 mg Ca/l. Die Abweichungen zwischen gefundenen u. bekannten Konzz. betrugen im Mittel ca. 2% vom Gehalt. (Naunyn-Schmiedebergs Arch. exp. Pathol. Pharmakol. **214.** 109—20. 1951. Oberkochen, Zeiß-Opton-Werke, Labor. für opt. Meßinstrumente.) GOTTFRIED. 5728

Erich Köiw und **Anders Grönwall,** *Färbung von proteingebundenen Kohlenhydraten nach Papierelektrophorese von Serum.* Zur Färbung von Muco- u. Glykoproteiden nach Papierelektrophorese wird folgendes Verf. angegeben: Fixieren der Streifen in A., 5 Min. baden in 1,2 g H_5JO_6 in 30 ml W., 15 ml mol./5 Na-Acetatlsg. u. 100 ml A., in 70%ig. A. spülen. 5—8 Min. in reduzierende Lsg. (5 g KJ, 5 g $Na_2S_2O_3$ in 100 ml W., unter Rühren 150 ml A. hinzu u. 2,5 ml 2 n HCl zum unmittelbaren Gebrauch) legen. Überspülen mit 70%ig. A., dann 25—40 Min. in Fuchsinsulfitlsg. (2 g bas. Fuchsin in 400 ml sd. W. lösen, bei 50° filtrieren). Zum Filtrat 10 ml 2 n HCl u. 4 g $K_2S_2O_5$ geben. Kühl, dunkel u. verschlossen halten. Am nächsten Tag mit 1 g Tierkohle filtrieren, 10 ml 2 n HCl hinzufügen. Den Streifen dann 3 mal in Sulfitwasser (100 ml W., 1 ml konz. HCl u. 0,4 g $K_2S_2O_5$) spülen, mit A. entwässern u. im Trockenschrank trocknen. (Scand. J. clin. Lab. Invest. **4.** 244—46. 1952. Uppsala, Univ., Hospital.)
MATTHIES. 5728

J.-M. Dubert, P. Slizewicz, P. Rebeyrotte und **M. Macheboeuf,** *Neue Methode zur Trennung der Serumproteine durch Methanol. Anwendung auf Kaninchen- und Pferdeserum.* Durch successive Einw. von 30%ig. Methanol u. vorsichtiges Ansäuren bei einer Temp. unter 0° ist es Vff. gelungen, bei Anwendung von 1—2 ml Kaninchen- oder Pferdeserum, folgende Fraktionen zu erhalten: 1. die γ-Globuline mit Beimengungen von nur wenig β_2-Glubolinen, 2. die α- u. β-Globuline u. 3. die Albumine mit nur Spuren von Globulinen. Die gesamte Trennung ist in weniger als 3 Std. durchführbar. Die einzelnen Schritte wurden papierelektrophoret. kontrolliert. (Ann. Inst. Pasteur **84.** 370—75. Febr. 1953. Institut Pasteur.) NEHRING. 5728

G. Hausdorf, *Über eine exakte Eiweißbestimmung im Harn und die Wertlosigkeit der Methoden von Esbach und Aufrecht.* Vf. weist an Hand von Vergleichsverss. die völlige Unbrauchbarkeit der genannten Methoden nach (Fehler von mehreren hundert Prozent, je nach Temp. des Untersuchungsraumes bzw. Tourenzahl der Zentrifuge) u. beschreibt kurz eine von ihm entwickelte photometr. Bestimmungsmeth., die genaue Werte gibt u. für den klin. Gebrauch geeignet ist. Prinzip: Trichloressigsäure-Nd.

mit 25%ig. HNO_3 u. 25%ig. NH_4OH behandelt, mit Leifo-Filter 445 photometriert. (Med. Klin. **45.** 1375—78. 27/10. 1950. Berlin-Borsigwalde, Inst. für med. Diagnostik.) E. Lehmann. 5732

Hertha H. Taussky und **Ephraim Shorr,** *Eine vereinfachte Methode zur Bestimmung des anorganischen Phosphors im Urin während der Aluminium-Gel-Therapie bei Phosphat-Nierensteinen.* Die Wrkg. der Behandlung von Phosphatnierensteinen wird durch Best. der Ausscheidung von anorgan. P im Urin kontrolliert. Es bewährte sich hier folgende einfache Meth., bei der 24 Std.-Urin mit W. auf 3 Liter ergänzt wird, davon 5 cm^3 mit 50 cm^3 W. u. 10 cm^3 einer 2,5%ig. NH_4-Molybdatlsg. versetzt u. mit 2 g krist. $FeSO_4$ ad 100 cm^3 geschüttelt werden. P wird colorimetr. bestimmt. Vergleichslsg. 0,146 KH_2PO_4, 0,1nH_2SO_4 ad 1000. 1 cm^3 enthält 33,33 γP. (J. Urology **69.** 454—55. März 1953. New York, N. Y., Cornell Univ., Med. Coll., Dep. of Med.) P. G. Scheurlen. 5732

Oskar Grüner, *Ein kombiniertes Morphinnachweisverfahren zur quantitativen Erfassung kleiner Morphinmengen im Urin.* Der *Morphin* (I)-Nachw. nach Deckert (Naunyn-Schmiedebergs Arch. exp. Pathol. Pharmakol. **180.** [1936.] 656 u. Z. f. analyt. Chem. **112.** [1938.] 241) wird modifiziert u. spezifischer gestaltet. Dabei wird der Rückstand der Ausschüttelung zuerst mit Fröhdes Reagens (II) geprüft, dann wird mit NaOH die Säure abgestumpft, NH_4-Molybdat zugegeben, filtriert u. dann nach Zusatz von NH_4-Vanadat I nephelometr. bestimmt. Die das Verf. nach Deckert störenden Substanzen werden ausgeschaltet, da sie nicht die für I typ. Farb-Rk. mit II geben. (Samml. Vergiftungsfällen, Arch. Toxikol. **14.** 110—16. 1952. Frankfurt/M., Univ., Inst. für gerichtl. u. soziale Med.) Fresenius. 5732

W. T. Posdnjakowa, *Die Anwendung der mikrokristalloskopischen Analyse zum Nachweis einiger aus sauren Lösungen ausziehbarer Stoffe.* Zum Nachw. der toxikolog. wichtigen, in der gerichts-chem. Analyse aus saurer Lsg. extrahierbaren Stoffe *Colchicin, Coffein, Theobromin, Theophyllin, Veronal, Phenacetin, Pyrogallol, Hydrochinon, Pikrinsäure, Salicylsäure* u. *p-Aminosalicylsäure* wurde vom Vf. eine mikrokristalloskop. Meth. ausgearbeitet u. erprobt. Als Reagens wird chem. reine HNO_3 (1,32) empfohlen, in welcher sich ein Teil der Stoffe schon bei Zimmertemp., ein anderer Teil nur beim Erhitzen löst. Auch die Bldg. verschied. Kristalle u. die verschied. Farb-Rkk. beim Zusammenbringen der genannten Stoffe mit HNO_3 werden bei der Analyse ausgewertet. (Аптечное Дело [Apotheken] **2.** Nr. 1. 32—40. Jan./Febr. 1953. Lwow, Med. Inst. des Gesundheitsminist. der UdSSR, Pharmazeut. Fak.) Rentz. 5762

G. E. Turfitt, *Neuerungen in der toxikologischen Analyse.* Zusammenstellung der für die verschied. Arbeitsgänge der forens. Analyse in letzter Zeit bekanntgewordenen neuen chem., physikal. u. physikochem., qualitativen u. quantitativen Arbeitsmethoden nebst eingehender Beschreibung eines 1 mg Prüfsubstanz erfordernden qualitativen Analysenganges zum Nachw. von *N, Cl, Br, J, Hg, Sb, As* u. *P.* — 73 Literaturhinweise. (J. Pharmacy Pharmacol. **3.** 321—37. Juni 1951. New Scotland Yard, Science Labor.) C. O. Laubschat. 5764

A. W. Achutina, *Vergleichende Bewertung der Isoliermethoden von Coniin bei gerichtsmedizinischen Untersuchungen.* Auf Grund von Verss. unter Zusatz bestimmter Mengen von *Coniin* (I) zu 100 g zerriebener Leber u. Extraktion des nach der Dest. mit Wasserdampf vorgereinigten I mit Ae. statt mit A. u. Chlf. nach Dilling (Biochem. J. **1909.** IV. 286) empfiehlt Vf. zur Isolierung von I aus frischem Leichenmaterial die Dest. mit Wasserdampf, die bedeutend weniger zeitraubend ist als die Meth. der Extraktion mit angesäuertem A. bzw. mit angesäuertem Wasser. (Аптечное Дело [Apotheken] **2.** Nr. 1. 40—45. Jan./Febr. 1953.) Rentz. 5764

Pierre Michel, La Spectroscopie d'émission et ses applications. Paris: A. Colin. 1953. (224 S. m. Abb.) Fr. 260,—.

H. Angewandte Chemie.

I. Allgemeine chemische Technologie.

Marcel Prot, *Definition, Auswahl und Qualitätskontrolle von Stoffen.* Es wird dargestellt, wie man mit Hilfe statist. Methoden u. Näherungsrechnungen die an mehr oder weniger zahlreichen Probekörpern durchgeführten Prüfungen korrekt interpretieren kann. Zahlentafeln u. graph. Darstt. werden mitgeteilt, um das Verständnis der dargestellten Meth. zu erleichtern u. um die Anwendung zahlreicher Fälle in der Praxis zu ermöglichen. (Rev. Matér. Construct. Trav. publ., Édit. C. **1953.** 33—44. Febr.) K. Seidel. 5800

Ramón Simón, *Über Oberflächenkondensatoren.* Nach therm. Erläuterungen gibt Vf. einen Überblick über die derzeitige Berechnungs- u. Konstruktionstechnik der Oberflächenkondensatoren, wobei bes. die Röhrenkondensatoren berücksichtigt werden. (Ion [Madrid] **12.** 655—63. Dez. 1952.) PISTOR. 5804

E. A. Jones und **L. W. J. Loveless,** *Gesamtwärmeübergang von kondensierendem Wasserdampf auf die siedende Flüssigkeit.* Für ein größeres Gebiet von Temperaturdifferenzen wurden die Gesamtwärmeübergangskoeffizienten bestimmt. Daraus wurde der Gesamtwärmeübergang für das betrachtete Syst. berechnet u. die dem max. Wärmefluß entsprechende Temperaturdifferenz abgeleitet. (Chem. Engng. Sci. **2.** 32—34. Febr. 1953. Coventry, Courtaulds Ltd., Res. and Develop. Sec.) CRAMER. 5814

R. G. Dorman, *Die Zerstäubung von Flüssigkeit in einer flachen Brause.* Es wird die Tröpfchengrößenverteilung bestimmt, die durch für die Landwirtschaft verwendete flache Spritzdüsen erzeugt wird; eine Gleichung wird abgeleitet, die eine Beziehung zwischen dem mittleren Tröpfchendurchmesser u. den Arbeitsbedingungen an der Düse herstellt. Diese Gleichung wird mit befriedigendem Ergebnis auf experimentelle Ergebnisse angewandt. (Brit. J. appl. Physics **3.** 189—92. Juni 1952. Porton, Wilts., Chem. Defence Exp. Establ.) GOTTFRIED. 5820

Erich H. Kadmer, *Ein Beitrag zur Kolloidstruktur technischer Öldispersionen.* Vortrag. Neben Einführung in das Wesen der Dispersion u. die Technik ihrer Herst. wird, unterstützt durch zahlreiche licht- u. elektronenmkr. Aufnahmen, auf die Beziehung zwischen Viscosität u. Emulgatorbedarf hingewiesen. Die für die verschied. Verwendungszwecke geeigneten Emulgatoren werden besprochen. (Erdöl u. Kohle **4.** 771—77. Dez. 1951.) FRÜHWALD. 5824

H. Trawinski, *Zur Hydrodynamik aufgewirbelter Partikelschichten.* Vf. gibt einen allg. Überblick über Wirbelschichtverff. — in Amerika „fluidization" genannt — u. untersucht an Hand zahlreicher Literaturangaben die Erscheinungen der Schichtexpansion aufgewirbelter Partikel, für deren Beginn innerhalb eines Lockerungsbereiches („fluidizing point") die Gleichheit von Schüttgewicht minus statischem Auftrieb mit dem Druckverlust des Gasstromes Voraussetzung ist. Dabei werden laminare u. turbulente Strömungsbedingungen sowie das dazwischen liegende Gebiet (ca. Re $\approx$ 1 bis Re $\approx 10^3$), in dem erfahrungsgemäß die Re-Zahlen aufgewirbelter Schüttschichten liegen, untersucht. Vf. macht ferner einige hinweisende Angaben zur Frage der Vermischungsintensitäten, über die bisher noch keine Veröffentlichungen vorhanden sind. (Chemie-Ing.-Techn. **23.** 416—19. Sept. 1952. Göttingen, Inst. für phys. Chemie.) CRAMER. 5840

Ph. Schilling, *Die Kälteerzeugung in der chemischen Industrie.* Die Möglichkeiten zur Kälteerzeugung im chem. Labor oder Betrieb werden kurz beschrieben. (Chemiker-Ztg. **75.** 430—32. 25/8. 1951. Köln-Dellbrück.) GERHARD GÜNTHER. 5858

Hermann Stage, *Zur Frage der kontinuierlichen Trennung von Zwei- und Mehrstoffgemischen.* Um bei einer kontinuierlichen Dest. immer gleiche Konz. u. Güte von Destillat u. Ablauf zu erhalten, muß das Mengen-, Temperatur-, Wärme- u. Konzentrationsgleichgewicht in der ganzen App. über den gesamten Ablauf konstant gehalten werden. Daher werden Vorschläge für den Einbau von Reglern für Temp., Druck u. Konz. unterbreitet. Will man beide Stoffe rein erhalten, z. B. A. u. W., so wird von Hand geregelt oder in mehreren Kolonnen mit u. ohne Akkumulator gearbeitet, oder man ersetzt den Akkumulator durch eine Antriebssäule. Besondere Schaltungen werden angegeben, wenn Komponenten von sehr verschied. Kp. u. Konz. getrennt werden sollen. Bei der Trennung von H_2S, *W.* u. *HCN* kann Vorwärmer u. Kondensator entbehrt werden. (Dechema Monogr. **16.** 64—78. 1951. Köln-Niehl.) MIETHING. 5864

—, *Kristallisation — ein zunehmend kontrollierbarer Prozeß.* Die techn. Abscheidung von Stoffen in krist. Form aus Lsgg. durch Abkühlung, Verdampfung, adiabat. Expansion (Vakuum) u. Umwälzung der Lsg. wird theoret. u. mit Beschreibung neuerer App. (10 Abb.) besprochen. Weiter werden Erscheinung u. Ursachen des Sinterns bereits abgeschiedener Kristalle in Abhängigkeit von daran befindlicher Fl. sowie der Luftfeuchtigkeit u. des Lagerdruckes erörtert. (Tekn. Tidskr. **1951.** 81. 395—99 12/5.) BORCHERS. 5868

Hans von Ubisch, *Manometer für niedrige Gasdrücke.* Übersicht über Manometer für niedrige Drücke wie mechan. u. Flüssigkeits- sowie Kompressionsmanometer. Weiter werden besprochen neuere Bauweisen nach dem Molekular- u. Viscositätsprinzip, erstere nach FREDLUND. Von Geräten, die auf elektr. Vorgängen beruhen, bespricht Vf. u. a. das PENNING-Vakuummeter sowie das Alphathron, das ein Ra-Präp. enthält u. zuverlässig kalibrierbar ist. Für Drücke unter 10^{-4} Torr bewährt sich das Ionisationsmanometer. Das Massenspektrometer kann zur Partialdruckmessung bis zu 10^{-9} Torr dienen. — 12 Abb. u. 37 Schrifttumshinweise. (Tekn. Tidskr. **1951.** 81. 385—93. 12/5. Stockholm.) BORCHERS. 5886

P. Bouellat, Lyon, Rhône, Frankreich, *Isolierumkleidung von Kesseln.* Die Trennwand, die gegen die Verbrennungskammer des Kessels isolieren soll, ist aus zellenförmigem, hohlem Netzwerk aus einem Metalltuch hergestellt, das nach außen mit einer biegsamen Matte aus isolierenden Fasern, bes. Glaswolle, überzogen ist. Die einzelnen Rollen werden so zusammengesetzt, daß zwischen ihnen große Hohlräume für die Gase entstehen. (**N. P. 79 678** vom 30/6. 1950, ausg. 4/2. 1952. F. Prior. 19/7. 1949.) JÜRGEN SCHMIDT. 5805

Francis Robert Himsworth, Albert Walter Elmes, Harry Hughes, Norton-on-Tees, und **Imperial Chemical Industries Ltd.,** London, England, *Säurebeständiger Kitt.* Phenol- oder Furfurylalkoholharz u. ein Beschleuniger (p-Toluolsulfonsäure) werden mit >40% trockner pulverisierter Tonerde vermischt. (**E. P. 666 690** vom 7/5. 1948, ausg. 20/2. 1952.) SALZMANN. 5813

Permutit Co. Ltd., London (Erfinder: **Ewart Ingham Akeroyd** und **Frank Ernest Varlow**), England, *Regenerierung von Ionenaustauschern.* Ein mit H^+ beladener Kationenaustauscher u. ein 2-teiliger Anionenaustauscher (I), dessen 2. Teil mit NaOH beladen ist, wird nach der Regenerierung zwecks Einsparung von W. derart ausgewaschen, daß das Waschwasser des 1. I, nachdem es die Regenerierungschemikalien daraus entfernt hat, zum Auswaschen des 2. I verwendet wird. Der Waschvorgang wird durch entmineralisiertes durch die 3 Betten zirkulierendes W. beendet. (**E. P. 672 327** vom 18/1. 1950, ausg. 21/5. 1952.) STEIL. 5827

Mij. voor Kolenbewerking Stamicarbon N. V., Herleen, Holland, *Zerlegen von nichtmischbaren Flüssigkeiten.* Die Fll. werden tangential in einen schnell rotierenden radialsymmetr. Raum, bes. einen Cyclonapp., eingeführt. Hierbei wird zentral hinreichend Fl. abgeführt, wobei jedoch ein zentripetaler Flüssigkeitsstrom auftreten soll, dessen Rotationsgeschwindigkeit sich in Richtung auf die Achse erhöht. — Vorrichtung. (**N. P. 79 543** vom 23/11. 1949, ausg. 24/12. 1951. Holl. Prior. 23/11. 1948.) JÜRGEN SCHMIDT. 5829

Texaco Development Corp., New York, N. Y., V. St. A. (Erfinder: **W. Kiersted jr.**), *Filtrierverfahren.* Man filtriert die Fll. kontinuierlich durch ein rotierendes Filter, von dem ca. 40—60% in die Filtrier-Fl. eingetaucht sind u. der übrige Teil zum Waschen u. Trocknen des abgesetzten Filterkuchens dient. Hierbei wird der Filterkuchen nach dem Aufsteigen aus der Lsg. vor Erreichen des höchsten Punktes mit einer 1. Wasch-Fl. u. nach Erreichen des höchsten Punktes mit einer 2. Wasch-Fl. gewaschen. Während der 2. Waschperiode wird der Filterkuchen durch ein Gas gleichzeitig aufgelockert. Das Verf. dient z. B. zum Abtrennen von *Bleicherden* aus Ölen. — Zeichnungen. (**Schwed. P. 134 019** vom 29/6. 1942, ausg. 27/12. 1951. A. Priorr. 28/6. 1941 u. 1/3. 1945.) JÜRGEN SCHMIDT. 5831

Comp. pour la Fabrication des Compteurs et Matériel d'Usines à Gaz, Montrouge, Frankreich, *Herstellen von Filtern durch Gießen oder Spritzen eines plastischen Werkstoffes.* Es werden aus dem Werkstoff in einem Arbeitsgang zwei Reihen von je parallelen Rippen gebildet, die einander kreuzen u. in einer gemeinsamen Rotationsfläche in dieser Fläche der Maschenweite des Filters entsprechen. (**Oe. P. 170 845** vom 22/3. 1948, ausg. 25/3. 1952.) SCHLITT. 5831

Elliot Co., übert. von: **Irving Roberts,** Jeanette, Pa., V. St. A., *Regeneration eines Adsorptionsbettes, das Bestandteile von hohem Dampfdruck enthält,* z. B. Silica-Gel, das mit CO_2 u. C_2H_2 beladen ist, bei der Reinigung der Luft zur Gewinnung von O_2 durch Tiefkühlung bei einer Temp. von z. B. 310° F. Man leitet N_2 von 75—100° F hindurch, bis ca. $^1/_5$ des Bettes diese Temp. angenommen hat, unterbricht den N_2-Strom, bis im ganzen Bett Erwärmung durch Temperaturausgleich unter Verdampfung des CO_2 u. C_2H_2 eingetreten ist, u. verdrängt sodann CO_2 u. C_2H_2 durch einen kurzen N_2-Strom aus dem Bett. — Vorrichtung. (**A. P. 2 562 334** vom 26/9. 1950, ausg. 31/7. 1951.) REICHELT. 5849

Karl Asboth, Steiermark, Österreich, *Entfernen von Kohlendioxyd aus Gasen mittels Absorptionskörpern,* dad. gek., daß das CO_2-haltige Gas über Absorptionskörper aus kalciniertem natürlichem oder künstlichem *Dolomit* geleitet wird, die nach der Absorption durch Erhitzen regeneriert werden. Die Absorptionskörper aus künstlichem Dolomit werden hergestellt, indem man $CaCO_3$ u. $MgCO_3$ bei 50° im Molverhältnis von Ca : Mg = 40 : 60 fällt u. zu dem gewaschenen Nd. ein durch Säurefällung aus Wasserglaslsg. gewonnenes Kieselsäuregel in einer Menge von 10—30% hinzufügt. Das feuchte Gelgemisch wird in Stücke von 5 mm Durchmesser geformt, langsam getrocknet u.

bei 450° calciniert. Die dolomitartigen Körper absorbieren CO_2 bei ca. 380° u. können bei 500—520° regeneriert werden. (**Oe. P. 172 931** vom 4/6. 1951, ausg. 25/10. 1952.) HEYNE. 5849

Schumacher'sche Fabrik (Erfinder: **Hans Höllerer**), Bietigheim/Württ., *Behandlung von Gasen und Dämpfen.* Diese werden zum Zwecke der Reinigung, Trocknung, Neutralisation, Absorption oder Durchführung von chem. Rkk. durch aneinander liegende poröse Schichten zusammenhängender oder loser Struktur geleitet. Die Vorr. besteht aus einem Haltegerüst, das mit Abstreifer, Kühl- u. Heizvorr. versehen sein kann. Die Schichten können z. B. aus Textil- u. Asbestfasern, Holzmehl, Kieselgur, Bleicherde, für Trockenzwecke aus CaO, körnigem $CaCl_2$ oder SiO_2, für Entfernung saurer Stoffe aus CaO, $CaCO_3$, zur Absorption von H_2S aus Aktivkohle bestehen u. mit sauren, bas. oder neutralen, auch organ. Fll. befeuchtet oder aus Kontaktmasse hergestellt sein. (**D. B. P. 879 685** Kl. 12g vom 30/12. 1951, ausg. 15/6. 1953.) MATTHAES. 5851

Badische Anilin- & Soda-Fabrik, Ludwigshafen/Rh. (Erfinder: **Alexander Lang,** Pullach), *Gleichzeitige Gewinnung von flüssigem O_2 und gasförmigen Luftzerlegungsprodukten,* dad. gek., daß man zusätzliche Hochdruckluft, die mittels einer von der Luftzerlegungsanlage unabhängigen Kältequelle vorgekühlt ist, in die Vorr. einführt, gemeinsam mit der übrigen zu zerlegenden Luft zerlegt u. aus der Vorr. gasförmige Zerlegungsprodd. u. fl. O_2 abzieht. — Zeichnung. (**D. B. P. 873 395** Kl. 17g vom 4/7. 1944, ausg. 13/4. 1953.) SCHINDLER. 5857

J. R. Bradford, Radioisotopes in industry. London: Chapman & H. 1953. (309 S. m. Abb.). 64 s.

III. Elektrotechnik.

Siemens & Halske Akt.-Ges., Berlin und München (Erfinder: **Franz Tuczek,** Heidenheim), *Metalloxyd-Halbleiter,* bes. Cu_2O-Heißleiter. Die Oberfläche ist an der Kontaktstelle red., bes. so, daß zwischen ihr u. der red. Metallschicht keine oder nur eine sehr geringe Sperrwrkg. auftritt. Die Wiederoxydation der Metallschicht kann durch einen bes. galvan. aufgebrachten Schutzüberzug, z. B. aus Ag, verhindert werden. Die Red. wird prakt. bei niederer Temp. in einer Säure bei Ggw. eines unedlen Metalls, z. B. Zn oder Al, vorgenommen. (**D. B. P. 859 916** Kl. 21c vom 2/10. 1948, ausg. 18/12. 1952.) KESSEL. 5953

Ivar Harry Sanick, Stockholm, Schweden, *Verbesserung der elektrischen Leitfähigkeit des Erdbodens.* Dem Boden rings um die Erdungsleitung einer elektr. Anlage werden nacheinander ein oder mehrere Metallsalzlsgg. u. eine oder mehrere solcher Lsgg. zugesetzt, die mit jener oder jenen in W. schwerlösl. Reaktionsprodd. mit geringem OHMschen Widerstand bilden, die Feuchtigkeit gut aufnehmen u. behalten. Die beiden Arten der Lsgg. werden vorteilhaft so gewählt, daß sich ein Gel bildet, da dieses außerdem sehr widerstandsfähig gegen Auswaschen durch Grundwasser ist. Es können z. B. Lsgg. von Cu-, Ni- oder Co-Salzen mit Lsgg. von Verbb. mit Ferro- oder Ferricyanid-Anionen kombiniert werden. Bes. wirtschaftlich ist eine Kombination eines lösl. Cu-Salzes, wie $CuSO_4$ oder $CuCl_2$, mit dem Ferro- oder Ferrocyanid eines Alkalimetalls wie K. Es empfiehlt sich, die Metallsalzlsgg. dem Boden zuerst zuzusetzen, da dann eine bessere Verteilung erzielt wird. (**Oe. P. 167 997** vom 2/8. 1949, ausg. 27/3. 1951.) KLEIN. 5953

Ward, Blenkinsop & Co. Ltd., London (Erfinder: **Ronald Edgar John Lishmund,** Reigate, und **Peter Paul Hopf,** London), England, *Gedruckte elektrische Widerstände, Schaltelemente und Stromkreise.* Auf der Oberfläche eines organ. Isoliermaterials wird ein von nichtflüchtigen organ. Stoffen prakt. freier Überzug aus einem feinverteilten elektr. leitenden Stoff aufgetragen u. mit einer Reliefdruckplatte unter Hitze u. Druck in Berührung gebracht, so daß sich dem Relief der Druckplatte entsprechende, in das Material eingebettete Leiter- oder Halbleiterbrücken bilden, worauf der restliche Überzug entfernt wird. Als Isoliermaterial dienen bes. Phenol- oder Anilin–CH_2O-Harz, Polyamid-, Polyacryl-, Polyvinylharz, Polyäthylen, ein Styrolmischpolymerisat oder ein Phenol–CH_2O–Vinylchlorid-Mischpolymerisat. Der Überzug besteht prakt. aus feinverteiltem Ag, Cu oder C (Ruß oder Graphit), aufgeschlämmt in einem flüchtigen Verdünnungsmittel, prakt. unter Zusatz einer geringen Menge eines weniger flüchtigen organ. Lösungsmittels. Als flüchtige Verdünnungsmittel dienen z. B. niedere Alkohole, bes. Methyl- oder Äthylalkohol, cycl. Äther, bes. Dioxan, oder niedere aliphat. Ketone, bes. Aceton oder Methyläthylketon, oder W.; als weniger flüchtige Lösungsmittel niedere mehrwertige Alkohole, bes. Äthylenglykol oder Glycerin, oder Aminoalkohole, bes. Monoäthanolamin. (**D. B. P. 861 119** Kl. 21c vom 6/6. 1950, ausg. 29/12. 1952. E. Prior. 2/6. 1949.) KESSEL. 5955

Siemens & Halske Akt.-Ges., Berlin und München (Erfinder: **Herbert Sachse**, Heidenheim), *Elektrische Widerstände* für hohe Temperaturen. Preßkörper aus C-Teilchen enthaltenden keram. Massen werden in oxydierender Atmosphäre, z. B. in Luft, auf die spätere Betriebstemp., bes. aber darüber, so lange erhitzt, bis der Widerstandswert prakt. konstant bleibt. (**D. B. P. 871 784** Kl. 21c vom 23/5. 1941, ausg. 26/3.1953.) KESSEL. 5955

British Thomson-Houston Co. Ltd., London, England, *Elektrische Isolierkörper*. Feinverteiltes $Al(OH)_3$, $BaCO_3$ oder $SrCO_3$, $B(OH)_3$ u. ein Fluorid werden vermischt. Die Mischung wird geschmolzen u. in W. abgeschreckt, wobei sie zu einem feinen Pulver zerfällt. Die so entstandene Fritte wird mit Glimmer in Ggw. geringer Wassermengen, gegebenenfalls unter Zusatz von $B(OH)_3$ u. Kryolith, vermischt u. in der Hitze zu Körpern verpreßt. Zur Herst. der Fritte wird z. B. eine Mischung aus 20,5(%) Kryolith, 9,6 $BaCO_3$, 15,5 $Al(OH)_3$ u. 54,4 $B(OH)_3$ verwendet. 15 der Fritte u. 85 Glimmer werden vermengt u. mit W. angefeuchtet, worauf das Gemisch heiß verpreßt wird. (**E. P. 662 101** vom 16/6. 1949, ausg. 28/11. 1951. A. Prior. 29/6. 1948.) HANS HOFFMANN. 5957

Felten & Guilleaume Carlswerk Akt.-Ges. (Erfinder: **Karl Leilich**), Köln, *Kabelmantel*. Ein Band aus Polyisobutylen (**I**) oder einer **I**-Mischung, das mit Talkum eingestäubt, um die Kabelseele gewickelt u. zu einer geschlossenen Hülle verklebt wird, wird an den zu verklebenden Stellen mit einem Öl, bes. einem dünnfl. Öl, z. B. Paraffin, benetzt oder bestäubt. (**D. B. P. 873 715** Kl. 21c vom 15/8. 1944, ausg. 16/4. 1953.) KESSEL. 5957

Badische Anilin- & Soda-Fabrik, Ludwigshafen (Erfinder: **Leo Schlecht**, Ludwigshafen, und **Adolf Vogt**, Köln), *Magnetische Massekerne*. Das Ausgangspulver wird durch Rk. von C-haltigem Metallpulver mit O-abgebenden Stoffen bei höchstens 500° unter partieller oder vollständiger Verflüchtigung des C gewonnen, bes. in inerten Gasen u. in Ggw. von Wasserdampf oder unter vermindertem Druck. O- oder C-Reste können mit strömendem H_2 entfernt werden. Als Metallpulver dient bes. durch therm. Zers. von Fe-, Ni- oder Fe–Ni-Carbonyl gewonnenes Fe-, Ni- oder Fe–Ni-Pulver. (**D. B. P. 860 684** Kl. 21g vom 20/4. 1940, ausg. 22/12. 1952.) KESSEL. 5959

Gebr. Böhler & Co. Akt.-Ges., Wien, Österreich, *Dauermagnet für magnetisches Spannfutter*. Die bei magnet. Spannfuttern verwendeten Dauermagnete können aus konstruktiven Gründen nur sehr kurze Länge haben u. unterliegen deshalb einer äußerst starken Entmagnetisierung durch das eigene Feld, so daß die Haltekraft nicht die Werte erreichen kann, wie sie elektromagnet. Spannfutter gleichen Gewichts haben. Dieser Mangel wird beseitigt durch Verwendung von anisotropen Dauermagneten mit einer Zus. (innerhalb der Analysengrenzen) von 12—16% Ni, 7—9 Al, 22—26 Co u. gegebenenfalls bis zu 6 Cu, Rest Fe mit den üblichen Verunreinigungen, die eine optimale Induktion von mindestens 8000 GAUSS u. $(BH)_{max}$-Werte von mindestens $3{,}4 \cdot 10^6$ GAUSS-OERSTEDT haben sollen. Solche Magnete haben im Vgl. zu den bisher besten Al–Ni-Stählen einen bis zum 5fachen betragenden Energieinhalt u. ergeben eine nach höheren Induktionen hin verlagerte Entmagnetisierungskurve. Das bedeutet eine Steigerung der Haltekraft z. B. um den Faktor 6,5 bei wirtschaftlich bleibenden Gewichten solcher Spannfutter. (**Oe. P. 167 947** vom 10/12. 1946, ausg. 27/3. 1951. D. Prior. 26/6. 1942.) KLEIN. 5959

Minneapolis-Honeywell Regulator Co., Minneapolis, Minn., V. St. A. (Erfinder: **F. W. Side**), *Normalelement, bestehend aus einem geschlossenen Glasbehälter mit zwei hohlen, beinartigen Fußteilen*. Der Behälter ist teilweise mit der Normal-Fl. gefüllt. Die beiden Fußteile sind nahe beieinander, möglichst parallel gelagert, u. durch einen Glasflansch miteinander verbunden, um einen Temperaturausgleich zwischen den beiden Beinteilen zu erzielen. (**Schwed. P. 134 646** vom 21/5. 1947, ausg. 26/2. 1952. A. Prior. 15/8. 1946.) JÜRGEN SCHMIDT. 5971

IV. Wasser. Abwasser.

—, *Gegenwartsprobleme der Trinkwasseraufbereitung*. (Vgl. C. **1952.** 1384.) Gekürzte Wiedergabe u. Besprechung einer Arbeit von E. NAUMANN in 4 zusammengefaßten Abschnitten (Schnellfilter, Korrosionsschutz, Enthärtung, Entkeimung). Es wird auf weitere in der Arbeit nicht erwähnte Enthärtungsverff. hingewiesen u. gegen das Elektro-Katadyn-Verf. zur Entkeimung ein weiteres Bedenken — daß bactericid bleibendes W. ungeeignet für gewisse Anwendungen, auch als Trinkwasser, sein könnte — geltend gemacht. Abschließend wird vor Anwendung von Mitteln gewarnt, deren Wrkg. nicht erprobt ist. (Eau **38.** 85—86. Mai 1951.) HALLER. 6016

E. Hass, *Salze und Salzzersetzungen in Benson-Kesseln.* Aus Verss. über Salzzerss. unter in Benson-Kesseln (BK) vorliegenden Verhältnissen ergibt sich, daß die Cl-Verbb. des Mg u. Ca, die durch undichte Kondensatoren in das Kondensat gelangen können, wegen ihrer niedrigen Zersetzungstempp. am gefährlichsten sind. $MgCl_2$ setzt sich mit Wasserdampf bereits bei ca. 200° vollständig um, $CaCl_2$ bei 400° zu ca. 12%, bei 600° zu ca. 25%. Die Ggw. von Kieselsäure u. Cu steigert die Zers. bei 400° auf ca. 30%. Sie werden bei Trockenwerden der Salze unlösl., haften an der Rohrwandung an u. reichern sich dadurch an. Die bei der Umsetzung mit Wasserdampf frei werdende Mineralsäure dürfte die Hauptursache für das Auftreten mehr oder weniger starker Korrosionen im letzten Bündel des Strahlungsteiles u. im Übergangsteil des BK sein. In dem die Verss. auslösenden Fall wurde als Abhilfemaßnahme dem umlaufenden W. mit gutem Erfolg NH_3 in einer Menge von ungefähr 8 mg/l zudosiert. Auf größtmögliche Kieselsäurefreiheit ist zu achten. (Mitt. Vereinig. Großkesselbesitzer **1953.** 287—300. Dortmund.) NIEMITZ. 6030

M. L. Parker, *Chlorierung der Abwässer der Phosphorherstellung.* P-haltige Abwässer der elektr. Öfen zur P-Herst., ca. 25 l/Min./1000 kW Leistung, werden nach Absetzen u. Filtern aus einem Cl-Entwickler laufend mit Cl-Überschuß versetzt. Eingehende Beschreibung der Anlage u. eines den Cl-Überschuß ständig kontrollierenden Geräts von LINDBURY, das auf photoelektr. Messung des aus KJ-Lsg. freigemachten J beruht. (Wastes Engng. **24.** 81. Febr. 1953. Oldbury Electro-Chem. Co.) MÜHLMEISTER. 6042

LeRoy W. van Kleeck, *Kontrolle der Schlammbeschaffenheit.* 9. Mitt. *Laboratoriums-Prüfungen.* Krit. Betrachtung der wichtigsten Laborgeräte an Hand von Abbildungen. Besprechung der in 3 Handbüchern (Standard Methods for the Examination of Water and Sewage, Laboratory Manual for Chemical and Bacterial Analyses of Water and Sewage by THEROUX, ELDRIDGE & MALLMANN, Laboratory Guide for Sewage Works Operators by D. PAUL ROGERS) angegebenen Untersuchungsmethoden für Klärschlamm u. Filterstoffe. (Wastes Engng. **24.** 71—74. Febr. 1953. Connecticut USA State Dept. of Health.) MÜHLMEISTER. 6068

Carbonisation & Charbons actifs, Frankreich, *Reinigung von Wasser durch Rieselung.* Das zu reinigende W. durchströmt zunächst dreistufenartig hintereinandergeschaltete Marmorfilter u. gelangt dann in Form eines feinen Regens in den Rieselturm, in dem die *Belüftung* erfolgt. Hier erfolgt die Ausscheidung von CO_2 u. H_2S u. durch den hohen O_2-Geh. der Frischluft werden die im W. gelösten Metallsalze, wie Fe- u. Mn-Salze, oxydiert u. ausgeflockt, die dann durch Dolomit- oder Magnesitfilter entfernt werden. (**F. P. 993 242** vom 14/6. 1949, ausg. 29/10. 1951.) WITTHOLZ. 6027

Max Higguet, Frankreich, *Magnesium-Calciumcarbonat zur Reinigung von Wasser.* Calcinierter Dolomit, gegebenenfalls hydratisiert, wird mit CO_2 bei Tempp. von 500 bis 800° erhitzt. Der Geh. an freiem Kalk des so behandelten Stoffes ist sehr gering. — Vorrichtung. (**F. P. 980 832** vom 21/12. 1948, ausg. 18/5. 1951.) WITTHOLZ. 6031

Dearbon Chemical Co., V. St. A., *Verhindern von Schaumbildung der Kesselspeisewässer beim Sieden.* Das Schäumen der Kesselspeisewässer beim Sieden wird vermieden durch den Zusatz einer oberflächenakt., vorwiegend hydrophoben organ. Verb. der allg. Formel I, worin R_1CO nichtaromat. Carbonsäurereste mit wenigstens 12 C-Atomen, COR_2 ein nichtaromat. Carbonsäurerest mit wenigstens 1 C-Atom u. X ein aliphat. Rest mit einer oder mehreren N- oder N-substituierten Gruppen darstellen.

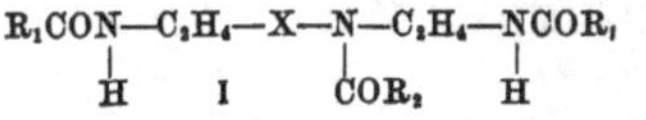

I

X kann auch fehlen. Durch den Zusatz von Ricinusöl wird die Schaumbldg. nur weniger als 5 Min. lang verhindert, die Wirksamkeit von Verbb. nach I hält dagegen mehr als 16000 Sek. an. Die Größenordnung der Zusätze beträgt bis 50 Teile auf 1 Million. Bei der Herst. der Verbb. kann man vom Ricinusöl ausgehen, das durch Verestern u. Einführen von N-Gruppen in eine Verb. nach I überführt wird. Es ist nicht notwendig, das Reaktionsprod. zu isolieren. Durch Zusatz von Spuren Citronensäure, Weinsäure oder Bernsteinsäure kann die Adsorption der Verbb. nach I an in W. suspendierte feste Teilchen verhindert werden. (**F. P. 971 023** vom 2/9. 1948, ausg. 11/1. 1951.) VIER. 6031

Federico Pavelka, Mailand, Italien, *Elektroosmotische Wasserreinigung* erfolgt zwischen 2 Elektroden, die je mit einem Diaphragma umgeben sind. Der Weg zwischen den Elektroden soll mindestens 250 mal so lang sein wie der Abstand zwischen beiden Diaphragmen. Man führt das W. daher auf einem schraubenlinienförmigen Weg, der durch einen Einsatz aus elast. Isolierstoff, bes. Kunststoff, gebildet wird. — Zeichnung. (**Dän. P. 73 336** vom 20/5. 1948, ausg. 12/11. 1951.) JÜRGEN SCHMIDT. 6047

V. Anorganische Industrie.

Heinrich Koppers G. m. b. H., Essen (Erfinder: **Willy Becher,** Grube Messel bei Darmstadt), *Gewinnung von S aus H_2S enthaltenden Gasen* von schwankendem H_2S-Geh. bzw. zeitlich schwankendem Volumen. Fortlaufend oder absatzweise wird aus einem Teilstrom des zu verarbeitenden Gases der H_2S selektiv entfernt u. die Volumendifferenz zwischen dem H_2S-haltigen u. dem H_2S-freien Teilstrom gemessen u. zur Einstellung des O_2-Zusatzes zu dem Hauptgasstrom benutzt, z. B. durch automat. Beeinflussung von Riegelschiebern oder Gebläsen. Die Entfernung des H_2S kann bei 100° mit einer sodaalkal. Ferricyanidlsg. von einem $p_H > 9$ erfolgen. Das Gas muß anschließend vor der Volumenmessung gekühlt werden. Die Lsg. kann durch anod. Oxydation regeneriert werden. (**D. B. P. 869 942** Kl. 12i vom 18/3. 1944, ausg. 9/3. 1953.) ZÜRN. H 253

Kali-Chemie Akt.-Ges. (Erfinder: **Konrad Kühn** und **Hans Werner Schmidt**), Hannover, *Herstellung eines nicht plastischen Schwefels.* Einer S-Schmelze werden ca. 1% hochmol. aliphat. Verbb. zugesetzt, welche langgestreckte u./oder verzweigte Ketten mit oder ohne Doppelbindung aufweisen, z. B. gesätt. oder ungesätt. Fettsäuren, deren Derivv. oder Salze, wie Zn-Stearat oder -Olein. Anschließend wird die Schmelze, z. B. durch Kühlwalzen, abgeschreckt. Bes. wird die Schmelze nach Zumischung der Zusätze auf 200—300° erhitzt. (**D. B. P. 873 835** Kl. 12i vom 28/4. 1950, ausg. 16/4. 1953. **E. P. 682 051** vom 21/2. 1951, ausg. 5/11. 1952. D. Prior. 27/4. 1950.) ZÜRN. H 253

Kali-Chemie Akt.-Ges., Hannover (Erfinder: **Marschner,** Waldesruh bei Berlin-Mahlsdorf), *Herstellung von schwefelarmem $BaCO_3$.* Man behandelt das nach der Fällung von Schwefelbariumlaugen mit CO_2 erhaltene $BaCO_3$ in wss. Suspension unter Rühren bei erhöhter Temp., bes. 60—100°, mit Alkali- oder Erdalkalisulfiden. (**D. B.P. 862 002** Kl. 12m vom 10/10. 1942, ausg. 8/1. 1953.) NEBELSIEK. H 285

Akt.-Ges. für Stickstoffdünger Knapsack, Bez. Köln, Knapsack (Bez. Köln), *Herstellung von konzentrierten Aluminiumsalzlösungen aus Ton bzw. Al_2O_3-haltigen Mineralien.* Man homogenisiert das Rohmaterial u. glüht es bei Tempp., die die höchste Laugbarkeit gewährleisten, in bekannter Weise oder längere Zeit als üblich u. laugt das erhaltene Prod. im Gegenstrom mit Säure, z. B. H_2SO_4. (**D. B. P. 869 196** Kl. 12m vom 7/1. 1940, ausg. 5/3. 1953.) NEBELSIEK. H 294

Richard Eduard Fuchs, Ransbach (Erfinder: **Josef Küppers,** Koblenz), *Gewinnung reinen Tonerdehydrates.* Der Fe- u. SiO_2-haltige Ausgangston wird mit etwa der Hälfte der berechneten H_2SO_4 gemischt u. getrocknet, fein zerkleinert u. mit dem Rest an H_2SO_4 versetzt. Nach dem Zufügen von W. werden die Feststoffe abgetrennt u. die $Al_2(SO_4)_3$-Lsg. mit NaOH versetzt. Die Verunreinigungen werden abgetrennt, dann wird aus der Aluminatlsg. in bekannter Weise Tonerdehydrat ausgefällt. (**D. R. P. 753 121** Kl. 12m vom 25/2. 1938, ausg. 2/2. 1953.) NEBELSIEK. H 294

Lech-Chemie Gersthofen (Erfinder: **Walter Riedelsberger**), Gersthofen, *Herstellung von basischen Aluminiumsalzen.* Auf metall. Al oder dessen Legierungen in überschüssigem W. läßt man einen Cl_2-Strom u. anorgan. u./oder organ. Säuren einwirken. (**D. B. P. 873 692** Kl. 12m vom 1/8. 1943, ausg. 16/4. 1953.) NEBELSIEK. H 294

Säurefabrik Schweizerhall, Schweizerhalle (Erfinder: **Walter Frey,** Basel, und **Ernst Boller,** Pratteln), Schweiz, *Reinigung flüssiger Chloride von Elementen der 4. Gruppe des Periodischen Systems.* Man führt dem Metallchlorid (I) organ., metallfreie Verbb. bei Tempp. zu, bei denen die organ. Verb. unter Verkohlung mit den in den rohen I enthaltenen Verunreinigungen reagiert, u. trennt kontiniuerlich das gereinigte I vom Verkohlungsprod. durch Dest. u. durch Entfernung eines Teils des Reaktionsgemisches u. Filtration desselben ab, u. führt, falls erforderlich, das filtrierte I dem Destillationsprozeß wieder zu. Bes. geeignet erweisen sich ungesätt. KW-stoffe mit mindestens 4 C-Atomen, z. B. auch in Form von Crackgasen. — *Ti-Chlorid,* das mit V-Chlorid verunreinigt ist, wird z. B. mittels *Pentan* gereinigt. (**D. B. P. 867 544** Kl. 12n vom 2/10. 1948, ausg. 19/2. 1953. Schwz. Priorr. 26/7. 1947, 5/3. u. 17/3. 1948.) NEBELSIEK. H 321

United States of America, übert. von: **Howard H. Friedel,** Westlake, O., V. St. A., *Ausfällen von Zirkonhydroxyd.* Zu einer Lsg. von $(NH_4)_2ZrF_6$ gibt man wss. $NH_4 \cdot OH$, das Salicylat-Ionen (I) enthält, zwecks Erhöhung der Filtrierbarkeit. Den ausgefällten Nd. schlämmt man mit Isopropylalkohol, um I auszuwaschen, u. trocknet. (**A. P. 2 610 104** vom 12/2. 1952, ausg. 9/9. 1952.) NEBELSIEK. H 322

National Lead Co., New York, N. Y., übert. von: **Leif Aagaard,** Plainfield, und **George E. Bronson,** Matawan, N. J., V. St. A., *Herstellung von Tetrahalogeniden von Ti und Zr.* Ein Phosphat von Ti oder Zr wird mit einem Erdalkali- oder Mg-Halogenid gemischt, u. das Gemisch wenigstens auf den F. des Halogenids erhitzt (800—900°), bis sich die Halogenide von Ti oder Zr verflüchtigen. (**A. P. 2 608 464** vom 10/8. 1950, ausg. 26/8. 1952.) Zürn. H 322

United States of America, übert. von: **Harley A. Wilhelm** und **Kenneth A. Walsh,** Ames, Iowa, V. St. A., *Gewinnung von ZrF_4.* Man läßt auf $ZrCl_4$ bei ca. 50° HF einwirken, bis wenigstens 90% der Zr-Verb. in ZrF_4 übergeführt sind. Dann läßt man das Prod. nochmals mit HF bei ca. 300° reagieren u. erhält ein prakt. nicht hydrolysierbares ZrF_4. (**A. P. 2 602 725** vom 28/3. 1951, ausg. 8/7. 1952.) Nebelsiek. H 322

Titan Co., Inc., New York, N. Y., V. St. A., *Herstellung von wasserlöslichen Ammoniumzirkonsulfatverbindungen.* Gemahlenes Ammoniumsulfat u. ZrO_2 werden im Mol-Verhältnis 2—3,5:1 5—2 Min. auf 400—600° erhitzt. (**N. P. 80 168** vom 16/5.1950, ausg. 5/5. 1952. A. Prior. 18/5. 1949.) Jürgen Schmidt. H 322

Goodlass Wall & Lead Industries, Ltd., Oxted, England, *Gewinnung von Bleisilicat* durch Mahlen eines Gemisches aus PbO oder $Pb(OH)_2$ mit SiO_2 in W. in Ggw. eines Katalysators, z. B. $CH_3 \cdot COOH$, $H \cdot COOH$ oder HNO_3. (**E. P. 637 622** vom 9/3. 1948, ausg. 24/5. 1950.) Nebelsiek. H 328

Ruhrchemie Akt.-Ges. (Erfinder: **Heinrich Tramen,** Mülheim/Ruhr, und **Walter Rottig,** Oberhausen, Rhld.), *Herstellung von reinem Chromnitrat* aus Cr in 3 wertiger Form enthaltenden Massen, die bes. mit Verbb. des Al, Fe u. Si verunreinigt sind. Dabei wird das Fe^{III} in saurer Lsg. in Fe^{II} durch Reduktionsmittel übergeführt u. die Lsg. auf ein p_H von 4,8 eingestellt. Das ausgefällte $Cr(OH)_3$ wird nach Auswaschen mit NaOH, heißem W. u. gegebenenfalls verd. Säuren u. Trocknen in HNO_3 (D. 1,48—1,51) gelöst. (**D. B. P. 873 693** Kl. 12m vom 13/7. 1943, ausg. 16/4. 1953.) Nebelsiek. H 335

Reginald S. Dean, Washington, D. C., V. St. A., *Gewinnung von Manganverbindungen* über ihre Ammonkomplexverbb. aus Mn-haltigem Material (**I**), in dem das Mn vorwiegend in der Mn(II)-Form oder als Metall vorliegt, durch Auslaugen von **I** mit einer wss. Lsg. eines NH_4-Salzes einer Säure XH, worin X ein Anion bedeutet, das ein Mn-Salz von der Wasserlöslichkeit des MnS bildet. Man laugt **I** mit einer wss. Lsg., die mindestens 18(%) NH_3 u. 2 Salz enthält, derart, daß die erhaltene Mn–NH_4-Komplexverb. mindestens 10 g/l Mn in gelöster Form enthält. Aus dieser Lsg. wird die Mn-Verb. zweckmäßig als Carbonat abgeschieden u. dieses in MnO_2 übergeführt. (**A. P. 2 608 463** vom 29/10. 1948, ausg. 26/8. 1952.) Nebelsiek. H 350

Magnesium Electron Ltd., Clifton Junction, England, *Gewinnung von Manganochlorid.* Man läßt Cl_2-Gas auf Mn oder eine Mn-Legierung (**I**) in einem feuerfesten Behälter, dessen Boden geneigt ist, so einwirken, daß das sich bildende Chlorid im Schmelzzustand von der Legierung abfließen kann. (**E. P. 680 710** vom 9/3. 1949, ausg. 8/10. 1952.) Nebelsiek. H 350

United States of America, übert. von: **Wallace F. Wyman** und **Alexander E. Back,** Salt Lake City, U., V. St. A., *Wiedergewinnung von Manganverbindungen.* Man stellt sich einen wss. Schlamm aus oxyd. Mn-Erzen her u. behandelt diesen unter Zusatz einer katalyt. wirkenden Petroleumfraktion u. eines Emulgiermittels mit SO_2, trennt vom Unlösl. ab u. fällt aus der Mn-Dithionatlsg. mit $Ca(OH)_2$ $Mn(OH)_2$ aus. (**A. P. 2 600 456** vom 30/12. 1948, ausg. 17/6. 1952.) Nebelsiek. H 350

Dorr Co., New York, N. Y., V. St. A., *Reduktion von Ferrioxyd.* Man leitet durch eine Schicht von feingemahlenem Eisenerz bei 500—1000° mit bestimmter Geschwindigkeit ein reduzierendes Gas, z. B. H_2, um das Fe_2O_3 zu Fe_3O_4 zu reduzieren. Dabei ist das Bestreben, die Bldg. von FeO möglichst niedrig zu halten. (**E. P. 634 938** vom 15/7. 1947, ausg. 29/3. 1950. A. Prior. 15/9. 1944.) Nebelsiek. H 354

North Thames Gas Board, London, England, *Herstellung von Eisenoxydreagens.* Frisch gefälltes $Fe(OH)_3$ wird getrocknet u. auf eine bestimmte Größe gemahlen. Dann füllt man es in eine beheizte, rotierende Trommel u. fügt tropfenweise etwas W. zu, wodurch sich Kügelchen einer bestimmten Größe bilden. Man siebt ab u. gibt das feine Pulver wieder in die Trommel zu erneuter Behandlung zurück. (**E. P. 636 560** vom 25/6. 1947, ausg. 3/5. 1950.) Nebelsiek. H 354

United Steel Co. Ltd., Lewis Reeve und **Geoffrey Waston Walls,** Sheffield, York, England, *$FeCl_3$-Gewinnung.* Fein gebrochenes, Fe_2O_3-haltiges Erz wird unter turbulenter Bewegung mit gasförmigem HCl bei solcher Temp. behandelt, daß das entstandene $FeCl_3$ verflüchtigt u. zusammen mit überschüssigem HCl-Gas abgetrieben wird. (**E. P. 677 690** vom 21/7. 1949, ausg. 20/8. 1952.) Nebelsiek. H 354

Lech-Chemie Gersthofen (Erfinder: **Hanns Rein,** Offenbach/M., und **Ernst Heinrich,** Frankfurt/M.), Gersthofen, *Stabilisieren von Eisen(II)-Verbindungen* gegen Oxydation in fl. oder festem Medium durch Zumischen von anorgan. u./oder organ. Verbb.

des Al oder 3 wertigen Cr. — Man löst z. B. in 10 Teilen W. Eisen(II)-Sulfat, 7 H_2O u. Al-Sulfat. 18 H_2O im Mol-Verhältnis 2:1 bis 2:2. (**D. B. P. 876 402** Kl. 12n vom 10/1. 1942, ausg. 11/5. 1953.) NEBELSIEK. H 354

VI. Silicatchemie. Baustoffe.

L. Springer, *Über chromhaltige Pottaschen bei der Glasschmelze.* Chromoxyd färbt das Glas ca. 10 mal stärker als Eisenoxyd, so daß die Verwendung von stark chromhaltiger Pottasche bereits deutliche Mißfärbung hervorrufen kann. Vf. beschreibt ein Verf. zur Cr-Best. mit Diphenylcarbazid u. zeigt, daß Gehh. von 0,005% Cr in der Pottasche bereits der Färbekraft von 0,01% Eisenoxyd entsprechen können. Gelbfärbungen von Pottaschen beim hohen Erhitzen (Brennfarben), bei den Brenntempp. beobachtet, aber auch nach dem Erkalten noch feststellbar, geben vielfach einen Hinweis auf den Cr-Gehalt. (Sprechsaal Keram. Glas, Email **83.** 209—10. 5/6. 1950.) KÜHNERT. 6174

A. E. Badger und **D. E. Sharp,** *Mitteilung über Arsenglas.* Theoret. Erwägungen, daß As_2O_3 ein Glasbildner sein müsse, veranlaßten Vff. zu diesbezüglichen Versuchen. Für 2 Gläser werden Analysen gegeben (PbO 48,0%, Al_2O_3 6,5%, As_2O_3 44,0%, SiO_2 1,5%; BaO 31,3%, Al_2O_3 14,6%, As_2O_3 52,6%, SiO_2 1,5%), deren D. 5,06 bzw. 3,99, deren Brechungsindex 1,78 bzw. 1,685 ist. Die Flüchtigkeit des As erschwerte die Erschmelzung von weiteren Gläsern u. die Messung ihrer Eigenschaften. (J. Soc. Glass Technol. **35.** 407—10. Dez. 1951.) KÜHNERT. 6200

J. E. Comeforo und **R. K. Hursh,** *Benetzung von Al_2O_3–SiO_2 Unterlagen von geschmolzenem Glas.* 1. Mitt. *Messung der Benetzung.* Ein übliches Na_2O–CaO–SiO_2-Glas wird bei 1200° in Tropfen auf Unterlagen variablen Al_2O_3–SiO_2-Verhältnisses aufgetragen. Der Winkel zwischen Tropfoberfläche u. Unterlage wird als Maß für die Benetzung benutzt. Der Benetzungsvorgang in Abhängigkeit von der Zeit wird an 8 keram. Stoffen photograph. verfolgt. *Mullit* mit einem SiO_2–Al_2O_3-Verhältnis von 27:70 zeigt die schnellste Benetzung. *Semisilica* mit 77:20 die langsamste. (J. Amer. ceram. Soc. **35.** 130—34. Mai 1952. Urbana, Ill., Univ., Dep. of Ceram. Engng.) FROST. 6200

Julius Stawitz, *Wasserlösliche Celluloseäther als Hilfsmittel in der keramischen Industrie.* Es wird über die Anwendung der wasserlösl. Celluloseäther als Suspendiermittel, Bindemittel, zur Verdickung oder zur Plastifizierung in der keram. Industrie berichtet, die als möglichst rückstandslos verbrennende organ. Prodd. die höherviscosen Lsgg. bzw. Gele von Tragant, Carragheen-Moos, Hautleim oder Gelatine u. die sehr dünnfl. Lsgg. von Dextrin u. Gummi arabicum zu verdrängen beginnen, da die chem. u. physikal. Eigg. der bisher benutzten Stoffe weder genau definiert noch konstant sind. (Tonind.-Ztg. keram. Rdsch. **77.** 14—15. Jan. 1953.) K. SEIDEL. 6206

H. Harkort, *Wärme- und Feuchtigkeitsdehnung bei porösen, glasierten Erzeugnissen.* Zur Herst. poröser, glasurrißsicherer Erzeugnisse ist es notwendig, die Feuchtigkeitsdehnung durch die Autoklavenprobe ohne Ermittlung der Absolutwerte, u. die therm. Ausdehnung im Bereich bis zur Erstarrung der Glasur nach STEGER zu bestimmen. Für Betriebsmessungen kann das zweite Verf. durch die Abschreckprüfung ersetzt werden. (Ber. dtsch. keram. Ges., e. V., Ver. dtsch. Emailfachleute, e. V. **30.** 43—47. März 1953.) FROST. 6212

A. Cocco und **M. Meloni,** *Beobachtungen über Brenntemperaturen von Tonerdeschamotten.* Vff. untersuchen die Einflüsse von bei 1000 u. 1300° gebrannter Schamotte auf die Gefügestruktur, die physikal. u. mechan. Eigg. von feuerfesten Steinen bei einem Schamotte:Ton-Verhältnis von 70:30. Es zeigt sich, daß die feuerfesten Steine mit dem bei 1000° erbrannten Schamotteanteil eine größere D. als die mit der bei 1300° erbrannten Schamotte haben, wohingegen letztere eine größere Trockenfestigkeit besitzen. Die mkr. Prüfung von Dünnschliffen läßt erkennen, daß in der Grobstruktur in Abhängigkeit der Brenntemp. der Schamotte, grundlegende Unterschiede vorhanden sind. (Ceramica [Milano] [N. S.] **8.** 43—46 u. 51. Febr. 1953. Cagliari, Univ., Ist. di Chim. Applicata.) ANIKA. 6218

D. N. Polubojarinow und **G. A. Wydrik,** *Über das Sintern von Korundscherben in Abhängigkeit von der Temperatur einer Vorerwärmung und dem Dispersitätsgrad von technischer Tonerde.* Die als Ausgangsmaterial verwendete techn. Tonerde (**I**) wurde bei 1100—1200° (**Ia**) gebrannt oder zusätzlich 1,5 Std. bei 1450° (**Ib**), 1630° (**Ic**) bzw. 1750° (**Id**). Bei **Ia** war durch die Umwandlung von γ-Al_2O_3 u. $Al(OH)_3$ in α-Al_2O_3 die Porosität etwas erhöht. Bei **Id** trat eine Sinterung mit merklicher Verdichtung ein. Mahlbarkeit u. Schleifvermögen nahmen mit steigender Brenntemp. zu. Aus der Unters. des 2 Std. bei 1650—1850° gebrannten Korundscherbens geht hervor, daß zur Erhaltung eines vollständig gesinterten Scherbens der D. $\sim$ 3,80 bei **Ic** die niedrigste Brenntemp. (ca. 1650°) erforderlich ist, bei **Ib** von 1750°, bei **Id** von 1770°. **Ic** besitzt auch die optimale Dispersionsfähigkeit. **Ia** sintert erst bei 1850° u. erreicht auch dann nur den D.-Wert 3,77. Aus den Verss. ergibt sich, daß die optimale Vorbrenntemp. bei 1550 bis 1650° liegt u. nicht, wie bisher angenommen, bei 1450—1500°. (Доклады Академии Наук СССР [Ber. Akad. Wiss. UdSSR] [N. S.] **88.** 325—28. 11/1. 1953. Moskau, Chem.-Technol. Mendelejew-Inst.) LEBTAG. 6220

—, *Beziehungen zwischen der spezifischen Oberfläche und anderen Eigenschaften der Zemente.* Druckfestigkeit, Zugfestigkeit, Beginn u. Ende des Abbindens u. Hydratationswärme werden in Abhängigkeit von der spezif. Oberfläche der Zemente untersucht. Es lassen sich in allen Fällen kontinuierliche Änderungen in den oben angegebenen Eigg. bei Änderung der spezif. Oberfläche feststellen. (Cement Lime Manufact. **26.** 12—16. Jan. 1953.) K. SEIDEL. 6222

M. Duriez, *Die Möglichkeiten des Betonierens bei starkem Frost.* Ausführlicher Bericht über die Anwendung von $CaCl_2$, von plastizitätserhöhenden Mitteln u. Luftporenbildnern. Es werden die Verhaltungsmaßregeln bei mäßigem Frost u. die Laboratoriumsverss., die bei Betonierung bei sehr starkem Frost vorhergehen müssen, beschrieben. Schließlich wird die Wrkg. sehr starken Frostes auf einen Beton beschrieben, der mit Hilfe verschied. Zusatzmittel hergestellt wurde. (Rev. Matér. Construct. Trav. publ., Édit. C. **1953.** 45—64. Febr.) K. SEIDEL. 6224

Libbey-Owens-Ford Glass Co., Toledo, O., übert. von: **Richard W. Ricker,** Parkersburg, W. Va., V. St. A., *Grüngefärbtes Opalglas.* Ein färbender Zusatz von Cr_2O_3 zu einem Glasversatz erhöht beim Schmelzen dessen Viscosität, so daß Schwierigkeiten entstehen. Deshalb soll ein Glasversatz aus 1000 (Gewichtsteilen) Sand, 250—320 $Na_2 \cdot CO_3$, 250—325 Feldspat, 0—20 $BaCO_3$, 0—20 $BaSO_4$, 0—40 $Na_2B_4O_7$, 15—100 ZnO, 100—160 CaF_2, 80—210 Na_2SiF_6 u. 1—5 Sb_2O_3 mit 0—5 $Na_2Cr_2O_7$ bzw. $K_2Cr_2O_7$ u. 5—20 V_2O_5 vermischt u. geschmolzen werden. (**A. P. 2 599 349** vom 23/5. 1947, ausg. 3/6. 1952.) HANS HOFFMANN. 6177

Pittsburgh Plate Glass Co., Allegheny County, übert. von: **Milton S. Tarnopol,** Brackenridge, Pa., V. St. A., *Behandeln dünner Zinnoxydüberzüge.* Auf Glas oder dgl. Gegenständen können durch Behandeln der erhitzten Gegenstände mit Dämpfen aus $SnCl_4$ dünne Überzüge aus SnO_2 aufgebracht werden. Um die elektr. Leitfähigkeit derselben herabzusetzen, werden sie mit einer Schicht aus pulverförmigem Zn u. einem im W. dispergierbaren Bindemittel bedeckt, die dann mit der wss. Lsg. einer nichtoxydierenden Säure, z. B. HCl, behandelt wird. (**A. P. 2 606 566** vom 28/1. 1948, ausg. 12/8. 1952.) HANS HOFFMANN. 6189

Comp. Française Thomson-Houston, Seine, Frankreich und **British Thomson-Houston Co. Ltd.,** England (Erfinder: **John Edwin Stanworth** und **Alan Edward Dale**), *Herstellung von Spezialgläsern mit erhöhter elektrischer Leitfähigkeit* aus 15—20(%) Li_2O, 20—65 SiO_2, 10—50 B_2O_3 u. bis zu 25 Al_2O_3. Ein sehr günstiges Glas setzt sich z. B. aus 20 Li_2O, 49 SiO_2, 25,4 B_2O_3 u. 5,6 Al_2O_3 zusammen. Solche Gläser besitzen, wie Normalgläser, einen Dehnungskoeff. der Ordnung von $90—100 \cdot 10^{-7}$, aber eine 100 bis 1000 mal größere Leitfähigkeit als Normalglas. (**F. P. 999 501** vom 10/11. 1949, ausg. 1/2. 1952. A. Prior. 25/11. 1948.) BEWERSDORF. 6201

Radio Corp. of America, übert. von: **Robert W. Kissinger,** State College, und **Richard D. Faulkner,** Lancaster, Pa., V. St. A., *Verschmelzen von Glas und Metall.* Der mit Glas oberflächlich zu verschmelzende Metallgegenstand, z. B. aus einer Fe–Cr-Legierung, wird nach dem Reinigen in oxydierender Atmosphäre erhitzt, um ihn mit einer Oxydschicht zu überziehen; durch weiteres Erhitzen in neutraler, z. B. N_2-Atmosphäre, wird er entgast. Auf den so vorbehandelten Metallgegenstand wird dann die konvexe Seite einer gekrümmten Glasplatte gelegt u. das Ganze erhitzt, bis das Glas erweicht u. den Metallgegenstand bedeckt. — Abbildungen. (**A. P. 2 584 354** vom 11/1. 1951, ausg. 5/2. 1952.) HANS HOFFMANN. 6203

Soc. An. Louvril-Montbard-Aulnoye, Seine, Frankreich, *Verbesserung der Eigenschaften poröser Stoffe,* wie Fayence, Porzellan, Asbestzement, durch Imprägnierung mit Stoffen, wie Teer oder Rückständen von Steinkohlenteerölen, von Ligniten, Erdölen, von bituminösen Schiefern, Bitumen u. Asphalten, deren durch Vulkanisation, Chlorierung oder Oxydation erhaltenen Umwandlungsprodd., Fetten, Ölen, Kalk, Zement, Kieselgur, Pech, Harzen, Kunstharzen, Gummi, Lacken, Cellulosefirnis. (**F. P. 972 759** vom 12/4. 1941, ausg. 2/2. 1951.) PANKOW. 6207

Siemens-Schuckertwerke Akt.-Ges., Berlin und Erlangen (Erfinder: **Berthold Weber,** Fairborn, O., V. St. A.), *Werkstoffe aus Tonschiefermassen* nach Art des Thüringer Dachschiefers werden dadurch wesentlich verbessert, daß sie einen Zusatz von bis zu 30% Tonerde erhalten. Es gelingt dadurch, die Biege- u. Schlagbiegefestigkeit wesentlich zu steigern, so daß die entsprechenden Werte des Steatits nahezu erreicht werden. Die M. läßt sich trocken u. naß pressen. Im Heißpreßverf. lassen sich Körper erzeugen, in die Gewinde eingedreht werden können. Die Brenntemp. der Formlinge liegt bei Segerkegel 5—6. (**D. B. P. 854 024** Kl. 80b vom 16/9. 1942, ausg. 30/10. 1952.) REINHART. 6209

Comp. Générale de Télégraphie sans Fil, Seine, Frankreich, *Glasierverfahren für keramische Körper in einer Form unter Druck.* Es wird z. B. eine Lage Glasurpulver in eine Form gebracht, dann plast. M. eingefüllt u. das Ganze einem Preßdruck unterworfen. Der entschalte Körper wird in üblicher Weise gebrannt. Man wählt vorzugsweise Glasurpulver, das einen unterhalb der Sintertemp. der keram. M. liegenden F. besitzt. (**F. P. 1001 836** vom 7/12. 1949, ausg. 28/2. 1952.) BEWERSDORF. 6213

J. S. Streicher, East Orange, N. J., V. St. A., *Herstellung feuerfester Stoffe.* Man stellt zunächst eine Lsg. aus Alkaliphosphaten u. einem prim. Phosphat von Metallen her, die unlösl. sek. u. tert. Phosphate, bes. Mg-Phosphat, geben; weiter fügt man Metalloxyde solcher Metalle zu, bes. MgO, wobei deren Menge ca. $^1/_3$—$^2/_3$ der prim. Phosphate in tert. Phosphate überführen soll. Der p_H-Wert der Lsg. soll zwischen 3 u. 4 liegen. Weiter sollen Gelbildner, bes. Alkalihalogenide, u. Füllstoffe vorhanden sein, so daß die erstarrten Formsteine 2—25(%) H_3PO_4 enthalten. Als Alkalihalogenid fügt man 2—12 Alkalichlorid oder 0,2—2 Fluorid zu. Auch Boraxlsg. kann hierzu dienen. (**Schwed. P. 133 530** vom 3/10. 1947, ausg. 6/11. 1951. A. Prior. 3/10. 1946.) JÜRGEN SCHMIDT. 6219

C. D. Patents Ltd., London, England, *Kohlenformlinge.* Zu ihrer Herst. wird pulverförmige Kohle, die, auf Reinkohle bezogen, einen Geh. von 10—15% flüchtiger Bestandteile besitzt, mit Pech, Teer oder Kohlenteerdestillaten plast. gemacht, geformt u. dann in der Form in nichtoxydierender Atmosphäre bis auf 1200° erhitzt u. diese Temp. ca. 30 Min. gehalten. Hierauf wird unter nichtoxydierender Atmosphäre abgekühlt. Man kann auf diese Weise Kacheln, Schalen u. dgl. herstellen. (**E. P. 651 435** vom 2/6. 1949, ausg. 4/4. 1951.) W. HAUSWALD. 6221

Reinhard Ernst Vogel, Leutkirch, Allgäu, *Viscositätserniedrigung von wässerigen Braunkohlenfilteraschen- oder Zementsuspensionen.* Den Suspensionen werden 0,5—4% Di- oder Trinatriumphosphat zugesetzt. (**D. B. P. 846 523** Kl. 80b vom 10/1. 1951, ausg. 14/8. 1951.) HANS HOFFMANN. 6223

V. Seviert, Calci e cementi idraulici. Ed. riveduta e aggriornata dall'ing. G. Neuman. Firenze: Cya. 1953. (XII + 324 S. m. 89 Abb.) 8°. L. 3000,—.

VII. Agrikulturchemie. Schädlingsbekämpfung.

Ss. N. Iwanow, *Die Verwendbarkeit von Torf für die Granulierung von Mineraldünger und die Herstellung von Organomineralgemischen.* Die Adsorptionsfähigkeit des Niederungstorfes für P_2O_5 (I) ist sehr hoch. Dieses I ist, wie Auswaschungsverss. zeigten, zu 70—90% für die Pflanzen mobilisierbar, wenn im Torf keine großen Mengen an Fe- u. Al-Verbb. enthalten sind, die wasserunlösl. I-Verbb. bilden. Zur Herst. granulierten I-Düngers empfiehlt sich ein Verhältnis von Torf (mit 70% Feuchtigkeit) zu Superphosphat wie 10:1. Dieser Dünger hat den gleichen Wirkungswert wie industrielles granuliertes Superphosphat u. übertrifft, zusammen mit der Saat untergebracht, das übliche, breitwürfig angewandte Superphosphat fast um das 5fache. Bei der Herst. von granuliertem organomineral. Mischdünger vermischt man I-, N- u. K_2O-haltige Mineraldünger zuerst für sich (ohne daß dabei N-Verluste entstehen) u. dann in zwei Gaben mit Torf im obigen Verhältnis. Zur Verbesserung der Mikroflora der Mischung fügt man 10% Mistbeethumus hinzu. Dieser Dünger ergab auf Podsolböden eine Ertragssteigerung von 2—3 dz/ha Getreide im Vgl. zu reinem Mineraldünger gleichen Nährstoffgehaltes. Etwaigen hohen Säuregeh. des Torfes neutralisiert man durch Kalk. (Советская Агрономия [Sowjet. Landwirtschaftskunde] **10.** Nr. 1. 62—68. Jan. 1952. Inst. für sozialist. Landw. der Akad. der Wiss. der WeißrussSSR.) LINTER. 6290

R. H. Burgy und **V. H. Scott,** *Wirkungen von Feuer und Asche auf die Infiltrationskapazität von Böden.* Die nach dem Abbrennen von Andenostoma fasciculatum u. Ceanothus cuneatus auf Yololehmflächen hinterbleibende Ascheschicht (0,67% in wasserlösl. Ca, 4,16% K, 0,11% Na) machte auch in 5fach gesteigerter Menge den Boden nicht undurchlässig oder weniger benetzbar, jedoch verringerte stärkeres Erhitzen einer feuchten Lehmfläche über die beim Abbrennen auftretende Erwärmung hinaus die Einsickerung, vermutlich durch Vergröberung der Korngröße. Es wird gefolgert, daß unter Umständen das Abrennen des Bewuchses u. das Vorhandensein von Asche auf der Bodenoberfläche die Einsickerung durch Kornaggregation u. chem. Veränderung des Bodens beeinflußt. (Trans. Amer. geophysic. Union **33.** 405—16. Juni 1952. Davis, Calif., Univ. of California, Coll. of Agricult.) MANZ. 6302

Imre Prettenhoffer, *Ergebnisse verschiedener Düngungsversuche (1942—1949).* In dem Zeitraum von 1942—1949 wurden während dreier Jahre K- (K_2SO_4) u. P-(Superphosphat) Düngeverss. an Wiesen- u. Lehmböden bei Einbringung des Düngemittels in verschied. Bodentiefen durchgeführt. Die Kontrollen erfolgten durch Vgl. der Erträge bei gleicher Vorbestellung der Böden u. durch Best. der NEHRING- u. EGNÉR-Werte. Es wurde gefunden, daß bei Wiesenböden K-Düngung keinen Zusammenhang mit dem Ertrag erkennen ließ, P-Düngung eine Ertragssteigerung zunehmend mit der Einbringung in tiefere Bodenschichten erwirkte. Bei Lehmböden war kein Zusammenhang erkennbar, die Wrkg. von Ca-Phosphat ist gleich der des Superphosphats. (Agrokémia és Talajtan [Agrochem. u. Bodenkunde] **1.** 447—60. Okt. 1952. Szeged, Ungarn, Agrokém. Intéget.) v. PILINSZKY. 6304

Ja. A. Medniss, *Die Kopfdüngung der Pflanzen.* Verss. erwiesen, daß durch Bespritzen der Pflanzen mit N-, P_2O_5- u. K_2O-haltigen Mineraldüngern in der Knospungs-, Ährenschiebungs- u. Blütezeit sowie zu Beginn der Frucht- u. Samenbldg. die Fruchterträge gesteigert werden. 4%ig. Düngemittellsg., angewandt bei Vollblüte des Klees u. enthaltend je 3 (kg/ha) N, P u. K, ergab 1,64 dz/ha Kleesamen im Vgl. zu 1,12 dz/ha ohne Bespritzen. Höhere Gaben brachten keine weitere Ertragssteigerung. Bespritzen aus dem Flugzeug mit Lsgg., enthaltend 7 (kg) Ammonsalpeter, 10 Superphosphat u. 2 Chlorkali bewirkte Verlängerung der Flachsstengel um 8—10 cm u. Steigerung des Sommergersteertrages von 21,3 dz (ohne Bespritzen) auf 27,2 dz/ha, u. des Hafertrages von 23,3 dz auf 28,3 dz; das 1000-Korngewicht des Weizens stieg von 34,3 g auf 35,6 g. — Bei Klee–Timothee-Gemenge steigerten 8 N den Heuertrag von 40,8 dz auf 49,3 dz u. bewiesen dadurch, daß Klee, obgleich N-Sammler, den in der Vorblüte- u. Blütenphase notwendigen N nicht durch Wurzeln allein beschaffen kann. In noch stärkerem Maße gilt dies auch für Getreide: 8 N als Ammonsalpeter (in 30% Lsg.), während der Blüte gegeben, steigerten den Gerstenertrag von 8,4 auf 10,5, u. den Haferertrag von 11,9 auf 13,1 dz/ha. — Bemerkenswert bei allen Verss. ist die große Nährstoffersparnis im Vgl. zur Zufuhr durch den Boden. (Советская Агрономия [Sowjet. Landwirtschaftskunde] **10.** Nr. 7. 53—61. Juli 1952. Allunions Versuchsstation für Tierzucht.) LINTER. 6304

P. A. Ssergejew, *Einfluß der Düngung im Aussaatjahr von Grasgemenge auf die Widerstandsfähigkeit des Klees und den Heuertrag.* Düngung mit K u. P sofort nach der Deckfruchternte (Hafer) erhöhte den Heuertrag in 2 Jahren bei Klee allein um 21,2%, bei Klee–Timotheegras-Gemenge um 18,8%, bei Klee + Luzerne + Timotheegras um 20,4%, bei Klee auch den Samenertrag. Zur Erzielung eines hohen Heuertrages empfiehlt Vf. ein Gemisch aus 3 Gräsern, darunter 2 Leguminosen. (Советская Агрономия [Sowjet. Landwirtschaftskunde] **10.** Nr. 8. 69—73. Aug. 1952. Allunions Wiss. Williams-Forschungsinst. für Futterpflanzen.) LEBTAG. 6304

Raymond Chaminade und **Robert Blanchet,** *Die stimulierende Wirkung des Humus auf die Entwicklung und die Mineralstoffernährung von Vegetationspflanzen im Boden.* Vergleichende Unterss. über die Wrkg. mineral. Düngung u. Humusdüngung an Roggen als Testpflanze zeigten, daß mineral. Dünger zwar sehr rasch aufgenommen werden, aber nur eine geringe Nachwrkg. ausüben. Bei mäßiger Mineraldüngung (10—20 mg $NP_2O_5K_2O$ je kg Boden) wirkte der Humusdünger durch Verbesserung der Nährstoffversorgung ertragssteigernd. Wurde die Humusdüngung mit höheren Mineraldüngergaben kombiniert, so wirkte der Humus günstig, indem er die Ausnutzbarkeit des mineral. Düngers erhöhte. Humus erhöht somit die Bodenfruchtbarkeit. (C. R. hebd. Séances Acad. Sci. **236.** 119—21. 5/1. 1953.) LEONHARD. 6304

B. Ja. Tanatin, *Über das Vorkommen von Azotobacter in den Böden des turkestaner Bergrückens.* Azotobacter ist nur wenig verbreitet. (Микробиология [Mikrobiologie] **20.** 506—11. Nov./Dez. 1951. Leninabad, Pädagog. Kirow-Inst.) A. JACOB. 6306

N. G. Cholodnyi, *Die Adsorption organischer Stoffe der Atmosphäre durch den Boden.* Durch Verss. mit Erbsenkeimlingen in Kammern mit u. ohne Bodenstaub wurde festgestellt, daß die in der Luft enthaltenen, von Pflanzen ausgeschiedenen flüchtigen organ. Stoffe, von denen in 1 m^3 Luft nur einige mg enthalten sind, von Bakterien des Bodens als Nahrung aufgenommen werden. Der Boden besitzt die Fähigkeit, diese Stoffe aus der Luft zu absorbieren u. dadurch den Bakterien zugänglich zu machen. (Доклады Академии Наук СССР [Ber. Akad. Wiss. UdSSR] [N. S.] **80.** 673—76. 1/10. 1951.) LINTER. 6306

N. G. Cholodnyi, *Über flüchtige organische Ausscheidungen des Bodens.* (Vgl. vorst. Ref.) Vf. stellte experimentell fest, daß flüchtige Ausscheidungen des Bodens für die

Ernährung der Mikroorganismen belanglos u. somit als Abfälle der im Boden stattfindenden biochem. Vorgänge anzusehen sind. Belanglos scheint auch Methan zu sein. (Доклады Академии Наук СССР[Ber. Akad. Wiss. UdSSR] [N. S.] **80.** 433—35. 21/9. 1951.) LINTER. 6306

N. G. Cholodnyi, *Die Wirkung der flüchtigen Ausscheidungen des Bodens auf den Pflanzenwuchs.* (Vgl. vorst. Ref.) An Keimlingen der blauen Lupine u. Sonnenblume von 1,5—2,5 cm Länge zeigt Vf., daß feuchter Boden (Schwarzerde) flüchtige Stoffe abgibt, die die Keime mit Hilfe der Würzelchen auch im Dunkeln aufzunehmen vermögen u. hierdurch länger lebensfähig bleiben als über W. gehaltene Keime. (Доклады Академии Наук СССР [Ber. Akad. Wiss. UdSSR] [N. S.] **86.** 1227—29. 21/10. 1952.) ULMANN. 6306

C. Verdejo Vivas, *Herbicide.* Umfassender Überblick über Unkrautbekämpfungsmittel (Na_3AsO_3, $NaClO_3$, Kalkstickstoff, KCNS, NH_4CNS, NaCNO, KCNO, $NH_4 \cdot SO_3NH_2$; die Na-, NH_4- u. *Äthanolamin* (I)-Salze von *DNOC* [Dinitro-o-kresol] oder *DNOSAP* [Dinitro-o-sek.-amylphenol] oder *DNOSBP* [Dinitro-o-sek.-butylphenol]; *PCP* [Pentachlorphenol] u. seine Salze; Trichloressigsäure u. ihre Salze; *2.4-D*, ihre Na-, I-, Tri-I- u. Isopropylaminsalze u. ihre Methyl-, Äthyl-, Isopropyl-, Butyl-, Amyl-, Butoxyäthyl-, Polyäthylenglykol-, Propylenglykol- u. andere Ester; 2.4.5-T u. Ester; 2.4-Dichlorphenoxyäthylschwefelsäure u. ihr Na-Salz; *MCP* [2-Methyl-4-chlorphenoxyessigsäure], *TPC* [Isopropyl-N-phenylcarbamat], Isopropyl-N-4-chlorphenylcarbamat, *ENDOTHAL* [Di–Na-3.6-Endoxohexahydrophthalat], Maleinsäurehydrazid, Na-Isopropylxanthogenat, organ. Hg-Verbb., sowie ehemals gebrauchte NaCl, $CaCl_2$, H_2SO_4, $FeSO_4$, Cu-Salze u. Borate), die Art ihrer Wrkg. (allg. oder spezif., durch Kontakt, Gewebeschädigung, selektiv oder von Dauer, abhängig von äußeren Einflüssen u. vom Entwicklungszustand der Pflanzen), die Nebenwirkungen (als Düngemittel, als Insekticid oder schädigend gegenüber Nutzpflanzen, Mensch u. Tier), die Verwendung, einzeln oder kombiniert, gegen bestimmte Unkräuter zum Schutze bestimmter Kulturen oder zur Vernichtung der ganzen Vegetation auf mehr oder weniger lange Zeit, Vorsichtsmaßregeln einschließlich ihrer Wiederbeseitigung. (Ion [Madrid] **12.** 587—94. Nov. 1952.) METZENER. 6312

I. K. Zitowitsch, *Zur Frage der Anwendung von Herbiciden durch Einbringen in den Boden.* 4 kg/ha Na-2.4-Dichlorphenoxyacetat (I) im Herbst zu nächstjähriger Brache verminderten die Menge der einjährigen Unkräuter. Bei Anwendung im Frühjahr wirkten auf gleichem Boden I u. Na-2-Methyl-4-chlorphenoxyacetat in Mengen von 3 kg/ha fast ebenso gut, 10 kg/ha Na-Dinitro-o-kresolat fast nicht. Bei früheren Verss. von ZITOWITSCH u. SNITKO (vgl. C. **1951.** II. 2100) wurden durch Spritzen in der Vegetationszeit bessere Ergebnisse erzielt als durch Einbringen der Herbicide in den Boden. (Доклады Академии Наук СССР [Ber. Akad. Wiss. UdSSR] [N. S.] **80.** 417—20. 21/9. 1951. Krasnodar, Versuchsstat. für Pflanzenschutz.) LINTER. 6312

J. A. DeFrance und **J. A. Simmons,** *Chemische Unkrautvernichtung in Saatbeeten.* Die Verss. wurden angestellt mit Cyanamid, NH_4-Thiocyanat, 2.4-Dichlorphenoxyessigsäurebutylester, *IPC* (= Isopropyl-N-phenylcarbamat), *PMAS* (= Phenylmercuriacetat), *Santo Brite* (= Na-Pentachlorphenat), *Sinox W* u. *TCA* (= Na-Trichloracetat). Alle Mittel ergaben absol. Unkrautvernichtung in den Saatbeeten u. nach 4 wöchiger Ruhepause keinerlei Schädigung der eingesäten Kulturen; nur bei Cyanamid ist einige Vorsicht am Platze. (Proc. Amer. Soc. horticult. Sci. **57.** 355—60. Juni 1951. Kingston, R. I.) GRIMME. 6312

G. V. B. Herford, *Die Qualität von Getreide und seine industrielle Verwertung. Getreideschutz.* Besprechung der Getreideschädlinge u. der Bekämpfungsmittel. (Chem. and Ind. **1953.** 75—77. 24/1. Slough, Bucks., Pest Infestation Labor., D. S. I. R.) FRESENIUS. 6312

E. T. Hibbs und **C. R. Weaver,** *Feldversuch mit einigen organischen Insekticiden zur Bekämpfung von Cirphis unipuncta (Haw.) (Heerwurm).* Die Verss. wurden mit fallender Wrkg. mit Parathion, Toxaphen, DDT, Chlordan u. Lindan durchgeführt. (J. econ. Entomol. **44.** 122. Febr. 1951. Wooster, O., Agricult. Exp. Stat.) LIEBNER. 6312

W. B. Samjatina und **T. N. Tschernikowa,** *Eine Schnellmethode zur Bestimmung der Bodenfeuchtigkeit.* Zur Best. des Wassergeh. werden 10 g Boden 3 Min. (Podsol-, Grau-, Braunerde) oder 7 Min. (Schwarzerde) der Infrarotbestrahlung ausgesetzt, 5—7 Min. auf einer Metallplatte gekühlt u. gewogen. Die so erhaltenen Werte weichen von den Werten nach Trocknung bei 105° bis zur Gewichtskonstanz um höchstens 0,9% ab. (Советская Агрономия [Sowjet. Landwirtschaftskunde] **10.** Nr. 10. 70—75. Okt. 1952. Allunions Wiss. Forschungsinst. für Düngemittel, Agrotechnik u. Agrobodenkunde.) LEBTAG. 6324

József Babarczy und **Dezsöné Sárosi,** *Untersuchung der Bindungseigenschaften von Böden mit Weinbestand mit dem Farinographen.* (*Vorl. Mitt.*) Wiedergabe der Ergebnisse von Unterss. an verschied. Weinböden mit verschied. Wassergeh. mittels des Farinographen nach BRABENDER-HANKÓCZY bzgl. der Bindungsverhältnisse dieser Böden. Diskussion der Vorzüge u. Mängel dieses ursprünglich für Getreidemehlunterss. gebauten App. beim Einsatz für Bodenuntersuchungen. (Agrokémia és Talajtan [Agrochem. u. Bodenkunde] **1.** 511—22. Okt. 1952. Budapest, Szölészeti Kutató Intézet.) v. PILINSZKY. 6324

Allen R. Kittleson, *Colorimetrische Bestimmung von N-[Trichlormethylmercapto]-tetrahydrophthalimid.* Zur Best. geringer Sprührückstände des neuen organ. Fungicids *N-[Trichlormethylmercapto]-tetrahydrophthalimid* (**I,** „SR-406") wurde eine Meth. entwickelt, die auf einer Farbbldg. beim Erhitzen mit Resorcin beruht. Durch die Meth. werden 94,2% des angewandten **I** wieder gefunden. — Ausführung: 100—200 g Früchte oder Blätter mit ca. 0,1 mg **I** werden mit warmem Chlf. (2mal 150 ml) gewaschen; die Chloroformfiltrate werden auf 3 ml eingedampft u. mit Chlf. auf 5 ml aufgefüllt. 1 ml der Chloroformlsg. wird mit 1 g Resorcin in einem 2 × 15 cm-Reagensglas 20 Min. in ein Ölbad von 135—138° eingetaucht. Man löst den Inhalt in 5 ml absol. A. u. ergänzt mit A. zu einem geeigneten Vol.; die Lsg. wird unter Verwendung eines 425 mμ Filters spektrophotometr. bestimmt. 50 γ **I** sind einigermaßen genau bestimmbar. (Analytic. Chem. **24.** 1173—75. Juli 1952. Linden, N. J., Standard Oil Development Co., Esso Labors.) K. F. MÜLLER. 6328

Ruth Weber, Rathen/Elbe (Erfinder: **Ottomar Weber**), *Spritzmittel zur Förderung des Pflanzenwachstums.* Meeresschlick wird von schädlichen Bestandteilen befreit, SiO_2, Tonerde, Kalk, S u. dgl. in feinverteilter Form mit W. ausgelaugt, u. die Lsg. auf die Pflanzen gespritzt. (**D. P. [DDR] 812** Kl. 451 vom 20/1. 1950, ausg. 12/6. 1952 [Ausschließungspatent].) WITTHOLZ. 6297

Chemara Plantations Ltd., Kuala Lumpur, Malaya, *Stimulierung des Pflanzenwachstums.* Zur Erhöhung des Ertrages von Kautschukbäumen oder zur Stimulierung der Erneuerung ihrer Rinde wird ein Gemisch verwendet, das *2.4-Dichlorphenoxy-, Phenoxy-, 2-Methyl-4-chlorphenoxy-* oder *α-Naphthylessigsäure* oder ihre Salze oder Ester, S u. ein pflanzliches Öl oder Öle, z. B. Palmöl, Cocosnuß- oder gereinigtes Mineralöl, enthält. Die M. soll einen Aciditätswert von 15—50%, ausgedrückt als Palmitinsäure, aufweisen. Geh. an 2.4-Dichlorphenoxyessigsäure ca. 1,5(%), an S ca. 1 u. an Kreosotöl ca. 1. Die M. dient zum Bestreichen der Bäume. Auf 100 Bäume vom Durchmesser ca. 60 cm werden ca. 450 g der M. verwendet. (**E. P. 677 468** vom 2/2. 1950, ausg. 13/8. 1952.) KARST. 6297

N. V. Amsterdamsche Chinine-Fabriek, Amsterdam, Holland, *Herstellung von das Pflanzenwachstum fördernden Präparaten.* Hochakt. Pflanzenwuchsstoffe, z. B. *Indolbuttersäure, Indol-, Naphthyl-* oder *2.4-Dichlorphenoxyessigsäure,* werden mit Fettsäuren mit verzweigter Seitenkette oder ihren Derivv., z. B. *Di-n-amyl-, Di-n-hexyl-, Di-n-heptyl-, Tri-n-propyl-, Di-(cyclohexylmethyl)-* oder *Dibenzylessigsäure,* innig vermischt u. das Gemisch in wss. Lsgg. oder im Gemisch mit Trägerstoffen, wie Talkum, Bolus alba oder dgl., zur Wurzelbldg. von Schnittlingen, zur Verhinderung des Fruchtabfalls, zur Bldg. samenloser Früchte oder zur Verhinderung des Keimens von gelagerten Kartoffeln verwendet. (**E. P. 679 917** vom 2/5. 1949, ausg. 24/9. 1952. Holl. Prior. 3/5. 1948.) KARST. 6297

Sterling Drug Inc., New York, N. Y., übert. von: **William Brown,** London, und **Harold Clark Mellor,** Hatch End, England, *Verhinderung des Keimens von Kartoffelknollen.* Die Kartoffeln werden mit trockenen, pulverigen Mitteln behandelt, die bis zu 20% eines chlorierten Mononitrobenzols im Gemisch mit Talkumpulver, Chinaton u. dgl. enthalten. — Beispiele: *Tri-* u. *Tetrachlornitrobenzole.* Auf 1 t Kartoffeln werden 85 g u. mehr des akt. Stoffes verwendet. Die Verbb. sind für Menschen nicht tox. u. eignen sich zur *Behandlung* von *Saat-* oder *Speisekartoffeln* bei der Lagerung. (**A. P. 2 615 801** vom 17/1. 1951, ausg. 28/10. 1952. E. Prior. 18/3. 1947.) KARST. 6313

Ruth Weber, Rathen/Elbe (Erfinder: **Ottomar Weber**), *Beizen und Ankeimen von Saatgut.* Das Saatgut wird in einem Kasten auf eine ca. 2 cm hohe Schlickschicht (**I**) gestreut u. wiederum mit **I** bedeckt u. einige Tage stehengelassen. Bei kleinerem Saatgut bringt man den Schlick mit in die Erde, bei größerem schüttelt man den Saatkasten. Der Schlick enthält ca. 10(%) wasserlösl. SiO_2, 0,5—0,8 S (gebunden), 5—7 Kalk, 3—4 Ton. (**D. P. [DDR] 813** Kl. 451 vom 20/1. 1950, ausg. 12/6. 1952 [Ausschließungspatent].) WITTHOLZ. 6313

Spolek pro Chemickou a Hutní Výrobu, Národní Podnik, Prag, Tschechoslowakei (Erfinder: **Otto Auspitzer**), *Beizen von Saatgut.* Das Saatgut wird mit Beizmitteln oder einem Gemisch derselben u. etwa der gleichen Menge eines Gemisches der für die Lebenstätigkeit der Pflanzen erforderlichen Spurenelemente überzogen. — Beispiel: Zu 10 Teilen des bekannten Trockenbeizmittels für Getreide oder Rübensamen, wie *Sublimat* oder *organ. Hg-Verbb.*, werden 90 Teile des Gemisches, bestehend aus 90(%) feinpulverigen Talkes u. 10 Spurenelementengemisches, beigegeben, welche folgende Zus. hat: 20 (Teile) Borsäure, 15 $MnSO_4$, 2 $CuSO_4$, 1 $NiSO_4$, 1 $CoSO_4$, 1 Li_2SO_4, 1 KJ, 1 KBr. (**D. P. [DDR] 919** Kl. 451 vom 16/7. 1941, ausg. 15/5. 1952 [Ausschließungspatent].) WITTHOLZ. 6313

Soc. pour la Protection des Cultures, Frankreich, *Saatgutbeize.* Die Beize enthält als wirksamen Bestandteil eine organ. Hg-Verb. aus der Reihe der Triphenylmethanfarbstoffe. Sie dient zum Beizen von Getreide, bes. Saatgut, gegen Kornfäule u. ähnlichen parasitären Befall. Ein solches Beizpulver besteht z. B. aus: 10(%) *Oxydibrommercurifluorescein,* 30 Na_3PO_4, 60 Na_2SO_4; es kann als 0,5%ig. Lsg. oder als Pulver zur Anwendung kommen. (**F. P. 1 004 329** vom 5/4. 1947, ausg. 28/3. 1952.) HEYNE. 6313

Svend Age Kjeld Christensen, Kopenhagen, Dänemark, *Frischhaltung gepflückter Blumen bzw. Schnittblumen.* Es werden wss. Lsgg. verwendet, denen eine Nährsubstanz, z. B. den Blumen leicht zugängliche Stoffe, wie $MnSO_4$, Saccharose, $MgSO_4$, Harnstoff, $NaNO_3$, Na_2HPO_4 u. KCl, eine H-Ionen abspaltende Substanz, z. B. Säuren, saure Salze u. dgl., ein Puffer, z. B. eine Mischung aus sek. u. prim. Phosphat, u. ein Konservierungsmittel, z. B. Na-Benzoat, zugesetzt ist. Oberflächenakt. Stoffe können noch zugefügt werden. Die Haltbarkeit der Blumen wird um ein Mehrfaches verlängert. (**D. B. P. 863 865** Kl. 451 vom 6/6. 1950, ausg. 19/1. 1953. Dän. Prior. 25/7. 1949.) KARST. 6313

Soc. des Usines Chimiques Rhône-Poulenc, Frankreich (Erfinder: **Jean L. Gonnard, Joseph E. G. Lahouse, Anne M. L. Casati, Charles** und **Maurice Fluchaise**), *Neue fungicide Stoffe.* Die aus Goudronölen durch Extraktion gewonnenen Stoffe, die leicht flüchtig, fettlösl. u. unlösl. in W. sind, besitzen eine stärkere fungicide Wrkg. als die Öle selbst, derartige Stoffe sind z. B. *Monomethylnaphthaline, Methyldiphenyle, Thionaphthene* oder ihre Mischungen, wie sie in bestimmten Anthracenölfraktionen mit einem $Kp._{10}$ von 95—130° enthalten sind. Diese Stoffe können auf der Oberfläche des Wirkstoffes aufgetragen oder diesem selbst einverleibt werden. (**F. P. 997 555** vom 22/9. 1949, ausg. 8/1. 1952.) WITTHOLZ. 6313

C. H. Boehringer Sohn (Erfinder: **Georg Scheuing, Bruno Wallach** und **Curt Vogelbach**), Ingelheim/Rh., *δ-Heptachlorcyclohexan* (**I**) F. 85°. In sd. oder etwa bis zum Kp. erhitztes Bzl. leitet man unter Bestrahlung mit UV-Licht fl. oder gasförmiges Cl_2 ein, bis sich etwa die Hälfte des eingesetzten Bzl mit Cl_2 umgesetzt hat, zweckmäßig in einem Lösungsm., wie CCl_4 oder Hexachloräthan. Zweckmäßig leitet man in der Zeiteinheit eine solche Menge Cl_2 ein, die ca $^1/_5$ der Menge entspricht, die unter den gewählten Bedingungen quantitativ mit dem Bzl reagieren würde Die Abtrennung des **I** erfolgt z. B. durch fraktionierte Extraktion, Dest. oder Kristallisation. (**D. B. P. 864 865** Kl. 12o vom 25/12. 1949, ausg. 29/1. 1953.) KRAUSS. 6313

VIII. Metallurgie. Metallographie. Metallverarbeitung.

K. Guthmann, *Fortschritte, Bedeutung und Auswirkungen der Temperaturmessung in Eisenhüttenbetrieben.* Überblick. (Radex-Rdsch. **1951.** 211—23. Sept. Düsseldorf.) PAHL. 6390

M. Okamoto und **S. Watanabe,** *Über das Abschrecken von schmiedbarem Gußeisen.* (Nippon Kinzoku Gakkai-Si. [J. Japan Inst. Metals] **B. 14.** 17—20. Juli 1950.) PAHL. 6406

M. Okamoto und **T. Tottori,** *Einfluß der Erhitzungsgeschwindigkeit auf die Graphitisierung von weichem Gußeisen.* (Nippon Kinzoku Gakkai-Si. [J. Japan Inst. Metals] **B. 14.** 14—16. Juli 1950.) PAHL. 6406

H. M. Otte und **T. Ko,** *Thermische Stabilisierung von Austenit in Einsatzstählen.* Mit Einsatzstählen mit 0,12(%) C, 0,4 Mn, 0,22 Si, 3,8 Ni, 1,24 Cr, 0,07 Mo, 0,018 S u. 0,017 P bzw. mit 0,18 C, 0,41 Mn, 0,21 Si, 4,89 Ni, 0,32 Cr, 0,29 Mo, 0,013 S u. 0,014 P wurde nach Aufkohlung eine Austenitisierungsbehandlung in einem Salzbad bei 1100° vorgenommen u. nach Abkühlung der Proben der Restaustenit bestimmt. Es zeigte sich, daß eine Alterung bei Raumtemp. eine Stabilisierung des Austenits bewirkt. Die Wrkg. kann durch eine hinreichend tiefe Abkühlung auf Tempp. unter 0° wieder aufgehoben werden. — Schrifttumsangaben. (J. Iron Steel Inst. **173.** 31—35. Jan. 1953. Cleveland, O., Case Inst. of Technol., u. Birmingham, Univ.) HOCHSTEIN. 6410

Gustav Jaeger, *Über die Gewinnung des Berylliums.* Gewinnung von *BeO* aus Beryll (Alkali-, Fluor-, Säure-, Chlor- u. Reduktionsaufschluß) u. aus anderen Mineralien (Phenakit, Gadolinit, Beryllpegmatite, Bauxit), die Flotation, Aufarbeitung von Aufschlußlaugen, Darst. von wasserfreiem *$BeCl_2$* u. von *Be-Metall* (chem. u. elektrolyt. Verff.) sowie das Reinigen, Umschmelzen u. Sintern des Be-Metalles. — Ausführliches Schrifttum. (Metall **4.** 183—91. Mai 1950. Neu-Isenburg.) HABBEL. 6446

N. Lowitzki, *Neueres Schrifttum über Thallium aus den Jahren 1938—1948.* Vork., Gewinnung, Verwendung u. physiolog. Wrkg. des Tl. — 45 Schrifttumsstellen. (Z. Erzbergbau Metallhüttenwes. **3.** 201—02. Juni 1950. Oker/Harz.) HABBEL. 6448

J. B. Giacobbe und **A. M. Bounds,** *Gesichtspunkte für die Werkstoffauswahl bei Bourdon-Rohren.* Es kommen folgende Werkstoffgruppen in Frage: 1. kaltverfestigtes Patronen- oder Trompetenmessing, Phosphorbronze, Si-Bronze, nichtrostender Stahl (AISI-Sorten 304 u. 316) sowie Monelmetall; 2. ausscheidungsgehärtete Be–Cu-Legierung, K-Monelmetall, Ni-Span u. Inconel X; 3. gehärtete u. angelassene niedriglegierte Stähle (AISI 4130 u. 8630), martensit. nichtrostende Stähle (AISI 403). Die Festigkeitseigg. u. das Korrosionsverh. der einzelnen Legierungsgruppen werden erörtert. (J. Metals **4.** 1147—48. Nov. 1952. Norristown, Pa., Superior Tube Co.) HOCHSTEIN. 6470

Gerd Maaßen, *Anwendbarkeit von schwefelgetränktem Sintereisen als Gleitwerkstoff.* Das Tränken von Sintereisen mit S führt zu einem Werkstoff, der gutes Verschleißverh. u. gute Gleiteigg. aufweist. Dieses Sintereisen ist vorteilhaft verwendbar bei hohen Belastungen u./oder hohen Gleitgeschwindigkeiten, bei starker Erwärmung des Gleitwerkstoffes, im Dauerbetrieb, wo die Gefahr der Porenverstopfung besteht, dort, wo mit Einw. fettlösender Stoffe gerechnet werden muß, u. an allen Stellen, an denen eine sonst notwendige Fremdschmierung nicht möglich ist. (Stahl u. Eisen **73.** 219—22. 12/2. 1953. Hamburg.) HOCHSTEIN. 6474

Ph. Schneider, *Die Bestimmung der Vergießbarkeit unter Verwendung einer Maskenspirale.* Die nach dem CRONING-Verf. hergestellte Spiralform kann für alle Metalle verwendet werden. (Giesserei, techn.-wiss. Beih. **1952.** 379—81. März. Hamburg.) HABBEL. 6480

Kurt Fink, *Zweckmäßige Auswahl von Dehnungsmeßverfahren.* Überblick über die Verff. u. ihre Anwendungsbereiche. — Schrifttum. (Z. Ver. dtsch. Ing. **94.** 1037—38. 11/11. 1952. Düsseldorf.) HOCHSTEIN. 6480

A. J. Fenner, N. B. Owen und **C. E. Phillips,** *Der Dauerbruchanriß als Spannungsspitze.* Sehr kleine, gerade noch mkr. feststellbare Dauerbruchanrisse wirken sich, wenn überhaupt, erst nach 10^6—10^7 Lastspielen aus, wenn die Dauerfestigkeit überschritten wird. Dauerverss. mit C-*Stählen,* bei denen Anrisse durch Kerben erzeugt wurden, werden beschrieben. (Engineering **171.** 637—38. 25/5. 1951. Nat. Phys. Labor.) G. RICHTER. 6480

G. Seitz, *Relaxationserscheinungen an Stahl bei kurzzeitiger Beanspruchung.* Nach Beschreibung einer Versuchsanordnung, mit welcher der Werkstoff eindimensional beliebig schnell u. kurz beansprucht werden kann, werden durch Unterss. mit einem Stahl *St 25.61* die Änderungen der Verformung mit der Belastungsgeschwindigkeit u. der Belastungsdauer gezeigt. Die Elastizitätsgrenze kann durch Steigerung der Belastungsgeschwindigkeit den stat. Wert um 100% überschreiten; ob es dabei zum Fließen kommt, hängt von der Belastungsdauer ab. — Diskussion. (Konstruktion **4.** 237 bis 240. Aug. 1952. Berlin-Dahlem, Materialprüfungsamt.) HABBEL. 6480

J. E. de Graaf und **J. H. van der Veen,** *Die Langsambiege-Kerbprobe als Sprödbruchprobe.* Unters. über die Wrkg. der Kerbtiefe bei Anwendung der Probe bei der Stahluntersuchung. (J. Iron Steel Inst. **173.** 19—30. Jan. 1953. Ijmuiden, Royal Dutch Blast Furnaces and Steelworks.) HOCHSTEIN. 6480

A. Kuske, *Spannungsoptische Untersuchung von Platten nach dem Zweischichtverfahren.* Durchführung u. Auswertung von Versuchen. (Z. Ver. dtsch. Ing. **94.** 745—47. 1/8. 1952. Stuttgart.) HOCHSTEIN. 6480

Cord Petersen, *Anleitung zum Einbetten von Schliffen in Gießharz.* (Z. Metallkunde **43.** 250—51. Juli 1952. Darmstadt, Staatl. Materialprüfungsamt.) HOCHSTEIN. 6482

G. R. Wilms, *Beitrag über die Verwendung der Elektropolierung bei der metallographischen Untersuchung einer plastischen Verformung.* Es wird auf einige zu Mißdeutungen führende Beobachtungen hingewiesen, die gemacht werden können, wenn die anod. Filme von den elektrolyt. polierten Proben, die zur Unters. von bleibenden Verformungen in der Metallographie verwendet werden, nicht entfernt werden. (J. Inst. Metals **76.** 629—30. Febr. 1950. Melbourne, Univ.) HOCHSTEIN. 6482

E. Knuth-Winterfeldt, *Elektropolieren mit besonderer Bezugnahme auf zwei käufliche Typen von Polierapparaten für metallographische Zwecke.* Vf. beschreibt ausführlich zwei App., „Micropol“ u. „Disa-Elektropol“, zum elektrolyt. Polieren. (Mikroskopie [Wien] **5.** 184—93. 1950. Kopenhagen.) GOTTFRIED. 6482

R. Brown, *Flockennachweis mit Ultraschall.* Durch ein brit. nach dem Echoprinzip arbeitendes Ultraschallgerät können Flocken u. Haarrisse in Fe u. Nichteisenmetallen bis zu den größten Abmessungen u. an schwer zugänglichen Stellen nachgewiesen werden. (Canad. Metals **13.** 24—25. 29. Dez. 1950.) WERNER. 6484

F. Gottfeld, *Die Verwendung von Radon und radioaktiver Isotopen bei der zerstörungsfreien Materialprüfung.* Vortrag. (Métaux **26.** 456—59. 1951. London.) RUMPF. 6484

Hans Bühler, *Wärmungsfragen bei der Wärmebehandlung von Stahl und Eisen.* Bericht über das deutsche Schrifttum 1939—1946. (Werkstatt u. Betrieb **83.** 277—78. Juni 1950.) HABBEL. 6492

Hans Bühler, *Tauchhärtung von Stahl.* Bei der Tauchhärtung genügen selbst bei stärkeren Werkstücken Tauchzeiten von wenigen Sekunden. Je größer das Temperaturgefälle zwischen Tauchbad u. dem Ac_3-Punkt des Stahles ist, desto geringer kann die Härtezone des Werkstückes gehalten werden. Alle härtbaren Stähle können der Tauchhärtung unterzogen werden, wobei diese je nach der Höhe ihres C-Geh. oder ihrer Legierung in W. oder Öl abgeschreckt werden müssen. Infolge der geringen Eindringtiefe der Wärme sind Verzüge des Werkstückes nach der Tauchhärtung kaum festzustellen. Zur Vermeidung von Rissen ist nach dem Härten bei empfindlichen Stählen nach der Abschreckung ein sofortiges Entspannen bei ca. 150° erforderlich. (Werkstatt u. Betrieb **84.** 200. Mai 1951. Saarbrücken.) HOCHSTEIN. 6492

K. Kegel, *Die Praxis der induktiven Wärmebehandlung.* Überblick. (Werkstatt u. Betrieb **85.** 183—88. Mai 1952. Berlin.) HOCHSTEIN. 6492

Bruno Lehmann, *Wärmebehandlung von Teilen aus Stahlblech.* Als Werkstoff für durch Kaltverformung aus Stahlblech herzustellende Teile werden SIEMENS-MARTIN-u. Elektrostähle sowie mit erhöhter Reinheit, bes. bzgl. der P- u. N-Geh., erschmolzene THOMAS-Stähle verwendet. Von letzteren Stählen werden der „*Alto-Stahl*“ u. der „*HPN-Stahl*“ kurz besprochen. Es werden dann behandelt das Spannungsfreiglühen, Beseitigen der Schnittkantenverfestigung, Zwischenglühen zur Weiterverformung, Normalglühen (Normalisieren) u. Oberflächenhärten. (Werkstatt u. Betrieb **83.** 332—33. Juli 1950. Rheine/Westf.) HABBEL. 6408

Erich Fitzer, *Anreicherung der Oberfläche von unlegiertem Stahl mit Wolfram oder Molybdän aus Salzbädern.* Die beim Wolframieren u. Molybdänieren der Randschichten aus dem Salzbad auftretenden Rkk. zwischen diesen Metallen u. dem Fe werden verfolgt. Nach einem neuen Untersuchungsverf. kann die Diffusionsgeschwindigkeit der genannten Metalle im Fe gut bestimmt u. die zu erwartende Diffusionsschicht durch Beiwerte vorausberechnet werden. Für die Erzeugung dieser W- u. Mo-haltigen Randschichten aus dem Schmelzbad der Alkaliwolframate oder -molybdate werden die günstigsten Arbeitsbedingungen festgelegt. Es zeigte sich, daß zweckmäßig Eisen oder Stahl mit möglichst wenig C zur Erzielung größerer Eindringtiefen zu verwenden ist u. daß die Randschichten eine nachträgliche C-Aufnahme des Kernes durch Einsetzen nicht behindern. (Arch. Eisenhüttenwes. **23.** 369—75. Sept./Okt. 1952. Wien, TH.) HABBEL. 6492

Erich Fitzer, *Aufkohlen, Nitrieren und Silicieren wolfram- und molybdänhaltiger Randschichten in Eisen.* Die an molybdänierten u. wolframierten Teilen aus Eisen oder Stahl mit möglichst geringem C-Geh. durchgeführten Aufkohlungsverss. ergaben, daß die ferrit. Randschicht in eine carbid. übergeführt u. der unter dieser molybdänierten oder wolframierten Randschicht liegende Kern gleichzeitig mit der Randschicht bis zu übereutektoid. Gehh. aufgekohlt werden kann. Durch ihre dicht gelagerten Komplexcarbide zeichnen sich die Randschichten durch große Härte u. infolge ihrer Anlaßbeständigkeit auch durch verbesserte Verschleißfestigkeit aus. Ebenso bringt eine Nitrierung der molybdänierten Fe-Schichten eine Verbesserung ihrer Oberflächenhärte. Es konnte eine Anlaßbeständigkeit der aufgestickten molybdänierten Randschichten bis zu 500° festgestellt werden. Die Unterss. über das Silicieren von Mo-Diffusionsschichten ließen den Einfl. des Mo durch Bldg. einer Fe–Mo–Silicid-Zwischenschicht erkennen, die bei Rissen u. Poren der Ferrosiliciumdeckschicht als Schutzschicht für den Kern des Werkstückes anzusehen ist. (Arch. Eisenhüttenwes. **23.** 377—82. Sept./Okt. 1952. Wien, TH.) HABBEL. 6492

Hans Schmidt-Bach, *Sauerstoff-Lichtbogen-Schneiden.* Bei diesem Verf. strömt O_2 mit 0,8—8 atü durch eine Hohlelektrode (Gleich- oder Wechselstrom von 110—350 A, bei Cu bis 600 A). Das Verf. eignet sich bes. zum Schneiden autogen schwer schneidbarer

Werkstoffe, wie Grauguß, nichtrostende Stähle, Bunt- u. Leichtmetalle, sowie zum Abtrennen von Steigern u. verlorenen Köpfen bei Stahlguß. Schnitte bis 120 mm Materialdicke. (Neue Giesserei **37.** [N. F. 3] 210—11. 1/6. 1950.) G. RICHTER. 6502

R. E. Doré, *Industrielle Verwendung von Sauerstoff und anderen Gasen.* Verwendung von O_2 zum *Schneiden* u. *Schweißen* von Eisen- u. Stahllegierungen, bes. nichtrostenden Stählen, u. NE-Metallen, bes. Leichtmetallen, ferner bei metallurg. Verfahren. Ferner werden behandelt: H_2, N_2, Ar, He, Kr, Xe u. KW-stoffe. — Diskussion. (Soc. Engr. Inc., J. and Trans. **41.** 29—51. April/Juni 1950.) PAHL. 6502

T. Fure, *Das Arcos-Oxyarc-Verfahren in seiner Anwendung in Schweden.* (Arcos **1950.** 2410—16. August.) GEITZ. 6502

H. Schwarz, *Auswahl von Elektroden für Brückenbauten.* Es wird vorgeschlagen, für ein u. dasselbe Bauwerk zwei verschied. Elektrodentypen zu verwenden, die eine mit bas. u. die andere mit erzsaurer Umhüllung. (Z. Schweisstechn. [Zürich] **42.** 175—77. Sept. 1952. Oerlikon, Bührle & Co.) HABBEL. 6506

H. T. Herbst und **T. McElrath jr.,** *Schweißen von Kohlenstoff-Stählen mit Edelgas-Schutzgasbogenschweißung.* Das als Sigma-Schweißen bekannte Verf. der LINDE AIR PRODUCTS CO. benutzt als Schutzgas Ar mit einem Zusatz von ca. 5% O_2. Seine Anwendung bietet bei C-Stählen u. niedriglegierten Stählen Vorteile. Die Stromstärke kann erheblich geringer gewählt werden, die Schweißgeschwindigkeit läßt sich auf das Doppelte erhöhen, Poren u. Einbrandkerben werden vermieden. Für Stähle mit weniger als 0,1% C wird Schweißdraht von etwa gleicher Zus empfohlen. Für höhere C-Gehh. ist für den Schweißdraht der Abbrand (15—20% bei 0,3% C) zu berücksichtigen. Beim Stumpfschweißen von Blechen unter 3 mm Dicke ist He-Gas vorzuziehen Beim Sigma-Schweißen ist bis zu Blechdicken von 20 mm V-Naht angebracht, darüber wird bei U-Naht Schweißmaterial eingespart. In einer Tafel sind die Schweißbedingungen für weichen Stahl in Blechdicken von ca. 5—25 mm bei Anwendung der Sigma-Schweißung zusammengestellt. (Materials and Methods **35.** Nr. 2. 86—87. Febr. 1952. USA, Linde Air Products Co.) DEUTSCH. 6506

W. I. Melnik, *Über einen Versuch zur Anwendung von Stahlpulver aus beim Schruppen entstehenden Abfällen.* Stahlabfälle vom Schruppen, die zu je 50% aus Schleifstaub u. Sonderstahl bestehen, werden zur Schweißelektrodenummantelung verwendet. Die Abfälle werden zunächst magnet. geschieden, dann gesiebt, in einer Kugelmühle zerkleinert, nochmals gesiebt u. entmagnetisiert. Ummantelungen mit 35% eines Pulvers aus 36—42(%) Fe, 7 Cr, 16—19 Ni u. einem geringen Anteil an W. ergaben porige Schweißnähte. Erst bei einer Pulverzus. von 45—52 Fe, 4—6 Co u. 6,5—9,5 Ni wurden zufriedenstellende Schweißresultate bei niedriglegierten Stählen erzielt. (Автогенное Дело [Autogene Ind.] **23.** Nr. 6. 17—19. Juni 1952.) HOCHSTEIN. 6506

Bernard Jousset, *Der „Onera"-Glanzchromierungsprozeß.* Korrosionsfeste Cr-Überzüge auf Stahl durch das Chromierungsverf., einer Eindiffusion von Cr-Atomen in die Oberflächen, werden nach dem „*Onera*"-Prozeß über das gasförmige Chromfluorid CrF_2 erhalten. In Kontakt mit den zu verchromenden Oberflächen wird ein Gemischpulver aus Cr, HF, NH_4F u. Al_2O_3 aufgebracht. CrF_2 wird auf Grund der beiden Rkk. $NH_4 \rightarrow NH_3 + HF$ u. $2\,HF + Cr \rightarrow CrF_2 + H_2$ gebildet. Oberhalb 1550° F ist der Gasdruck von CrF_2 ausreichend für eine Diffusion der Cr-Atome in die Stahloberflächen, die bis zu 95% an Cr angereichert werden können. (Metal Progr. **60.** 76—77. Okt. 1951. Paris, Frankreich, Soc. Parisienne de Cementation.) FAHLENBRACH. 6518

Allen G. Gray, *Hartchromplattierung und glänzende Überzüge auf Stahl und Spritzguß.* Überblick über Badzus., Eigg. der Cr-Überzüge u. Abscheidungsbedingungen. — Zahlreiche Literaturangaben. (Metal Progr. **61.** Nr. 6. 77. 78. 170. 172. Juni 1952.) MARKHOFF. 6518

P. Morisset, *Das Hartchrom und was man bei seiner Anwendung wissen muß.* Überblick über Erzeugung, Eigg. u. Anwendungen. (Usine nouv. **8.** Nr. 36. 29—30. 4/9. 1952.) MARKHOFF. 6518

R. Fyfe, *Galvanische Überzüge auf Aluminium.* Beschrieben wird ein Vorbehandlungsverf. für Al vor dem galvan. Vernickeln. Es besteht im wesentlichen aus einer Entfettung mit einer Na_2SiO_3-Lsg. oder aus einer elektrolyt. Behandlung in einer Lsg. aus Na_2CO_3, KCN, NaOH u. einem kleinen Anteil von NaCl, ferner aus einem anschließenden kurzen Tauchen in HF, aus einem Aufbringen einer dünnen Zn-Schicht durch Eintauchen in eine cyankal. Zinkatlsg., u. aus dem galvan. Erzeugen einer dünnen Messingschicht. Auf diese Schicht wird dann die Ni-Schicht aus einem $NiSO_4$–$MgSO_4$-Elektrolyten niedergeschlagen. (Metal Ind. [London] **77.** 300—02. 22/12. 1950.) MARKHOFF. 6520

L. Rakowski, *Der Einfluß von Oberflächenverunreinigungen auf die Korrosion von Magnesium–Mangan-Legierungen.* Proben aus 98,5(%) Mg, 1,5 Mn sind mit einer Chromatlsg. [1,5 $Na_2Cr_2O_7$, 1,5 $(NH_4)_2Cr_2O_7$, 3 Na_2SO_4, 0,4 NH_4OH] ca. ½ Std. behandelt worden. Bei Vorhandensein von Oberflächenungleichheiten entsteht kein zusammenhängender Film. Es wird eine Anzahl von Vorbehandlungsverff. untersucht u. ihre Brauchbarkeit durch Korrosionsverss. geprüft. Am besten ist eine Vorbehandlung in NaOH u. ein nachfolgendes Tauchen in ein HNO_3–HF-Gemisch. (Metallurgia [Manchester] **42.** 362—66. Dez. 1950. Coventry, Courtaulds Ltd.) J. FISCHER. 6538

Frank E. Kulman, *Korrosion unterirdisch verlegter Stahlrohre durch Mikroorganismen.* Untersuchungsergebnisse über korrodierte, unterird. verlegte Gasrohre. In schlecht belüfteten, lehmigen Böden tritt stärkste Korrosion ein. Eine Mitwrkg. von Bakterien wurde in 81% der Fälle nachgewiesen. Feuchtigkeitsgeh., organ. Substanz u. p_H des Bodens sowie der Sulfidgeh. des Korrosionsprod. wurden bestimmt. FeS wurde in 81% der Fälle starker Korrosion festgestellt. Jahreszeitliche Schwankungen der Bodenfeuchtigkeit, der Belüftung u. der Zahl der anaeroben Bakterien haben Einfl. auf die Korrosionsintensität. — 18 Literaturzitate. (Corrosion [Houston] **9.** **11—18.** Jan. 1953.) SPINDLER. 6538

S. J. Duly, *Die Korrosion von Stahl durch Seesalz mit gegebenem Feuchtigkeitsgehalt.* Der Feuchtigkeitsgeh. des bei der Verdampfung von Seewasser erhaltenen Rückstandes wird bestimmt durch die relative Feuchtigkeit der Luft, die er bei der späteren Lagerung annimmt. Voraussetzung ist, daß die Temp. im Vorratsbehälter konstant bleibt. Entsprechend dem Feuchtigkeitsgeh. des Salzes werden Stahlproben angegriffen. Daraus folgt, daß die Korrosion des Stahles durch die Feuchtigkeit der umgebenden Luft bedingt ist u. daß die Korrosion im wesentlichen verhindert werden kann, wenn der Feuchtigkeitsgeh. des Salzes auf 8% u. weniger gehalten werden kann. (J. Soc. chem. Ind. **69.** 304—06. Okt. 1950. London, Cargocaire Ltd.) J. FISCHER. 6538

F. L. LaQue, *Korrosion und Schutz von Förderseilen.* Als Schutz für die Drähte hat sich die Verzinkung als zweckmäßig erwiesen. Andere Überzüge erhöhten die Korrosion. Die stärkste Korrosion wird im „Käfig" festgestellt. Aber auch auf der ganzen Länge der Seile sind Angriffe feststellbar. Die Drähte verlieren an Durchmesser. Es scheinen sich O_2-Konzentrationsketten zu bilden oder die Korrosion wird infolge der verschied. Belüftung durch den unterschiedlichen O_2-Geh. des Kondenswassers hervorgerufen. Die Korrosionsprodd. bestehen aus *Magnetit* mit $Fe(OH)_2$ u. wenig $Fe(OH)_3$. Ermüdungserscheinungen in den Drähten sind selten. Infolge zu starker Beanspruchung kann die Temp. der Drähte bis auf 750° ansteigen, wodurch die Bldg. von *Martensit* gefördert wird. Bei Biegung springt diese harte Schicht ab u. gibt Anlaß zu Ermüdungsbrüchen. Die Hauptursache für die Korrosion gibt metallsalzhaltiges Wasser. Als Schutz genügt im allg. eine starke Einfettung mit Inhibitoren u. neutralisierenden Zusätzen. Die Schmiermittel müssen eingehend geprüft werden. (Corrosion [Houston] **6.** 8—13. Jan. 1950. New York, N. Y., International Nickel Co.) J. FISCHER. 6538

I. Laird Newell, *Die Korrosion galvanisierter Heißwasserspeicher für den Haushalt.* Nach Besprechung der bisher vorliegenden Arbeiten über die Korrosion verzinkten Eisens in W. höherer Temp. werden Untersuchungsergebnisse an sieben 431—667 Tage betriebenen, verzinkten Wasserspeichern mitgeteilt. Der Betrieb erfolgte mit weichem W., das Rohrleitungen aus Cu oder Cu-Legierungen durchfloß. Die Behälter zeigten Lochfraßkorrosion, die als Folge einer Lokalelementbldg. mit abgeschiedenem Cu erklärbar ist. Cu konnte an den korrodierenden Stellen nachgewiesen werden. Als Schutzanode eingebaute Mg-Stäbe verringern den Angriff. — Diskussion. (Corrosion [Houston] **9.** 46—51. Febr. 1953. Hartford, Conn.) SPINDLER. 6538

August Dreßler, *Einfluß von Kupfer im Stahl auf die Witterungsbeständigkeit bei Eisenbahnbrücken und -schienen.* Berichtet wird über Erfahrungen, die sich über 50 Jahre erstrecken u. bestätigen, daß schon Kleinstmengen an Cu im Stahl korrosionshemmende Wrkg. haben. (Stahl u. Eisen **72.** 1609—10. 4/12. 1952.) HABBEL. 6538

A. W. Tracy, *Die Kupferbedachung einer historischen Kirche ist nach 213 Jahren noch einwandfrei.* Der Verlust durch Einw. der früher vorwiegenden Landluft beträgt nach 213 Jahren nur 0,177 mm. Der neuerdings durch Industrieluft eingetretene Verlust ist etwas größer. Der Reinheitsgrad des Cu ist nur 99,629%. Die Härte ist 61 bis 63 Rockwell. (Corrosion [Houston] **7.** 373—75. Nov. 1951. Waterbury, Conn., American Brass Co.) J. FISCHER. 6538

Walter A. Patrick und **Herman B. Wagner,** *Mechanismus der Sauerstoff-Reduktion an einer Eisenkathode.* Verss. bestätigen die Annahme, daß H_2O_2 als Zwischenprod. bei der Korrosion bes. von Fe eine Rolle spielt. Die größten Ausbeuten wurden in alkal.

Lsgg. bei kleinen Stromdichten erhalten. Auch in sauren Lsgg. wird H_2O_2 entstehen, das aber sehr schnell zu OH-Ionen red. wird. Die geringe Stabilität in sauren Lsgg. hat vielleicht ihre Ursache in der Tatsache, daß das H_2O_2 in Form von Peroxylionen, die negativ geladen sind, vorliegt, in alkal. Lsgg. dagegen in der Molform. Auf jeden Fall ist H_2O_2 als prim. Prod. anzunehmen. (Corrosion [Houston] **6.** 34—38. Jan. 1950. Baltimore, Md. Johns Hopkins Univ.) J. FISCHER. 6540

D. C. Bond und **G. A. Marsh,** *Korrosion von feuchtem Stahl durch H_2S-Luftgemische.* Verss. ergaben: *Flußeisen* wird in wassergesätt. Luft mit 1—2% H_2S-Geh. (mol. Verhältnis $H_2S:O_2 = 1:10$ bis 1:20) am stärksten angegriffen. Bei einer H_2S-Konz. von ca. 10% nimmt die Korrosion um 20% zu, wenn die Temp. von 20 auf 50° steigt. Der Korrosionsumfang unter den Prüfungsbedingungen ist unabhängig von der Zeit, wenigstens in den ersten Stunden. Das gebildete feuchte FeS wird zu 85% bereits nach 4 Std. bei Luftzutritt u. bei ca. 50° oxydiert. Die Umwandlung von $Fe(OH)_3$ zu FeS bei Ggw. von H_2S ist leichter als die Umwandlung von FeS zu $Fe(OH)_3$ bei Ggw. von Luft unter den gegebenen Versuchsbedingungen. (Corrosion [Houston] **6.** 22—28. Jan. 1950. Northfield, Ill., Pure Oil Co.) J. FISCHER. 6540

Mannesmann-Akt.-Ges., Düsseldorf (Erfinder: **Gerhard Naeser,** Duisburg-Huckingen), *Herstellung von mit Aluminium oder Silicium legiertem, kugeligem Eisenpulver durch Zerstäuben einer Schmelze.* Die Schmelze ist außer mit *Al* oder *Si* noch mit 0,2 bis 1% *P* oder *As* einzeln oder gemeinsam legiert. — Durch den Legierungszusatz wird das Pulver nicht spratzig u. die magnet. Eigg. des Pulvers verbessert. Geeignet für Magnetkerne. (**D. B. P. 864 563** Kl. 18d vom 20/3. 1951, ausg. 26/1. 1953.) HABBEL. 6411

Bethlehem Steel Co., übert. von: **Samuel Epstein,** Bethlehem, Pa., V. St. A., *Stahl,* der unberuhigt ist u. 0,01—0,15, bes. 0,03—0,10% *V* enthält, ist nichtalternd. (**E. P. 639 015** vom 6/8. 1947, ausg. 21/6. 1950. A. Prior. 28/2. 1942.) HABBEL. 6411

Imperial Chemical Industries Ltd., London (Erfinder: **Richard Chadwick,** Birmingham), England, *Herstellung korrosionsbeständiger Aluminiumlegierungen hoher Festigkeit.* Eine Legierung aus 0,5—5(%) *Cu,* 1,75—4 *Mg,* 0,2—1,5 *Cr,* Rest *Al,* die außerdem noch 0,2—1,5 *Mn* u./oder bis 0,5 *Ti* enthalten kann, wird einer Lösungsglühung bei einer Temp. zwischen der Soliduslinie u. der Grenze der festen Löslichkeit unterworfen, worauf auf Raumtemp. mit einer Geschwindigkeit abgekühlt wird, die genügend schnell ist, um eine Übersättigung zu erwirken, worauf die Legierung erneut zwischen 150 u. 200° eine genügende Zeit lang erwärmt wird, um eine Ausfällungshärtung herbeizuführen. (**D. B. P. 867 166** Kl. 40d vom 16/4. 1950, ausg. 16/2. 1953. E. Prior. 8/11. 1943.) GÖTZE. 6443

Badische Anilin- & Soda-Fabrik (Erfinder: **Leo Schlecht** und **Ernst Oestreicher**), Ludwigshafen/Rh., *Herstellung von grobkörnigen Metallpulvern* durch Zers. von Metallcarbonyldämpfen in einem erhitzten Raum. Man wählt dabei den Durchsatz an Metallcarbonyl pro Zeiteinheit durch den erhitzten Raum kleiner als denjenigen, bei dem ein Metallpulver mit kleineren Teilchen entsteht. (**D. B. P. 833 955** Kl. 12n vom 3/1. 1950, ausg. 13/3. 1952.) NEBELSIEK. 6475

Badische Anilin- & Soda-Fabrik (Erfinder: **Leo Schlecht** und **Georg Trageser**), Ludwigshafen/Rh., *Herstellung von Metallpulvern.* Man fällt in bekannter Weise aus der Salzlsg. des betreffenden Metalles mit NH_3 oder $(NH_4)_2CO_3$ Hydroxyde oder bas. Salze u. red. diese bei erhöhter Temp. mit H_2 u. gegebenenfalls unter Druck. (**D. B. P. 839 935** Kl. 12n vom 23/2. 1949, ausg. 26/5. 1952.) NEBELSIEK. 6475

Badische Anilin- & Soda-Fabrik (Erfinder: **Leo Schlecht** und **Rudolf Staeger**), Ludwigshafen/Rh., *Herstellung von Metallpulvern* durch Ausfällen aus einer Salzlsg. mit Hilfe eines unedleren Metallpulvers. Letzteres hat man durch therm. Zers. seiner Carbonylverb. gewonnen. (**D. B. P. 845 797** Kl. 12n vom 25/5. 1950, ausg. 4/8. 1952.) NEBELSIEK. 6475

Gebr. Böhler & Co. Akt.-Ges., Kapfenberg, Österreich (Erfinder: **H. Krainer**), *Gesinterte Hartmetallegierung* besteht aus 33—85(%) *TiC* mit 16,5—17,5 *C,* 8—60 *VC* mit 10—11 *C* u. 7—40 *Fe, Co* u./oder *Ni,* bes. Fe u. Ni im Verhältnis 3:1. (**Schwed. P. 134 298** vom 16/7. 1945, ausg. 22/1. 1952. D. Prior. 15/7. 1944.) JÜRGEN SCHMIDT. 6477

Linde Air Products Co., New York, N. Y., V. St. A., *Behandeln von Metallen mit einer O_2-Flamme mit breiter Fläche.* Der der Flamme zugeführte O_2 wird vor dem Austreten aus der Düse in eine Vielzahl von in verschied. Richtung laufenden Teilströmen aufgeteilt, die sich im Düsenkopf wieder vereinigen, wodurch an der Berührungsstelle eine breite Flamme ohne schädliche Turbulenz gebildet wird. Hierdurch lassen sich, gegebenenfalls unter Zuführung von Fe, Fehlstellen u. Risse in Rohlingen vor dem

Auswalzen beseitigen. — Zeichnung. (**N. P. 79 231** vom 6/6. 1947, ausg. 22/10. 1951. A. Prior. 7/6. 1947.) JÜRGEN SCHMIDT. 6509

Farbwerke Hoechst, vormals Meister Lucius & Brüning, Frankfurt/M. (Erfinder: **Georg Schulz,** Kelkheim/Taunus, **Gerhard Müller** und **Rudolf Kreinhöfner,** Frankfurt/M.), *Sparbeize* besteht aus Thiocarbanilid, lösungsvermittelnden aromat. Sulfosäuren, säurebeständigen Reduktionsmitteln u. Zucker, z. B. aus *Thiocarbanilid, Xylolsulfosäure, Paraformaldehyd* u. 20—30% *Zucker.* Durch die Zusätze wird eine erhöhte Lösungsfähigkeit des Thiocarbanilids erreicht u. somit eine verstärkte Sparbeizwirkung. (**D. B. P. 864 185** Kl. 48d vom 25/11. 1950, ausg. 22/1. 1953.) MARKHOFF. 6513

Jacob Glayman und **Jun Skogh,** Frankreich, *Gleichzeitiges Entzundern, Entfetten, Polieren und Glänzen von Metallen auf elektrolytischem Wege.* Gegenstände aus Fe, Cu, Al u. Zn oder ihren Legierungen werden elektrolyt. in Lsgg. von solchen anorgan., organ. Säuren oder ihren Salzen behandelt, die mit dem zu behandelnden Metall Komplexverbb. bilden, z. B. in Lsgg. von CrO_3, H_3PO_4, Oxalsäure, $B(OH)_3$, Wein-, Citronen-, Malonsäure. Man kann Gleich- oder Wechselstrom oder von Wechselstrom überlagerten Gleichstrom verwenden. (**F. P. 1 001 514** vom 23/5. 1946, ausg. 25/2. 1952.) MARKHOFF. 6515

Eugen Dürrwächter, Pforzheim, *Herstellen von Molybdänkontakten.* Die Kontaktoberfläche wird in einem sauren oder alkal. Elektrolyten, der eine Pufferungssubstanz enthält, anod. behandelt. So verwendet man als Elektrolyt H_2SO_4, HCl oder H_3PO_4 bzw. Lsgg. von Alkalihydroxyden, -carbonaten oder -cyaniden u. als Puffersubstanz wasserlösl. aromat. Alkohole, Glykol oder Glycerin. Durch die Behandlung werden glänzende Oberflächen erhalten, die frei von passivierenden Deckschichten sind. (**D. B. P. 845 586** Kl. 48a vom 19/12. 1950, ausg. 4/8. 1952.) MARKHOFF. 6515

National Cylinder Gas Co., übert. von: **James H. Bowden,** Chicago, Ill., V. St. A., *Flußmittel zum Aufschmelzen von Blei auf anderen Metallen* besteht aus 50—80 (Mol-%) Zn-Halogenid, 1—4 mindestens eines Halogenids von Sn, Ag, Pb oder Au, das mit soviel NH_3 umgesetzt ist, daß sich komplexe Aminverbb. bilden, ferner aus 2—7 Ammoniumhalogenid. Das Flußmittel soll einen F. von ca. 100° besitzen. Es benetzt die Metalloberfläche u. wirkt nicht korrodierend. — Beispiel: 60 (Gewichtsteile) $ZnCl_2$, 2 $SnCl_2$, 1 AgCl, 3 NH_4Br, 1 $(NH_4)HF_2$, 23 NH_4OH (28%), 10 Wasser. Zu seiner Herst. werden die Salze in einem geschlossenem Behälter gemischt u. dann mit NH_4OH versetzt u. auf 200° erhitzt. Nach Abkühlen auf 120° wird W. zugesetzt. Das abgekühlte Prod. besitzt pastenartige Konsistenz. — Diagramm. (**A. P. 2 596 466** vom 15/3. 1948, ausg. 13/5. 1952.) MARKHOFF. 6517

Libbey-Owens-Ford Glass Co., Toledo, O., übert. von: **Arthur R. Weinreich,** Brackenridge, Pa., V. St. A., *Aluminiumlegierung zur Herstellung von Überzügen durch thermisches Verdampfen* besteht aus Al mit ca. 2 (%) W u. 4 Mo. Die Legierung spritzt nicht, sondern verdampft ruhig u. gleichmäßig. — Abbildungen. (**A. P. 2 589 175** vom 28/12. 1948, ausg. 11/3. 1952.) MARKHOFF. 6517

Robert Bosch G. m. b. H. (Erfinder: **Eberhard Traub**), Stuttgart, *Herstellen von Metallschichten durch Metallbedampfung.* Die zu bedampfende Unterlage wird zusammen mit einem glühend heißen Körper, z. B. aus SiO, Kohle, Cr–Ni–Fe, Mo, Ta, Fe, Ni, Cu, Edelmetallen oder Legierungen der Metalle, in einen gemeinsamen evakuierten Raum gebracht. Nach dieser Vorbehandlung wird dann die eigentliche Bedampfung vorgenommen, bei der sich die Überzugsschicht in gut haftender, glänzender Form bildet. — Abbildung. (**D. R. P. 767 381** Kl. 48b vom 23/2. 1939, ausg. 28/7. 1952.) MARKHOFF. 6517

National Standard Co., übert. von: **Orville E. Adler,** Niles, Mich., V. St. A., *Erzeugen galvanischer Metallüberzüge auf Drähten im Durchzugverfahren.* Vor u. hinter dem Elektroplattierbad ist je ein Kontaktbad geschaltet, in denen nur kathod. geschaltete Elektroden angeordnet sind, während in dem Plattierbad eine Anode angeordnet ist. In dem Vorbad wird zugleich eine anod. Reinigung des durchlaufenden Drahtes mit einer Na_3PO_4-Lsg. durchgeführt, während Haupt- u. Nachbad z. B. eine cyankal. Cu-Lsg. als Elektrolyt enthalten. Da der im Hauptbad verkupferte Draht im Nachbad anod. geschaltet ist, werden die Stromverhältnisse dort so reguliert, daß sich erheblich weniger Cu anod. löst als im Hauptbad abgeschieden wurde. Die erhaltenen Überzüge sind gleichmäßig u. gut haftend. — Zeichnung. (**A. P. 2 560 534** vom 12/7. 1946, ausg. 17/7. 1951.) MARKHOFF. 6517

Pierre-Aristide Nineuil, Frankreich, *Herstellen von Metallüberzügen besonders auf Hohlkörpern.* Die zu überziehende Oberfläche wird mit einer koll. Lsg. des Überzugsmetalls oder eines oder mehrerer Metallsalze benetzt; nach dem Niederschlagen des

Metalls wird die Fl. durch Erhitzen entfernt. Bei dem Verkupfern von engen Rohrbündeln z. B. wird eine alkoh. Lsg. oder ein Äthyllactat verwendet u. nach dem Entleeren der Rohre in reduzierender Atmosphäre bis zur Red. des CuO erhitzt. (**F. P. 975 125** vom 9/2. 1942, ausg. 1/3. 1951.) HOLM. 6517

United States Steel Co., übert. von: **Ewart S. Taylerson,** Pittsburgh, Pa., V. St. A., *Thermische Nachbehandlung galvanischer Zinnüberzüge auf Stahlbändern.* Durch die galvan. verzinnten Bänder wird ein elektr. Strom geleitet u. die Bänder dadurch bis etwa auf den F. des Sn erhitzt. Um eine gleichmäßige Verteilung der Wärme über das ganze Band zu erzielen, wird der erhitzte Teil des Bandes von einem wärmeisolierenden Material umgeben. Man erhält glänzende Überzugsschichten. Vorr. wird beschrieben. — Abbildungen. (**A. P. 2 566 468** vom 22/6. 1942, ausg. 4/9. 1951.) MARKHOFF. 6525

Richard Blasberg, Solingen-Merscheid (Erfinder: **Artur Kutzelnigg,** Solingen-Ohligs), *Abscheiden glänzender Silberüberzüge aus cyankalischen Bädern.* Als Glanzzusatz wird eine carbocycl. oder heterocycl. Mercaptoverb., wie Mercaptobenzthiazol oder Mercaptobenzimidazol verwendet. Die Verbb. sind prakt. geruchlos. Ihre Wrkg. hält lange vor. (**D. B. P. 848 891** Kl. 48a vom 9/1. 1951, ausg. 8/9. 1952.) MARKHOFF. 6527

Vereinigte Deutsche Metallwerke Akt.-Ges., Frankfurt/M. (Erfinder: **Rolf Röther,** Werdohl-Eveking), *Erzeugen einer beständigen Glanzschicht auf Gegenständen aus Aluminium und Aluminiumlegierungen mittels elektrolytischer Bäder.* Die Gegenstände, die in einem mit Al stark angereicherten Bade anod. geglänzt worden sind u. keine grifffeste Oberflächenschicht haben, werden in 20%ig. NaOH von 70° getaucht u. dann erst anod. oxydiert. Der Glanz der Oberfläche erleidet durch Behandlung in NaOH keine Beeinträchtigung, die anod. aufgebrachte Oxydschicht ist griffest. (**D. B. P. 821 899** Kl. 48a vom 21/2. 1950, ausg. 22/11. 1951.) MARKHOFF. 6531

Comp. de Produits Chimiques et Électrométallurgiques Alais, Froges et Camargues (Erfinder: **Jean-Alfred Odier**), Frankreich, *Verbessern anodischer Oxydüberzüge auf Aluminium und seinen Legierungen.* Die bei der anod. Behandlung erhaltenen porösen Überzüge werden bis zu mehreren Std. auf 100—600° erhitzt. So behandelte Drähte lassen sich z. B. auf einer Spule von 10 mm Durchmesser unter mechan. Spannung von 1 kg aufwickeln, ohne abzublättern. Zusätzliche Farbanstriche, Imprägnieren u.a. erhöhen die Haftfestigkeit. (**F. P. 985 918** vom 11/11. 1943, ausg. 25/7. 1951.) HOLM. 6531

General Electric Co., New York, N. Y., übert. von: **Weston Morrill,** Pittsfield, Mass., V. St. A., *Erzeugen einer isolierenden Oxydschicht auf magnetischen Stahlblechen.* Die Bleche aus entkohltem Si-Stahl werden eng aufeinanderliegend in einem Kasten in reduzierender Atmosphäre bei 800° geglüht, dann auf 500—600° abgekühlt u. bei dieser Temp. mit N_2 u. anschließend mit O_2 behandelt. Es bildet sich, bes. in den Randpartien, eine elektr. gut haftende isolierende Oxydschicht, die nach der Mitte des Bleches zu spröde ist u. ein Biegen des Bleches nicht aushält. (**A. P. 2 591 460** vom 17/8. 1949, ausg. 1/4. 1952.) MARKHOFF. 6531

American Chemical Paint Co. (Erfinder: **James H. Thirsk**), Ambler, Pa., V. St. A., *Erhöhung der Korrosionsfestigkeit von Metalloberflächen.* Die Oberflächen werden mit einer Lsg. behandelt, die *Ce*-Kationen u. *Chromat*- u. vorzugsweise auch *Nitrat*-Anionen enthält. — Beispiel: 2 (g) $Ce(NO_3)_4$, 4 CrO_3/1 Liter Wasser. Die Lsg. eignet sich bes. zum Nachbehandeln von Phosphatüberzügen. (**D. B. P. 863 280** Kl. 48d vom 16/9. 1951, ausg. 15/1. 1953. A. Prior. 2/7. 1951.) MARKHOFF. 6533

Ludwig Hunsicker, Das Schweißen von Blei und seine Anwendung. Halle/S.: Marhold. 1952. (26 S. m. 24 Bild.) 8° = Aus der Praxis der Schweißtechnik. H. 35. DM 2,15.

IX. Organische Industrie.

Badische Anilin- & Soda-Fabrik, Ludwigshafen/Rh., *Herstellung von Katalysatoren aus Chromoxyd und überschüssigem Zinkoxyd* für die Synth. von *Alkoholen* aus $CO-H_2$-Gemischen, dad. gek., daß man eine trocken hergestellte Mischung von ZnO u. CrO_3 mit so wenig W. zur Rk. bringt, daß ein trockenes Pulver erhalten wird. Man kann geringe Mengen aktivierend wirkender Stoffe, z. B. reines CuO oder K_2CO_3, zusetzen. Dadurch kann man die Reaktionsrichtung auch beeinflussen. (**D. B. P. 868 146** Kl. 12o vom 4/1. 1944, ausg. 23/2. 1953.) G. KÖNIG. H 550

Ruhrchemie Akt.-Ges., Oberhausen-Holten (Erfinder: **August Hagemann,** Duisburg-Meiderich), *Abtrennung von Alkoholen* aus Alkohol–KW-stoff-Gemischen (I), bes. aus CO-Hydrierungsprodd., die bei erhöhten Drucken katalyt. mit Wassergas behandelt u. anschließend hydriert wurden, dad. gek., daß derartige Gemische bei annähernd 200—250° unter Anwendung eines ihre Verdampfung verhindernden Druckes, bes. bei einem Druck von bis zu 50 at, mit wss. Lsgg. von niederen Alkoholen (C_1—C_3) behandelt werden, deren Alkoholgeh. den Geh. des zu extrahierenden Gemisches an C_1—C_3-Alkoholen übersteigt, die erhaltene Emulsion unter annähernder Aufrechterhaltung der Behandlungstemp. u. des Behandlungsdruckes durch Absetzenlassen in 2 Schichten zerlegt, die untere Schicht abgetrennt u. durch Druckentspannung u. Abkühlung ihrerseits in 2 Schichten zerlegt wird, worauf man die hierbei anfallende untere Schicht, die im wesentlichen aus dem verwendeten wss. Alkoholgemisch besteht, zur Behandlung weiterer **I** in den Verfahrenskreislauf zurückführt. Die zur Extraktion verwendete wss. Alkohollsg. kann 10—40 Vol.-% Alkohole enthalten. (**D. B. P. 867 993** Kl. 12o vom 21/11. 1950, ausg. 23/2. 1953.) G. KÖNIG. H 550

Badische Anilin- & Soda-Fabrik (Erfinder: **Gustav Wietzel, Kurt Eder** und **Arno Scheuermann**), Ludwigshafen/Rh., *Herstellung sauerstoffhaltiger aliphatischer Verbindungen* durch Rk. von Methanol mit CO u. H_2 bei erhöhter Temp. u. unter erhöhtem Druck in Ggw. von carbonylbildenden Metallen oder deren Verbb. als Katalysatoren, dad. gek., daß man in fl. Phase bei $>100^0$ bis zu ca. 230^0 unter >300 at arbeitet u. gegebenenfalls das Reaktionsgemisch anschließend einer Hydrierung unterwirft. Die durch Red. gewonnenen Oxyde, bes. der Metalle der 8. Gruppe des Period. Syst., werden gesintert, wodurch die Bldg. von Nebenprodd. verhindert wird. Die Kettenlänge der erhaltenen *Alkohole* fällt mit steigender Temperatur. (**D. B. P. 867 849** Kl. 12o vom 8/7. 1941, ausg. 19/2. 1953.) G. KÖNIG. H 560

E. I. du Pont de Nemours & Co., übert. von: **Kenneth Lester Berry,** Hockessin, und **James Arthur Bittles jr.,** Wilmington, Del., V. St. A., *Fluoralkylschwefelsäureverbindungen* der allg. Formel $B(CF_2)_nCH_2OSO_3H$ (B = H oder F, n = wenigstens 4, bes. 4—20) u. deren Salze erhält man durch Behandeln von Fluoralkanolen der Formel $B(CF_2)_nCH_2OH$ mit konz. H_2SO_4, Oleum, $ClSO_3H$ bei —20 bis +50 bzw. bis 150^0, zweckmäßig in Ggw. eines Lösungsm. (Hexan, Decan, Kerosin, Cyclohexan, CCl_4, CS_2). Die F-Alkanole erhält man durch Kondensation von Tetrafluormethylen mit Methanol bei 50—350^0 in Ggw. eines Peroxydkatalysators oder durch Red. von Fluorcarbonsäuren $F(CF_2)_nCOOH$ in Ae. mit $LiAlH_4$, die durch Elektrolyse der entsprechenden Alkancarbonsäuren oder deren Anhydriden in HF erhalten werden können. — Aus Dodekafluorheptanol $H(CF_2)_6 \cdot CH_2OH$, Kp. 170—171^0, erhält man mit 65%ig. Oleum bei 30—40^0 u. Neutralisation mit KOH unter 25^0 *K-Dodekafluorheptylsulfat*, $C_7H_3O_4F_{12}SK$. — Hexadekafluornonanol, $H(CF_2)_8CH_2OH$, $Kp._{194}$ 156—158^0, → *Ammoniumhexadekafluoronylsulfat*, $C_9H_7O_4F_{16} \cdot NS$. — Die Säuren können auch in die *Ba-*, *Ca-*, *Zn-*, *Hg-*, *Pb-* u. *Aminsalze* übergeführt werden. Ferner können hergestellt werden: *Oktafluoramyl-*, *Nonafluoramyl-*, *Undekafluorhexyl-*, *Heptadekafluornonyl-*, *Nonadekafluordecyl-*, *Eikosafluorundecyl-*, *Tetrakosafluortridecyl-*, *Tetrakontafluorheneicosylschwefelsäure.* Verwendung als *Fluoralkylierungs-*, *Reinigungs-*, *Flammschutzmittel,* als *Dispergierungsmittel,* bes. zur Herst. von Polymerisatdispersionen von Äthylen- bzw. Tetrafluoräthylenpolymeren. (**A. P. 2 559 751** vom 29/6. 1950, ausg. 10/7. 1951.) KRAUSS. H 600

Pure Oil Co., Chicago, übert. von: **Richmond T. Bell,** Grays Lake, Ill., V. St. A., *Methanschwefelderivate* erhält man durch Red. von CS_2 mit H_2 bei ca. 100—350^0 in fl. oder in Gasphase in Ggw. von FRIEDEL-CRAFTS-Katalysatoren (Al-, Fe-, Sb-, Co-, Zr-, Ga-, Sn-, Be-, W-, Ta-, Ti-, Cu-, Bi-Chloride oder Bromide oder deren Mischungen, bes. mit BF_3, HF oder PF_3. — In Ggw. von $AlCl_3$ u. Cu erhält man bei 100^0 u. 100 lbs./sq. in. *Methanthiol* u. *Dimethylthioäther* im Verhältnis 2:1 in ca. 35%ig. Ausbeute. Ferner entstehen je nach den Reaktionsbedingungen: *Dimethylsulfid, Thioformaldehyd, Trithiomethylen* (**I**), *Methylendithiol,* $H_2C(SH)SCH_3$, $H_2C[H_2C(SCH_3)]_2$, $SC(SH)SCH_3$, H_2CS u. $H_2C\langle{}^{S}_{S}\rangle CH_2$.

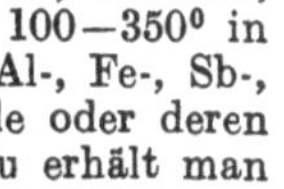
I

(**A. P. 2 565 195** vom 24/6. 1949, ausg. 21/8. 1951.) KRAUSS. H 600

Gutehoffnungshütte Oberhausen Akt.-Ges. (Erfinder: **Paul Nashan**), Oberhausen, *Oxydation von Methan und seinen Homologen* zu O-haltigen Derivv., bes. zu CH_2O, in Ggw. von kleinen Mengen an Stickoxyden u. festen, Alkaliborate enthaltenden Katalysatoren, bei Drucken zwischen 1 u. 12 ata im Kreislaufverf., dad. gek., daß das Volumenverhältnis zwischen O_2 u. CH_4 oder seinen Homologen bei ca. 0,5 u. darunter liegt. (**D. B. P. 863 654** Kl. 12o vom 25/2. 1951, ausg. 19/1. 1953.) G. KÖNIG. H 670

Farbenfabriken Bayer (Erfinder: **Harry Welz** und **Aloys Giltges**), Krefeld, *Oxime.* Man red. Salze der prim. oder sek. Nitroverbb. der aliphat. oder cycloaliphat. Reihe mit nascierendem H_2, indem man eine Mischung einer Lsg. oder Aufschlämmung der Salze der Nitroverbb. mit einem Metall zu einer Säure hinzufügt. — Z. B. wird eine Mischung einer Lsg. von 75 g Nitroäthan in 10%ig. NaOH mit Mg-Pulver in 3%ig.

H_2SO_4 eingetragen, wobei die Temp. auf 20° gehalten wird. Man erhält *Acetaldoxim.* — Ferner: Nitrocyclohexan → *Cyclohexanonoxim.* (**D. B. P. 877 304** Kl. 12o vom 29/6. 1951, ausg. 21/5. 1953.) BRÖSAMLE. H 670

Farbenfabriken Bayer, Leverkusen-Bayerwerk (Erfinder: **Wolfgang Wiesemann,** Bergisch-Neukirchen), *Herstellung von α-substituierten Acroleinen,* dad. gek., daß man gesätt. Aldehyde, welche in α-Stellung eine an KW-stoff- oder substituierte KW-stoffreste gebundene $-CH_2$-Gruppe enthalten, z. B. Propionaldehyd, mit CH_2O u. Aminsalzen behandelt u. das erhaltene Reaktionsprod. einer therm. Spaltung unterwirft. — Dimethylaminchlorhydrat mit CH_2O in 30%ig. wss. Lsg. mit Propionaldehyd am Rückfluß gekocht, ergibt *α-Methylacrolein,* Kp. 64—68°. Mit Butyraldehyd erhält man *α-Äthylacrolein,* Kp. 89—91°. (**D. B. P. 867 852** Kl. 12o vom 30/1. 1943, ausg. 19/2. 1953.) G. KÖNIG. H 670

Badische Anilin- & Soda-Fabrik (Erfinder: **Walter Reppe,** Ludwigshafen/Rh., **Nikolaus von Kutepow,** Karlsruhe, und **Hugo Kröper,** Heidelberg), *Carbonsäuren und deren Ester* erhält man durch Rk. von Alkoholen oder Äthern mit CO bei 100—200 at u. 200—380, bes. 230—300°, in Ggw. von Metallen der 5. Gruppe des Period. Syst. oder deren Verbb. als Beschleuniger. — Beispiel: Methanol → $CH_3COOH + CH_3COOCH_3$. (**D. B. P. 868 900** Kl. 12o vom 4/6. 1942, ausg. 2/3. 1953.) MÜLLER-MEININGEN. H 810

Union Carbide & Carbon Corp., New York, N. Y., übert. von: **Frank G. Young,** Charleston, W. Va., V. St. A., *Enolacetate* erhält man durch Kondensation von Keten mit Monoketonen, β- u. γ-Diketonen u. Ketocarbonsäureestern mit wenigstens 3 H-Atomen an dem der Ketogruppe benachbarten C-Atom bei erhöhter Temp. u. in Ggw. eines eine Sulfonsäure- u. Carboxylgruppe enthaltenden Katalysators, der durch sulfonierende Oxydation von Holz, Kohle, Graphit, Bitumen, Koks, Torf, Lignit, Asphalt, Cellulose, Polyäthylenen, synthet. Harzen mit einem Erweichungspunkt bes. >100° hergestellt wurde. — Hartholzsägespäne werden mit 96%ig. H_2SO_4 bei 93° verkohlt, dann setzt man 20%ig. rauchende H_2SO_4 zu u. erhitzt 2½ Std. auf 80—90°. Nach dem Waschen mit W. wird bei 90° getrocknet. Der Katalysator enthält 2,81% gebundenen S u. Carboxylgruppen. In eine Suspension dieses Katalysators in Cyclohexanon leitet man bei 90—100° Keten ein u. erhält *Cyclohexenylacetat,* $Kp._{20}$ 78°, in 93,7%ig. Ausbeute. — Aceton → *Isopropenylacetat,* $Kp._{200}$ 60°. — *Äthyl-3-acetoxy-3-pentenoat,* $Kp._5$ 89°, aus Äthyllävulinat. — *3-Pentenon-2-yl-4-acetat,* $Kp._5$ 65°. — *α-Methylen-p-chlorbenzylacetat,* $Kp._2$ 93°. — *α-Methylenbenzylacetat,* $Kp._4$ 91°. — *Butenyl-2-acetat,* Kp. 117—123°. — *1.3-Pentadienyl-2-acetat,* $Kp._{10}$ 50°. — *Äthyl-3-acetoxycrotonat,* $Kp._{10}$ 89—90°. — Tabellen. (**A. P. 2 511 423** vom 19/3. 1949, ausg. 13/6. 1950.) KRAUSS. H 810

Badische Anilin- & Soda-Fabrik, Ludwigshafen/Rh. (Erfinder: **Hans Kolb,** Gersthofen, und **Hans Albert,** Offenbach/M.), *Gewinnung reiner Nitrile* (**II**) *aus ketonhaltigen* Gemischen (**I**), die aus Prodd. der therm. Zers. von Kohle, Torf oder Holz gewonnen wurden, bes. von *Acetonitril.* Man verd. die **I** mit niedrigsd. aliphat. oder cycloparaffin. KW-stoffen, Halogen-KW-stoffen oder deren Gemischen, fällt durch Zusatz von $ZnCl_2$ Additionsprodd. u. macht aus diesen die **II** durch Erhitzen frei. Diese werden gegebenenfalls durch azeotrop. Dest. entwässert. (**D. B. P. 867 687** Kl. 12o vom 18/12. 1942, ausg. 19/2. 1953.) MÜLLER-MEININGEN. H 810

Badische Anilin- & Soda-Fabrik (Erfinder: **Walter Reppe,** Ludwigshafen/Rh., und **Hugo Kröper,** Heidelberg), *Carbonsäuren und deren Anhydride* erhält man durch Rk. von CO u. W. unter Druck bei 120—350° mit Olefinen (mit nicht mehr als 7 C-Atomen) in Ggw. von Halogenverbb. u. carbonylbildenden Metallen oder deren halogenfreien Verbb. als Beschleuniger u. gegebenenfalls unter Zusatz von Aktivatoren. — Z. B. mit C_2H_4 *Propionsäure*; mit *Propylen-n-* u. *Isobuttersäure.* — Mit Cyclohexen *Cyclohexancarbonsäure.* Mit Butadien *α-(Cyclohexenyl-3)-propionsäure* + *α-(Carboxycyclohexyl)-propionsäure.* (**D. B. P. 862 748** Kl. 12o vom 1/4. 1943, ausg. 12/1. 1953.) MÜLLER-MEININGEN. H 810

General Mills, Inc., übert. von: **Don E. Floyd,** Minneapolis, Minn., V. St. A., *Dicrotonsäureester* (*α-Äthyliden-β-methylglutarsäureester*) erhält man durch Kondensation eines Crotonsäureesters in fl. Phase (hochsd. Lösungsm.) bei 70—200° in Ggw. von weniger als 0,15 Mol. eines Alkalimetalls oder dessen Alkoholat als Kondensationsmittel. Crotonsäureäthylester wird in Bzl. mit Na 9 Std. unter Rückfluß erhitzt; durch Dest. erhält man den *Dicrotonsäureäthylester,* $Kp._{17}$ 137,9°. *Dicrotonsäure,* F. 128,9°. — *Dicrotonsäuremethylester,* $Kp._{16}$ 130,4°. — Verwendung als Weichmacher u. Zwischenprodukt. (**A. P. 2 508 910** vom 10/7. 1948, ausg. 23/5. 1950.) KRAUSS. H 820

Dr. Alexander Wacker Gesellschaft für elektrochemische Industrie G. m. b. H., München (Erfinder: **Hans Amselm** und **Eligius Nickl,** Burghausen), *Kontinuierliche Konden-*

sation aliphatischer Aldehyde. Sie erfolgt in Ggw. von W. u. von Lösungs-, Verdünnungs- oder Emulgiermitteln zuerst bei tiefer, dann bei erhöhter oder sofort bei der Siedetemp. unter Zusatz von bes. 1 (Mol.) Alkali auf 2 oder 4 Aldehyde. Man kann auch fertiges Reaktionsgemisch zusetzen. — Butyraldehyd gibt mit NaOH in W. zuerst bei 20—30° u. dann bei Siedetemp. nach 48 Std. eine *hochmol., ungesätt. Oxysäure,* $Kp._4$ 133°, durch anschließende Behandlung mit starken Alkalien u. Ansäuern ein *hochmol. Oxylacton,* $Kp._3$ 191°, u. einen *2wertigen ungesätt. Alkohol* von $Kp._6$ 138°. — α-Äthyl-β-propylacrolein → *Oxylacton + ungesätt. Alkohol,* EZ. 209 bzw. 28; OH-Z. 210 bzw. 420; JZ. 12 bzw. 120; Mol.-Gew. 268 bzw. 254. Weiter werden kondensiert: Capronaldehyd, β-Propylacrolein, Propionaldehyd, Önanthaldehyd u. Decylaldehyd. (**D. R. P. 752 482** Kl. 12o vom 13/6. 1941, ausg. 23/2. 1953.) KRAUSS. H 850

Deutsche Gold- und Silberscheideanstalt vormals Roessler, Frankfurt/M. (Erfinder: **Ernst Wagner,** Konstanz), *Herstellung von Blausäure* aus flüchtigen KW-stoffen (I) oder entsprechenden Gasgemischen, bes. Methan, u. NH_3 (II) in Ggw. von Katalysatoren. I u. II werden getrennt in den Reaktionsraum (III) eingeführt, mit der Maßgabe, daß II in III bei <700°, bes. <500°, eintritt. Die I werden, z. B. bei Verwendung von CH_4, auf 800—1300° vorgewärmt. (**D. B. P. 867 686** Kl. 12k vom 27/7. 1950, ausg. 19/2. 1953.) NEBELSIEK. H 890

Farbwerke Hoechst, vormals Meister Lucius & Brüning (Erfinder: **Roderich Graf**), Frankfurt/M., *Herstellung von monosubstituierten Alkylenpolyaminen,* indem man Gemische aus Polyaminen, welche mindestens 2 NH_2-Gruppen enthalten, wie Äthylen-, Propylen- oder Hexamethylendiamin oder Diäthylentriamin, u. Aldehyden oder Ketonen, wie Butyr-, Laurin-, Oleyl-, Propion- oder Benzaldehyd, Acetophenon oder Furfurol, katalyt. hydriert, z. B. in Ggw. eines Ni-Bimssteinkatalysators. So werden z. B. erhalten: *Monobutyläthylendiamin,* $Kp._{10}$ 62—64°; *Monoheptyläthylendiamin,* $Kp._{0,6}$ 80—82°; *N-2-Äthylhexyläthylendiamin,* $Kp._4$ 105°; *N-Dodecyläthylendiamin,* $Kp._9$ 175°; *N-n-Propyläthylendiamin,* $Kp._{10}$ 44—46°; *N-Benzyläthylendiamin,* $Kp._3$ 105°, u. *N-Benzyldiäthylentriamin,* $Kp._{1,2}$ 158—162°. (**D. B. P. 862 013** Kl. 12q vom 13/4. 1940, ausg. 8/1. 1953.) GRÄGER. H 910

Badische Anilin- & Soda-Fabrik, Ludwigshafen/Rh., *Herstellung von quaternären Ammoniumverbindungen,* indem man Sulfohalogenide mit Alkoholen u. tert. Aminen umsetzt. — Z. B. werden aliphat., aromat. oder araliphat. Mono- oder Polysulfohalogenide, wie sie durch gleichzeitige Einw. von SO_2 u. Halogen auf aliphat. KW-stoffe oder Halogen-KW-stoffe entstehen, umgesetzt mit ein- oder mehrwertigen prim., sek. oder tert. Hydroxylverbb., die noch andere Substituenten, z. B. Halogene, Äther-, Thioäther-, Ester-, Carboxyl- oder Säureamidgruppen enthalten können, u. mit tert. Aminen, die aliphat., cycloaliphat., araliphat., aromat. u. heterocycl. ein- oder mehrwertige Basen sein können. — Beispiele: ***Methylpyridiniumpropandisulfat,*** F. 190 bis 192°, ***Äthylendiammoniumpropandisulfonat,*** F. 158—160° (aus Propandisulfochlorid, Glykol u. Trimethylamin). (**D. B. P. 862 156** Kl. 12q vom 3/11. 1943, ausg. 8/11. 1953.) GRÄGER. H 910

Badische Anilin- & Soda-Fabrik, Ludwigshafen/Rh., *Nitrilotriessigsäurealkalisalze* erhält man durch Kondensation von Alkalicyaniden mit NH_3 u. CH_2O in wss. alkal. Medium (NaOH) unter Erhitzen u. Druck, wobei nach der Rk. das NH_3 entfernt u. die Reaktionsmischung weiter mit Alkalicyanid u. CH_2O erhitzt wird, wobei das gebildete NH_3 laufend entfernt wird; Ausbeute 95%. (**E. P. 661 146** vom 30/9. 1949, ausg. 14/11. 1951. D. Prior. 1/10. 1948.) KRAUSS. H 950

American Cyanamid Co., New York, N. Y., übert. von: **Jack T. Cassaday** und **Erick I. Hoegberg,** Stamford, und **Bruce D. Gleissner,** Riverside, Conn., V. St. A., *Carbamylalkylphosphate* der allg. Formel **I** (R_1 u. R_2 = Alkyl, Aralkyl oder Aryl, R_3 u. R_4 = H, Alkyl, Oxyalkyl, Aryl oder Nitroaryl, X_1, X_2 u. X_3 = S oder O, m = kleine ganze Zahl) erhält man durch Rk. eines Phosphates der allg. Formel **II**: (R_1, R_2, X_1 u. X_2 Bedeutung wie oben, Y = Alkali-, Erdalkalimetall oder NH_4) mit einem halogensubstituierten Amid der Formel **III** (R_3, R_4 u. m Bedeutung wie oben, Z = Cl oder Br) bei ca. 20—150°, zweckmäßig in Ggw. eines Lösungsmittels. — Beispiele: 41,6 (g) Na-O.O-Diäthyldithiophosphat, 18,7 Chloracetamid u. 250 cm^3 Aceton werden bei 20° 24 Std. stehen gelassen. Nach dem Filtrieren erhält man *S-Carbamylmethyl-O.O-diäthyldithiophosphat,* aus CCl_4, F. 57—58°. — *O.O-Diäthyl-S-(N-phenyl-*

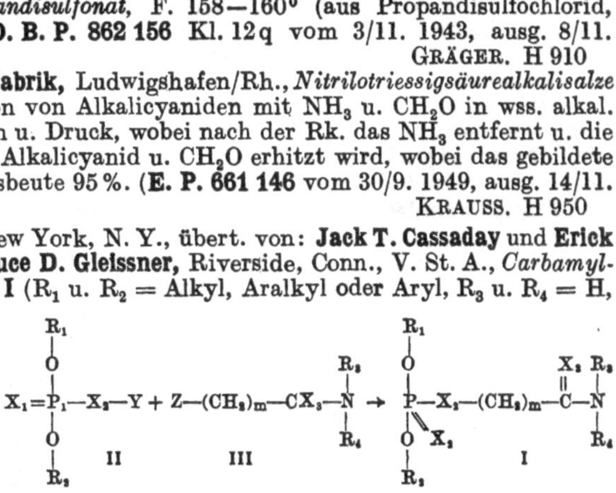

carbamylmethyl)-dithiophosphat, aus Heptan, F. 85—87°. — *O.O-Diäthyl-S-(N-p-nitrophenylcarbamylmethyl)-dithiophosphat*, F. 109—110°. — *S-2-Carbamyläthyl-O.O-diäthyldithiophosphat*, n_D^{25} 1,5280. — *O.O-Diäthyl-S-(2-N-phenylcarbamyläthyl)-dithiophosphat*, n_D^{25} 1,5468. — *O.O-Diäthyl-S-(N-oxymethylcarbamylmethyl)-dithiophosphat*, n_D^{25} 1,5372. — *S-Carbamylmethyl-O.O-dimethyldithiophosphat*, F. 60—62°. — *O.O-Di-n-butyl-S-carbamylmethyldithiophosphat*, n_D^{25} 1,5111. — *S-Carbamylmethyl-O.O-diphenyldithiophosphat*, n_D^{25} 1,5988. — *S-(N-Butylcarbamylmethyl)-O.O-diäthyldithiophosphat*, n_D^{25} 1,5057. — *Carbamylmethyldiäthylphosphat*, n_D^{25} 1,4280. — *O.O-Diäthyl-S-thiocarbamylmethyldithiophosphat*, F. 46—47°. Verwendung als *Insecticide, Fungicide*, als Mittel gegen *Nagetiere, Korrosionsschutzmittel, Plastifizierungsmittel, Flotationsmittel* u. *Zusatzmittel* für *Petroleum*. (**A. P. 2 494 283** vom 4/2. 1948, ausg. 10/1. 1950.) KRAUSS. H 980

American Cyanamid Co., New York, N. Y., übert. von: **Jack T. Cassaday** und **Erick I. Hoegberg**, Stamford, und **Bruce D. Gleissner**, Riverside, Conn., V. St. A., *Cyanalkylphosphate* der allg. Formel $X{=}P(OR_1)(OR_2){-}S{-}CH_2{-}CN$ (R_1 u. R_2 = Alkyl, Aryl, Cycloalkyl, X = S u. O) erhält man durch Umsetzen von Phosphatestern der Formel $X{=}P(OR_1)(OR_2){-}S{-}Y$ (Y = Alkali, Erdalkali, NH_4) mit halogensubstituierten Acetonitrilen der Formel $Z{-}CH_2{-}CN$ (Z = Cl oder Br) bei 20—150°, zweckmäßig in Ggw. eines Lösungsmittels. — Beispiele: 19,6 (Teile) des K-Salzes der O.O-Dimethyldithiophosphorsäure, 7,6 Monochloracetonitril u. 150 Aceton werden 6 Tage bei 20—25° stehen gelassen; man erhält 9,3 *S-Cyanmethyl-O.O-dimethyldithiophosphat*, ölige Fl., n_D^{25} 1,5306. — *S-Cyanmethyl-O.O-diäthyldithiophosphat*, n_D^{25} 1,5153. — *S-Cyanmethyl-O.O-diphenyldithiophosphat*, braune Fl., n_D^{25} 1,5180. — *S-Cyanmethyl-O.O-di-n-amyldithiophosphat*, strohgelbe Fl., n_D^{25} 1,4984. — Verwendung als Insekticide, Fungicide, Mittel gegen *Nagetiere*, Korrosionsschutzmittel, Plastifizierungsmittel, Flotationsmittel u. Zusatzmittel für Petroleum. Vgl. auch A. P. 2 494 283, vorst. Referat. (**A. P. 2 494 284** vom 12/1. 1949, ausg. 10/1. 1950.) KRAUSS. H 980

Standard Oil Development Co., Del., übert. von: **Leland K. Beach**, Mountainside, N. J., V. St. A., *1.2.4.5-Benzoltetracarbonsäure* (I) erhält man durch katalyt. Oxydation von 1.2.4.5-Tetramethylbenzol (Durol) mit O_2-haltigen Gasen in der Gasphase bei 400—600°, zweckmäßig 450°, in Ggw. von V_2O_5 als Katalysator, der mit K_2SO_4 aktiviert ist u. auf einem Träger aufgebracht sein kann. I kann nach dem Verestern mit Glykol oder mehrwertigen Alkoholen bzw. nach Rk. mit Di- oder Polyaminen in Polymere bzw. Polyamide übergeführt werden. (**A. P. 2 509 855** vom 19/6. 1948, ausg. 30/5. 1950.) KRAUSS. H 1240

Standard Oil Development Co., Linden, N. J., V. St. A., *Cycloalkadiene* (I). Aus gecrackten Petroleumdestillaten werden durch fraktionierte Dest. die C_1—C_5-KW-stoffe abgetrennt. Der Rückstand wird zur Depolymerisierung der I-Polymeren auf 300 bis 800° F erhitzt, dann werden die I-Monomeren mit 5—8 C-Atomen durch Dest. abgetrennt. Das Erhitzen erfolgt in fl. Phase, wobei die I-Monomeren durch Einblasen von Dampf bei der Depolymerisation sofort entfernt werden können. Die heißen Dämpfe werden abgeschreckt u. aus dem Kondensat die I abdest., während der Rückstand in die Erhitzungszone zurückgeführt wird. Auf diese Weise erhält man *Cyclopentadien, Methylcyclopentadien, Dimethylcyclopentadien*. — Tabellen, Zeichnungen. (**E. PP. 635 910** vom 15/4. 1947, ausg. 19/4. 1950. A. Prior. 24/9. 1946, u. **636 308** vom 29/4. 1948, ausg. 26/4. 1950. A. Prior. 25/8. 1947.) KRAUSS. H 1810

Phillips Petroleum Co., übert. von: **Bertrand J. Mayland, Forrest Nolan Ruehlen**, Bartlesville, Okla., und **Edward E. White**, White Sulphur Springs, W. Va., V. St. A., *Abtrennung von Kohlenwasserstoffen* mit nahe beieinanderliegenden Kpp. aus ihren Mischungen, z. B. aus Paraffinen, Cycloparaffinen, Olefinen, Diolefinen u. Aromaten. Die Trennung erfolgt durch selektive Extraktion mit Bischlorformiaten von Diäthylen-Dipropylen-, Triäthylen-, Tripropylenglykol bzw. anderen Polyglykolen, wobei sich zwei Phasen bilden. — Eine Mischung aus 85 (Mol.-%) n-Hexan u. 15 *Methylcyclopentan* (I) wird bei 100° F mit Diäthylenglykolbischlorformiat im Verhältnis 1:2 extrahiert, wobei die obere Schicht 35 (%) n-Hexan u. die untere Schicht 14,3 I u. 49,5 n-Hexan enthält. — In weiteren Beispielen wird *Cyclohexan* von Bzl. getrennt. — Schemat. Vorr., Zeichnung. (**A. P. 2 508 723** vom 2/1. 1948, ausg. 23/5. 1950.) KRAUSS. H 1810

Badische Anilin- & Soda-Fabrik, Ludwigshafen/Rh. (Erfinder: **Otto Drossbach**, Neckargemünd), *Cycloaliphatische Ketone und Alkohole neben Dicarbonsäuren* erhält man durch Oxydation von cycloaliphat., gesätt. KW-stoffen in fl. Phase mit O_2 oder O_2-haltigen Gasen, notfalls unter Druck, in Ggw. von O_2-Überträgern (Mn, Co, Cu, V, deren Oxyden oder Salzen, Aldehyden, Ketonen, Äthern, peroxydbildenden Stoffen, wie

Tetralin, Tetrahydrofuran u. seinen Homologen), wobei während der Oxydation fortlaufend oder zeitweise die gebildeten Alkohole oder Ketone ganz oder teilweise entfernt werden. — Durch Oxydation von 1% Tetrahydrofuran enthaltendem Cyclohexan bei 130—135° mit 33 Liter Luft/Std. bei 15 at erhält man 38,6 (%) Cyclohexanon, 27,8 Cyclohexanol u. 3,9 Adipinsäure. Weitere Beispiele mit Cyclohexan. — Vorr., Zeichnung. (**D. B. P. 859 465** Kl. 12o vom 13/4. 1941, ausg. 15/1. 1953.) Krauss. H 1950

Patent Chemicals, Inc., Paterson, übert. von: **Curt Bamberger,** Jersey City, und **John W. Orelup,** Short Hills, N. J., V. St. A., *Polyoxyanthrachinonsulfonsäuren. 1.4-Dioxyanthrachinon-2-sulfonsäure.* Man erwärmt 1.4-Dioxyanthrachinon mit Na_2SO_3, m-Nitrobenzolsulfonsäure u. W. auf 95—100°. — Analog: *1.2.5.8-Tetraoxyanthrachinon-6* (u./oder *7*)*-sulfonsäure.* — *6-Chlor-1.4-dioxyanthrachinon-2* (*oder 3*)*-sulfonsäure.* — *1.4-Dioxyanthrachinon-2.6-disulfonsäure.* — Überführung von *1.4.5.8-Tetraoxyanthrachinon* in eine Sulfonsäure. (**A. P. 2 575 155** vom 9/10. 1948, ausg. 13/11. 1951.) Langer. H 2800

Texaco Development Corp., V. St. A., *Herstellung von Tiophenabkömmlingen.* Dämpfe von Äthylbenzol oder Styrol werden mit H_2S über auf 620—650° erhitzte Dehydrierungskatalysatoren ($SiO_2 + Al_2O_3 + Cr_2O_3$, $SiO_2 + Al_2O_3 + MoO_3$, $Al_2O_3 + FeS$, $Al_2O_3 + BaO$) geleitet. Es entsteht *Thionaphthen.* Analog erfolgt die Umwandlung von Cumol in *3-Methylthionaphthen,* $Kp._{10}$ 99—107°, u. von p-Cymol in *3.6-Dimethylthionaphthen,* $Kp._{10}$ 119—121° (*Pikrat,* F. 92,8—95°). (**F. P. 974 689** vom 5/11. 1948, ausg. 23/2. 1951. A. Prior. 6/11. 1947.) Nouvel. H 3071

Reilly Tar & Chemical Corp., Indianapolis, Ind., V. St. A., *Additionsprodukt aus m-Kresol und 2.6-Lutidin.* Man gibt die beiden Komponenten bei niedriger Temp. (—5 bis —15°) zusammen, F. 11°. — Verwendung bei der Herst. von Desinfektionsmitteln oder zur Trennung von Gemischen aus m- u. p-Kresol. (**E. P. 638 532** vom 19/11. 1947, ausg. 7/6. 1950. A. Prior. 5/7. 1943.) Brösamle. H 3231

Commercial Solvents Corp., übert. von: **Murray Senkus,** Terre Haute, Ind., V.St.A., *Dinitrodiacetale* der allg. Formel **I**, wobei R = Alkyl, H, Phenyl oder Aralkyl, erhält man durch Einw. von H_2O_2 (**II**) (25—95%) auf Alkali- oder Erdalkalisalze von Acetalen des aci-2-Nitro-1.3-propandiols bei 5—95° u. n. Druck. Es finden Aldehyd- oder Ketoacetale Verwendung, deren Herst. nach A. PP. 2 297 921 u. 2 368 071 erfolgen kann. **I** sind neue *Zwischenprodd.* zur Herst. von Diaminen. — Das Tris-(oxymethyl)-nitromethanacetal des Acetons wird allmählich mit wss. NaOH u. 30%ig. H_2O_2 versetzt, die exotherme Rk. auf 75° gehalten; beim Abkühlen auf 20° scheiden sich Kristalle ab. Aus der

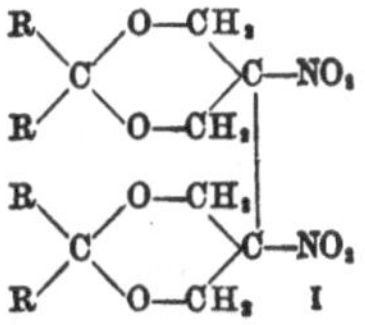

I

Mutterlauge erhält man nach abermaligem Zusatz von H_2O_2 eine weitere Menge des Umsetzungsprodukts. Beim Umkristallisieren aus Cyclohexan u. Methanol–W. gewinnt man das *2.2'-Di-*(*2-nitro-1.3-propandiol*)*-diacetal* des *Acetons,* $C_{12}H_{20}O_8N_2$. Hergestellt werden noch das *2.2'-Di-*(*2-nitro-1.3-propandiol*)*-diacetal* des *Benzaldehyds,* $C_{20}H_{20}O_8N_2$, u. das *2.2'-Di-*(*2-nitro-1.3-propandiol*)*-diacetal* des *Methylbenzylketons,* $C_{24}H_{28}O_8N_2$. **I** sind farb- u. geruchlose Verbb., leichtlösl. in W., unlösl. in wss. alkal. Lsgg., mäßiglösl. in organ. Fll., wie Methanol, Cyclohexan, Bzl. u. Aceton. (**A. P. 2 543 472** vom 12/10. 1949, ausg. 27/2. 1951.) G. König. H 3252

Achille-Jean Lafage, Seine, Frankreich, *Herstellung von alkylierten oder arylierten Aminopyrimidinen.* Man erhitzt Äthylformiat mit einem Keton in Ggw. von Na-Äthylat ½ Std. auf dem Wasserbad, versetzt das Reaktionsprod., ohne es zu isolieren, mit A. einem Guanidinsalz (Nitrat, Sulfat, Carbonat, Oxalat) u. kocht 6—12 Std. unter Rückfluß. Auf diese Weise sind z. B. erhältlich: *2-Amino-4-methylpyrimidin,* F. 157—158°, aus Aceton; *2-Amino-4-propylpyrimidin,* F. 122—123°, aus Methylpropylketon; *2-Amino-4-phenylpyrimidin,* F. 163—164°, aus Acetophenon. Die Ausbeuten betragen 35—38%. (**F. P. 992 142** vom 16/5. 1944, ausg. 15/10. 1951.) Nouvel. H 3272

Colgate-Palmolive-Peet Co., Jersey City, übert. von: **John David Malkemus,** Allendale, und **John Ross,** Ramsey, N. J., V. St. A., *Herstellung hochmolekularer Piperazin*(**I**)*-Derivate* der Zus. **I** (R = Alkyl oder Acyl C_8—C_{24}, R' = H oder kurzkettiges Alkyl oder Acyl, n = 1—20, p = 2—4). — Man löst z. B. 344 (Teile) **I** in 500 CH_3OH, leitet 44 Äthylenoxyd bei 80° ein, dest. im Vakuum u. in inerter Atmosphäre, z. B. in N_2. Man erhält 75% *Monoäthanol-***I** ($Kp._{12}$ 125 bis 127°, n_D^{25} 1,5052, $D.^{20}_4$ 1,0595), mischt dieses mit 330 Octadecylbromid in A., erhitzt kurz unter Rückfluß auf 75—100° u. erhält *N-Octadecyl-N'-*(*β-oxyäthyl*)*-***I***-*Hydrobromid u. durch Rk. z. B. mit Na_2CO_3 die freie Base. — Ferner werden dargestellt: *N-Octadecyl-N'-*(*oxyäthyloxyäthoxyäthyl*)*-***I**, *N-Octadecyl-N'-*(*oxyäthyloxyocta-*[*äthoxy*]-

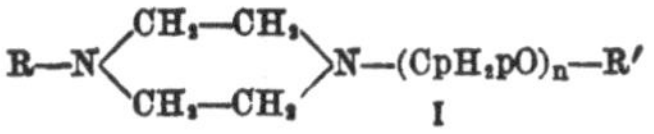

I

äthyl)-I, *N-Lauroyl-N'-(β-oxyäthyl)*-I. — Schaum-, Netz-, Wasch- u. Dispergiermittel. (**A. P. 2 574 407** vom 23/6. 1949, ausg. 6/11. 1951.) MÜLLER-MEININGEN. H 3272

E. I. du Pont de Nemours & Co., übert. von: **Walter M. Bruner** und **Frederick K. Watson,** Wilmington, Del., V. St. A., *N-Cyanmethylmorpholin* (**I**) erhält man durch Kondensation von Formaldehydcyanhydrin mit Morpholin in Ggw. von W. bei einer Anfangstemp. von 20—65° u. einer Endtemp. von 75—100°. **I**, $Kp._2$ 78°; F. 61—63°; Ausbeute 75—80%, liefert bei der katalyt. Hydrierung in Ggw. von Co-Oxyd u. überschüssigem NH_3 bei 110° u. 800 at *β-N-Aminoäthylmorpholin*, $Kp._1$ 50—60°. Zwischenprod. zur Herst. von Farbstoffen für Nylongarne. (**A. P. 2 570 760** vom 18/5. 1949, ausg. 9/10. 1951.) KRAUSS. H 3282

John J. McCabe jr. und **Hans S. Mannheimer,** übert. von: **Hans S. Mannheimer,** New York, N. Y., V. St. A., *Quaternäre NH_4-Salze von acyliertem Aminoäthylmorpholin* erhält man durch Rk. von etwa mol. Mengen Aminoäthylmorpholin (**I**) mit einer Fettsäure C_8—C_{18} unter Entfernung des Reaktionswassers bei 130—190° u. 10—400 mm Hg u. Umsetzung des Reaktionsprod. mit $C_6H_5 \cdot CH_2 \cdot Cl$ (**II**) unter Ausschluß von W. oder in wss. Dispersion. — Beispiel: 200 (Teile) Laurinsäure u. 138 **I** werden innerhalb 2—3 Std. unter 300—400 mm Hg auf 150°, dann innerhalb 3—4 Std. bei 15—20 mm Hg auf 170—175° erhitzt u. das Destillat aus überschüssigem **I** u. W. wird aufgefangen. 318 des Reaktionsprod. (SZ. <1) werden bei 96—98° innerhalb 30 Min. mit 134 **II** versetzt, worauf Temperaturanstieg auf 106—107° erfolgt. Wenn die Temp. zu fallen beginnt, estert man 5—7 Std. auf 96—98°. — 1 Reaktionsprod. klar lösl. in 100 cm^3 Wasser. — Germicide, Baktericide, Spermicide, Algicide, Antiseptica, Desodorierungs-, Netz-, Wasch-, Emulgier-, Farbfixier-, Schaum-, Animalisier- u. Weichmachungsmittel für Baumwolle, Antioxydantien u. Antikorrosionsmittel für eiserne Tuben, Konservenbüchsen u. dergleichen. (**A. P. 2 562 384** vom 5/10. 1949, ausg. 31/7. 1951.) MÜLLER-MEININGEN. H 3282

American Cyanamid Co., New York, N. Y., übert. von: **Nat H. Marsh,** Noroton Heights, Conn., V. St. A., *Melamin* (**I**) erhält man durch Rk. von NH_3, CO_2 u. HCN bei ca. 350° u. einem Druck von mindestens 500 lbs./sq. in. u. Abtrennen des **I** aus dem Reaktionsgemisch, z. B. durch Ausziehen mit heißem Wasser. (**A. P. 2 571 912** vom 21/7. 1950, ausg. 16/10. 1951.) BRÖSAMLE. H 3313

American Cyanamid Co., New York, N. Y., übert. von: **Johnstone S. Mackay,** Old Greenwich, **John R. Bower,** Stamford, und **William P. Lawler,** Springdale, Conn., V. St. A., *Gewinnung von Melamin* durch Einbringen von Dicyandiamid oder Harnstoff in ein Hochdruckrohr, das innen mit Graphit bzw. Al ausgekleidet ist, bei 350—600° u. sehr hohem NH_3-Druck. (**A. PP. 2 575 497** u. **2 575 498** vom 26/3. 1951, ausg. 20/11. 1951.) NEBELSIEK. H 3313

Sun Chemical Corp., übert. von: **Ernst Zerner** und **Mack W. Pollock,** New York, N. Y., V. St. A., *Hexahydro-1.3.5-triacyltriazine* der allg. Formel I (R = unsubstituierte oder alkyl- sowie halogensubstituierte offenkettige KW-stoffreste) erhält man durch Rk. von Nitrilen RCN mit CH_2O-liefernden Verbb. unter möglichst wasserfreien Bedingungen in Ggw. von katalyt. Mengen H_2SO_4 (**II**) oder SO_3HCl. — Beispiel: Zu 41 (Teilen) CH_3CN (**III**) u. 4 konz. **II** tropft man am Wasserbad 60 Trioxan (**IV**) in 41 **III**, wobei nach Zugabe von $^1/_3$ der Gesamtmenge **III** + **IV** starke Temperatursteigerung eintritt. Am Schluß wird so lange mit freier Flamme erhitzt, bis kein Rückfluß mehr stattfindet. Gesamtreaktionsdauer ca. 2 Std.; nach Abkühlen auf ca. 80° gibt man unter Rühren 50 W. zu, läßt einige Zeit kühl stehen, filtriert u. erhält nach Umkristallisieren aus W. u. Waschen mit A. u. Ae. ein wasserhaltiges Prod. vom F. 71—73°. Nach dem Trocknen über P_2O_5 (bei 100°) oder Umkristallisieren aus absol. A. erhält man 66 *Hexahydro-1.3.5-triacetyltriazin*, F. 96—98°. — Analog: *Hexahydro-1.3.5-tripropionyltriazin*, F. 169—171°. — *Hexahydro-1.3.5-tribenzoyltriazin*, F. 218—222°. — *Hexahydro-1.3.5-triacrylyltriazin*, sintert bei 157°, ohne bis 285° zu schmelzen. — *Hexahydro-1.3.5-trimethacrylyltriazin*, F. 194 bis 151°. — *Hexahydro-1.3.5-tri-(β-chlorpropionyl)-triazin*. (**A. P. 2 559 835** vom 20/3. 1948, ausg. 10/7. 1951.) MÜLLER-MEININGEN. H 3313

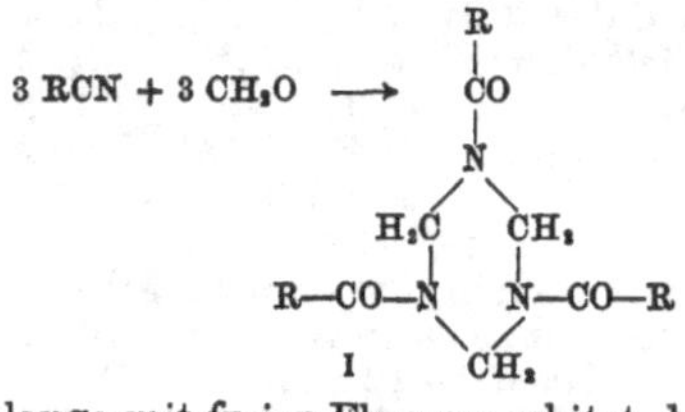

I

B. F. Goodrich Co., New York, N. Y., übert. von: **Thomas L. Gresham** und **Thomas R. Steadman,** Akron, O., V. St. A., *Substituierte Triazine.* Durch Rk. von Acrylnitril (**I**) mit CH_2O oder α-Trioxymethylen in Ggw. von H_2SO_4 bei 50—125° erhält man *Hexahydro-1.3.5-trisacrylyltriazin*, $C_{12}H_{15}O_3N_3$, das bei der Behandlung seiner alkoh. Lsg. mit H_2 in Ggw. eines Pt-Oxydkatalysators in *Hexahydro-1.3.5-tripropionyltriazin*,

F. 170°, übergeht. Verwendet man statt I α-Methylacrylnitril, so erhält man analog *Hexahydro-1.3.5-trimethacrylyltriazin*, F. 151°, u. *Hexahydro-1.3.5-trisisobutyryltriazin*, F. 145—149°. — Die ungesätt. Triazine lassen sich durch Erhitzen polymerisieren, die gesätt. können als Insekticide u. Fungicide verwendet werden. (**A. P. 2 568 620** vom 8/9. 1948, ausg. 18/9. 1951.) Brösamle. H 3313

X. Färberei. Organische Farbstoffe.

F. O. Stone, *Förderung ausegalisierender Anfärbungsverfahren.* Betrachtung über die Verff., Farbstoffe u. Hilfsmittel zur Erzeugung egaler Färbungen. (Textile Bull. **79.** Nr. 2. 76—77. Febr. Nr. 3. 90—92. März 1953.) A. v. König. 7020

W. Sturzaker, *Packfärben. Vorteile der neuzeitlichen Richtung.* Die Vorteile des Färbens der Viscose im Spinnkuchen, die Verbesserungen der Maschinen für das Küpenfärben, die es ermöglichen, statt eines Baumes bis zu 8 Bäume mit 300 lb Garn in einem Arbeitsgang zu färben, u. der Trockenanlagen u. die Fortschritte in den Farbstofftypen (Vgl. von Anilinschwarz u. Schwefelschwarz, Indigo u. Hydronblau) werden diskutiert. (Textile Weekly **51.** 642—68. 6/3. 1953.) A. v. König. 7020

R. H. Blaker, *Die Grundlagen für das Färben von Polyacrylnitrilfasern in Gegenwart von Kupfersalzen: Die kontrollierte Redoxpotentialmethode.* Es wird eine Beschreibung der Grundlagen der Kupfertechnik zum Färben von Polyacrylnitrilfasern gegeben. In diesem Zusammenhang wird darauf hingewiesen, daß, wenn man befriedigende Färbungen erzielen will, 1. der gesamte Geh. an Cu-Ionen in der einwertigen Form während des Färbens vorliegen muß, 2. die Temp. nahe dem Kochpunkt u. 3. der p_H-Wert zwischen 2—3 liegen soll. Zur Überwachung des Geh. an Cu^+-Ionen hat sich die laufende Best. des Redoxpotentiales im Färbebad bestens bewährt. (Amer. Dyestuff Reporter **42.** P 76—80. 2/2. 1953.) H. G. Fröhlich. 7020

W. D. Wright, *Farbunterscheidung.* 3. Mitt. *Der Einfluß der Beobachtungsbedingungen.* (2. vgl. C. **1952.** 1245.) Die Erzielung einer möglichst hohen Meßgenauigkeit hängt entscheidend von der Optik des Photometers ab, die eine äußerst schmale, scharfe Trennlinie der zu vergleichenden Felder u. Gleichheit des Gesichtsfeldes gewährleisten muß. Besprochen werden der Einfl. der physiol. Faktoren u. die Schwierigkeit des Vgl. bei Mustern mit verschied. Oberflächenbeschaffenheit. (Rayon synthet. Textiles **32.** Nr. 8. 56—58. 61. Aug. 1951. London, Imperial Coll. of Sci.) Dossmann. 7030

Dea Dal Monte Casoni, *Disulfonierte Azofarbstoffe aus 1-Phenyl-3-furylpyrazolon-(5).* Durch Kuppeln von *diazotierter 3-* u. *4-Aminobenzolsulfonsäure, 2-Methyl-4-aminobenzolsulfonsäure, 2-Chlor-5-aminobenzolsulfonsäure* bzw. *2-Aminonaphthalinsulfonsäure-(1)* mit den *Pyrazolonen* **I, II** u. **III** werden *Azofarbstoffe* **IV** erhalten, die 2 Sulfogruppen enthalten u. sich von früher (Boll. sci. Fac. Chim. ind. Bologna **9.** [1951.] 4. 9. 13) dargestellten durch bessere Löslichkeit in W. unterscheiden. (Ricerca sci. **22.** 1785—86. Sept. 1952. Bologna, Univ., Ist. di chim. indust.) K. Faber. 7052

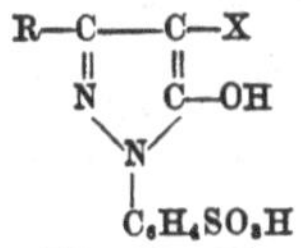

I R = CH_3, X = H
II R = C_6H_5, X = H
III R = Furyl, X = H
IV R = CH_3, C_6H_5 oder Furyl, X = —N=N—Aryl

Naphtol-Chemie Offenbach (Erfinder: **Wilhelm Seidenfaden** und **Hans Albert**), Offenbach/M., *Diazoniumverbindungen.* Man diazotiert Verbb. der Formel Aryl·N:N·Aryl·NH_2, die in einem oder beiden Arylresten die Gruppe $—O·CH_2·CO·N(X)(Y)$ enthalten, wobei X = H oder Alkyl u. Y = Alkyl bedeutet, wobei Verbb. der Formel I ausgenommen sind (Z = Alkyl, Alkyloxy, Halogen). Die Verbb. zeigen eine bes. gute Löslichkeit. — *4-Nitro-2'.5'-dimethoxyazobenzol-2-(oxyessigsäurediäthylamid)-4'-diazoniumchlorid* durch Diazotieren der entsprechenden Aminoverbindung. — Analog: *4-Nitro-5'-methyl-2.4'-bis-(oxyessigsäurediäthylamid)-2'-diazoniumchlorid*; *4-(4'-Nitrobenzolazo)-naphthol-(2)-2'-oxyessigsäurediäthylamid-5-diazoniumchlorid.* Geringere Löslichkeit zeigen die Verbb.: *2.5.2'-Trimethoxy-4'-nitroazobenzol-4-diazoniumchlorid*; *4'-Nitro-4.2'-dimethoxy-5-methylazobenzol-2-diazoniumchlorid*; *4-(4'-Nitro-2'-methoxybenzolazo)-naphthol-(2)-5-diazoniumchlorid.* (**D. B. P. 872 945** Kl. 12 q vom 6/9. 1950, ausg. 9/4. 1953.) Langer. 7007

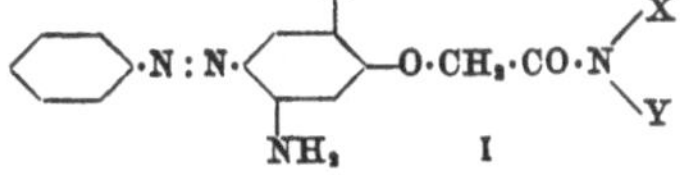

I

British Celanese Ltd., London, England, *Färben von Textilien aus Cellulosederivaten.* Man imprägniert das Material mit einem wss. Färbebad, das als Quellmittel eine niedrige aliphat. Säure, z. B. Essigsäure, u. eine anorgan. Verb., z. B. ein Thiocyanat, enthält. (**E. P. 648 725** vom 15/4. 1948, ausg. 10/1. 1951. A. Prior. 16/4. 1947.) v. Schiller. 7021

Dan River Mills, Inc., Danville, Va., V. St. A., *Flüssige Farbstoffzubereitung für Textilfärbungen.* Celluloseäther werden z. B. mit gelöstem Naphthol AS-SW oder Anthrachinonküpenblau oder Chlorechtgrün BLL (CIBA) oder Schwefelschwarz 4 GCF durchgefärbt, dann ausgesalzen u. in einer 8%ig. NaOH-Lsg. gelöst. Die Lsgg. können zum Färben u. bes. als *Signiertinten* dienen. (**E. P. 651 283** vom 25/2. 1948, ausg. 14/3. 1951.) MÖLLERING. 7021

Alfred Kepka, Hallein, Österreich, *Herstellung einer Druckpaste zum Durchdruck durch Gewebe oder dergleichen,* welcher in der Textiltechnik übliche Netzmittel (I) zugesetzt sind. Der Zusatz der I erfolgt in so beträchlichen Mengen, daß die I vor allem als Strukturstabilisierungsmittel für die Fasern bzw. Fäden des Gewebes wirken. Die I enthalten sulfurierte Verbb., z. B. sulfonierte Öle oder Fette. Bei Anwendung der Paste ist das Durchdrucken auch schwerer Gewebe möglich, so daß die Musterung der Vorder- u. Rückseite des Gewebes keinen Unterschied aufweist. (**D. B. P. 870 547** Kl. 8n vom 6/3. 1951, ausg. 16/3. 1953. Oe. Prior. 8/3. 1950.) v. SCHILLER. 7023

XIa. Farben. Anstriche. Lacke. Naturharze.

—, *Mischen und Filtrieren in den USA.* Beschreibung der in USA üblichen Arten von Rührertypen, kontinuierlich arbeitenden Rotations- u. Zentrifugalfiltern sowie deren Anwendungsbereich unter besonderer Berücksichtigung der Farben- u. Lackindustrie. (Paint Manufact. **22.** 336—38. Sept. 1952.) DALL'ASTA. 7090

H. Brunner und **D. R. Tucker,** *Die Natur der Produkte, welche beim Kochen des Styrols mit trocknenden Ölen in Xylollösung unter Rückfluß entstehen.* 2. Mitt. *Weitere Daten über die Styrol–Tungöl-Reaktion.* (1. vgl. Research **2.** [1949.] 42.) Die Reaktionsprodd. der Umsetzung (Mischpolymerisation) von gleichen Gewichtsteilen Styrol (I) u. Tungöl in Xylollsg. bei Rückfluß u. in Abwesenheit von Polymerisationskatalysatoren wurden untersucht. Die Verseifung des Mischpolymerisats ergibt 2 Arten von mit I kombinierter Eläostearinsäure (**II**): Die eine liefert ein in W., Ae. bzw. Bzl. unlösl. K-Salz u. enthält ein I/II-Mol.-Verhältnis von 8:1; die andere, in Leichtpetroleum lösl. Art ergibt ein lösl. K-Salz u. weist ein I/II-Verhältnis von ca. 1:1 auf. Bei den untersuchten Reaktionsbedingungen wird ca. 60% I nicht umgesetzt, das aber kein Homopolymerisat bildet. Nur ca. 60% der vorhandenen II-Gruppen beteiligen sich bei der Mischpolymerisation, während die restlichen 40% in einer I-freien Form wiedergefunden werden. Die Säure mit dem I/II-Verhältnis von 1:1 bildet sich vermutlich nach einem DIELS-ALDER-Mechanismus. (J. appl. Chem. **1.** 563—68. Dez. 1951. Slough, Bucks., Imp. Chem. Ind. Ltd., Paints Div.) SCHÄFF. 7096

H. W. Chatfield, *Glimmer als Mittel gegen das Absetzen von Farben.* Ein Zusatz von stark zerkleinerten Glimmerplättchen zu Ölfarben hat im allg. einen verzögernden Einfl. auf das Absetzen der Pigmentteilchen, die Bldg. von Assoziaten u. erleichtert das Redispergieren des abgesetzten Farbkörpers. Vf. untersucht obige Wirkungen in Abhängigkeit von den verwendeten Pigmenten u. den Öl- u. Harzzusätzen u. stellt für jede Komposition die spezif. Wrkg. des Glimmers fest. Untersucht wurden weiße u. rote Bleifarbe, Titandioxyd, Lithopone u. Baryt sowie folgende Gemische: Leinölgemische, modifiziertes Kolophonium + Leinöl, tert.-Butylphenol–Formaldehydharz + Holzöl, Alkyd–Harz + Leinöl, Kongokopal + Leinöl, Kolophonium + Leinöl, Glycerin–Kolophonium–tert.-Butylphenol–Formaldehyd-Harzgemisch + Leinöl. (Paint Technol. **17.** 289—93. Juli 1952.) DALL'ASTA. 7096

Charles Gardner, *Oberflächenaktive Stoffe in der Lackindustrie.* Oberflächenakt. Stoffe finden in der Lackindustrie als Netz-, Emulgier- u. Dispergiermittel für Pigmente, als Zusätze zur Verhinderung der Hautbldg. beim Lagern u. zur Erleichterung der Filmbldg. bei der Lackiertechnik Verwendung. Die üblichen nichtionogenen u. kationakt. Stoffe werden beschrieben. (Pitture e Vernici **8.** 643—46. Dez. 1952.) STEINER. 7096

Josef Stepanek, *Die Polyvan-Rostschutzstoffe.* Die *Polyvan*-Rostschutzstoffe werden aus Alkaliplatincyaniden u. Organotitanverbb. hergestellt. Sie dienen als Beschleuniger zur Anlagerung weiterer O-Atome an Superoxyde, bei deren Zerfall der O in höheratomarer Form O_4 ... O_x frei wird. Diese Form des O besitzt in neutralen p_H-Bereichen eine hohe Passivierungsfähigkeit in bezug auf Eisen u. Stahl. Die Verwendung von Polyvan erfolgt in der Weise, daß es in den bisher verwendeten Grundfarben, Rostschutzölen in geringem Maße zugemischt wird. Die Rostschutzdauer wird dadurch wesentlich verlängert. Vf. bespricht viele Anwendungsmöglichkeiten, auch z. B. beim Tauch-, Spritz- oder Anstrichverf. für Überseetransporte. (Prakt. Chem. [Wien] **3.** 31—33. 1952. Wien.) ROSENDAHL. 7096

Joh. Scheiber, *Krater in ofentrocknender Asphaltschwarzemaille.* Bemerkungen zu LÖWE (C. **1953.** 3319). Nur Bitumenlacke mit Stearinpechen neigen zur Kraterbldg., nicht Gilsonitlacke. Die Ursache der Kraterbldg. ist kolloidchem. Natur. Peche mit hohem Geh. an teilvernetzten Komplexen sind auszuschalten. Als Lösungsmittel sind Aromaten, Chlorbenzole, Harzöle usw. zu verwenden. Die Lacke sind der Reifung durch Lagerung zu unterziehen. (Ind.-Lackier-Betrieb **20.** 85—86. Mai 1952.) SCHEIFELE. 7106

Anatol Allas, *Polieren und Lackieren des Holzes mit Nitrolacken.* Allg. Ausführungen u. Beschreibung der einzelnen Phasen der Nitrolacktechnik beim Holz. (Pitture e Vernici **8.** 649—54. Dez. 1952.) STEINER. 7106

Goodlass Wall & Lead Industries Ltd., Oxted, Surrey, England, *Verbesserungen bei weißen Pigmenten.* Bas. $PbSO_4$ u. ein Erdalkalicarbonat oder -silicat werden unter Wasserzusatz in einer Mühle ca. 1 Std. gemahlen, dann filtiert u. getrocknet. (**E. P. 641 624** vom 20/1. 1949, ausg. 16/8. 1950.) NEBELSIEK. 7093

Harvel Research Corp., übert. von: **William Frederick Schaufelberger** und **Mortimer Thomas Harvey,** Iwington, N. J., V. St. A., *Trocknende Öle.* Die Trocknungseigg. von Baumwollsaat- oder Sojaöl werden durch Abdest. von 15—50 bzw. 10—35% Anteilen bei 500—700° F im Vakuum von <250 mm Hg verbessert. (**E. PP. 646 076** u. **646 077** vom 20/1. 1948, ausg. 15/11. 1950. A. Prior. 21/12. 1940.) LÜTTGEN. 7097

Chemische Werke Albert (Erfinder: **Arthur Greth**), Wiesbaden, *Kunstharzmassen.* Ungesätt. polymerisierbare KW-stoffe oder deren Polymerisate, z. B. Styrol, Divinylbenzol, Inden oder Cyclopentadien, werden mit in KW-stoffen lösl. Phenolharzen, die aus härtbaren Phenolaldehydkondensationsprodd., vornehmlich Phenolalkoholen, durch Erhitzen mit über 80° sd. Monoalkoholen auf Tempp. über 70° unter gleichzeitiger oder nachträglicher Abdest. des Alkohols hergestellt sind, vermischt u. erhitzt. Herst. von *Lacken,* Imprägnierungsmitteln, Wand- u. Bodenbelag, Isolierplatten, Grundierungen u. Schutzüberzügen. (**D. B. P. 865 972** Kl. 39b vom 19/6. 1937, ausg. 9/2. 1953.) SALZMANN. 7097

Deutsche Hydrierwerke Akt.-Ges., Düsseldorf, *Herstellung von Kunstharzen* aus mehrwertigen Alkoholen u. mehrbas. Carbonsäuren (I) unter Zusatz einbas. **I**, dad. gek., daß man als einbas. **I** solche der hydroaromat. Reihe verwendet. — Z. B. werden 44 (Teile) Phthalsäureanhydrid u. 200 Glycerin mit 125 Hexahydrotoluylsäuren so lange auf 120—180° erhitzt, bis ein zähes elast. Harz gebildet ist, das in üblichen Lösungsmitteln lösl. ist. Die nach dem Verf. erhältlichen Harze sind in fetten Ölen lösl. u. geben mit Nitrocellulose gute *Lacke.* (**D. B. P. 868 972** Kl. 39c vom 6/3. 1943, ausg. 2/3. 1953.) HERBST. 7097

N.V. de Bataafsche Petroleum Mij., Den Haag, Holland (Erfinder: **H. Dannenberg** und **T. F. Bradley**), *Herstellung von Mischpolymerisaten mit Diallylphthalat.* Man polymerisiert Diallylphthalat mit besonderen biallylestern von dimerisierten olefin. ungesätt. Fettsäuren mit 16—22 C-Atomen, bes. von Fettsäuren natürlicher Öle. — Z. B. werden als Esterkomponente die Diallylester von dimeren Fettsäuren aus Sojabohnenöl, Leinsamenöl oder Baumwollsamenöl verwendet. Man erhält Polymerisate, die außerordentlich biegsame, koch- u. alkalifeste Filme ergeben. (**Schwed. P. 132 687** vom 12/5. 1950, ausg. 14/8. 1951. A. Prior. 28/5. 1949.) JÜRGEN SCHMIDT. 7097

American Cyanamid Co., New York, N. Y., übert. von: **Leonard E. Cadwell,** Stamford, Conn., und **Charles Frazier,** Brooklyn, N. Y., V. St. A., *Mit fetten Ölen modifizierte Alkydharze.* Methylester von oxygruppenfreien Fettsäuren fetter Öle, wie Cocosnußöl (**I**)- oder Baumwollsaatöl (**IV**)- oder Sojaölfettsäuremethylester, Polycarbonsäuren, wie Phthalsäure (**II**), u. mehrwertige Alkohole, wie Trimethyloläthan (**III**), Trimethylolpropan oder Pentaerythrit, werden in der Wärme zur Rk. gebracht, so daß eine vollständige Veresterung des Alkohols erfolgt. Der Anteil des Fettsäuremethylesters soll 7—45 (%), der Polycarbonsäure ca. 63—36, bezogen auf das Gewicht der Reaktionsmischung, betragen. — Z. B. werden 296 (Teile) **II**, 260 **III**, 208 **I** u. 32 **IV** auf ca. 235° unter Rühren ca. 4 Std. erhitzt, worauf die Temp. auf ca. 265° 3 Std. gehalten wird. — Die Verfahrensprodd. eignen sich zur Herst. von *Lacküberzügen.* (**A. P. 2 618 617** vom 30/8. 1950, ausg. 18/11. 1952.) HERBST. 7097

Leon Frenkel Ltd., London, übert. von: **Herbert Walter Chatfield,** Croydon, England, *Aluminiumalkoholate als Trockner enthaltende Überzugsmittel,* die sehr schnell trocknen, bestehen aus einem trocknenden Öl, wie Leinöl, das möglichst geblasen u. oxydiert ist, mit einem Zusatz von Al-Alkoholat, bes. Heptyl- oder Octylalkoholat, in geringen Mengen, jedoch bis zu 15% des Öles. (**A. P. 2 613 162** vom 26/1. 1949, ausg. 7/10. 1952. E. Prior. 30/1. 1948.) GRÄGER. 7107

Badische Anilin- & Soda-Fabrik, Ludwigshafen/Rh. (Erfinder: **Konrad Jost,** Lützelsachsen/Bergstraße), *Herstellung wässeriger Dispersionen von Silanolen,* bes. von polykondensierbaren substituierten Silanolen, die >1 OH-Gruppe u. mit W. nicht verseifbare, organ. Gruppen besitzen, z. B. von alkyl-, aryl- oder aralkylsubstituierten Monosilanen. Man dispergiert Lsgg. der Silanole in mit W. mischbaren Lösungsmitteln, z. B. in A., Methanol oder Aceton, in Wasser. Verwendung der Dispersionen als Imprägniermittel für Gewebe, Holz, zur Herst. von *Überzügen* auf Metallen. (**D. B. P. 840 696** Kl. 12o vom 2/10. 1948, ausg. 5/6. 1952. F. Prior. 25/2. 1948.) STEIL. 7107

Bernard L. Cóstello, Riverside, N. J., V. St. A., *Öliges Korrosionsschutzmittel* für Metalloberflächen, das leicht wieder entfernt werden kann, bestehend aus einer homogenen Mischung von ca. 47 (Gew.-%) Sojabohnenöl, 33 Sperm- u. 20 Leinöl. (**A. P. 2 611 711** vom 18/6. 1948, ausg. 23/9. 1952.) GRÄGER. 7107

Shell Refining & Marketing Co. Ltd., London, **Gerald David Galvin** und **Alexander Espie McAulay,** Fulham, England, *Korrosionsverhindernde ölige Schutzüberzüge für Metalle.* Man verwendet z. B. ein Gemisch aus 55—70 (%) Mineralöl, 15—35 Rückstand aus der Mineralöldest., 2—15 Schutzmittel, z. B. Zn-Naphthenat, 1—10 Alkaliseife einer öllösl. Sulfonsäure, z. B. von sulfurierten Fettalkoholen, u. 1—10 Alkohol, z. B. Diacetonalkohol. (**E. P. 639 814** vom 12/3. 1948, ausg. 5/7. 1950.) MÖLLERING. 7107

Armstrong Cork Co., übert. von: **John William Baymiller,** Lancaster, Pa., V. St. A., *Überzug für Textilmaschinenwalzen,* bestehend aus den durch Hydrolyse von Polyvinylacetat (95%)-Äthylen (5%)-Mischpolymerisaten mit alkoh. Alkalilauge gewonnenen Prodd., die in Form von gespritzten selbständigen Schläuchen Verwendung finden. Es empfiehlt sich, der M. Weichmacher, Korkschrot, Holzmehl u. Sand zuzugeben. (**E. P. 643 764** vom 16/1. 1948, ausg. 27/9. 1950. A. Prior. 7/2. 1947.) SALZMANN. 7107

Cecil Whiley, St. Mawes, Cornwall, England, *Herstellung von Abziehprägefolien,* die aus einem Träger, einer Wachs-, einer z. B. aus der Dampfphase niedergeschlagenen Metall- u. einer Klebschicht bestehen, dad. gek., daß der die Wachsschicht (**I**) führende Träger u. ein Metall (**II**) in einem Vakuumgefäß eingeschlossen werden, das **II** unter Vakuum auf eine Temp. oberhalb seines Kp. erhitzt u. ihm Gelegenheit zum Niederschlagen auf **I** gegeben wird. Auf **I** wird zuerst ein Film eines Edelmetalles (Au, Pt, Pa oder Legierungen) u. alsdann eines unedleren Grundmetalles (**III**) oder dessen Legierung (**IV**) niedergeschlagen, wobei auf letzterem ein weiterer Film eines unterschiedlichen **III** oder dessen **IV** vorgesehen sein kann. (**D. R. P. 755 294** Kl. 22g vom 6/10. 1938, ausg. 31/1. 1952. E. Prior. 14/10. 1937.) SCHREIBER. 7107

Ministry of Supply, London, England, *Feuchtigkeitsbeständiger Überzug auf Rundfunkgeräten* oder elektr. Geräten, bestehend aus einem Polyäthylenlack in Xylol, der auf einem Vorstrich von Polyisobutylen aufgebracht wird. (**E. P. 646 599** vom 15/4. 1948, ausg. 22/11. 1950.) SALZMANN. 7107

Sylvania Industrial Corp., Fredericksburg, Va., V. St. A., *Überziehen von Flächengebilden mit Kunstharz.* Filme aus regenerierter Cellulose oder Polyamidgewebe werden mit einer Lsg. aus z. B. 60 (%) Polyvinylchlorid, 15 Acrylharz u. 25 Alkyd- (bzw. Phenol- oder Harnstoff-) Harz in Toluol–Aceton imprägniert (Schichtdicke 0,05 mm), kalandriert u. auf 120° erwärmt. Ein Zusatz von Wachs erhöht das Wasserabstoßungsvermögen. Herst. von leichtem, geschmeidigem Regenmantelstoff; Überziehen von Papier u. Photographien. (**E. P. 641 412** vom 6/5. 1946, ausg. 9/8. 1950. A. Prior. 18/5. 1945.) SALZMANN. 7107

Fa. Robert Kraemer (Erfinder: **Hans Ernst Scheiber**), Bremen, *Aufbereitung von natürlichen Kopalen und Dammaren.* Die Verseifung wird mit Alkalien oder organ. Aminen in Ggw. von ganz oder teilweise wasserlösl., organ. Lösungsmitteln oder -gemischen, z. B. Essigester, Butanol, Aceton, Cyclohexanon, Methylglykol, gegebenenfalls bei erhöhter Temp. u./oder erhöhtem Druck, durchgeführt. (**D. B. P. 846 758** Kl. 22h vom 17/9. 1949, ausg. 18/8. 1952.) KRANZ. 7141

General Mills, Inc., übert. von: **Harold Wittcoff** und **John Robert Roach,** Minneapolis, Minn., V. St. A., *Harzester* erhält man durch Rk. von Harzen mit 1 (Mol) Pentaerythrit (**I**) u. 1—10, bes. 2—4, Glycerin-α-monochlorhydrin (**II**). — Man erhitzt z. B. 136 (Teile) **I** u. 352 50%ig. NaOH auf 90°, setzt unter Rühren innerhalb 2 Std. 444 **II** zu (90—100°), rührt bei dieser Temp. 2 Std. nach, verd. mit CH_3OH (**III**), neutralisiert mit konz. HCl, filtriert u. engt im Vakuum ein, extrahiert mehrmals mit absol. **III** u. erhält nach Abdest. von **III** einen Sirup (**IV**) mit 29,4% OH-Gehalt. — Man schm. 298 Gummiharz „WW" in Ggw. von 2,2 Zn-Stearat u. erhitzt auf 190°, wobei W. azeotrop mit Xylol entfernt wird. Zur Schmelze gibt man unter Rühren innerhalb 2½ Std., wobei die Temp. auf 260° steigt, 50 **IV** in 40 Wasser. Man erhitzt weiter 12 Std., die letzte Std. im Vakuum, u. erhält ein Prod. mit der SZ. 11,8 u. einem „ball and ring"-F. 112,5°. Verwendung der Prodd. zur Erhöhung von Härte u. F. von Paraffin-, Carnauba-, Candellila- u. dgl. Wachsen. Verträglich mit Cellulosederivv., z. B. NO_2-Cellulose. (**A. P. 2 590 910** vom 8/5. 1947, ausg. 1/4. 1952.) MÜLLER-MEININGEN. 7149

Ferdinand Meyer, Heidelberg, *Öllösliche Kunstharze.* Höhermol., ein- oder mehrfach chlormethylierte, mehrkernige KW-stoffe, die durch Methylengruppen verbunden sind, werden mit Naturharzen umgesetzt. — Z. B. wird ein chlormethyliertes Naphthalinharz in Ggw. von Glycerin u. einer Spur $ZnCl_2$ mit Kolophonium auf 110° erhitzt. (**D. B. P. 846 163** Kl. 39c vom 16/12. 1949, ausg. 11/8. 1952.) MÖLLERING. 7149

Soc. An. Chimiotechnic, Union Chimique du Nord et du Rhône, Rhône, Frankreich, *Nichttrocknende Harzöle zum Einfetten in der Textil- und Leichtindustrie durch partielle Dehydrierung von Naturharz oder Harzöl.* Man erhitzt die Ausgangsstoffe mit einer solchen Menge S, wie sie zur Erlangung von KW-stoffen vom *Oktahydroreten*-Typus erforderlich ist (ca. 10%) u. erhält nur schwach gefärbte Prodd. mit sehr kleiner SZ. u. Jodzahl. Sie behalten dauernd ihre Schmierfähigkeit u. trocknen innerhalb von 12 Std. nicht bei 100°. Bei der Vakuumdest. liefern sie Fraktionen mit F. bis 40°. — Nach einem abgeänderten Verf. braucht nur 1% S angewandt zu werden, wenn der Reaktionsmischung außerdem Fe_2O_3 zugesetzt u. während des Erhitzens Luft durchgeblasen wird. (**F. PP. 988 004** vom 31/8. 1943, ausg. 22/8. 1951 u. **988 524** vom 6/1. 1944, ausg. 28/8. 1951.) ASMUS. 7151

XIb. Plaste (Kunstharze. Plastische Massen).

W. M. Halliday, *Fehler und Unregelmäßigkeiten in Spritzgußkörpern.* 1. u. 2. Mitt. Besprechung der beim Spritzguß auftretenden Fehlerquellen, die sich in mangelnder Qualität der Formstücke auswirken. (Plastics **17.** 370—72. Dez. 1952. **18.** 27—30. Jan. 1953.) SCHÄFF. 7170

L. K. Dalton, *Plastisches Fließen von Anilin–Formaldehyd-Harzen.* An Anilin–CH_2O-Harzen wurde mit dem ROSSI-PEAKES-Gerät die Abhängigkeit des plast. Fließens von den Herstellungsbedingungen, der Aldehydhärtung u. der Weichmachung mit Aminen systemat. untersucht. Es wurde gefunden, daß die Fließgeschwindigkeit bei zunehmender Kondensationszeit durch ein Minimum geht. Kleine Änderungen der CH_2O-Konz. (1,15 Mol CH_2O statt 1,1 Mol/MolAnilin) red. das Fließen beträchtlich (auch bei 1,25 Mol CH_2O ist das Harz noch thermoplast.), während die HCl- u. Anilinkonz. weniger krit. sind. Der p_H-Wert hat einen deutlichen Einfluß. Durch Furfurol wird das Aushärten unterstützt u. das anfängliche Fließen verbessert. Paraformaldehyd red. das Fließen, wogegen Hexamin keinen Einfl. zeigt. Prim. u. sek. Amine als Weichmacher verbessern die Fließfähigkeit am meisten (optimal ist Benzylanilin). Die Änderungen des Fließens konnten nicht mit den bisher angenommenen Harzstrukturen gedeutet werden. (Austral. J. appl. Sci. **2.** 132—44. März 1951. Melbourne, C. S. I. R. O., Div. of Ind. Chem.) SCHÄFF. 7180

E. E. Halls, *Celluloseacetobutyrat. Ein Vergleich mit Celluloseacetat.* Die Eigg. (Wasseraufnahme, Formbeständigkeit) von Preßlingen, Folien, Rohren u. Filmen aus Celluloseacetobutyrat (I) bzw. aus Celluloseacetat (II) wurden vergleichend untersucht. Bei der Auswertung der Befunde ergab sich z. B., daß I-Filme ohne Festigkeitseinbuße formbeständiger als II-Filme sind. Zusammenfassend kann gesagt werden, daß alle I-Formen industrielle Verwendung finden werden, wobei aber I-Preßpulver (bes. für Spritzguß) das meiste Interesse beanspruchen wird. (Plastics **17.** 347—48. Dez. 1952. **18.** 7—9. Jan. 38—39. Febr. 1953.) SCHÄFF. 7198

—, *Hochacetyliertes Celluloseacetat.* (Vgl. vorst. Ref.) Es wird gezeigt, daß hochacetyliertes Celluloseacetat (I) dem n. I hinsichtlich Formbeständigkeit, bes. in feuchter Umgebung, überlegen ist. (Plastics **18.** 39—41. Febr. 1953.) SCHÄFF. 7198

E. C. Blackard, *Strangpressen von Folien und großen Rohren aus Celluloseacetat.* Beschreibung des Schlauchspritzverf. u. der Apparatur. (Plastics **17.** 359—62. Dez. 1952. **18.** 18—20. Jan. 1953. Tennessee Eastman Corp.) SCHÄFF. 7198

—, *Farbtest für Melaminformlinge.* Ein Test für die richtige Härtungsdauer von Melamin–CH_2O-Formlingen wurde ausgearbeitet. Dabei wurde die Tatsache ausgewertet, daß nicht ganz ausgehärtete Formkörper, die sich in einer Lsg. einer geeigneten Farbe befinden, Farbe adsorbieren, während richtig gehärtete Formkörper fast unverändert bleiben. (Plastics **17.** 355—58. Dez. 1952.) SCHÄFF. 7210

Union Carbide & Carbon Corp., New York, N. Y., übert. von: **William F. Hemperly**, Westfield, und **Nelson R. Smith**, Somerville, N. J., V. St. A., *Polyäthylenfilme.* 100 (Teile) auf 150° warmen Walzen plastizifiertes Polyäthylen werden mit 0,5 Zn-Stearat u. 0,2 Amylphenol–CH_2O-Kondensationsprod. (Antioxydans) versetzt, kalandriert, auf eine Stärke von 0,002 cm gestreckt, in einem mit 4 Walzen versehenen 30° warmen Wasserbad gekühlt u. aufgewickelt. — Zeichnung. (**A. P. 2 586 820** vom 26/6. 1948, ausg. 26/2. 1952.) SALZMANN. 7173

British Thomson-Houston Co. Ltd., London, England, *Polytrifluorchloräthylenlösungen.* Als Lösungsmittel eignen sich: Triäthylenglykol, Dihexyltetrachlor-, Dibutylphthalat, Dibutyladipat u. -sebacat, Dioctylsebacat, Methyl- u. Butylstearat, Tributylcitrat, β-Naphthylbenzoat, Tributyltricarballylat u. Acetyltributylcitrat. — Ferner o-, m-, p-Chlorbenzotrifluorid, Dichlor- u. o-Brombenzotrifluorid, α.α-Dichlor-β.β-difluoräthylbenzol, α.α-Difluor-α-chlortoluol, α-Fluornaphthalin, o-Fluordiphenyl, 3-Fluorpentachlorpropen-(1), 3.3-Difluortetrachlorpropen-(1), 1.1-Difluor-1.2.2.3.3-pentachlorpropan, 1.1.2.3-Tetrachlor-2.3.3-trifluorpropan, Pentachlor-1.3.3-trifluorpropan, Tetrachlor-1.1.3.3-tetrafluorpropan, 1.1-Difluor-2-methyl-1.2.3.3-tetrachlorpropan, Hexachlor-1.2.3.4-tetrafluorbutan u. 1.1.1.4.4.4-Hexafluortetrachlorbutan sowie deren Mischungen mit Naphthalin, Cyclohexanon, Oktachlorpropan u. Diphenyl. Herst. von Überzügen auf Glasfasergeweben u. -matten, Glimmer, elektr. Leitern, von Form- u. Verbundkörpern. (**E. PP. 676 737** vom 1/11. 1950 u. **676 597** vom 2/11. 1950, ausg. 30/7. 1952. Beide A. Prior. 25/11. 1949.) SALZMANN. 7173

Distillers Co. Ltd., Edinburgh, und **Karl Heinrich Walter Turck,** Epsom, England, *Weichmachungsmittel für Polyvinylchlorid,* bestehend aus Di-2.4.4-trimethylpentylphthalat; Herst. von Pasten mit 5—150% Weichmachern. (**E. P. 675 581** vom 23/7. 1949, ausg. 16/7. 1952.) SALZMANN. 7173

Union Carbide & Carbon Corp., New York, N. Y., V. St. A., *Stabilisieren von Polyvinylchlorid.* Als Stabilisierungsmittel wird ein Dialkylzinnalkoholat oder -phenolat des Benzyl-, Furyl- oder Allylalkohols verwendet. (**E. P. 679 655** vom 1/12. 1949, ausg. 24/9. 1952. A. Prior. 15/12. 1948.) SALZMANN. 7173

B. F. Goodrich Co., New York, N. Y., V. St. A., *Stabilisieren von Polyvinylidencyanidlösungen.* Man verwendet Säureanhydride, z. B. 1% Essig- oder Bernsteinsäureanhydrid. Herst. von Fäden u. Filmen. (**E. P. 675 251** vom 2/8. 1950, ausg. 9/7. 1952. A. Prior. 15/8. 1949.) SALZMANN. 7173

Usines de Melle, Saint Leger-les-Melle, übert. von: **Maurice Mention,** Melle, Frankreich, *Polymerisationen von Methylmethacrylat* katalysiert man mit *2-Methyltetrahydrofuranperoxyd,* das gegebenenfalls in 2-Methyltetrahydrofuran gelöst ist. Die Polymerisate sind bläschenfrei. (**A. P. 2 616 878** vom 22/11. 1949, ausg. 4/11. 1952. F. Prior. 1/12. 1948.) MÖLLERING. 7173

Badische Anilin- & Soda-Fabrik (Erfinder: **Hans Fikentscher** und **Karl Herrle**), Ludwigshafen/Rh., *Mischpolymerisate* erhält man durch Polymerisation von Allylalkohol oder seinen α- oder β-Substitutionsprodd. mit Acrylverbb. in Ggw. von Sauerstoffperverbindungen. Nach den Beispielen dienen α-Methylallylalkohol oder β-Chlorallylalkohol u. Acrylsäuremethylester oder Methacrylsäuremethylester als Ausgangsstoffe. Geeignet für Anstrich-, Appretur- oder Klebzwecke. (**D. B. P. 870 034** Kl. 39c vom 22/7. 1941, ausg. 9/3. 1953.) SCHINDLER. 7173

Wingfoot Corp., übert. von: **Clyde E. Gleim,** Akron, O., V. St. A., *Polymerisierbare Verbindungen* erhält man durch Rk. von Hydroxylamin (**I**) mit Allylhalogenformiaten bei —5 bis —20° in Ggw. von Pyridin (**II**). — 1 (Mol) **I** u. 2 Allylchlorformiat werden in Ggw. von 5 **II** umgesetzt u. in verd., kalte HCl-Lsg. gegeben. Das sich abscheidende Öl wird mit wss. $NaHCO_3$-Lsg. gewaschen. Der erhaltene Ester, N-(Carballyloxy)-O-(carballyloxy)-hydroxylamin, n_D^{32} 1,4582, Kp.$_5$ 140—143°, polymerisiert in Ggw. von 5% Benzoylperoxyd bei 55° zu einem glasigen, nichtschmelzbaren u. unlösl. Harz. (**A. P. 2 579 426** vom 26/7. 1947, ausg. 18/1. 1951.) MÖLLERING. 7173

Wingfoot Corp., übert. von: **Clyde E. Gleim,** Akron, O., V. St. A., *Polymerisierbare Allylcarbonate* erhält man durch Rk. bei —10 bis —50° in Ggw. von 2 Mol Pyridin u. in Ae.-Lsg. aus 0,75 Mol Hydroxylharnstoff bzw. Carbamidoxyd u. 1,75 Mol Allylchlorformiat. — Das Prod. der Formel $C_3H_5OCOONHCONHCOOC_3H_5$, [N-(Carballyloxy)-ureidoallylcarbonat], polymerisiert für sich oder in Zumischung zu z. B. Vinylchlorid oder Styrol in Ggw. von z. B. Benzoylperoxyd bei 45° in 48 Std. zu glasigen Harzen. (**A. P. 2 579 427** vom 9/9. 1947, ausg. 18/12. 1951.) MÖLLERING. 7173

Chemische Werke Albert (Erfinder: **Karl Brückel**), Wiesbaden, *Herstellung klarer, beständiger wässeriger Lösungen von Formaldehyd–Harnstoff–Thioharnstoff-Kondensationsprodukten,* die auf 1 Mol Harnstoff (**I**)–Thioharnstoff (**II**)-Gemisch mindestens 2 Mol Formaldehyd (**III**) enthalten, dad. gek., daß **I** unter Zusatz geringer, unter 15%

(bezogen auf die Äquivalentgewichte) liegender Mengen **II** mit wss. **III** zunächst alkal., anschließend schwach sauer bis zu einer absol. Viscosität bei 20° von unter 20 cP zu Ende kondensiert u. das Kondensationsgemisch neutralisiert wird. (**D. B. P. 870 902** Kl. 39c vom 4/12. 1943, ausg. 19/3. 1953.) SCHINDLER. 7181

Badische Anilin- & Soda-Fabrik, Ludwigshafen/Rh. (Erfinder: **Erich Schwartz** und **Oscar Leupin,** Mannheim, und **Josef Lintner,** La Garenne-Colombes, Frankreich), *In Wasser leicht emulgierbare Kondensationsprodukte* erhält man durch Erhitzen von wss. Lsgg. von Methylolverbb. des Acetylendiharnstoffs, die mindestens 3 Methylolgruppen enthalten, unter Zusatz saurer Mittel mit höhermol. Alkoholen, bes. solchen mit mehr als 9 C-Atomen, ohne das W. zu entfernen. Das Emulgiermittel kann zu beliebigem Zeitpunkt des Kondensierens zugesetzt werden. Nach einem Beispiel werden Tetramethylolacetylendiharnstoff, ein Fettalkoholgemisch, erhalten durch Hydrieren von Paraffinoxydationsfettsäuren, u. das Na-Salz des Sulfonierungsprod. desselben Fettalkoholgemisches in Essigsäure gekocht. (**D. B. P. 866 737** Kl. 39c vom 4/6. 1943, ausg. 12/2. 1953.) SCHINDLER. 7181

Badische Anilin- & Soda-Fabrik, Ludwigshafen/Rh. (Erfinder: **Rudolf Klaus,** Duisburg), *Veredeln von linearen stickstoffhaltigen Polykondensationsprodukten.* Polyamide oder Polyurethane werden in durch Wärme erweichtem Zustand unter gründlichem Durchmischen bei erhöhter Temp. mit Methylolgruppen enthaltenden, noch lösl. harzartigen Kondensationsprodd. aus Ketonen bzw. Urethanen bzw. Dicarbonsäurediamiden mit CH_2O erhitzt, bis Umsetzung erfolgt, die gegebenenfalls in Ggw. von sauer reagierenden Stoffen (Phthal-, Oxal-, Wein- oder Milchsäure, NaH_2PO_4, Phthalsäureanhydrid) stattfindet. Herst. von Fäden, Filmen, Borsten, Lacken u. Formkörpern. (**D. B. PP. 862 951, 862 952** u. **863 129** Kl. 39b vom 4/2. 1943, ausg. 15/1. 1953.) SALZMANN. 7181

Badische Anilin- & Soda-Fabrik, Ludwigshafen/Rh. (Erfinder: **Rudolf Klaus,** Duisburg), *Veredeln von linearen stickstoffhaltigen Polykondensationsprodukten,* bes. Polyamiden u. Polyurethanen, dad. gek., daß man die Stoffe in durch Wärme erweichtem Zustand unter gründlichem Durchmischen bei erhöhter Temp. mit Methylolgruppen enthaltenden, noch lösl. harzartigen Kondensationsprodd. aus Sulfamiden u. CH_2O in Ggw. von sauer reagierenden Stoffen (NaH_2PO_4, Phthalsäureanhydrid) erhitzt, bis Rk. eintritt. Herst. von Kunstleder, Täschnerwaren, Treibriemen, Manschetten, Dichtungen u. dergleichen. (**D. B. P. 863 402** Kl. 39b vom 4/2. 1943, ausg. 19/1. 1953.) SALZMANN. 7181

Heinrich Stäckler, Kirchende über Dortmund, *Fahrzeugreifen.* Als Laufflächen dienen Kondensationsprodd. aus 1.6-Hexamethylendiisocyanat u. einem Alkydharz aus 2 bas. Carbonsäuren mit mehrwertigen Alkoholen in Schaumform. — Zeichnungen. (**D. B. P. 862 949** Kl. 39b vom 19/3. 1950, ausg. 15/1. 1953.) OVERBECK. 7181

E. I. du Pont de Nemours & Co., Wilmington, Del. (Erfinder: **Clovis D. Myers,** Martinsville, Va.), V. St. A., *Wiedergewinnung monomolekularer Bestandteile linearer Polykondensate,* bes. von *Polyamiden* durch wiederholte Hydrolyse mit einer Mineralsäure (**I**), wobei nach jeder Stufe der Dicarbonsäureanteil (**II**) aus dem Hydrolysat entfernt wird. Hydrolysiertemp. ca. 75—140°. **I** = z. B. 50%ig. H_2SO_4 (bei 115—120°). Nach Abtrennung des **II** neutralisiert man die Lsg. z. B. mit einem Brei aus CaO + W., wobei die Temp. nicht über 90° steigt, entfernt das $CaSO_4$ u. dest. aus der Lsg. zuerst das W. u. dann das Diamin ab. (**D. B. P. 867 546** Kl. 12o vom 24/9. 1950, ausg. 19/2. 1953. A. Prior. 29/6. 1943.) MÜLLER-MEININGEN. 7181

Badische Anilin- & Soda-Fabrik (Erfinder: **Hanns Ufer,** Ludwigshafen/Rh. und **Max Mattauch,** Weinheim), *Herstellung von Superpolyamiden,* dad. gek., daß man ω-Aminocarbonsäuren (**I**) oder deren zur Polyamidbldg. geeignete Derivv. mit Salzen aus mehr als 5 C-Atome enthaltenden $\omega.\omega'$-Diaminen u. mehr als 5 C-Atome enthaltenden Keto-$\omega.\omega'$-dicarbonsäuren oder Gemischen dieser Diamine u. Ketodicarbonsäuren erhitzt, bis verspinnbare Kondensationsprodd. entstanden sind. Als **I** sind ε-Caprolactam u. ε-Aminocapronsäure genannt, die mit γ-ketopimelinsaurem Hexamethylendiamin u. Adipinsäure kondensiert werden. Vorteilhaft zur Herst. lösungsmittelbeständiger Schläuche u. Folien. (**D. B. P. 869 866** Kl. 39c vom 12/9. 1939, ausg. 9/3. 1953.) SCHINDLER. 7181

Monsanto Chemical Co., St. Louis, Mo., V. St. A., *Polymere Silicium-Verbindungen. Dithienylsiliciumdihalogenide* werden gegebenenfalls in Ggw. von $SiCl_4$ oder in Gemisch mit durch KW-stoffe substituiertem Si-Halogenid hydrolysiert. — 408 (g) α-Bromthiophen in 450 Ae. werden mit 63,2 Mg-Spänen versetzt, worauf man 113 $SiCl_4$ in 150 Toluol in 15 Min. zusetzt. Man dest. Ae. ab u. fraktioniert das Prod. in *Mono-* u. *Dithienylsiliciumchloride.* Die Hydrolyse des Prod. erfolgt in Benzollsg. mit W., wobei man ein *öliges Polymerisat* als abgetrennte untere Schicht erhält. (**E. P. 644 046** vom 18/7. 1946, ausg. 4/10. 1950. A. Prior. 9/8. 1946.) Möllering. 7189

Harry Ronald Fleck, Biggin Hill, und **George Berthold Edward Schueler,** London, England, *Wärmehärtbare Harze* erhält man durch Behandlung des aus *Wallabaholz* gewonnenen Harzes mit einem (festen) Aldehyd, z. B. Paraformaldehyd. Die Rk. kann durch Phenol beschleunigt werden. (**E. P. 649 294** vom 31/5. 1948, ausg. 24/1. 1951.) Möllering. 7199

Arthur R. Welch und **Oliver G. Morris,** Hoquiam, Wash., V. St. A., *Kunstharzporenfüller,* bestehend aus einer Mischung aus a) einem Aminoplast, b) 8 (Teilen) Phenolharz u. c) 1 eines Phthalsäure–Maleinsäureanhydrid–Äthylenglykol-Kondensationsprod., die 10 Min. auf 100° erwärmt wird. Die Mischung wird mit der gleichen oder einer größeren Menge Sägespäne, Holzmehl oder dgl. angeteigt u. 15 Sek. heiß eingedrückt. (**A. P. 2 565 538** vom 20/10. 1947, ausg. 28/8. 1951.) Salzmann. 7205

William Edward Lord, Harlington, England, *Schallplatten,* bestehend aus z. B. einer M. aus 25 (Gewichtsteilen) Schellack, 4,5 mittelweichem Pech (bzw. Harz oder Kopal), 0,5 Gilsonit (Mineralölrückstand), 2,5 Ruß u. 67,5 Schieferpulver. (**E. P. 634 810** vom 16/7. 1947, ausg. 29/3. 1950.) Salzmann. 7205

British Industrial Plastics Ltd., London, England, *Herstellen von Formkörpern aus Faserstoffen und Kunstharzemulsionen.* Die feuchte u. mit feinverteiltem Bindemittel (Harnstoffharz) versehene Fasermasse (Pulpe, Asbest, Viscose) wird auf einer Gazefläche entwässert u. als handliches Gewebe in einer Form ausgebreitet u. verdichtet. Dann wird eine zweite Gewebeschicht nach gleicher Vorbereitung auf die erste Lage abgelegt, u. der Formkörper getrocknet u. gehärtet. Die Form wird mit einem Einstreichmittel (Öl, Fett, Seife, Silicon) behandelt. Anwendung: Formkörper für die Hut- u. Schuhindustrie. (**E. P. 635 160** vom 20/8. 1947, ausg. 5/4. 1950.) Schlitt. 7205

Crystalate Ltd. und **Jack Lesser,** Tonbridge, Kent, England, *Bahnen und Formkörper aus thermoplastischen Kunststoffen.* Platten oder Stäbe aus Polymethylmethacrylat werden zerkleinert u. zwischen Heizplatten gepreßt. Die unter Druck abgekühlten Platten werden 5—15 Min. mit oder ohne Druck erneut erwärmt, bis sie eine Kristallstruktur erkennen lassen. Vor der Wiedererwärmung können die Platten in ein Lösungsm. getaucht werden, um einen Falten- oder Runzeleffekt zu erzeugen. Anwendung: Verzierungsplatten für Lampen, Fenster. (**E. P. 646 162** vom 30/9. 1947, ausg. 15/11. 1950.) Schlitt. 7205

Zareh Lorenian, Italien, *Thermoplastisches und in der Wärme erhärtendes Material.* Die plast M. besteht aus einem Gemisch von Cellulosederivv., Polyvinylverbb., Polyamiden, Phenol-, Kresol- oder Harnstoffkondensationsprodd. oder ähnlichen Stoffen, die thermoplast. u. zumindest nach der Wärmebehandlung in W. unlösl. sind, mit organ. u. anorgan. feinverteilten Stoffen, wie Holz- oder Knochenmehl, Kaolin, Graphit, Ruß, Chromgelb, Zinkweiß oder Eosin, je nach Verwendungszweck des daraus zu fertigenden Gegenstands, u. wird mit Hilfe einer Ziehpresse verformt. Außerdem können dem Gemisch noch natürliche Harze, wie Kolophonium oder Lackfirnis, weich- oder plastischmachende Mittel, die möglichst nichtflüchtig sind, wie Trikresylphosphat, Phthalsäureäthyl- oder -methylglykolester, Dibenzyläther, Benzylacetat oder Ricinusöl, Gleitmittel, wie Stearate u./oder künstliche oder natürliche Wachse, gaserzeugende Stoffe, wie NH_4HCO_3, um dem Material ein poröses Gefüge zu geben, Geschmacksstoffe, wie Frucht- oder Schokoladenessenz, parfümierte, radioakt. oder fluorescierende Stoffe zugesetzt werden. (**F. P. 989 587** vom 27/6. 1949, ausg. 11/9. 1951. It. Prior. 28/6. 1948.) Gräger. 7205

Max Landecker, Schweiz, *Dekorieren von Preßmassen* aus härtbaren Harzen. Die Stoffe mit Musterungseffekt, wie Fäden, Gewebe, Papier aller Art (Photos), Metallgewebe, werden, auch nach vorheriger Imprägnierung, mit dem gleichen oder einem anderen Harz bei der Herst. der Gegenstände auf das wärmehärtende Harz aufgepreßt oder es wird zunächst durch Pressen bei wenig erhöhter Temp. ein Vorpreßling hergestellt, auf den dann das Muster aufgebracht wird. Verarbeitung von Phenol-, Alkyd-, N-Harzen, Polyamiden. (**F. P. 991 591** vom 3/8. 1949, ausg. 8/10. 1951. Schwz. Priorr. 4/8. 1948 u. 7/4. 1949.) Pankow. 7205

XII. Kautschuk. Guttapercha. Balata.

René Dufour und **Henri-Auguste Leduc,** Seine, Frankreich, *Koagulieren und Formen von Kautschukmilch* oder koagulierbaren Emulsionen von Kunstharzen, Cellulosederivv., Kunstkautschuk, zur Herst. von Fäden, Schläuchen, Bändern. Die wärmeempfindliche Kautschukmilch wird der Einw. von Hochfrequenz, Ultraschall, Infrarot, elektr. Hei-

zung zwecks Koagulation ausgesetzt u. die Geschwindigkeit des Durchlaufens der Kautschukmilch bzw. des entstehenden Koagulats durch die Spinndüse durch Anlegung einer Gleichspannung einmal an die Emulsion, zum anderen an das aus der Düse kommende Koagulat, oder Heizen oder Abkühlen der Düsenwände, oder beide Maßnahmen verzögert oder beschleunigt. (**F. P. 997 970** vom 17/9. 1945, ausg. 14/1. 1952.)
PANKOW. 7223

René Dufour und **Henri-Auguste Leduc,** Seine, Frankreich, *Homogenisieren von Kautschukmischungen* oder Mischungen anderer wärmeempfindlicher plast. Massen oder Polymerisatharze. Man erhitzt die Mischung, bes. Ruß enthaltende Mischungen, kurz mittels eines elektr. Hochfrequenzfeldes, worauf die M. mechan. wie üblich homogenisiert wird (Walze, Innenmischer). Vgl. auch N. P. 76 192; C. **1951.** II. 147. (**F. P. 997 969** vom 17/9. 1945, ausg. 14/1. 1952.) PANKOW. 7223

Dominion Rubber Co. Ltd., Montrael, Quebec, Can., übert. von: **Howard S. Smith,** Seymour, Conn., und **Harold G. Werner,** Naugatuck, Conn., V. St. A., *Butadienemulsionspolymerisation.* Man polymerisiert Butadien-(1.3) oder dessen Mischungen mit anderen mischpolymerisierbaren Verbb. mit einer CH_2=C-Gruppe mit einem Katalysator vom Azotyp u. 4—8 Gewichtsteilen einer Seife, die ganz oder zur Hälfte aus einer Seife einer flüchtigen Base u. gegebenenfalls zur Hälfte aus einer Alkaliseife besteht. Man kann zunächst 0,5—2,5% des Monomeren einer Alkaliseife oder einer Seife einer flüchtigen Base zugeben, bis zu 40—75% des Monomeren polymerisieren, dann 2,5—5,5% der letzteren Seife zugeben u. bis zu wenigstens 85% polymerisieren, wobei das Gewichtsverhältnis von Monomerem zu W. in der Emulsion 1:1 bis 3:1 beträgt. (**Can. P. 485 440** vom 28/10. 1949, ausg. 5/8. 1952. A. Prior. 27/12. 1948.) PANKOW. 7225

United States Rubber Co., New York, N. Y., V. St. A., *Herstellung von synthetischem Kautschuk.* Latices aus Styrol–Acrylnitril u. Butadien–Styrol-Mischpolymerisat werden zusammen in üblicher Weise gefällt. Der Geh. an Styrol im Prod. soll bei 50—95% liegen. — Zur Modifizierung kann auch natürliche Kautschukmilch mitgefällt werden. (**E. P. 649 166** vom 4/6. 1948, ausg. 17/1. 1951.) MÖLLERING. 7225

Wingfoot Corp., übert. von: **La Verne Emerson Cheyney,** Akron, O., V. St. A., *Cyclisierter Kunstkautschuk.* Eine benzol. Lsg. von polymerem Isopren wird zunächst in Abwesenheit eines Cyclisierungsmittels auf 160—320° F erhitzt, bis die Lsg. wasserfrei ist, worauf 0,1—10% eines Cyclisierungsmittels, wie BF_3, in mehreren Anteilen in verd. wasserfreier Lsg. zugesetzt werden u. erhitzt wird, bis die Cyclisierung vollständig ist. (**Can. P. 483 815** vom 31/1. 1946, ausg. 3/6. 1952. A. Prior. 9/11. 1945.)
PANKOW. 7225

Deutsche Gold- und Silberscheideanstalt vormals Roessler, Frankfurt/M. (Erfinder: **Alfred Boettcher,** Stotzheim b. Köln, **Friedrich Endter,** Rondorf b. Köln, und **Adolf Voigt,** Beuel/Rh.), *Kautschukfüllstoff,* bestehend aus Silicaten oder Mischsilicaten bes. von Metallen der 2. u. 3. Gruppe des Period. Syst., die kristallograph. zu $>$50 (%), bes. $>$90, eine Halbstruktur aufweisen u. im Röntgendiagramm nur Linien der Indiceskombinationen hk0 oder hk0 u. 001 zeigen. Mittlere Teilchengröße $<$50 (mμ), bes. 12—30. Die Silicate können oberflächlich mit z. B. BF_3, $SnCl_4$, Stearinsäure, Zn-Stearat oder Beschleunigern, bes. Hexamethylentetramin oder Diphenylguanidin, beladen werden. (**D. B. P. 869 693** Kl. 39b vom 26/11. 1950, ausg. 5/3. 1953.) OVERBECK. 7227

Standard Oil Development Co., Del., übert. von: **Raymond G. Newberg,** Cranford, und **Francis P. Baldwin,** Woodbridge, N. J., V. St. A., *Mischen verpackter Füllstoffpulver zum Kautschuk.* Man führt verschlossene Rußbeutel in abgewogener Menge in den Mischraum, gibt die geschlossenen Beutel ungeöffnet in die Mischung u. vermischt den Beutel nebst Ruß bis zur Homogenisierung der Mischung. (**A. P. 2 617 775** vom 13/1. 1949, ausg. 11/11. 1952.) SCHLITT. 7227

James B. Paton, Dearborn, und **Frank Jermain Chandler,** Detroit, Mich., V. St. A., *Herstellen von Kautschukmischungen.* Man verpackt die pulverförmigen Füllstoffe, z. B. Ruß, Kreide oder dgl., in Beutel aus thermoplast. Kunststoffen, bes. Regeneratmischungen, Mischpolymerisaten, Isopren, Thiokol, Polysulfiden, Polyvinylchlorid, Polyvinylidenchlorid, die der Mischung in Mischmaschinen ungeöffnet zugesetzt werden. (**A. P. 2 617 782** vom 30/6. 1945, ausg. 11/11. 1952.) SCHLITT. 7227

Deutsche Werke Kiel Akt.-Ges., Kiel (Erfinder: **Eduard Asmus Simon,** Hamburg-Rahlstedt), *Kautschukfüllstoff,* bestehend aus alkyliertem u./oder aralkyliertem Lignin bzw. Huminsäuren. (**D. B. P. 864 148** Kl. 39b vom 17/12. 1950, ausg. 22/1. 1953.)
OVERBECK. 7227

Rhein-Chemie G. m. b. H., Heidelberg (Erfinder: **Rudol Kern,** Neustadt a. d. Weinstraße), *Zusatzstoffe für Kautschuk und plastische Massen,* bestehend aus Seifen mehrwertiger Metalle in Perl-, Linsen- oder Körnerform. (**D. B. P. 865 055** Kl. 39b vom 15/7. 1950, ausg. 29/1. 1953.) OVERBECK. 7227

Standard Oil Development Co., übert. von: **Samuel B. Lippincott und Louis A. Mikeska,** Westfield, N. J., V. St. A., *p-Chinondioxim,* F. 215° (Zers.), Explosivzers. ca. 270°; D. 1,21, erhält man durch Erhitzen von Hydroxylamin mit Nitrosophenol (I) auf 40—100°, zweckmäßig in wss. Lsg. u. in Ggw. von Säure. — Hydroxylammoniumhydrogensulfat wird mit I in W. 16 Std. auf 47° erwärmt. Nach dem Abschrecken auf 5° wird das Oxim abfiltriert; Ausbeute 100%. Weitere Beispiele, Reaktionsbedingungen vgl. 2 Diagramme. Verwendung als *Vulkanisationsmittel* in Verbindung mit einem Oxydationsmittel für Natur- u. Synthesekautschuk. (**A. P. 2 507 112** vom 18/1. 1947, ausg. 9/5. 1950.) KRAUSS. 7229

British Celanese Ltd., London, England (Erfinder: **Alexander Henderson Gentle** und **Thomas Jackson**), *Mit Kautschuk verbindbare Textilfäden, besonders aus regenerierter Cellulose für Reifen.* Die Haftung wird durch Imprägnieren des Textilgutes mit einem in W. unlösl., in A. lösl., durch Wärmeeinw. härtbaren Phenolaldehydharz erhöht, wobei das Verhältnis CH_2O zu Phenol (Resorcin) nicht >1:1 sein u. die Kondensation unter alkal. Bedingungen erfolgen soll. (**E. P. 680 337** vom 30/6. 1949, ausg. 1/10. 1952.) MÖLLERING. 7231

XIII. Ätherische Öle. Parfümerie. Kosmetik.

A. R. Penfold und **F. R. Morrison,** *Kreuzungsformen der australischen, ätherisches Öl liefernden Flora — ihre wissenschaftliche und industrielle Bedeutung.* Beispiele für das Vork. von Abarten verschied. Eucalyptusarten u. anderer Pflanzen, die bei morpholog. gleichem Bau u. Aussehen in der Zus. ihrer äther. Öle Abweichungen aufweisen, die nicht auf Standort- u. Klimabedingungen zurückgeführt werden können, sondern durch Kreuzung erklärt werden. Bei der Verwertung muß auf den Geruch geachtet werden, um Verwechslungen u. Vermischungen zu vermeiden. (Perfum. essent. Oil Rec. **44.** 80—82. 121. März 1953. Sydney, Australien, Museum of Appl. Arts and Sci.) MÜHLMEISTER. 7262

K. K. Baslas und **S. S. Deshapande,** *Ätherisches Öl aus den Beeren von Lavungo scandens Roxb.* Die aromat. getrockneten Beeren der Rutacee Lavungo scandens Roxb., einheim. in Indien als Sugandh kokila, geben bei Wasserdampfdest. 2,5% hellgelbes äther. Öl von $D.^{28}$ 0,945, n_D^{28} 1,5120, $[\alpha]_D$ —1°, SZ. 1,93, EZ. 102,5, Kp. 176—263°. Durch Zerlegung in 3 Fraktionen u. deren Unters. wurden 56% Cineol, 30% Cinnamylcinnamat u. 9% Methylcinnamat nachgewiesen. (J. Indian chem. Soc. **27.** 379—82. Aug. 1950, Agra, Indien, Coll., Chem. Labor.) MÜHLMEISTER. 7262

G. W. Pigulewski und **W. I. Kowalewa,** *Die chemische Zusammensetzung des ätherischen Öles von Heracleum montegazzianum Som. et Lev.* Die Früchte des *Heracleum montegazzianum* enthalten 6—9% mit Wasserdampf destillierbarer Öle. Vff. untersuchen die Zus. dieses Öles u. finden als Hauptbestandteile die Ester von *Octylalkohol* neben weniger *Hexylalkohol*; als Säurekomponenten der Ester werden *Essigsäure, Buttersäure* (oder *Isobuttersäure*) u. als opt.-akt. Komponente die *Isovaleriansäure* isoliert u. als Ag-Salze oder Toluidide sowie durch die SZ. identifiziert. (Журнал Прикладной Химии [J. angew. Chem.] **23.** 1320—25. Dez. 1950. Botan. Komarow-Inst. der Akad. der Wiss. der UdSSR.) v. FÜNER. 7262

M. G. Igolen, *Bemerkung zum Duft der Mandelbaumblüte.* Vom Mandelbaum (Amygdalus communis L. Var. Dulcis u. Var. Amara) wurden Blüten mit PAe. extrahiert, bei 0,128 u. 0,135°/$_{00}$ Ausbeute an Konkret, einer wachsartigen mahagoniroten M. von F. 38° u. dem getreuen Blütengeruch, die mit A. 42% Absolue von gleicher Farbe u. Geruch lieferte. Überhitzter Wasserdampf dest. daraus mit 12% Ausbeute ein flüchtiges Öl, in dem Kresol, Eugenol, Essig-, Capron- u. Phenylessigsäure, n-Decyl- u. Phenyläthylalkohol sowie Geraniol nachgewiesen wurden. (Bull. Soc. chim. France, Mém. [5] **20.** 306. März 1953. Grasse, Frankreich, Éts. A. Chiris, Labor. de Rech.) MÜHLMEISTER. 7262

V. Vasic, *Künstliche ätherische Öle.* Prakt. Hinweise zur Verwendung künstlicher äther. Öle. — 33 Rezepte. (Manufact. Chemist **23.** 405—07. 410. Okt. 1952.) MÜHLMEISTER. 7262

Waldemar Raoul, Abrahão Iachan und **Otto Richard Gottlieb,** *Die graue Ambra.* (Vgl. C. **1953. 1413.**) (Bol. do INT **2.** Nr. 3. 7—18. Mai 1951.) R. K. MÜLLER. 7268

H. J. Strausz, *Beschleunigte Reifung von Ambra-Infusion.* Die künstliche Abkürzung der 10—12 Monate langen Reifung der alkoh. Ambrainfusion durch Autoxydation des Ambreïns mittels oxydierender Substanzen hatte bei $KMnO_4$, Cr_2O_3, Benzoylperoxyd u. a. keinen Erfolg. H_2O_2, 30 g (Brit. Pharmakopoe) auf 30 g Ambra in 1 Liter A. gab nach 6 Wochen eine Tinktur, gleichwertig der 12 Monate ohne H_2O_2 gelagerten. (Soap, Perfum. Cosmet. **26.** 256—57. März 1953. London.) MÜHLMEISTER. 7268

Arno Müller, *Der natürliche Duft.* Behandelt werden absinthartige u. Agrumenfruchtdüfte. — 24 Literaturhinweise. (Fette Seifen einschl. Anstrichmittel **54.** 469—71. Aug. 1952. Genf.) WINIKER. 7276

N. S. Peel, *Überblick über Hautschutzcremes.* Allg. Ausführungen, Anforderungen, Rezeptbeispiele. (Soap, Perfum. Cosmet. **26.** 152—56. Febr. 1953.) STEINER. 7284

N. S. Peel, *Moderne Haarcremes vom Wasser-in-Öl-Typ.* Für Emulsionen mit 25—45% Öl- u. 50—60% Wasseranteil sowie 2—5% Emulgatoren (**I**) werden bes. geeignete **I** aufgeführt u. bewährte Rezepte für Brillantine u. andere Haarpflegemittel gegeben. (Soap, Perfum. Cosmet. **26.** 275—78. März 1953.) MÜHLMEISTER. 7284

Louis Domange und **Laure Seguin,** *Bemerkungen über Haarfärbemittel.* Auf Grund eigener analyt. Erfahrungen geben Vf. einen Überblick über die Nachweise der in Haarfärbemitteln vorhandenen Verbb., wie *Ammoniak, Alkohole, Glycerin, Seifen,* $AgNO_3$, *Pb-Acetat, α-Naphthol, Resorcin, Pyrogallol, o-, m-, p-Aminophenol, Diaminophenol, Dinitrophenol, Pikraminsäure, m-* u. *o-Phenylendiamin* sowie *p-Toluylendiamin.* (Ann. pharmac. franç. **8.** 718—22. Nov. 1950.) FREYTAG. 7294

Andrée Romagnan, geb. Sauvigne, übert. von: **Lucien Romagnan,** Nizza, Frankreich, *Extraktion ätherischer Öle aus Vanilleschoten.* Zerkleinerte Schoten werden in fl. Medium, z. B. W., der Einw. von Ultraschall ausgesetzt. (**A. P. 2 601 635** vom 18/7. 1949, ausg. 24/6. 1952. F. Prior. 26/7. 1948.) LÜTTGEN. 7263

Firmenich & Co., Nachfolger der Soc. An. M. Naef & Cie. (Erfinder: **Max Stoll**), Genf, Schweiz, *2.5.5.9-Tetramethyloktahydronaphthalinderivate.* Eine die Gruppierung 2.5.5.9-Tetramethyldekahydronaphthalin enthaltende Verb., die in 2-Stellung einen abspaltbaren Rest u. in 1-Stellung eine $-CH_2COOH$-; $-CH_2CH_2OH$-; $-CH_2CHO$-; $-CH_2CH_2CH_2OH$-; $-CH_2CH_2CHO$-; $-CH{=}CHOH$- oder $-CH_2CH{=}CHOH$-Gruppe trägt, wird in bekannter Weise durch Abspalten des abspaltbaren Restes unter Bldg. einer Doppelbindung zum C-Atom in 2-Stellung in einen Aldehyd, Alkohol oder ein Epoxyd mit 16—17 C-Atomen des 2.5.5.9-Tetramethyloktahydronaphthalins übergeführt, wobei vorhandene Carboxyl- bzw. Estergruppen zu den entsprechenden Alkoholen vor oder nach der Abspaltung red. werden. — Der Aldehyd **IV** [erhalten durch

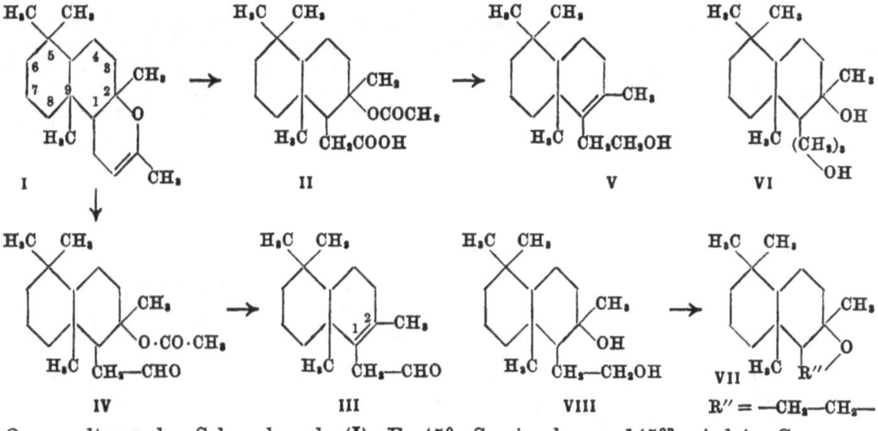

I, II, V, VI, IV, III, VIII, VII; R'' = $-CH_2-CH_2-$

Ozonspaltung des Sclareoloxyds (**I**), F. 45°, Semicarbazon 145°] wird in Ggw. von wenig Cu-Bronze oder Sebacinsäure im Vakuum bei 15 mm dest., wobei der *Aldehyd* **III**, $Kp._{0,01}$ 100—105°; $D._4^{20}$ 0,993—0,995; n_D^{20} 1,512—1,514, mit Ambrageruch erhalten wird. *Semicarbazon,* F. 223—225°. **II**, F. 156°, → *Alkohol* **V**, $Kp._{0,01}$ 116—117°, *Ambrageruch. 3.5-Dinitrobenzoat,* F. 133—135°. — *Glykol* **VIII**, F. 131°, → *Epoxyd* **VII**, F. 75 bis 76°. — Sclareoloxyd, $C_{18}H_{30}O$, F. 45°, → *Glykol* **VIII.** — *Glykol* **VI,** F. 131—132° → *Epoxyd,* F. 83°. (**D. B. P. 860 214** Kl. 12 o vom 8/10. 1950, ausg. 18/12. 1952. Schwz. Priorr. 3/11. 1949 u. 25/5. 1950.) KRAUSS. 7269

Food Machinery & Chemical Corp., Del., übert. von: **Richard B. Wearn** und **Carl Bordenca,** Birmingham, Ala., V. St. A., *Alkylcyclohexenyl- oder Alkylcyclohexylbutanole* u. deren Ester erhält man durch Red. von *β*-(4-Methyl-$Δ^3$-cyclohexenyl)-butyraldehyd (I) oder β-(4-Methylcyclohexyl)-butyraldehyd (II). Diese Aldehyde entstehen aus Limonen, CO, H_2 u. RANEY-Co bei 30—175° u. 1000—5000 lbs./sq. inch. — Man erhitzt I am Rückfluß mit Al-Isopropylat in Isopropylalkohol, entfernt nach 3 Std. das Lösungsm., gießt das verbleibende Reaktionsgemisch in eine Mischung von Eis u. verd. HCl, das sich abscheidende Öl wird mit W. gewaschen u. mit wasserfreiem $CaSO_4$ getrocknet u. destilliert. Man erhält *d-β-(4-Methyl-Δ³-cyclohexenyl)-butanol* (III; $C_{11}H_{20}O$), $Kp._{1-3}$ 92°, n_D^{30} 1,4847, $D.^{25}$ 0,946. Aus linksdrehendem I erhält man auf gleiche Weise *l-β-(4-Methyl-Δ³-cyclohexenyl)-butanol* (IV), $Kp._{1-2}$ 85—87°, n_D^{30} 1,4846. — Wird I mit H_2 in Ggw. eines Ni-Kieselgurkatalysators im geschlossenen Gefäß bei 120—140° behandelt, erhält man *β-(4-Methylcyclohexyl)-butanol* (V; $C_{11}H_{22}O$), $Kp._{2-3}$ 91°, n_D^{30} 1,4684. — III ergibt mit wasserfreiem Na-Acetat, Essigsäureanhydrid u. Bzl. am Rückfluß behandelt *d-β-(4-Methyl-Δ³-cyclohexenyl)-butylacetat*, $Kp._{1-3}$ 89°, n_D^{30} 1,4684 ($C_{13}H_{22}O_2$). V ergibt auf gleiche Weise *β-(4-Methylcyclohexyl)-butylacetat*, $Kp._{1-3}$ 75°, n_D^{30} 1,4553, ($C_{13}H_{24}O_2$). An Stelle der Methylgruppe können auch andere Substituenten, z. B. Äthyl-, Propyl-, Isopropylradikale, vorhanden sein. Ebenso können andere partiell oder vollkommen hydrierte Benzolderivv. Verwendung finden. Die neuen Verbb. sind Bestandteile für Duftstoffe. (**A. P. 2 556 150** vom 26/12. 1946, ausg. 5/6. 1951.) G. KÖNIG. 7277

United States Rubber Co., New York, N. Y., übert. von: **Robert L. Knapp** und **Dwight L. Schoene**, Naugatuck, Conn., V. St. A., *Herstellung niederer Fettsäureester von Geraniol, Nerol und Linalool.* „Myrcen" (2-Methyl-6-methylen-2.7-octadien) (I) wird mit möglichst wasserfreiem Halogenwasserstoff, wie HCl oder HBr, bei Tempp. von 0—50° behandelt, wobei 0,75—1,25 Mol, z. B. HCl auf 1 Mol I, aufgenommen wird unter Bindung an die konjugierte Diengruppe. Das erhaltene Chloridgemisch wird mit Alkalisalzen der niederen Fettsäuren, bes. mit CH_3COONa, bei erhöhter Temp., ca. 75—130°, umgesetzt zu den für *Parfüm* verwendbaren Estern. (**A. P. 2 609 388** vom 5/1. 1950, ausg. 2/9. 1952.) GRÄGER. 7277

Ciba Akt.-Ges. (Erfinder: **Fritz Schaaf**), Basel, Schweiz, *Hautpflegemittel*, gek. durch einen Geh. an Stoffen mit Vitamin-F-Wrkg., z. B. Sonnenblumenöl, zusammen mit Nicotinsäureamid u. gegebenenfalls emulgierend wirkenden Mitteln. (**D. B. P. 866 830** Kl. 30h vom 2/12. 1944, ausg. 12/2. 1953. Schwz. Prior. 3/1. 1944.) E. PETERSEN. 7285

XIV. Zucker. Kohlenhydrate. Stärke.

Robert I. Urata, *Blattdüngung des Zuckerrohrs auf der Insel Maui.* Den bisherigen Unterss. zufolge vermag die Blattdüngung des Zuckerrohres mit K_2O u. Harnstoff andere Düngemittel nicht völlig zu ersetzen, kann aber als Zusatzmeth. angewandt werden. (Rep. Hawaiian Sugar Technologists **1952.** 5—6.) RUTKOWSKI. 7406

W. B. Case, *Blattdüngung bei Hilo-Zucker.* Die neuen, schnell wachsenden Zuckerrohrsorten, 39-3633 u. 44-3098, der HILO SUGAR PLANTATION CO. bedürfen einer 2. Düngung in der Saison. Es wurden Verss. der Blattdüngung durch Versprühen von N-, oder N–K_2O-haltigen Düngemitteln durchgeführt. Es scheint, als wenn die besprühten Pflanzen einen etwas höheren N-Geh. hätten als die unbehandelten, während der K-Geh. nicht beeinflußt wurde. (Rep. Hawaiian Sugar Technologists **1952.** 17—19.) RUTKOWSKI. 7406

Sándor Kuthy, Vilmos Ferencz, László Markus, Eva Leszek, Cecil Rotkó und **Ferenc Nagymihály**, *Über die Wirkung der „Blattdüngung" auf die Zuckerrübe.* Die Anwendung der von sowjet. Forschern verbreiteten Meth. der Blattdüngung (Aufbringen von Düngemittellsgg. auf die Blattoberfläche durch Zerstäuben) auf Zuckerrüben wird beschrieben. Die Düngung erfolgte mittels einer 2- bzw. 1,5%ig. K-, P- u. N-haltigen Zerstäubungs-Fl. im August bzw. September. Der Mehrertrag an Rüben betrug 14,3 bzw. 20,8%, an Zucker 10,8 bzw. 17,2%. (Agrokémia és Talajtan [Agrochem. u. Bodenkunde] **1.** 425—30. Okt. 1952. Budapest, Agrokém. Kutató Int., Biokém. oszt., u. Agrártudom. Egyet., Szerves és Biokém. Tanszék.) v. PILINSZKY. 7406

Ippolito Sorgato, *Chemische Faktoren, die die Färbung der Zwischenprodukte der Zuckerfabrikation bestimmen.* An Hand von 35 Literaturhinweisen wird ein Bericht über die chem. Rkk., die die Bldg. gefärbter Prodd. im Zuckersaft u. Sirup verursachen, gegeben. Es handelt sich hierbei vor allem um Vorgänge wie den Abbau der Saccharose u. die Rk. der Abbauprodd. mit Stickstoffverbindungen. Es werden auch die Methoden zur Messung der Färbungen, die Adsorptionsgleichgewichte u. der entfärbende Effekt der Adsorbentien erörtert. (Ric. Sez. sperim. Zuccheri **5.** 43—56. 1950/1951. Padua, Univ., Chem. Inst.) WITTELSBACH. 7412

J. M. Saha und **N. S. Jain,** *Weißzucker ohne Schwefeln.* Ein neues Verf. zur Klärung von Rohrzuckersaft ohne Verwendung von SO_2 wird beschrieben. Es besteht aus der Filtration des stark alkal. Rohsaftes (p_H 10,5) bei niedriger Temp. (ca. 55°). Schwierigkeiten, die bei der Filtration auftreten können, werden durch Zugabe von ungefähr 1% gefälltem $CaCO_3$, berechnet auf das Gewicht des Saftes, vermieden. Das alkal. Filtrat wird mit einer Lsg. von Superphosphat neutralisiert, zum Sieden erhitzt u. erneut filtriert. Der klare Saft ist sehr hell u. enthält wenig CaO. Das bei dem Prozeß entstehende CaO, sowie Tricalciumphosphat, kann regeneriert u. erneut verwendet werden. (Sugar **47.** Nr. 11. 44—47. Nov. 1952.) RUTKOWSKI. 7412

Alberto G. Garnier, *Klärung von Zuckerrohrsäften.* Infolge S-Mangels hat man die in der Rübenzuckerherst. verwendete Behandlung mit CO_2 unter Druck mit anschließender Neutralisation (bis p_H 6,6) u. Erhitzen auf 98° auf die Rohrzuckerherst. übertragen. Die bisherigen Verss. lassen die Einführung in techn. Maßstab aussichtsreich erscheinen. (Rev. Quím. ind. **20.** Nr. 236. 17—18. Dez. 1951. São Paulo.) R. K. MÜLLER. 7412

F. Schneider und **H. Neuber,** *Raffination von Import-Rohzucker mit Phosphorsäure.* In raffiniertem Zucker, den man durch Reinigung von Importrohzuckern mit Superphosphat erhalten hatte, wurde ein Aschegeh. von 0,03% gefunden, während erfahrungsgemäß nur ca. 0,004% zu erwarten waren. Die quantitative Analyse ergab einen beträchtlichen Anstieg des Ca- u. SO_4-Geh., der aus dem Superphosphat, das fast stets ca. 50% Gips enthält, stammen mußte. Es wurde bewiesen, daß der größte Teil der in den Zuckern vorhandenen Asche sich als $CaSO_4$ an der Oberfläche des Zuckerkornes befand u. nicht in den Kristall hineingewachsen war. Eine Verminderung des Aschegeh. konnte durch größere Wasserdecken erreicht werden. Ersetzte man das Superphosphat durch Tripelphosphat, so war eine Ascheverminderung um 50% zu erreichen. Ersatz der Phosphate durch Phosphorsäure senkte die Aschenwerte um weitere 50%. Es wurde gefunden, daß der optimale P_2O_5-Zusatz für die Filtrierbarkeit der Kläre 0,035% beträgt. Ein Verf. zum Arbeiten mit Phosphorsäure wurde angegeben. (Zucker **5.** 123—26. 15/3. 1952.) RUTKOWSKI. 7438

M. Rohrlich und **R. Rasmus,** *Untersuchungen über die Abhängigkeit des diastatischen Abbaues und der Viscosität von der Korngröße der Getreidekörner.* Stärke (I) von Weizen u. Roggen wurde durch Sedimentation in 3 sich in der Korngröße unterscheidende Fraktionen unterteilt u. diese, wie auch Reis-I, einem Abbau durch Diastase u. Getreidefermentlsg. unter verschied. Bedingungen unterworfen. Roggen-I ist gegenüber Diastase am empfindlichsten, sonst zeigt sich jedoch deutlich, daß die jeweils vorliegende Korngröße von ausschlaggebendem Einfl. auf die Abbaugeschwindigkeit ist. Am schnellsten werden kleine Körner abgebaut, es folgen mittlere u. endlich große. Diese Verhältnisse verschieben sich, falls durch Rißbldg., Korrosion oder Verkleisterung der Körner bei höherer Temp. eine Vergrößerung der angreifbaren Fläche stattfindet. Bestimmungen der Viscosität der verschied. untersuchten Lsgg. mit dem Amylographen ergaben keine übersichtlichen Verhältnisse, es trat aber hervor, daß außer der Oberfläche für den Verkleisterungsverlauf noch andere Faktoren entscheidend sein müssen. (Stärke **4.** 295—301. Dez. 1952. Berlin, Versuchsanstalt für Getreideverwertung.) ULMANN. 7448

Thomas J. Mitchell, *Die Wasserbestimmung von Zuckerlösungen durch Ofentrocknung.* Anläßlich einer Untersuchung der Wasserbest. wärmeempfindlicher Substanzen durch Ofentrocknung wurden Lsgg. von Saccharose, Glucose u. Fructose im dampfbeheizten u. im Vakuumofen getrocknet. Hierbei wurden die folgenden Faktoren variiert: Anordnung des Trockengutes, Adsorptionsmittel, Zeit, Temp. u. p_H-Wert. Fructoselsgg. können nicht ohne Zers. im dampfbeheizten Ofen getrocknet werden, während Glucose bis zu 98° verhältnismäßig beständig ist. Saccharoselsgg. trocknen sehr langsam u. geben die letzten Wasserspuren schwer ab. Im allg. verläuft die Trocknung im sauren Gebiet schneller. Im alkal. Gebiet ist das Bestreben der Zers. größer. (J. Sci. Food Agric. **1.** 122—25. April 1950.) TÖDT. 7488

V. R. Deitz, N. L. Pennington und **H. L. Hoffman jr.,** *Durchlässigkeitsvermögen von handelsüblichen Zuckerlösungen: Abhängigkeit von der Konzentration der gesamten festen Bestandteile.* Für die Abhängigkeit der Durchlässigkeit handelsüblicher Zuckerlsgg. von der Konz. c der gesamten festen Bestandteile gilt das BEERsche Gesetz allg. nicht, was auf die Ggw. lichtstreuender Bestandteile in der Lsg. zurückzuführen ist. Im Sichtbaren wurde eine lineare Beziehung zwischen c u. $1/a_c$ mit $a_s = (-\log T_s)/b_c$, T_s = Durchlässigkeit, b = Zellenlänge, gefunden. a_c, der „Extinktionskoeff.", ist eine unbekannte Funktion von Absorption u. Streuung der Zuckermoll. u. suspendierten Verunreinigungen. Für $c < 0,2$ g/ml folgt $1/a_s$ dem BEERschen Gesetz. (J. Res. nat. Bur. Standards **49.** 365—69. Dez. 1952. Washington.) LINDBERG. 7488

Jean Charles Seailles, Paris, Frankreich, *Sättigen von Scheidesaft mit CO_2* zur Bldg. gut filtrierbarer Ndd. erfolgt in der Weise, daß der Saft kontinuierlich in kleinen Mengen mit CO_2 gesätt. wird, so daß von keinem der Reaktionsteilnehmer ein Überschuß vorhanden ist. Das Verf. kann in nacheinandergeschalteten Tanks durchgeführt werden, wobei ein Teil des Endprod. dem ersten Tank wieder zugeführt wird. (**E. P. 634 146** vom 9/10. 1945, ausg. 15/3. 1950. F. Prior. 25/1. 1944.) SCHINDLER. 7413

Sutcliffe, Speakman & Co. Ltd., Leigh, Lanceshire, **Tate & Lyle Ltd.,** London, und **Hubert Charles Siegfried de Whalley,** Farnborough, Kent, England, *Klär- und Reinigungsmittel für Zuckersäfte.* Bauxit mit geringerem Fe-Geh. wird erhitzt auf ca. 105—110°, mit einer Zucker-, Melasse- oder Siruplsg. imprägniert, bei ca. 600° carbonisiert u. mit Wasserdampf aktiviert. Zu hoher Fe-Geh. kann durch Brennen des Bauxit bei 350—400° unter Red. u. nachfolgendes Behandeln mit HCl herabgesetzt werden. (**E. P. 678 915** vom 12/6. 1948, ausg. 10/9. 1952.) SCHINDLER. 7413

Badische Anilin- & Soda-Fabrik, Ludwigshafen/Rh. (Erfinder: **Karl Vierling,** Heidelberg), *Entzuckerung von Melasse,* dad. gek., daß man organ. Lösungsmittel, die polare Gruppen enthalten, wie Alkohole u. Amide, zusetzt u. aus dem Gemisch den Zucker durch Zusatz von Methanol abscheidet. — Beispiele mit A., Butylalkohol, Propargylalkohol u. Dimethylformamid. (**D. B. P. 869 780** Kl. 89h vom 29/6. 1951, ausg. 9/3. 1953.) SCHINDLER. 7419

Union Starch & Refining Co., Columbus, Ind., übert. von: **James Edwin Cleland,** Granite City, Ill., V. St. A., *Speisesirup* mit hoher Süßkraft. Eine Stärkesuspension wird bei p_H 1,4—1,8 hydrolysiert. Die noch heiße Fl. wird mit Saccharose (I) gemischt, die Mischung bis zur Inversion der I weiterbehandelt, neutralisiert, filtriert, konz. u. nochmals gereinigt. (**A. P. 2 587 596** vom 11/2. 1950, ausg. 4/3. 1952.) KRANZ. 7447

Corn Products Refining Co., New York, N. Y., V. St. A., *Lävulose enthaltenden Dextrosesirup* erhält man durch Konversion von Dextrosesirup mit 0,1—1,5% CaO bei 40—60° während 2—12 Std. u. anschließendes Neutralisieren mit z. B. H_3PO_4 oder HCl. Die Reinigung erfolgt über Basenaustauscher, bes. sulfoniertem Phenol-Formaldehyd-Harz. Das Endprod. ist süß u. frei von bitteren Geschmacksstoffen. (**E. P. 647 881** vom 29/12. 1944, ausg. 28/12. 1950. A. Prior. 27/7. 1944.) SCHINDLER. 7447

Trenton Chemical Co., Trenton, übert. von: **Acton Keith Kilander,** Gibraltar, und **Lou Buck Edsall,** Wyandotte, Mich., V. St. A., *Stärkebehandlung.* Um Stärke (I) von Gluten (II) zu trennen, mengt man glutenhaltiges, von Kleie teilweise befreites Mehl mit W. bei 90—105° F zu einem Teig, verrührt diesen unter Zusatz von W. bei 40—80° F, wobei sich die Hauptmenge von I vom II trennt, fügt zu dem abgeschiedenen II erneut W. u. trennt nochmals in I u. II. (**A. P. 2 530 823** vom 8/4. 1944, ausg. 21/11. 1950.) HEINSEN. 7449

United States of America, übert. von: **Ivan A. Wolff,** Peoria, Ill., V. St. A., *Carbaminsäureester von Stärke.* In einem wasserfreien inerten Lösungsm., z. B. Pyridin, läßt man Stärke bei erhöhter Temp. mit Mono- oder Diisocyanaten reagieren. (**A. P. 2562978** vom 25/11. 1947, ausg. 7/8. 1951.) FABEL. 7449

General Mills, Inc., übert. von: **Robert W. Callaghan** und **Gerard W. Elverum,** Minnesota, V. St. A., *Trennung der Stärke vom Gluten.* In einem kontinuierlich arbeitenden App. wird das stärke- u. glutenhaltige Material, z. B. gemahlener Weizen, im Verhältnis von 100:85—125 mit W. zu einem halbfl. Teig angemacht. Dann wird der Teig geknetet, jedoch nur bis zu dem Punkt, an dem die Agglomeration des Glutens vollständig erfolgt ist. Anschließend wird in einer besonderen Vorr. die Stärke aus dem Teig ausgewaschen. — Vorrichtung. (**Can. P. 484 707** vom 31/8. 1944, ausg. 8/7. 1952.) HEYNE. 7449

Mij. voor Kolenbewerking Stamicarbon N. V., Holland (Erfinder: **Freerk Jan Fontein),** *Eindicken und Waschen einer Stärkesuspension.* Die Suspension wird bei einer zwischen 40 u. 60° liegenden Temp. in einer cyclonartigen Vorr. einer Wirbelwrkg. unterworfen u. hierdurch in geklärte Fl. u. eingedickten Anteil zerlegt. Letzterer wird, mit W. aufgeschlämmt, der gleichen Behandlung noch mehrmals unterworfen. — Vorrichtung. (**Oe. P. 172 947** vom 16/3. 1950, ausg. 25/10. 1952.) HEYNE. 7449

—, Sugar. New York: Columbia Univ. Press. 1952. (131 S.) $ 0,50.

XVI. Nahrungs-, Genuß- und Futtermittel.

—, *Zur Frage der Lebensmittelfarbstoffe. Bericht über die Tätigkeit der Kommission zur Bearbeitung des Lebensmittelfarbstoffproblems der Deutschen Forschungsgemeinschaft.* Die auf Grund von Arbeiten der DFG u. anderer Autoren als unbedenklich oder vorläufig verwendbar bezeichneten Lebensmittelfarbstoffe werden als Grundlage eines neuen Lebensmittelfarbengesetzes bekanntgegeben u. deren Zulassung im einzelnen begründet. Als unbedenklich werden bezeichnet: *4-Aminoazobenzol-3.4'-disulfosäure* mit nicht mehr als 3% *4-Aminoazobenzol-4'-sulfosäure*; *1-Aminobenzol-4-sulfosäure* → *1-(4-Sulfophenyl)-5-pyrazolon-3-carbonsäure*; *Chinophthalondisulfosäure*; *1-Aminobenzol-2.4-disulfosäure* → *1.3-Dioxybenzol*; *1-Aminonaphthalin-4-sulfosäure*; *1-Aminonaphthalin-4-sulfosäure* → *1-Oxynaphthalin-4-sulfosäure*; *1-Aminonaphthalin-4-sulfosäure* → *2-Oxynaphthalin-6-sulfosäure*; *1-Aminonaphthalin-4-sulfosäure* → *2-Oxynaphthalin-3.6-disulfosäure*; *1-Aminonaphthalin-4-sulfosäure* → *2-Oxynaphthalin-6.8-disulfosäure*; *1-Aminonaphthalin-4-sulfosäure* → *2-Oxynaphthalin-3.6.8-trisulfosäure*; *Tetrajodfluorescein*; *1-Amino-2.4-dimethylbenzol-6-sulfosäure* → *1-Oxynaphthalin-5-sulfosäure*; *N.N'-Dihydro-1.2.1'.2'-anthrachinonazin*; *Indigosulfonsäure*; *1-Aminobenzol-4-sulfosäure* → *1-Aminonaphthalin-7-sulfosäure* → *1-Acetylamino-8-naphthol-4.6-disulfosäure*; *1-Aminobenzol-3-sulfosäure* → *2-Aminonaphthalin-3.6-disulfosäure*; *1-Aminobenzol-3-sulfosäure* → *2-Oxynaphthalin-6-sulfosäure*; *Primulinsulfosäure* → *1.3-Dioxybenzol* → *2-Aminonaphthalin-5(8)-sulfosäure*; *1-Aminobenzol-4-sulfosäure* → *2-Oxynaphthalin-6-sulfosäure*. Bis auf weiteres zugelassen sind: *Aminobenzol* → *1.2-Dioxybenzol*; *Diäthyldi-m-sulfobenzyldi-p-amino-o-sulfofuchsonimonium*; *2-Anisidin* → *2-Oxynaphthalin*; *4.4'-Diaminodiphenylamin-2-sulfosäure* ⇄ *2 Mol 1.3-Disulfomethylaminobenzol* (→ = **Diazotierung u. Kuppelung**). Sämtliche Säuren müssen in Form ihrer Na-Salze vorliegen. Zugelassene Naturfarbstoffe sind: *Carotin*, *Carotinoide*, *Chlorophyll*, natürlicher *Cochenillefarbstoff* (*Carminsäure*) u. *Lactoflavin*. — 20 Literaturangaben. (Z. Lebensmittel-Unters. u. -Forsch. **96**. 98—114. Febr. 1953. Bad Godesberg bei Bonn, Deutsche Forschungsgemeinschaft.) KRUSEN. 7638

Thelma S. Rose, Martha E. Dresslar und **Kathleen A. Johnston,** *Die Wirkung der Einbringungsart von Fett und Wasser auf die durchschnittliche Mürbigkeit und die Gleichförmigkeit der Zartheit von Pasteten.* Durch Verwendung von Wasser-in-Fett-Emulsionen erhält man zartere u. gleichmäßigere Pasteten. (J. Home Econ. **44**. 707—09. Nov. 1952. Univ. of Washington, School of Home Economics.) HAEVECKER. 7674

Julius Koch, *Das Keltern von Äpfeln mit dem Willmespresser.* Der WILLMES-Presser zeigte sich 2 Typen von Packpressen bei Kelterverss. unterlegen. (Ind. Obst- u. Gemüseverwert. **38**. 31—32. 12/2. 1953. Geisenheim/Rh., Inst. für Obst- u. Gemüseverwertung.) FRESENIUS. 7706

N. Panassenkow, *Über die Größe der Teilchen von Trockenmilch.* Unterss. der Trockenmilch u. des Trockenrahms in verschied. sowjet. milchverarbeitenden Betrieben zeigten, daß der Durchmesser der Teilchen dieser Prodd. zwischen 5—110 μ schwankt. Die 40 μ-Teilchen sind mit 35% am stärksten vertreten. Gewichtsmäßig besteht die Trockenmilch zu 98% aus Teilchen von 40 μ u. darüber. Die bei dem Verarbeitungsprozeß aus den Filtern kommenden Teilchen der Trockenmilch sind in ihrer Größe gleichmäßiger. Es wird nicht empfohlen, Trockenmilch aus dem Turm des App. mit der aus den Filtern zu mischen, da dadurch die Lagerungsfähigkeit des Prod. vermindert wird. (Молочная Промышленность [Milch-Ind.] **13**. Nr. 2. 26—28. Febr. 1952. Omsk, Landw. Kirow-Inst.) M. GORDIENKO. 7756

J. T. Dickson, *Die Ursachen und die Bildung des Butterbeigeschmacks.* Eine Beschreibung der bekannten Butterfehler. (Agric. Gaz. New South Wales **62**. 367—70. 76. 2/7. 1951.) ZOPFF. 7758

P. Schebanin, *Untersuchung der Gasphase der Butter.* Die Unters. der Gasphase ungesalzener Rahmbutter (bei 8—10°) ergab, daß ihre Zus. anfänglich etwa die gleiche wie die der atmosphär. Luft ist. Später aber vermindert sich der O_2-Geh. rasch, so daß er am 10. Tage nur 1% beträgt. Mit der Verminderung des O_2-Geh. in der Butter verminderte sich auch ihre Qualität. (Молочная Промышленность [Milch-Ind.] **13**. Nr. 11. 35—38. Nov. 1952. Omsk, Landw. Kirow-Inst.) M. GORDIENKO. 7758

J. Jacquet, J. Delacroix, J. Lenoir und **H. Goudouin,** *Die Verteilung von Trockenmasse und Fett in Weichkäse nach Art des Camembert.* An Hand von je 100 Käseproben aus mehreren Molkereien werden die Gehh. an Trockenmasse u. Fett ermittelt u. graph. dargestellt. Die Ausbeuten werden zu den in Arbeit genommenen Milchmengen in Beziehung gesetzt. (C. R. hebd. Séances Acad. Agric. France **39**. 113—18. 21/1. 1953. Caen, Centre d'Études Laitières de la Fac. des Sci., Labor. départemental et régional de Biologie et d'Hygiène, u. Lisieux, Labor. interprofessionel du Lait du Pays d'Auge.) FRESENIUS. 7760

Alfredo J. Daurat, *Eine neue Methode zur Qualitätsbestimmung von Eipulver.* Ausgehend von der Tatsache, daß Lsgg. frischer Eipulver langsamer filtrieren als Lsgg. alter, hat Vf. eine Meth. zur Beurteilung der Qualität von Eipulvern ausgearbeitet, die auf der Messung der Filtrationszeit einer bestimmten Menge von Filtrat von mit 5%ig. NaCl-Lsg. geschütteltem Eipulver beruht. (Rev. Asoc. bioquím. argent. **15**. 120—27. Mai/Juni 1950.) KRAFT. 7854

Erkki Peltola, *Über die Bestimmung des Fettgehaltes in der Trockensubstanz des Käses in der Meierei.* Zur Ermittlung des Fettgeh. des Käses in Käsereien empfiehlt Vf., die beim Pressen abfallenden „Kanten" zu verwenden. Bei der Fettbest. nach VAN GULIK weichen die aus den „Kanten" ermittelten Werte selten über 1% von den im fertigen Käse gefundenen Werten ab, sind also für die Praxis noch brauchbar. Die im Zusammenhang mit der Fettbest. notwendige Trockensubstanzbest. kann nach dem vereinfachten „Backverf." von SANDELIN (Karjantuote **21.** [1938.] 229) ausgeführt werden. Dabei werden im fertigen Käse 0,8%, in den „Kanten" 1% W. mehr gefunden als beim Trocknen bei 105—110°, was durch Anbringen einer Korrektur zu berücksichtigen ist. (Karjantoute **33.** 135—37. 10/3. 1950.) BECKMANN. 7860

Union Starch & Refining Co., Columbus, Ind. (Erfinder: **James E. Cleland** und **Joseph B. Longenecker,** Granite City, Ill.), V. St. A., *Caramelfarbstoffe zum Färben von Lebensmitteln.* Caramelisierter Zuckersirup wird mit einem aus 3—5 Teilen eines mit W. mischbaren, 1—2 C-Atome enthaltenden Alkohols u. 1 Teil eines höheren einwertigen, 2—6 C-Atome enthaltenden, mit W. mischbaren Alkohols bestehenden Alkoholgemisch vermengt, wobei das Alkoholgemisch 5—32% W. enthält u. das Gemisch sich in 2 Schichten trennen läßt, wobei die Caramelfarbstoffe in der unteren Schicht sich konzentrieren. Anschließend werden die 2 Flüssigkeitsschichten getrennt u. die Feststoffe aus der unteren Schicht isoliert. (**D. B. P. 876 358** Kl. 53k vom 11/7. 1951, ausg. 11/5. 1953. A. Prior. 19/7. 1950.) KRANZ. 7639

Siemens & Halske Akt.-Ges., Berlin und München (Erfinder: **Max Eduard Beckmann,** Berlin-Tegel), *Anreichern von zuckerhaltigen Lösungen mit organischen Säuren.* Die Lsgg., z. B. Rübenzuckermelasse, werden einer elektro-osmot. Reinigung im 3-Zellen-App. unter Verwendung von Diaphragmen aus Polyvinylchloridgeweben unterzogen. Die Lsgg. aus dem Mittelraum werden zur *Herst. von Limonaden* verwendet. (**D. B. P. 841 395** Kl. 53k vom 2/10. 1948, ausg. 16/6. 1952.) KRANZ. 7707

N. V. Moutsuikerindustrie- & Extractiebedrijf „Maltostase", Weesp, Holland, *Getränkekapseln,* bestehend aus einer Gelatinehülle die noch Zucker u. Glycerin enthalten kann. Der Inhalt besteht aus einem *Sirup* mit hygroskop. Eigg., z. B. Maltosesirup mit 80% Trockensubstanz u. Aromastoffen. (**Schwz. P. 278 274** vom 10/1. 1948, ausg. 3/1. 1952. Holl. Prior. 11/1. 1947.) KRANZ. 7707

Prosolmer S. A., Lausanne, Schweiz, *Gewinnung von Alginaten.* Algen der Gruppe *Phaeosophyceae* werden, bes. in frischem Zustand, zerkleinert u. mit W. im Gegenstrom extrahiert. Das vom Waschwasser befreite Algin wird in eine Pulpe übergeführt, zu einer Paste homogenisiert u. als Film getrocknet. Zur Gewinnung von Na-Alginat wird die Pulpe vor dem Trocknen mit einer konz. Na_2CO_3-Lsg. gemischt. Das Waschwasser wird auf Jodsalze verarbeitet. (**E. P. 641 440** vom 14/7. 1947, ausg. 8/8. 1950. F. Prior. 13/7. 1946.) KRANZ. 7709

Charles Gourdou, Seine, Frankreich, *Herstellung von Natriumalginat.* Man erhitzt Algen, die von mineral. Bestandteilen u. Jod befreit sind, in gepulvertem Zustande mit W., leitet die M. durch eine Kugelmühle u. dann in ein Gefäß, in welchem in die entstandene Emulsion Luft eingeblasen wird. Dadurch tritt Entmischung ein, so daß die Alginatlsg. von der Cellulose durch Dekantieren getrennt werden kann. (**F. P. 977 027** vom 8/6. 1942, ausg. 27/3. 1951.) NOUVEL. 7709

Farbwerke Hoechst, vormals Meister Lucius & Brüning, Frankfurt/M., *Herstellung von Benzoesäuresulfimid* durch anod. Oxydation von o-Toluolsulfamid in carbonatalkal. Lsg. oder Suspension, mit Hilfe von Metallanoden. Als solche verwendet man metall. Leiter, die durch alkal. Formierung mit einer dichten, festhaftenden, glatten, schwarzen Schicht von PbO_2 überzogen sind. Als Metalle verwendet man z. B. Sn, Pb, Ni, Fe oder Fe-Legierungen, wie Chromnickelstahl. Man kann auch Pb oder Kohle mit einer Schicht von Schwammblei überziehen u. als Anoden verwenden. (**N. P. 80 092** vom 3/7. 1949, ausg. 21/4. 1952. D. Prior. 1/10. 1948.) JÜRGEN SCHMIDT. 7713

„Gessag" Gesellschaft für diätetische Sauerwürzen Gebr. Mayer (Erfinder: **Wilhelm Mayer**), Vluyn, Kreis Moers, *Sauerwürze.* Milch- u. Citronensäure werden mit pasteurisiertem Obstsaft bei nicht $>15^0$ gemischt, bis zur Klärung gerührt, u. mit einem Extrakt aus Küchenkräutern versetzt. (**D. B. P. 860 592** Kl. 53k vom 16/11. 1950, ausg. 22/12. 1952.) KRANZ. 7715

Joseph K. Marcus, New York, N. Y., V. St. A., *Calciumphosphatgele für Diätzwecke.* Die Mischung eines lösl. Ca-Salzes, wie $CaCl_2$, mit Na_2HPO_4 u. Na_3PO_4, letztere in bestimmtem mol. Verhältnis, wird in wss. Lsg. zur Rk. gebracht, das gebildete Öl mit W. ausgewaschen u. mit kleinen Mengen eines Citrats oder Carbonats versetzt.

Das Prod. ist ohne Auskristallisieren oder Wasserabsonderung lange haltbar. (**A. P. 2 605 229** vom 23/4. 1949, ausg. 29/7. 1952.) KRANZ. 7715

Soc. An. Amik, Frankreich, *Nahrungsmittel auf Milchbasis*, welches außer der Milch u. gegebenenfalls Zucker noch enthalten kann: Mehl von Hafer, Gerste, Reis, Kartoffeln, Maniok, Malz, ferner Mate, Cola; Na-, Ca-, Mg-, Fe-Glycerinphosphat. Als Milch kann konz. Magermilch oder Vollmilch, der gegebenenfalls Rahm zugesetzt wurde, genommen werden. Natürliche oder künstliche Fruchtessenzen, Kaffee, Tee, Kakao werden als Geruchsstoffe zugefügt. Die Mischung aus Milch u. den gewählten Mehlen u. Zusatzstoffen wird unter Rühren 1—3 Std. auf 75—100° erhitzt u. homogenisiert. Das Prod. wird zuletzt in luftdicht verschließbare Gefäße gefüllt. (**F. P. 996 648** vom 12/5. 1945, ausg. 24/12. 1951.) HEYNE. 7757

Wilfrid Arthur Ellebach, London, England, *Herstellung eines Milchgetränkes*. Man setzt der Milch (I) ein oder mehrere Geschmacks- u. Geruchssubstanzen zu, leitet techn. reinen O_2 (II) durch I, erhitzt I in Ggw. von II unter Druck u. gelegentlichem Schütteln u. hält dann I unter O_2-Druck. (**E. P. 650 763** vom 24/10. 1946, ausg. 7/3. 1951.) MAASS. 7757

Bruno Wauschkuhn, Hameln, *Herstellung von Butter aus hochkonzentriertem Rahm*. Der Rahm wird in der 1. Phase des Butterungsverf. durch Ausschalten jeglicher inneren Bewegung, welche durch äußere Reibung bzw. Druck eintreten kann, gekühlt. (**D. B. P. 864 189** Kl. 53e vom 18/1. 1951, ausg. 22/1. 1953.) MAASS. 7759

Marshall's Food Products Ltd., Croydon, England, *Herstellung von Lab und Labpräparaten* durch Mischen von mindestens 2 Teilen Labextrakt, von denen der eine Teil z. B. NaH_2PO_4 u. der andere $CaCl_2$ enthält, unter Bldg. eines nicht filtrierbaren Nd. von $Ca_3(PO_4)_2$, an dessen frisch gebildeten Oberflächen sich der reaktionsfähige Labanteil adsorbiert. (**E. P. 642 653** vom 12/2. 1947, ausg. 6/9. 1950.) MAASS. 7761

Badische Anilin- & Soda-Fabrik, Ludwigshafen/Rh. (Erfinder: **Georg Pfützer,** Limburgerhof), *Grünfutterkonservierung* durch Verwendung von propionsauren Salzen, bes. Ca-Propionat. (**D. B. P. 862 252** Kl. 53g vom 22/8. 1944, ausg. 8/1. 1953.) KRANZ. 7783

Badische Anilin- & Soda-Fabrik, Ludwigshafen/Rh. (Erfinder: **Georg Pfützer,** Limburgerhof), *Konservierung von Grünfutter* durch Zusatz von Nitrobenzoesäuren, z. B. 0,2 % 3-Nitrobenzoesäure. (**D. B. P. 873 493** Kl. 53g vom 31/1. 1943, ausg. 13/4. 1953.) KRANZ. 7783

XVII. Fette. Seifen. Wasch- u. Reinigungsmittel. Wachse. Bohnermassen usw.

Ken Ohashi und **Hiroso Nobori,** *Behandlung von verbrauchtem Ni-Kontakt*. Es werden 3 Verff. zur Regenerierung von verbrauchtem *Ni-Kontakt* aus der *Ölhärtung* verglichen. Der Kontakt wird 1. mit NaOH u. dann mit W. gewaschen u. geröstet u. in H_2 red., 2. mit CCl_2:CHCl oder Bzl. gewaschen u. wie bei 1. weiterbehandelt, oder 3., wenn aus der Herst. von Sorbit stammend, mit heißem W. gewaschen, getrocknet u. wie vorst. reduziert. Die Katalysatoren 1 u. 3 sind akt., wie frische, 2 ist etwas weniger akt., kann aber für die Herst. von halbgehärteten Ölen gebraucht werden. (J. chem. Soc. Japan, ind. Chem. Sect. [Kōgyō Kagaku Zassi] **54.** 287—89. April 1951. Tokyo, „Ka-o" Fett- u. Ölges. [Orig.: japan.].) SCHULER. 7880

Georges N. Catravas, *Die Rolle des Schwefels bei der katalytischen Aktivität des Nickels auf Diatomeenerde bei der Hydrierung von Fetten*. Häufig wird angenommen, daß der S bei katalyt. Hydrierungen von Äthylenverbb. den Katalysator vergifte. Vf. untersuchte die Rolle des S, der einem Ni-Kieselgur Katalysator in wachsenden Mengen (0,5—2,0 % bezogen auf den Gesamtkatalysator) zugegeben wurde. Er fand, daß die Hydrierungs-Rk. bei Fetten beschleunigt wird bei einem S-Geh. des Katalysators von maximal 0,5—1,0 %. Bei über 1,5 % S sinkt die Aktivität des Katalysators rasch ab. — Die Verss. wurden mit schwefelfreiem Erdnußöl bei 170° u. einer Reaktionsdauer von 60 Min. unter gewöhnlichem Druck ausgeführt. Zur Darst. des Katalysators aus Diatomeenerde („Coscinodiscus") u. reinstem $Ni(NO_3)_2$ (Ni = 30 % des Katalysators) wurde S in Form von $NiSO_4$ zugegeben u. red. (H_2-Strom, 475°, 15 Min.). Menge des verwendeten Katalysators im Öl: 2 %. JZ des Öls: 91,4; nach Hydrierung mit Ni-Kieselgur-Katalysator ohne S: 15,2; nach Hydrierung mit Ni-Kieselgur-Katalysator mit 1 % S-Geh.: 8,2. (C. R. hebd. Séances Acad. Sci. **236.** 617—18. 9/2. 1953.) FECHTER. 7880

L. Thuriaux, *Sauerwerden von Palmöl durch atmosphärischen Wasserdampf*. Die Aufspaltung von Palmöl in Fettsäure u. Glycerin kommt bei einem Wassergeh. von 0,2 % bald ins Stocken, jedoch genügt nach Verss. des Vf. atmosphär. Wasserdampf, um eine weitere Aufspaltung wieder in Gang zu bringen. (Bull. agric. Congo belge **43.** Nr. 4. Bull. Inf. 287—88. Dez. 1952.) BÖSS. 7906

Akira Nagata, Mikiro Ebara und **Seiichi Igarashi,** *Über die Ölspaltung nach Twitchell und die Behandlung der Glycerinlauge. 1. Mitt. Spaltung von Rindertalg mittels Dibutylnaphthalinsulfonsäure.* Der Verlust an Glycerin (ca. 6%) bei der Raffinierung des Glycerinwassers nach dem TWITCHELL-Verf. ist nicht größer als beim Autoklavenverfahren. (J. chem. Soc. Japan, ind. Chem. Sect. [Kōgyō Kagaku Zassi] **54.** 169—71. Febr. 1951. Kao Öl- u. Fett-Ges. [Orig.: japan.]) SCHULER. 7908

Akira Nagata, Mikiro Ehara, Seiiti Igarashi und **Hiroso Nobori,** *Über die Ölspaltung nach Twitchell und die Behandlung der Glycerinlauge. 2. Mitt. Raffinieren und Konzentrieren des Glycerinwassers.* (1. vgl. vorst. Ref.) Aus den Absorptionsspektren des Verseifungsmittels, sowie des rohen u. gereinigten *Glycerinwassers* (**I**) wird geschlossen, daß das beim Einengen des **I** auftretende Schäumen auf das Verseifungsmittel zurückzuführen ist. Mittels Ionenaustauscher läßt sich ein Teil des Verseifungsmittels u. andre organ. Materie aus dem **I** entfernen, zugleich mit einer Aussalzung. Aktivkohle ist für die Entfernung des Verseifungsmittels brauchbar. Das so mit Austauschern u. Kohle behandelte **I** ist farblos, schäumt nicht u. liefert beim Dest. keine unbrauchbaren Rückstände. (J. chem. Soc. Japan, ind. Chem. Sect. [Kōygō Kagaku Zassi] **54.** 338—39. Mai 1951. Tokyo, Kao Öl & Fett Co. [Orig.: japan.]) SCHULER. 7908

Margaret S. Furry und **Elinor M. O'Brien,** *Die Waschwirksamkeit von Waschmitteln und Waschmethoden bei der Wollreinigung.* An sauberen u. angeschmutzten Wollgeweben wurden folgende Waschmittel erprobt: Seife, 2 reine u. 2 aufgebaute synthet. Waschmittel. Gemessen wurden die Waschwrkg., die Schmutzentfernung u. Permanenz des Weißgrades. Die mechan. Bewegung der Flotten erwies sich als wichtiger als die Waschtemperatur. (Amer. Dyestuff Reporter **41.** 861—62. 22/12. 1952. US Dep. Agriculture, Bureau of human nutrition and home economics.) ZAHN. 7912

Metallgesellschaft Akt.-Ges. (Erfinder: **Erich Rammelkamp**), Frankfurt/M., *Kontinuierliche Extraktion von festem Gut,* bes. zum *Entölen* von *pflanzlichen* oder *tier.* Stoffen, in einem Extrakteur, in dem das Gut (**I**) in mit Siebböden versehenen Körben (**II**) im Kreislauf bewegt wird u. das angereicherte Lösungsm. (**III**) von einem **II** in den darunterliegenden **II** abfließt. Dabei wird in jedem **II** ein Lösungsmittelbad dadurch gehalten, daß ein Teil des **III** durch in den aufeinanderfolgenden **II** derart nacheinander versetzt angeordnete Überlaufkanäle (**IV**) von einem **II** zum anderen abläuft, daß das aus einem **II** abgelaufene **III** nicht, ohne das zu extrahierende **I** durchdrungen zu haben, aus dem **IV** des folgenden **II** ablaufen kann. — Zeichnung. (**D. B. P. 858 987** Kl. 12e vom 20/6. 1951, ausg. 11/12. 1952.) NEBELSIEK. 7873

Blaw-Knox Co., Pittsburgh, Pa., übert. von: **Eugene Hendrich Leslie,** Ann Arbor, Mich., V. St. A., *Ausdämpfen von Extraktionsrückständen.* Ölkuchen, extrahierte Knochen u. Gewebe werden in zerkleinertem Zustand mit überhitztem Dampf (**I**) von Lösungsmittelresten befreit, wobei man als **I** die vom behandelten Gut entweichenden Dämpfe im Gemisch mit W. benutzt. Der Wassergeh. (**II**) von **I** wird im Gleichgewicht mit mit dem gewünschten **II** des ausgedämpften Prod. eingestellt. — Zeichnung. (**A. P. 2618560** vom 28/3. 1947, ausg. 18/11. 1952.) LÜTTGEN. 7873

Sherwin-Williams Co., Cleveland, übert. von: **James V. Hunn,** Avon Lake, und **Michael W. Pascal,** Shaker Heights, O., V. St. A., *Klären von Öl und Miscella.* Man mischt die Prodd. mit W., das hydrophile, die Oberflächenspannung herabsetzende Stoffe, wie z. B. Seife, Alkylsulfate, Isopropylalkohol, Milchsäure, in noch keine Emulsion bewirkender Menge enthält, u. trennt die Verunreinigungen mechan. ab. — Zeichnung. (**A. P. 2 605 272** vom 8/12. 1948, ausg. 29/7. 1952.) LÜTTGEN. 7875

Technical Services of the Department of Commerce, Washington, D. C. (Erfinder: **John C. Cowan,** Peoria, und **Cyril D. Evans,** Peoria Heights, Ill.), V. St. A., *Antioxydans.* Man setzt Glyceriden 0,001—0,1% Stärkephosphat, bes. mit 2% P, zu. (**D. B. P. 864 591** Kl. 23a vom 21/7. 1951, ausg. 26/1. 1953. A. Prior. 21/7. 1950.) LÜTTGEN. 7879

Girdler Corp., übert. von: **Alton E. Bailey,** Louisville, Kent., V. St. A., *Bleichen von Ölen.* Öl wird bei erhöhter Temp. durch gebrauchte Bleicherde geleitet, mit frischer Erde gemischt, in eine Vakuumzone gesprüht u. gefiltert. — Zeichnung. (**A. P. 2 618 644** vom 4/11. 1948, ausg. 18/11. 1952.) LÜTTGEN. 7887

Phillips Petroleum Co., übert. von: **Arnold L. Ayers** und **Cleveland R. Scott,** Bartlesville, Okla., V. St. A., *Winterisieren vegetabilischer Öle.* Man setzt Ölen, z. B. Baumwollsamenöl, 0,1—10, bes. 1—3% Cocosnußöl u. Lanolin zu. (**A. P. 2 607 695** vom 25/11. 1949, ausg. 19/8. 1952.) LÜTTGEN. 7895

Sharples Corp., übert. von: **Walter C. Davis,** Tredyffrin Township, Pa., V. St. A., *Gewinnung von Tran.* Das zerkleinerte Rohmaterial wird einer zweimaligen starken

Zentrifugation unterworfen, worauf die beiden abzentrifugierten Fll. vereinigt u. durch Zentrifugieren in W. u. Tran getrennt werden. — Zeichnung. (**A. P. 2 614 110** vom 6/6. 1947, ausg. 14/10. 1952.) LÜTTGEN. 7899

Aktiebolaget Separator, Stockholm, Schweden, *Herstellung von Margarine, Fett und ähnlichen Produkten.* Man vermischt die wss. u. die Fettkomponente, beide in fl. Phase, miteinander, wobei die wss. Phase so tief gekühlt wird, daß sie die Fettphase zur Kristallisation bringt. Hierbei wird das Vermischen mit einer solchen Geschwindigkeit vorgenommen, daß eine Kristallisation der Fettphase erst nach der feinen Dispergierung in der fl. Phase erfolgt. (**N. P. 80 008** vom 22/12. 1949, ausg. 31/3. 1952. Schwed. Prior. 23/12. 1948.) JÜRGEN SCHMIDT. 7901

Vitex Soc. An. (Anciens Établissements J. Canouet), Frankreich, *Herstellung von neutralen oder sauren Alkaliharzseifen* aus Rohharz, welches von den Verunreinigungen möglichst befreit worden ist u. gegebenenfalls hydriert oder größtenteils in Dehydroabietinsäure übergeführt worden ist, durch Behandlung mit Alkalien oder Alkalicarbonaten in wasserfreier oder krist. Form bei 50—70° unter mehrstd. energ. Rühren. Gegebenenfalls wird das Harz in organ. Lösungsmitteln, wie A., Toluol oder Cyclohexan, gelöst. Das Verseifungsprod. wird neutral gemacht u. danach das noch enthaltene Terpentinöl durch Dest., zweckmäßig unter Durchleiten eines N_2-Stromes, entfernt. (**F. P. 975 986** vom 25/9. 1948, ausg. 12/3. 1951.) M. F. MÜLLER. 7911

Anglo-Iranian Oil Co. Ltd., London, **Stanley Francis Birch** und **Ronald Alfred Dean,** Sunbury-on-Thames, England, *Herstellung von Alkyl- und Dialkylsulfonaten.* Man erhält Prodd. mit verbesserter *Waschkraft,* wenn man Monoolefine enthaltende KW-stoffe, bes. Schieferöldestillate, vor der Sulfonierung durch Extraktion mit polaren Lösungsmitteln, z. B. SO_2 bei —20 bis —30° oder Furfurol, Phenol, Anilin oder Dimethylsulfat, von N-Basen, Dienen usw. befreit. (**E. P. 661 364** vom 30/6. 1947, ausg. 21/11. 1951.) LÜTTGEN. 7913

—, Technological Dictionary for industries consuming dyestuffs and textile auxiliaries (T. 2: Fachwörterbuch für die Farbstoffe und Textilhilfsmittel verbrauchenden Industrien). P. 1. 2. 1. English-German. (627 S.) 2. Deutsch-Englisch. (489 S.) Frankfurt/M.-Höchst: Farbwerke Hoechst, vorm. Meister Lucius & Brüning. 1952. 8°. Nicht im Buchhandel.

XVIIIa. Holz. Cellulose. Zellstoff. Papier. Papierdruck. Celluloid. Linoleum.

Epaminondas A. Botelho, *Neue Holzschutzmittel (toximetrische Versuche).* Bei der Prüfung der fungiciden Eigg. von chloriertem u. nitriertem Fichtenharz werden die Pilze *Polystictus versicolor L.* u. *Fomes connatus Quélet* benutzt. Die Wrkg. der genannten Prodd. ist dabei von gleicher Größenordnung (unter 0,1%; 0,1—0,3%; 0,6—1,0%) wie die der bekannten Holzschutzmittel oder diesen sogar überlegen, z. B. beim Nitroprod. 3½ mal besser als bei $ZnCl_2$. (Bol. do INT **2.** Nr. 3. 25—34. Mai 1951.) R. K. MÜLLER. 7952

A. A. Ganschin, *Kontinuierliche Prozesse in der Technologie der holzchemischen Industrie.* Verbesserungsvorschläge zur weitgehenden Anwendung kontinuierlich gestalteter Arbeitsvorgänge bei den verschiedensten holzchem. Prozessen, wie Pyrolyse, Alkoholgewinnung, Entharzung, Rektifizierung, Reinigung u. Veresterung von Essigsäure, Gewinnung von Kolophonium u. Terpentin, synthet. Campher u. a., mit dem Ziel, diese zu automatisieren. (Деревоперерабатывающая и Лесохимическая Промышленность [Holzverarb. holzchem. Ind.] **2.** Nr. 3. 12—15. März 1953.) ULMANN. 7952

Kei Matsuzaki und **Hiroshi Sobue,** *Fraktionierung von Cellulose.* Acetonlsgg. von nitrierter gereinigter *Baumwolle* werden mittels Aceton—W.- u. Aceton—Ligroin-Mischungen fraktioniert gefällt u. die Ergebnisse mit denen der fraktionierten Lsg. in Mischungen von Äthylacetat—A. verglichen. Das letztere Verf. gibt am besten reproduzierbare Werte. (J. chem. Soc. Japan, ind. Chem. Sect. [Kōgyō Kagaku Zassi] **54.** 289—91. April 1951. Tokyo, Univ. [Orig.: japan.].) SCHULER. 7954

J. H. Rediske, *Radioaktive Isotopen in der Zellstoff- und Papierindustrie.* Vf. beschreibt erst Strahlung, Nachw., Wrkg., Gefahren u. Anwendungen der radioakt. Isotope. Ein Zufügen zum Papier oder Zellstoff ist kaum möglich, da sich das Papier nachher ohne Entfernung der Isotopen nicht für Verpackungszwecke eignet. Aber verschied. Geräte, die mit radioakt. Isotopen arbeiten u. die schon an anderen Stellen benutzt werden, können auch hier verwendet werden; 1. das Penetron besteht aus voneinander abgeschirmtem γ-Strahler u. Ionisierungskammer nebeneinander, durch Reflexion wird D. oder Stärke gemessen; 2. der Rückstrahlungsmesser (*backscattering gauge*), ein β-Strahler vor der Ionisierungskammer u. gegen diese abgeschirmt. Durch die rückgestreuten Strahlen wird die Stärke von dünnen Filmen bestimmt; 3. Geräte zur Best. der Höhe von Fl. im Tank sind γ-Strahler, meist ^{60}Co; 4. das Densitometer besteht aus einem β-Strahler, meist ^{90}Sr, unterhalb des zu messenden Filmes u. der Ionisierungskammer über diesem; es wird die Stärke des Filmes gemessen. Vf. glaubt, daß das Densitometer bes. für die Papierindustrie geeignet ist, da es fest montiert wird u. es sich zur Betätigung automat. Steuer- u. Kontrollorgane gut verwenden läßt. (Paper Mill News **76.** Nr. 10. 20—22. 7/3. 1953. Hanford, Atomic Energy Works, General Electric Co.) H. BECKER. 7956

I. Iwanow, *Das Bleichen von Zellstoff.* Die Alkalichlorierung nach RUE u. SCONCE verbindet Chlorierung u. Hypochloritbleiche, hat aber einen hohen Kalk- u. Cl_2-Verbrauch. Sie wird meist als 1. oder 3. Stufe im Mehrstufenverf. angewendet. Sulfatzellstoff wird nach der alkal. Extraktion im Diffusionsprozeß eingeweicht, damit sich die zu entfernenden Bestandteile gut lösen. Die letzte Stufe des Bleichens ist nur kurz u. empfindlich. Um hierbei den Zellstoff nicht zu schädigen, wird besser mit Peroxyden, ClO_2 oder $NaClO_2$ gebleicht; sie sind aber nicht geeignet, wenn durch die verd. HCl u. die Oxydation in der letzten Stufe ein Abbau zur Erzielung eines niedrigviscosen Zellstoffes erwünscht ist. (Papier u. Druck **2.** Zellstoff u. Papier Nr. 3. 36—38. März 1953.) H. BECKER. 7956

Schwenzon und **Thieme,** *Aufschlußversuche von Roggenstroh mit Kaliumhydroxyd.* Bei Verss., Roggenstroh mit KOH aufzuschließen, zeigt sich, daß mindestens 25% KOH atro Stroh gebraucht werden. Es wurde 45—105 Min. bei 160—170° gekocht u. dabei wurden Ausbeuten von 50—65% Zellstoff erhalten. Um das Verf. wirtschaftlich zu machen, wäre eine Chemikalienrückgewinnung aus der Ablauge erforderlich, deren Zus. angegeben ist. (Papier u. Druck **2.** Zellstoff u. Papier Nr. 3. 38—39. März 1953.) H. BECKER. 7958

B. D. Bogomolow und **A. A. Ssokolowa,** *Gewinnung und Eigenschaften von Sulfan.* (Vgl. C. **1951.** II. 466.) *Sulfan,* das bei der Cellulose–Sulfat-Kochung als leichtflüchtiges Gasgemisch S-haltiger Verbb. entweicht, ist eine farblose, leicht bewegliche Fl. von unangenehmem Geruch, Kp. 42°, D. 0,848—0,856. Bei stärkerem Abkühlen tritt Trübung ein, wobei bei —10° kleine Kriställchen ausfallen, weiterhin bleibt die Fl. klar, auch bei —40°. Explosionsgrenzen bei Mischung mit Luft 2,95—8,48%. Geh. an *Dimethylsulfid* über 80%, an *Methylmercaptan* über 0 5%. (Бумажная Промышленность [Papier-Ind.] **28.** Nr. 4. 16—20. April 1953. Archangelsk, Holzchem. Inst. u. Station Archangelsk der Akad. der Wiss. der UdSSR.) ULMANN. 7960

Je. A. Massjukow, *Einige Verfahren zur Verbesserung der kalten Regeneration von SO_2.* Durch ein Nomogramm für die Gleichgewichtskonz. von SO_2 zwischen Gasphase u. Bisulfitlsg. mit 0,9% CaO weist Vf. auf die unvermeidlichen SO_2-Verluste hin, die bei einstufiger Absorption eintreten. Auch weitere Verlustquellen, die an Hand von Zahlenmaterial besprochen werden, lassen es als dringend notwendig erscheinen, falls eine 2stufige Regenerationsanlage nicht realisierbar ist, alte 1stufige Anlagen durch Zusatzvorr. zu ergänzen, wozu verschied. Hinweise gegeben werden. (Бумажная Промышленность [Papier-Ind.] **28.** Nr. 4. 21—23. April 1953. Zentr. Wiss. Forschungsinst. für Papier.) ULMANN. 7962

Ingvar Jullander, *Herstellung wasserlöslicher Celluloseäther, Eigenschaften und Anwendungsbereich.* Angabe der Strukturformeln im Handel zugänglicher wasserlösl. Celluloseäther (Monoäthylcellulose, Äthyloxyäthylcellulose, Methylcellulose, Carboxymethylcellulose) u. wichtigste techn. Herstellungsmethoden. Als Beispiel ist ein Fabrikationsschema für Äthyloxyäthylcellulose gegeben. Der Esterifizierungsmechanismus wird vom physikal.-chem. Gesichtspunkt aus erörtert, u. es werden die wichtigsten physikal.-chem. Eigg. besprochen (Oberflächenspannung, Filmbildungsvermögen u. vor allem die Viscosität [App. zur Messung mit Abbildungen]). Die Struktur der Lsgg. u. einige der wichtigsten Anwendungsgebiete (Waschmittel, Schlichtemittel, als Zusatz zum Bohrschlamm bei Petroleumbohrungen, in der Glasindustrie u. a.) sind genannt. — Literaturhinweise. (Farmac. Revy **51.** 509—19. 8/8. 525—32. 15/8. 1952.) GEITZ. 7970

N. J. Øgland, *Über die Leimung von Hartfaserplatten durch Wärmebehandlung nach dem Pressen.* Hartfaserplatten, die man nach dem Pressen einer Wärmebehandlung zur Erhöhung der Wasserfestigkeit unterwirft, werden häufig nur mit Al-Sulfat (I) geleimt, da das im Asplundstoff u. Holzschliff enthaltene Harz sich mit **I** zu Mono-Al-Resinat umsetzt. Vf. hat das Bindungsvermögen dieser Stoffe für $Al^{\cdot\cdot\cdot}$ u. $Fe^{\cdot\cdot\cdot}$ in Milliäquivalent/100 g Stoff bei p_H 4,3 u. 6,0 bestimmt u. weiter von Hartplatten mit 0—1 g Al/kg Stoff sowie 0—2 g Fe/kg Stoff die Biegefestigkeit, die Wasseraufnahme u. die maximale Dickenquellung ermittelt, die bei Al-Zugabe sämtlich kleiner werden. Der Einfl. der Wärmebehandlung der Platten nach 1½ Std. wurde bei p_H 4,5 u. bei

0—1 g Al/kg Stoff verglichen. Auch bei starker Wärmebehandlung ist die Wasseraufnahme der Platten ohne Al··· größer als bei Al-Zusatz. (Paperi ja Puu B **33**. 8. 15/1. 1951. Örnsköldsvik, Schweden, Mo och Domsjö Treetex AB.) Borchers. 7986

Deutsche Gold- und Silberscheideanstalt vorm. Rößler (Erfinder: **Wilhelm Schulenburg**), Frankfurt/M., *Holzschutzmittel*. Man imprägniert Holz, wie Masten, Eisenbahnschwellen oder Pfähle, gegen pflanzliche oder tier. Schädlinge mit Hg-Verbb. (**I**) u. CNS-Verbb. (**II**) in gelöster Form gemeinsam, bes. mit Umsetzungsprodd. von **I**, wie $HgCl_2$ oder $Hg(CNS)_2$ (**III**), mit Alkali- oder NH_4-Rhodaniden oder mit Rhodaniden von Metallen der zweiten Gruppe des Period. Syst., bes. $Zn(CNS)_2$. Die Umsetzung der **I** mit den **II** kann vor der Imprägnierung des Holzes erfolgen oder man kann die Imprägnierung 2stufig durchführen, wobei man zunächst eine Tränkung des Holzes mit gelösten **II** u. anschließend eine solche mit gelösten **I** vornimmt. Vor, während oder nach der Imprägnierung des Holzes kann man ferner Rostschutzmittel, Flammenschutzmittel, Farbstoffe oder auch andere Schutzmittel gegen pflanzliche oder tier. Schädlinge mitverwenden. Die Imprägnierung des Holzes mit der Schutzmittellsg. kann durch Aufstreichen, im Pasten- oder Kesseldruckverf. oder mittels Vakuumbehandlung durchgeführt werden. Eine geeignete Imprägnierlsg. ist z. B. eine Lsg. aus 180 g **III** in 1800 cm^3 einer 3,1%ig. wss. Lsg. von KCNS. Holzschutz gegen Schädlingsfraß von großer Tiefenwirkung. (**D. P. [DDR] 818** Kl. 38h vom 28/12. 1950, ausg. 8/9. 1952 [Ausschließungspatent].) Raetz. 7953

„SOLO" Závody na Zápalky, Národný Podnik Sušice und **Drevoindustria, Národný Podnik**, Prag, Tschechoslowakei (Erfinder: **J. Novák**), *Bleichen von Holz, besonders für Zündhölzer*. Das Holz wird zunächst mit einem schwach phosphorsauren Bad (0,5 bis 2% H_3PO_4 oder äquivalente Menge saurer Alkaliphosphate) 45 Min. bei mindestens 70° vorbehandelt u. dann schwach alkal. mit H_2O_2 gebleicht. Das Bleichbad soll 0,5 bis 2% freies NH_4OH u. 1—6% 30%ig. H_2O_2 enthalten. Daneben kann etwas Alkaliphosphat vorhanden sein. Temp. 60—90°. In der 1. Stufe kann ebenfalls etwas H_2O_2 zur Erhöhung der Porosität zugefügt werden. (**Schwed. P. 132 277** vom 27/5. 1944, ausg. 10/7. 1951.) Jürgen Schmidt. 7953

Nils Viktor Mamibro, Fredriksberg, Schweden, *Gewinnung von H_2S*. Sulfitablauge wird zusammen mit Schwarzlauge des Sulfatcelluloseverf. verbrannt. Die entstehende Schmelze wird in W. oder Sulfitlauge gelöst; sie enthält Na_2S u. Na_2CO_3. Die Lsg. wird in einem Adsorptionsturm im Gegenstrom mit CO_2 enthaltenden Gasen, bes. Verbrennungsgasen, behandelt, deren Menge so gewählt wird, daß oben sich ein p_H 9,5 einstellt u. die entweichenden Gase weder CO_2 noch H_2S enthalten. Aus der unten abfließenden Lsg. wird durch Anwendung von Unterdruck H_2S gewonnen. H_2S wird zu SO_2 oxydiert; die erforderliche Luft kann man zur Unterstützung des Austreibens von H_2S verwenden. SO_2 u. die von H_2S befreite Lsg. werden zum Aufschluß wieder verwendet. (**A. P. 2 611 682** vom 4/12. 1950, ausg. 23/9. 1952. Schwed. Prior. 7/12. 1949.) Zürn. 7957

Courtaulds Ltd., London, übert. von: **Godfrey John Care**, Shilton, **Henry Hampson**, Coventry, **Eric Paul Sharman**, Northampton, und **John Philip Stoneman**, Coventry, England, *Herstellung von sekundärem Celluloseacetat* (**I**). Unter Strukturerhaltung hergestelltes **I** mit mindestens 61,5% gebundener Essigsäure wird in einer Mischung aus 40—60 (Vol.-%) Essigsäure u. 60—40 CH_2Cl_2 gelöst, mit W. u. einem hydrolysierend wirkenden Katalysator (H_2SO_4) versetzt, auf mindestens 45° erwärmt, bis der gewünschte Essigsäuregeh. erzielt ist, u. ausgefällt. (**E. P. 649 603** vom 2/6. 1948, ausg. 31/1. 1951.) Fabel. 7971

Mississippi Valley Research Laboratories, Inc., übert. von: **George L. Doelling**, St. Louis, und **Kenneth H. Adams**, Fenton, Mo., V. St. A., *Halogennitrophenyläther von Polypropylenglykolen* eignen sich als hochsd. Lösungsmittel u. Weichmacher für Kunststoffe. — 128 (g) 3.4-Dichlornitrobenzol (**I**), 268 Dipropylenglykol (**II**) u. 49,9 KOH (**III**) werden unter Durchleiten von O_2 auf 68° erwärmt; man setzt 8 **III** nach, gibt in 1000 W. u. extrahiert mit 200 Bzl. u. 75 Ae., worauf der Extrakt mit W. gewaschen wird. Man isoliert 165 fl. *Mono-(2-chlor-4-nitrophenyl)-äther von* **II**, Kp.$_2$ 206—207°, *Weichmacher für Cellulosenitrat*. — Ebenso erhält man den *2.5-Dichlor-4-nitrophenyläther* (**IV**) von **II**, Kp.$_{1,8}$ 195—196°; den *Monochlornitrotolyläther* von **II**, Kp.$_2$ 175—179°; den *Tripropenylglykoläther* von **I** u. den **IV** von *Tripropenylglykol*. Ebenso erhält man *2.5-Dichlor-4-nitro-* oder *2.4.5-Trichlor-6-nitrophenyläther* usw. von Polyglykolen mit Mol-Gew. von ca. 750. (**A. P. 2 569 883** vom 8/4. 1948, ausg. 2/10. 1951.) Möllering. 7971

A. C. Bergès, Mimizan-Plage, Frankreich, *Zerlegen von flüssigen heterogenen Mischungen*, bes. Aufschlämmungen von Papiermasse. Man leitet die M. als ringförmige

Wirbelschicht durch eine zylindr. Wirbelkammer mit glatter Innenfläche. Hierbei werden die schweren Teile unten angereichert u. durch ein senkrechtes Zentralrohr nach oben abgeführt, während die leichtesten Teile aufschwimmen u. oben abgeführt werden. Es ist aber auch möglich, die allerschwersten Teile durch das Zentralrohr nach oben zu führen u. seitlich noch eine Zwischenfraktion abzuziehen. — Vorr., Zeichnung. (**Schwed. P. 133 932** vom 10/4. 1948, ausg. 11/12. 1951. F. Priorr. 11/4. 1947 u. 5/3. 1948.) JÜRGEN SCHMIDT. 7985

Hercules Powder Co., Wilmington, Del., übert. von: **Julian Louis Azorlosa,** Westbury, N. Y., V. St. A., *Herstellung von naßfestem Papier.* Die Cellulosefasern werden mit einem Mischpolymerisat von 88—95% Acrylamid, Rest Acrylsäure, behandelt, wobei das Polymerisat durch Zugabe von Metallsalzen auf der Faser fixiert wird. **(Can. P. 477 265** vom 1/2. 1950, ausg. 25/9. 1951. A. Prior. 16/8. 1949.) SCHÖNAUER. 7987

XVIIIb. Textilfasern.

J. Salquain, *Kernenergie und Textilindustrie.* Zusammenfassung der Anwendungsgebiete radioakt. Isotope in der Textilindustrie, wie z. B. Homogenitätsunters., Dickenkontrolle, Beseitigung stat. Elektrizität, Photofarbtechnik u. elektrolyt. Prozesse. (Teintex **17.** 771—86. 15/12. 1952.) GERHARD SCHMIDT. 8024

Kōichi Isoda, Hiroshi Kishikawa und **Ryohei Oda,** *Synthese nichtionisierter oberflächenaktiver Stoffe.* 2. Mitt. *Äthanolaminderivate.* (1. vgl. J. chem. Soc. Japan, ind. Chem. Sect. [Kōgyō Kagaku Zassi] **53.** 431. Dez. 1950.) Beschrieben wird die Darst. von *Laurinsäuremono-* u. *-diäthanolamid* aus dem Säurechlorid u. Äthanolamin + KOH in wenig W. u. A., ferner von *Cocos-* u. *Sojaölfettsäuretriäthanolamid* aus dem betreffenden Öl durch Umesterung mit Triäthanolamin, sowie die jeweils darauffolgende Kondensation mit 2—7 Mol Äthylenoxyd zu *Polyglykoläthern.* Die Oberflächenspannungen der 0,001—5,0%ig. Lsgg. betragen ca. 29—47 dyn/cm. (J. chem. Soc. Japan, ind. Chem. Sect. [Kōgyō Kagakū Zassi] **54.** 419—20. Juni 1951. Kyoto, Univ. [Orig.: japan.]) SCHULER. 8028

Kōichi Isoda, Hiroshi Kishikawa und **Ryohei Oda,** *Synthese nicht ionisierter oberflächenaktiver Stoffe.* 3. Mitt. *Pentaerythritderivate durch Umesterung mit Ölen.* (2. vgl. vorst. Ref.) *Sojaöl* (I), z. B. 90 g, u. *Cocosöl* (II) werden mit *Pentaerythrit* (**III**; 1,28 bis 3,84 Mol/Mol I) u. Na_2CO_3 (0,45 g) 4,5—5,1 Std. auf 200—210° erhitzt, das Prod. wird mit A. herausgelöst u. von überschüssigem **III** u. Soda mittels verd. warmer NaCl-Lsg. befreit. Stets verbanden sich 1,19 bzw. 1,27 Mol **III** mit 1 Mol **I** bzw. **II.** Durch Behandlung mit *Äthylenoxyd* (**IV**), wie in der 1. Mitt., entstehen *Polyglykoläther* mit 2,8—4,7 Mol **IV**/Mol OH. Bei 7—14° wurde die Oberflächenspannung der Prodd. vor (34—37 dyn/cm) u. nach der Behandlung (53—72 dyn/cm) mit **IV** in 0,001—5%ig. Lsg. in W. bestimmt, ebenso die Trennflächenspannung 1%ig. wss. Lsg. gegen Bzl. (0,9 dyn/cm vorher, 8,6—14 dyn/cm nachher). (J. chem. Soc. Japan, ind. Chem. Sect. [Kōgyō Kagaku Zassi] **54.** 474—75. Juli 1951. [Orig.: japan.]) SCHULER. 8028

—, *Neuere Entwicklungen auf dem Gebiet des Reinigens und Bleichens.* Allg. gehaltene Ausführungen über das enzymat. Entschlichten, über das kontinuierliche Bleichen u. über das Bleichen mit H_2O_2 sowie über die opt. Bleiche. Eingegangen wird dann auf die Fortschritte hinsichtlich des Waschens der Wolle sowie auf die neueren Entwicklungen auf dem Gebiete der Wasch- u. Reinigungsmittel für Textilien. (Textile Recorder **70.** Nr. 838. 76—78. Jan. 1953.) P. ECKERT. 8030

T. E. Bell, *Die kontinuierliche Peroxydbleiche.* Ausführliche, in Einzelheiten gehende Beschreibung des kontinuierlichen H_2O_2-Bleichverf. der DU PONT CO. (Canad. Textile J. **68.** 56—61. 13/4. 1951. Wilmington, Del., E. I. du Pont de Nemours Co.) H. G. FRÖHLICH. 8032

G. Seyffarth, *Stabilisieren von Peroxydbleichbädern.* Nach einem kurzen Überblick über die katalyt. Wrkg. verschied. chem. Verbb. auf den Zerfall von H_2O_2, bes. durch positive Katalysatoren, geht Vf. auf Stabilisierungsmittel ein. Angeführt werden in diesem Zusammenhang Verbb. des Mg, Ca, des zwei- u. vierwertigen Sn sowie phosphorsaure Salze. Der Chemismus der Stabilisierungsmittel wird kurz erläutert. Angeführt werden ferner noch einige organ. stabilisierend wirkende Verbindungen. (Z. ges. Textilind. **55.** 131. 5/2. 1953.) P. ECKERT. 8032

Louis I. Weiner, *Die Konstruktion von wasserfester Ware.* Die Unterss. haben gezeigt, daß der Widerstand von Geweben gegenüber der Aufnahme von W. bei der künstlichen Beregnung im Regenraum um so größer wird, je höher die D. u. Dicke der Gewebestruktur sind. Die weiteren Verss. gehen nun dahin, leichte Gewebe zu entwickeln, die eine ausreichende Wasserfestigkeit aufweisen. (Canad. Textile J. **68.** 71—73. 13/4. 1951.) H. G. FRÖHLICH. 8036

W. R. Moore, *Die Feuchtigkeitsaufnahme von Textilfasern.* (Vgl. C. **1953.** 5435.) An Hand der Literatur wird ein kurzer Überblick über die Feuchtigkeitssorption verschied. Textilfasern gegeben, u. anschließend werden einige Methoden zur Best. des Wassergeh. im Fasermaterial beschrieben. (Textile Recorder **70.** Nr. 838. 66–68. Jan. 1953.) P. ECKERT. 8040

J. H. Andreen, J. W. Gibson und **O. C. Wetmore,** *Die Bewertung von Textilien auf Grund von physiologischen Messungen.* Um Textilien bzgl. ihrer Annehmlichkeit beim Tragen in der Kälte u. Wärme zu prüfen, wurden zahlreiche Unterss. an den Trägern während des Tragens ausgeführt. Hierzu gehörten die Best. der Hauttemp., des Gesamtschweißes, der Geschwindigkeit mit der der Träger zu schwitzen anfängt, die elektr. Leitfähigkeit sowie die Veränderung der Herztätigkeit während des Tragversuches. Die ausführlichen Unterss. (16 Abb. u. Tabellen) haben gezeigt, daß für die Annehmlichkeit eines Stoffes beim Tragen dessen Bindung u. Webart sowie die Art, wie der Stoff am Körper getragen wird, ausschlaggebend sind. (Textile Res. J. **23.** 11—22. Jan. 1953. Wilmington, Del., E. I. du Pont de Nemours & Co., Text. Res. Div., Text. Fibre Dep.) H. G. FRÖHLICH. 8040

A. Elliott, *Die α–β-Umwandlung in gestrecktem Haar.* Die röntgenograph. Eigg. von Keratinfasern im ungedehnten u. gedehnten Zustand werden krit. diskutiert u. die Bedeutung der amorphen Anteile wird bes. herausgestellt. Untersucht man um 100% in Dampf sowie in 1%ig. NaOH-Lsg. (danach ausgewaschen u. unter Spannung getrocknet) gestrecktes Menschenhaar ultrarotspektroskop. zwischen 4300 u. 5400 cm^{-1} auf Dichroismus (E-Vektor senkrecht sowie parallel zur Faserachse) mit einem Lithiumfluoridspektrometer, so findet man, daß das gedehnte Haar neben β-Keratin auch noch α-Keratin enthält. Die Orientierung des β-Anteils ist sehr unvollkommen. Diese Ergebnisse basieren auf der Auswertung des Dichroismus der N–H-Valenzschwingung bei 4869 cm^{-1} u. der C=O-Schwingung bei ca. 4590 cm^{-1}. Zum Vgl. wurden Spektren bei parallelem u. senkrechtem Lichteinfall auch bei Roßhaar, Seide (gut orientiertes β-Protein) aufgenommen. Da man das ultrarotspektroskop. wahrscheinlich gemachte α-Protein in um 100% gedehntem Haar röntgenograph. nicht findet, muß es amorph sein. Zwischen der äußeren Dehnung von Haaren u. der Dehnung der sich entfaltenden Ketten besteht keine einfache Beziehung. (Textile Res. J. **22.** 783—86. Dez. 1952. Maidenhead, Berkshire, England, Courtaulds Ltd.) ZAHN. 8066

Eugenio Fabrini, *Die technischen Merkmale der verschiedenen Arten von synthetischen Fasern, ihre Unterscheidung und Identifizierung in den Textilien.* Vf. ordnet alle synthet. Fasern in die 9 Gruppen: Polyvinyle, Polyacrylnitrile, Polyamide, Polyurethane, Polyester, Polyäthylene, Polystyrole, Polybutadiene u. Fasern auf Polyvinylalkoholbasis ein u. gibt eine Übersicht über ihre handelsüblichen Namen, ihre Herstellungsfirma, u. ihre wichtigsten physikal. u. techn. Unterschiede. (Fibre e Colori **2.** 453—56. Nov. 1952.) GROH. 8080

American Cyanamid Co., New York, N. Y., übert. von: **Hans Z. Lecher,** Plainfield, und **Dale R. Eberhart,** Bound Brook, N. J., V. St. A., *Acylierung von Diarylguanidinsalzen von Diaminodibenzothiophendioxydsulfonsäuren* durch Erhitzen mit einem Säurehalogenid (C_6H_5COCl) u. einem inerten organ. Lösungsm. (C_6H_5Cl, $C_6H_5 \cdot NO_2$). Aus dem Reaktionsprod. wird durch Behandlung mit einem alkal. reagierenden organ. Metallsalz, z. B. Na-Phenolat, die Guanidinkomponente wieder abgespalten. Auf diesem Wege gelingt es z. B., in *3.7-Diaminodibenzothiophendioxyd-2.8-disulfonsäure* zwei *Benzoyl-*, *Cinnamoyl-*, *2.4-Diäthoxybenzoyl-* u. andere Acylreste einzuführen. — *Opt. Bleichmittel.* (**A. P. 2 619 490** vom 4/4. 1950, ausg. 25/11. 1952.) FABEL. 8027

Sandoz Akt.-Ges., Basel, Schweiz, *Netzmittel.* In 215 (g) p-(1.1.3.3-Tetramethylbutyl)-phenylpentaglykoläther werden zuerst 25 pulverisiertes NaOH, dann 65 monochloressigsaures Na eingetragen u. die Mischung wird 2 Std. auf 50°, dann 1 Std. auf 75° erhitzt, wobei $CH_3-C(CH_3)_2-CH_2-C(CH_3)_2-$ 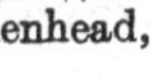 $-O(CH_2 \cdot CH_2 \cdot O)_5 \cdot CH_2 \cdot COOH$ entsteht, das sich in W. klar u. stark schäumend löst. — Zu 2 Lauryldiäthylenglykol ($C_{12}H_{25} \cdot OC_2H_4 \cdot OC_2H_4 \cdot OH$) gibt man 4 NaOH u. dann bei 50—55° 2 Chloressigsäure u. rührt 2 Std. bei 55°, wobei *lauryloxyäthoxyäthoxyessigsaures Na* entsteht. Weiche, in W. stark schäumend lösl. M., die ein kalkbeständiges Netzmittel bildet. (**Schwz. PP. 283 986** vom 1/9. 1948, ausg. 17/11. 1952, u. **283 987** vom 1/9. 1948, ausg. 16/10. 1952. **Zusätze zu Schwz. P. 273 395; C. 1952. 2080.**) KALIX. 8029

Schweizerische Ferment Akt.-Ges., Basel, Schweiz, *Entschlichtungsmittel.* Es enthält Amylase, NaCl u. $CaSO_4$ u. wird aus einer Mischung von Pankreasdrüsen mit NaCl u. $CaSO_4$ durch Trocknen u. Mahlen hergestellt. (**Schwz. P. 282 704** vom 11/6. 1949, ausg. 16/8. 1952.) V. SCHILLER. 8031

E. I. du Pont de Nemours & Co., Wilmington, Del., V. St. A., *Gesteifte mehrlagige Wäsche, besonders Kragen und Manschetten.* Auf das Gewebe wird z. B. mittels Streichmesser, Quetschwalze oder einer Spritzvorr. ein wärmeplast. Klebmittel aus Polymetacrylsäurealkylester, gegebenenfalls nach Zusatz von Pigmenten, aufgebracht. Geeignet ist z. B. eine Lsg. aus 30 (Teile) *Polymethylmethacrylat* u. 30 *Polyisobutylmethacrylat* in 60 Toluol. (**D. R. P. 753 944** Kl. 8k vom 29/7. 1937, ausg. 9/4. 1953. A. Prior. 4/11. 1936.) MÖLLERING. 8033

Dow Corning Corp., übert. von: **Firth L. Dennett**, Midland, Mich., V. St. A., bzw. **Dow Corning Ltd.**, London, England, *Wasserabweisendes Textilgut.* Man imprägniert Textilgut aus Orlon, Nylon, Wolle, Baumwolle oder Acetatseide mit einer z. B. Toluollsg., eines Gemisches aus 20—70(%) Methylpolysiloxan (mit 2—2,1 CH_3-Resten je 1 Si-Atom) u. 80—30 Methylwasserstoffpolysiloxan (mit 1—1,5 CH_3-Resten u. 0,75 bis 1,25 H-Atomen je 1 Si-Atom) u. fixiert das aufgebrachte Harz in 5 Sek. bis 1 Std. bei 37,8—243°. — Geeignet ist einerseits das mit KOH hydrolysierte Gemisch aus 9,3 (Teilen) Dekamethyltetrasiloxan u. 735 Oktamethylcyclotetrasiloxan u. andererseits das mit Isopropanol in Benzollsg. hydrolysierte Gemisch aus 2000 CH_3HSiCl_2 u. 51,5 $(CH_3)_3SiCl$. (**A. P. 2 588 365** vom 10/11. 1949, ausg. 11/3. 1952. **E. P. 680 265** vom 6/9. 1950, ausg. 1/10. 1952. A. Prior. 10/11. 1949.) MÖLLERING. 8037

United States of America Secretary of Agriculture, übert. von: **Kyle Ward jr.** und **Carl M. Conrad**, New Orleans, **Leon Segal**, Metairie, La., V. St. A., *Herabsetzung des kristallinen Anteils gewachsener Fasern* ohne chem. Abbau. Baumwolle, Flachs, Ramie u. dgl. wird 4—8 Std. in ein 0—5° warmes wasserfreies Alkylamin mit 1—2 C-Atomen, z. B. Monoäthylamin, oder dessen Mischung mit n-Hexylamin gelegt, gewaschen u. mit Chlf. extrahiert. (**A. P. 2 580 491** vom 8/8. 1950, ausg. 1/1. 1952.) SALZMANN. 8045

Pieter Johannes Willem de Waal, Amsterdam, Holland, *Aufschließen von Pflanzen,* bes. von *Ramie.* Die chem. Behandlung erfolgt stetig u. völlig selbständig in mindestens 20—30 Stufen mit Säuren, Laugen u. Bleichlaugen verhältnismäßig geringer Konz., wobei mit fortschreitendem Prozeß die Konzz. u. die Tempp. der Bäder nach einer arithmet. Reihe abnehmen. Als Transportmittel dienen abdeckbare offene Körbe. Jede Gruppe von Bädern hat ein eigenes Flüssigkeitszuleitungssystem. Die Bad-Fl. wird in Bewegung gehalten. Heb- u. senkbare Transportschienen, Anpreßblocks u. dgl. vervollständigen die Einrichtung. — Zeichnungen. (**D. B. P. 865 043** Kl. 29b vom 20/1. 1951, ausg. 29/1. 1953. Holl. Prior. 23/1. 1950.) SALZMANN. 8051

Jacobus Rinse und **Willem Dorst**, Overveen, Holland, *Veredlung von Sisal- und Manilahanffasern.* Die Fasern werden mit $NaAlO_2$- u./oder ZnO-Lsg. bzw. $Zn(OH)_2$ mit $<$ 15% NaOH von 60—100° zwecks Entfernung restlicher Klebstoffe behandelt u. mit Mineralöl gebatscht. (**E. P. 673 671** vom 21/5. 1948, ausg. 11/6. 1952.) SALZMANN. 8055

Farbwerke Hoechst, vormals Meister Lucius & Brüning (Erfinder: **Herbert Bastian, Heinrich Greune, Johannes Heyna, Werner Kirst** und **Joseph Nüsslein**), Frankfurt/M., *Erhöhte Alkalifestigkeit von Keratinfasern* bewirkt man durch Behandlung mit Äthyleniminen mit mindestens 2 Äthyleniminresten oder deren Derivv., die andere $\alpha.\beta$-Alkyleniminreste enthalten. Solche Verbb. erhält man durch Rk. von Äthylenimin mit Isocyansäureestern oder mit Verbb., die bewegliche Cl-Atome enthalten. — 37 (g) Thioglykolsäure u. 14,5 $Ca(OH)_2$ in 2000 W. läßt man 3 Std. auf 100 Wollkammzug einwirken, worauf man das Gut in eine Lsg. von 30 Hexamethylendiäthylenharnstoff in 3000 W. 3 Std. einlegt u. auf 70—80° erwärmt. Die gespülte u. getrocknete Ware verliert bei einer Alkalibehandlung nur 8% Gewicht gegenüber unbehandelter Ware 15,1%. (**D. B. P. 868 285** Kl. 8k vom 1/8. 1944, ausg. 23/2. 1953.) MÖLLERING. 8061

E. I. du Pont de Nemours & Co., Wilmington, Del. (Erfinder: **William Richard Schmitz jr.**, Newark, N. J.), V. St. A., *Kontinuierliche Herstellung von Alkalicellulose* (I). Man stellt kontinuierlich eine Aufschlämmung von I in NaOH-Lsg. her u. trennt die überschüssige Lauge kontinuierlich ab. Die Temp. der Aufschlämmung wird zur Änderung des Quellungsgrades der I proportional zum I-Geh. geregelt. — Vorrichtung. (**D. B. P. 874 632** Kl. 29a vom 10/9. 1950, ausg. 27/4. 1953. A. Prior. 10/9. 1943.) FABEL. 8075

XIX. Brennstoffe. Erdöl. Mineralöle.

W. I. Kassatotschkin und **L. L. Rasumowa**, *Über die Strukturumwandlungen von Steinkohlen bei thermischer Behandlung.* Aus den Kurven für die Temperaturabhängigkeit der Geordnetheit u. des Netzwachstums der vitrainisierten Donez-Kokskohle nach 4std. therm. Behandlung bei verschied. Tempp. ergibt sich, daß oberhalb 700° das Wachstum der C-Netze von ihrer gegenseitigen Orientierung begleitet ist, die aus der Abnahme der

Bandbreite (0 0 2) des Röntgenogramms erkennbar ist. Bei 500—700° verlaufen die beiden Prozesse in entgegengesetzter Richtung, erkennbar an der Bandverbreiterung. Die zunehmende Geordnetheit der C-Netze erklärt sich aus der großen Beweglichkeit des Mediums im zähfl. plast. Vitrain. Bei der oxydierten Kohle, die dadurch die Backfähigkeit weitgehend verloren hat, nimmt das Minimum auf der Kurve Temp.-Ordnungsgrad stark ab oder es verschwindet ganz. Bei höheren Tempp. ist die Ungeordnetheit im Vgl. zur nichtoxydierten Kohle verstärkt. Die desorientierende Wrkg. von O_2 bei der therm. Behandlung beruht auf der Fähigkeit der O-Atome, zusätzliche Brückenbindungen zu bilden, wodurch die Beweglichkeit der C-Netze verringert wird. Dies steht in Übereinstimmung damit, daß O_2 die C-Kristallisation bei der Hochtemperaturbehandlung von C-haltigen Stoffen erschwert. Die Abhängigkeit des Ordnungsgrades der C-Netze von den Geschwindigkeiten des Netzwachstums bei der therm. Zers. der Seitenketten u. ihrer gegenseitigen Orientierung wird theoret. erörtert. (Доклады Академии Наук СССР [Ber. Akad. Wiss. UdSSR] [N. S.] **88.** 91—94. 1/1. 1953. Inst. für fossile Bodenschätze der Akad. der Wiss. der UdSSR.) LEBTAG. 8126

E. Williams, *Anisotropie des Vitrits von Kohlen aus Süd-Wales.* Mit Hilfe von flächenpolarisiertem Licht, das Spaltoberflächen reflektieren, u. bei Verwendung eines trockenen Objektivs wird der Einfl. der geolog. Struktur auf die anisotrop. Eigg. von Kohlen u. bes. von Anthraziten studiert. Die in der Schwingungsebene erzeugte Drehung des einfallenden Lichtes nach der Reflexion durch ein anisotropes Mineral ist abhängig von der opt. Orientierung seiner Oberfläche. Der Maximalwert, der bei Kohlen wegen ihrer opt. Achsenrichtung befriedigend erreicht wird, scheint eine spezif. Eig. zu sein. Die Anisotropie der aus vielen engl. Kohlengruben gesammelten Proben ändert sich im allg. mit dem geolog. Rang der Kohle; bei gewissen Anthraziten jedoch, die aus Gebieten mit geolog. Verschiebungen stammen, wurde eine geringere Anisotropie ermittelt. Bei sehr alten Anthraziten konnte dieselbe Anisotropie wie bei bituminösen. Kohlen festgestellt werden, was beweist, daß die anisotropen Eigg. von der chem. Zus. unabhängig sind. (Fuel **32.** 89—99. Jan. 1953.) H. SCHÖBERL. 8126

M. B. Rawitsch, *Berechnung der verfügbaren Wärme von Verbrennungsprodukten gasförmiger Brennstoffe.* Die verfügbare Wärme q der Verbrennungsprodd. in % zum Wärmeinhalt der Verbrennungsgase wird dadurch berechnet, daß man statt vom Heizwert von der Heizleistung ausgeht, worunter man die maximal erreichbare Temp. t_{max} bei der Verbrennung von kaltem Gas in kalter Luft versteht. Es gilt die Gleichung: $q = (t/t_{max})[C' + (H - 1) B K] 100$, wenn t = Temp. der Verbrennungsprodd., C' = Verhältnis der Wärmekapazitäten der nicht mit Luft verd. Verbrennungsprodd. von 0 bis t u. von 0 bis t_{max}, H = Volumenzunahme der trockenen Verbrennungsprodd. als Folge der Verdünnung mit Luft, B = Volumenverhältnis der trockenen u. feuchten Verbrennungsprodd., K = Verhältnis der Wärmekapazitäten der Luft von 0 bis t u. der Verbrennungsprodd. von 0 bis t_{max}; H ergibt sich aus der C-Bilanz. Die Berechnung von q ohne Analyse des Brenngases u. ohne Best. ihres Heizwertes liefert die gleichen Zahlen wie die üblichen Methoden. Das Verf. eignet sich auch für die Verbrennung von festen u. fl. Brennstoffen. (Доклады Академии Наук СССР [Nachr. Akad. Wiss. UdSSR] [N. S.] **86.** 711—12. 1/10. 1952.) LEBTAG. 8128

Erich Rammler und **Gottfried Gerlach,** *Versuche zur Spülgastrocknung von Schwel- und Verkokungsbriketts.* Die Verss. bzgl. der Vortrocknung von Niederlausitzer Feinstkornsemmelbriketts mittels Spülgas (wassergesätt. Stadtgas) zur Herst. von möglichst stückigem, festem Braunkohlenhartschwelkoks bzw. Braunkohlenhochtemperaturkoks zeigten, daß die Trocknung von Schwelbriketts möglichst bei 200°, die von Verkokungsbriketts bei 150—175° durchzuführen ist. Bei zu geringen Feuchtigkeitsgehh. wirkt sich das zu hohe Trocknungspotential ungünstig in erhöhten Schrumpfspannungen auf die Brikettfestigkeit aus, bei zu hohen Feuchtigkeitsgehh. wird die Brikettfestigkeit durch Quellung infolge Teilkondensation herabgesetzt. Die Spülgasmenge betrug 0,6—1,2 Nm^3 pro kg u. Std., der optimale Feuchtigkeitsgeh. des Spülgases 100—150 g/Nm^3 tr. Um einen Braunkohlenhochtemperaturkoks hoher Qualität zu erhalten, darf die Druckfestigkeit des Briketts nach der Vortrocknung erfahrungsgemäß nicht unter 150 kg/cm^2 liegen. (Bergakademie, Freiberger Forschungsh., Ausg. A **1952.** Nr. 6. 49—53. Freiberg.) OPPERMANN. 8136

G. A. W. van Doornum und **A. J. Petrick,** *Die praktische Anwendung der Druckvergasung in Südafrika.* Übersicht über die Verwendung von Gasgemischen als Brennstoffe u. als Rohstoffe für chem. Verff., die Kosten der Verff., die Zus. der Gase u. deren weitere Verwendung u. Reinigung. (South African ind. Chemist **6.** 251—57. Okt. 1952.) WESLY. 8148

M. Guillon, *Vergasung von Heizölen und die mögliche Anwendung in der Keramikindustrie.* Es werden die Möglichkeiten besprochen, schwere S-haltige Heizöle in verschieden ausgebildeten Generatoren zu vergasen, wobei man, je nach der Einstellung, Gase mit hohem u. niedrigem Heizwert erhält. Da der S in Form von H_2S oder SO_2 vorliegt, ist er für viele Anwendungszwecke weniger schädlich. (Bull. Soc. franç. Céram. **1952.** 14—17. April/Juni. Office Central de Chausse Rationelle.) K. O. MÜLLER. 8148

Fritz Rosendahl, *Über die Gewinnung der Kohlenwertstoffe aus dem Koksofengas.* Es wird das Ausbringen von Paraffin-KW-stoffen, gemischt mit paraffin.-aromat. KW-stoff u. aromat. KW-stoffe, in Abhängigkeit von der Destillationstemp. in Koksöfen besprochen u. daran die verschied., prakt. in Anwendung befindlichen Verff. an Hand von Diagrammen erläutert. Befreiung der Destillationsgase von NH_3, Verarbeitung des Ammoniakwassers u. Gewinnung von H_2S werden ebenfalls an Hand prakt. Verff. besprochen. (Bitumen, Teere, Asphalte, Peche verwandte Stoffe **3.** 320—22. Dez. 1952.) K. O. MÜLLER. 8156

W. Graham, W. J. G. Cudmore und **R. D. Heyding,** *Oxydation von Petroleumrückständen.* Dampfraffiniertes red. Rohöl (a) u. Petroleumcrackrückstand (b) wurden bei 200° im Laboratoriumsmaßstab mit O_2, N_2 u. Luft geblasen. Die erhaltenen Öle (I), Harze (II) u. Asphaltene (III) wurden nach HUBBARD u. STANFIELD unter Verwendung von techn. Pentan u. akt. ALCOA-Al_2O_3 bestimmt. Der O-Geh. wurde nach der von UNTERZAUCHER modifizierten Meth. von SCHÜTZ festgestellt. — Die **I** aus (a) waren etwas viscoser als die aus (b); aus letzteren wurde außerdem ein orange bis hellgelbes, niedrigschm. Wachs erhalten. Die **II** aus (a) u. (b) waren Fll. u. Festkörper, die **III** bräunlichschwarze Substanzen. Die aus (a) dest. **I**-Menge war unabhängig vom Blasmittel. Blasen mit N_2 wirkte auf (a) nur destillierend, bei (b) nahmen **I** u. **II** ab (**I** schneller als **II**), **III** zu, was auf hitzepolymerisierbare Bestandteile hindeutet. Die Oxydation ließ bei (a) den O-Geh. von **I** u. **III** unverändert, derjenige von **II** stieg dagegen an, wobei die O_2-Konz. des Blasmittels keinen Einfl. hatte. Bei (b) stieg der O-Geh. von **I** u. **II** während des Luftblasens zunächst stark an, sank dann auf ein Minimum, um wieder langsam anzusteigen. Es werden dabei also zunächst O-reiche Prodd. gebildet, welche sich zers. oder zu **II** oder **III** weiteroxydiert werden; später geht dann eine zweite, langsamere Oxydation vor sich (im ganzen wird der O-Geh. etwa verdoppelt). Die Umwandlungsrate ist beim O_2-Blasen etwas geringer als beim Luftblasen. — Beim Vgl. der verbrauchten O_2-Menge mit der als W. gebundenen Menge ergibt sich, daß bei (a) u. (b) die Primär-Rkk. mit Dehydrierung verknüpft sind. Die physikal. Veränderungen von **III**, welche die Oxydation begleiten, können der Dehydrierung u. Polymerisierung einzelner **III**-Moll. zugeschrieben werden. (Canad. J. Technol. **30.** 143—52. Juni 1952. Saskatown, Sask., Univ. of Saskatchewan, Dep. of Chem.) FRÜHWALD. 8194

Fluor Corp. Ltd., Los Angeles, übert. von: **Henry D. Frazier,** Alhambra, und **Fred C. Riesenfeld,** Hollywood, Calif., V. St. A., *Entwässerung von Gasen.* Die feuchten Gase (Naturgas oder Raffineriegas) werden mit einer wss. Lsg. von Glykol behandelt, welche eine gewisse Menge eines nichtwss. organ. fl. Verdünnungsmittels (das in Glykol lösl. ist u. eine geringere Viscosität hat als Glykol), z. B. der Gruppe der einwertigen Alkohole zugehörig, enthält. Diese Verdünnungsmittel können substituierte einwertige aliphat., einwertige aromat. u. alicycl. sowie heterocycl. Alkohole, ferner wasserlösl. Monoäther mehrwertiger Alkohole u. wasserlösl. mehrfache Äther mehrwertiger Alkohole sein. Das Verdünnungsmittel hat einen Kp. $>$ 190°. Man erhitzt u. regeneriert die Lsg., indem man die aufgenommene Feuchtigkeit verdampft. (**A. P. 2 603 311** vom 11/5. 1948, ausg. 15/7. 1952.) UNGER. 8131

Kopper Co., Inc., Pittsburgh, Pa., V. St. A. (Erfinder: **Friedrich Fotzek,** Essen), *Erzeugung von CO und gegebenenfalls H_2 enthaltenden Gasen* durch Rk. von fein verteilten festen Brennstoffen (I) in der Schwebe mit O_2 u. mit endotherm reagierenden gasförmigen Mitteln. Die **I** werden mit O_2 unter erhöhtem Druck, aber bei einer Temp. unterhalb des Zündpunktes gemischt, u. das Gemisch wird kontinuierlich in eine auf erhöhter Temp. gehaltene druckfeste Reaktionskammer (II) eingeblasen u. dort ohne wesentliche Änderung des Druckes gezündet u. zur Rk. gebracht, wobei in den Raum zwischen der Zone exothermer Rk. u. der Wand von **II** ein unter erhöhtem Druck stehendes, endotherm mit C reagierendes Mittel eingeleitet wird. — Vorrichtung. (**D. B. P. 847 047** Kl. 24e vom 8/12. 1949, ausg. 21/8. 1952. Schwz. Prior. 7/12. 1948.) DEMMLER. 8151

Carl Otto, Manhasset, N. Y., V. St. A., *Wiedergewinnung von Säure und Benzol aus Benzolwaschrückständen.* Zur kontinuierlichen Wiedergewinnung von H_2SO_4 u. Bzl. aus verbrauchter Waschsäure aus der Benzolwäsche leitet man den Rückstand in einer Kolonne abwärts durch aufeinanderfolgende Röhrenabschnitte, kocht die verbrauchte Säure auf u. leitet Dampf durch den Rückstand in jedem Abschnitt. Man leitet den verbrauchten sauren Rückstand unter weiterem Durcharbeiten zurück. Ein Teil fließt durch das Innere des Röhrenabschnittes, ein anderer Teil außerhalb der Röhre. Dieser wird Kräften unterworfen, die ihn vorwärtstreiben, unterteilen u. wieder mit dem Rückstand vermischen. Ein Gemisch von Benzoldampf u. Wasserdampf verläßt das obere Ende der Röhre u. durchströmt den unverdampften Anteil des Rückstandes außerhalb der Röhre an ihrem unteren Ende. Die verd. H_2SO_4 trennt man von dem Rückstand ab. — Zeichnung. (**A. P. 2 611 739** vom 22/12. 1949, ausg. 23/9. 1952.) UNGER. 8171

Ges. für Teerverwertung m. b. H. (Erfinder: **Werner Schulze**), Duisburg-Meiderich, *Stetige Destillation von naphthalinhaltigen Teeren,* bes. Steinkohlenteeren, unter Verwendung des Flashverdampfungsverf. mit nachfolgender Rektifizierung unter Kreislaufführung eines Kondensatanteiles des Dampfanteils der Flashverdampfung zur Aufheizung im Gemisch mit neu aufzuheizendem Gut durch den Aufheizraum, die Verdampfungskammer u. die Rektifizierung, dad. gek., daß ein noch naphthalinhaltiger, höher als die Hauptnaphthalinölfraktion u. tiefer als das Bodenablaufprod. sd. Kondensatanteil, bes. ein aus der Rektifizierkolonne abgenommener Seitenstrom, im Kreislauf geführt wird. — Schema. (**D. B. P. 866 791** Kl. 12r vom 16/12. 1949, ausg. 12/2. 1953.) HERBST. 8177

Standard Oil Development Co., übert. von: **William W. Odell**, Washington, D. C., V. St. A., *Schwelung von Ölschiefer, teerhaltigem Sand oder Kohle.* Das pulverisierte Einsatzprod. wird durch einen Vorheizer in einen Reaktionsraum (**I**) geblasen, in dem es 10—60 Sek. bei 450—600° durch rückgeführtes Gas durcheinandergewirbelt wird. Die ausgetriebenen KW-stoffe werden an der höchsten Stelle von **I** abgezogen u. einer Destillationskolonne zugeführt. (**A. P. 2 586 703** vom 1/11. 1946, ausg. 19/2. 1952.) v. HUHN. 8181

Standard Oil Development Co., übert. von: **John R. Casler**, Elizabeth, und **Chaming C. Nelson**, Cranford, N. J., V. St. A., *Flüssigkeitsextraktion.* Bei der Gegenstromextraktion zweier nur teilweise miteinander mischbarer Fll. von verschied. D. (z. B. Erdöl–Phenol) arbeitet man in mehreren, übereinander angeordneten Zonen. In der 1. Stufe jeder Zone treffen die Flüssigkeitsströme durch eine Mehrzahl einander gegenüberliegender Düsen mit hoher Geschwindigkeit zusammen, strömen dann langsam im Gleichstrom durch eine 2. Zone, die frei von Hindernissen ist. Die Strömungsrichtung in der 2. Stufe ist senkrecht zu der in der 1. Zone. Dabei tritt eine Trennung der beiden Flüssigkeitsströme ein. Die Ströme aus der 2. Stufe gelangen in eine 3. Stufe, in der sie wieder senkrecht zur Strömungsrichtung in der 2. Stufe strömen. Die Flüssigkeitsvoll. in der 3. Stufe werden so groß gehalten, daß die entsprechenden Ströme mit genügender Kraft in die Anfangsstufen der nächstliegenden Zonen gedrückt werden. — Zeichnung. (**A. P. 2 609 276** vom 24/9. 1948, ausg. 2/9. 1952.) UNGER. 8193

S. A. Française pour la Séparation, l'Émulsion & le Mélange (Procédés S. E. M.), Paris, übert. von: **George W. Edwards**, Mitry-le-Neuf, Frankreich, *Säurebehandlung (Reinigung) von Kohlenwasserstoffen.* Bei der Behandlung mit konz. H_2SO_4 zerstäubt man eine der Komponenten (der Säure-KW-stoffmischung) u. sorgt dafür, daß die zerstäubten Teilchen mit großer Geschwindigkeit in eine dünne Schicht der anderen Komponente eindringen. Das Verhältnis von Säure zu KW-stoff entspricht genau dem zur Sättigung der ungesätt. KW-stoffe erforderlichen. Man läßt koaxiale, kegelförmige Flüssigkeitsflächen, aus H_2SO_4 u. KW-stoffen bestehend, sich ausbilden, die schnell um ihre Achse rotieren u. dabei eine der Komponenten zerstäuben. Die behandelte Mischung wird mehrmals in Luft zerstäubt, damit sie die Reaktionsprodd. oxydiert. — Zeichnung. (**A. P. 2 605 213** vom 5/5. 1950, ausg. 29/7. 1952. F. Prior. 9/5. 1949.) UNGER. 8195

California Research Corp., San Francisco, übert. von: **Robert E. Barlean**, Berkeley, Calif., V. St. A., *Entschwefelung von Rohöl und seinen Destillaten unter Gewinnung der Schwefelverbindungen.* Vorextraktion des Rohöles mit HF, H_2SO_4 oder $HClO_4$ (Konz. jeweils <80 Gew.-%). Nachbehandlung des Raffinates der 1. Stufe mit HF (Konz. mindestens 85 Gew.-%) zur Gewinnung der organ. S-Verbindungen. (**A. P. 2 584 248** vom 13/7. 1948, ausg. 5/2. 1952.) v. HUHN. 8195

Socony-Vacuum Oil Co., übert. von: **Richard B. Bishop**, Haddonfield, und **William I. Denton**, Woodbury, N. J., V. St. A., *Entschwefelung von Kohlenwasserstoffgemischen mit Nickelcarbonyl.* Ein Gemisch von KW-stoffen, das S-Verbb. enthält, wird mindestens auf 400° F erhitzt, so daß es verdampft. Die Dämpfe leitet man in eine zylindr. Zone, in der Nähe des Bodens tangential zum inneren Umfang des Gefäßes, wobei die Dämpfe als wirbelnde Säule nach oben steigen. Die Temp. in der Reaktionszone wird auf 400 bis 900° F gehalten, mindestens aber auf dem Verdampfungspunkt des Gemisches. In den oberen Teil der wirbelnden Dampfsäule leitet man feinverteiltes Nickelcarbonyl ein, das sich zers., so daß sich feinverteiltes Ni bildet, welches sich in inniger Berührung mit den aufsteigenden Dämpfen des Gemisches abwärts bewegt u. zum Teil zu NiS umsetzt, wobei die S-Verbb. zerlegt werden. Die behandelten Dämpfe des Gemisches, die einen verminderten S-Geh. aufweisen, werden oben aus der Reaktionszone abgezogen, ein Gemisch aus feinverteiltem Ni u. NiS mit CO wird am Boden des Gefäßes abgezogen. Man wandelt Ni u. NiS wieder in Nickelcarbonyl um u. behandelt damit eine andere KW-stoffmischung, welche S-Verbb. enthält. (**A. P. 2 615 831** vom 8/12. 1949, ausg. 28/10. 1952.) UNGER. 8195

Badische Anilin- & Soda-Fabrik, Ludwigshafen/Rh. (Erfinder: **Willi Dettinger,** Ludwigshafen/Rh., und **Helmut Nonnenmacher,** Mannheim), *Gasförmige ungesättigte und aromatische Kohlenwasserstoffe* erhält man durch Überleiten von vorwiegend paraffin. KW-stoffölen über poröse, inerte, nichtmetall. Stoffe, wie Bimsstein, Bauxit, Kieselgur, Porzellankugeln, Tonscherben, Quarz oder Koks, in feinverteilter oder stückiger Form, die zugleich als Wärmeträger dienen können, indem man sie in überhitztem Zustand in den Reaktionsraum einführt, bei Tempp. von oberhalb 500—850°. Dabei ist eine Durchsatzgeschwindigkeit von mehr als 3,5, bes. mindestens ca. 4, Raumteilen Ausgangsstoff je Raumteil Reaktionsraum u. Std. zu wählen. Man erhält so aus 100 (Gewichtsteilen) Gasöl (Kp. 260—360°) ca. 35 fl., vorwiegend aromat. u. 56 gasförmige, zu 72% ungesätt. KW-stoffe. (**D. B. P. 850 298** Kl. 12o vom 28/4. 1950, ausg. 22/9. 1952. **Zusatz zu D. B. P. 840 237; C. 1952. 7570.**) GANZLIN. 8197

—, ASTM standards on petroleum products and lubricants (with related information); prepared by ASTM Committee D-2 on Petroleum Products and Lubricants. 1952 ed. Philadelphia: Amer. Soc. for Testing Materials. 1952. (831 S. m. Diagr.) $ 5,75.

—, Wörterbuch der Geologie des Erdöls. Moskau-Leningrad: Gosstoptechisdat. 1952. (532 S. m. Abb.). 24 Rbl. 35 Kop. [russ.]

XXI. Leder. Gerbstoffe.

A. Küntzel und **H. Ebert,** *Entfetten von Blößen.* (*Fortschrittsbericht auf Grund neuerer englischer und amerikanischer Arbeiten*). Fortschrittsbericht. — 15 Literaturhinweise. (Leder **1.** 114—18. 15/5. 1950.) O. ENGEL. 8334

C. C. Kritzinger, *Natriumsilicofluorid, seine chemischen und physiologischen Eigenschaften und seine Verwendung in der Häute- und Fellbehandlung.* Zur Bekämpfung von Rohhautschädlingen (Bakterien, Motten, Speckkäfer, Nagetiere u. Schimmel) wird in Südafrika mit großem Erfolg Na_2SiF_6 angewandt, das bei der Phosphatindustrie als Nebenprod. anfällt. Na_2SiF_6 besitzt eine leichte quellende Wrkg. auf die Hautsubstanz, was sich auf das Aufschließen der Fasern günstig auswirkt. Ja, es resultiert sogar eine leichte Haarlockerung u. Beizwirkung. Ferner ist das Blößengewicht nach Na_2SiF_6-Behandlung stets 1—3% höher als bei der unbehandelten Haut. Die Faserproteine werden nicht angegriffen u. die Reißfestigkeit der Lederfaser wird sogar verbessert. Bei der Konservierung erweist sich Na_2SiF_6 bakteriostat., wenn nicht gar baktericid. Dagegen ist die fungistat. Wrkg. gegenüber Schimmelpilzen auf bestimmte Arten beschränkt. Trotzdem konnte ein Schimmelwachstum bei gepickelter Schafsblöße durch Zugabe von 0,5% Na_2SiF_6 zur Pickellsg. verhütet werden. Trotz seiner Giftigkeit ist Na_2SiF_6 bei vorsichtiger Handhabung für den Menschen nicht gefährlich. So konnte während seiner 6jährigen Verwendung in der Häutekonservierung in Südafrika weder eine Gesundheitsschädigung noch Dermatitis beobachtet werden. (J. Soc. Leather Trades' Chemists **36.** 217—25. Juli 1952. Grahamstown, Südafrika, Leather ind. Res. Inst.) H. G. FRÖHLICH. 8334

F. G. Lennox und **H. M. Forss,** *Die schützende Wirkung einer Gerbung auf Kollagen gegenüber einer enzymatischen Verdauung.* Da eine quantitative Verfolgung des proteolyt. Abbaues von Kollagen durch lebende Bakterien größere Schwierigkeiten bereitet, wurde für die Verss. eine 1%ig. Papainlsg., unter Zusatz von 0,1 Mol $NaHSO_3$ u. 3 Mol Harnstoff, bei p_H 8, benutzt. Damit wurde die mit zunehmender Gerbung, je nach der Art der Gerbung (Chrom, Formalin, vegetabil., synthet. oder Alaun), verschieden abnehmende Abbaubarkeit des Kollagens bestimmt. Gemessen wurde der enzymat. Abbau, die Schrumpfungstemp. u. die Löslichkeit in Alkali. (J. Soc. Leather Trades' Chemists **36.** 322—30. Okt. 1952. Melbourne, Australien, Biochem. Unit, Wool Textile Res. Labor., Commonwealth, Sci. and Ind., Res. Organisation.) STADLER. 8336

H. Anderson, *Die Gerbstoffe gewisser Eukalyptusarten und von Pinus radiata.* Trotz hohen Gerbstoffgeh. kommen Eukalyptusarten der austral. Flora für die Gewinnung von Gerbstoffen nicht in Frage, da entweder die Gerbstoffqualität zu schlecht ist oder die Aufarbeitungsmethoden unrentabel sind. Günstige Ergebnisse liefert lediglich Eucalyptus sieberiana, die einen guten, hellgerbenden Gerbstoff liefert. Die hohe Acidität des Gerbstoffes vom p_H 2,3 begünstigt seine Verwendung für den hot-pit-Prozeß. Die aus der Rinde von Pinus radiata durch sulfitierende Extraktion gewonnenen Gerbstoffe ergeben ein dunkles Leder. Um nun einen guten, hellen Extrakt zu gewinnen, muß unter Verzicht auf gute Ausbeute kalt u. ohne Sulfitzusatz extrahiert werden. (J. Soc. Leather Trades' Chemists **36.** 211—17. Juli 1952. Sydney, Australien, Tanning Dep., Sydney Techn. Coll.) H. G. FRÖHLICH. 8336

M. P. Balfe, *Die Bedeutung des p_H-Wertes und der Konzentration von Salz und Säure für die vegetabilische Gerbung.* Vf. bespricht die Wichtigkeit von p_H-Wert, Salz- u. Säuregeh. von Gerbstofflsgg. im Hinblick auf die erhaltenen Ledereigenschaften. (J. Soc. Leather Trades' Chemists **34.** 30—35. Jan. 1950. London, Brit. Leather Manufact. Ass.) H. G. FRÖHLICH. 8336

K. R. Cranker und **J. S. Jorczak,** *Die Verwendung von flüssigen Polysulfidpolymeren zum Imprägnieren von Leder.* Zur Imprägnierung werden von der THIOKOL CORP. hergestellte Alkylpolysulfide, die bei gleicher Grundstruktur je zwei endständige —SH-Gruppen tragen, aber verschied. Molekülgrößen haben, verwendet. Die fl., verschieden viscosen Polysulfide werden, teilweise in Lösungsm. gelöst, ins Leder eingebracht u. dort durch Oxydation mit Hilfe von Katalysatoren kondensiert. Die Durchlässigkeit der Leder geht sehr stark zurück u. bei stärkerer Füllung fast vollständig verloren. So hergestellte Leder finden vor allem techn. Verwendung. (J. Amer. Leather Chemists Assoc. **47.** 178—91. März 1952. Trenton, N. J., Thiokol Corp.) STADLER. 8340

R. G. Mitton, *Bericht des Lederkomitees über physikalische Prüfungen.* Ausführliche Beschreibung der Prüfmeth. zur Best. der Narbenbrüchigkeit von Leder. Der hierzu entwickelte App. wird an Hand von 2 Abbildungen beschrieben. (J. Soc. Leather Trades' Chemists **36.** 206—09. Juli 1952.) H. G. FRÖHLICH. 8363

W. K. Schweitzer jr. und **R. M. Lollar,** *Eine Methode zur Vorherbestimmung der Eindringtiefe von Farbstoffen in Leder.* Die Eindringtiefe eines Farbstoffes soll vor allem von den chem. Eigg. des Farbstoffes u. relativ weniger von den Eigg. des anzufärbenden Substrates abhängig sein. Läßt man Farbstoffe in mit einer Quebracholsg. vorbehandeltem Filtrierpapier hochziehen, so steigt jeder Farbstoff bis zu einer bestimmten Höhe. Die gemessenen Höhen lassen sich mit den festgestellten Eindringtiefen in ebenfalls mit Quebracho behandeltem Chromleder in gute Beziehung bringen. Dabei scheinen sich nicht nur die verschied. Farbstoffe sehr unterschiedlich zu verhalten, sondern ebenso ein chem. gleicher, von verschied. Firmen hergestellter Farbstoff. (J. Amer. Leather Chemists Assoc. **47.** 140—51. März 1952. Cincinnati, O., Univ. of Cincinnati, Dep. of Basic Sci. in Tanning Res.) STADLER. 8368

Farbenfabriken Bayer, Leverkusen, *Verfahren zum Gerben.* Man verwendet von auf dem Wege der Filtration ihrer wss. Lsg. über einen H-Ionen- u./oder OH-Ionenaustauscher veredelte Gerbstoffe bzw. Gerbmittel. Als Ausgangskörper werden Sulfitablaugen von verschied. Herkunft oder aus diesen hergestellte Ligninsulfonsäuren sowie auch mineralsalz- u./oder säurehaltige natürliche u. künstliche Gerbstoffe bzw. deren Vorprodd. verwendet, z. B. wasserlösl., gegebenenfalls sulfierte oder sulfitierte Harze sowie ihre durch Weiterkondensation erhältlichen Stoffe u. ihre Mischungen mit natürlichen u. künstlichen Gerbstoffen. Als Austauscher eignen sich alle säurebeständigen Körper dieser Art, wie sulfonsäuregruppenhaltige Adsorbentien oder bas., bes. NH_2-Gruppen, enthaltende Körper, z. B. Harze. (**D. B. P. 863 242** Kl. 28a vom 13/9. 1940, ausg. 15/1. 1953.) v. SCHILLER. 8337

Forestal Land, Timber and Railways Co. Ltd., London, England, *Herstellung von Leder.* Man imprägniert die Häute zunächst mit einem nichtharzartigen Kondensationsprod. aus Aldehyden u. Ketonen, z. B. aus CH_2O (Acetaldehyd, Crotonaldehyd), mit Aceton (Methyläthylketon, Methylpropylketon), bes. in wss. Lösung. Dann wird die Haut mit einer Alkalilsg. behandelt (p_H mindestens 11), so daß die Kondensationsprodd. verharzen, aber die Haut nicht ungünstig beeinflußt wird. (**N. P. 79 910** vom 11/10. 1950, ausg. 17/3. 1952. E. Prior. 14/10. 1949.) JÜRGEN SCHMIDT. 8341

Farbenfabriken Bayer, Leverkusen (Erfinder: **Heinz Röhling,** Leverkusen, **Gustav Mautke,** Opladen, und **Hermann Noerr,** London), *Fetten von Leder.* Man verwendet als Fettstoffe Ester höherer Fettsäuren oder höherer Fettalkohole, die mindestens zwei Reste derartiger Säure oder Alkohole u. mindestens ein bas. N-Atom enthalten, allein oder in Mischung mit anderen natürlichen oder künstlichen Lederfettungsmitteln. Ein Fettstoff ist z. B. der Triester der Ölsäure mit Triäthanolamin (**I**) oder der Triester von **I** mit Nachlauffettsäure, entstanden bei der Oxydation von synthet. Paraffinen. (**D. B. P. 863 243** Kl. 28a vom 6/6. 1944, ausg. 15/1. 1953.) v. SCHILLER. 8341

Joseph Seraphim, Asnières, Frankreich, *Kunstleder.* Eine Faserschicht wird imprägniert mit einer Acrylharzemulsion, die mit einer alkal. Casein- oder Glutinlsg. oder mit organ. Phthalaten, z. B. Dimethylglykolphthalat, als Weichmachungsmittel versetzt ist. (**E. P. 640 245** vom 28/8. 1946, ausg. 19/7. 1950. F. Prior. 1/3. 1940.) MÖLLERING. 8353

Chavannes Industrial Synthetics, Inc., New York, übert. von: **Marc A. Chavannes**, Lisbon, und **Leon E. Magoon**, Pachaug, Conn., V. St. A., *Schichtstoffe für Dekorationszwecke.* Man bestreicht eine Unterlage (endloses Drahtnetz, Papier, Gewebe) mit einer filmbildenden Vinylharzmasse, schickt sie über eine Musterwalze u. überzieht die erhabenen Teile mit einer Paste aus 100 (Teilen) Polyvinylacetatchlorid, 33 Dioctylphthalat, 1000 Methyläthylketon u. 50 TiO_2; diese wird mit dem Grundstoff in der Wärme verschweißt. Herst. von *Kunstleder* mit Reptileffekten u. anderen gemusterten Flächen. — Zeichnung. (**A. P. 2 587 594** vom 31/10. 1946, ausg. 4/3. 1952.) SALZMANN. 8353

XXII. Leim. Klebstoffe usw.

Armour & Co., Chicago, übert. von: **Robert H. Siffert**, Clarendon Hills, und **Lindson P. Anderson**, Chicago, Ill., V. St. A., *Herstellung von Gelatine.* Kollagenhaltiges Material wird zerkleinert, mit W. zu einem Brei gemischt u. kontinuierlich, in einer Menge von ca. 200 lbs./Min., durch eine rohrförmige Erhitzungzone geleitet, in der die M. durch offenen Dampf auf 212° F erhitzt wird. Nach Abtrennen der festen Teile, z. B. in Zentrifugen, wird die Gelatinebrühe aufgearbeitet. — Zeichnung. (**A. P. 2 580 049** vom 18/9. 1947, ausg. 15/12. 1951.) LÜTTGEN. 8385

Kendall Co., Boston, Mass., und **Willard Meade Bright**, Chicago, Ill., V. St. A., *Klebband.* Als Träger wird ein hauptsächlich aus Polyäthylen bestehender Film (I) benutzt u. die klebende Schicht (**II**) durch eine dünne, durch Einw. von KW-stoffen (**III**) auf I bei erhöhter Temp. erzeugte Zwischenschicht mit I verankert. Die **III** können als reines Lösungsm., als Harzlsg. oder als Bestandteil von II aufgebracht werden. — Zeichnung. (**E. P. 668 273** vom 12/4. 1948, ausg. 12/3. 1952.) LÜTTGEN. 8389

United States Rubber Co., New York, N. Y., V. St. A., *Klebstoff*, bes. für Gegenstände aus Polyvinylchlorid (I), bestehend aus Polymeren von Vinylidengruppen enthaltenden Verbb. in polymerisierbaren Monomeren, z. B. 10 (Teile) I-Acetat (Mol.-Gew. 16000), 90 Methylmethacrylat, 1 Benzoylperoxyd. (**E. P. 639 185** vom 24/5. 1945, ausg. 21/6. 1950. A. Prior. 25/5. 1944.) LÜTTGEN. 8389

Arthur J. Schmidt Foundation, Lemont, Ill., übert. von: **Mortimer H. Nickerson**, Springfield, Mass., V. St. A., *Klebbänder.* Ein Band aus plastifiziertem Polyvinylchlorid wird auf der einen Seite mit Polyisobutylen mit einem Mol.-Gew. von 60000 bis 120000 u. auf der anderen Seite mit einem druckempfindlichen Klebstoff überzogen, der hauptsächlich aus einer wss. Dispersion von regeneriertem Kautschuk mit 30% Festgeh. besteht. Das Prod. ist öl- u. chemikalienfest u. isoliert gut. (**A. P. 2 554 791** vom 20/11. 1948, ausg. 29/5. 1951.) LÜTTGEN. 8389

Johnson & Johnson Ltd., Slough Buckinghamshire, England, *Heißsiegelband*, bestehend aus mehreren thermoplast. Klebschichten, deren unterste, dem Träger am nächsten befindliche einen um 20—100° F höheren Erweichungspunkt hat als die oberste. (**E. P. 665 196** vom 1/4. 1948, ausg. 16/1. 1952. A. Prior. 21/6. 1947.) LÜTTGEN. 8389

United States Plywood Corp., New York, N. Y., übert. von: **Charles N. Cone**, Portland, Oreg., V. St. A., *Härtbarer Phenolharzleim.* Die Härtezeit wird durch Zusatz von in alkal. wss. Medium lösl. Cr-Salzen abgekürzt. (**A. P. 2 612 481** vom 25/4. 1949, ausg. 30/9. 1952.) LÜTTGEN. 8389

J. Marian, Saltsjöbaden, und **M. Bjurvald**, Hammarbyhöjden, Schweden, *Herstellung von Leimfilmen.* Man imprägniert eine poröse Bahn, z. B. aus Papier oder Gewebe, mit einer Fl., die eine wss. Lsg. von Phenol-Formaldehydharz in Resol- oder Novolakform u. eine Dispersion eines Polymerisates aus Vinylchlorid u. Vinylacetat (85:15) enthält. Die Bahnen werden dann getrocknet u. sind lange lagerfähig. Diese Filme dienen bes. zum Verleimen von plast. Stoffen mit Metall. Das Verleimen erfolgt in der Wärme, z. B. bei 140°, u. unter Druck. (**Schwed. P. 132 014** vom 8/9. 1948, ausg. 19/6. 1951.) JÜRGEN SCHMIDT. 8389

American Cyanamid Co., V. St. A., *Herstellung wärmehärtender Aminoplastharzlösungen oder -dispersionen* durch Zusatz von 1—6, bes. 3% Hexamethylentetramin (I), das bei Raumtemp. die Härtung verzögert, bei höherer Temp. aber nicht stört; in Mengen über 6% verzögert es die Härtung. Man kann das Harz als Sirup oder trockenes

Pulver verwenden. Es dient als *Klebestoff*, wobei die Verklebung durch Heizen, bes. mit Hochfrequenz, erreicht wird. Als Mischung wird z. B. genannt: 70 (Teile) Harnstoff–CH_2O-Harz (1,7 Mol CH_2O u. 1 Mol Harnstoff), 30 W., 2 NH_4Cl, 2 Tricalciumphosphat u. 2 **I**. Die Mischung wird ausgestrichen, getrocknet u. mittels Hochfrequenzheizung mit der Unterlage verbunden. (**F. P. 974 363** vom 27/10. 1948, ausg. 21/2. 1951.) PANKOW. 8389

P. Beiersdorf & Co. Akt.-Ges. (Erfinder: **Kurt Fendius**), Hamburg, *Klebestreifen*. Die Rückseite der Streifen erhält einen Überzug aus gegebenenfalls mit Füllstoffen gemischten kautschukartigen oder anderen Siliconen. (**D. B. P. 855 746** Kl. 22i vom 5/6. 1951, ausg. 17/11. 1952.) LÜTTGEN. 8389

National Starch Products, Inc., New York, übert. von: **Thomas Aubrey White**, Jackson Heights, N. Y., V. St. A., *Casein-Klebstoff*. Casein wird mit mindestens 50% Harnstoff u. NH_4SCN gelöst u. mit $<$10% Verbb. von Erdalkalien gemischt. Man erhält stabile Pasten mit mehrmonatlicher Gebrauchszeit. (**A. P. 2 613 155** vom 26/5. 1949, ausg. 7/10. 1952.) LÜTTGEN. 8389

Josef Kustatscher, Lans bei Innsbruck, Österreich, *Binde- und Isoliermittel*. Man verrührt 70—30 Vol.-% einer wss. Kautschukdispersion, wie Latex (**I**) mit 30 bis 70 Vol.-% wss. $AlNaO_2$-Lsg. (**II**) u. leitet zwecks Entzuges von NH_3 mittels einer Brause Luft durch dieses Gemisch, wodurch eine plast. M. entsteht; zweckmäßig verteilt man in der **II** vor dem Verrühren mit dem **I** 0,5—1,0 Gew.-% (auf den **I** bezogen) koll. S; vorteilhaft verwendet man bei der Herst. eines Bindemittels eine **II** von einer Konz. $<$60%, bei der Herst. eines Isoliermittels eine **II** von einer Konz. $>$60%; die **II** kann man ferner noch mit einer Na_2SiO_3-Lsg. bis höchstens zum stöchiometr. Verhältnis versetzen. Die neuen Mittel finden Verwendung im Baugewerbe als Putzträger auf Holz, Heraklith oder Kork oder als Bindemittel zum Verlegen von Fliesen oder Mosaik auf Stein, Holz oder Kork, metall. Unterlagen oder Geweben. (**Oe. P. 169 587** vom 3/7. 1950, ausg. 26/11. 1951.) RAETZ. 8389

Minnesota Mining & Mfg. Co., V. St. A., *Klebstoff*, bestehend aus einer viscosen, stabilen, zerstäubbaren Fl., die organ. flüchtige Lösungsmittel, z. B. Bzn., mit vulkanisiertem Kautschuk (**I**) u. einem klebenden Harz, das auch mit **I** im nicht vulkanisierten Zustand verträglich ist, enthält. Gegebenenfalls kann der Kautschuk in der Fl. zunächst unvulkanisiert sein u. dann einen Vulkanisationsbeschleuniger enthalten, so daß nach dem Verkleben durch Erhitzen vulkanisiert wird. — Butadien–Styrol-Mischpolymerisat (Buna-S) 226,8 (kg), Dipentamethylenthiuramtetrasulfid 3,4, ZnO 4,5, Olefinharz (Velsicol AB-11-4) 158,5, aromat. Harz (Dutrex 20) 31,8, Terpentinharz (Piccolyte S -25) 16,1, Zn-Resinat 136,1, A. 15,9, Bzn. 1115,0. — Verwendung für chirurg. Pflaster, Isolierbänder, Schuhindustrie. (**F. P. 986 152** vom 12/5. 1949, ausg. 27/7. 1951.) WITTHOLZ. 8389

B. B. Chemical Co. Ltd., **William Hedley Swire** und **Alan Hardy**, Leicester, England, *Zweistoffkleber*, bestehend aus Kautschukzement u. Polyisobutylenlsg. mit den Vulkanisiermitteln. (**E. P. 646 079** vom 6/2. 1948, ausg. 15/11. 1950.) LÜTTGEN. 8389

XXIV. Photographie.

L. R. C. Haward, *Neues Licht auf die Latenz, eine neue Theorie über die Entstehung des latenten Bildes.* Allgemeinverständliche Darst. der neueren Anschauungen über die Entstehung des latenten Bildes. (Chemist and Druggist **159.** 272. 14/3. 1953.) W. GÜNTHER. 8594

W. Vanselow, R. F. Quirk und **T. H. James**, *Der Einfluß von Sauerstoff auf Feuchtigkeit auf den Herschel-Effekt.* Vff. untersuchten den Einfl. von O_2 u. relativer Feuchtigkeit auf den HERSCHEL-Effekt. In einem O_2- u. N_2-Medium werden bei Feuchtigkeiten von 0,20 u. 50% Vgll. angestellt. Untersucht wurden Testemulsionen aus reinem, nicht chem. gereiftem AgBr, aus nichtchem. gereiftem Jodbromsilber, aus chem. sensibilisiertem, reinem AgBr von mittlerer Empfindlichkeit mit u. ohne Pinakryptolgelb als Desensibilisator, aus AgBr mit 1 u. 3% AgJ mit u. ohne Pinakryptolgrün als Desensibilisator u. eine handelsübliche Kinepositivemulsion. Es zeigte sich, daß die Feuchtigkeit eine grundlegende Rolle spielt. Bei allen Emulsionen steigt im allg. der HERSCHEL-Effekt bei einer Feuchtigkeit von 0—20%, wenn die Belichtung in einer N_2-Atmosphäre erfolgt. Die gleiche Beobachtung wird bei den nichtdesensibilisierten Emulsionen gemacht, wenn mit O_2 gearbeitet wird. Bei den nichtchem. gereiften u. bei der reinen AgBr-Emulsion ist der Einfl. von O_2 nur klein oder nicht vorhanden. Er ist größer bei der Kinepositivemulsion u. bei der chem. sensibilisierten Jodbromsilberemulsion mit 1% AgJ. Bei der durch Pinakryptolgelb desensibilisierten reinen AgBr-Emulsion wird der HERSCHEL-Effekt durch O_2 bei 0% relativer Feuchtigkeit begünstigt, bei 20% Feuchtigkeit dagegen hat der O_2 keinen Einfluß. Bei der chem. sensibilisierten AgBr-Emulsion hängt die Infrarotempfindlichkeit weitgehend vom O_2 u. von der Feuchtigkeit ab. Wird die Infrarotbelichtung in einer N_2-Atmosphäre durchgeführt, so macht die bei 20% Feuchtigkeit erhaltene D. nur den vierten Teil der bei 0% Feuchtigkeit gemessenen Schwärzung aus. Ferner beträgt die bei 0% Feuchtigkeit in O_2 erhaltene D. nur ein Viertel der in N_2 erzeugten Schwärzung. Ähnliche, nur etwas kleinere Unterschiede werden bei den Jodbromsilberemulsionen beobachtet. (PSA J., Sect. B **19.** 66—69. Mai 1953. Rochester, Kodak, Res. Labor., Mitt. 1526.) W. GÜNTHER. 8598

Richard Meier, *Organische Substanzen in Photographie und Reproduktionstechnik.* Vf. berichtet über die Verwendung lichtempfindlicher organ. Substanzen für photograph. Zwecke. Wie die anorgan. Ag-Salze sind auch die organ. mehr oder weniger lichtempfindlich. So gibt z. B. *benzolsulfinsaures Ag* beim Belichten rasch einen klaren schwarzen Ton. Viele Salze mehrwertiger Metalle werden unter der Einw. des Lichtes zu einer niedrigeren Wertigkeit reduziert. So wurde früher *Eisen(III)-ammoncitrat* zusammen mit *Kaliumeisen(III)-cyanid* zur Herst. von Lichtpausen verwendet. Man kann drei Reaktionstypen unterscheiden: 1. reversible Prozesse, die im Dunkeln wieder in umgekehrter Richtung verlaufen; 2. innermol. Strukturumlagerungen u. 3. intermol. Reaktionen. Beispiele aus der Literatur werden herangezogen: *Fulgide, Formazane, Tetrazoliumsalze.* Techn. Interesse besitzen das Chromgelatineverf. u. die Diazotypie, die darauf beruht, daß aromat. *Diazoniumsalze* beim Belichten N_2 abspalten u. dadurch ihre Fähigkeit verlieren, mit geeigneten Kupplungsmomenten Farbstoffe zu bilden. Ein wesentlicher Fortschritt bedeutet das von PHILIPS entwickelte „Metalldiazoniumverfahren". Beim Belichten einer Schicht von *Diazokresolsulfosäure* u. *Hg-Nitrat* wird durch die entstehende *Cyclopentadiencarbonsäure* das Hg-Nitrat zu metall. *Hg* reduziert. Dieses kann durch physikal. Entw. verstärkt werden; bei Verwendung von Ag-Nitrat/Metol wird das Hg-Bild in ein Ag-Bild verwandelt, daß sich durch ein sehr hohes Auflösungsvermögen von 1000 Linien/mm auszeichnet. Nachteilig ist vorläufig noch die geringe Haltbarkeit des unbelichteten Materials. Die Kopien müssen auf Spezialmaschinen angefertigt werden, bei denen der Film unmittelbar vor der Verarbeitung sensibilisiert wird. Da dieses Material die Herst. extremer Verkleinerungen gestattet, ist es für die Dokumentation von besonderem Interesse. — Abschließend werden einige photochem. Rkk. behandelt, die unter Farbänderung verlaufen. Die Bilder können entweder durch Ausbleichen einer Mischung dreier Komplementärfarben oder durch Farbstoffbldg. aus Leuko- oder Diazoverbb. hergestellt werden. (Angew. Chem. **65.** 179—82. 7/4. 1953. Freiburg/Br., Univ., Chem. Labor.) W. GÜNTHER. 8600

Albert Steigmann, *Ein Versuch zur photochemischen Reduktion durch Gelatine. Gelatineverunreinigungen als Bromacceptoren.* Im Gegensatz zu n. Gelatinen, die im allg. die „Rehalogenierung" des photolyt. gebildeten Ag verhindern, reagieren Inertgelatinen nicht als Bromacceptoren. Vf. entwickelt eine Meth. zur Best. der photochem. Aktivität einer Inertgelatine, die darauf beruht, die Schwärzung eines AgBr-Soles am Licht zu beobachten. Die für diesen Test notwendige Inertgelatine wird so hergestellt, daß man eine Knochengelatinelsg. mit einem sehr geringen Geh. an schwefliger Säure u. Cu mit Aktivkohle (25% ihres Trockengewichts) u. Diatomeenerde (50% des Trockengewichts) behandelt. Sie wird dann mit einem Bromsilbersol versetzt, das bei der Rk. folgender Lsgg. entsteht: Lsg. I: 92 cm^3 W., 8 cm^3 n/10 KBr-Lsg., 0,2 g $NaHCO_3$; Lsg. II: 94 cm^3 W., 6 cm^3 n/10 $AgNO_3$-Lösung. Lsg. II wird unter kräftigem Rühren zu Lsg. I gegeben. Das Gelatine–AgBr-Sol darf sich erst nach 4—6 Std. schwärzen. Es zeigt sich, daß gewisse Verunreinigungen der Gelatine als Bromacceptoren wirken u. eine Verfärbung des Soles hervorrufen können, z. B. die Reaktionsprodd. von Aldehyden u. *Cystein*, gewisse Aminosäuren, z. B. *Cystein, Histidin, Methionin, Tryptophan, Tyrosin.* — Wenn die Meth. zur Best. der photochem. Aktivität auch keine direkten Aussagen über die photograph. Qualität einer Gelatine zuläßt, so ermöglicht sie doch Rückschlüsse auf ihr photochem. Verhalten. (Sci. Ind. photogr. [2] **24.** 45—47. Febr. 1953. Woburn, Mass., Atlantic Gelatine Co., Labor.) W. GÜNTHER. 8602

Herausgeber u. verantwortlich für den Inhalt: Prof. Dr. Maximilian Pflücke, Berlin W 8, Jägerstraße 22/23, Fernsprecher: 200481, 201464. Redaktion: Chefredakteure Dr. Eugen Klever und Prof. Dr. Maximilian Pflücke. Verlag: Akademie-Verlag GmbH, Berlin NW 7, Schiffbauerdamm 19 (Fernsprecher 425571, Postscheckkonto Berlin 35021) u. Verlag Chemie, GmbH, Weinheim/Bergstraße (Postscheckkonto Frankfurt/M. 145314 u. Berlin [West] 7430, Fernsprecher: Weinheim 2017). Bestell- u. Verlags-Nr. dieses Heftes: 1007/124/40. Das Chemische Zentralblatt erscheint wöchentlich.
Satz u. Druck: VEB Leipziger Druckhaus, Leipzig, III/18/203. X. 53.
Veröffentlicht unter der Lizenznummer 1212 des Amtes für Literatur und Verlagswesen der Deutschen Demokratischen Republik.
Printed in Germany.